U0252850

普通高等教育"十三五"规划教材
全国高等院校规划教材

盐化工工艺学

YAN HUAGONG GONGYI XUE

王　刚　李建国◆主编

清華大学出版社
北　京

内 容 简 介

本书共分12章，主要介绍了盐业资源的综合开发利用概况，钾盐浮选及浮选理论，钾盐产品（氯化钾、硫酸钾及硝酸钾）的生产工艺过程，金属镁原料无水氯化镁的生产工艺过程及金属镁电解生产工艺过程，钠盐产品（精制氯化钠及无水硫酸钠）的生产工艺过程，硼酸与硼砂的生产工艺过程，锂及锂盐的生产工艺过程，铷、铯、锶、溴和碘等盐湖稀有元素资源的性质、用途、分离提取技术和研究现状等内容，书中配有大量相图，可指导生产。

本书既可作为高等院校相关专业本科教材，也可供其他相关专业师生和工程技术人员参考。

图书在版编目（CIP）数据

盐化工工艺学 / 王刚，李建国主编．—北京：清华大学出版社，2016（2025.1重印）
（普通高等教育“十三五”规划教材　全国高等院校规划教材）
ISBN 978-7-302-43043-8

Ⅰ.①盐…　Ⅱ.①王…　②李…　Ⅲ.①盐化工－生产工艺－高等学校－教材　Ⅳ.①TS38

中国版本图书馆 CIP 数据核字 (2016) 第 034693 号

责任编辑：罗　健　袁　琦
封面设计：戴国印
责任校对：王淑云
责任印制：杨　艳

出版发行：清华大学出版社
网　　址：https://www.tup.com.cn，https://www.wqxuetang.com
地　　址：北京清华大学学研大厦 A 座　　邮　　编：100084
社 总 机：010-83470000　　邮　　购：010-62786544
投稿与读者服务：010-62776969, c-service@tup.tsinghua.edu.cn
质量反馈：010-62772015, zhiliang@tup.tsinghua.edu.cn

印 装 者：三河市人民印务有限公司
经　　销：全国新华书店
开　　本：185mm×260mm　　印　张：23　　字　数：555 千字
版　　次：2016 年 12 月第 1 版　　印　次：2025 年 1 月第 6 次印刷
定　　价：79.80 元

产品编号：057817-01

编委会名单

主　编：　王　刚　李建国

编　委：（以编写的章节为序）

保英莲　李建国　王　刚　常　兴　崔香梅

P 前 言

Preface

我国盐化工业迅猛发展，许多新工艺、新设备、新材料及新技术已在盐化工行业中广泛应用，已形成大规模生产。由于各种原因，目前尚缺一本质量较好，且适合盐化工业，特别是盐湖化工专业的书籍和教材。为满足教学和盐化工生产需要，青海大学化工学院组织编写了本书。

本书主要介绍了盐化工产品生产的基本理论、工艺原理、生产方法、主要设备及其计算方法，同时介绍了盐化工生产现状、研究动态以及盐湖资源的综合开发和利用等，重点介绍了最基本的盐化工产品钾盐、钠盐生产过程原理、工艺流程及计算方法。本书既可作为化学工程与工艺本科专业（盐化工方向）教材，也可作为盐化工及其相关行业工程技术人员的参考资料。

参加本书编写的有：保英莲（第 1 章及第 10 章），李建国（第 2 章、第 3 章、第 4 章、第 5 章、第 8 章及第 9 章），王刚（第 6 章及第 7 章），常兴（第 11 章），崔香梅（第 12 章）。全书由李建国教授统稿，由王刚教授审定。

在本书编写过程中，得到了青海大学化工学院领导及青海盐湖工业股份有限公司领导的大力支持，盐湖集团的一些相关工程技术人员，特别是李小松高级工程师以及李辉林高级工程师，对本书提出了许多中肯的修改意见和建议，同时中国科学院盐湖研究所李海民研究员对本书提出了许多宝贵意见，有力地提高了本书质量，编者深表感谢。此外，也得到许多友人各方面的帮助，在此一并致谢。

由于编者水平有限，本书尚有不成熟、不恰当乃至错误之处，恳请读者批评指正。

编 者

2016 年 11 月

前 言

[illegible]

编 者

2016年11月

C 目 录

Contents

01 第1章 盐业资源的综合开发利用

1.1 海水、卤水资源概述

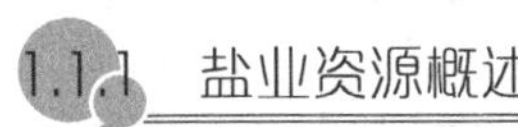

1.1.1 盐业资源概述

海水是地球最大的资源，地球上97%的水储藏在海洋里，海洋的面积占地球表面积的70%以上，海水的总体积达13.7亿立方千米，海水中含有的化学元素达80种之多，储藏着几乎取之不尽的化工原料，总含盐量高达5×10^8亿吨之多，为人类提供了极其丰富的资源。

海水中主要化学元素含量如表1-1所示。按其含量多少，可分为3类：

表1-1 海水中主要化学元素的含量

元　素	符　号	浓度/(mg/L)	海水中总含量/万亿吨
氯	Cl	18980	29300
钠	Na	10561	16300
镁	Mg	1271	2000
硫	S	884	1400
钙	Ca	400	600
钾	K	380	600
溴	Br	65	100
碳	C	28	40
锶	Sr	8	2
硼	B	4.6	7.1
硅	Si	3	4.7
锂	Li	0.17	0.26
碘	I	0.06	0.093
钼	Mo	0.01	0.016
铀	U	0.003	0.004
银	Ag	0.00004	0.0005
金	Au	0.000004	0.000006

（1）常量元素——含量在100mg/L以上。

（2）微量元素——含量在1～100mg/L之间。

（3）痕量元素——含量在1.0mg/L以下。

海水中含有的微量元素在工业上有极大价值。如金属锂、锗、铱、锶等，它们是原子能、半导体工业不可缺少的原料，虽然含量极微，但巨量的海水是用之不竭的。若能从海水中提取出来，也是个极其惊人的数字。

井卤资源有3种类型：黄卤、黑卤、岩盐卤。井卤中除了有大量的氯化钠之外，还有碘、硼、钡、锶、锂、铷、铯等元素。

盐湖资源：我国盐湖大多属于氯化物、硫酸盐型盐湖，也有部分是碳酸盐型盐湖。盐矿中氯化钠平均含量在 73%～80%，除了含有大量的氯化钠之外，还有硫酸盐、氯化镁、氯化钾等。

盐矿资源：盐矿含大量的氯化钠，伴随着氯化钠的还有硫酸盐。有的盐矿（如运城盐矿）中含有钼、钡、锶、锗等稀有元素，其含量达十万分之一。

1.1.2 我国盐业资源的分布状况

我国的海盐区可分为 5 个区域，即渤海湾盐区、北部湾盐区、黄海岸盐区、东南沿海盐区、杭州附近盐区。可以这样说，从鸭绿江起到北部湾、海南岛、台湾岛，11000 余千米漫长而辽阔的海岸线都生产海盐，并副产盐化工产品。

井盐：井卤生产区域多集中在四川省自贡、乐山、南充、绵阳、西昌、遂宁和重庆万州、涪陵 7 个市区以及川鄂边区地带。其中以自贡市最为著名，其井盐年产量占整个井盐区的 80% 以上，占全国盐产量的 10%。

盐湖资源：中国是多盐湖的国家。北起东北大兴安岭的南端，沿阴山山脉—祁连山脉东端—冈底斯山山脉一线的北部，约有 1000 多个盐湖。而青海、新疆、内蒙古及西藏是中国盐湖分布最集中的 4 大省及自治区。

就世界范围来说，现代盐湖分布，按纬度分为两个带一个区：北半球盐湖带、南半球盐湖带和赤道盐湖区。北半球盐湖带位于北纬 12°～63°范围内，大多数集中在 30°～50°之间；南半球盐湖带位于南纬 10°～45°之间；赤道盐湖区位于北纬 5°到南纬 5°范围内。我国现代盐湖的分布纬度，在北纬 30°～49°，基本上和北半球盐湖带相吻合。图 1-1 所示为中国主要盐湖分布图，中国主要盐湖名称和地点如表 1-2 所示。

我国现代内陆盐湖的分布，在地理位置上，从西部的西藏、新疆两个自治区，至东北的吉林、黑龙江等省，都有盐湖分布。但因受构造运动的控制，以及地貌、地形及气候因素的相互制约，具有明显的分带性和地区特点，例如，青海省广阔区域内，柴达木盆地盐湖比较集中，盐湖矿床的规模一般都比较大。

我国盐湖矿床的地理分布与自然地理条件有关，其中最主要的是气候特征。湖区降水量与蒸发量的比例关系，是盐湖矿床的主要气候指标。沙漠、半沙漠及草原地区，因为不受洋流及大洋季风的影响，气候干燥，降水量小，蒸发作用强，适合于盐湖矿床的形成。加之内陆盐湖主要靠降水和潜水补给，水量较小，多数盐湖处于半干涸或干涸状态。

就盐湖水化学特征及盐类化学成分而言，由于受水文、地球化学及物理化学等条件制约，各地区盐湖水的化学类型是有差异的。如内蒙古多碳酸盐型；新疆多硫酸盐型，尤以硫酸钠亚型较多；青海多氯化物型及硫酸镁亚型；西藏多碳酸盐、硫酸盐型；宁夏、甘肃多氯化物型。就我国整个盐湖带来说，盐湖水化学类型，从东北向西南有从碳酸盐型过渡为氯化物型，再过渡为硫酸盐、碳酸盐型的趋势。号称“世界屋脊”的青藏高原位于亚洲东部，其绝大部分在我国境内，约占我国领土的四分之一。它是我国盐湖最密集的地区，也是世界上盐湖最多的高原。尤其是在青海柴达木盆地（蒙语“柴达木”系盐泽之意）和西藏北部，盐湖更是密集成群。

图 1-1　中国主要盐湖分布图

中国有 1500 多个盐湖，其中大部分分布在西北部地区以及青藏高原

表 1–2　中国主要盐湖名称和地点

序　号	盐 湖 地 点	序　号	盐 湖 地 点
	新疆维吾尔自治区	35	玛纳斯湖
1	伽师县加依墩盐池	36	奇台县北塔山盐池
2	阿克其盐湖	37	白沙窝
3	绍尔克里湖（加衣都拜）	38	柴窝堡盐湖
4	疏勒县阿克许	39	达坂城盐湖
5	阿克淘盐湖	40	吐鲁番县桃树园子
6	岳普湖	41	吐鲁番县七泉湖
7	泽普盐湖	42	小草湖
8	叶城县伊泥西	43	大草湖
9	皮山盐湖	44	托克逊县南湖盐池
10	和田县苦沙村	45	客许图拉盐湖
11	塔城额敏一带盐湖	46	鄯善县吐峪坪——赛尔盖铺
12	精河盐池	47	艾丁湖
13	博乐白盐池	48	焉耆（qí）县紫泥泉子
14	青盐池	49	博斯腾湖南岸
15	博乐红盐池	50	博斯腾湖东南岸
16	精河县青疙瘩	51	焉耆县种马场附近
17	艾比湖南岸	52	乌勇布拉克
18	艾比湖	53	库米什盆地西端盐池
19	精河县永焦湖	54	库米什盆地
20	霍城盐湖	55	若羌县罗布庄
21	特克斯盐池	56	且末盐湖
22	库车盐湖	57	若羌县清水河退里克西
23	轮台县吐丝洛克	58	英尔力克
24	阿瓦斯县城东	59	奇台县黑（元）湖
25	于田盐湖	60	姜巴斯它乌
26	乌鲁格湖	61	巴里坤盐湖
27	数尔湖	62	七角井盐湖
28	苦巴色诺尔	63	伊吾县伊吾盐池
29	布伦托海东	64	十三间房盐池
30	福海县北	65	哈密县沙尔
31	北乌轮古湖沿岸	66	火石泉
32	福海县西北盐池	67	伊吾托尔诺尔湖
33	玛纳斯县乌那木	68	老乌——四棵树
34	和丰县达巴斯诺尔盐湖	69	哈密县长流水

续表

序　号	盐湖地点	序　号	盐湖地点
70	哈密镇西南盐池	102	格布津托胡鲁克湖
71	哈密县 875 高地南	103	修土
72	哈密县 906 高地东南	104	哈鲁波湖
73	石英滩南盐湖	105	沙里博克
74	罗布湖	106	白音陶里木
	计 74 个	107	东乌湖尔特
	内蒙古自治区	108	好老巴湖
75	苏池	109	塔赫尔莫吉湖
76	乌池	110	巴杨查岗
77	巴音淖尔	111	额吉淖尔盐湖
78	库尔查干淖尔	112	巴彦查汉淖尔
79	上马他拉	113	色达木淖尔
80	下马他拉	114	库库淖尔
81	察汉淖尔	115	布尔图淖尔
82	卡巴	116	拿梨淖尔
83	察千里门淖尔	117	多鲁罕淖尔
84	乌兰淖尔	118	白音淖尔
85	二连达布斯恩淖尔	119	巴卡淖尔
86	布拉格湖	120	斜鲁逊淖尔
87	红格尔苏木	121	阿兰萨淖尔
88	四王子乃麻袋	122	浑津淖尔
89	盐海子	123	户珠尔淖尔
90	昌汉淖尔		计 23 个
91	察汉淖尔		宁夏回族自治区
92	乌都淖尔	124	吉兰太盐湖
93	巴汉淖尔（巴彦淖尔）	125	察汉布鲁格（察汉池盐池）
94	湖洞察汉淖尔	126	青盐池
95	集宁县苏木海子	127	察汉乌苏
96	丰镇县葫芦海（盛庄海子）	128	昭化池
97	凉城县岱海	129	同湖池
98	苟池及脑包	130	和屯池
99	小纳林池盐	131	灵武县井沟、叶儿庄
100	达拉鲁池盐	132	盐池县消子池
	计 26 个	133	盐池县盐场堡
	黑龙江省	134	盐池县狗池
101	西索木达不逊湖	135	中卫白盐池

续表

序　号	盐 湖 地 点	序　号	盐 湖 地 点
136	景泰县白墩子盐池	163	景泰县北墩子盐田
137	海原甘盐池	164	靖远县小红沟盐田
	计 14 个	165	永靖县祁杨家
	陕西省		计 21 个
138	榆林县横山西盐池		青海省
139，140	定边县盐场堡，花马池、	166	茶卡盐湖
	莲花池	167	小柴旦盐湖
	计 3 个	168	大柴旦盐湖
	宁夏	169	察尔汉盐湖
141	灵武市惠安盐池	170	东台吉乃尔盐湖
142	盐池县波罗池	171	西台吉乃尔盐湖
	计 2 个	172	格孜库里湖
	山西省	173	一里坪
143	运城盐池	174	昆特依
	计 1 个	175	柯柯盐湖
	吉林省	176	德尊马海湖
144	大布苏	177	巴隆马海湖
	计 1 个	178	希里沟湖
	甘肃省	179	柴凯湖
145	雅布赖盐湖	180	牛郎织女湖
146	梧桐海、角麓井一带盐湖	181	钾湖
147	库库达巴苏盐泽	182	茫崖湖
148	民勤县苏武山盐池	183	北霍不逊湖
149	民勤县马莲泉盐池	184	南霍不逊湖
150	民勤县汤家海子盐池	185	协作湖
151	武威县武兴盐池	186	团结湖
152	永登县哈家坝	187	达不逊湖
153	张掖县狼坎嘴子	188	东陵湖
154	临泽县板桥堡	189	小别勒湖
155	高台县盐池堡	190	大别勒湖
156	高台县石泉子	191	涩聂湖
157	高台县莲花池	192	措巴格则盐池
158	敦煌市东湖		计 27 个
159	敦煌市北湖		西藏自治区
160	敦煌市西湖	193	班公湖
161	敦煌市猛家井子	194	泽错
162	敦煌市新店子盐池	195	黑石北湖

续表

序　号	盐 湖 地 点	序　号	盐 湖 地 点
196	独立石湖	232	虾那错
197	碱水湖	233	阿翁错
198	岛湖	234	纳屋错
199	羊错	235	布拉错
200	邦惹布错	236	多玛错
201	邦达错	237	走沟由茶卡
202	心形错	238	扎仓茶卡
203	龙木错	239	查尔康错
204	玉环湖	240	热那错
205	芒错	241	长赞目盐湖
206	清澈湖	242	拉果错
207	恰贡错	243	查拉卡错
208	双湖	244	昂拉仁错
209	万全湖	245	仁青休布错
210	心湖	246	阿果错
211	图中湖	247	帕龙错
212	美马错	248	扎布耶茶卡
213	结则茶卡	249	塔若错
214	阿鲁错	250	达瓦错
215	托和平湖	251	攸布错
216	桃形湖	252	格仁错
217	同玛错	253	奖弄错丁
218	香桃湖	254	雪梅错
219	卡易错	255	白水湖
220	常木错	256	雪景湖
221	台错	257	玉液湖
222	民卓茶卡	258	围山湖
223	把拉错	259	若拉错
224	喀湖错	260	多格错仁强玛
225	布尔嘎错	261	码尔盖茶卡
226	日湾茶卡	262	亚克错
227	热邦错	263	吐波错
228	纳木错	264	纳克茶卡
229	昆楚克楚错	265	拉雄错
230	查那错	266	雪源错
231	求巴如	267	嘎尔孔茶卡

续表

序　号	盐 湖 地 点	序　号	盐 湖 地 点
268	玛尔果茶卡	294	雅根错
269	鄂葱错	295	炯莫错
270	戈木错	296	直若错
271	宁错	297	哦坐错
272	热觉茶卡	298	甲若错
273	玛耶错	299	觉松错
274	康如茶卡	300	张乃错
275	雀尔茶卡	301	懂布错
276	多尔索洞错	302	达玛孜让错
277	夏珠错	303	昂孜错
278	木松错	304	坡孜错
279	角木茶卡	305	许如错
280	题玛尔茶卡	306	雅个冬错
281	才多茶卡	307	班戈湖
282	蒂让碧错	308	米如错
283	肖茶卡	309	仁错约玛
284	衣布茶卡	310	徐果错
285	纳丁错	311	东恰错
286	吓先错	312	江错
287	布委错	313	乃日平错
288	牧师错	314	拥错
289	帕度错	315	申错
290	诺尔玛错	316	佩枯错
291	其香错		计 124 个
292	赞宗错		总计 316 个
293	郭加林		

1.1.3 青海省盐湖资源概况

青海省盐湖资源主要集中在有“聚宝盆”美称的柴达木盆地。盆地面积 12 万平方千米，有现代盐湖 75 个（面积大于 1 平方千米），其中干盐湖有 6 个（大型），地表含盐面积 15 600 平方千米。以钾钠镁硼锂五大类为主体的盐类资源总储量达 3315.41 亿吨，其中氯化钾、镁盐、氯化锂、钠盐的储量列全国第一。除此之外，溴、碘、锶、铷、铯、石膏等储量也十分可观。这些盐湖矿床多属于大型、特大型综合性矿床，潜在经济价值达 17 万亿元，约占全省矿产资源潜在总值的 92%。主要大型矿床有察尔汗盐湖、东台吉乃尔盐湖、马海盐湖、昆特依、大浪滩、一里坪等大型盐湖。

青海省盐湖资源有三大特点：①储量大。居全国第一位的有钾、钠、镁、锂、锶、芒硝等；居全国第二位的有溴、硼等。②品位高。卤水中锂含量高达 2.2～3.12g/L，其中东、西台吉乃尔湖和一里坪盐湖卤水锂含量均比美国大盐湖的锂含量高 10 倍，察尔汗盐湖和马海盐湖的晶间卤水经日晒可以析出高纯度的光卤石和钾石盐。③类型全。资源分布相对集中、组合好，多种有用组分共生，有氯化物型盐湖、硫酸盐型盐湖和碳酸盐型盐湖。

青海省主要的盐湖矿产包括钠盐、钾盐、镁盐、硼矿等。

1. 钠盐

主要以固体石盐为主，其次为卤水盐。共探明产地 25 处，探明氯化钠储量为 2908 亿吨，百亿吨以上储量和大型矿产有 5 处，最大的大浪滩梁中矿床储量约为 1406 亿吨，其次是昆特依大盐滩、马海、察尔汗和别勒滩矿床，分别为 769 亿吨、305 亿吨、105 亿吨、323 亿吨；30～90 亿吨的矿床有察汉斯拉图、西台吉乃尔湖、一里坪；其余矿区如大浪滩黄瓜梁、双泉、昆特依北部盐带、俄博滩、东台吉乃尔湖、茶卡、柯柯等均为大、中型矿床。这些矿区 97% 的储量为石盐，矿层分布稳定、厚度大、埋藏浅、易采易选，矿石含氯化钠品位一般大于 70%，其中柯柯达 83%。

2. 钾盐

目前已探明钾盐产地 22 处，绝大部分分布在柴达木盆地。其中，大型矿床有察尔汗、昆特依、大浪滩、马海 4 处大型矿区，探明储量依次为 1.54 亿吨、1.21 亿吨、0.61 亿吨、0.64 亿吨，合计储量占全省表内总储量的 89%；中型矿 5 处；小型矿 13 处，分别是一里坪和东、西台吉乃尔湖，大、小柴旦湖，察汗斯拉图，尕斯库勒湖矿区及其共生的中小型钾盐矿。在这些矿区中，以察尔汗盐湖 3 个矿区规模最大，勘探程度最高，累计氯化钾储量为 1.5 亿吨，除少数固体石盐钾矿外，95% 的储量为第四系晶间或孔隙卤水钾盐矿，以湖泊硫酸镁亚型钾镁盐矿为主。

3. 镁盐

主要有氯化镁和硫酸镁两种类型，并与钾盐密切共生，大部分储量为液体矿。中国 99% 以上的镁盐储量分布在柴达木盆地。已探明产地 21 处，特大型矿床 8 处，中型矿床 6 处，小型矿床 7 处。合计储量为 48.6 亿吨，其中氯化镁 31.9 亿吨，仅察尔汗就达 16.8 亿吨；硫酸镁 16.7 亿吨。

4. 芒硝

青海省芒硝主要分布于柴达木盆地和西宁地区，已探明储量矿区 20 多处，硫酸钠储量为 87.1 亿吨。其中柴达木盆地有矿区 9 处，共探明储量 66.9 亿吨，占全省储量的 77%。在这些矿区中，大浪滩梁中矿床储量约 51.7 亿吨，其次为察汗斯拉图 7 亿吨，储量大于亿吨的矿区还有大柴旦大浪滩、双泉、昆特依大盐滩等矿区。各矿区芒硝矿层分布稳定、厚度较大、埋藏浅、易采易选，矿石含硫酸钠品位一般大于 50%，其中察汗斯拉图、一里沟芒硝矿体多裸露地表，硫酸钠品位大于 80%，且易脱水成无水硫酸钠，开采加工极为方便。西宁盆地以钙芒硝为主，预测资源总量在 400 亿吨以上，西宁北山 - 泮子山、互助县硝沟及硝沟外围、平安县三十里铺 4 个大、中型矿床探明储量约为 20 亿吨，各矿区矿体层分布稳定，厚度大，含硫酸钠品位一般为 30% 左右。

5. 硼矿

柴达木盆地的硼矿在中国占有较重要的地位，上表硼矿产地 12 处，其中固体矿 6 处，液体矿 8 处，保有储量为 1152.5 万吨，探明三氧化二硼平均品位大于 2%，最高达 10% 以上，主要包括大柴旦湖、小柴旦湖（以固体矿为主）的 2 处大型矿区，合计储量 522 万吨，占总储量的 44%，其余主要为伴生的液体硼矿。

6. 锂盐

柴达木盆地锂盐资源储量大、矿层厚、品位高，目前已探明锂盐资源产地 10 处，氯化锂储量 1388.6 万吨，其潜在价值 3611.7 亿元，储量居全国第一位。

7. 锶矿

柴达木盆地锶资源丰富，其储量位居全国第一，拥有锶资源的绝对优势，目前已探明锶矿产地 3 处，天青石储量 1592.9 万吨，硫酸锶储量占全国储量的 48.6%，矿石品位在 33% 以上，成分单一，杂质及有害成分少，属易选矿石。

纵观青海省盐湖资源分布现状，可以看出柴达木盆地可谓是“盐的世界”，而位于柴达木盆地的察尔汗盐湖更有“盐湖之王”的美称。

1.2 卤水资源的分布和开发

卤水是指盐度大于 3.5%（或大于 36g/L）的天然水。按其盐度大小，又可进一步分为淡卤水（盐度 3.5%～13.5%）、浓卤水（盐度 13.6%～26.5%）和饱和卤水（盐度大于 26.5%）。

按卤水的成因可分为海水卤水和盐湖卤水，按埋藏条件不同又可分为地表卤水和地下卤水，后者按其赋存状态不同可进一步分为：晶间卤水、孔隙卤水和淤泥卤水。按卤水形成的时代不同还可划分为现代卤水（第四纪以来）和古代卤水（第四纪以前），如表 1-3 所示。

表 1-3 卤水类型划分表

按盐度分	按成因分	按埋藏条件和赋存状态分		按形成时代分
淡盐水 3.5%～13.5%	海水卤水	地表卤水		现代卤水 （第四纪以来）
浓卤水 13.6%～26.5%	盐湖卤水	地下卤水	晶间卤水 孔隙卤水 淤泥卤水	古代卤水 （第四纪前）
饱和卤水 ＞26.5%				

1.2.1 卤水资源的分布

我国的卤水资源分布很广，各种类型的卤水都比较丰富。现代盐湖卤水主要分布于新疆、青海、西藏和内蒙古，海水卤水主要分布于渤海湾；古代卤水主要分布于四川、湖北、山东、青海、西藏及新疆塔里木盆地西南缘等地。

我国是盐湖众多的国家之一。据不完全统计，面积大于 $1km^2$ 的内陆盐湖有 813 个。其中西藏 234 个，青海 71 个，新疆 112 个，内蒙古 375 个，其余散布于吉林、河北、山西、陕西、宁夏、甘肃等地。

由于盐湖卤水具有固液并存和固液转化的特点，故盐湖资源将固体液体一并考虑。特别是可溶盐（例如钾盐），固体矿由于品位低，不能单独利用，必须通过固液转化变成液体矿产才能利用。因此，在对盐湖卤水资源量进行评估时，应该同时加上固体矿量。

一、青海省卤水资源的分布

青海省的卤水资源主要分布于柴达木盆地，该盆地是我国卤水资源最丰富的地区。柴达木盆地面积 $12\times10^4km^2$，有大小盐湖 33 个，总面积 $31800km^2$，约占盆地总面积的 26.5%。

截至 2000 年年底，青海省共发现盐类矿床（田）78 处，其中大型矿床 41 处，中型矿床 15 处，小型矿床 22 处。已探明盐湖矿产总储量 3464.20×10^8 吨，潜在经济价值 16.74 万亿元。各矿种的保有储量及其潜在价值如表 1-4 所示。

表 1–4　青海省主要盐湖矿产资源储量及潜在价值

矿　种	矿种符号和储量单位	探明储量	保有储量	暂难利用（表外）储量	保有储量的潜在价值 / 亿元
石盐	$NaCl/10^8t$	3262.79	3261.74	15.19	122315.25
钾盐	$KCl/10^2t$	44649.30	44104.60	25149.80	2205.23
镁盐	$MgSO_4/10^8t$	16.73	16.73	0.17	2175.42
	$MgCl_2/10^8t$	31.86	31.09	0.45	8971.63
芒硝	$Na_2SO_4/10^8t$	87.06	87.06	2.27	25029.23
石膏	矿石 $/10^8t$	26.84	26.82	3.74	1609.22
天然碱	$Na_2CO_3+NaHCO_3/10^8t$	47.50	47.50	0.70	3.52
硼矿	$B_2O_3/10^4t$	1174.10	1151.00	1247.00	38.35
锂矿	$LiCl/10^4t$	1396.77	1387.39	155.97	3608.60
锶矿	$SrSO_4/10^4t$	1592.91	1589.20	342.00	79.54
溴矿	$Br/10^4t$	18.94	18.13	11.64	7.25
碘矿	I/t	8083	7763	6530	2.17
铷矿	Rb_2O/t	38009	38009	2000	1330.00

青海省的盐湖矿产资源均属于固液共存、多种有益元素共生的综合性矿床。按照原来勘探工作中所划分的以主矿种命名的方法，可将矿床分为五类：以钾为主的矿床有察尔汗、昆特依、大浪滩、马海；以硼为主的矿床有大柴旦湖、小柴旦湖；以锂为主的矿床有一里坪、东台吉乃尔湖、西台吉乃尔湖和尕斯库勒。各矿床的储量情况如表 1-5 所示。

二、新疆卤水资源的分布

新疆是我国盐湖分布较多的省份之一，面积大于 $3km^2$ 的盐湖有 139 处，总面积达 $2.5\times10^4km^2$。盐湖中除了含有固体盐类沉积（石盐、芒硝、钾盐、镁盐、石膏、钠硝石、钾硝石、天然碱）外，还有丰富的卤水矿（表面卤水、晶间卤水和淤泥卤水）。卤水除了富含 NaCl、KCl、Na_2SO_4、$MgCl_2$、$MgSO_4$ 等有用组分外，还伴生有 B、Br、Li、I 等微量组分。

新疆卤水资源的分布受区域构造的制约，大致可以划分为 4 个区：准噶尔盆地盐湖卤水分布区、天山山间盆地盐湖卤水分布区、塔里木盆地盐湖卤水分布区和昆仑山山间盆地盐湖卤水分布区，主要矿产地如表 1-6 所示。

表 1-5 青海卤水资源产地一览表

序号	矿区名称	地理位置	矿床地质简况	矿产储量 /10^4t			
				KCl	LiCl	$MgCl_2$	B_2O_3
1	察尔汗盐湖	E93°00′～96°07′ N36°40′～37°13	为干盐湖，面积 5856km^2，其中盐湖面积 4224.7km^2，是一个以液体为主、固液并存的大型综合性盐类矿床，以钾为主，并伴生有硼、锂、镁。共有 4 层盐，其间被碎屑层所分隔，在盐层中赋存有晶间卤水，碎屑层中赋存有孔隙卤水	29862（其中液体 18535）	液体 833.70	固体 19681 液体 385622	液体 356.84
2	东台吉乃尔盐湖	E93°47′～94°08′ N37°20′～37°26′	为半干盐湖，面积 350km^2，表面卤水面积为 191～201.64km^2，平均水深 0.78～0.81m。有 2 层盐：上层盐分布面积 150km^2，厚 2～6m；下层盐分布面积 176km^2，厚 10～25m，最厚 34m。在盐层中赋存有晶间卤水，是主要的开发对象	液体 10394*	液体 158.58*	液体 3538*	液体 91.97*
3	西台吉乃尔盐湖	E93°13′～93°14′ N37°31′～37°52′	为半干盐湖，面积 430km^2，表面卤水面积 82km^2，水深 0.3～0.4m，最深 0.85m。2 层石盐：上盐层分布面积 150km^2，厚 1～2m；下盐层面积 430km^2，厚 15～20m，最厚 30.49m。在盐层中赋存有晶间卤水和孔隙卤水。晶间卤水含水层总厚 15～20m，分布面积 342km^2	液体 3060（K_2SO_4）	液体 307.5	液体 12848	液体 169
4	马海盐湖	E94°03′～94°19′ N38°02′～38°35′	为干盐湖，盐滩面积 2000km^2。有晶间卤水和固体盐类矿产。固体钾矿品位富，埋藏浅；晶间卤水赋存于石盐层晶间	固体 789 液体 504（K_2SO_4）			
5	大柴旦盐湖	E95°02′～95°22′ N37°46′～37°55′	为半干盐湖，面积 240km^2，湖水面积 23～36km^2。以固体硼矿为主，液体矿有地表卤水和晶间卤水，晶间卤水有 2 层，上层分布面积 130km^2，厚 3～10m；下层分布面积 30km^2，厚 3～5m。固体硼矿有 5 层，硼矿物主要为柱硼镁石和钠硼钾石	液体 432（K_2SO_4）	液体 38.8		固体 500 液体 60.87
6	小柴旦盐湖	E95°22′～95°38′ N37°27′～37°36′	为卤水湖，面积 152km^2，湖水面积 36km^2，水深 0.26m，最大 0.69m。固体盐类分布面积 22.27km^2，盐层厚 20m，盐类沉积主要为芒硝和石盐。硼矿物主要为钠硼钾石和柱硼镁石	液体 6.18（K_2SO_4）	液体 0.2		固体 60 液体 3.3
7	一里坪干盐湖	E92°48′～93°20′ N37°51′～38°04′	为干盐湖，长 45km，宽 8km，面积 360km^2。晶间卤水为主要开发对象，分上下两层：下层石盐，厚 15～20m，面积 280km^2；上层石盐厚 4～6m，面积 203km^2	液体 477①/1639②	液体 41①/178②	8148②	液体 21.48①/89②

续表

序　号	矿区名称	地理位置	矿床地质简况	矿产储量 $/10^4t$			
				KCl	LiCl	$MgCl_2$	B_2O_3
8	尕斯库勒湖	E90°40′～91°10′ N37°57′～38°11′	为半干盐湖，湖水面 $103km^2$，水深 0.65m；干盐湖面积 $140km^2$。固体以石盐为主，分布面积 $202km^2$，厚 10～15m，最厚 31.13m。液体矿有表面卤水和晶间卤水：晶间卤水分布面积 $138.47km^2$，含水层位平均厚 12.36m	液体 432.5		固体 3247	
9	大浪滩干盐湖	E91°24′～91°34′ N38°28′～38°31′	为干盐湖，面积 $500km^2$。因第三纪形成的背斜构造所隔，被分隔成 8 个次级凹地，以大浪滩凹陷最佳。共有固体钾矿 7 层，主矿层为 6、7 层，分布范围约 $10km^2$，晶间卤水分为两层：下含水层赋存于下部石盐芒硝层中，厚 5.78～13.53m；上含水层赋存于上石盐层中，总厚 12～13m	液体 3647① 固体 716①	液体 6.9	固体 Mg443 液体 Mg 1223	
10	昆特依干盐湖	E92°45′～93°25′ N38°24′～39°20′	为干盐湖。盐滩长 75～80km，宽 20～30km，面积 $1680km^2$。由 4 个次级凹陷组成，以大盐滩最大。以液体矿为主，晶间卤水分布于盐层中，共计 5 层盐。由于绝大部分承压卤水难以利用，可利用的资源为大盐滩的潜卤水和第一层承压卤水	固体 111① 液体 2654①			

注：* 为给水度储量；①为根据报告储量计算的可采资源量；②为原勘探报告储量。

表 1–6　新疆盐类资源主要矿产地一览表

序　号	矿区名称	地理位置	矿床地质简况	矿产储量 $/10^4t$			
				NaCl	Na_2SO_4	$MgCl_2$	KCl
1	阿勒泰市阿拉克芒硝矿	E87°34′ N47°42°	盐湖长 3.5km，宽 1.25km，面积 $4.5km^2$，矿体有 2 层，平均厚分别为 1.83m 和 0.5m，化学成分：Na^+ 10%～26%，SO_4^{2-} 20%～35%，Cl^- 0.12%～1.4%		1049		
2	和布克赛尔县玛纳斯湖石盐芒硝矿	E85°43′26″～85°51′46″ N45°40′47″～45°47′47″	盐湖长 60km，宽 6～16km，面积 $750km^2$，其中盐类分布区 $348km^2$。盐类矿产有固体矿和液体矿。固体矿有石盐、镁盐（白钠镁矾和泻利盐）以及无水芒硝；液体矿为晶间卤水	固体 4884 液体 521	固体 284	液体 313.3	液体 37.23
3	和布克赛尔县达巴松诺尔石盐芒硝矿	E86°08′～86°24′ N45°43′～45°47′	盐类沉积长 27.8km，宽 7km，面积 $161.88km^2$，厚 0～8.98m，有石盐层、无水芒硝层和白钠镁矾层，在盐层中有晶间卤水分布	固体 9422 液体 835	固体 5247	固体 862 液体 109	液体 11.1

续表

序号	矿区名称	地理位置	矿床地质简况	矿产储量 $/10^4t$			
				NaCl	Na_2SO_4	$MgCl_2$	KCl
4	精河县艾比湖盐矿	E82°35′～83°10′ N44°45′～45°8′	湖水分布面积 562.5km^2，水深 1～2m，湖东南距岸 100m 处卤水相对密度为 1.079，矿化度为 112.4g/L，盐与芒硝共生。晶间卤水赋存于石盐、芒硝层中。相对密度为 1.237，矿化度为 377.4g/L	固体 1000 液体 6019			
5	乌鲁木齐市达坂城东盐湖石盐芒硝矿	E95°02′～95°22′ N37°46′～37°55′	湖水面积 17.7km^2，平均水深 0.46m；晶间卤水有 2 层：上层厚 0.41～1.35m；下层厚 1.22～10.17m。固体矿产有石盐、无水芒硝和芒硝	固体 1048 液体 259	固体 4842		
6	巴里坤湖石盐芒硝矿	E92°52′30″ N43°47′	由南、北两湖组成。南湖面积 70～115km^2，水深 0.1～0.75m，芒硝层分布面积 72.46km^2，平均厚 0.58m；北湖面积 12km^2，水深 0.1m，芒硝层厚 0.2～0.3m	固体 48	固体 1610		
7	伊吾县盐池石盐芒硝矿	E94°19′00″ N43°23′10″	湖水面积 24km^2，水深 0.36～0.56m，另有晶间卤水。固体为石盐和芒硝。芒硝为主，分东、西两矿区。面积分别为 11.27km^2 和 3km^2，厚分别为 1.53m 和 3.8m，石盐面积共 15km^2，厚 1～3cm，最厚 10cm	57.9（矿石）	2773（矿石）		
8	哈密市七角井东盐池石盐芒硝矿	E91°26′43″～91°33′45″ N43°26′15″～43°28′45″	为干盐湖。盐湖面积 40km^2。盐层分为两层：上层为石盐、芒硝；下层为芒硝。晶间卤水赋存于两盐层之中，上层平均厚 3.11m，下层 0.87～1.65m	固体 1629 液体 284	固体 1820 液体 83		
9	吐鲁番市艾丁湖石盐芒硝矿	E89°21′55″～89°29′12″ N43°26′15″～43°28′45″	地表卤水面积 2～4km^2，水深 0.1～0.5m，矿化度为 336.47g/L。以固相石盐为主，石盐层中下部有晶间卤水，石盐层平均厚 1.79m，NaCl 含量为 60.45%～88.94%	固体 2259 液体 157	固体 684 液体 18		
10	哈密市石英滩南盐湖	E92°45′～93°25′ N38°24′～39°20′	为干盐湖。盐层分布范围：长 5.5～7km，宽 2～3km，面积约 12km^2，表层盐壳厚 0.3～0.7m。下层盐厚 1.2～1.5m。中间厚，边缘薄，与芒硝伴生。石盐层中含晶间卤水	1179.3（矿石）	123（矿石）		
11	吐鲁番市乌勇布拉克盐湖芒硝石盐矿	E89°00′～89°15′ N41°46′～41°57′	以固体石盐为主，石盐层中赋存有晶间卤水，石盐层分为上、下两矿层：上矿层包括石盐壳和石盐层。石盐壳：长 20km，宽 4～7km，面积 121km^2，平均厚 0.76m；石盐层长 15km，宽 4～7km，面积 68.4km^2，由单个薄层组成，累计平均厚 13.44m；下矿层 7.5km，宽 2km，含盐 5～8 层，盐层厚 23.62～33.22m	固体 75590 另有表矿 2665	固体 1438 另有外矿 1361		

续表

序号	矿区名称	地理位置	矿床地质简况	矿产储量 /10^4t			
				NaCl	Na_2SO_4	$MgCl_2$	KCl
12	博湖县大碱滩石盐芒硝矿	E87°26′18″～87°30′00″ N41°12′12″～41°57′00″	含盐面积共 240km^2，产石盐、芒硝矿，分 3 个矿段，以中段最好，长 11.2km。有石盐 3 层、芒硝 2 层，累计厚分别为 0.41m 和 1.85m，含晶间卤水	固体 表内 1476 表外 2143	固体 896		
13	阿图什县硝尔库勒盐湖石盐矿	E77°12′～77°15′ N40°5′～40°8′	盐湖长 13km，宽 2～6km，面积 90km^2。自上而下分为石盐盖、黑色淤泥和石盐 3 层。厚分别为 0.5～1.5m、0.2～0.5m、0.2～0.3m。石盐层中赋存有晶间卤水	固体 978			
14	阿图什县吐孜苏盖特盐湖石盐矿	E77°14′～77°20′ N40°12′～40°13′	盐湖长 18km，宽 2～4km，面积 50km^2。自下而上分为 3 层：石盐盖，厚 0.2～0.3m；石盐，0.3～0.6m，为主矿层；灰黑色淤泥（未穿透）。NaCl 含量为 94.4%	固体 921			
15	鄯善县吐峪沟赛尔盖甫钠硝石矿	E89°49′35″ N42°47′50″～42°51′32″	矿化发生在侏罗系断裂破碎带中，共 7 个矿体（层）。矿体呈脉状，脉宽为 2mm，$NaNO_3$ 平均含量为 1.35%～5.25%。矿石中除钠硝石和钠硝矾外，还有石盐、石膏、硬石膏	$NaNO_3$ 27.5			
16	鄯善县沙尔钠硝石矿	E92°15′ N43°05′30″	属第四系残积坡积物孔隙充填型矿床。在 30km^2 的范围内共圈出 14 个矿体，其中 5 个规模较大，长 500～4000m，宽 50～500m，厚 0.1～0.8m，矿物成分为钠硝石、钠硝矾、石盐、石膏、无水芒硝。$NaNO_3$ 含量为 2.18%～17.83%	$NaNO_3$ 12.7			
17	吉木乃县阿克苏库勒天然碱矿	E85°52′30″ N47°42′00″	天然碱富集于现代卤水湖中，湖长 1km，宽 0.3km，面积 0.3km^2。湖泊边缘表面有厚 0.3m 的白色天然碱。化学成分：Na_2CO_3 48.9%，NaCl 29.61%，Na_2SO_4 22.16%	19（矿石）			
18	若羌县罗布泊钾盐矿	E90°00′00″～91°45′00″ N39°50′00″～41°05′00″	罗布泊盐湖共划为 8 个区段，罗北凹地是其中最大的一个，次为东台地和西台地。以液体矿产为主，固体矿为次，固体矿除钾盐外，主要为钙芒硝、石盐等；液体矿为晶间卤水，共有 6 个含水层，各层厚 3～15.5m。另外在东台地和西台地也揭露有 2～3 层卤水		12900①	68700①	

续表

序号	矿区名称	地理位置	矿床地质简况	矿产储量 /10^4t			
				NaCl	Na_2SO_4	$MgCl_2$	KCl
19	若羌县大洼地钾硝石矿	E91°44′32″ N41°11′54″	为固液并存盐湖矿床，总面积 12km²。分为东、西两池，东盐池 10.5km²，西盐池 15km²。以固体矿为主。固体矿 KNO_3 含量为 5.03%，$NaNO_3$ 为 2.29%；液体矿 KNO_3 达 30g/L				固体 7.8 液体 2.6[①]
20	鄯善县小草湖钠硝石矿	E91°07′51″～91°17′26″ N43°07′～43°13′	属冲洪积物裂隙孔隙充填型矿床，已控制面积 90km²，共有矿体 10 个，西段 4 个，东段 6 个，单个矿体长 2.63～5km，宽 0.2～2km，面积 1.57～7km²，厚 0.2～1.2m，平均 0.58m，$NaNO_3$ 含量 8.90%				固体 189.35
21	鄯善县红台钠硝石矿	E91°18′ N43°02′	属第四纪次生淋滤矿床。共有 10 个矿体，其中Ⅲ、Ⅳ、Ⅴ三个的分布情况是：Ⅲ号：长 2km，宽 1～1.3km，厚 0.34～1.02m，平均 0.47m；Ⅳ号：长 2km，宽 0.5～1km，厚 0.2～0.6m，平均 0.45m；Ⅴ号：长 2km，宽 0.5～0.8m，厚 0.38～0.6m，平均 0.46m。$NaNO_3$ 含量为 4%～6.43%				固体 8.2
22	吐鲁番市乌勇布拉克小横山钾硝石矿	E89°19′50″ N41°51′	属于现代盐湖化学堆积孔隙充填型矿床。石盐壳的部分地段有硝酸钾富集，形成钾硝石矿层。主矿体形状不规则，长 2km，宽 0.5～1.5km，面积 2.5km²，厚 0.2～1.12m。平均 0.7m，主要矿物成分为石盐、含钾硝石、钾石盐、石膏和无水芒硝、白钠镁矾。 KNO_3 0.37%～18.65%，平均 5.07%；$NaNO_3$ 0%～14.15%，平均 0.55%；KCl 0～18.52%，平均 2.8%				固体 3.7

①为给水度储量。

新疆地矿局介绍，2005 年年底，新疆阿克苏地区拜城县勘探发现特大型盐矿矿床，探明其储量约为 145 亿吨。新疆探明的矿产储量如表 1-7 所示。

表 1-7 新疆探明的盐类矿产储量一览表

矿种	化学成分	储量单位 /10^4t	居全国的位置	备注
石盐	NaCl	288800	第 12 位	液体矿只按给水度储量统计
钾盐	KCl	12968	第 2 位	
芒硝	Na_2SO_4	11194700	第 8 位	
镁盐	$MgCl_2$	70213	第 2 位	
钠硝石	$NaNO_3$	593.8	第 1 位	
钾硝石	KNO_3	17.11	第 1 位	
溴	Br	0.73		
硼	B_2O_3	3.9		

三、西藏卤水资源的分布

西藏盐湖卤水资源以硼、锂含量高为基本特征，另外还含有较多的铷、铯、溴，具有很高的经济价值。

西藏共有盐湖近 500 个，其中面积大于 1km^2 的有 334 个。以冈底斯山和念青唐古拉山为界可以划分为藏南和藏北两个盐湖区。

由于西藏的特殊自然条件（高山缺氧、交通不便、生活条件差）的限制，地质工作程度都很低。除少数盐湖作过正规的普查、详查外，多数都属于科考性质。根据现有资料初步统计，其资源量如表 1-8 所示。

表 1-8 西疆主要卤水资源矿产地一览表

序号	矿区名称	地理位置	矿床地质简况	矿产储量 /10^4t			
				KCl	$LiCO_3$（LiCl）	B_2O_3	Na_2CO_3＋$NaHCO_3$
1	扎布耶盐湖	E84°04′ N31°21′	该盐湖分为南、北两湖，北湖为卤水湖，南湖为半干盐湖。是一个固液并存，以液体矿为主的综合性大型矿床。固体矿中以硼和锂为主，液体矿以锂、钾、硼为主，另含有铷、溴、铯	固体 849 液体 769	固体 102 液体 82	固体 1066 液体 82	固体 85 液体 655
2	扎仓茶卡盐湖	E82°25′ N32°35′	该盐湖由 3 个盐湖组成，其中只有Ⅱ湖局部地段作过详查工作，总面积 128.25km^2。以固体硼矿为主，硼矿物主要为库水硼镁石、多水硼镁石和柱硼镁石。在地表卤水中富含钾、硼、锂	固体 12 液体 97	液体 29.8	固体 138 液体 6	
3	班戈湖	E89°30′ N32°45′	由三湖组成，Ⅰ湖为季节性湖，面积 5.4km^2，Ⅱ、Ⅲ湖为两个湖，Ⅱ湖干涸，但现在又被湖水淹没，并与Ⅱ湖连在一起，面积 130km^2。固体盐类沉积以芒硝和硼砂为主。液体矿产有表面卤水和晶间卤水	固体 68	液体 20	固体 237 液体 49	

续表

序号	矿区名称	地理位置	矿床地质简况	矿产储量 /10^4t			
				KCl	$LiCO_3$（LiCl）	B_2O_3	Na_2CO_3+$NaHCO_3$
4	杜佳里湖（又名郭加林错）	E88°42′ N32°05′	湖盆面积 80km²，湖水面积小，有两层盐类沉积，下层由黑色淤泥和芒硝组成，上层由泥灰、碱、芒硝和硼砂组成，在盐层中赋存有晶间卤水。有两层富矿，单层厚 4～8cm。晶间卤水有用组分含量：LiCl 0～0.463g/L，B_2O_3 2.48～5.42g/L，KCl 19.32g/L	液体 493	液体 56.8	固体 41 液体 100	
5	茶里错（又名茶拉卡错）	E82°22′55″ N31°40′10″	面积 10km²。硼矿产于芒硼淤泥层中，主要成分为硼砂、芒硝、无水芒硝、石盐、三方硼砂、库水硼镁石、针碳钠钙石等。有硼砂矿两层，单层 0.2～0.35m，总厚 1～5m			固体 903	

西藏盐湖成盐时间较晚，故盐类沉积较薄，一般为 5～7m。目前发现的主要矿床有扎布耶盐湖、扎仓茶卡以及班戈湖。主要盐湖矿产见表 1-9。

表 1-9　西藏盐湖矿产资源储量统计表

矿　种	成分及单位	储　量	备　注
石盐	NaCl/10^4t	55105.57	其中 2 个主矿区为 408518.6kt
钾盐	KCl/10^4t	4267.52	其中 7 个主矿区为 31760kt
锂盐	LiCl/10^4t	1414.13	其中 7 个主矿区为 4614.9kt
硼矿	B_2O_3/10^4t	4159.79	其中 14 个主矿区为 38627.1kt
芒硝	Na_2SO_4/10^4t	51649.23	其中 4 个主矿区为 504290kt
碱矿	$NaHCO_3$+Na_2CO_3/10^4t	85	仅扎布耶盐湖一个矿区
铷	Rb/t	5338.56	扎布耶盐湖一个矿区
铯	Cs/t	1558.96	扎布耶盐湖一个矿区
溴	Br/t	41450.12	扎布耶盐湖一个矿区

1.2.2 海水卤水资源的分布

海水卤水资源根据其产出方式可以划分为 3 种情况：一种是直接从海水中提取有用组分，生产所需的产品，称为海水化学资源；另一种是滨海的地下卤水；还有一种是在海水制盐过程中所产生的苦卤。

一、海水化学资源

海水在地球上的总量约 $13.7\times10^8km^3$，占地球 71%。海水中的水含量占 96.58%，约 $13.2\times10^8km^3$；可溶无机盐占 3.42%，储量约 5×10^{16}t。海水中含有化学元素 80 多种，其中国内外已开发的有 15 种，其含量和资源状况见表 1-10。

我国有海岸线 1.8 万千米和渤、黄、东、南海四大海域以及海南、台湾等 6500 个岛屿，具有取之不尽、用之不竭的海水资源。随着科学技术的进步和陆地可利用资源的日益减少，人们越来越多地把注意力投向海洋这个巨大的宝库。

表 1-10　海水化学资源状况

名　　称	分　子　式	浓度（质量分数）	资源总量 /t	每立方千米海水资源量	备　　注
淡水	H_2O	96.575%	132.3×10^{16}	96575×10^4t	①立方千米海水为 1000Gt，相当于大港电厂冷却海水设计用量或全国海盐用海水的一半 ②海水中钾离子含量为 0.038%，本文为化合物，故为 0.072%
氯化钠	NaCl	2.696%	3.656×10^{16}	2669×10^4t	
氯化镁	$MgCl_2$	0.328%	4493×10^{12}	328×10^4t	
硫酸镁	$MgSO_4$	0.210%	3570×10^{12}	210×10^4t	
硫酸钙	$CaSO_4$	0.138%	1891×10^{12}	138×10^4t	
氯化钾	KCl	0.072%	986×10^{12}	72×10^4t	
溴化镁	$MgBr_2$	0.008%	109.6×10^{12}	8×10^4t	
硼	B	4.6×10^{-6}	6.3×10^{12}	4600t	
氟	F	1.3×10^{-6}	1.781×10^{12}	1300t	
锂	Li	0.17×10^{-6}	2329×10^{8}	170t	
铷	Rb	0.12×10^{-6}	1561×10^{8}	120t	
碘	I	0.06×10^{-6}	822×10^{8}	60t	
铀	U	0.003×10^{-6}	41×10^{8}	0.3t	
银	Ag	0.0000×10^{-6}	5480×10^{4}	40kg	
金	Au	0.0000×10^{-6}	548×10^{4}	4kg	

二、滨海地下卤水资源

滨海地下卤水主要分布于渤海湾附近地区，包括莱州湾、辽东湾和渤海沿岸，其地质简况如表 1-11 所示。

表 1-11　海卤水资源产地一览表

序　　号	矿区名称	地理位置	矿床地质简况	w（NaCl）/10^4t
1	山东莱州湾地区地下卤水	E120°00′ N37°00′	莱州湾地下卤水区位于山东省北部垦利、广饶、寿光、潍坊、昌邑、莱州一带，长 100km，宽 10～15km，面积 1000km^2，埋深 40～80m，有卤水 2～4 层，矿化度为 90～150g/L，最高 217g/L	4992
2	辽东湾沿岸地下卤水	E121°00′ N41°00′	地下卤水分布于锦州盐田、沟帮子、盘山、营口盐田深海地带，咸淡水分界线一般 50～90m，水平方向距海岸线 5～15km，分布范围约 600km^2。卤水含水层埋深 40～60m，一般分上、下两个含卤层。上卤水层底板埋深 28～36m，厚 8～12.29m；下部卤水层底板埋深 37～57m，厚 5.13～11.56m。含水层岩性为灰色粉细砂和黄灰色粉细砂、亚砂土组成	
3	渤海沿岸	E119° N39°	位于河北平原的东部，为滨海冲积平原，海拔 3～15m，第四纪沉积厚大于 500m，100～250m 以上为海陆交互相沉积层。自北向南在宁河、静河、黄骅、海兴一带形成高矿化度咸水区，咸淡水分界线 50～150m，距海岸线一般 10～25km，面积约 2000km^2。卤水含水层埋深 60～75m，自上而下有 3 个含卤层：第一层底板埋深 15～20m，厚 3～5m；第二层底板埋深 35～47m，层厚 7～11m；第三层底板埋深 54～71m，层厚 6～8m。岩性为粉细砂、中细砂组成，间夹亚黏土、黏土薄层	

地下卤水的相对密度和组分随地区而异，如山东莱州湾地区的地下卤水总储量约为 74×10^8m^3，密度为 1.095g/cm^3，较海水高 4 倍，含溴量达 210～250mg/L。

三、苦卤化学资源

在海水制盐过程中，每产 1 吨盐的同时，产出 0.8～1m^3 晒盐后的卤水，称为苦卤。现在我国每年产海盐 2.3×10^7 吨，因此将产生约 2×10^{7}m^3 苦卤。这些苦卤含有很多有用组分，是一种具有开发价值的资源。苦卤有用组分及年资源量估算情况如表 1-12 所示。

表 1-12　苦卤有用组分及年资源量估算表

物料名称	分子式	含量 / (g/L)	资源量 / (10^4t/a)	备注
氯化钾	KCl	24.4	48.8	苦卤密度为 1.2830g/cm^3
氯化钠	$NaCl$	79.2	158.4	
硫酸镁	$MgSO_4$	87.6	175.2	
氯化镁	$MgCl_2$	189.6	379.2	
溴化镁	$MgBr_2$	2.2	4.4	

苦卤资源具有可再生性，其优点是已形成工程化；但资源较分散，规模生产受限制。

1.3　卤水资源开发与国民经济发展的关系

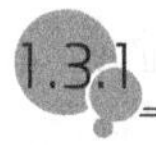

1.3.1　卤水资源在国民经济发展中的地位和意义

一、盐湖卤水资源在国民经济发展中的地位和意义

盐湖卤水中含有许多有用元素，除 K、Na、Mg 等普通元素外，还有大量的稀、散元素，如 Li、B、Sr、Rb、Cs、Br、I 等，这些元素在人类经济生活中具有重要意义，盐类资源的各种产品在轻工、农业、化工、冶金、电子、建材、纺织、军工等部门均有广泛应用如图 1-2 所示。

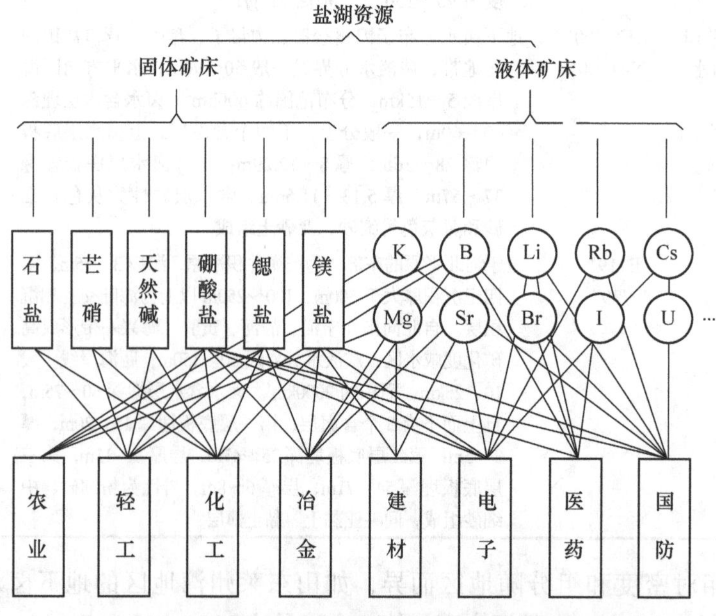

图 1-2　盐湖资源在国民经济各部门的应用示意图

（一）盐湖钾资源是我国钾肥生产的主要原料

我国是一个农业大国，年需钾肥 500 万吨左右，而我国又是一个缺钾的国家，已探明的可溶性钾的储量 98% 在盐湖，而其中主要又是盐湖卤水。我国最大的钾肥生产基地青海察尔汗和新疆罗布泊的原料均取自盐湖卤水。

（二）盐湖硼矿资源在硼化工业中的地位日益重要

多年来，我国硼化工业主要是利用东北的前寒武纪的沉积（再造）型硼矿。但由于其中一半以上的富矿已采完，剩下的储量多为品位较低的贫矿。我国西藏和青海的盐湖硼矿资源储量大、加工方便，随着国家“西部大开发”战略的实施和青藏铁路二期工程的建成，大大改善了西部的交通运输条件和开发条件。因此，随着对盐湖资源的进一步开发，盐湖卤水的硼矿资源将在我国的硼化工业中日益显示其重要地位。

（三）盐湖卤水锂资源对振兴我国锂业具有重要意义

在 2000 年以前，我国几乎全部是从伟晶岩矿石中提取锂，由于成本高（2400 美元 / 吨），故在国际市场上缺乏竞争力，而国外（如智利）由于从盐湖卤水中提取锂，其成本已降到 800～1000 美元 / 吨，从而使我国不得不从 1995 年的出口国转为 1998 年的进口国。

我国盐湖锂资源非常丰富，主要分布在西藏和青海。特别是西藏的碳酸盐型卤水中的锂矿，不仅品位高，而且加工方便。可行性论证报告表明，其生产成本为 9000 元 / 吨，显示了美好的开发前景。中国科学院青海盐湖研究所对硫酸盐型卤水锂矿的提取工艺也已取得突破性进展，因此，盐湖卤水锂矿的开发必将成为我国锂业发展的重要途径。

（四）盐湖卤水硝酸盐资源在国民经济发展中的特殊作用

我国盐湖硝酸盐主要分布在新疆，其资源量仅次于智利，位居世界第二，亚洲第一。我国对硝酸钾的需求量较大，年需求量约 100 万吨，而产能 8 万吨，缺口 92 万吨，需进口解决。我国新疆的硝酸盐已探明储量 610 万吨，远景储量在 3 亿吨以上。随着近年来采用喷淋堆浸选矿的新工艺，硝酸钾生产已得到较快发展。盐湖卤水硝酸盐资源在国民经济发展中将具有特殊的作用。

（五）盐湖卤水钠盐、镁盐资源在国民经济发展中的地位

盐湖卤水的钠、镁盐资源丰富，但是由于盐湖大部分分布在青藏高原和新疆等运输线长，经济欠发达的地区，钠、镁盐产品竞争力不如沿海一带的海盐生产。据统计，全国卤水原盐年产量为 2.838 亿吨，其中海盐为 2.005 亿吨，约占总产量 70%，湖盐产量为 234 万吨，仅占 8%，其余为井盐。

我国是镁金属生产大国，但主要是以白云石为原料，由于能耗大，目前许多生产厂家被迫停产。用盐湖卤水生产氯化钾的过程中所产生的大量水氯镁石目前因电解用无水氯化镁的技术“瓶颈”尚未突破，尚未得到大规模利用。随着科学技术的进步和青海水电业的飞快发展，金属镁市场展现了良好的发展前景。

二、海水卤水资源在国民经济发展中的地位和意义

1990 年联合国第四十五届大会做出决议，要求世界各国把海洋开发列入国家发展战略。我国沿海省市在国家“科技兴海”战略推动下，重视发挥区域优势，相继提出建设“海上山东”、“海上辽宁”的奋斗目标，取得了可喜的成果。

海水制盐业和海洋渔业、海洋运输业一起并列为海洋产业的三大支柱。我国的海水制盐

业不但提供了6亿人民的食用盐，而且提供了80%的工业用盐，我国年产纯碱834万吨、烧碱646万吨，主要用海盐生产。

沿海地区淡水资源不足，全国500多个城市有300个缺水，严重缺水的约100个。沿海开发的14个城市中有9个缺水。这种状况为海水资源的利用提供了充足的市场和发展空间。

在沿海城市经济发展过程中，海水卤水资源的开发必将起到积极的作用，有着十分重要的意义。

1.3.2 开发卤水资源对推动地区经济发展的作用

一、开发盐湖卤水资源可推动青海、新疆、西藏等少数民族地区经济发展

我国的盐湖卤水资源主要分布在青海、新疆、西藏等省（区），也是我国“大西北”的主体，而这些地区的经济发展相对较慢，交通不方便，自然环境差。西部大开发的实施，为盐湖资源的开发带来了前所未有的机遇，而这些地区的盐湖卤水资源对推动地区经济的发展将发挥巨大的作用。

（一）对促进当地经济发展的作用

青海、新疆、西藏有着丰富的盐湖卤水资源，由于经济不发达，这些地区的宝贵资源一直未能得到有效的开发。以开发最早的察尔汗盐湖为例，从1958年开始开采，到现在已有58年了，氯化钾生产规模在330万吨，硫酸钾镁肥45万吨，硼酸3万吨，产品种类少，加工技术与世界发达国家相比还比较落后。特别是西藏自治区，尽管有盐湖500多个，但真正进行过详细勘探工作的为数不多，2009年才开始投产，硫酸钾一期工程120万吨，二期工程300万吨。

开发这些地区的卤水资源，使资源优势转化为经济优势，对促进当地经济发展具有极为重要的意义。

（二）有拉动其他相关行业发展的作用

随着盐湖卤水资源的开发，必将带动其他相关行业的发展，如交通运输业、编织业、电讯业、机器制造业、服务业等全面发展。

（三）推动旅游业的进一步发展

青海、新疆、西藏不仅有丰富的盐湖卤水资源，也有丰富的旅游资源，而且它们之间有着密切的关系。如新疆著名的楼兰遗址就位于罗布泊钾盐矿床的西北约60km处，随着罗布泊钾矿床的开发和交通条件的改善，必然会促进新疆旅游业的发展。青海盐湖旅游是青海旅游的一道独特风景线。从茶卡盐湖，经察尔汗、小柴旦、大柴旦到一里坪一线，游客可以观看盐湖独特的风光和“万丈盐桥”。所有这些都将随着盐湖资源的开发获得前所未有的发展机遇。

（四）盐湖卤水资源的开发对发展边贸关系、促进民族团结和加强国防建设具有重要意义

西藏和新疆都是少数民族聚集地区，也是我国国境线最长的地区。两区的盐湖资源的开发，其部分产品可以直接出口邻国，对繁荣边贸经济将会产生积极的作用。与此同时，随着经济的繁荣，将会大大提高当地少数民族群众的生活水平，对巩固西北、西南边界的国防将会产生重要作用。

二、开发海水卤水资源对沿海区域经济发展的重要意义

在我国海洋区域开发布局中，选定了5个重点开发区域：环渤海区、长江口杭州湾区、

闽东南沿海区、珠江口区和北部湾区。其中环渤海区是海水资源利用、海洋化工新兴产业的重点地区。

环渤海地区周边为辽宁、河北、山东、天津三省一市，大陆海岸线占全国的 31%。本区地处太平洋经济圈的西部，为东北亚经济区的中心，是我国对外开放的前沿，辽东半岛、京津唐、山东半岛成为我国对外开放地区的聚集带。同时本区是华北、东北、西北三大经济区的通道，是我国经济发达地区。然而，由于人口增加、耕地减少、资源短缺、环境污染等因素制约了区域经济的发展，只有加快海洋开发步伐，积极发展海洋产业，才有利于解决或缓解上述矛盾，促进经济持续发展。

环渤海地区是我国盐化工的起源地和生产基地，无论是海盐工业、制碱工业，还是制溴工业，其产量、规模和技术进步均位居国内前列。通过改革开放和科技进步，环渤海地区在制盐、制碱基础上正向海洋化工业方向发展，通过重组和新建，该区域已经出现了一批海洋化工骨干企业，如山东海化集团、山东寿光海源集团、青岛海湾集团、鲁北化工集团和天津长芦海晶集团有限公司等，通过努力，将在环渤海区出现 1～2 家在行业中居主导地位，拥有自主知识产权、主业突出、核心竞争力强并能在国际市场有较强竞争力的大企业，成为我国新兴海洋化工业的主导力量。海水卤水资源的开发，将为推动我国沿海城市特别是环渤海区的经济发展和加快海水资源利用带来前所未有的机遇。

1.4　国内外卤水资源开发现状

其他开发盐湖卤水资源的国家主要有美国、以色列、约旦、智利、俄罗斯、塔吉克斯坦、土库曼斯坦、乌兹别克斯坦、哈萨克斯坦、埃及等。

美国、智利、以色列等国家，是目前世界上开发利用盐湖卤水资源最合理、先进的国家。其开发模式是综合利用卤水资源和开发系列产品，最大限度地降低生产成本，提高产品竞争力，减少产业污染，实现资源与环境的可持续发展。国外开发利用最有成效的现代盐湖主要有美国的大盐湖、西尔斯湖、智利的阿塔卡玛盐滩以及死海等。

我国盐湖卤水资源的开发利用水平较低，至今仍以采挖单一的氯化钠、芒硝、天然碱等原矿的再加工为主，多组分共生和伴生的盐湖卤水资源的综合利用还不能实现。如富含钠、钾、镁、锂、硼等资源的青海察尔汗盐湖卤水，由于缺乏先进的生产技术，只生产单一的氯化钾产品。整体而言，企业规模小，产品品种单一，技术含量低，企业缺乏竞争力。没有充分利用盐湖中的有用成分，造成资源浪费和环境污染等问题。

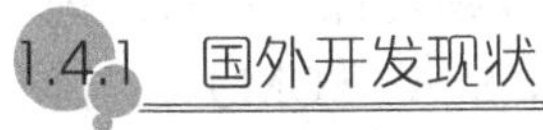

1.4.1　国外开发现状

一、资源概况

（一）锂

目前世界锂产品的生产能力为 8 万吨左右，全球碳酸锂产量只有 6～8 万吨，而需求在 10 万吨以上，存在较大缺口。

从资源状况来看，全球锂资源分布呈现垄断格局，智利、中国、巴西、加拿大占全球 90% 以上的储量。世界主要锂公司有美国的 FMC 公司、智利的 SQM 公司及德国的 Chemetall

公司，这三家公司的产量和销量占世界市场 70% 以上的份额，他们控制着定价权。

2013 年美国地质勘探局（United States Geological Survey，USGS）报告显示，全球已查明锂资源量 3950 万吨（金属量），锂储量 1300 万吨，世界主要产锂国家锂资源储量如表 1-13 所示，世界锂矿产量如表 1-14 所示。

表 1–13　2012 年世界主要产锂国家锂资源储量情况统计 / 万吨

国　家	智利	美国	澳大利亚	巴西	阿根廷	中国	世界总计
储　量	750	3.8	97	6.4	85	350	1300

资料来源：U.S.Geological Survey，Mineral Commodity Summaries 2013 年。

表 1–14　世界主要国家锂产量情况统计 / 吨

国　家	2008	2009	2010	2011	2012e	2013	2014
智利	10600	5620	10510	12900	13000	11200	12900
葡萄牙	700	—	800	820	560	570	570
美国	W	W	W	W	W		
加拿大	690	310	—	—	—		
澳大利亚	6280	6280	9260	12500	12800	12700	13000
津巴布韦	500	400	470	470	1060	1000	1000
巴西	160	160	160	320	150	400	400
阿根廷	3170	2220	2950	2950	2700	2500	2900
中国	3290	3760	3950	4140	4500	4700	5000
拉美合计			13620	16170	16050	14100	16200
世界总计	25390	18750	4172000	50270	50820	47170	68170

注：e—预估值；W—避免公司数据泄露的专有数据；表中数据不包括美国产量。

资料来源：U.S.Geological Survey，Mineral Commodity Summaries（2009—2013）。2013—2014 数据来源：Mineral Commodity Summaries，2014，2015.

按照资源量折合，碳酸锂（lithium carbonate equivalent, LCE）当量约 2 亿吨。参照全球年 15 万吨的消费量计算，可以满足百年以上开采需求。

在世界锂资源组成中，卤水锂资源占 61%，矿石锂资源占 34%，油田和地热水占 5%。全球锂资源主要分布在北美、南美、中国和澳大利亚等地，其中南非主要为卤水资源，澳大利亚主要为矿石资源，北美和中国兼有大型卤水和矿石资源。

全球 70% 锂产品来自于盐湖卤水。目前来看，盐湖提锂的成本和规模均优于矿石提锂。20 世纪 90 年代智利化学矿业公司（Sociedad Quimicay Minera de Chile S. A., SQM）在盐湖卤水提锂方面实现技术突破，碳酸锂生产成本大大低于矿石提锂，推动了盐湖提锂发展。同时，SQM 自 1997 年进入市场以来，采取低价策略，将碳酸锂价格从 3300 美元 / 吨降到 1500 美元 / 吨，终止了大部分矿石提锂的生产方式。全球约 70% 的锂产品来自于盐湖，约 30% 来自于矿石。

智利、阿根廷、玻利维亚等地卤水资源尤其集中，被称为世界“锂三角”，该区域约集中了全世界 70% 以上锂资源。全球每年大约 60% 锂产品来自“锂三角”区域，3 大盐湖分别是玻利维亚乌尤尼盐湖（Salar de Uyuni）、智利阿塔卡玛盐湖（Salar de Atacama）、阿根廷霍姆布雷托盐湖（Salar de Hombre Muerto），其中阿塔卡玛盐湖和霍姆布雷托盐湖已经有多年的开采历史，而玻利维亚乌尤尼盐湖属于待开发盐湖。

当前，锂盐矿产量较大的国家有智利、美国、澳大利亚、阿根廷、俄罗斯、加拿大、津巴布韦、中国、巴西、纳米比亚和葡萄牙等。1996 年世界金属锂产量为 7822 吨（不含美国），较 1985 年增加 50%；较 1995 年增加 2.4%。

数十年来，美国一直是锂盐的最大生产国。20 世纪 80 年代初，美国生产量占世界生产能力的 70% 以上。但从 90 年代以来，由于智利、阿根廷盐湖锂资源的开发，使美国在世界产量所占的比例急剧下降，到 2000 年下降到仅占 5%；而智利已成为世界上最大的碳酸锂生产国。

近十年来，世界锂资源开发利用的格局发生了很大的变化，卤水提锂正以其低成本优势取代自伟晶岩矿石提锂。国外锂生产的发展历程表明，卤水提锂占总产能的比例已从 1995 年的 28.26% 上升到 2010 年的 88.41%。

（二）硼

世界硼资源分布比较集中，土耳其、美国、俄罗斯、智利、秘鲁、阿根廷、玻利维亚和中国几乎囊括世界的全部储量。世界储量总计 3.34 亿吨（以 B_2O_3 计），储量基础总计为 6.28 亿吨（以 B_2O_3 计），其中土耳其和美国拥有绝对的资源优势，各主要产硼国家的储量和储量基础如表 1-15 所示。

表 1-15　世界硼储量和储量基础

国　家	储量 / 万吨	各国储量比例 /%	储量基础 / 万吨	各国储量基础比例 /%	估计品位 /%
美国	10433	31.72	20866	33.23	25
俄罗斯	5433	16.28	13608	21.67	20
阿根廷、玻利维亚、智利、秘鲁	2722	8.16	9072	14.45	20
中国	3888.36	11.6	4731.45	7.53	10
土耳其	10886	32.63	14515	23.11	30
世界总计	33362.36		62792.45		

美国的硼矿以加利福尼亚的科拉莫尔最为著名。此外，还分布在死谷地区（位于加利福尼亚州与内华达州交界处）、内华达克拉克地区以及加利福尼亚州希尔西湖和犹他州大盐湖；萨尔东海地下热水和帕拉多克斯地下卤水中硼含量也很高。

土耳其的硼矿集中分布在该国西部的埃斯基谢希尔省、屈塔希亚省和马勒克希尔省，著名的矿区有科卡、埃特、毕加狄和凯斯特莱克。硼矿床分为硬硼钙石型和硼砂型两种。硼矿体赋存于灰岩、泥面岩和黏土中，矿体厚度为 1.5～1.7m，埃梅特矿区最大厚度为 100m，工业硼矿物为硬硼钙石（B_2O_3 40%～42%），钠硼解石（B_2O_3 36%～38%）和硼砂（B_2O_3 32%～34%），矿石品位高，质量好，且埋藏浅，大部分为露天开采。

俄罗斯的硼矿主要分布在印迭尔、乌拉尔、高加索、小亚细亚及太平洋沿岸，印迭尔湖卤水平均含 B_2O_3 2.3%，是俄罗斯硼矿的一个重要来源。此外，俄罗斯的马库油田中也含有硼。

南美洲硼矿主要分布在阿根廷、智利、秘鲁、玻利维亚等国的共同边界——安第斯山脉，这是一个成矿带。在这个带上，大约已发现 40 个硼酸盐矿床。这些矿床呈小型裙状或锥状矿体，主要矿物为钠硼解石和硼砂或板硼钙石，B_2O_3 含量平均达 20%，其中阿根廷萨尔塔省的延卡拉是世界上较大的硼矿床之一。智利除安托法加斯塔矿床外，阿塔卡玛沙漠地下卤水也含有硼。

国外硼资源除上述国家和地区外，在印巴克什米尔地区也有分布，但储量不一。此外，意大利托斯卡纳岛温泉中含有 B_2O_3 为 0.1%～0.7%，曾一度为世界提供过硼产品。德国斯塔斯弗特钾矿中光卤石带伴生有硼，德国在生产钾盐时回收硼产品。

每个国家都有自己的硼矿工业质量标准，而是根据各自的资源情况、开采加工技术和综合回收能力，结合市场价格，以经济效益等因素来确定有用组分含量的下限，如美国科拉莫尔（Kramer）硼矿山目前只加工利用 B_2O_3 较高的天然硼砂矿，将以下的矿物原料暂时堆放，准备待 20 年后天然硼砂矿用完时，再加以利用；而西尔斯湖上、下盐层卤水含 B_2O_3 的百分比分别为 1% 和 1.2%，克尔麦基公司综合回收硼砂和硼酸。

表 1-16 是美国开采硼酸盐矿床的最低要求，美国的最低品位均高于我国的工业品位。

表 1–16　美国开采硼酸盐矿床的最低要求

矿　物	规模 / 百万吨	最低品位（B_2O_3）/%	最大深度 /m	备　注
硼砂	1～5	10	492	目前供应良好
硬硼钙石	0.5～2	15	164	美国东部和欧洲市场
复合卤水	大型	1	492	取决于其他盐类的回收率
硼钠钙石	0.5～1	20	地表	目前市场很小

与资源量相匹配，土耳其和美国是世界上两个最大的硼产品生产国，也是两个最大的出口国，两国每年供给世界硼酸盐产品需求量的 80% 以上，土耳其的大部分产品以硼矿石和少量硼酸盐制品的形式出口到欧洲（40%）和北美（25%），只有 7% 用于国内消费，而美国约有 50% 的产品供出口，主要是硼化物。

截至 2006 年 6 月 26 日，美国硼矿物和精制原硼酸盐化学品（以 B_2O_3 计）产能总计 102.305 万吨 / 年。主要的硼酸盐化学品有五水合硼砂、无水硼砂、十水合硼砂和硼酸。美国硼酸盐公司在内华达州拉斯罗普韦尔斯只生产硼矿物产品，但在美国营销土耳其生产的硼酸盐。美国硼酸盐生产厂商及其产能如表 1-17 所示。

表 1–17　美国硼酸盐生产厂商及其产能

公　司	地　址	产能 /（吨 / 年）
美国硼酸盐公司	内华达州拉斯罗普韦尔斯	22000
琴尔斯瓦利矿物	加利福尼亚州特罗纳	30300
琴尔斯瓦利矿物	加利福尼亚州斯腾德	90750
力拓公司	加利福尼亚州博伦	880000
总计		1023050

从生产企业来看，世界硼酸盐的生产主要由两家公司控制，即土耳其埃蒂控股（Eti Holdings）公司和英国里奥廷托硼砂（Rio Tinto Borax）公司（美国硼砂公司属于此公司），这两家公司提供了全球 75% 的硼酸盐。

里奥廷托硼砂公司产品范围广泛，包括各种精制工业用硼酸盐制品和特种硼酸盐制品，主要利用来自美国加利福尼亚州莫哈维沙漠的博伦的硼矿石和阿根廷萨尔塔的盐水进行生产，总生产能力达 66 万吨 / 年（B_2O_3）。里奥廷托硼砂公司是世界最主要的硼酸盐供给者，占有 40% 以上的份额。

土耳其是世界上最大的矿石供应商。为了提高出口产品的附加值，正开拓硼化合物生产领域。

阿根廷是南美的最大硼酸盐供应国，除奥廷托硼砂公司外，还有乌莱克斯（Ulex 公司），生产各品位硬硼钙石和水方硼石产品；阿根廷普罗西萨多拉（Pocesadora）硼砂公司，利用胡伊省罗马布兰卡（LomaBlanca）矿山的粗硼砂和钠钙石生产焙烧精矿；诺吉米卡公司（Norquimica S.A.）利用硼钙石生产硼酸；另外还有一些小的硼酸加工厂和矿山。

智利硼矿主要有两家企业：吉米卡（Ouimica）工业硼砂公司（Quiborax）和 SQM 公司。位于智利北部的吉米卡工业硼砂公司以苏里雷（Surire）干盐湖的钠硼解石为原料进行生产。苏里雷干盐湖是世界最大的钠硼解石矿床，估计储量为 15 亿吨，Quiborax 计划投资 1000 万美元用于实现工业现代化与自动化。在 2003—2008 年，公司投资 700 万美元，Quiborax 产能约为 35 万吨 / 年。秘鲁英卡博（Inkabor）公司是秘鲁国内惟一的硼酸盐生产厂家，隶属于意大利陶瓷材料生产企业卡罗比亚（Colorobbia）集团。恩加波公司在秘鲁南部的萨利纳斯湾开采钠硼解石，并将其送至利马和阿雷基帕进行加工。主要产品为硼酸和精炼硼化物。玻利维亚在乌尤尼盐沼（Uyuni）开采硼矿，然后运往智利加工。

澳大利亚墨尔本硼分子公司（Boron MolecuLtd）是合成有机硼化合物的主要公司。该公司拥有 7 项关于铃木公司的耦合反应（coupling reaction）专利。有机硼用于医药业，如硼中子捕获治疗（boron neutron capture therapy, BNCT），可以治疗恶性脑瘤。印度用土耳其硼钠钙石矿石生产十水硼砂，转向生产具有高附加值的产品。

玻利维亚在乌尤尼盐沼（Uyuni）开采硼矿，然后运往智利加工。

俄罗斯的硼产品与美国相比少得多。实际上俄罗斯全部开采矿石都用于生产硼酸，硼酸的消耗量不超过 4 万吨。俄罗斯“硼采矿化工厂”是生产硼产品的垄断企业，是俄罗斯唯一开采硅硼钙石矿的企业。从生产工艺上讲，该企业也是少有的（世界上其他地方没有从硅硼钙矿石中提炼的硼）。该企业采用全封闭式生产线，生产线包括露天开采、精选、加工、生产硼酸产品（生产约 20 种硼产品）。

国外硼工业的发展趋势是大型化、专业化、高纯化及精细化（制备金属陶瓷原料），主要特点是：①生产技术水平高；②生产规模大，如美国的 20 万吨 / 年硼酸装置和土耳其 15 万吨 / 年硼酸装置；③硼产品高质量，具有不同的用途及多种标准级；④环境污染小。美国硼化物公司达 20 多家，含硼产品和硼精细化工品种齐全，达 150 个品种，包括多种无机和有机硼化物（包括硼复合物）。日本生产的硼化物有上百种，主要是硼精细化产品和含硼新型材料。日本的硼化物发展很快，如住友公司生产的钕铁硼永磁材料，其从实验室到工业规模生产仅经历了 3～4 年，发展速度和实用化比其他材料快 2～3 倍。日本发展硼化物还有一个特点，就是紧紧围绕新兴产业开发新技术，如用于半导体、大规模集成电路及光纤的三氯化硼就是一例。东南亚、日本和韩国均无硼资源，而日本国内专门制定了免征硼资源关税的优惠政策。

（三）钾盐

世界制钾工业原料的钾资源，98% 来自第四纪以前的层状矿床中的可溶性钾盐，2% 来自盐湖卤水和地下卤水。世界钾盐储量（K_2O）达 13.529 亿吨。其中加拿大和苏联占总储量的 81.3%，加上德国，共占总储量的 95.34%。

世界钾盐产量的 95% 用于制造肥料，其中氯化钾占 90%，硫酸钾所占不足 10%。此外还有少量硝酸钾。从世界产供销情况看，总的呈现供大于求的态势。

全球钾盐资源相当丰富，但资源和产量集中在少数国家。若按钾盐储量计算，加拿大、俄罗斯、白俄罗斯居前三位，占世界钾盐储量 89%。亚洲钾盐资源储量较丰富的国家还有泰国、老挝、土库曼斯坦、哈萨克斯坦等国。虽然中国实际探明钾盐储量低于表 1-18 所列数据，但中国的实际钾盐资源量要大得多，就全球已探明 95 亿吨（K_2O）。若按目前开采水平，可供全球开采 250 年；而按全球钾盐资源量 2000 亿吨计，则可供全球开采 2000 年。2012 年至 2014 年，全球钾盐（K_2O）产量由 3270 万吨增至 3500 万吨（表 1-18）。其中加拿大、俄罗斯、白俄罗斯占 60% 左右。

表 1-18　2012—2014 年世界钾盐产量与储量统计（单位：万吨）

国　家	矿山产量			储量（2012）
	2012	2013	2014	
美国	90	96	85	13000
白俄罗斯	476	424	430	75000
巴西	42.5	43	35	30000
加拿大（K_2O 含量）	898	1010	980	440000
智利	105	105	110	15000
中国	410	430	440	21000
德国	312	320	300	14000
以色列	190	210	250	4000
约旦	109	108	110	4000
俄罗斯（K_2O 含量）	547	610	620	330000
西班牙	42	42	42	2000
英国	47	47	47	2200
其他国家	—	—	15	5000
世界总计（估计）	3270	3450	3500	950000

（四）铷

世界含铷资源主要包括：锂云母、铯榴石、铯锂云母、天然光卤石、钾矿、地热水、盐湖卤水及海水等。一些典型铷资源及其含量，如钾矿中钾长石含铷 3%，白云母 2.1%，黑云母 4.1%，钾盐 0.2% 等；而海水和光卤石中铷含量虽不高，但总储量大。

国外花岗伟晶岩氧化铷资源储量约为 17 万吨，其中津巴布韦 10 万吨，占 58%；纳米比亚 5 万吨，占 29%；加拿大 1.2 万吨，占 7%。这三个国家氧化铷含量为 16.2 万吨，占国外铷资源的 94%。

美国铷、铯矿极少，但是在盐湖卤水中含有大量的铷和铯；俄罗斯拥有国外最大的光卤石 - 钾盐矿床，其中含铷、铯；德国、法国和英国也有一些含铷、铯的光卤石 - 钾盐矿床。智利的阿塔卡玛（Salar de Atacama）卤水含有丰富的铷资源；加拿大伯尼克湖沉积物中储存有大量含铷锂云母和铯榴石；美国、南非、纳米比亚、赞比亚等国也发现有一定储量的含铷矿产资源；其他国家和地区的含铷资源有待进一步探明。初步估计，北美，主要是加拿大，铷资源储量约 0.2 万吨。

表 1-19 依次汇总了国外部分地区锂云母、铯榴石中铷、铯含量以及相关重要铷、铯矿物

的技术特征。

表 1–19　国外部分地区锂云母、铯榴石中铷、铯含量

矿　种	矿石产地	Rb_2O/%	Cs_2O/%
锂云母	西南非洲卡尔比布地区	2.20	—
	津巴布韦比基塔矿	3.28	0.25
	美国梅因	0.24	0.30
	美国麻省	3.73	0.72
铯榴石	西南非洲	29.20	3.73（最高）
	瑞典瓦鲁特列克斯	30.77	1.60
	美国梅因	36.77	—
	美国南达科他州	23.46	—
	厄尔巴岛	34.30	—

（五）铯

作为重要的碱金属，铯在花岗质熔体演化至晚期时高度富集，铯的结晶过程经历了从岩浆阶段向岩浆—热液过渡阶段的演化，最后形成的富铯矿物包括铯榴石［$(Cs_4Al_4Si_8O_{26})\cdot H_2O$］、铯沸石、富铯锂云母等。目前，世界上已知的铯矿床主要为以下 4 种类型：①含铯伟晶岩（铯榴石、铯沸石和铯锂云母）矿床，此类型占世界总采量的 98%；②古代和现代含铯盐类矿床；③铯锰星叶石矿床，尚未开采；④含铯硅华。

国外花岗伟晶岩氧化铯资源储量约为 18 万吨，其中加拿大 8 万吨，占 44%，津巴布韦 6 万吨，占 33%，纳米比亚 3 万吨，占 17%。加拿大是世界上铯榴石矿最丰富的国家，曼尼托巴省的贝尔尼克湖区，铯榴石矿储量约达 36 万吨，其 Cs_2O 平均品位达 23.3%。加拿大钽采矿公司是世界上铯榴石的主要生产厂家，每年产出铯榴石百吨以上。津巴布韦和纳米比亚还生产一定数量的锂云母。

二、开发概况

卤水资源具有多组分共生的特点，卤水资源的开发各国均采用综合利用的模式。

以色列死海工程公司的盐湖化工水平在世界上最高，其发展的推动力来源于不断创新，不断开发新的工艺和技术。该公司针对冷分解浮选法生产的氯化钾粒度细、易结块的缺点，20 世纪 60 年代中期开发了热溶结晶法。70 年代中期又针对世界性能源危机的影响，开发了冷结晶工艺，提高了产品质量，扩大了产量。2007 年生产了氯化钾 330 万吨。以色列在死海盐湖资源的综合利用方面作出了典范，实现了钾、镁、溴、钠以及太阳能资源的综合利用。除氯化钾产品外，2008 年大约生产 16.5 万吨溴素、57 万吨精制氯化钠、7 万吨高纯镁砂、18 万吨磷肥、33 万吨磷钾复合肥、15 万吨硫酸钾、30 万吨硝酸钾和 9 万吨烧碱的生产能力。针对死海盐田光卤石矿便宜易得的特点，开发了光卤石脱水炼镁技术，并建成了 25kt 金属镁工厂，进行 55kt 级扩产。

南美阿塔卡玛盐湖的资源开发是 20 世纪 90 年代世界盐湖卤水资源开发的一个典范。阿塔卡玛盐湖的资源勘查和开发研究始于 1986 年，由智利控股 SQM 公司的敏萨尔子公司（The Sociedad Minera Salar de Atcama S. A.）（Minsal）实施开发。先期投资 1.39 亿美元，已形成氯化钾 130 万吨、碳酸锂 22kt 的年生产能力，40 多万吨硫酸钾，投资额 1.24 亿美元。由于实现了资源的综合利用以及生产过程的高度自动化，使产品成本大幅度降低，氯化钾生

产成本仅为25美元/吨，碳酸锂的市场售价比竞争者低40%～50%。

美国塞浦路斯-福特（Cyprus Foots）公司，在美国内华达州用银峰盐湖卤水，采用碱法生产碳酸锂，年产量10kt，同时利用该卤水生产硼和钾。美国FMC公司（原名美国锂公司），为世界第二大公司，利用阿根廷霍姆布雷托盐湖卤水，采用该公司自主开发的“选择性净化吸附直接法”专利技术，从盐湖卤水中提取氯化锂，该工艺具有生产效率高、成本低的特点。美国大盐湖利用提钾后母液中的氯化镁制取金属镁。

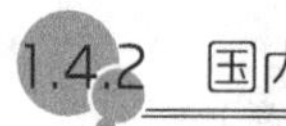

1.4.2 国内开发现状

我国卤水开发主要用于提取钠盐，其次是生产钾盐，制造钾肥。

一、卤水开发钠盐

主要有三种类型：

一是海水晒盐。建造盐田，通过太阳能蒸发海水，浓缩为卤水，最后析出石盐结晶体，达到制盐的目的。在我国沿海省份，这种方法非常普遍，主要有辽宁、天津、河北、山东、江苏、浙江、福建、广东、海南、广西等省区。主要企业有辽宁的营口和复州湾盐场、天津的塘沽和汉沽盐场、河北的南堡和黄骅盐场、山东的羊口盐场等，这些盐场原盐产量都在50万吨/年以上。

我国海盐生产能力为2.5亿吨/年左右，其中山东约700万吨/年、河北约480万吨/年、辽宁330万吨/年、江苏300万吨/年、天津210万吨/年、福建110万吨/年。

海水制盐是我国卤水制盐的主要方法，每年原盐产量在2.3亿吨左右，占全国原盐产量的70%以上。

二是开采深层卤水制盐，就是常说的井盐。开采深层卤水的省区主要是南方缺盐省份，如江苏、江西、湖北、湖南、四川、云南等。主要生产企业有四川久大盐化集团和峨眉山盐化集团、湖北应城盐场、湖南湘澧盐矿和湘衡盐矿、云南平浪盐矿和昆明盐矿等。

深层卤水开发技术方法比较复杂，成本比较高。关键是凿井和取水。四川自贡是我国深层卤水开发利用最早也是最成功的地区，大概有一千多年的历史，取水深度已达1～2.5km。卤水制卤，原始方法是大锅熬盐，现在已发展到化学制盐，也开始综合利用。

三是开采盐湖卤水，也就是常说的湖盐。我国开采盐湖卤水的省区主要有：青海、新疆、内蒙古，还有甘肃、宁夏、山西、西藏等。主要生产企业有内蒙古吉兰泰和雅布拉盐场，青海茶卡和柯柯盐场，新疆盐湖化工厂等。

全国已开发的盐湖卤水矿区有79处，形成年产原盐500万吨的生产能力。生产能力较大的省份有新疆（180万吨）、内蒙古（140万吨）、青海（100万吨）。

国内卤水原盐产量2.838亿吨，其中海盐2.005亿吨、井盐598万吨、湖盐234万吨。

近些年来，国内盐销售量均超过3亿吨，其中食用盐销售量比重下降，而工业用盐的比重一直上升，2000年全国盐销售量2.9997亿吨，食用盐销售量673.2万吨，工业盐2.2718亿吨，其他用盐547kt。

二、卤水钾资源开发

我国有氯化钾生产厂家约50个，其中最大的钾肥生产基地为青海察尔汗盐湖。青海利用盐湖卤水生产钾肥，始于1958年。目前已成为我国的钾肥生产基地，2003年生产钾肥95万吨，新建年产 100 万吨钾肥工程已达产达标。到 2014 年，盐湖集团已形成 700 万吨的钾肥产能，目前生产规模、技术能力均处于国内领先水平，钾肥产量占到全国钾肥总产量的 78%。

另外，新疆的罗布泊钾盐矿床也正处于筹建阶段。该矿系由新疆三维矿业投资有限公司、新疆德隆集团、新疆地矿局、原化工部长沙设计院等 7 家企事业单位共同组建的新疆罗布泊钾盐科技开发有限公司进行开发，2004 年建成 20 万吨硫酸钾的生产规模；到 2007 年达到年产硫酸钾 120 万吨的产能；到 2013 年形成 250 万吨的产能。

自 2007—2014 年，中国钾盐（KCl）产量由 421.5 万吨增至 2014 年 914 万吨，自给率由 31% 增至 60%（表 1-20）。中国钾盐生产较为集中，企业生产规模相对较大，主要集中在青海盐湖工业集团股份有限公司、格尔木藏格钾肥有限公司和国投新疆罗布泊钾盐有限责任公司，合计占全国 85% 的钾盐产量，如图 1-3 所示。

表 1-20 我国钾肥供应消费及自给情况（折万吨 KCl）（引自齐昭英，2014）

项目 \ 年份	2007	2008	2009	2010	2011	2012	2013	2014
国产	421.5	418.9	509.1	530.3	603.7	598.4	792	914
进口	947.9	487	219.8	510	613	634.3	636.8	600
总供给	1381.4	937.3	708.3	1044.6	1437.8	1627.6	1798.4	1924
总消费	1319.5	933.7	959.1	1124	1039.7	1252.1	1461.9	1600
自给率 /%	31.3	44.9	53.1	47.2	58.1	47.8	54.2	60.4

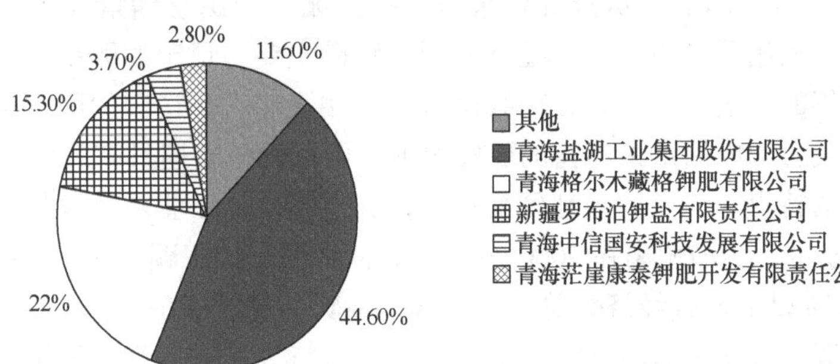

图 1-3 2012 年中国主要钾肥企业产量占比图

卤水型硝酸钾的开采方法是建立盐田，用太阳能蒸发浓缩卤水，使硝酸盐结晶，生产硝酸钾产品。硝酸钾生产工艺方法分两步：第一步在野外建立盐田，生产半成品，硝酸钾纯度达到 52% 左右；第二步将半成品运至生产车间，通过高温提纯，冷却分离，提高纯度，硝酸钾含量达到 92% 以上。

硝酸钾卤水开采，除吐鲁番化工厂外，吐鲁番和哈密地区都有较小规模开采，开采点多，极其分散。

硝酸钠卤水目前还未正式开采，但是硝酸钠作为硝酸钾生产的副产品，已被综合利用。

另外在山西运城等地盐湖及其周边开采卤水，生产硝酸钾，规模很小。河南在桐柏盐湖开采碳酸钠，规模也很小。

三、卤水锂盐开发

碳酸锂的生产在 2004 年以前基本由 SQM 等三家企业垄断。我国碳酸锂产品大部分来自矿石，部分产自盐湖卤水，合计在一起约3万吨，2008年市场份额已经提高到20%。

我国碳酸锂主要生产厂家有中信国安公司、新疆锂盐厂（700万吨/年）、四川省射洪锂业有限责任公司（350万吨/年）、青海锂业（300万吨/年）、盐湖钾肥、四川省阿坝州化工厂（200万吨/年）、重庆福斯达化工有限公司、江西锂厂、西藏扎布耶锂业高科技公司等。

造成我国碳酸锂开发现状的主要原因之一就是技术落后导致成本偏高。碳酸锂生产分为锂矿提锂和盐湖提锂，盐湖提锂成本远低于锂矿提锂，80%以上的碳酸锂生产采用盐湖提锂，但多年来一直没有企业在此方面取得工业化生产的进展。中国多年来的碳酸锂供应商——四川天齐锂业、新疆锂盐厂、四川尼科国润均为矿石提锂。直到2004年，国内才取得高镁低锂老卤溶液提纯碳酸锂的关键技术突破，使盐湖提锂成为可能，之后国内规划的大型盐湖提锂项目有三个，分别是青海盐湖工业股份有限公司1000万吨/年碳酸锂生产线、青海锂业300万吨/年碳酸锂生产线和中信国安3500万吨/年碳酸锂项目。虽然上述生产线均未能正常生产，但试生产的规模都在每月百吨以上，距离大规模生产并不遥远。近年来我国碳酸锂的产量如表1-21所示。

表1-21　近年来我国碳酸锂的产量分析/万吨

年　份	2006	2007	2008	2009	2010	2013	2014
产　量	1.5	2.4	3.0	3.3	4.5	3.8	4.07

四、卤水硼资源开发

我国是硼资源丰富的国家，从资源量来看，我国硼矿资源总储量大，在世界上位居第四，但硼矿的品位和利用条件不佳，可经济利用的硼矿主要为辽宁的硼镁矿和青藏高原液固体硼矿，随着几十年的大规模开发，目前我国最大的硼镁矿——辽宁的固体硼矿资源已近枯竭，青海和西藏已成为国内储量最丰富的硼资源地。西藏硼矿普遍具有品位高（有大量B_2O_3＞30%的富硼矿）的特点，但是，该地区海拔高，交通不便，工业基础极其薄弱，硼矿的加工最近的地方是格尔木，运输距离在2000km以上，而在西宁加工硼产品对西藏硼矿的要求是B_2O_3含量必须在25%以上才有经济效益可言。青海硼矿主要分布在大、小柴旦湖区，据地质资料，大柴旦湖底硼矿储量按B_2O_3计达406.0万吨，属特大型硼矿床。早年随意开采高品位固体硼矿，使该资源虽受到破坏但并不严重，目前该硼矿储量仍有300万吨以上，具有发展硼砂、硼酸生产的资源优势。该资源的特点是：品位较低，B_2O_3平均含量只有10%左右；硼矿伴生矿种类多，杂质含量高，特别是含有大量的石膏及碳酸盐类，传统的生产工艺技术硼收率低，生产成本高，产品质量差，严重影响生产的正常进行。而小柴旦湖区硼矿已消耗尽。

青海和西藏许多盐湖卤水中硼含量高、储量大，由于多种矿产共生，需综合利用。目前盐湖资源的综合利用水平较低，卤水硼资源尚未规模化开发。

目前我国硼酸生产能力达到28万吨，其中辽宁15万吨，青海5万吨，上海5万吨，山东3万吨，江苏0.6万吨，四川0.6万吨。此外，在新疆、河南、内蒙等地还有新建硼酸生产线的计划。2006—2010年来我国硼酸的产量如表1-22所示。

表1-22　2006—2010年来我国硼酸的产量表/万吨

年　份	2006	2007	2008	2009	2010	2011	2012	2013
产　量	6.3	10	15	13	10	10	16	16

资料来源：Mineral Commodity Summaries，2013，2014。

五、卤水镁资源开发

我国是镁的资源生产和出口大国，生产技术以硅热法为主。由于受资源、技术和发展的外部条件限制，镁行业存在严重的结构性矛盾，突出表现为生产企业数量多，小而分散，技术落后，环境污染严重。据统计，我国有镁厂近 300 家，绝大部分是以白云石为原料，其中电解法镁厂 3 家，其余均为硅热法镁厂。近几年镁合金的推广应用，已使我国成为世界第一产镁大国，对推动镁的应用发挥了重要作用。由于硅热法炼镁必需的硅铁、煤炭、不锈钢等原材料涨幅较大及环境保护的要求，2003 年以来，硅热法炼镁成本大幅度增加，我国金属镁生产方式面临新的选择。

金属镁是镁资源最重要的应用领域之一。开发其他金属将面对其最经济矿体最终耗尽的难题，而镁资源储量十分巨大。可以预见，由于其他金属的生产成本的增加，金属镁在未来将更重要。

利用卤水生产水氯镁石，脱水制取无水氯化镁是近百年来世界各国科技人员努力研究的难题，其难点在于二水合氯化镁和一水合氯化镁在高温下发生水解，难以抑制。20 世纪 80 年代，挪威科技人员采用氯化氢气氛脱水工艺，并解决了设备防腐问题，现已应用于镁冶金工业。该工艺对外严格保密，由于引进费用昂贵而未能引进。挪威研制出水氯镁石脱水后电解炼镁的方法，电解容量 250kA，是世界上最先进的炼镁方法。

不含（或少含）结晶水的氯化镁是电解法生产金属镁的原料。到目前为止，世界以水氯镁石为原料制取无水氯化镁的方法有 5 种：①氯化氢保护气氛下脱水；②氯气熔融氯化脱水；③氯化氢熔融氯化脱水；④铵光卤石脱水；⑤有机溶剂和氨络合脱水。

六、铷资源开发

我国具有丰富的铷、铯资源，储量大，类型全，分布广。我国铷资源主要赋存于锂云母和盐湖卤水中，锂云母中铷含量占全国铷资源储量的 55%，以江西宜春储量最为丰富，是目前我国铷矿产品的主要来源。湖南、四川的锂云母矿中也含有铷。青海、西藏的盐湖卤水中含有极为丰富的铷，是我国有待于开发的铷资源。

广州市从化红坪山铷矿，属世界稀有的全矿化岩体型矿床。经地质详查，探明工业储量（氧化铷）12.14 万吨，估计可采储量 4.37 万吨。尚有 2 万吨矿体，拥有地质储量 33.1991 万吨，工业储量为 45.341 万吨，属于特大稀有金属矿床。矿床属全矿化岩体型矿床，含矿岩体为燕山四期细粒二云母钠化花岗岩。全岩含铷品位 0.121%，铷以类质同象方式赋存于长石、白云母中，其中长石含铷量为 0.335%～0.34%，金属占有率 46.5%，白云母含铷品位 0.75%～0.775%，金属占有率 38.92%，其余分散于其他造岩矿物中。重要铷铯矿物的技术特征见表 1-23。

青海、西藏等地的现代盐湖卤水资源和湖北、四川等地的古地下卤水资源都伴生有丰富的铷矿产资源，如西藏扎布耶茶卡盐湖、湖北江汉平原地下盐卤资源等。西藏很多地方的地热水中铯、铷、锂含量也已达到单项和综合利用标准。

目前，国内外提铷的主要资源有：①提取铯、锂等金属产出的副产物；②光卤石；③盐湖卤水或制盐卤水等。天然光卤石含铷一般不超过 0.04%，多年以来一直是提取铷的重要原料之一。盐湖卤水或制盐卤水中铷含量较高，储量大，有效提取卤水中铷也是目前盐湖资源综合利用研究的重点之一。

表 1-23 重要铷铯矿物的技术特征

矿物名称	化学组成	密度/(g/cm³)	硬度	物性简述
硼铯铷矿	$(Rb,Cs)_2O\cdot 2Al_2O_3\cdot 3B_2O_3$	3.4	8	白色透明小晶体，玻璃金刚石光泽，解理不完全
铯榴石	$2Cs_2O\cdot 2Al_2O_3\cdot 9SiO_2\cdot H_2O$	2.9	6.5	无解理，贝壳状断口，裂缝一般为浑圆形，玻璃光泽，其脂肪光泽比石英略强。晶面常为无色或白色，有时略带黄色。风化的铯榴石，有时被染成乳脂色。巨型晶体一般是透明的，粒状体半透明，致密块状体不透明
锂云母	$(Li,K)_2Al_2(SiO_3)_2\cdot(F,OH)_2$	2.8～3.3	2～4	单斜晶系，一般呈紫红色鳞片状，产于伟晶岩中；有时为白色或灰色，具有珍珠光泽；伴生的云母类矿物以白云母为主，黑云母极少，甚至没有
天河石	$(Na,K)AlSi_{13}O_8$	2.8	6～6.5	深绿色，为蓝紫色微斜长石的变种
铁锂云母	$(Li,Na,K)_2Al_3FeSi_{15}O_{16}(F,OH)_2$	3.0	2～3	为灰色、棕色、红棕到黑棕色，有时为黑青色

七、铯资源的开发

铯属于碱金属壳源元素，一般以伴生元素矿产产出。根据铯矿产出岩石类型和伴生矿产类型，我国的铯矿可以划分为五种产出类型，即碱性花岗伟晶岩中的铯榴石矿床、铌钽矿床中伴生铯矿、风化沉积型铯铌矿、含铯锂卤水以及现代地热区域的含铯硅质岩。

我国铯资源主要来源于铯榴石、锂云母、铯硅华。江西宜春锂云母中的铯储量占我国铯储量的 42.5%，居全国第一。以西藏盐湖为例，如表 1-24 所示，盐湖卤水、地热水中也富含铯、铷，铯、铷分离方法如图 1-4 所示。

表 1-24 西藏盐湖卤水中铷、铯含量统计

盐湖名称	Cs^+/(mg/L)	Rb^+/(mg/L)	TDS/(g/L)	pH	测试年份
孔孔茶卡	9.80	24.2	3300	7.4	2003
玛尔果茶卡	1.0	7.7	3200	7.3	2003
浅水湖	2.27	43.3	3201		2003
半岛胡	5.83	20.6	2479		2003
恰果湖	1.78	5.97			2003
古瓶湖	5.39	12.91	501		2003
加勒湖	15.9	26.0	3282		2003
碱湖	5.6	3.2			2003
日弯茶卡	2.0	4.3	3320		2003
扎西茶卡	20.05	5.06	16674	7.8	1976

续表

盐湖名称		Cs+/(mg/L)	Rb+/(mg/L)	TDS/(g/L)	pH	测试年份
热邦错		20.40	1.25	70	9.2	1978
葛尔昆沙		4.28	12.10	365	7.1	1976
别若则错		2.90	4.40	14498	8.7	1976
扎仓茶卡	1 表卤	1.9	9.0	34098	7.9	1976
	1 晶卤	1.83	8.44	22045		1976
	2 表卤	3.8	16.0	29020	7.9	1976
	2 晶卤	6.7	19.9	26823		2003
	3 表卤	6.8	16.90	30790	7.5	
	3 晶卤	6.83	16.97	3228		
聂尔错		9.1	10.37	215	8.0	2003
仓木错		39.5	26.5	17354	8.8	2003
扎布耶	南湖晶卤	21.24	50.9	4398	9.31	
	南湖表卤	15.26	34.3	3690	9.17	1989
	北湖表卤	12.15	32.82	3935	9.15	

注：TDS（total dissolved solid）——总含盐量，也称盐度。扎仓茶卡 1、2、3 表示 3 个不同的采样点。

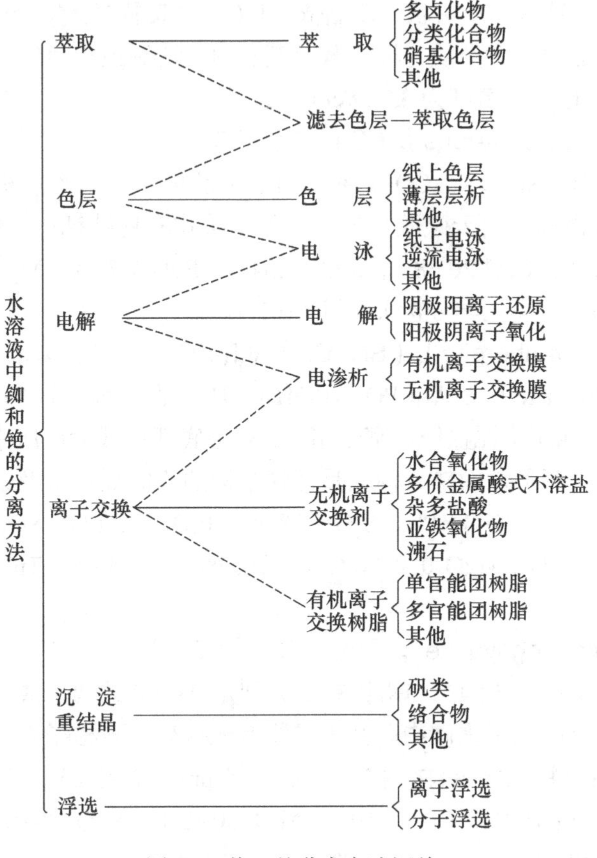

图 1-4 铷、铯分离方法汇总

八、锶

（一）主要锶矿及用途

锶是自然界中广泛分布的微量元素。锶位于元素周期表第五周期第二族，是碱土金属族元素之一。迄今，世界上已发现的锶矿物约46种。而我国产出的锶矿物也已达9种之多。

1. 天青石（celestite），（Sr，Ba，Ca）SO_4

天青石化学组成为SrO56.42%，SO_3 43.58%。但由于天青石成分中常含有以类质同象形式存在的Ba和Ca，因此常可构成类质同象系列矿物：钡天青石（Barytocelestine）和钙天青石（Calciocelestine）。

天青石常呈厚板状或柱状，集合体呈粒状，偶见纤维状、结核状。天青石纯净晶体，为无色透明，通常呈白色、浅蓝色等，玻璃光泽，解理面呈珍珠变彩。硬度为3～3.5，性脆，密度为3.9～4.0g/cm^3。

2. 碳酸锶矿（strontianite），$SrCO_3$

又称“菱锶矿”。化学组成为SrO 70.19%，CO_2 29.81%。常含钙。合成实验表明，$SrCO_3$和$BaCO_3$之间可形成完全的类质同象系列，但自然界产出的碳酸锶矿含Ba仅2%～3%，经常有钙置换锶，钙含量可达10.6%。碳酸锶矿常与天青石矿伴生，通常分布于天青石矿体地表淋滤带中，仅在个别具特定的地质、地貌条件下的天青石矿，在潜水面及其以上部分方可能形成具工业价值的碳酸锶矿体或矿床。

该矿物单晶体常呈针状、矛头状、双晶依（110）为双晶面，集合体呈块状或纤维状。碳酸锶矿通常为白色，有时因含杂质，而成灰、黄、白、浅绿或褐色等，玻璃光泽，断面呈油脂光泽，硬度为3.5，性脆，密度为3.76g/cm^3。

3. 富锶文石（strontianiferous），（Ca，Sr）CO_3

属碳酸锶矿-文石（$SrCO_3$-$CaCO_3$）系列的成员矿物之一，产于我国内蒙古白云鄂博铁铌稀土矿床的脉状含铌稀土白云碳酸盐岩中。伴生矿物有钙碳锶矿、钡白云石、重晶石等。电子探针分析结果表明：CaO 20.58%，SrO 43.34%，BaO 1.75%，MgO 0.14%，FeO 0.09%，Ce_2O_3 0.45%，CO_2 36.12%（化学分析），总计102.47%。

4. 硫磷铝锶石（svanbergite），（Sr，Ca）$Al_3[(PO_4)_{1.4}(SO_4)_{0.6}]_2(OH)_5 \cdot H_2O$

属磷铝锶石（Goyazite），$SrAl_3(PO_4)_2(OH)_5 \cdot H_2O$的变种，锶部分被钙取代，$PO_4^{3-}$部分被$SO_4^{2-}$取代。产于四川上泥盆统沙窝子组（D3S）底部什邡磷矿床中。属三方晶系，矿物呈粒状、板状、柱状，菱形六面体，构成具环带结构的浑圆豆粒状及扇形碎屑。单矿物化学成分为：Al_2O_3 33.01%，CaO 3.81%，SrO 16.81%，P_2O_5 22.71%，SO_3 8.23%，H_2O 13.34%，Fe_2O_3 0.90%，MnO 0.02%，MgO 0.48%，Na_2O 0.06%，F 0.53%，TiO_2 0.20%，CO_2 0.12%，总计100.22%。

5. 砷铝锶石（arsenogoyazite），$SrAl_3(SO_4)_2(OH)$

作为新矿物首次发现于德国，与磷铝锶石分别是As+P的两个成员矿物。我国首先发现于新疆某地含金蚀变带的人工重砂中。共生矿物有磁铁矿、石榴子石、锆石、磷灰石等。矿物属三方晶系，为白色粒状集合体，粒径0.02～0.1mm，D=3.65，H为3.1～3.2。探针分析结果：SrO 18.37%，BaO 0.00%，CaO 0.91%，Al_2O_3 30.42%，As_2O_5 39.07%，Ce_2O_3 0.68%，FeO 0.40%，SiO_2 0.10%，SO_3 0.51%，H_2O 9.58%，总计100.04%。

6. 钾锶矾（kalistrontite），$K_2Sr(SO_4)_2$

首次发现于苏联某地盐层底部。在我国见于四川农乐的杂卤石岩、杂卤石质硬石膏岩、硬石膏岩和绿豆岩中。属三方晶系，一般呈梭状、纺锤状、柱状的自形晶，粒径 0.1～2mm，星散分布于上述岩石中。矿物呈棕色、灰白色、白色，性脆，D=3.34。矿石化学分析结果为：$K_2O_2$4.48%，SrO 22.60%，SO_3^{2-} 45.31%，CaO 4.89%，MgO 1.01%，BaO 0.14%，Fe_2O_3 0.07%，Cl^- 0.15%，SiO_2 1.60%，H_2O 0.17%，不溶残余物 0.35，合计 100.77%。

7. 锶磷钙铝矾（strontium woodhouseite），$(Ca_{0.77}Sr_{0.33}Ba_{0.04})Al_3[(SO_4)(PO_4)](OH)_6$

属菱磷铝锶矾（Svanbergite）与磷钙铝矾族的中间过渡型矿物。发现于安徽省某铁矿床中，与赤铁矿共生，呈脉状产于蚀变粗安岩中。矿物属三方晶系，白色，显微镜下呈无色透明微晶集合体。H=4.5，D=3.15。矿物化学分析结果为：Al_2O_3 33.47%，CaO 9.11%，SrO 7.78，BaO 1.28，P_2O_5 18.15%，SO_3^{2-} 16.85%，H_2O 12.53%，MgO 0.09%，V_2O_5 0.28% 等。

8. 钙碳锶铈矿（calcian ancylite），$TR_{1.02}(Sr_{0.56}Ca_{0.43}Ba_{0.05})_{1.04}[(CO_3)_2\cdot(OH)]$

属碳锶铈矿（ancylite）的一个含钙较高的亚种。先后发现于山东某地与霓辉正长岩有关的气成热液稀土矿床中和四川某地泥盆纪地层的沉积磷矿床中。矿物呈无色或淡黄色。斜方晶系。D=3.96，化学分析结果为：SrO 16.00%，BaO 2.43%，CaO 6.72%，TR_2O_3 47.73%，MgO 0.10%，MnO 0.03%，SiO_2 1.15%，U_3O_8 0.005%，K_2O 0.18%，Na_2O 0.21%，CO_2 23.55%，H_2O 2.52%，合计 100.66%。

9. 锶碳铈钠矿（strontium carbocernaite），$(Ca_{0.42}Sr_{0.21}TR_{0.21}Na_{0.18}Ba_{0.02})CO_3$

1961 年首次发现于原苏联科拉半岛。我国发现于山东某地的稀土矿床中，与钙碳锶铈矿共生。矿物属斜方晶系，白色中粗粒状，最大粒径达 2cm。化学分析结果为；TR_2O_3 26.51%，CaO 18.09%，SrO 16.10%，BaO 1.93%，Fe_2O_3 0.04%，MnO 0.28%，K_2O 0.09%，Na_2O 4.06%，CO_2 33.01%，H_2O 3.77%，合计 103.97%（样品混入少量方解石及 2%～3% 的绿泥石、氧化铁等矿物）。

以上 9 种含锶矿物中作为工业上提取锶的最主要矿物为天青石，仅少数矿床利用碳酸锶矿。除此之外，含锶盐卤水也是潜在的综合利用对象，具有一定的工业意义。

不同锶矿用途不同。

1. 硫酸锶（$SrSO_4$）

密度 3.96g/cm^3，溶点 1580℃，为白色粉末，溶于热浓硫酸，微溶于水、稀盐酸和稀硝酸。硫酸锶是天青石矿物的主要化学成分，是生产碳酸锶的原料，主要用于烟火、陶瓷工业，另外可用作烧碱的脱铁剂。

2. 碳酸锶（$SrCO_3$）

密度 3.7g/cm^3，熔点 1497℃。碳酸锶是目前运用最广的锶化合物，用它制造的玻璃能吸收 X 射线，是生产彩色电视阴极射线管和荧光屏的原料，但碳酸锶的纯度要求高（Sr/$BaCO_3$ > 98%）。在冶金工业中可作为制取高纯度锌的脱铅剂。

3. 硝酸锶［$Sr(NO_3)_2$］

密度 2.986g/cm^3，熔点 570℃。硝酸锶是氧化剂，与有机物接触、摩擦、碰撞、遇火能引起燃烧和爆炸，发出深色火焰。因此，硝酸锶主要用于制造红色烟火和各种信号弹、火焰筒、火柴。

4. 铬酸锶（$SrCrO_4$）

密度 3.9g/cm^3，向油漆中加入铬酸锶，可形成一层防腐层，该防护层可以有效地保护铝，尤其是飞机机壳和船体。因此，铬酸锶主要用于制造防锈颜料。

5. 铁酸锶（$SrFe_{12}O_{18}$）

具有较高的矫顽力、良好的热阻性、电阻性及化学稳定性，能够抵抗脱磁，因而可生产永久陶瓷磁铁，广泛运用于直流电机、扬声器及电磁铁的生产中。

6. 钛酸锶（$SrTiO_3$）

钛酸锶是一种高技术的锶陶瓷，在有些半导体中用作基片，在光学和压电学上用作感光片，亦用于生产电子计算机存储器。

7. 氧化锶（SrO）

密度 4.5g/cm^3，熔点 2430℃，用于烟火、颜料、医药等方面。

8. 硫化锶（SrS）

可在某些发光性和磷光性颜料中作活性配料。

9. 氯化锶（$SrCl_2 \cdot 6H_2O$）

可用于烟火、火箭燃料及医药工业。

10. 氢氧化锶［$Sr(OH)_2$］和锶的水化合物［$Sr(OH)_2 \cdot 8H_2O$］

可用于生产锶润滑膏和肥皂，前者又可用作吸附剂及塑料胶。

此外，氟化锶可制作电子设备的大型晶体。锶的磷酸盐可用于制造荧光灯等。

（二）锶资源及分布

根据目前国内外锶矿资源调查研究，结合地质成矿原因及工业利用价值，锶矿资源大致可以分为单一锶矿、伴生锶矿和卤水锶矿。单一锶矿主要是指天青石和菱锶矿；伴生锶矿不具有单独开采价值，只能与其伴生的矿物同时开采并综合利用，如硫磷铝锶矿、锶重晶石、钾锶矾等；卤水锶矿指可以利用的各类卤水中的锶富集区。目前，一般都将这三种类型的锶矿作为主要锶资源来进行研究，但真正形成锶矿的却只有天青石。世界上已探明工业储量的锶矿几乎全部都是天青石矿。

世界锶矿储量目前尚无确切统计数字，据美国矿业局和地质调查所资料，北美洲、欧洲、亚洲、大洋洲等的部分地区，天青石储量约为 1532 万吨，储量基础为 2720 万吨；如将南美洲、非洲和中国等一些国家的储量计入，则锶矿的储量为 4000 万吨左右，储量基础不超过 8000 万吨左右。

全世界锶矿资源分布不平衡，到目前为止，只有少数国家拥有锶矿资源。按锶矿拥有程度划分，位居前列的依次是中国、西班牙、墨西哥、伊朗、加拿大、美国、土耳其、英国、卡塔尔和阿尔及利亚等，合计储量基础约为 4600 万吨，约占世界总量的 60%（表 1-25）。另外，据相关文献报道，全世界有二十多个国家拥有锶矿资源，而且其中只有 16 个国家生产锶矿。

表 1-25 世界主要锶资源的储量和基础储量（单位：$SrSO_4$，万吨）

序 号	国 家	储 量	储量基础	备 注
1	中国	2591.4	4682.8	$SrSO_4$ 矿物量（1993 年）
2	西班牙	150	600	
3	墨西哥	102.3	638.5	矿石储量 ×$SrSO_4$75%
4	伊朗	91	273	矿石储量 ×$SrSO_4$90%
5	加拿大	75	225	矿石储量 ×$SrSO_4$91%
6	美国	—	309.2	矿石储量 ×$SrSO_4$75%

续表

序　号	国　家	储　量	储量基础	备　注
7	土耳其	57.6	192	锶金属 136 万吨＋0.44 矿石量 ×$SrSO_4$96%
8	英国	—	—	
9	卡塔尔	153	153	锶金属 70 万吨＋0.44 矿石量 ×$SrSO_4$90%
10	阿尔及利亚	—	—	

我国是锶资源最为丰富的国家，主要由单一天青石矿和伴生锶矿两大类组成，储量基础折合成硫酸锶为 4000 万 t 以上，主要分布在青海、新疆、四川、江苏、云南、湖北等省区，已探明储量的产地都是大型和特大型矿床。其中，青海省锶资源主要分布在柴达木盆地西北部的大风山 - 尖顶山一带，已发现大风山和尖顶山特大型锶矿床及十几处锶矿点。同时，在碱山一带还发现了大型天青石矿床。硫酸锶储量达 2000 万 t 以上，平均含硫酸锶 35%～40%。该地区天青石矿中的主要杂质为方解石、石膏、石英、黏土、白云石、铁和铝氧化物等，同时还伴有 5%～8% 的菱锶矿，但钡盐含量很低，属于高钙低钡天青石矿。与国内外已开发的锶矿比较，青海天青石矿埋藏浅，适于露天开采；但存在硫酸锶含量低、硬度低、性脆、嵌布粒度细等特点，属低品位难选矿，原矿需经过选矿后再用于锶产品深加工。

九、溴

溴在地壳中属强分散性稀有元素，在自然界主要是以碱金属和碱土金属溴化物的离子状态散布在地壳的水圈里，不以单质出现。实际上地壳中可供工业应用的 99% 的溴都分散在海洋中，在岩石圈的氯化物型蒸发岩矿体内、生物圈的某些海藻体内等亦有稀散分布。自然界含溴浓度相对较高的是地下卤水和油气田卤水（300～4800mg/L）、钾盐矿物卤水（400～5900mg/L）以及 $MgCl_2$-NaCl 型浓盐卤水（4000～7200mg/L）。由此可见，液态溴资源占世界总量的绝大多数。世界液态溴资源可分为海洋水、盐湖卤水、油气田卤水、地下卤水、矿场盐卤等五种类型，其中海洋水是蕴藏量最大的溴资源类型，地下卤水和油气田水是目前产量最多的溴资源类型，而矿场盐卤和盐湖卤水是近期开发发展速度最快的溴资源类型。

表 1-26 为国内外各类卤水资源的溴含量及组分信息。

十、碘

自然界中碘很稀少且分散，除海水和海生植物是提碘的主要原料外，卤水（包括盐卤、气田和油井卤水）是另一个重要资源。

世界上生产碘最多的国家是智利（硝石），其次为日本，而两个国家的生产总和约占世界碘产量的 90%，世界碘的生产分布如图 1-5 所示。我国藏北高原盐湖、柴达木盆地盐湖资源丰富，其中碘储量巨大，仅察尔汗盐湖碘的潜在资源即可达 0.8 万 t，但碘品位相对低，分离提取困难。

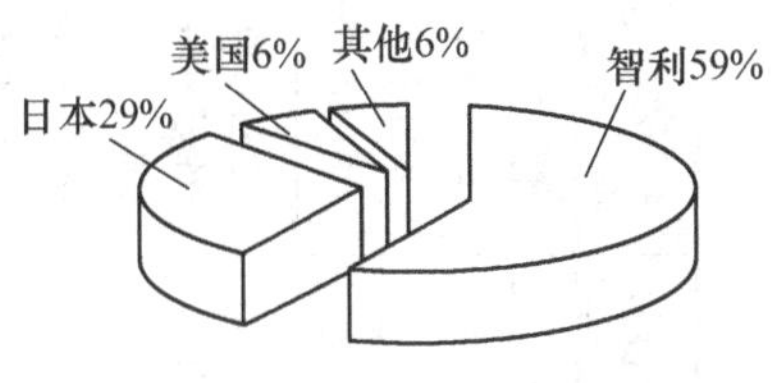

图 1-5　世界碘的生产分布

目前，已知世界上含盐盆地的地下卤水中碘的含量是很低的，碘主要分布在含油气盆地（包括含油又含盐盆地）的地下卤水中（表 1-27）。国外含油气盆地地下卤水中碘的分布

表 1-26 国内外部分卤水资源的溴含量及组分

溴资源类型	产地	层段岩性	含盐总量 ρ/（g/L）	溴含量 ρ（mg/L）	其他化学组分含量 ρ/（mg/L）							
					Na^+	K^+	B^{3+}	I^-	Li^+	Cl^-	SO_4^{2-}	HCO_3^-
海洋水	英国西海洋（大西洋）	海洋水	34.63	65	10500	380	4.6			19000	2625	
	日本九州（太平洋）	海洋水	33.31	65	10500	380	4.6	0.06	0.17	19000	3648	160
	中国山东莱州湾	海洋水	34.39	70	10500	380				18980	2650	140
盐湖卤水	以色列死海	封闭海水	315.00	4000	31000	6000			20	161000	500	240
	土库曼里海	潟湖浓海水	322.62	380	511	46000	130		9	131000	61100	
	美国西尔兹湖	内陆海水	343.88	800	109400	24000	1260	30	34.38	215000	45700	2720
	中国青海柴达木盐湖	内陆海水	290.37	90.31	85940	4000	745	4	2.5	158790	23980	1890
	青海察尔汗盐湖	内陆海水	338.40	49.80	28190	6700	280	2	75.0	225820	7090	650
油气田地下卤水	美国勘萨斯州尤尼斯	（J）斯马克奥弗	354.24	4800	63300	1370	140	5	170	197600	350	200
	美国密歇根州	（D）Filer 砂岩	310.00	2000	14000	8000	300	40	60	200000	400	
	俄罗斯西伯利亚土新斯卡亚	（€）	541.90	7210	11360	10500		5.7	54	337510	90	571
	白俄罗斯波黎那茨基	（D）火山沉积岩		4030	38860	1460		84	240	230110	140	210
	日本本州新潟	（N–Q_1）	369.58	136	11840	600	84	71		20590		925
	中国山东莱州湾	（E_{25}）冲积层	172.14	350	53420	1410	17	22		97670	11200	
	中国四川威远气田	（Z）	80.00	640	27930	2918	149.4	15.07	128	49200	2153	
	中国自流井气田黑卤	（T_1j^5–T_2I^1）	250.00	650	92500	3500	543.5	16	60	155000	1950	350
	中国自流井气田黄卤	（T_3Xj）	185.00	1050	55000	475	28	22	30	112500		450
	中国四川宣汉	（T_2I^1）	352.69	1675	100517	25955	1078	38	323	501971		337
	中国四川西部	（T_2I^4）	377.27	2533	96789	53267	4994	38.4	89.8	210084	375	1129
	中国湖北潜江	（E_2）	331.44	509	120430	5930		27	45.0	198830	1394	360
	中国湖北沙市	（E_2）	325.00	230	103660	9053	14.4	42	65.0	198800	790	
矿场盐卤水	以色列死海索多玛	钾盐矿场卤	317.16	5900	35000	7600			20.0	2030003	540	
	俄罗斯东西伯利亚	封闭变质卤	599.00	8080	11200	21130	17	5		23700	1048	1554
	中国山东东营	井卤摊晒卤	273.00	407	30490	3050		18.7	37.9	202380		

表 1-27　国外含油气盆地地下卤水中碘的分布情况

盆地构造类型 / 国家	地台区 产地	时代	碘含量 /（mg/L）	褶皱区 产地	时代	碘含量 /（mg/L）
苏联	伏尔加 - 乌拉尔地区	D—C	4.5～15	东喀尔巴阡地区		
	土依玛兹	D—C	4～11	博力斯拉夫	R	235
	巴什基利亚	D	3.1～9	哈啥夫	R	75
	萨拉托夫	P	5～10	高加索地区		
	恩巴	P	5～10	斯达夫罗波尔	E	0.2～80
	布古鲁斯兰	P	100～120	西库班	R	8～101
	上丘索夫	P	50～80	苏拉汗	R	16～47
	依希姆巴			巴拉罕	R	30～50
	普里皮亚特盆地	D_{2-3}	101.6	西科彼特—达格地区	K_2	379.2
	科帕特克维奇	D_{2-3}	223.5	塞达—克尔德里	K_2	462.3
	北多曼诺维奇	J_2	158.65～773	库依利亚尔	K	100
	斯基弗 - 图兰地台			东土库曼	R	10～80
				库页岛		
美国	安纳达科盆地	C	23～1400	加利福尼亚地区		
	帕拉多克斯盆地	C	42～450	洛杉矶盆地	R	60～70
	密歇根州		＞40	长海滩油田	N_1-N_2	50
				威尼斯油田	R	10～135
				圣菲—斯普林油田	R	12
				斯玛瑞油田	R	20
日本				千叶县	N_2	103
				新潟县	N_2-Q_1	17～71.4
				木更津	N_2	89～180
				冲绳		11～85
意大利				索尔萨马尔焦雷	N_1-N_2	30～550
				福利安诺		24
罗马尼亚				波尔德尼	N_2	60
				菲利普斯	N_2	50
				哥伏拉	N_1	44.3
				摩勒尼	N_2	7～16
印度尼西亚				爪哇	N_1-N_2	90～150
以色列					K_1	4～37
					J	0.63～13.7
加拿大	阿尔伯达	K_1	5～39			
	盆地	D_2	11～30			
埃及	苏埃茨克地堑	R—K_2	3～14.2			
	依茨艾利	K_1—J	5～37			

时代注释：

D—泥盆系（纪）　C—石炭系（纪）　P—二叠系（纪）

D_2—中泥盆统（中泥盆世）　D_3—上泥盆统（晚泥盆世）　J_2—中侏罗统（中侏罗世）

R—第三系（纪）　E—下第三系（早第三纪）　K—白垩（纪）

K_1—下白垩统（晚白垩世）　K_2—上白垩统（晚白垩世）　J—侏罗系（纪）

N_1—中新统（世）　N_2—上新统（世）　Q_1—下更新统（早更新世）

是极为不均一的，根据A. B. 库杰利斯基的统计结果：其中碘含量在20mg/L以下者占68.99%、20～30mg/L者占14.68%，而高于100mg/L者仅占2.19%。碘含量高于100mg/L的地下卤水，除了世界上含碘量最高的美国安纳达科盆地（1400mg/L）以外，还有美国帕拉多克斯盆地、俄罗斯的斯基弗-图兰地台、西科彼特-达格地区和普里皮亚特盆地以及意大利的索尔萨马尔焦雷（最高550mg/L）、日本和印度尼西亚的某些地区。这些地区的含碘量虽然高，但分布却同样是不均一的。

我国的地下卤水中碘的分布情况与上述相似，一般碘含量在10～40mg/L范围之内，最高含量为483.54mg/L。我国的贵州（483.5mg/L，最高含量，下同）、四川盆地（30mg/L）、柴达木盆地（63mg/L）和江汉盆地（42mg/L）等地均有含碘卤水分布。

02 第 2 章 钾盐浮选及浮选理论

2.1 浮选及浮选过程

2.1.1 浮选概念

浮选是利用矿物表面物理化学性质差异，特别是表面润湿性，常用添加特定浮选药剂（flotation reagents）的方法来扩大物料间润湿性的差别，借助气泡，在固-液-气三相界面有选择性富集一种或几种目的物料，从而实现与废弃物分离的一种选别技术。

浮选已成为资源加工分选工艺中最重要的技术，现在全世界每年用浮选方法处理的矿石有几十亿吨，几乎所有的矿物都可以采用浮选法从矿石中分离出来，同时可加工处理二次资源及非矿物资源，其中 75% 的钾盐产品都通过浮选法生产，对铜矿石、铜钼矿石、磷矿和铁矿等处理量也很大。随着浮选的不断发展，目前，浮选已不局限于冶金矿山，在化工、造纸、食品、农业、医药、工业废物及废水等方面也有广阔的应用前景。

2.1.2 浮选过程

浮选的发展经历了全油浮选（用大量的油类进行浮选）、表层浮选（在矿浆面上进行漂浮）和泡沫浮选三个阶段，现在所说的浮选大都指泡沫浮选。如图 2-1 所示，一定浓度的矿

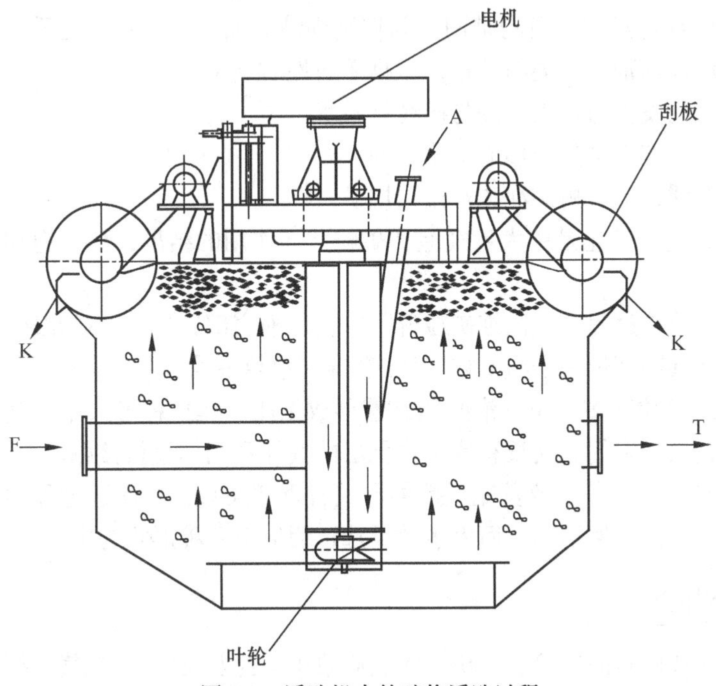

图 2-1　浮选机内的矿物浮选过程

A—空气；F—进料；K—精矿泡沫；T—尾矿

浆（矿物颗粒的悬浮溶液称为矿浆）经适当的浮选药剂调浆后，送入浮选机的浮选槽，矿物颗粒在浮选槽内经搅拌与充气产生的大量弥散气泡碰撞或接触。一部分矿物疏水、亲气，可以附着在气泡上，并随气泡上浮至液面，形成泡沫，通常称为精矿；另一部分亲水、疏气的矿物则不与气泡黏附，留在矿浆中，通常称为尾矿，从而达到精矿与尾矿分离的目的。这种有用矿物进入泡沫，脉石矿物留在矿浆中的称为正浮选，反之称为反浮选。各种矿物能否分离，取决于矿物与气泡能否实现选择性附着及附着后能否稳定升浮至矿浆表面。

就泡沫浮选过程而言，一般包括以下单元过程，如图 2-2 所示。

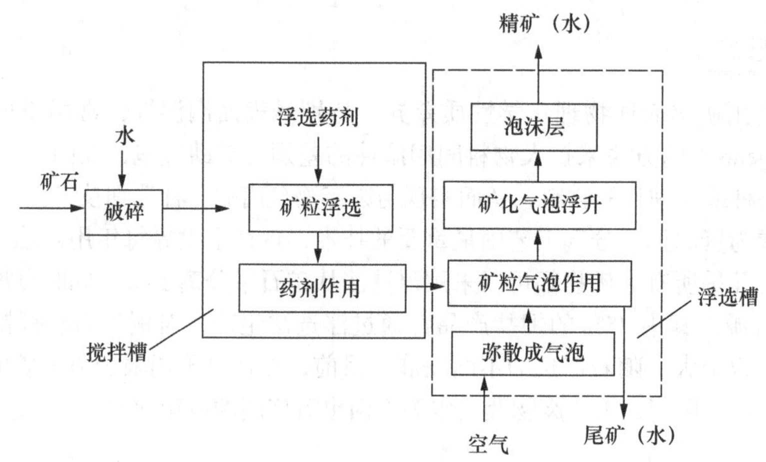

图 2-2 泡沫浮选过程图

（1）将矿石破碎到适宜度，使矿石中有用的矿物与脉石矿物单体解离。

（2）调整矿浆浓度以适合浮选要求，充分搅拌使矿浆处于湍流状态，以保证矿粒悬浮并运动。

（3）加入所需的浮选药剂，目的是调节与控制固液界面的物理化学性质，使矿物颗粒表面选择性疏水化。添加药剂的种类与数量，根据矿石性质确定。

（4）矿浆中气泡的发生与弥散，并与矿粒接触。

（5）疏水矿粒在气泡上黏附，形成矿化气泡。

（6）矿化气泡升浮，形成精矿泡沫及排出尾矿。

在浮选过程中，气泡矿化是由大量气泡和矿粒共同作用的结果，而气泡和矿粒之间黏着过程存在三种形式：

（1）在浮选充气搅拌过程中，微细矿粒群附着在气泡底部，形成“矿化尾壳”。

（2）多个小气泡共同携带一个粗矿粒，形成矿粒-微泡联合体。

（3）若干个微细矿粒和多个小气泡共同黏着形成絮团。在这种形式中，气泡和矿粒之间附着的接触面积大，而且它们之间没有残余水化层的气体和固体直接接触。

气泡矿化形式与浮选设备参数及充气搅拌方式有密切关系，在浮选过程中，这三种矿化形式并存，只是各自所占比例不同，而大多数浮选过程以第一种形式为主。

2.1.3 影响浮选效果的因素

浮选过程包括入选矿石的破碎、磨矿、配制矿浆（配药及调浆）、充气及搅拌，分选后进行选矿产品脱水。影响浮选工艺过程的因素很多，这些因素分为可调节因素和不可调节因素。

可调节因素主要有：磨矿细度、浮选矿浆浓度、矿浆酸碱度、浮选药剂制度、矿浆的充气和搅拌及浮选时间等。不可调节的因素主要有：矿石结构和构造、矿石的矿物组成及各种矿物的嵌布粒度等。此外，浮选工艺流程虽然对浮选效果至关重要，但对于已建成投产的选厂就不会轻易改动。生产用水水质和浮选矿浆温度对分选工艺也有一定影响。矿石的矿物组成和性质对浮选结果的影响是最基本的。即使在同一矿床中，不同地段矿石的矿物组成和性质也不尽相同，因此应将不同地段产出的矿石按一定比例配合并充分进行矿石混匀，以保持矿物组成和性质的稳定，必要时甚至需要分别浮选。在浮选前，矿石通过破碎和磨矿使目的矿物基本单体解离，并使其粒度符合浮选要求。矿石经破碎和磨矿后，加水配制成矿浆。矿浆浓度与矿石性质和浮选条件有关。浮选前向矿浆中添加浮选药剂进行调浆，添加位置与其用途及溶解度有关。常在磨矿时把 pH 调整剂和抑制剂加入到球磨机中；把活化剂加入到搅拌槽中；把捕收剂和起泡剂加到搅拌槽和浮选机内。加药顺序通常依次为 pH 调整剂、抑制剂、捕收剂及起泡剂；由于矿物表面性质的不均匀性和浮选药剂的协同效应，混合用药往往能取得较好效果。

实践表明，要达到较好的技术经济指标，就必须根据所处理矿石的性质，通过试验，确定合理的磨矿细度、矿浆浓度、矿浆酸碱度、浮选药剂制度、充气和搅拌及浮选时间等工艺因素。

一、磨矿细度

适宜的磨矿细度是根据矿石中有用矿物的嵌布粒度，通过选矿试验确定的。生产实践表明，过粗和过细的矿粒，即使达到单体解离，其回收效果也不好。粗粒单体矿粒粒度必须小于矿物浮选的粒度上限，而且还要尽可能避免泥化，浮选矿粒粒度小于 0.01mm 时，浮选指标显著恶化。对于钾盐矿物，只要破碎至单体分离，就能完成浮选，因为在浮选液中钾盐晶体还存在着溶解与结晶的过程，一般浮选后得到的钾盐矿粒为 0.07～0.1mm。

二、矿浆浓度

矿浆浓度（c）又称为矿浆悬浮液质量分数（w_B），是指矿浆中固体颗粒的含量。常用液固比或固体含量百分数表示。

矿浆浓度是浮选过程重要影响因素之一。矿浆浓度稀，回收率较低，但精矿质量较高。随着矿浆浓度的提高，回收率也提高。当浓度到适宜程度时，再提高浓度，回收率反而降低。在稀矿浆中进行浮选，药剂用量、水电消耗以及处理每吨矿石所需的浮选槽容积都要增加，这对矿石的选矿成本是有影响的。此外，浮选矿浆浓度对浮选机的充气量、浮选药剂的消耗、处理能力及浮选时间都有直接的影响。

最适宜的矿浆浓度要根据矿石性质和浮选条件（如浮选机的处理能力等）确定。钾盐浮选矿浆浓度一般为 15%～25%。粗选和扫选作业采用较高的浓度，有利于提高回收率和节约药剂；精矿作业采用较稀的矿浆，有利于提高精矿的质量。

三、矿浆的酸碱度

矿浆的酸碱度一方面影响矿物表面的浮选性质，如矿物表面电性及“有害”离子含量等。另一方面影响药剂的作用，如药剂的解离度，捕收剂和起泡剂与矿物表面的作用等。各种矿物在采用不同的浮选药剂进行浮选时，都有一个“浮”与“不浮”的 pH，称为临界 pH，对矿浆 pH 进行合理调节，就能控制矿物的有效分选。

已有研究指出，在氯化钾浮选时，pH 影响胺捕收剂胶体存在的形式，胺在溶液中以以下几种形式存在：

$$R_{12}NH_3Cl\ (s) \rightleftharpoons R_{12}NH_3^+\ (aq) + Cl^-\ (aq)$$

$$R_{12}NH_3^+\ (aq) \rightleftharpoons R_{12}NH_2\ (aq) + H^+\ (aq)$$

$$R_{12}NH_2\ (s) \rightleftharpoons R_{12}NH_2\ (aq)$$

pH 为 6～12 时，在饱和 KCl 溶液中，当十二烷基胺（简称 DAH）浓度小于 10^{-5}mol/L 时，以 $R_{12}NH_3^+$形式存在；在其他的浓度范围内，pH 小于 10 时，以 $R_{12}NH_3Cl$ 胶体形式存在；pH 大于 11 时，主要以 $R_{12}NH_2$ 胶体形式存在。舒伯特曾经通过浮选实验得出以下结论：长链胺对 KCl 和 NaCl 的浮选取决于 pH，KCl 可在 pH 小于 11 时浮选，而 NaCl 仅在 pH 大于 11 以后才开始浮选，如图 2-3 所示。以上反应式中，s 表示固体，aq 表示水溶液。

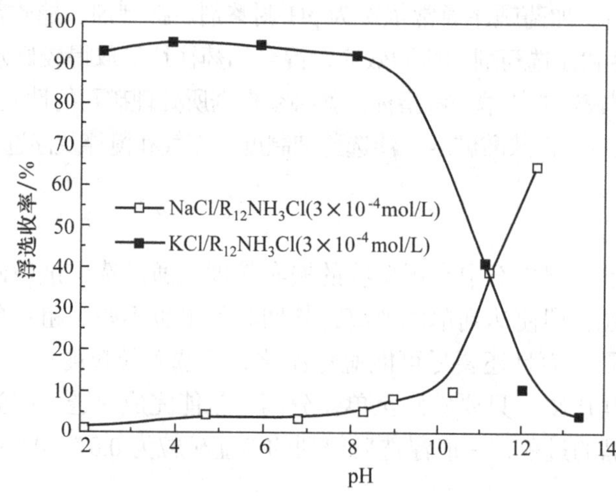

图 2-3　以胺作捕收剂，KCl 和 NaCl 的浮选收率与 pH 间的关系

事实上，pH 能够改变捕收剂表面的电性，后来很多研究人员指出 pH 明显影响以 DAH 为捕收剂浮选 KCl 和 NaCl 的效果。pH 为 6～8 时，KCl 浮选效果最佳；当 pH 值大于 11 时，胺捕收剂改带负电荷，因而不能浮选带负电的 KCl。例外的是 pH 不影响捕收剂十二烷基磺酸钠（简称 SDS）浮选 KCl 的效果，这是由于 SDS 为强酸，不能像 DAH 那样发生水解反应。另外，J.S. 拉斯科夫斯基也指出 C_{12}～C_{14} 正脂肪胺的等电点为 pH 10.6～11，这些胶体组分可在气液界面和固液界面聚积，改变界面的电性，影响浮选过程。因此，控制矿浆的 pH 是控制浮选工艺过程的重要措施之一。

四、药剂制度

药剂制度包括浮选过程中加入药剂的种类和数量，加药地点和方式，也称药方，它对浮选指标有重大影响。药剂的种类和数量是通过试验确定的。在生产实践中，还要对加药数量、地点及方式不断地修正和改进。

在一定的范围内，增加捕收剂与气泡剂的用量，可以提高浮选速度和改善浮选指标。但是，用量过大会造成浮选过程恶化。同样，抑制剂与活化剂也应适量添加，过量或不足都会引起浮选指标降低。

加药地点的确定，取决于药剂的作用、用途和溶解度。通常把抑制剂加在磨矿机中，捕收剂及起泡剂加在搅拌槽或浮选机中。能互相反应的药剂，必须分开投加。

加药方式分一次加与分批加两种。前者可以提高浮选的初期速度，有利于提高浮选指标。常见的加药顺序是，浮选矿物时，先加调整剂及抑制剂，再加捕收剂，最后加起泡剂。在氯化钾浮选中，先加除钙及脱泥的抑制剂，再加十八胺捕收剂，最后添加松醇油起泡剂。

五、充气和搅拌

充气就是把一定量的空气送入矿浆中，并使它弥散成大量微小的气泡，以便使疏水性矿粒附着在气泡表面上。经验表明，强化充气作用，可以提高浮选速度，节约水电与药剂。但充气量过分，会把大量的矿泥机械杂质夹带至泡沫产品中，给选别造成困难，最终难以保证精矿质量。

矿浆搅拌的目的在于促使矿粒均匀地悬浮于槽内矿浆中，并使空气很好地弥散，造成大量“活性气泡”。在机械搅拌式浮选机中，充气与搅拌是同时产生的。加强充气和搅拌作用对浮选是有利的，但充气和搅拌过分有气泡兼并、精矿质量下降、电能消耗增加及机械磨损等缺点。应根据浮选机类型与结构特点，通过试验确定适宜的充气与搅拌条件。

六、浮选时间

浮选时间的长短直接影响指标的好坏。浮选时间过长，精矿内有用成分回收率增加，但精矿品位下降；浮选时间过短，对提高产品品位有利，但会使尾矿晶位增高。各种矿物最适宜的浮选时间要通过试验确定。一般当有用矿物可浮性好、含量低、给矿粒度适宜、矿浆浓度低、药剂作用快及充气搅拌较强时，需要的浮选时间就短。

2.2　溶液浮选化学

浮选过程均是在相应的溶液中进行的，不溶性矿物的浮选是在水溶液中进行的，而对于可溶性盐的浮选，由于盐类的溶解度普遍都比较大，因此其浮选过程都是在其饱和溶液中进行。在可溶性盐的浮选体系中，溶液的高离子强度和离子种类都会对捕收剂分子的胶束化及其浮选行为产生重要的影响，因此溶液化学是可溶盐浮选的重要研究内容之一。

2.2.1　溶液的表面张力

在一定温度和压力下，纯液体的表面张力是一定值。溶液的表面张力不仅与温度及压力有关，还与溶质的种类及其浓度有关。

一、表面张力的概念

表面张力（surface tension），是液体表面层由于分子引力不均衡而产生的沿表面作用于任一界线上的张力。通常，由于环境不同，处于界面的分子与处于相本体内的分子所受力是不同的。在水内部的一个水分子受到周围水分子的作用力的合力为零，但在表面的一个水分子却不如此。因上层空间气相分子对它的吸引力小于内部液相分子对它的吸引力，所以该分子所受合力不等于零，其合力方向垂直指向液体内部，结果导致液体表面具有自动缩小的趋势，这种收缩力称为表面张力。表面张力是物质的特性，其大小与温度和界面两相物质的性质有关。

二、表面张力的测量

表面张力的测定方法有多种，有的适用于研究工作，有的因其简便而适用于工厂测定，作为国家标准或国际标准的有拉环法、吊片法及滴体积法等。其中，拉环法是应用相当广泛的方法，它可以测定纯液体及溶液的表面张力，也可以测定液体的界面张力。界面张力仪是一种用物理方法测试液体的表面和液体与液体之间界面张力的仪器。

当铂金环与液面接触后，再慢慢向上提升，则因液体表面张力的作用而形成一个液体的圆柱，如图 2-4 所示，这时向上的总拉力 p 将与此液柱的质量相等，也与内外两边的表面张力之和相等，即

$$p=mg=2\pi\sigma R'+2\pi\sigma(R'+2r)=4\pi\sigma(R'+r)=4\pi\sigma R \quad (2\text{-}1)$$

式中：m 为液柱的质量；R' 为环的内半径；r 为环丝半径；R 为环的平均内径，即 $R=R'+r$；σ 为液体的表面张力。

但式（2-1）是理想的情况，与实际不相符合，因为被拉起的液体并非是圆柱形的，而是如图 2-4 所示。

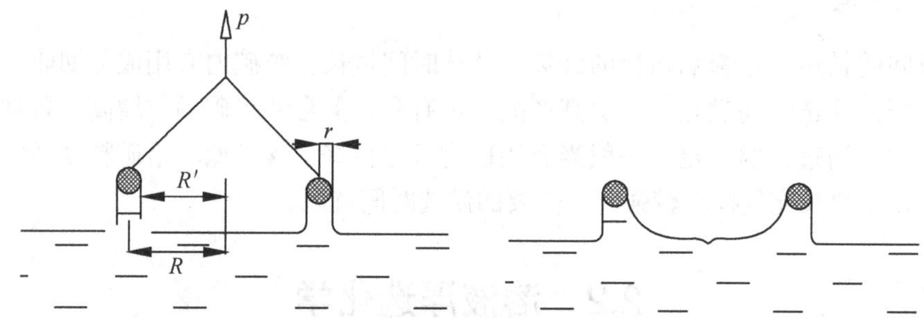

图 2-4　表面张力示意图

p 为向上的总压力；R' 为环的内半径；r 环丝半径；R 环的平均内径

实验证明，环拉起的液体的形状是 R^3/V 和 R/r 的函数，同时也是表面张力的函数。因此式（2-1）必须乘以一个校正因子 F 才能得到正确的结果，即

$$\sigma=MF \quad (2\text{-}2)$$

式中：M 为膜破裂时刻度盘读数，mN/m（毫牛 / 米）。

$$F=0.07250+\sqrt{0.01452\mathrm{M}/[C^2(D-d)]+0.04534-1.679/(R/r)} \quad (2\text{-}3)$$

式中：M 为显示的读数值，mN/m；C 为环的周长；R 为环的半径；D 为下相密度；d 为上相密度；r 为铂金丝的半径。

在此实验中，C=6.00cm；R=0.955cm；r=0.03cm；D 为液体的密度；d 为气体的密度；所以调整因子简化为

$$F=0.07250+\sqrt{0.01452M/[36(D-d)]-0.0074}$$

2.2.2 表面活性剂及其特异性

一、表面活性剂

表面活性剂的英文为 surfactant，是短语 surface active agent 的缩合词，它暗示表面活性剂具有两个特性：①活跃于表（界）面；②改变表（界）面张力。因此，可以将表面活性剂定义

为：活跃于表面和界面上具有极高的降低表面、界面张力的能力和效率的一类物质；表面活性剂分子具有两亲特性，分子的一端是亲油的非极性基团，另一端是极性基团，其亲水作用使分子的极性端进入水中。表面活性剂在一定浓度以上的溶液中能形成分子有序组合体，当浓度较高、溶质分子在表面层达饱和吸附时，分子在表面定向排列成单分子膜，从而具有一系列应用功能。

二、浊点

非离子表面活性剂在水溶液中的浓度随温度上升而降低，在升至一定温度值时出现混浊，经放置或离心可以得到两个液相，这个温度称为该表面活性剂的浊点（cloud point）。

三、临界胶束浓度

（一）临界胶束浓度概念

表面活性剂的表面活性源于其分子的两亲结构，亲水基团使分子有进入水的趋向，而疏水基团则竭力阻止其在水中溶解而从水的内部向外迁移，有逃逸水相的倾向，这两倾向平衡的结果使表面活性剂在水表面富集，亲水基伸向水中，憎水基伸向空气，其结果是水表面好像被一层非极性的碳氢链所覆盖，从而导致水的表面张力下降。

表面活性剂在界面富集吸附一般的单分子层，当表面吸附达到饱和时，表面活性剂分子不能在表面继续富集，而疏水基的疏水作用仍竭力促使其分子逃离水环境，于是表面活性剂分子则在溶液内部自聚，即疏水基在一起形成内核，亲水基朝外与水接触，形成最简单的胶团。而开始形成胶团的表面活性剂的浓度称为临界胶束浓度（critical micelle concentration，CMC），如图 2-5 所示。

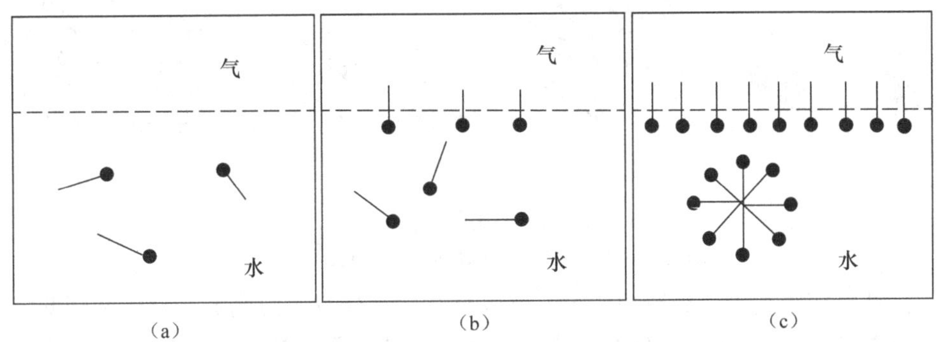

图 2-5　不同浓度下表面活性剂分子在溶液中的分布形式

(a) 极稀浓度下；(b) 低浓度下；(c) 临界胶束浓度下

如图 2-6 所示，当溶液达到界面胶束浓度时，溶液的很多性质会发生变化，如界面张力、渗透压及当量电导等理化性质，同种表面活性剂受测试条件或方法的影响，临界胶束浓度值有一定的偏差范围。当表面活性剂水溶液的浓度达到 CMC 值后，界面张力降至最低值，此时再提高表面活性剂浓度，界面张力不再降低，表面活性剂单分子浓度不再增加，而只能增多胶束的数量。

以扩散法和光散法对胶束进行研究，结果发现，浓度在 CMC 以上不太高的范围内胶束大都成球状，为非晶态结构，有一个与液体相似的内核，由碳氢链组成。当浓度高于 10 倍的 CMC 时，胶束呈棒状，这种棒状结构有一定的顺柔性。浓度再增高，棒状胶束聚集成六角束，浓度更高时则形成层状结构。弗罗姆黑尔兹（Fromherz）从热力学观点提出了一种块状胶束模型。胶束的各种形式如图 2-7 所示。

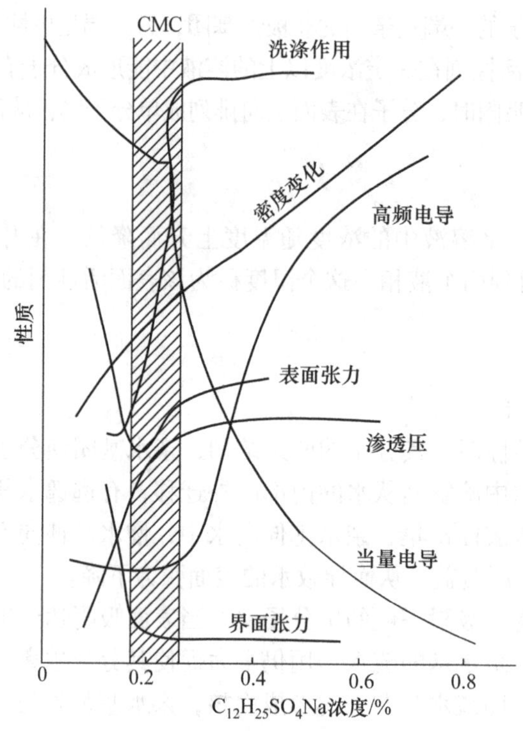

图 2-6 十二烷基硫酸钠水溶液的一些性质随浓度的变化

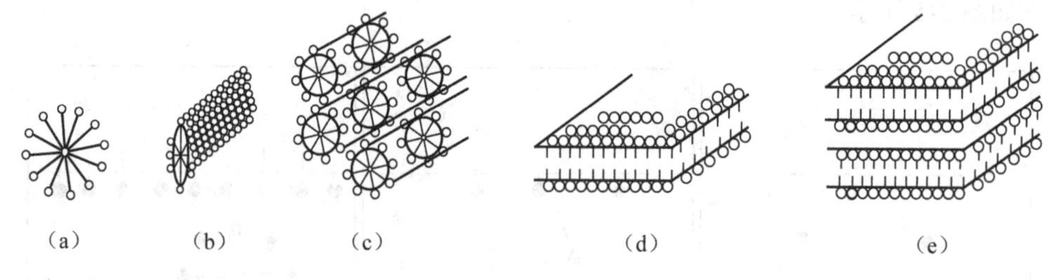

图 2-7 胶束的各种形状

（a）球状；（b）棒状；（c）六角状；（d）层状；（e）块状

表面活性剂溶液达到临界胶束浓度，其物理化学性质发生急剧的变化，利用此特性可确定临界胶束浓度值，测量方法有电导法、表面张力法、染料法、光散法、浊度法及增溶法等，最常用的简单又比较准确的方法是电导法和表面张力法。

（二）表面张力与临界胶束浓度关系

表面张力与 CMC 的关系具体表现为：当捕收剂的浓度极低时，捕收剂分子可以溶解于溶液中；当浓度升高时，大量的捕收剂分子为了减少水分子的排斥作用到达溶液的液 / 气界面，从而吸附于溶液的表面上，此时溶液表面由于存在大量的捕收剂分子，溶液的表面张力开始下降；当浓度进一步升高，达到临界胶束浓度以上时，溶液表面被捕收剂分子铺满，捕收剂分子在溶液中形成胶束，此时溶液的表面张力降到最低值。表面张力值与溶液中捕收剂的分布 / 聚集关系如图 2-8 所示。

从以上的分析可知，可以通过测定在不同捕收剂浓度下，溶液的表面张力的变化来间接地判定捕收剂在溶液中的分配和聚集状态，尤其是可以测定出捕收剂在溶液体系中的临界胶束浓度（CMC）。CMC 是表面活性剂的一个重要参数，如果捕收剂分子在溶液中形成了胶束，那么在固体表面就可能以胶束的形式吸附，浮选行为就会相应地发生改变。

盐酸十八胺（octadecylamine, ODA）在纯水和饱和氯化钾溶液中不同浓度下的表面张力值如图 2-9 所示。

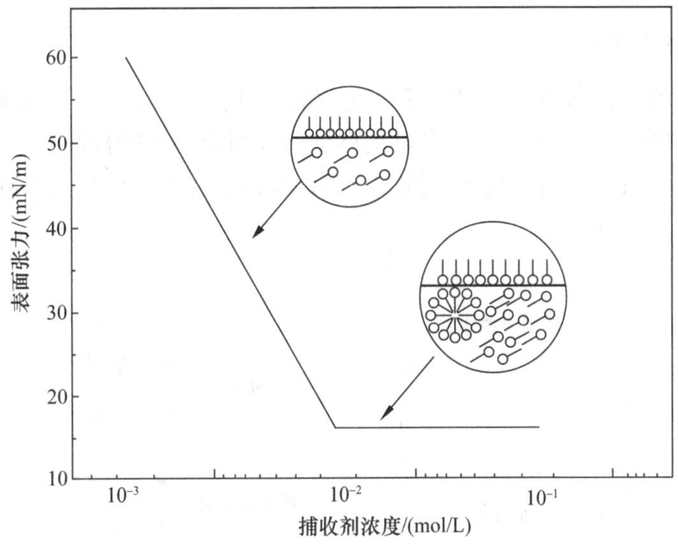

图 2-8　捕收剂浓度与溶液表面张力关系图

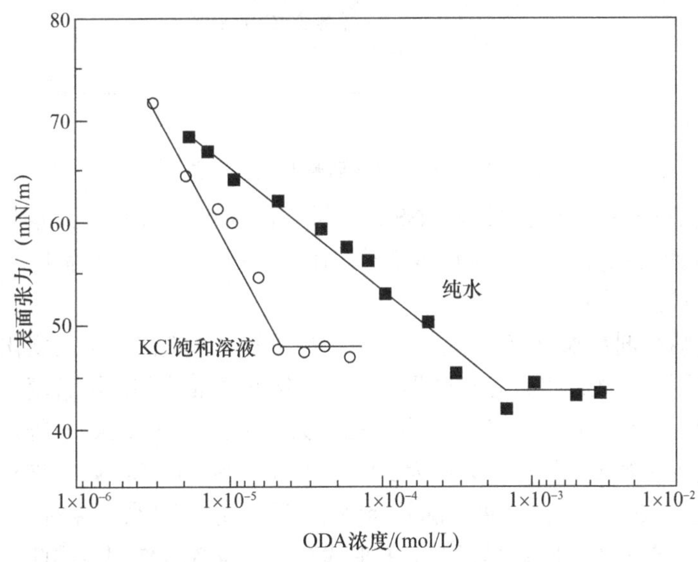

图 2-9　ODA 浓度对纯水浓度和氯化钾饱和溶液的表面张力的影响

表面张力的测定结果显示，ODA 在纯水和饱和氯化钾溶液中的浓度在 7×10^{-4}mol/L 和 2×10^{-5}mol/L 时，表面张力降到了最低值。相同条件下，DAH 在纯水和饱和氯化钾溶液中的 CMC 分别约为 1.5×10^{-2}mol/L 和 6×10^{-5}mol/L。

根据 Klevens 的经验公式：

$$\lg CMC = A - BN \tag{2-4}$$

式中：N 为疏水基的碳原子总数；A 和 B 为常数。由式（2-4）可以看出随着捕收剂分子碳链长度的增加，捕收剂的 CMC 在降低。然而由于 ODA 的溶解度很低，在溶液中没有溶解足够的捕收剂分子用来形成胶束，因此本实验测定的表面张力的拐点实际上是 ODA 捕收剂在溶液中达到饱和的浓度。由于 ODA 的浓度分别在纯水体系和饱和氯化钾体系中达到了饱和，没有更多的 ODA 分子在液 / 气界面上分布，因此溶液的表面张力降到了最低值。

四、克拉夫（Krafft）点

离子型表面活性剂的浓度在温度升至一定值时会陡然上升，这个温度就称为该表面活性剂的克拉夫点，如图 2-10 所示。克拉夫点是离子型表面活性剂的特征值，它表示表面活性剂应用时的温度下限，只有当温度高于克拉夫点时，表面活性剂才能更大程度地发挥作用。

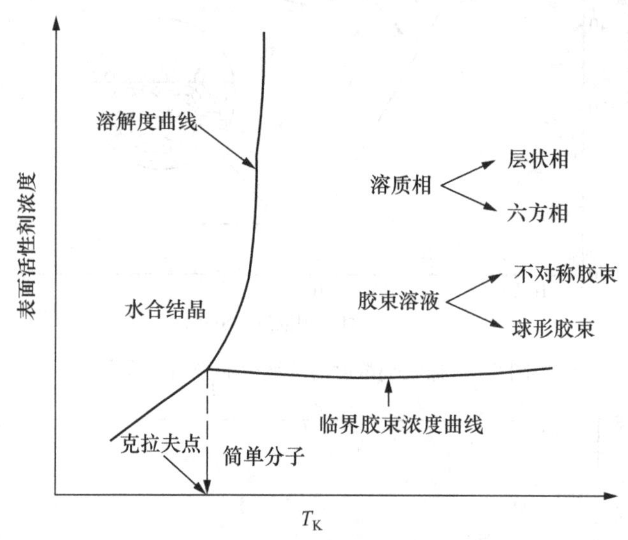

图 2-10　表面活性溶解性与温度间关系

在钾盐的浮选过程中广泛使用的捕收剂是碳链长度在十二以上的长链脂肪伯胺。而在常温下，这些长链的捕收剂分子的溶解度都较低，在常温条件下，此类捕收剂在可溶性盐浮选体系中，低浓度时即达到饱和。

长链胺类表面活性剂在水溶液（或盐溶液）中的溶解度一般随温度的变化会增大，而且都存在一个溶解度急剧增加的温度，在这个温度上，长链胺类捕收剂的溶解度大幅度增加，溶液会变为澄清的溶液，这个温度称为克拉夫点。加拿大的 J. S. Laskowski 的研究表明，对于十二胺盐酸盐来说，其在水溶液中的克拉夫点为 20℃，而在 16% 的 KCl–NaCl 饱和溶液中，十二胺的克拉夫点可以达到 80℃以上。可见，随着溶液中离子强度的升高，克拉夫点呈升高的趋势。所以在一般的常温状态下十二胺均是以沉淀的形式存在并发挥着作用。因此，对于我国常用的钾盐浮选药剂十八胺来说，与十二胺相比，十八胺在水溶液中的溶解度更低。一般来讲，表面活性剂分子的碳链长度每增加一个碳原子，其溶解度降低 1/3。所以十八胺在水溶液和盐溶液中的克拉夫点比十二胺要低得多，其在氯化钾饱和溶液中的克拉夫点在 80℃以上。

在工厂的实际运行中，十八胺与盐酸反应时，必须加热到 70～80℃才能保证十八胺溶解于盐酸的溶液中，并与盐酸发生反应生成盐酸盐。然而，当反应完全的捕收剂溶液加入浮选槽时，如当使用光卤石为原矿时，由于其生产过程中存在冷分解过程，浮选的温度一般只有 10℃左右，在这样的低温下，十二胺和十八胺盐酸盐都很难溶解，均是以沉淀的形式存在，并以沉淀的形式发挥其浮选作用。

2.2.3 固－液界面的吸附

一、固－液界面吸附的基本概念

矿浆中各种浮选药剂（捕收剂、抑制剂及活化剂）在矿物表面的吸附，直接控制矿物表面的润湿性，使某些矿物表面疏水化，使另一些矿物表面亲水化，扩大了被分离矿物可浮性差别，从而达到有效分离各种矿物的目的。在一定温度下，吸附达到平衡时，单位面积上吸附物质的物质的量，称为在该条件下的吸附量，通常用符号 Γ 表示。测定药剂在矿物表面的吸附量时，通常使用两类单位：单位面积上吸附的药剂的物质的量，如 mol/cm^2，通常称为“吸附密度”；或者用单位质量矿物吸附的药剂量来表示，如 mol/g 及 mg/g 等。

二、吸附等温式

固－液界面溶质的吸附量通常是指，在一定温度下，吸附达到平衡时，单位固体表面所吸附溶质的物质的量（或质量），我们称之为吸附密度或罩盖密度。对其计算，目前采用固体对气体吸附的经验公式，有条件地用于固体对溶液的吸附，需将其中的压力换为浓度。此外，鉴于溶质与固体表面作用力（分子间力或化学键力）的差异，或固体表面状态（固体表面物理或化学的不均匀性等）的不同，在研究溶质浓度与吸附量的关系方面得出了不同的吸附等温方程式。

（一）朗缪尔（Langmuir）吸附等温式

当溶质做单分子层吸附时，如有机高分子絮凝剂在微细矿粒物表面的吸附，以及浮选药剂在矿物表面发生典型的单分子层化学吸附等，可以利用朗缪尔吸附等温式计算：

$$\Gamma=\Gamma_\infty \frac{bc}{1+bc} \tag{2-5}$$

式中：Γ 为对应平衡浓度时的吸附量，mol/cm^2；Γ_∞ 为饱和吸附量；c 为平衡浓度，mol/L；b 为常数（吸附速度常数 K_1/ 解吸速度常数 K_2）。

式（2-5）改写为

$$\frac{c}{\Gamma}=\frac{1}{\Gamma_\infty b}+\frac{1}{\Gamma_\infty}c \tag{2-5′}$$

式（2-5′）反映 c/Γ 与 c 呈线性关系，即借助直线的斜率以及直线与纵坐标的截距可算出 Γ_∞ 值和 b 值。

（二）弗罗因德利希（Freundlich）吸附等温式

浮选药剂在矿物表面的吸附，通常伴有多层的物理吸附及表面化学反应，此时朗缪尔吸附等温式在浮选理论研究中往往显得不足。当溶质在固体表面呈不均匀的多层吸附时，可利用弗罗因德利希吸附等温式进行计算：

$$\Gamma=Ac^{\frac{1}{n}} \tag{2-6}$$

式中：A、n 为经验常数，与一定温度条件下溶质和矿物表面性质有关，可通过作对数图的方法获得。

弗罗因德利希吸附等温式，是通过大量试验数据总结出的经验方程，在浮选理论研究中有较广泛的应用。

若将朗缪尔方程式与弗罗因德利希方程式统一起来，则可得

$$\Gamma=\left(\frac{Bc}{1+Bc}\right)^{\frac{1}{n}} \tag{2-7}$$

式中：B 为由吸附键力所决定的常数；$1/n$ 为矿物表面溶质的覆盖程度。

由上可见，式（2-7）相当于朗缪尔吸附等温式引入了指数 $1/n$。由于该方程式概括了单分子层吸附和多分子层吸附的情况，比较符合吸附的一般规律，因此药剂在矿物表面的吸附，多数情况下均可用式（2-7）进行描述。

（三）乔姆金（Temkin）吸附等温式

当溶液中的晶格同名离子或类质同象离子在双电层内层发生定位吸附引起矿物表面电位变化时，通常可利用乔姆金吸附方程进行计算：

$$\Gamma=a\pm b\ln c \tag{2-8}$$

式中：a、b 均为常数。

因在半对数坐标上 Γ、$\ln c$ 为直线关系，由直线的斜率和截距即可求出 a、b 值，进而获得溶质浓度与吸附量之间的定量关系。

（四）实验测算法计算吸附量 Γ

在研究中，为了测定药剂在矿物表面的吸附量，虽可用单位表面积吸附药剂的物质的量表示，但由于固体表面积不容易测定，而面积与质量又有正比关系，因此实践中又常用单位质量矿物所吸附的药剂量表示。也常采用如下更为简便的实验测算法计算吸附量 Γ。此法是将定量的矿物与定量的已知浓度药剂溶液，在容器中一起振荡混匀，根据药液浓度的改变及矿物的质量，按照下式即可计算出吸附量 Γ：

$$\Gamma=\frac{X}{m}=\frac{V(c_0-c)}{m} \tag{2-9}$$

即

$$\text{吸附量}=\frac{\text{被吸附的药剂量}}{\text{矿物的质量}}$$

式中：X 为矿物表面所吸附的药剂量，mol 或 mg；m 为矿物的质量，g（如果已知矿物的比表面，则可求得单位表面积所吸附药剂的数量即吸附密度）；V 为药剂的体积，L；c_0、c 为吸附前、后药剂在溶液中的浓度，mol/L 或 mg/L。

该种方法算出的 Γ 值是相对量，实践表明，对于稀溶液而言，上述计算误差较小，而对浓溶液而言，则往往误差较大。

2.2.4 浮选药剂

在钾矿浮选中，固相钾盐（KCl）和石盐（NaCl）的晶体表面具有不同程度被水润湿的性能，但一般情况下，这种差别并不显著，通常都使用浮选药剂以增大或减小钾盐及石盐表面的疏水性，调整、控制整个过程中氯化钾的浮选行为，以获得更好的浮选指标。钾矿浮选中所用的浮选药剂主要有捕收剂、起泡剂、调整剂及抑制剂。

一、捕收剂

（一）捕收剂分子的结构特点及分类

矿物颗粒表面润湿性与其自身的晶格结构密切相关。自然界中的矿物可依照表面润湿性

的差异，分为亲水性矿物（hydrophilic minerals）、弱亲水 - 弱疏水性矿物（中间矿物）和疏水性矿物（hydrophobic minerals）。自然界中，天然疏水性矿物为数甚少，大部分矿物属于亲水性矿物和中间矿物。

亲水性矿物表面暴露强不饱和键，如离子键和共价键等；疏水性矿物表面暴露弱不饱和键，如分子键。绝大多数亲水性矿物，只有与捕收剂作用，增大其表面的疏水性，才具有一定的可浮性。即使是天然疏水性矿物，为了有效地浮选，也要适当添加非极性油类捕收剂，以提高其可浮性。

常用的绝大多数是异性有机化合物，如黄药、黑药、脂肪酸及皂类、脂肪胺等，但也有一些是属于非极性有机化合物，如煤油等。

理论研究和浮选实践均已表明，对于不同类型的矿石需要选用不同类型的捕收剂。然而由于研究的角度不同，对捕收剂也存在不同的分类方法。通常是根据药剂在水溶液中的解离性质，将捕收剂分为离子型和非离子型两大类型。在离子型捕收剂中，又根据起捕收作用疏水离子的电性，分为阴离子型、阳离子型及两性捕收剂。在阴离子捕收剂中，按极性基的化学组成，又进一步分为硫代化合物类捕收剂和烃基含氧酸类捕收剂。对于非离子型捕收剂，则进一步分为非极性捕收剂与异极性捕收剂两类。详见表 2-1。

表 2–1 常用浮选药捕收剂的分类及其典型实例

类型	捕收剂的类别			典型实例
离子型	阴离子型	硫代化合物类	黄药类	乙黄药、丁黄药等
			黑药类	25 号黑药、丁基胺黑药等
			硫氮类	硫氮九号等
			硫醇及其衍生物	苯并噻唑硫醇
			硫脲及其衍生物	二苯硫脲（白药）
		烃基含氧酸类	羧酸及其皂类	油酸钠、氧化石蜡皂等
			烃基硫酸酯类	十六烷基硫酸盐
			烃基磺酸及其盐类	石油磺酸盐
			烃基膦酸类	苯乙烯膦酸
			烃基胂酸类	甲苯胂酸钠（铵）
			羟肟酸类	
	阳离子型	胺类	脂肪胺类	月桂胺、三甲基十六烷基溴化铵等
			醚胺类	烷氧基正丙基醚胺
		吡啶胺类		烷基吡啶盐酸盐
	两性捕收剂			氨基酸类 二乙胺乙黄药
非离子型	异极性			双黄药 黄药酯类（ROCSSR） 硫逐氨基甲酸酯（硫氨酯）
	非极性	烃类油		煤油、柴油等

硫化矿浮选常用的捕收剂是硫代化合物类。这类捕收剂通常具有二价硫原子组成的亲固基，同时疏水基相对分子质量小，其主要代表有黄药、黑药、氨基酸代甲酸盐、硫醇、硫脲及它们相应的酯类，可作为铜、铅、锌、钼等金属矿物的分选药剂。

烃基含氧酸类中，羧酸及其皂类主要用于浮选碱土金属的碳酸盐、金属氧化矿物、重晶石、萤石、氧化铁矿、磷酸盐矿及一些稀有金属矿；烃基硫酸酯类可作为黑钨矿、锡石、重晶石、钾石盐等的捕收剂；烃基磺酸及其盐类常用于浮选氧化铁和非金属矿（如萤石和磷灰石等）；烃基膦酸类对锡石、黑钨矿、稀土矿和氧化铅矿都有捕收作用；烃基胂酸类可用来浮选锡石、黑钨矿等；羟肟酸类可用来浮选锡石、氧化铁矿、稀土磷酸盐矿、黑钨矿、白铅矿及铁铅矿等。

阳离子捕收剂解离后产生的疏水烃基的阳离子，是有色金属氧化物、石英、长石及云母等铝硅酸盐和钾盐的捕收剂。在钾盐工业生产中，通常用阳离子捕收剂从石盐中选择性浮选钾盐。目前用于钾盐浮选的捕收剂主要有以下两类：脂肪胺，RNH_2（其中 R 为 C_{12}～C_{24}），固体或膏状；脂肪二胺，$RNH_2(CH_2)_3 \cdot NH_2$（其中 R 为 C_{12}～C_{24}），固体或膏状。浮选时，可用乙酸或盐酸部分中和胺，使其变成胺的乙酸盐或氯化物。这两大类捕收剂中，使用烃链长度为 C_{16}～C_{18} 的脂肪伯胺已得到了世界的普遍认同，在加拿大、美国、俄罗斯、德国及法国等国相继推广应用，对钾盐的开发利用具有革命性意义。

（二）捕收剂的作用

捕收剂是能提高矿物表面疏水性的一大类浮选药剂，也是矿物浮选中最主要的一种药剂。浮选反应的发生主要靠捕收剂与晶体表面结合后，增大晶体表面的疏水性，使有价矿物由液相转入泡沫相完成浮选。它具有两种最基本的性能：能选择性地吸附固着在矿物表面；吸附固着后能提高矿物表面的疏水化程度，使之容易在气泡上黏附，从而提高矿物的可浮性。

（三）胺类捕收剂

胺可以看成氨的衍生物，根据 NH_3 中被烃基取代 H 的个数不同，分为第一胺（伯胺）、第二胺（仲胺）和第三胺（叔胺）。烃基原则上可以是烷烃、芳香烃或杂环。浮选中最常用的是烷基第一胺 $C_nH_{2n+1}NH_2$ 和混合胺。混合胺在常温下为淡黄色蜡状体，有刺激气味，不溶于水，溶于酸性溶液或有机溶剂中。使用时，盐酸和混合胺以 1∶1 比例配料，加热水溶化后，再用水稀释为 0.1%～1% 的水溶液。

1．胺的化学性质

胺类因氮原子的外层电子有一对孤对电子，取代基 R 有推斥电子作用，使氮原子呈现出很大的负电场，容易与水中的 H^+ 结合，具有一定的亲水性，短链胺易成胶团。胺的溶解度及临界胶束浓度与烃链长度有关，各种不同烃链伯胺的性质如表 2-2 所示，烃链增长，溶解度降低，临界胶束浓度也降低。

表 2–2　脂肪胺（RNH_2）的物理化学性质

胺的名称	碳原子数	凝固点（乙酸盐）/℃	临界胶团浓度 C_M/（mol/L）
月桂胺（季铵盐）	12	68.5～69.5	（盐酸盐）9.38×10^{-2}
肉豆蔻胺	14	74.5～76.5	2.8×10^{-3}
软脂胺	16	80.0～81.5	8.0×10^{-4}
硬脂胺	18	84.0～85.0	3.0×10^{-5}

胺在水中溶解时呈碱性，并生成起捕收作用的阳离子 RNH_3^+

$$RNH_2+H_2O \longrightarrow RNH_3^+ +OH^-$$

胺的碱性可以用其离解常数 K_b 的负对数 pK_b 表示，pK_b 越小，碱性越强。

$$K_b=\frac{[RNH_3^+][OH^-]}{[RNH_2(aq)]}=4.3\times10^{-4} \tag{2-10}$$

即

$$\frac{[RNH_3^+]}{[RNH_2(aq)]}=\frac{K_b[H^+]}{10^{-14}}$$

于是有

$$\lg[RNH_3^+]-\lg[RNH_2(aq)]=14-pK_b-pH \quad (2\text{-}11)$$

RNH_3^+又可以产生酸式解离

$$RNH_3^+=RNH_2+H^+$$

$$K_a=\frac{[RNH_2][H^+]}{[RNH_3^+]} \quad (2\text{-}12)$$

此外，胺类在溶解时也有溶解平衡，即

$$RNH_2(s)=RNH_2(aq)$$

$$K_s=[RNH_2(aq)]=2\times10^{-5}$$

$$K_s\cdot K_b=[RNH_3^+][OH^-]=8.6\times10^{-9}$$

因为

$$[H^+][OH^-]=10^{-14}$$

由上述关系可得

$$pH-pK_a=\lg\frac{[RNH_2(aq)]}{[RNH_3^+]} \quad (2\text{-}13)$$

以 B 和 BH^+分别代表 RNH_2 和 RNH_3^+，则 pH 和 pK_b 的相对大小分别表示三种情况：

当 $pH=pK_b$ 时，$[B]=[BH^+]$，各占 50%；

当 $pH-pK_b=1$ 时，$[B]/[BH^+]=10$，$[BH^+]$所占比例为 1/11～9.1%；

当 $pH-pK_b=-1$ 时，$[B]/[BH^+]=0.1$，$[BH^+]$所占比例为 10/11～91%。

和阴离子捕收剂不同，胺类捕收剂与矿物作用是以静电力和矿物相吸引，其有效浮选条件是

$$pK_b>pH>PZC\text{（零电点）} \quad (2\text{-}14)$$

但长链脂肪胺在一定浓度下，将有 $RNH_2(s)$ 沉淀生成，这又可分为以下几种情况讨论。

（1）$pH=pH_S$，此处的 pH_S 为将要生成而尚未生成 $RNH_2(s)$ 沉淀的临界 pH。

设添加的胺总浓度为 $C_t=[RNH_3^+(s)]+[RNH_2(aq)]$

设胺的溶解度为 C_S，而且 $C_S=[RNH_2(aq)]$

故 $[RNH_3^+]=C_t-C_S$，

$$pH_S=14-pK_b+\lg C_S-\lg(C_t-C_S) \quad (2\text{-}15)$$

（2）$pH<pH_S$，$RNH_2(s)=0$，$\lg[RNH_3^+]\approx\lg C_t$，其值可用图 2-11 的水平直线表示。

由式（2-10）可得

$$\lg[RNH_2(aq)]=pH+pK_b-14-\lg C_t \quad (2\text{-}16)$$

这是斜率为 1 的直线，它与 pH_S 值相交的交点为

$$C_SC_t/(C_t-C_S) \quad (2\text{-}17)$$

（3）$pH>pH_S$，$\lg[RNH_2(aq)]=\lg C_S$ 为一水平直线，$\lg[RNH_3^+]=14-pK_b-pH+\lg C_S$ 为斜率是−1 的直线。

当 $pH>pH_S$，$[RNH_3^+]=0$

$$C_t=[RNH_2(s)]+[RNH_2(aq)]$$

$$[RNH_2(s)]=C_t-C_S$$

（4）重要的是，当 $pH=14-pK_b$ 时，

$$[RNH_3^+]=[RNH_2(aq)]$$

即解离 50%，

$$[RNH_3^+]=0.5C_t$$

利用图解法，有了 C_t、pK_b 的值，就可以确定组分分布图（图 2-11）。

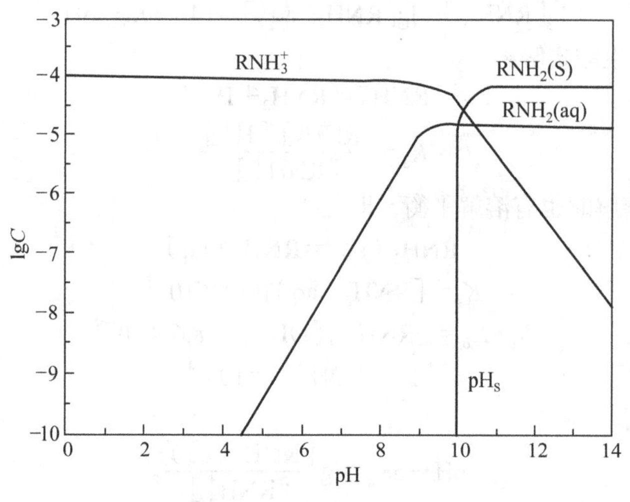

图 2-11 十二胺的 lg*C*-pH

对于浮选来说，长链脂肪胺在高 pH 下容易生成沉淀，各组分的赋存状态除了受 pK_b 控制以外，更受其临界沉淀的 pH_S 的约束。矿浆 pH 大于 pK_S 时，不但 RNH_3^+ 离子急剧减少，而且溶解的 RNH_2 分子的浓度也不再提高，也就是说，长链脂肪胺浮选的 pH 应该小于 pH_S 值，其有效的浮选 pH 可以表示为

$$pH \leqslant 14 - pK_b + \lg C_S - \lg(C_t - C_S)$$

2. 使用胺类捕收剂时的注意事项

（1）胺类捕收剂不能与阴离子捕收剂同时加入。因为这两类药剂的离子在溶液中会互相反应，生成较高相对分子质量的不溶性盐。

（2）胺有一定的起泡能力，对水的硬度有一定的适应性，但水的硬度过高，则其用量需要增大。

（3）胺可与中性油类混合使用，如用阳离子捕收剂和煤油浮选石英。

（4）由于胺类与矿物的作用以物理吸附为主，因此附着不牢固，容易脱落和洗去。使用胺类时，需要的调整时间较短。胺类捕收剂比脂肪类有更强的起泡性，用它时一般不再另加起泡剂，而且用量不能太大。矿泥多时，胺类捕收剂吸附在矿泥上，能形成大量黏性泡沫，使过程失去选择性，这样一来既降低精矿质量也增大了药剂消耗，所以使用胺类捕收剂常需预先对矿物脱泥。

（四）烷基吗啉

烷基吗啉是吗啉与脂肪醇合成的产物，结构式为

```
H2C—CH2
O        N—CnH2n+1   n为12～22
H2C—CH2
```

吗啉的性质与仲胺相似，是选择性良好的阳离子捕收剂。烷基吗啉是一种新型的氯化钠浮选捕收剂，它对氯化钠晶体颗粒有很强的吸附性，选择性强，而且不容易吸附于其他矿物表面上。烷基吗啉加入光卤石（$KCl \cdot MgCl_2 \cdot 6H_2O$）矿浆后，烷基吗啉分子中的极性基中的氧原子与氯化钠表面上的水合钠离子之间发生氢键作用，烷基吗啉分子迅速吸附在氯化钠晶

体表面上，使晶体表面呈很强的疏水性，在不断向矿浆中鼓入气泡的前提下，烷基吗啉分子的另一端——非极性基牢固地吸附在气泡表面上，使氯化钠晶体颗粒随气泡浮至矿浆表面，从而达到分离氯化钠晶体颗粒的目的。

二、起泡剂

起泡剂是一类能够促使空气在矿浆中弥散，增加分选气－液界面，并能提高气泡在矿化和升浮过程中结构强度的一类浮选剂。

（一）起泡剂分子的结构特点及分类

属于这类药剂的主要是一些有机表面活性物质，如松醇油等。这类药剂的特点是水溶性较小，能聚集在气液界面并显著地降低气液界面张力，防止气泡兼并，提高气泡的稳定性和机械强度，保证矿化气泡向上浮并形成泡沫产物排出。起泡剂与捕收剂之间还存在交互作用，可强化气泡的矿化过程。

起泡剂的分子结构由非极性的亲油（疏水）基团和极性的亲水（疏油）基团构成，形成既有亲水性又有亲油性的所谓“双亲结构”分子。亲油基可以是脂肪族烃基、脂环族烃基和芳香族烃基或带 O、N 等原子的脂肪族烃基、脂环族烃基和芳香族烃基；亲水基一般为羧基（—COOH）、羟基（—OH）、磺酸基（$—SO_3H$）、硫酸基（$—OSO_3H$）、膦酸基［$—PO(OH)_2$］、氨基（$—NH_2$）、腈基（—CN）、硫醇基（—SH）、卤基（—X）、醚基（—O—）等。

起泡剂加入水中，亲水基插入水相而亲油基插入油相或竖在空气中，形成界面层或表面上的定向排列，从而使界面张力或表面张力降低。一般而言，含极少量起泡剂的水溶液即具有起泡性。图 2-12 是常用的起泡剂分类。

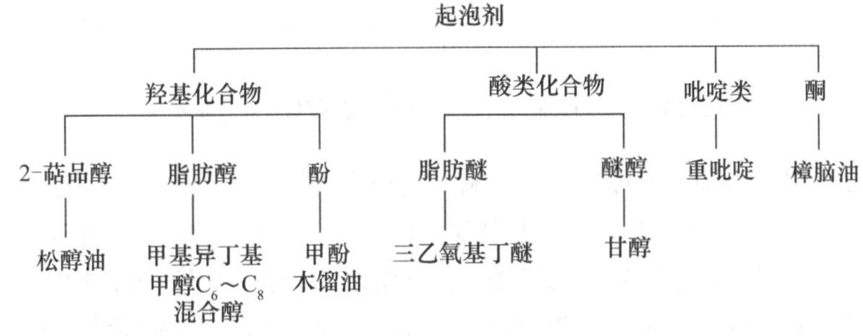

图 2-12 常用的起泡剂分类

（二）起泡剂的作用

（1）起泡剂分子防止气泡兼并，影响气泡的大小。气泡粒径的大小组成对浮选指标有直接影响，一般机械搅拌式浮选机在纯水中生成的气泡平均直径为 4～5mm。添加起泡剂后，缩小为 0.8～1mm。气泡越小，浮选界面积越大，越有利于矿粒的黏附。但是，气泡要携带矿粒上浮，必须要有充分的上浮力及适当的上浮速度。因此也不是气泡直径越小越好，而是要有适当的大小和粒度分布。加拿大研究人员 Laskowski 等研究指出起泡剂对浮选最大的作用是影响气泡尺寸，起泡剂有利于空气分散为小气泡，进而稳定泡沫层。随着起泡剂浓度的增加，泡沫聚合度降低，当起泡剂达到临界聚合浓度（critical coalescence concentration，CCC）时可以完全防止溶液中气泡聚合，如图 2-13 所示。

（2）起泡剂对捕收剂的性质和性能会产生影响。在钾盐浮选研究中，已有结论表明：起泡

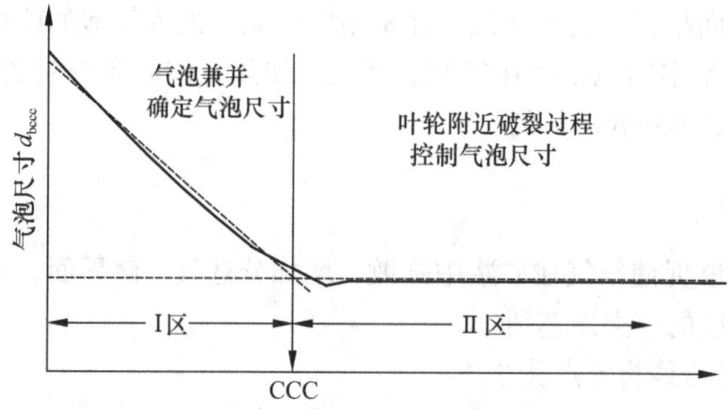

图 2-13 浮选池中气泡尺寸与起泡剂浓度间关系

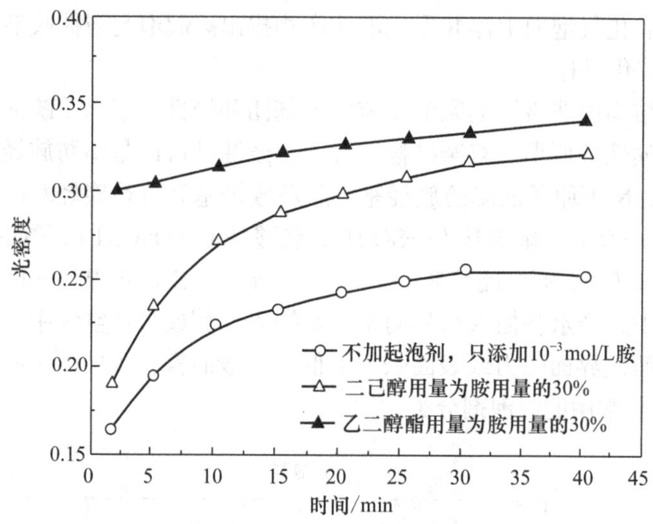

图 2-14 起泡剂对水中 C_{16} 和 C_{18} 胺胶体性质的影响

剂的类型对捕收剂的性质和性能都会产生影响。在很大程度上，将乙二醇酯添加到烃链长度为 C_{16} 和 C_{18} 胺水溶液中时，溶液浊度提高的幅度要比添加二己醇时高些（图 2-14）。这表明，乙二醇酯对水中胺的胶体结构分散作用比较强。在盐溶液中，添加起泡剂，特别是添加乙二醇酯时，胺的盐析作用降低（图 2-15）。在胺溶液盐析时，溶液的光透射率降低（光学密度降低）。

（3）起泡剂可以改善矿物颗粒的浮选效果，并能提高粗粒矿物的可浮性。KCl 浮选过程使用起泡剂可以改善浮选效果，俄罗斯的 C.H. 基特科夫等研究指出，乙二醇酯可以大幅度提高阳离子捕收剂在矿粒表面上的吸附量（图 2-16）。与此同时，还可以提高阳离子捕收剂的固着强度。氯化钾对 C_{16} 和 C_{18} 胺的解吸试验结果表明，在添加乙二醇酯时，矿物表面上胺的剩余吸附量比添加二己醇时（图 2-17）要高得多。在添加乙二醇酯时，烷基胺和烷基吗啉的胶体性质和吸附性质得到改善，从而活化了烷基胺对钾盐阳离子捕收剂浮选过程，也活化了烷基吗啉对石盐的阳离子捕收剂浮选过程，同时还降低了捕收剂的用量，并且提高了粗矿粒的可浮性。在钾盐浮选试验中，乙二醇酯的应用可以使钾盐的浮选粒度从 0.55mm 增大到 0.70mm（图 2-18）。

在别列兹里科夫斯克第二选矿厂进行了用乙二醇酯作起泡剂的试验。试验结果表明，起泡剂的应用降低 20% 捕收剂用量，同时降低 KCl 在尾矿中的损失。目前乌拉尔钾公司的钾浮选厂已经采用乙二醇酯作为起泡剂。

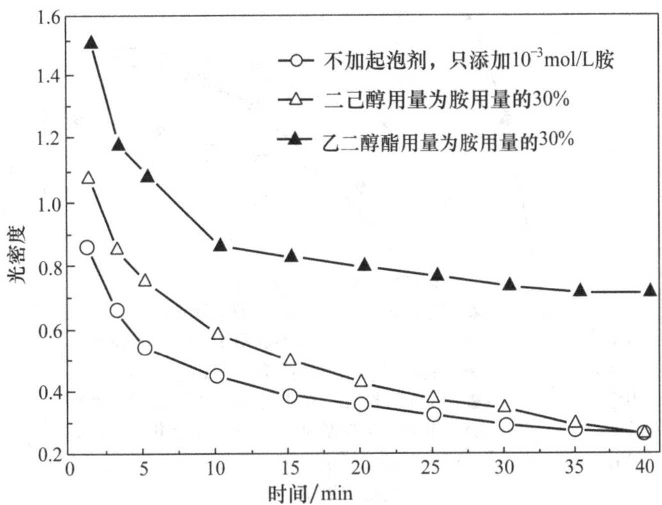

图 2-15 起泡剂对饱和 KCl-NaCl-H_2O 盐溶液中 C_{16} 和 C_{18} 胺胶体性质的影响

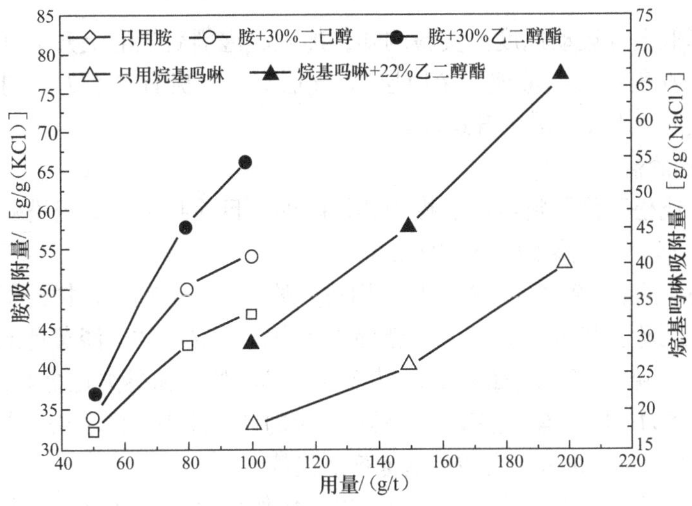

图 2-16 不同起泡剂对烷基胺和烷基吗啉吸附性能的影响

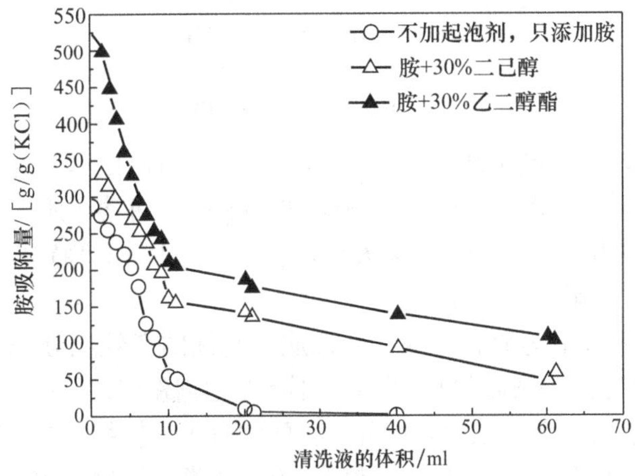

图 2-17 不同起泡剂对氯化钾上解吸下来的 C_{16} 和 C_{18} 胺的影响

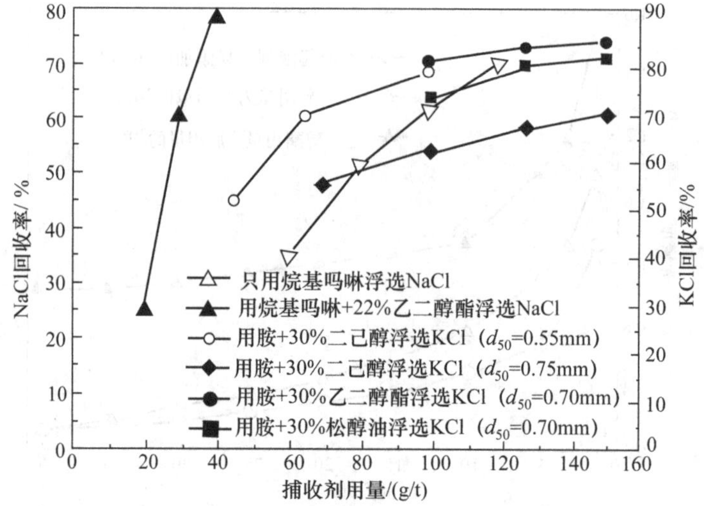

图 2-18　不同起泡剂对烷基胺浮选钾盐和烷基吗啉浮选石盐的影响

（4）起泡剂降低上升运动速度。实验测知，加入起泡剂后气泡上升速度变慢。其可能的原因是起泡剂分子在气泡表面形成“装甲层”。该层对水偶极有吸引力，同时又不如水化膜那样易于随阻力变形，因而阻滞上升运动。

（三）松油和松醇油

用松树的枝干或松脂作原料可制取松油和松醇油。目前我国主要用松醇油作起泡剂，其主要成分为 α- 萜烯醇、β- 萜烯醇及 γ- 萜烯醇。

（1）松油（松节油）。松油在浮选中是应用较广的天然起泡剂。松树的根或枝干经过干馏或蒸馏制得的油状物称为松油。它是含有萜烯类挥发油的混合物，淡黄色或棕色，具有松香味，其主要成分为 α- 萜烯醇（$C_{10}H_{17}OH$），其次为萜醇、仲醇和醚类化合物，用量 10～60g/t。松油有较强的起泡能力，因含有一些杂质，具有一定的捕收能力。由于松油黏性较大，选择性差及来源有限，因此它逐渐被人工合成的起泡剂所代替。

（2）松醇油。松醇油是以松节油为原料，以硫酸作催化剂，以酒精或平平加（一种表面活性剂）为乳化剂，发生水解反应制取的。松醇油的主要成分为 α- 萜烯醇，其结构式为

```
        CH ── CH2          CH3
       //       \         /
CH3 ── C         CH ── C
       \         /        \
        H2C ── CH2   HO    CH3
```

松醇油（俗称 2# 油）中萜烯醇含量为 50% 左右，尚有萜二醇、烃类化合物及杂质。它是淡黄色油状液体，有刺激作用。密度为 900～915kg/m^3，可溶于水，在空气中可氧化，氧化后黏度增加。松醇油起泡性好，能生成大小均匀、黏度中等和稳定性合适的气泡。当其用量过大时，气泡变小，影响浮选指标。

松醇油以林产品松节油为原料合成，而优质松节油的有效成分——萜烯醇的含量只有 50% 左右，即松节油中其他 50% 的副产品基本不起起泡剂作用，所以生产松醇油需耗掉大量的松节油，相应耗费森林资源量很大。此外，松醇油分子结构特点为：①有环状结构；②带有较多的支链；③是叔碳醇结构。这三个结构特点是该类有机化合物难以生物降解的主要原因，对矿山尾矿水造成一定的污染。随着我国化学工业的发展，化工及石油化工产品的供应

日趋充足，原料价格也逐年下降，因此采用化工及石油化工产品合成新型起泡剂，在国内已引起广大科技人员的重视。

在铜矿、硫化矿、铅锌矿及煤浮选工艺中，均已研制成功可替代松醇油的不同系列的新型起泡剂并投入生产，新型起泡剂不但价格便宜，提高了选矿指标，而且在化学结构上成功避免了松醇油的不利因素，均易降解，对环境污染小。然而，在我国的细粒钾盐浮选中，还未发现用新型起泡剂替代松醇油作浮选剂的报道，所以研制一种适合于我国细粒钾盐浮选的起泡剂具有重要的现实意义。

（四）脂肪醇类

由于醇类的化学活性（硫醇除外）远不如羧酸类活泼，故它不具有捕收性而只有起泡性。在直链醇同系物中，碳原子数目为 5、6、7、8（戊、己、庚、辛）的醇起泡能力最大；随着碳原子数目的增加，其起泡能力逐渐降低。因此，用作起泡剂的脂肪醇类，其碳原子数目都在此范围内。与分子质量相同的醇类相比，直链醇常比其异构体起泡能力强。

（1）杂醇油。酒精厂分馏酒精后的残杂醇油，经过碱性催化，缩合成高级混合醇。它可替代松油用于硫化铅锌和多金属硫化矿浮选。

（2）高醇油（C_6～C_8）。其原料来源有两个：一是电石工业，以乙炔为原料生产丁醇、辛醇时的 C_4～C_8 醇的馏分；二是由石油工业副产品的混合烯烃经“羰基合成”制成的。高醇油为淡蓝色液体，工业密度为 830kg/m^3，可替代松醇油。

（3）甲基戊醇（甲基异丁基甲醇 MIBC），其结构式为

$$\begin{matrix} CH_3 \diagdown & & & & \\ & CH-CH_2-CH-CH_3 \\ CH_3 \diagup & & \quad | & \\ & & \quad OH & \end{matrix}$$

纯品为无色液体，可用丙酮合成。它是目前国外广泛应用的起泡剂，泡沫性能好，对提高精矿质量有利。

我国钾盐浮选起泡剂多采用松醇油，长链的醇类在钾盐浮选体系中也具有较好的起泡功能。相比之下，2#油的性能更为稳定，且能产生大量的微泡，在国内外钾盐生产中广泛使用。然而 2#油是一种混合物，有效起泡成分在混合物中仅占一定比例，由于起泡剂成分不稳定，生产中经常出现工艺不稳定。目前较先进的起泡剂是 V-1 起泡剂，该起泡剂由俄罗斯 Halurgy 研究所科研人员以乙二醇酯为原料研制而成。工艺试验表明使用 V-1 起泡剂可以将氯化钾的浮选粒度增加到 0.7mm，在保证浮选回收率和产品品位的同时，V-1 起泡剂的用量更少，同时也可以减少 15% 以上的胺类捕收剂的用量，它在俄罗斯钾盐浮选中已得到广泛应用。

三、调整剂

（一）调整剂概述

浮选前除了要添加捕收剂、起泡剂之外，还需要根据情况添加不同的调整剂（regulators）。调整剂按其在浮选过程中的作用可分为抑制剂、活化剂、pH 调整剂、分散剂、絮凝剂和脱药剂等。调整剂的品种繁多，包括各种无机化合物（如酸、碱和盐）、有机化合物。通过添加各种浮选药剂，调整矿物表面性质和矿浆中的离子组成，增大矿物之间的可浮性差异，以提高过程的选择性，这是浮选过程的中心任务和重要环节。调整后的矿浆进行矿物分离时，通过适当手段产生大量高度分散的气泡，疏水矿粒黏附于气泡，被带入泡沫层，

亲水矿粒则留在矿浆中，随矿浆排出，从而达到二者分离的目的。

（二）调整剂作用

调整剂表现的作用方式多种多样，大体上可归纳为三种：直接在矿物表面发生作用；在矿浆中发生作用；在气泡表面发生作用。

（1）调整剂直接在矿物表面发生作用。浮选所遇到的矿石性质千差万别，调整剂药性也各异，它们在矿物表面的具体作用方式及机理也是多样的：①调整剂以离子、分子或胶粒状态作用于矿物表面，或发生竞争吸附，以增强或削弱捕收剂与矿物表面的相互作用；②调整剂对矿物表面的溶解，以增加或减少矿物表面对捕收剂吸附的活性质点数，促使捕收剂在矿物表面吸附或从表面解吸。

（2）调整剂在矿浆中发生作用，主要是调节矿浆中的离子组成及介质的酸碱度，常见的具体作用形式主要包括以下几种：①生产难溶盐沉淀或形成稳定的可溶性络合物，以消除或降低杂质离子对浮选的不良影响。例如，可以利用调整剂的阴离子（如 OH^-、CN^-、S^{2-}、SO_4^{2-}、CO_3^{2-}、PO_4^{3-}等）与矿浆中的金属阳离子作用，形成难溶化合物，如生成胶体状或晶体状沉淀。在某些情况下，有时也可生成稳定的可溶性络合物。例如，可溶性氰化物（如 KCN）解离出的 CN^-与金属阳离子（如 Zn^{2+}等）作用生成难溶化合物 $Zn(CN)_2$，当氰化物用量增大，溶液中 CN^-增多时，则进一步形成稳定的可溶性 $Zn(CN)_4^{2-}$络合阴离子。②吸附量大的物质（作调整剂用）对矿浆中的有害离子的吸附。例如，在铜—铅—锌多金属硫化矿分选时，矿浆中的铜离子、铁离子等都会影响浮选过程的选择性，这时，若选用吸附容量大的物质（如离子变换树脂或磺化酶等）作吸附剂，可消除这些离子对浮选过程选择性的影响。③有些调整剂能提供大量的 H^+和 OH^-，在很大程度上改变了矿浆的 pH。

（3）调整剂在气泡表面发生作用，可调节和影响浮选泡沫。①调整剂可影响气泡的弥散及泡沫强度。例如，试验表明，由松油形成的泡沫，若加入 $CuSO_4$、Na_2Si_3、NaCN 等调整剂，泡沫层的厚度会立即降低。调整剂还可改变泡沫的稳定性。②液-气界面上由调整剂形成的胶粒影响气泡的浮选活性。在液-气界面调整剂的黏附，对矿物浮选既可产生活化作用也可产生抑制作用。为使胶粒能起活化浮选作用而不起抑制作用，在浮选过程中应设法防止微细胶粒的过分增大，往矿浆中添加某种可以延缓胶粒增长速度的表面活性剂常可改善浮选过程。例如，浮选石英，矿浆中的 $CaC1_2$、NaOH 及 Na_2CO_3 的反应产物粒度增长很快，但往矿浆中添加可使胶粒增长速度减慢的磺烷油即可起到活化浮选的作用。③调整剂对矿粒向气泡黏附速度的影响。试验研究表明，活化剂有利于矿粒与气泡的接触，或可大大缩短矿粒向气泡黏附的感应时间；相反，抑制剂的作用则会延长其感应时间。此外，酸、碱也影响某些矿物向气泡附着的感应时间。例如，NaOH 对萤石向气泡黏附的感应时间影响不大，但对重晶石则能缩短其感应时间，并因而起活化作用；相反，盐酸会对延长重晶石的感应时间起抑制作用。

四、抑制剂

抑制剂是指浮选中用于削弱或破坏捕收剂与矿物相互作用，或提高矿物表面的亲水性的一大类调整剂。钾盐矿物中含有黏土矿物（铝硅酸盐矿物）和碳酸盐矿物（方解石和白云石）杂质时，这些杂质易分散形成大量的矿泥颗粒，即便入选矿物中有很低含量的黏土质碳酸盐矿物，也会大大提高捕收剂的吸附活性进而提高捕收剂的消耗。使用抑制剂预先处理钾矿石可以消除氯化钾浮选的负面影响，其作用在于，产生一个屏障，降低胺在矿泥上的吸附量。俄罗斯 Halurgy 研究所用比色法和放射性示踪分析法研究了矿泥上胺吸附量的降低量与矿泥抑制剂对钾盐浮选活化作用程度之间的关系。

钾盐浮选中，天然抑制剂分天然来源的抑制剂和合成抑制剂两种。

其中，天然来源的抑制剂主要有：多糖，如古尔胶、糊精及 CMC（羧甲基纤维素和纤维素衍生物）；多酚，如木质素磺酸盐。

人工合成的抑制剂：国外主要使用由尿素和甲醛合成过程中产生的 KS—MF 抑制剂，国内主要使用连云港化工矿山设计研究院选矿室研制的 SL 抑制剂。

所有的抑制剂在其分子、离子或羧基中都含有多个—OH（羟基或酚基）。抑制剂的作用在于堵塞脉石矿物表面，防止捕收剂吸附在其表面上，使其亲水。

（一）古尔胶

古尔胶是由生长在巴基斯坦、印度和南非的小豆荚植物种子中提取得到的半乳糖甘露糖。它的分子质量由细磨的强度决定，它是非离子聚合物，一般分子质量约为 250 000Da，约含 450 个重复链单元。古尔胶有一条通过 β（1-4）连接将甘露糖单元连接起来的长的刚性直链。半乳糖简单的侧向链通过 α（l-6）连接从甘露糖链引出来。甘露糖与半乳糖的比值为 2∶1，即半乳糖分支从每个甘露糖单元分出来。古尔胶的结构式为

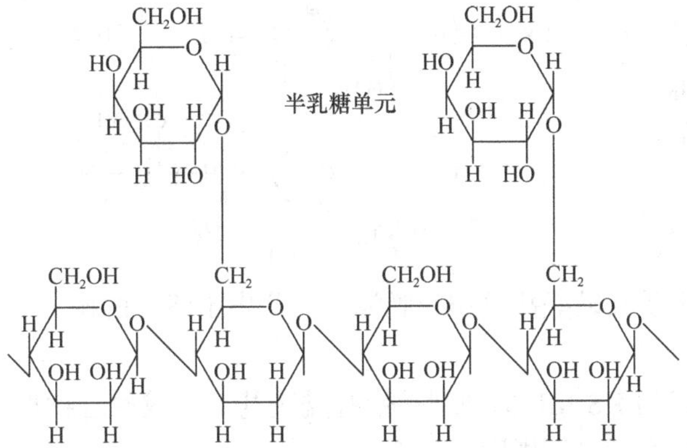

OH 基团的位置很重要。在甘露糖基团中，OH 基团都处在顺式位置（同一侧）上，在半乳糖基团中，有一些顺式 OH 基团。OH 基团的这种位置意味着它们可以彼此加固，促使有效的氢键形成。

俄罗斯钾盐浮选的实际情况表明：古尔胶比淀粉和羧甲基纤维素有更好的抑制效果，但因古尔胶的原料植物的产量对气候很敏感，因此其价格随生长季节降雨量波动很大，所以，使用古尔胶作抑制剂往往会大大增加生产成本。

（二）糊精

糊精是淀粉热处理和酸处理的产品。它被处理后，淀粉被破坏的水化的碎片重新聚合成高分支性的分子，生成可溶于冷水中的糊精。

（三）羧甲基纤维素钠

在纤维素中，氢氧化钠与单氯代乙酸作用，可制备羧甲基纤维素钠。纤维素是脱水的葡萄糖直链状聚合物。在葡萄糖第六个位置上的一些 OH 基团被 $OCH_2COO—Na^+$ 基团所取代。羧甲基纤维素钠的结构式为：

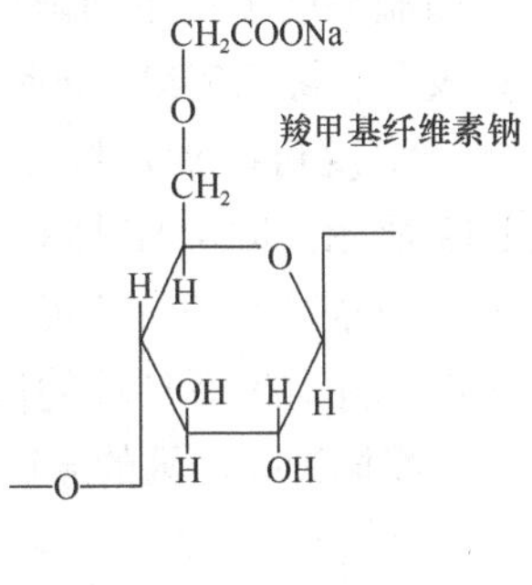

羧甲基纤维素钠的特性由以下 3 个参数决定：

（1）纯度。某些产品含有反应剩余的氯化钠。

（2）分子质量。影响 1%～2% 溶液的黏度。

（3）取代到 1 个葡萄糖单元中的醚基（羧甲基）个数，即取代程度，一般在 0.65～1.0 变化。纤维素在每个脱水的葡萄糖单元中有 3 个 OH 基团。如果其中 1 个参与反应，那么取代程度为 1.0。

在钾盐浮选中，羟甲基纤维素钠对黏土有较好的抑制作用。

（四）木质素磺酸盐

木质素磺酸盐是用亚硫酸盐法或 Krafft 法（用碱性硫化钠破坏软木）获得的，可用作含碳物质的抑制剂。木质素磺酸盐的结构式为：

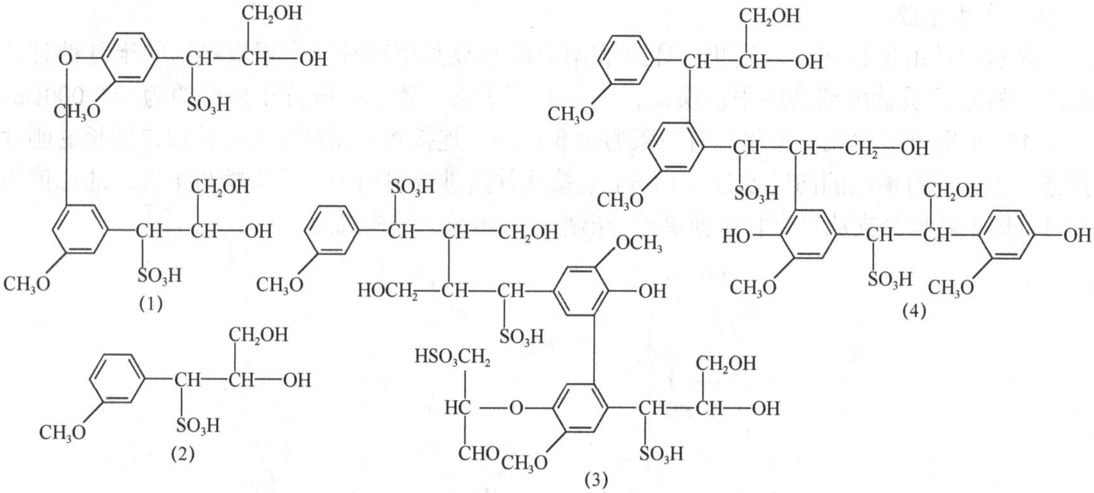

(1)

(2)

(3)

(4)

浮选钾盐矿时，木质素磺酸盐可作为脱泥剂，脱出不溶解的矿泥。

（五）KS-MF 抑制剂

由尿素和甲醛合成的 KS-MF 抑制剂是带有酰胺基的合成聚合物抑制剂，它与 SL 抑制剂等人工抑制剂的合成均遵循以下规则：

（1）至少保证胺在矿泥上的吸附量降低 25%～40%；

（2）使矿泥表面亲水，降低它的可浮性；

（3）与阳离子捕收剂作用程度最小；

（4）降低矿泥悬浮液的稳定性。

1999 年起俄罗斯 Uralkaly 选矿厂应用 KS—MF 抑制剂，已在 18～37℃含 0～2.5%$MgCl_2$ 的饱和盐水溶液中成功浮选出了钾盐矿物。此时，KCl 在浮选尾矿中的损失降低 1%～2%，胺在黏土质碳酸盐矿物上的吸附量降低 45%～55%，胺的总用量降低 35%～45%。同时，在饱和盐溶液中用不同浓度的 CMC、木质素磺酸盐、糊精和 KS-MF 抑制剂浮选 KCl 的对比实验表明，除 KS-MF 抑制剂外，CMC、木质素磺酸盐和糊精均与胺发生一定程度的反应，且剩余浓度对矿泥浓缩不起作用，而 KS-MF 抑制剂的剩余浓度并未恶化 KCl 的浮选，如图 2-19 所示。KS-MF 抑制剂的效果最好，如图 2-20 所示，并对矿泥浓缩起好的作用，改善了返回的盐溶液的澄清度。除此之外，KS-MF 抑制剂价格便宜且污染小，它的使用可大大降低成本，并对生态环境的保护极其有利。

我国钾盐产区的原矿中含有少量的泥和硫酸钙杂质，其中硫酸钙的含量普遍大于 2%。青海

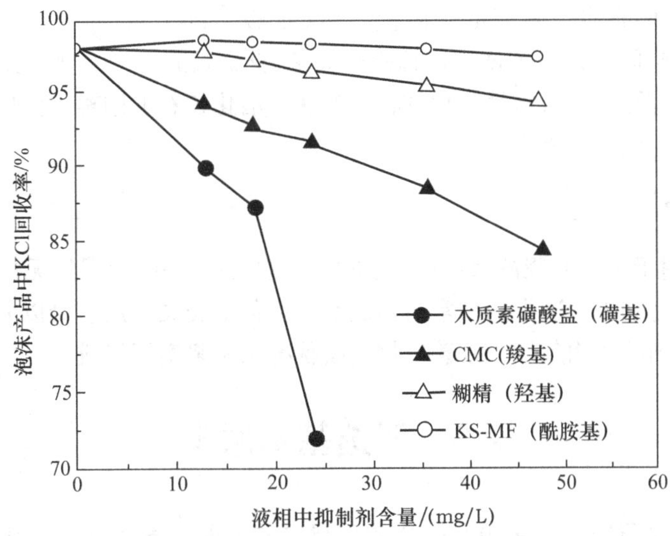

图 2-19　液相中含有不同抑制剂时用 C_{16} 和 C_{18} 胺浮选 KCl 单矿物的结果

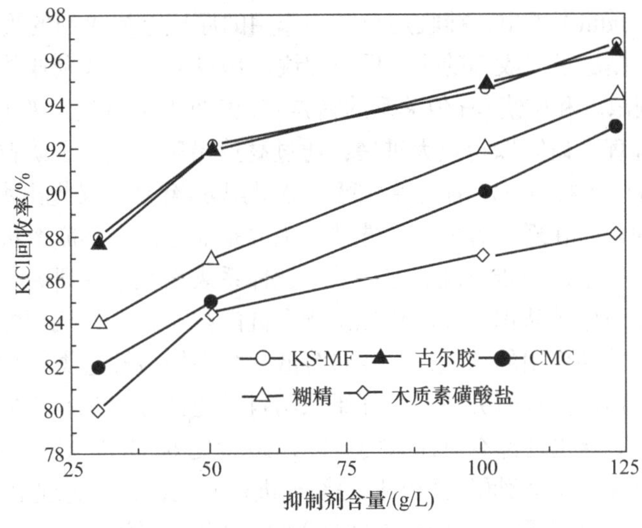

图 2-20　用不同类型的黏土-碳酸盐矿泥抑制剂浮选钾矿石中的钾盐的结果

盐湖工业股份有限公司曾用 CMC 和六偏磷酸钠的混合物作抑制剂，并与使用单一的 CMC 的情况作了比较，采用 CMC 和六偏磷酸钠的组合抑制剂除钙效果较好。察尔汗地区有些钾肥厂使用的抑制剂为连云港化工矿山设计研究院研制的 SL 除钙剂，SL 除钙剂抑制硫酸钙的能力很强。

另外，在矿物加工选矿中，常见的抑制剂还有石灰（用于抑制黄铁矿）、氰化物（可用于抑制闪锌矿、黄铁矿及黄铜矿）、硫酸锌（抑制闪锌矿）、二氧化硫、亚硫酸及其钠盐（主要用于抑制闪锌矿及黄铁矿等）、重铬酸盐（抑制方铅矿、重晶石）、硫化钠（抑制硫化矿物）、水玻璃（主要用于抑制石英及硅酸盐矿物），此外还有聚磷酸钠、氟化物及有机抑制剂。

五、活化剂

活化剂是指能促进捕收剂与矿物发生作用，从而提高矿物可浮性的一类浮选药剂。显然当矿物不易与捕收剂发生作用时就要使用活化剂。钾盐浮选中一般不用活化剂，在其他矿物分选中，常见的主要有有色金属的可溶盐，如$CuSO_4$、$Pb(NO_3)_2$，以及Hg^{2+}、Ag^+等的可溶盐（可用于活化闪锌矿、黄铁矿及辉锑矿），碱土金属的可溶性盐，如$CaCl_2$及$BaCl_2$等（活化石英的阴离子浮选），可溶性氟化物，如NaF（活化长石的阳离子浮选）。此外，在某些情况下还用无机酸、碱及有机活化剂等。

六、pH 调整剂

pH 调整剂是用于调节矿浆酸碱度的一类药剂，主要是一些常用的无机酸、碱，如硫酸、石灰、苏打、氢氧化钠等。这类药剂常与抑制剂或活化剂交叉使用，难以分清。pH 调整剂可造成有利于浮选药剂的作用条件，改善矿物表面状况和矿浆离子组成。

2.3 浮选基本原理

早期的浮选理论研究主要集中在硫化矿物浮选的表面化学和浮选药剂的界面吸附方面。到 20 世纪 30 年代，对浮选药剂的吸附机制和矿物表面的润湿现象已有相当深的认识。1927 年，美国的高登（Gaudin）提出，捕收剂与矿物作用的原理是捕收剂的吸附。1930 年，美国的塔格特（Taggart）提出了捕收剂的化学反应假说。1934 年，澳大利亚的沃克（Wark）等给出了表示浮选捕收剂浓度和矿浆 pH 值关系的临界 pH 值曲线。20 世纪四五十年代，对矿粒与气泡相互作用的物理理论研究取得较大进展，通过高速摄影，证实了矿粒与气泡碰撞的重要作用，并计算出浮选中矿粒与气泡的接触时间。20 世纪 60 年代，又提出水化膜破裂是影响浮选过程的一个重要因素。在理论方面，浮选技术主要是通过试验不断改进和提高的，浮选理论研究可以促进浮选技术进一步发展。通过对浮选体系表面化学的研究，人们对主要矿物类型的浮选理论已有较清楚的认识，如对氧化矿物和硅酸盐矿物浮选机理的认识，对电化学在硫化矿浮选中所起的独特作用的认识，以及对溶液化学在微溶性盐类矿物浮选中的作用的理解等。在许多难选矿物的浮选研究中，已开始采用科学找药方法来制定捕收剂体系。浮选要取得更大发展，需要对浮选理论有更深入的研究，20 世纪 60 年代以后，通过运用表面化学、胶体化学、物理化学及数学模型和电脑模拟等原理进行研究，在浮选理论方面取得很大进展，这些进展集中反映在《泡沫浮选 50 周年论文集》（1962 年）、《浮选——纪念 A.M. 高登文集》（1976 年）、《细粒选矿》（1980 年）及《泡沫浮选表面化学》（1982 年）等著作中。

用浮选方法分离固体是以气、固及液的三相接触为基础的，因此，矿物表面的物理和化学特性及液相组成对浮选有很大影响。除少数情况外，无机固体均被水相完全润湿，所以浮选的第一步就是设法以固－气界面部分地取代固－液界面，这要通过向液相中添加适当的浮选药剂来实现。矿物可浮性好坏的最直观标志就是它被水润湿的程度。矿物在水中受水和溶质的作用，其表面会发生吸附或电离，在矿－液界面生成双电层。矿物表面的电性则直接影响浮选药剂在矿物－水界面的吸附。

浮选时，空气常成气泡（气相）分散于水溶液（液相）中，矿粒（固相）常成大小不同的颗粒悬浮于水中，气泡、水溶液和矿粒三者之间有着明显的边界，这种相间的分界面称为相界面。把气泡和水的分界面称为气－液界面，把气泡和矿粒的交界面称为气－固界面，矿粒和水的交界面称为固－液界面。通常把浮选过程中的空气矿浆称为三相体系。

在浮选相界面上发生着各种现象，其中对浮选过程影响较大的基本现象有润湿现象、吸附现象、界面电现象及化学反应等。

2.3.1　矿物表面的润湿性与可浮性

一、润湿现象

润湿是自然界中一种常见的现象。例如，水滴在洁净的玻璃表面上，会铺展成一薄层而不是以滴状形式存在，若往石蜡上滴一滴水，这滴水则力图保持球形，但因重力的影响，水滴在石蜡上形成椭圆形。这两种不同现象表明，玻璃表面被水润湿，是亲水物质；石蜡不能被水润湿，是疏水物质。这是由于液体从固体表面排挤空气并吸附在固体表面所产生的一种界面作用，其相反的作用是空气从固体表面排挤液体，即原来的气-固界面被液-固界面代替的过程称为润湿（wetting），这种玻璃易被水润湿，石蜡不易被水润湿的现象，称为润湿现象。矿物可浮性好坏的最直观的标志，就是被水润湿的程度不同。

同样，将一滴水滴于干燥的矿物表面上，或者将一个气泡附于浸在水中的矿物表面上，如图 2-21 所示，就会发现不同矿物表面被水润湿的情况不同。在一些物质（如石英、长石及方解石等）表面上，水滴很容易铺开，或者气泡较难以在其表面上扩展，而在另一些矿物（如石墨）表面上，则相反。这些矿物表面的亲水性从左至右逐渐减弱，而疏水性由左至右逐渐增强，如图 2-21 所示。矿物表面这种亲水或疏水的性质主要是由矿物表面的作用力（键能）性质不同所致的。

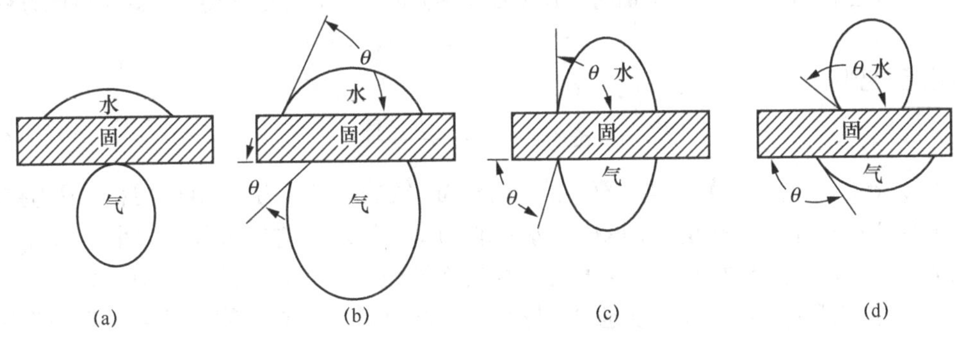

图 2-21　不同矿物表面润湿现象

为了实现矿物的有效分离，通常必须对矿物表面的润湿性进行适当的调节，以扩大分选矿物间润湿性的差异，这样才有利于浮选分离各种矿物。调节润湿性的方法可分为物理方法和化学方法两大类。物理方法有加热及辐射等，目前在浮选实践中主要还是采用化学方法来调节矿物表面的润湿性，即通过捕收剂和调整剂作用于固-液界面，以实现矿物表面润湿性的改变。

二、接触角

（一）概念

矿物表面亲水或疏水程度，常用接触角 θ 这个物理量来度量。在浸于水中的矿物表面上附着一个气泡（或水滴附着于矿物表面），当附着达到平衡时，气泡在矿物表面形成一定的接触周边，称为三相润湿周边，如图 2-22 所示。以三相润湿周边上的 A 点为顶点，以固液交界线为一边，以气水交界线为另一边，经过水相的夹角 θ 称为接触角。接触角的形成过程遵守热力学第二定律：在恒温条件下，气泡附着在矿物表面上后，从接触角开始排水并向四周

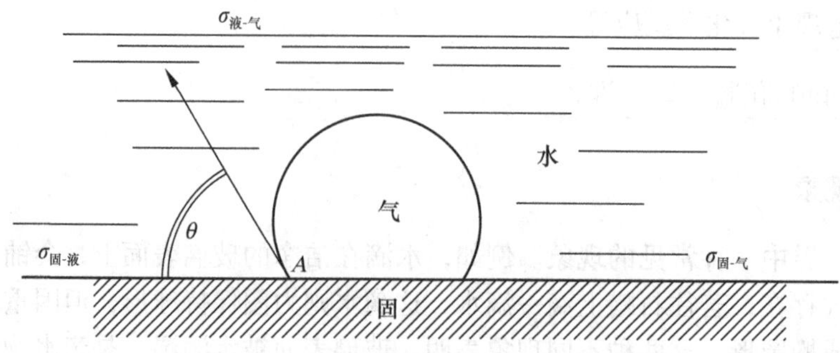

图 2-22 浸于水中矿物表面所形成的接触角

扩展，润湿周边并逐渐扩大。这个过程一直自动进行到三相界面自由能（或以表面张力表示）$\sigma_{固-液}$、$\sigma_{液-气}$、$\sigma_{固-气}$达到平衡为止。所形成的接触角称为平衡接触角（通常称为接触角）。接触角的大小由三相界面自由能的相互关系确定，界面自由能是增加单位界面面积所消耗的能量，其单位为

$$\frac{10^{-7}\mathrm{J\cdot cm}}{\mathrm{cm^2}}=\frac{10^{-7}\mathrm{J\cdot cm}}{\mathrm{cm\cdot cm}}=\frac{10^{-7}\mathrm{J}}{\mathrm{cm}} \tag{2-18}$$

可将其看成是作用在单位长度上的力，就是表面张力，实际上，这两个概念是一致的。在讨论接触角的形成过程时，又可理解为：在固-液、液-气、固-气三个界面上，分别存在三个力（表面张力）。用同样符号$\sigma_{固-液}$、$\sigma_{液-气}$、$\sigma_{固-气}$表示。这三个力都可看做是从三相交点A向外的拉力。当三个力的作用达到平衡时，在x轴投影方向，得到力的平衡方程式（杨氏方程）：

$$\sigma_{固-气}=\sigma_{固-液}+\sigma_{液-气}\cdot\cos\theta$$

简化后得到

$$\cos\theta=\frac{\sigma_{固-气}-\sigma_{固-液}}{\sigma_{液-气}} \tag{2-19}$$

式中：$\sigma_{固-液}$、$\sigma_{液-气}$、$\sigma_{固-气}$分别为固-液、液-气和固-气的表面张力（或自由能）；θ为接触角。

式（2-19）表明，接触角大小取决于水对矿物、空气对矿物的亲和力大小（$\sigma_{固-气}-\sigma_{固-液}$差值的大小）。在一定条件下，$\sigma_{液-气}$值与矿物表面性质无关，可看成恒定值。如果矿物表面与水分子的作用活性较高（亲和力强），与水分子结合后，原来矿物表面未饱和的作用能得到很大的满足，致使$\sigma_{固-液}$值很低。相比之下，如果空气对矿物表面的亲和力较弱，$\sigma_{固-气}$值就较大，这样$\sigma_{固-气}-\sigma_{固-液}$差值也就较大，$\cos\theta$值大，而$\theta$值小，反映出矿物表面有较强的润湿性（亲水性）；反之，如果矿物表面与水分子的作用活性较低（亲和力弱），与水分子结合后，原来矿物表面的未饱和程度得到比较小的满足，则$\sigma_{固-液}$值较大；与前种情况相比，$\sigma_{固-气}-\sigma_{固-液}$的值就较小，$\cos\theta$值小，而$\theta$值大，此时反映出矿物表面的亲水性较弱（疏水性较强）。极个别矿物表面甚至出现$\sigma_{固-气}$小于$\sigma_{固-液}$的情况，这表示空气对矿物表面的亲和力比水大，这时接触角大于90°。

从以上的讨论可以看出，接触角值越大，$\cos\theta$值越小，说明矿物润湿性越小，其可浮性越好。$\cos\theta$值为0～1，对矿物的润湿性与可浮性的量度可定义为

$$润湿性=\cos\theta；\ 可浮性=1-\cos\theta$$

由此可见通过测定矿物的接触角，可评价各种矿物的天然可浮性。

（二）接触角的度量

接触角是表征晶体表面润湿性的重要参数，在浮选过程中，捕收剂的作用就是吸附于

有价矿物的表面，改变晶体表面的润湿性，产生一个疏水的表面，所以捕收剂在晶体表面的吸附情况可以通过接触角的测定来反映。接触角的测量方法主要有液滴法和被俘气泡法，如图 2-23 所示。

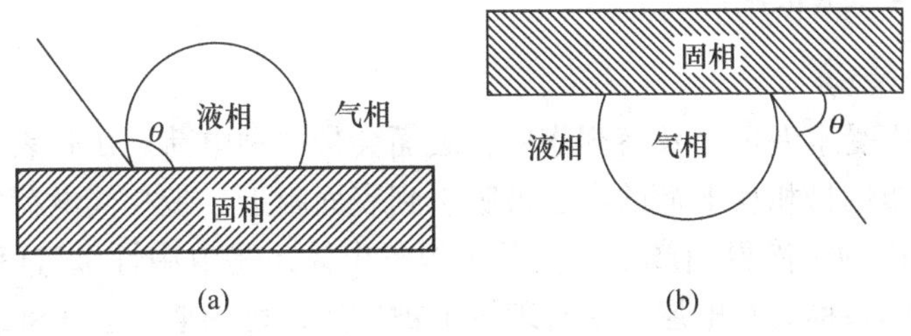

图 2-23　接触角的测量方法

（a）液滴法；（b）被俘气泡法

一般常用的方法是液滴法，但是由于可溶盐的溶解度都很高，当使用液滴法测定时，既要保证测量体系饱和蒸气压的恒定，防止液滴的水分蒸发结晶，又要十分严格地控制测量环境的温度，防止在固／液界面上出现氯化钾的溶解和结晶现象，这些都会改变晶体表面的粗糙度，影响到接触角的测量结果。因此对于可溶性盐浮选体系来说，一般选择被俘气泡法。

对于矿物的浮选来说，大多数矿物表面的疏水性都较低，对于浮选反应的发生来说，并不需要很高的疏水性，一般 40°左右即为很高的疏水性表面，浮选反应可以发生。

对于可溶盐浮选体系，接触角的应用主要有两个方面：第一，使用液滴法将饱和溶液直接滴在可溶盐晶体表面，测定晶体表面在没有捕收剂作用下的天然疏水性；第二，使用被俘气泡法测定在捕收剂作用下，晶体表面的疏水性的改变，衡量药剂的作用强弱。例如，Hancer 通过液滴法测定了氯化钾等晶体表面的天然疏水性，结果表明，在氯化钾的表面可以测出 7.9°±0.5°。使用液滴法测定出碘化铯晶体表面的接触角有 20°，表明碘化铯晶体表面的天然疏水性要明显强于氯化钾。图 2-24 为使用被俘气泡法测定的不同十八烷基胺（简称 ODA）浓度下碘化铯晶体表面的接触角结果。

结果显示 ODA 在碘化铯晶体表面的吸附也是很强的，在很低的浓度下，晶体表面的接触角就可以达到 40°左右，完全满足浮选的要求。

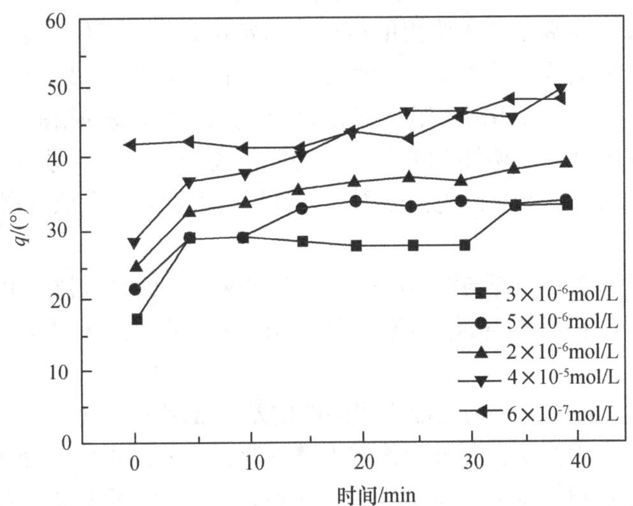

图 2-24　不同 ODA 浓度下碘化铯晶体表面接触角的改变

2.3.2 矿物的表面电性与可浮性

一、双电层结构及表面电性

（一）双电层的结构

矿物在水溶液中受水偶极子及溶剂作用，表面会带一种电荷。矿物表面电荷的存在会影响溶液中离子的分布：带相反电荷的离子被吸引到表面附近，带相同电荷的离子则被排斥而远离表面，于是在矿物溶液界面产生电位差（但整个体系是电中性）。这种在界面两边分布的异号电荷的两层体系称为双电层。浮选理论上被广泛认可的斯特恩（Stern）双电层结构模型如图 2-25 所示。该模型比较实际地反映了浮选中双电层的结构。

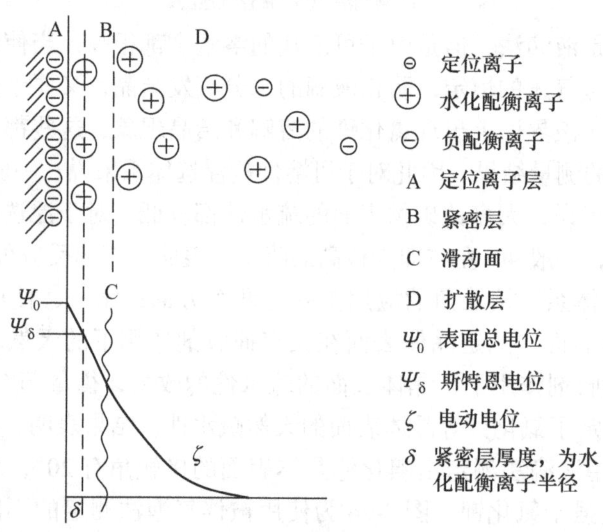

图 2-25 双电层定位示意图

斯特恩认为在双电层内层和扩散层之间紧贴固体表面还有一层，称斯特恩层或紧密层。这一层将双电层内层和扩散层隔开，厚度以水化配衡离子的有效半径 δ 表示。

在双电层内层（定位离子层）吸附的离子称为定位离子。定位离子可在两相间转移，是决定矿物表面电荷（或电位）的离子。一般认为，对于氧化矿、硅酸盐矿物，定位离子为 H^+ 或 OH^-，对于离子型矿物、硫化矿矿物，定位离子就是组成矿物晶格的同名离子。

在双电层外层（扩散层）吸附的离子，称为配衡离子，也称反号离子。这些离子与矿物表面没有特殊的亲和力，主要靠静电力吸引，其离子的电性与双电层内层的相反。

（二）双电层电位

（1）表面电位，即矿物表面与溶液间的电位差，又称表面总电位或电极电位，常用 Ψ_0 表示，其大小取决于吸附在固体表面的定位离子的浓度及电荷数。对于导体或半导体矿物，可以制成电极测出 Ψ_0。

（2）斯特恩电位，即紧密层与溶液之间的电位差，常用 Ψ_δ 表示。

（3）电动电位，当固体颗粒在外力作用下移动时，紧密层中的配衡离子因牢固吸附会随着颗粒一起移动，而扩散层将沿着位于紧密层面稍外一点的“滑移面”移动。滑移面上的电位和溶液内部的电位差，称为电动电位，又称 Zeta 电位，常用 ζ 表示。

（三）零电点与等电点

1. 零电点（point of zero charge, PZC）。当矿物表面净电荷为零（Ψ_0 为零）时，溶液中定位离子活度的负对数值称为该矿物的零电点。如果定位离子为 H^+ 或 OH^-，则 $\Psi_0=0$ 时的 pH 即为零电点。当溶液的 pH 大于矿物的零电点时，矿物表面带正电。

2. 等电点（isoelectric point, IEP）。在一定表面活性剂（有特性吸附）浓度下，改变溶液的 pH，电动电位等于零时，溶液的 pH 即为该条件下矿物的等电点。如果没有特性吸附时，ζ 等于零时，溶液中定位离子活度的负对数，也是等电点。

电动电位 ζ 的正负由 Ψ_0 决定，$\Psi_0=0$，ζ 必为零，反之则不然。体系中不存在特性吸附时，电动电位为零，电荷密度也为零，此时 PZC＝IEP。

二、矿物表面电性与可浮性

矿物表面双电层在很多方面影响矿物的分选效果，尤其是电动电位。双电层和电动电位对浮选的影响主要表现在以下几方面。

（1）影响不同极性（电性）药剂在矿物表面的吸附，尤其当药剂与矿物表面的吸附是主要靠静电力为主的物理吸附时，矿物的表面电性起决定作用。

（2）调节矿物表面电性可调节矿物表面的抑制和活化作用，而实现多种混合矿物的分选。① pH＞PZC，矿物表面带负电，有利于阳离子捕收剂吸附；② pH＜PZC，矿物表面带正电，有利于阴离子捕收剂吸附；③ pH＝PZC，矿物表面不带电，原则上有利于中性捕收剂吸附，但难控制，选择性差。

（3）影响矿粒絮凝与分散。矿粒表面由于存在双电层，有一定电性。同种矿物在相同溶液中电性是相同的。为了使它们分散，必须提高其表面电位。要使悬浮颗粒絮凝，则要降低其表面电位。这些可通过向矿浆中添加电解质改变双电层来实现。

（4）影响细泥在矿物颗粒表面的吸附和覆盖。通常细泥的表面带负电。如果颗粒表面带正电，细泥极易吸附并覆盖到矿粒表面，改变矿粒原本的润湿性，降低浮选的选择性。

（5）电动电位与浮选的关系。电动电位与浮选之间关系密切，可用电动电位来评价矿物与各种药剂作用后浮选活性的变化。电动电位绝对值降低可使浮选效果变好。

对于可溶盐的浮选体系来说，由于溶液的离子强度很高，在此体系中，盐晶体颗粒表面的双电层结构急剧压缩，无法通过常规的 Zeta 电位仪直接测定晶体颗粒表面的表面电位，只能通过不平衡电泳淌度的测定来测定晶体颗粒在饱和溶液体系中的表面电性，因此在可溶盐浮选体系中，表面电性并不是主要的测定参数。

2.3.3 颗粒向气泡附着的热力学分析

通常测定的接触角是用小水滴或小气泡在大块纯矿物表面测到的。实际浮选时，磨细的矿粒向大气泡附着，直接测定其接触角是困难的，因此可以借助物理化学的方法。运用热力学分析方法可将矿粒向气泡附着前后体系的变化简化为如图 2-26 所示的状态。

若体系为恒温体系，$\sigma_{固\text{-}液}$、$\sigma_{液\text{-}气}$、$\sigma_{固\text{-}气}$分别表示相应的界面自由能（$10^{-7}J/cm^2$）；$S_{固\text{-}液}$、$S_{液\text{-}气}$、$S_{固\text{-}气}$分别表示相应的界面表面积（cm^2），附着前系统自由能 W_1 为

$$W_1=S_{液\text{-}气}\sigma_{液\text{-}气}+S_{固\text{-}液}\sigma_{固\text{-}液}$$

如果只考虑附着是一个单位面积，即 $S_{固\text{-}气}=1$，且附着后气泡仍保持球形，则附着后的

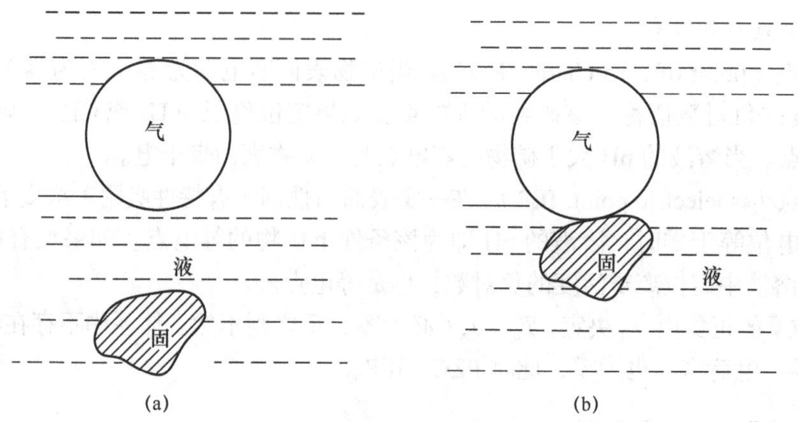

图 2-26 矿粒向气泡附着前后对比

（a）附着前；（b）附着后

系统自由能 W_2 为

$$W_2=(S_{液-气}-1)\sigma_{液-气}+(S_{固-液}-1)\sigma_{固-液}+\sigma_{固-气}\times 1$$

附着前后自由能变化值 ΔW 为

$$\Delta W=W_1-W_2=\sigma_{液-气}+\sigma_{固-液}-\sigma_{固-气} \tag{2-20}$$

由于 $S_{固-液}$、$S_{固-气}$ 目前尚不能直接测定，用杨氏方程代入式（2-20）得

$$\Delta W=\sigma_{液-气}(1-\cos\theta) \tag{2-21}$$

式（2-21）就是浮选基本行为矿粒向气泡附着前后的热力学方程式，它表明了自由能的变化与平衡接触角的关系。

当矿粒表面完全亲水时，$\theta=0°$，湿润性 $\cos\theta=1$，可浮性 $1-\cos\theta=0$，则 $\Delta W=0$，矿粒不能自动地附着在气泡上，浮选行为不能发生。

当矿粒表面疏水性增强时，接触角 θ 增大，润湿性 $\cos\theta$ 减小，可浮性 $1-\cos\theta$ 增大，则 ΔW 增大。按照热力学第二定律，在恒温条件下，如果过程变化前的体系比变化后的体系自由能大，$\Delta W>0$，则过程有自发进行的趋势。越是疏水的矿物，自发附着于气泡上浮的趋势越大。

实际工作中，ΔW 仅具有定性意义而无定量意义。对比各种矿物接触角的大小，比较它们与气泡附着前后体系自由能变化，可粗略地判断它们可浮性的好坏。

2.3.4 颗粒向气泡附着的动力学分析

矿粒附着于气泡上的热力学分析已阐明了这一过程的方向与可能性（$\Delta W>0$ 是矿粒附着于气泡上的必要条件），但矿粒与气泡能否实现附着及附着的难易程度，还要看是否具备了附着的动力学条件。

一、水化膜

（一）水化膜的形成及其性质

从宏观的接触角和矿物与水溶液表面的微观润湿性可知，润湿是水分子（偶极）对矿物表面吸附形成的水化作用。水分子是极性分子，矿物表面的不饱和键有不同程度的极性。因此，极性的水分子会在极性的矿物表面吸附，会在矿物表面形成水化膜。水化膜中的水分子定向密集排列，与普通水分子的随机稀疏排列不同，最靠近矿物表面的第一层水分子，受表面吸引力最强，排列最为整齐严密。随着键能影响的减弱，离表面较远的各层水分子的排列秩序逐渐混乱。表面键能作用不能达到的距离处，水分子已呈普通水那种无秩序状态，所以水化膜实际是介于固体矿物表面与普通水之间的过渡层，如图 2-27 所示。

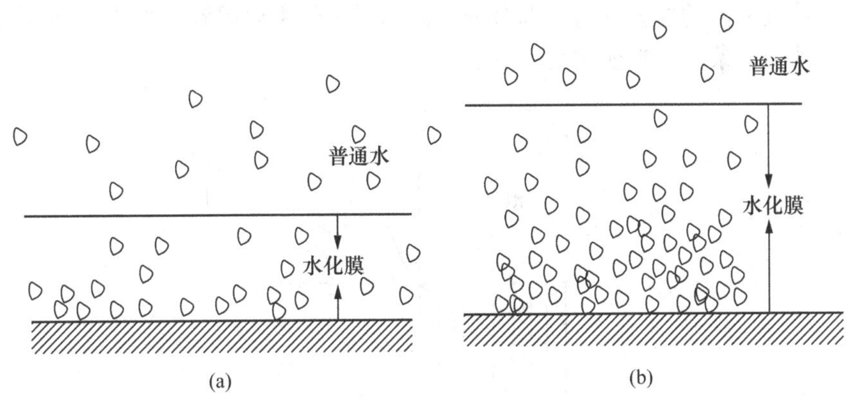

图 2-27　水化膜示意图

(a) 疏水性矿物表面是弱键，水化膜薄；(b) 疏水性矿物表面是强键，水化膜厚

（二）水化膜的薄化

在浮选过程中，矿粒与气泡相互接近，先排除隔于两者夹缝间的普通水。由于普通水的分子是无序而自由的，因此易被挤走。当矿粒向气泡接近时，矿粒表面的水化膜受气泡的排挤而变薄。水化膜变薄过程的自由能变化与矿粒表面的水化膜有关。矿粒表面水化性强（亲水性表面），则随着气泡向矿粒逼近，水化膜表面自由能增加，水化膜的厚度与自由能的变化表明，表面亲水性矿物不易与气泡接触附着；中等水化性表面是浮选常遇到的情况；弱水化性表面就是疏水性表面。接近表面的一层水化膜很难排除。

二、矿粒向气泡附着的过程

矿料向气泡附着的过程可分为 3 个阶段。

（一）矿粒和气泡互相接近阶段

在浮选过程中，由于浮选机的机械搅拌作用及气泡的上升、颗粒的下沉都可能使矿粒与气泡不断发生碰撞。快速摄影结果表明，矿粒与气泡的附着并不是碰撞 1 次就可以实现的，而是需要碰撞上数次甚至更多次才能实现。

（二）矿粒与气泡间的水化膜变薄与破裂阶段

水分子的极化作用及矿粒表面剩余键力的存在，使得矿浆中的矿粒被水包围，在矿粒表面形成水化膜。弥散在矿浆中的气泡，由于水界面自由能的存在，在其表面也存在类似的水化膜。当矿粒和气泡接触、靠近时，使彼此的水化膜变薄，最后破裂，矿粒附着在气泡上。此时，气泡从接触点开始，从矿粒表面排开大部分水化膜。

疏水性矿物水化膜薄，在与气泡碰撞中，水化膜易于变薄、破裂，从而实现附着，而亲水性矿物则相反。矿粒与气泡接触，水化膜变薄、破裂，并实现附着的整个时间，称为黏着时间或感应时间（$t_{感}$）。$t_{感}$必须小于矿粒与气泡碰撞时间，矿粒才能实现向气泡的附着，否则，会因水化膜来不及破裂或矿粒受气泡的弹性作用而不能实现在气泡上的附着，因此感应时间与附着速度是一个十分重要的动力学条件。

实践表明，浮选过程中加入各种浮选药剂，可以人为地改变上述动力学条件。

（三）矿粒克服了脱落力在气泡上附着

矿粒附着在气泡上后，能否上浮至矿浆液面，最终进入泡沫精矿还要看脱落力的大小。现就作用在矿粒气泡上的主要动力，综合分析影响受力的主要因素。由图 2-28 可知，矿粒附着在气泡上的动力学条件，必须满足以下条件：

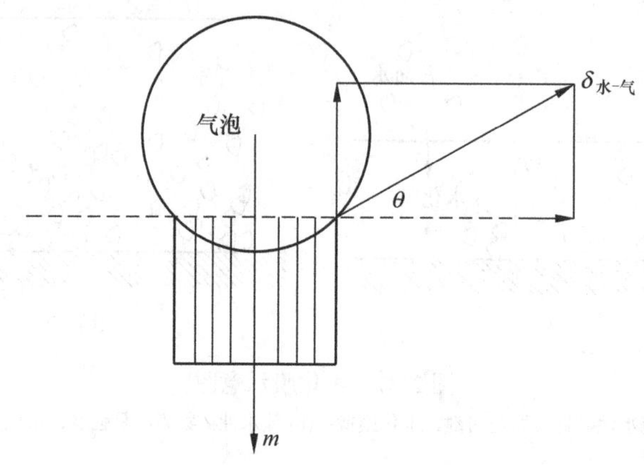

图 2-28　矿粒在气泡上附着的动力学分析

在静液中：
$$2\pi r\sigma_{液-气}\sin\theta > m(\delta-\Delta)g \tag{2-22}$$

在涡流中：
$$2\pi r\sigma_{液-气}\sin\theta > m(\delta-\Delta)\omega^2R \tag{2-22'}$$

式中：$\sigma_{液-气}$为液气界面上的表面张力；θ为接触角；Δ为水的密度；g为重力加速度；ω^2R为离心力场加速度；δ为矿粒的密度；m为矿粒质量；r为润湿周边半径（设矿粒为圆柱体）。矿粒与气泡之间的附着力 $2\pi r\sigma_{液-气}\sin\theta$ 必须大于重力效应（或脱落力效应）。

在其他条件不变（矿粒大小、矿粒密度、浮选机叶轮转速及$\sigma_{液-气}$为定值）时，由式（2-22）和式（2-22′）可知：矿粒表面疏水性越强（θ越大），矿粒在气泡上的附着力越大，就难以脱落。观察气泡从矿粒表面脱落的动力学过程发现：脱落总是从缩小附着面积开始的，水从附着面积逐渐挤向气体；矿粒表面疏水性越强，水排气越难实现，矿粒从气泡表面脱落的概率就越小，附着也就越牢。

矿粒附着于气泡的过程能否实现，关键在于能否最大限度地提高被浮矿物的表面疏水性，增大接触角θ值。改变矿物表面润湿性的有效措施，是采用各种不同用途的浮选药剂，而正确的选择、使用浮选药剂是调整矿物可浮性的主要外因条件。

03 第3章 氯化钾的生产

目前世界钾盐年产量在3000万吨以上，其中的95%以上用作农肥，其次用于制取各种化工产品及中间产品。

钾盐的利用和生产已有较长的历史，人们很早就利用草木灰肥田；1861年，在德国的施塔斯福特建立了世界上第一座钾肥厂，20世纪初世界各地相继发现钾矿并开始大规模地生产钾盐，我国在20世纪30年代末开始从海盐苦卤中提取氯化钾。

钾盐的主要形式有：钾的氯化物、硫酸盐和硝酸盐、碳酸盐及其复盐。

我国是一个农业大国，每年所需钾肥数量很大，除我国每年生产的钾肥外，还需要进口大量的氯化钾，因此，立足本国钾盐资源，因地制宜，寻求好的氯化钾生产方法是很有意义的。

3.1 氯化钾的物理化学性质、用途及工业质量标准

3.1.1 氯化钾的物理化学性质

氯化钾是一种白色或暗白色的晶体；化学式为KCl，摩尔质量是74.55g/mol。

密度：1988kg/m^3（30℃）；

熔点：776℃；

热容：50.877kJ/（kmol·K）；

硬度：2.0（矿物）；

溶解热（吸热）：18.439kJ/mol（溶解于无限多H_2O中）；

晶系：属立方晶系，轴角$\alpha=\beta=\gamma$，轴长$X=Y=Z$；

溶解度：氯化钾在水中的溶解度随温度的升高而迅速增大。

3.1.2 氯化钾的用途

氯化钾的用途是相当广泛的，氯化钾主要用作肥料，其次可作为制造各种钾盐的化工原料，如氢氧化钾、氯酸钾、高锰酸钾、碳酸钾、重铬酸钾、硫酸钾及硝酸钾等，而氯酸钾又是制造火柴、焰火及火药的主要原料；碳酸钾可用来制造光学玻璃；高氯酸钾可做漂白剂和制造炸药。氯化钾是电解氯化镁制金属镁时的助熔剂。在军事上，氯化钾可做消焰剂；在医药上用作利尿剂，并可代替氯化钠做低钠盐，能起降低血压的作用；在冶金工业上，还可用于金属的淬火；在油田上可用作固井剂。此外，在电镀及照相等方面，均需氯化钾。

3.1.3 氯化钾的工业质量标准

现在氯化钾的质量标准执行GB 6549—2011，其技术要求为：

（1）外观为白色、灰白色、微红色、浅褐色粉末状、结晶状或颗粒状。

（2）工农业用氯化钾产品应符合表 3-1 的技术要求。

表 3–1 工农业用氯化钾技术要求

项　目		指　标					
		Ⅰ类			Ⅱ类		
		优等品	一等品	合格品	优等品	一等品	合格品
氧化钾（K_2O）的质量分数 /%	⩾	62.0	60.0	58.0	60.0	57.0	55.0
水分（H_2O）的质量分数 /%	⩽	2.0	2.0	2.0	2.0	4.0	6.0
钙镁含量（$Ca^{2+}+Mg^{2+}$）的质量分数 / %	⩽	0.3	0.5	1.2	—	—	—
氯化钠（NaCl）的质量分数 / %	⩽	1.2	2.0	4.0	—	—	—
水不溶物的质量分数 /%	⩽	0.1	0.3	0.5	—	—	—

注 1：除水分外，各组分质量分数均以干基计。

注 2：Ⅰ类中钙镁含量、氯化钠及水不溶物的质量分数作为工业用氯化钾推荐性指标，农业用不限量。

3.2　生产氯化钾的原料概述

钾石盐与光卤石是制造钾肥的主要原料，从世界范围看，钾肥资源主要集中在苏联和加拿大，约占世界钾肥资源的 80%，其次为德国，估计储量为 190 亿吨 K_2O。

我国已经发现储量较大的钾肥资源有青海察尔汗盐湖及新疆的罗布泊盐湖。察尔汗盐湖位于柴达木盆地的中南部，它是世界上最大的干盐湖，也是我国首屈一指的现代钾、镁盐矿床，察尔汗盐湖的面积约为 5856 km^2，相当于西尔斯盐湖的 50 多倍，比杭州西湖大 130 余倍。湖内汇集了数百亿吨以氯化物为主的盐类，其中钾盐数量约为 3.9 亿吨。石盐沉积的累计厚度一般在 30m 左右，最厚的达 60m 有余。晶间卤水含有大量的石盐、钾盐、镁盐和其他盐类。我国新疆罗布泊地区钾资源储量有 2.5 亿吨，潜层卤水氯化钾含量就有 1.38～1.73 亿吨。其中罗布泊北部凹地（简称罗北凹地）卤水含盐量（质量分数）平均为：KCl 1.55%，NaCl 16.44%，$MgCl_2$ 6.11%，$MgSO_4$ 4.96%。

海洋是资源的宝库，海水中钾的含量是十分丰富的，它仅次于 Cl、Na、Mg、S、Ca 而排在第六位，其含量为 330g/m^3，含钾总量为 600 亿万 t，可谓取之不尽。另外海水摊晒制盐后的母液（苦卤）的含钾量较高，是很好的提钾原料。

再有在我国云南思茅也已发现钾石盐矿。较优的钾石盐矿含 KCl、NaCl 约为 25% 与 71%（质量分数），其余为少量的 $CaSO_4$、$MgCl_2$ 和不溶性黏土。我国思茅钾石盐矿品位低，含 K_2O 平均为 6%（质量分数）。

3.3　卤水的物理化学性质和卤水浓度的表示方法

苦卤是一种很典型的卤水。它是海水经过晒盐后的母液，之所以称其为苦卤是因为制盐母液中含有大量的具有苦味的镁盐。

3.3.1　卤水的物理化学性质

一、卤水组成

（1）海水经过制 NaCl 后的卤水（苦卤）组成（°Be′=30），如表 3-2 所示。

表 3-2　海水经过制 NaCl 后的卤水（苦卤）组成（°Be′=30）

序　号	KCl	NaCl	$MgCl_2$	$MgSO_4$	$CaSO_4$	备注
1	1.8～2.2	6～11	15～18	6～7.5	微量	g/100mol
2	1～2	7～8	14～20	3～10	—	质量分数 /%

（2）察尔汗盐湖晶间卤水组成（°Be′=30.6），如表 3-3 所示。

表 3-3　察尔汗盐湖晶间卤水组成（°Be′=30.6）

序　号	KCl	NaCl	$MgCl_2$	$MgSO_4$	$CaSO_4$	备注
1	1.87	5.30	20.85	0.49	0.18	质量分数 /%
2	1～3	4～7	10～18	0.6～0.7	—	质量分数 /%
3	1	1.5	24	—	—	质量分数 /%

二、苦卤的热容

苦卤的热容是一个重要的物理性质，一般卤水的热容小于纯水的热容，而且随着浓度的升高而减小，随着温度的升高而增大，如表 3-4 所示。

表 3-4　苦卤的热容与浓度及温度的关系

相 对 密 度	热容 /［kJ/（kg·℃）］	温度 /℃
1.2243	3.026	29.0
1.2790	2.792	29.0
1.2790	2.763	20.5

三、苦卤的黏度

苦卤的黏度对苦卤的流动、输送及传热等均有很大的影响，在计算及设计中是不可缺少的物性常数，是苦卤的重要物理性质。下面将有关数据列于表 3-5～表 3-8。

表 3-5　苦卤的黏度（Pa·s）与浓度（°Be′）的关系（25℃）

浓度 /（Pa·s）	29	30	31	32	33
黏度 / °Be′	3.525×10^{-3}	3.720×10^{-3}	4.06×10^{-3}	4.830×10^{-3}	5.930×10^{-3}

表 3-6　卤水的黏度（Pa·s）与浓度（°Be′）的关系（120℃）

浓度 /（Pa·s）	20	22	24	26	28
黏度 / °Be′	4.15×10^{-4}	4.46×10^{-4}	4.83×10^{-4}	5.1×10^{-4}	5.39×10^{-4}
浓度 /（Pa·s）	30	32	34	36	38
黏度 / °Be′	5.60×10^{-4}	5.92×10^{-4}	6.18×10^{-4}	6.45×10^{-4}	6.6×10^{-4}

从表 3-5、表 3-6 可以看出：苦卤的黏度随着浓度的提高而显著增大。

表 3–7 苦卤的黏度与温度的关系—苦卤浓度为（31～32°Be′）

温度 /℃	20	30	40	50	60	70
黏度 /（Pa·s）	3.9×10^{-3}	3.15×10^{-3}	2.75×10^{-3}	2.40×10^{-3}	2.10×10^{-3}	1.80×10^{-3}
温度 /℃	80	90	100	110	120	—
黏度 /（Pa·s）	1.55×10^{-3}	1.25×10^{-3}	1.05×10^{-3}	0.80×10^{-3}	0.55×10^{-3}	—

表 3–8 苦卤的黏度与温度的关系—苦卤浓度为（36～37°Be′）

温度 /℃	50	60	70	80	90
黏度 /（Pa·s）	3.75×10^{-3}	3.3×10^{-3}	2.9×10^{-3}	2.55×10^{-3}	2.21×10^{-3}
温度 /℃	100	110	120	—	—
黏度 /（Pa·s）	1.86×10^{-3}	1.55×10^{-3}	1.25×10^{-3}	—	—

四、苦卤的沸点

由前所述，不难知道苦卤是一种含有多种无机盐类的水溶液，并且盐类在水中是以离子状态存在着，水的一部分表面或多或少地被这些难以挥发的离子所占据着，因此，在单位时间内逸出液面的水分子就相应地减少，在相同的温度下，使苦卤的蒸汽压比纯水蒸气压要低，显而易见，苦卤的沸点总要高于纯水沸点，这就是所谓的溶液沸点升高。苦卤的沸点与苦卤的浓度和外界压力有关。一般苦卤的沸点随着苦卤的浓度升高而升高，随着苦卤浓度的降低而降低；随外界压力的升高而升高，随外界压力的降低而降低。

在实际生产中，对卤水进行高温蒸发时，常处于过饱和过热状态，故较难测定其准确的沸点，下面根据有关资料及生产实践数据，测出各种不同浓度及压力下苦卤的沸点（仅供参考），如表 3-9、表 3-10 所示。

表 3–9 苦卤的沸点（℃）与浓度（°Be′/20℃）的关系

苦卤浓度 / °Be′	5	10	15	20	25	26	27	28
苦卤沸点 /℃	100.4	101.6	103.2	105.1	107.4	107.7	108.2	108.8
苦卤浓度 / °Be′	29	30	31	32	33	34	35	36
苦卤沸点 /℃	109.7	111.0	112.9	115.3	118.7	121.4	125	129

表 3–10 苦卤的沸点与外界压力的关系（苦卤浓度为 30.5°Be′）

压力 /Pa	101323	74659	61327	47995	34663	21331	7999
纯水沸点 /℃	100	91.7	85.4	79.0	71.6	60.7	41.0
苦卤沸点 /℃	110.3	101.5	96.3	88.0	82.5	73.0	54.0
沸点升高的度数 /℃	10.3	9.8	10.9	9.0	10.9	13.3	13.0

五、苦卤的 pH

一般卤水都是中性溶液，如 30°Be′ 的苦卤的 pH 为 7.0～7.4，当苦卤加热蒸发时，pH 随着苦卤浓度的增高而减小，这表明苦卤由中性逐渐变为酸性，变化的主要原因是加热时有部分盐类（氯化镁）发生水解。表 3-11 所列数据表明：当对苦卤进行高温蒸发时，不仅母液的 pH 降低，而且馏出液的 pH 也相应地降低，即酸性增大，这一现象在设计和选材方面应引起足够的重视，此外对苦卤进行综合利用时，对原料 pH 的要求也值得注意。

表 3–11　苦卤蒸发至不同温度时馏出液与母液的 pH

母液温度 /℃	馏出液 pH	母液 pH
112.0	6.89	5.86
113.0	7.84	5.78
114.0	8.75	5.65
115.0	8.25	5.85
116.0	7.94	5.85
117.0	7.55	5.46
118.0	6.95	5.21
119.0	6.75	5.65
120.0	6.54	5.00
121.0	6.30	4.77
122.0	6.06	4.71
123.5	5.73	4.65
124.5	5.25	4.38
125.5	4.90	—
128.0	4.50	4.50
131.0	4.16	4.05
135.5	3.74	3.75
138.5	3.59	—
142.0	3.53	—
146.0	3.50	—
153.0	3.35	—

3.3.2 卤水浓度的表示方法

在盐业中，通常用波美度（°Be′，Baume 的缩写）来表示卤水的浓度（密度），波美度的测量用波美计，它测定简单，应用方便。通常是在 15℃条件下，规定纯水为 0°Be′，相对密度为 1.8429 的浓硫酸定为 66°Be′，其间划上 66 等份，制成标准波美计，波美度与密度在 15℃条件下的换算公式是：

$$\rho = \frac{144.3}{144.3 - {}^{\circ}\mathrm{Be}'}$$

式中：ρ 为密度；°Be′ 为波美度（波美浓度）。

当然在实际生产、科学实验及分析化验等工作中，还用质量分数及物质的量浓度等浓度表示方法。

3.4 卤水蒸发过程中的四元水盐体系相图分析及计算

卤水有井卤、矿卤、湖卤、海卤等多种形式。对卤水进行自然蒸发可以得到多种不同的盐物质。如对 KCl、NaCl、$MgCl_2$ 及 H_2O 四种物质组成的四元水盐体系，进行等温自然蒸发可以得到 KCl、NaCl、钾石盐及含钠光卤石等多种盐类，而钾石盐或含钠光卤石经过加工又可以制得氯化钾。因此，在卤水的蒸发过程中，我们总是希望得到的固相盐不仅 KCl 含量要高，而且量要大。为达到这个目的，必须运用相图对卤水蒸发过程予以指导。下面运用 Na^+，K^+，Mg^{2+}//Cl^--H_2O 四元水盐体系相图，在常温（25℃）下对卤水蒸发过程进行分析。

由干基图（见下面的图 3-1～图 3-4）很容易看出，含钠光卤石的组成线（即干基图中 *GDB* 直线）将 KCl 及 NaCl 的结晶区分别分成了两个区域［即 C_1 区（GDE_1NG 所围成的区域）、C_2 区（*GCHDG* 所围成的区域）和 B_1 区（BJE_2E_1DB 所围成的区域）、B_2 区（*BDHB* 所围成的区域）］，由于处在这四个区域的卤水组成点，其蒸发阶段和析盐顺序不尽相同，因此有必要对四个区域中的卤水系统点的蒸发过程予以分析，从而得出较为理想的蒸发终止点。

3.4.1 相图绘制

依据 25℃下 Na^+，K^+，Mg^{2+}//Cl^--H_2O 四元水盐体系的溶解度数据，标绘出相应的干基图及水图，并把 1#、2#、3# 及 4# 卤水系统点标注在相图上，如图 3-1～图 3-4 所示。1#、2#、3# 及 4# 卤水系统点的组成如表 3-12 所示。

表 3-12 卤水的组成（质量分数 /%）

编号＼组成	KCl	NaCl	$MgCl_2$	H_2O
1# 卤水	9.64	9.53	3.05	77.78
2# 卤水	5.57	1.55	15.10	77.78
3# 卤水	5.35	13.44	3.43	77.78
4# 卤水	3.75	6.96	11.51	77.78

3.4.2 相图分析

一、1# 卤水的等温连续蒸发过程

如图 3-1 所示，系统点在干基图中为 *M*，在水图中为 M_0，显然此点卤水处在 C_2 区，且为未饱和溶液，对其进行 25℃等温蒸发，可分为以下四个阶段。

第一阶段，由于系统点 *M* 处在干基图的 C_2 区，因此未饱和溶液蒸发浓缩时首先对 KCl 饱和。因为系统蒸发时，只有水量减少，因此 KCl 刚饱和而尚未析出时，在干基图上系统点即为液相点，在 *M* 点不动。在水图上，KCl 刚饱和的系统点为 M_1 点（M_1 点的确定见后），在此阶段液相点与系统点同时由 M_0 垂直下移至 M_1。

第二阶段，经判断为 KCl 析出，固相点在点 C 不动，液相点移动方向从 *M* 至 *K*，到达 *K* 时对 NaCl 也饱和了。在水图上，固相点也在 *C* 点不动，液相点对应地从 M_1 移至 *K'*，本阶段最后

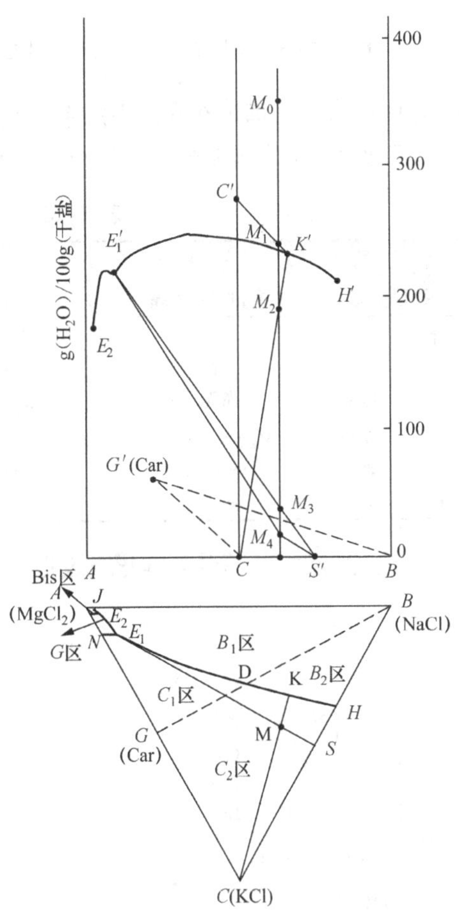

图 3-1 K^+，Na^+，$Mg^{2+}//Cl^-$-H_2O 体系 1# 卤水蒸发过程相图分析（25℃）

的系统点应在固相点 C 与最后的液相点 K′ 的连线上，即 CK′ 线与系统蒸发竖直线的交点 M_2。

第三阶段，液相点到了共饱线 HE_1 上的 K 点，依据过程向量法则进行分析，蒸发时 KCl 与 NaCl 同时析出，液相从 K 移至 E_1，当到达 E_1 时，则对第三个固相——光卤石 G（Car）也已饱和，本阶段最后的固相点应在最后的液相点 E_1 与系统点 M 的连线上，同时应在两固相点 C、B 的连线上，即为 E_1M 直线与 CB 边的交点 S，所以，本阶段固相点的运动应从 C 至 S。水图上液相点对应地从 K′ 移至 E_1'，固相点对应地从 C 移至 S′。本阶段最后的系统点应在 E_1' 与 S′ 的连线上，即 $E_1'S'$ 直线与系统蒸发竖直线的交点 M_3。

第四阶段，液相到达点 E_1（第一种不相称零变点），依据过程向量法则分析可知，蒸发时将发生 NaCl、Car 共同析出，KCl 溶解的过程，液相在 E_1 点不动。总固相应在△ CGB 内运动，同时又要在液相点 E_1 与系统点 M 的连线上，所以总固相点是沿着直线 SME_1 从 S 向着 M 运动，当固相点到达 M 时，说明液相点消失，系统已被蒸干。在水图上，液相点在 E_1' 不动，总固相点应与干基图对应，因此要找到对应于 M 的系统点 M_4（水图中的 M_4 点的确定方法见后），很明显，M_4 点应在水图上△ CG′B 之内，因为 M_4 就是立体图上系统的蒸发竖直线与三个固相点（KCl、Car、NaCl）点构成的三角形的交点在水图上的投影。这样总固相点应由 S′ 到 M_4 运动。本阶段最后的系统点即为 M_4 点（即固相点与系统点重合）。

进而的蒸发失水过程将是固相 M（M_4）的风化。

水图中 M_1 点与 M_4 点的确定方法如下：

（1）M_1 的确定方法：在水图中由于 K′ 为已知（它是与干基图中的 K 相对应的 KCl、NaCl 共饱的液相点），又由于 C′ 为 KCl 25℃时的溶解度在水图上的表示点，连结 K′ 与 C′ 的直线和系统蒸发竖直线的交点即为 M_1，M_1 是第一个固相 KCl 刚饱和的系统点，这里要注意的是把 KCl 的饱和曲面近似视为平面而得到的一个近似点，若要精确求取点 M_1，则须知道 KCl 的饱和曲面的弯曲程度。

（2）M_4 点的确定方法：在水图中，前已述及 M_4 点在系统的蒸发竖直线上，关键是如何确定 M_4 点的含水量，这要从干基图的最终固相点 M 入手，进行计算以后方能确定，因为最终的固相点为 M 点，它的固相成分是 KCl、NaCl、Car。设最终固相 M（M_4）中 KCl、NaCl、Car 三种盐的干基量为 100g，从干基图的△ ABC 中可分别读得：KCl—43.38g，NaCl—42.89g，$MgCl_2$—13.73g。

因此，最终固相 M（M_4）中的 H_2O 量为：$\frac{108}{95}\times 13.73=15.60gH_2O$ /100g 干盐，知道了 M_4 点的含水量，即可在水图中的系统蒸发竖直线上标出 M_4 点。

1[#] 卤水等温蒸发的整个相图分析过程如表 3-13 所示。

表 3-13　1[#] 卤水等温蒸发过程（25℃）

阶段		一	二	三	四
过程情况		未饱和溶液浓缩	KCl 结晶析出	KCl、NaCl 共析	NaCl、Car 共析，KCl 溶解至蒸干
干	系统	M	M	M	M
基	液相	M	$M\longrightarrow K$	$K\longrightarrow E_1$	E_1
图	固相	尚无	C	$C\longrightarrow S$	$S\longrightarrow M$
水	系统	$M_0\longrightarrow M_1$	$M_1\longrightarrow M_2$	$M_2\longrightarrow M_3$	$M_3\longrightarrow M_4$
	液相	$M_0\longrightarrow M_1$	$M_1\longrightarrow K'$	$K'\longrightarrow E_1'$	E_1'
图	固相	尚无	C	$C\longrightarrow S'$	$S'\longrightarrow M_4$

二、2[#] 卤水的等温连续蒸发过程

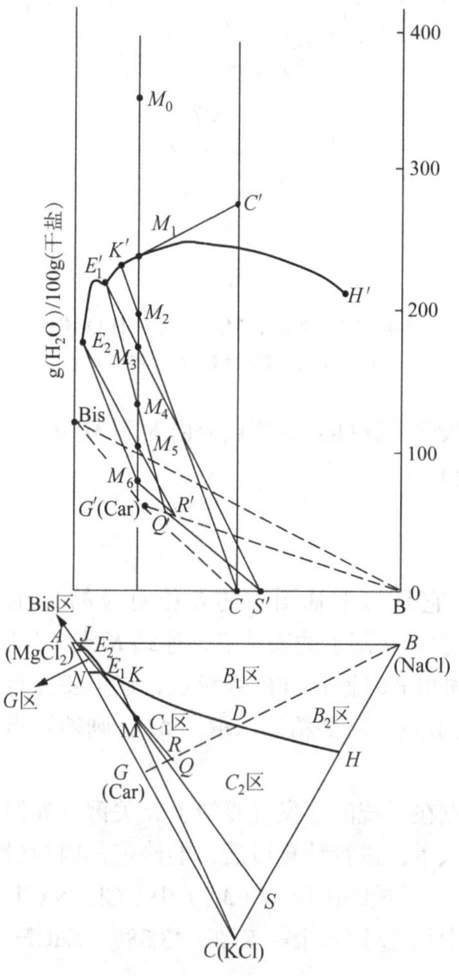

图 3-2　K^+，Na^+，Mg^{2+}//Cl^--H_2O 体系 2[#] 卤水蒸发过程相图分析（25℃）

如图 3-2 所示，系统点在干基图中为 M，在水图中为 M_0，显然此点卤水处在 C_1 区，且为未饱和溶液，对其进行 25℃等温蒸发，可分为以下六个阶段。

第一阶段至第四阶段可参照“一、”进行分析。至第四阶段结束时，在干基图中，系统点为 M，液相点为 E_1，固相点为 Q。水图中，系统点为 M_4，液相点为 E_1'，固相点为 Q'。

第五阶段，由于 KCl 溶解至完，液相沿 E_1E_2 变化。NaCl 和 Car 共析，液相点由 E_1 点到 E_2 点，总固相在 BG 连线上，即由 Q 移至 R，R 点是 E_2E_1 连线的延长线与 BG 线的交点。水图上，液相点由 E_1' 移至 E_2'，固相点由 Q' 移至 R'，R' 在 BG' 连线上，且与 R 对应。最后系统点为 $E_2'R'$ 连线与系统蒸发竖直线的交点 M_5。

第六阶段，液相到达 E_2 点，对另一固相 Bis（$MgCl_2\cdot 6H_2O$）也饱和了，根据 E_2 点是相称零变点，可判断蒸发时 NaCl、Car 及 Bis 共同析出，液相点在 E_2 点不动，并且一定在此点蒸干。总固相点应在液相点 E_2 与固相点 R 的连线上，又要在三固相点构成的三角形（△BGA）内，即从 R 到 M，当与 M 重合时，系统蒸干。在水图上，液相点在 E_2' 不动，总固相点应与干基图对应，也就是要找到对应于 M 的 M_6 点（水图中的 M_6 点的确定方法见后），很明显，M_6 点应在水图上△BG'Bis 之内，因为 M_6

就是立体图上系统的蒸发竖直线与三个固相（NaCl、Car、Bis）点构成的三角形的交点在水图上的投影。这样总固相点应由 R' 到 M_6 运动。本阶段最后的系统点即为 M_6 点（即固相点与系统点重合）。

进而的蒸发失水过程将是固相 M（M_6）的风化。

“2# 卤水的等温连续蒸发过程”水图中 M_6 点的确定方法如下：

在水图中，前已述及 M_6 点在系统的蒸发竖直线上，关键是如何确定 M_6 点的含水量，这要从干基图的最终固相点 M 入手，进行计算以后方能确定，因为最终的固相点为 M 点，它的固相成分是 NaCl、Car、Bis。设最终固相 M（M_6）中 NaCl、Car、Bis 三种盐的干基量为 100g，从干基图的△ABC 中可分别读得：NaCl—6.97g，KCl—25.07g，$MgCl_2$—67.96g。

所以，Car 中的 $MgCl_2$ 量为：

$$\frac{95}{74.5}\times 25.07=31.97\text{（g）}$$

Car 中的 H_2O 量为：

$$\frac{108}{95}\times 31.97=36.34\text{（g）}$$

Bis 中的 $MgCl_2$ 量为：

$$67.96-31.97=35.99\text{（g）}$$

Bis 中的 H_2O 量为：

$$\frac{108}{95}\times 35.99=40.91\text{（g）}$$

因此，最终三盐（NaCl、Car、Bis）中的 H_2O 含量为：36.34+40.91=77.25（g）

那么，M_6 点的含水量为：$\dfrac{77.25\text{g（}H_2O\text{）}}{100\text{g（干盐）}}$，知道了 M_6 点的含水量，即可在水图中的系统蒸发竖直线上标出 M_6 点。

2# 卤水等温蒸发的整个相图分析过程如表 3-14 所示。

表 3-14 2# 卤水等温蒸发过程（25℃）

阶段		一	二	三	四	五	六
过程情况		未饱和溶液浓缩	KCl 结晶析出	KCl、NaCl 共析	NaCl、Car 共析，KCl 溶解至完	NaCl、Car 共析	NaCl、Car、Bis 共析至蒸干
干基图	系统	M	M	M	M	M	M
	液相	M	$M\longrightarrow K$	$K\longrightarrow E_1$	E_1	$E_1\longrightarrow E_2$	E_2
	固相	尚无	C	$C\longrightarrow S$	$S\longrightarrow Q$	$Q\longrightarrow R$	$R\longrightarrow M$
水图	系统	$M_0\longrightarrow M_1$	$M_1\longrightarrow M_2$	$M_2\longrightarrow M_3$	$M_3\longrightarrow M_4$	$M_4\longrightarrow M_5$	$M_5\longrightarrow M_6$
	液相	$M_0\longrightarrow M_1$	$M_1\longrightarrow K'$	$K\longrightarrow E_1'$	E_1'	$E_1'\longrightarrow E_2'$	E_2'
	固相	尚无	C	$C\longrightarrow S'$	$S'\longrightarrow Q'$	$Q'\longrightarrow R'$	$R'\longrightarrow M_6$

三、3# 卤水的等温连续蒸发过程

如图 3-3 所示，系统点在干基图中为 M，在水图中为 M_0，显然此点卤水处在 B_2 区，且为未饱和溶液，对其进行 25℃等温蒸发，可分为四个阶段。

$3^{\#}$ 卤水的等温连续蒸发过程可参照前面“3.4.2 中的‘一、’”进行分析，此处不再赘述。

注：水图中 M_1 点与 M_4 点的确定方法可参照前面“3.4.2 中的‘一、’”进行分析。经过计算，M_4 点的含水量为 17.55g（H_2O）/100g（干盐）。

$3^{\#}$ 卤水等温蒸发的整个相图分析过程如表 3-15 所示。

表 3-15　$3^{\#}$ 卤水等温蒸发过程（25℃）

阶段		一	二	三	四
过程情况		未饱和溶液浓缩	NaCl 结晶析出	NaCl、KCl 共析	NaCl、Car 共析，KCl 溶解至蒸干
干基图	系统	M	M	M	M
	液相	M	$M \longrightarrow K$	$K \longrightarrow E_1$	E_1
	固相	尚无	B	$B \longrightarrow S$	$S \longrightarrow M$
水图	系统	$M_0 \longrightarrow M_1$	$M_1 \longrightarrow M_2$	$M_2 \longrightarrow M_3$	$M_3 \longrightarrow M_4$
	液相	$M_0 \longrightarrow M_1$	$M_1 \longrightarrow K'$	$K' \longrightarrow E_1'$	E_1'
	固相	尚无	B	$B \longrightarrow S'$	$S' \longrightarrow M_4$

四、$4^{\#}$ 卤水的等温连续蒸发过程

如图 3-4 所示，系统点在干基图中为 M，在水图中为 M_0，显然此点卤水处在 B_1 区，且为未饱和溶液，对其进行 25℃等温蒸发，可分为六个阶段。

$4^{\#}$ 卤水的等温连续蒸发过程可参照前面“3.4.2 中的‘二、’”进行分析，此处再不赘述。

注：水图中 M_1 点与 M_6 点的确定方法可分别参照前面“一、”及“二、”进行分析。经过计算，M_6 点的含水量为 58.88g（H_2O）/1010g（干盐）。

$4^{\#}$ 卤水等温蒸发的整个相图分析过程如表 3-16 所示。

表 3-16　$4^{\#}$ 卤水等温蒸发过程（25℃）

阶段		一	二	三	四	五	六
过程情况		未饱和溶液浓缩	NaCl 结晶析出	NaCl、KCl 共析	NaCl、Car 共析，KCl 溶解至完	NaCl、Car 共析	NaCl、Car、Bis 共析至蒸干
干基图	系统	M	M	M	M	M	M
	液相	M	$M \longrightarrow K$	$K \longrightarrow E_1$	E_1	$E_1 \longrightarrow E_2$	E_2
	固相	尚无	B	$B \longrightarrow S$	$S \longrightarrow Q$	$Q \longrightarrow R$	$R \longrightarrow M$
水图	系统	$M_0 \longrightarrow M_1$	$M_1 \longrightarrow M_2$	$M_2 \longrightarrow M_3$	$M_3 \longrightarrow M_4$	$M_4 \longrightarrow M_5$	$M_5 \longrightarrow M_6$
	液相	$M_0 \longrightarrow M_1$	$M_1 \longrightarrow K'$	$K' \longrightarrow E_1'$	E_1'	$E_1 \longrightarrow E_2'$	E_2'
	固相	尚无	B	$B \longrightarrow S'$	$S' \longrightarrow Q'$	$Q' \longrightarrow R'$	$R' \longrightarrow M_6$

3.4.3 四种卤水较为理想的蒸发终止点的确定

我们知道以光卤石（Car）、钾石盐（NaCl 和 KCl 的混合物）和含钠光卤石（NaCl 和 Car 的混合物）为原料可以制取氯化钾。在前述的四种卤水蒸发中，可以制得钾石盐和含钠光卤石，所以我们总是试图使蒸发得到的钾石盐或含钠光卤石，不仅量大，而且其中所含的 NaCl 量要少。为此，有必要对以上四种卤水较为理想的蒸发终止点进行讨论。

一、$1^{\#}$ 卤水较为理想的蒸发终止点的确定

设 $1^{\#}$ 卤水中的干盐量为 100g。

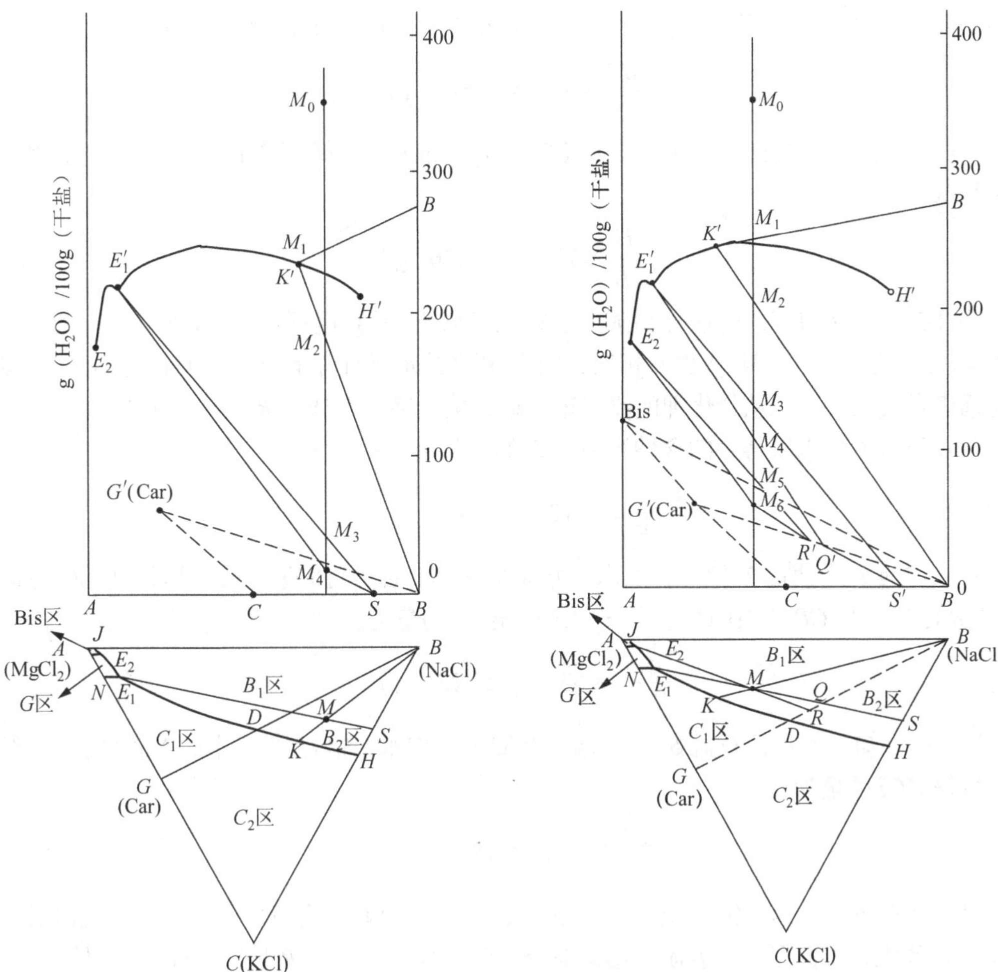

图 3-3　K^+，Na^+，Mg^{2+}//Cl^--H_2O 体系 3# 卤水蒸发过程相图分析（25℃）

图 3-4　K^+，Na^+，Mg^{2+}//Cl^--H_2O 体系 4# 卤水蒸发过程相图分析（25℃）

由图 3-1 可知，蒸发至第三阶段末，经固液分离所得到钾石盐 S 的量为：

$$\frac{\overline{E_1M}}{\overline{E_1S}}\times 100=83.54\ (\mathrm{g})$$

而蒸发至第四阶段末（系统被蒸干），所得到的混合盐（KCl、NaCl 和 Car 的混合物）的干盐量为 100g。若在 25℃下，对 100g 混合盐（干盐）加水，恰好使之完全分解，且进行固液分离，所得到的钾石盐 S 的量为：

$$\frac{\overline{E_1M}}{\overline{E_1S}}\times 100=83.54\ (\mathrm{g})$$

因此通过以上的分析及计算得知，蒸发至第三阶段末得到的钾石盐量，与蒸发至第四阶段末得到的混合盐，经加水分解后产生的钾石盐量是相等的，显然第三阶段结束时所得到的钾石盐 S 是较为理想的固相点。

二、2# 卤水较为理想的蒸发终止点的确定

设 2# 卤水中的干盐量为 100g。

由图 3-2 可知，蒸发至第三阶段末，经固液分离所得到钾石盐 S 的量为：

$$\frac{\overline{E_1M}}{\overline{E_1S}}\times100=18.54\text{（g）}$$

从图 3-2 可知，若对钾石盐 S 在常温（25℃）下加水，恰好使 S 中的 NaCl 溶尽，经固液分离可得 KCl 的量为：

$$\frac{\overline{SH}}{\overline{CH}}\times18.54=15.06\text{(g)}$$

由图 3-2 还容易知道，卤水分别蒸发至第四阶段末和第五阶段末，分别可以得到含钠光卤石 Q 和含钠光卤石 R，且 Q 和 R 相比，前者比后者光卤石含量要高（但相差不大），可是后者比前者量要大，因此从氯化钾的收率来考虑，蒸发终止点选在 R 点比 Q 点好。

2# 卤水第五阶段末所得到的含钠光卤石 R 的干盐量为：

$$\frac{\overline{E_2M}}{\overline{E_2R}}\times100=63.40\text{（g）}$$

若对 63.40g R 干盐在 25℃下，加水恰好完全分解，且进行固液分离，所得到的钾石盐 S_1（S_1 为 E_1R 延长线与 CB 连线的交点，图中未画出。）的量为：

$$\frac{\overline{E_1R}}{\overline{E_1S_1}}\times63.40=25.25\text{（g）}$$

从图 3-2 可知，若对钾石盐 S_1 在常温（25℃）下加水，恰好使 S_1 中的 NaCl 溶尽，经固液分离可得 KCl 的量为：

$$\frac{\overline{S_1H}}{\overline{E_1S_1}}\times25.25=18.43\text{（g）}$$

由以上计算可知，尽管钾石盐 S 与 S_1 相比，前者比后者氯化钾含量要高，但是由后者制得的 KCl 量要大，因此可知第五阶段结束时所得到的含钠光卤石 R 是较为理想的固相点。

三、3# 卤水较为理想的蒸发终止点的确定

参照“1# 卤水较为理想的蒸发终止点的确定”可知，第三阶段结束时所得到的钾石盐 S 是较为理想的固相点。

四、4# 卤水较为理想的蒸发终止点的确定

设 4# 卤水中的干盐量为 100g。

由图 3-4 可知，蒸发至第三阶段末，经固液分离所得到钾石盐 S 的量为：

$$\frac{\overline{E_1M}}{\overline{E_1S}}\times100=37.90\text{（g）}$$

由图 3-4 还可知，卤水分别蒸发至第四阶段末和第五阶段末，分别可以得到含钠光卤石 Q 和含钠光卤石 R，且 Q 和 R 相比，后者比前者不仅光卤石含量要高，而且后者比前者量要大，因此蒸发终止点选在 R 点比 Q 点好。

4# 卤水蒸发至第五阶段末所得到的含钠光卤石 R 的干盐量为：

$$\frac{\overline{E_2M}}{\overline{E_2R}}\times100=69.20\text{（g）}$$

若对 69.20gR 干盐（在 25℃下）加水恰好使之完全分解，且进行固液分离，所得到的钾石盐 S_1（S_1 为 E_1R 延长线与 CB 连线的交点，图中未画出）的量为：

$$\frac{\overline{E_1R}}{\overline{E_1S_1}}\times 69.20=43.55\ (\mathrm{g})$$

由以上计算可知，钾石盐 S_1 与 S 相比，不仅前者比后者氯化钾含量要高，而且前者比后者的量要大，因此可知第五阶段结束时所得到的含钠光卤石 R 是较为理想的固相点。

以上我们从理论方面对“卤水蒸发过程中的四元水盐体系相图分析及计算”进行了研究，下面我们将通过实例来说明卤水蒸发的计算方法。

例：已知 25℃时，某盐湖卤水溶液 1 的组成如表 3-17 所示。

表 3-17　某盐湖卤水溶液 1 的组成

成　分	KCl	NaCl	$MgCl_2$	H_2O
含量 /kg	3.9	20.1	7.9	200.0

假设此组成点对 NaCl 而言恰好饱和，试根据 25℃下的 $KCl-NaCl-MgCl_2-H_2O$ 四元体系相图分析此蒸发过程，并进行有关量的计算。

解：$KCl-NaCl-MgCl_2-H_2O$ 四元体系于 25℃下的干盐图相图分析如图 3-5 所示。

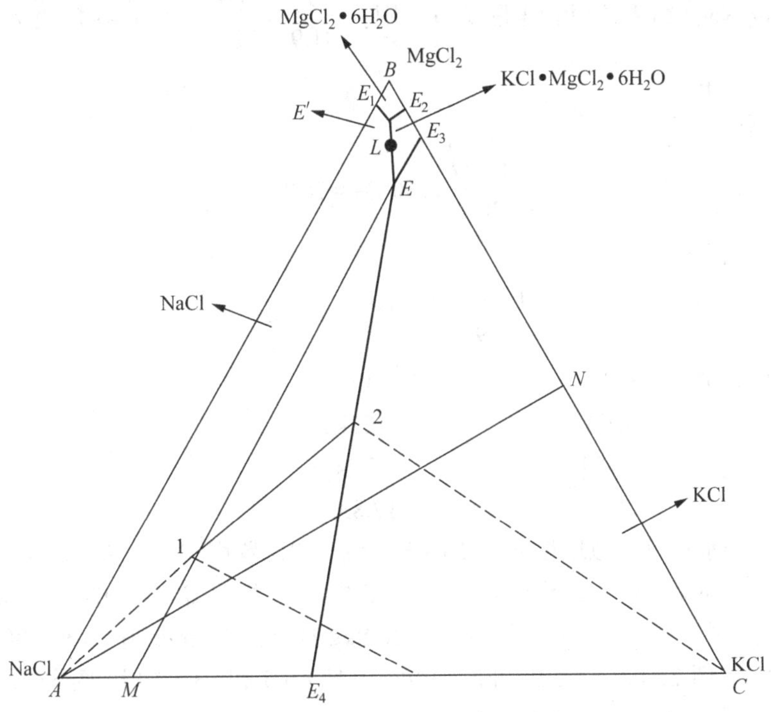

图 3-5　$KCl-NaCl-MgCl_2-H_2O$ 体系于 25℃下的干盐图相图分析

为在干盐图上进行计算，须将溶液换算成干盐质量分数，溶液干盐总量为 31.9kg。

故：

$$\frac{3.9}{31.9}\times 100\%=12.23\% \qquad (\mathrm{KC1})$$

$$\frac{20.1}{31.9}\times 100\%=63.01\% \qquad (\mathrm{NaC1})$$

$$\frac{7.9}{31.9}\times100\%=24.76\% \qquad (MgCl_2)$$

由上述数据在图中画出原始组成点 1。它位于 NaCl 的饱和面上。蒸发过程除自然蒸发外，一般多于沸点下进行，但只要蒸发后仍冷却到 25℃，就可利用此温度下的相图进行计算。

（1）当溶液由 1 点蒸发到 2 点时，将析出 NaCl 结晶。由图中 2 点可知溶液的组成为：

KCl—22%；NaCl—34%；$MgCl_2$—44%。

根据此蒸发过程不析出 KCl 计算 NaCl 结晶，由点 2 列出比例式：

$$\left(\frac{W_{KCl}}{W_{NaCl}}\right)_{图中}=\left(\frac{W_{KCl}}{X}\right)_{溶液中} \qquad （X 为溶液 2 中 NaCl 量）$$

即：

$$\frac{22\%}{34\%}=\frac{3.9}{X}$$

解得：

$$X=6.03\ (kg)$$

故 NaCl 结晶的析出量为：

$$20.1-6.03=14.07\ (kg)$$

注意：此过程求 NaCl 结晶的析出量，也可用“杠杆规则”进行计算，即在结晶线 $A2$ 中，若设 NaCl 结晶的析出量为 a，则：$\frac{a}{31.9}=\frac{1—2}{A—2}$，其中 1—2 及 A—2 为线段长度，从图中可量取。

NaCl 的产率为：

$$\frac{14.07}{20.1}\times100\%=70\%$$

以总盐算，其产率为：

$$\frac{14.07}{31.9}\times100\%=44.11\%$$

因此，溶液 2 中含：KCl 3.9kg；
NaCl 6.03kg；
$MgCl_2$ 7.9kg；
总盐 17.83kg。

溶液 2 中含的水量可近似地根据点 2 在 EE_4 线上的位置用“内插法”算出。

点 2 至 E、E_4 的距离比相当于 46.5 与 53.5 之比。溶液 E 和 E_4 的含水量从手册中可查出。于溶液 E 中，每 100kg 总盐中含 220.8kg H_2O，溶液 E_4 中，每 100kg 总盐含水有 216.9kg。将差值 220.8kg−216.9kg=3.9kg，按 46.5 和 53.5 的比例分开，得 1.8kg 及 2.1kg。故溶液 2 中每 100kg 盐含水：

$$216.9+2.1=219\ (kg)$$

故溶液 2 中应含水：

$$\frac{219\times17.83}{100}=39.05\ (kg)$$

注意：由于本题只给出了干盐图，而没有给出水图，因此采用此种方法来计算水量不失为一种好方法。

1至2间蒸发出的水量为：

$$200-39.05=160.95\ (\text{kg})$$

（2）当溶液由2至E蒸发时，将从中析出NaCl和KCl。$MgCl_2$作为不变组分留于溶液中。

由手册数据可知，溶液E的质量分数为：

NaCl	1.8%；
KCl	3.4%；
$MgCl_2$	26.0%；
H_2O	68.8%。

依据不变组分$MgCl_2$列出比例式：

$$\left(\frac{W_{MgCl_2}}{W_{NaCl}}\right)_{\text{图中}}=\left(\frac{W_{MgCl_2}}{Y}\right)_{\text{溶液中}}$$ （Y为溶液E中NaCl量）

即：$\dfrac{26}{1.8}=\dfrac{7.9}{Y}$

解得：$Y=0.55$（kg）

析出NaCl的数量为：

$$6.03-0.55=5.48\ (\text{kg})$$

再由：$$\left(\frac{W_{MgCl_2}}{W_{KCl}}\right)_{\text{图中}}=\left(\frac{W_{MgCl_2}}{Z}\right)_{\text{溶液中}}$$ （Z为溶液E中KCl量）

即：$\dfrac{26}{3.4}=\dfrac{7.9}{Z}$

解得：$Z=1.03$（kg）

析出KCl的量为：$3.9-1.03=2.87$（kg）

设溶液E中的含水量为m，其值为：

$$\frac{m}{7.9}=\frac{68.8}{26}$$

解得：$m=20.9$（kg）

蒸发水量为：

$$39.05-20.9=18.15\ (\text{kg})$$

液相E的组成为：

NaCl	0.55（kg）；
KCl	1.03（kg）；
$MgCl_2$	7.9（kg）；
H_2O	20.9（kg）。

（3）当溶液由E至L蒸发时，此过程将析出Car和NaCl结晶。可以认为前面析出的KCl结晶已溶解完了。Car的组成点为N（含KCl 43.8%和$MgCl_2$ 56.2%），已知溶液L的质量分数为：

NaCl	0.32%；
KCl	0.12%；

$MgCl_2$ 35.56%；

H_2O 64%。

溶液从点 1 蒸发到 L 点的物料平衡式为：

溶液 $1-m(H_2O)=x(NaCl)+y(KCl)+z(MgCl_2)+n(H_2O)+u$（溶液 L）

或为：

$$20.1(NaCl)+3.9(KCl)+7.9(MgCl_2)+200(H_2O)-m(H_2O)$$
$$=x(NaCl)+y(KCl)+z(MgCl_2)+n(H_2O\text{—Car 中的结合水})$$
$$+u[0.32\%(NaCl)+0.12\%(KCl)+35.56\%(MgCl_2)+64\%(H_2O)]$$

式中，u 为剩余溶液 L 量（kg）。

根据物料平衡式：

KCl $$3.9=y+u\frac{0.12}{100}$$

$NaCl$ $$20.1=x+u\frac{0.32}{100}$$

$MgCl_2$ $$7.9=z+u\frac{35.56}{100}$$

H_2O $$200-m=u\frac{40}{100}+n$$

由 Car 的化学式得：

$$\frac{W_{KCl}}{W_{MgCl_2}}=\frac{74.56}{95.24}=\frac{y}{z}=0.783$$

$$\frac{W_{MgCl_2}}{W_{6H_2O}}=\frac{95.24}{108}=\frac{z}{n}=0.88$$

解方程组得：

$u=8.24$（kg）； $z=4.97$（kg）； $y=3.89$（kg）；

$n=5.65$（kg）； $x=20.07$（kg）； $m=189.08$（kg）。

由此，可算出 1 至 L 全部蒸发过程：蒸发水 189.08kg，析出 NaCl 20.07kg，析出 Car 14.51kg。溶液 L 中含 NaCl 为 0.03kg，KCl 为 0.01kg，$MgCl_2$ 为 2.93kg，H_2O 为 5.27kg。

3.5 从察尔汗盐湖晶间卤水中制取氯化钾

制取氯化钾的天然资源除钾石盐（NaCl 和 KCl 的混合物）外，光卤石（$KCl\cdot MgCl_2\cdot 6H_2O$）也是重要原料。光卤石是一种水溶性的含钾矿石，易于加工制取 KCl，在氯化物型钾镁盐矿中以光卤石的固态存在或含于其卤水中。我国青海省察尔汗盐湖属于后者，察尔汗盐湖位于柴达木盆地的中南部，它是世界上最大的干盐湖，也是我国首屈一指的现代钾、镁盐矿床，察尔汗盐湖的面积为 5856 km^2，相当于西尔斯盐湖的 50 多倍，比杭州西湖大 130 余倍。湖内汇集了数百亿吨（以氯化物为主）的盐类。石盐沉积的累计厚度一般在 30m 左右，最厚的 60m 有余。晶间卤水含有大量的石盐、钾盐、镁盐和其他盐类。其晶间卤水的主要成分是

$NaCl$、KCl、$MgCl_2$ 及 H_2O，即属于 $NaCl-KCl-MgCl_2-H_2O$ 四元体系，将其采集经摊田晒制可得光卤石，进一步对其加工可制得氯化钾，但此光卤石通常含有 NaCl 杂质，称其为含钠光卤石，其加工过程比光卤石复杂些。

3.5.1 用察尔汗盐湖晶间卤水制取含钠光卤石

察尔汗盐湖的晶间卤水和达不逊盐湖的湖表卤水的组成上基本上属于 K^+，Na^+，Mg^{2+}//Cl^--H_2O 四元水盐体系，其组成如表 3-18 所示。

表 3-18 察尔汗盐湖的晶间卤水和达不逊盐湖的湖表卤水组成

卤水类别	溶液组成（质量分数/%）				
	KCl	NaCl	$MgCl_2$	$MgSO_4$	$CaSO_4$
察尔汗盐湖的晶间卤水	1～3	1.5～7.0	10～24	0.49～0.7	0.18
达不逊盐湖的湖表卤水	1.1～1.91	12.9～14	8～11.2	0.1～0.3	0.3～0.5

一、由察尔汗盐湖晶间卤水制取含钠光卤石

在当地 4 月份至 10 月份，平均气温 25℃条件下蒸发时，其蒸发过程如图 3-6 所示，在图中 M 为原料卤水系统点，可以看出 M 点落在了 NaCl 的结晶区内，因此当卤水蒸发到饱和时，首先析出的是 NaCl 固体，再继续蒸发，液相点从 M 向 N 点移动。

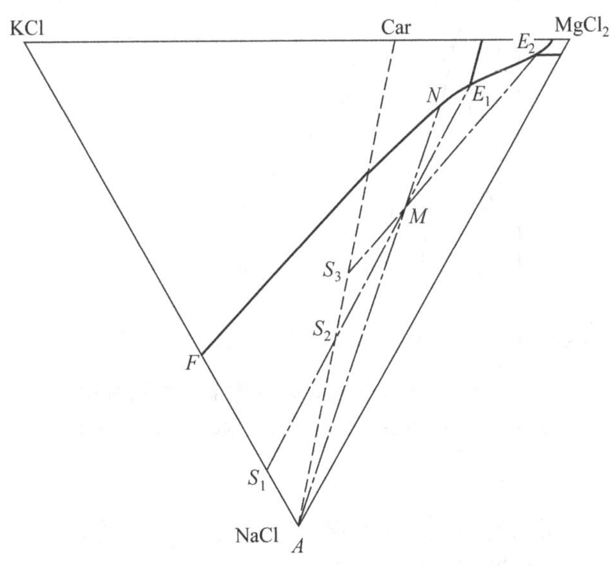

图 3-6 察尔汗盐湖卤水日晒法相图分析

当液相到达 N 点时，KCl 开始饱和析出，继续蒸发液相点从 N 点向 E_1 点移动，固相点从 A 向 S_1 移动，此过程为 NaCl 与 KCl 共析。当液相点到达 E_1 点，固相点到达 S_1 点，此时光卤石开始饱和析出，而前面析出的 KCl 要全部溶解，液相点在 E_1 点不动，固相点沿由 S_1 移动至 S_2 点。KCl 全部溶解后，再继续蒸发，液相点沿 E_1E_2 线由 E_1 向 E_2 运动，此时析出的固相为 NaCl 和 $KCl \cdot MgCl_2 \cdot 6H_2O$，当液相点到达 E_2 时，固相点到达 S_3，此时液相对

$MgCl_2 \cdot 6H_2O$ 也饱和，所以再继续蒸发时，NaCl、Car、$MgCl_2 \cdot 6H_2O$ 三盐共析，直至蒸干。

从以上的讨论可以看出：察尔汗盐湖卤水日晒蒸发时，首先析出的固相是 NaCl，其次是 KCl，最后 KCl 要以 Car 形式析出，而且理论上前面析出的 KCl 应全部转化为 Car，但在实际生产中仍有少量的未转化的 KCl 残留在混合盐中。

在冬季，当地气候严寒，平均气温在−10℃左右，卤水在表层结冰情况下升华，而其固相析出的顺序与夏季相同，但由于冰的升华速度较慢，实际结晶路线与理论值的偏差较夏季为小。当卤水组成进入氯化镁区域时，则析出的固相不是夏季的 $MgCl_2 \cdot 6H_2O$，而是 $MgCl_2 \cdot 8H_2O$，当硫酸根含量较高时，则有 $MgSO_4 \cdot 12H_2O$ 析出，在冬季由于结晶慢，前一阶段析出的氯化钾和光卤石的质量较夏季为高。

其实，由察尔汗盐湖晶间卤水制取含钠光卤石的相图分析，也可参见本章“3.4　卤水蒸发过程中的四元水盐体系相图分析及计算”的 4# 卤水进行分析研究。

二、盐湖卤水连续蒸发与分段蒸发的不同特点

盐湖卤水的蒸发有连续蒸发与分段蒸发两种形式。因其卤水组成基本上属于 K^+，Na^+，$Mg^{2+}//Cl^-–H_2O$ 四元水盐体系，下面就以 25℃下的该四元体系相图说明此两种蒸发形式，如图 3-7 所示。

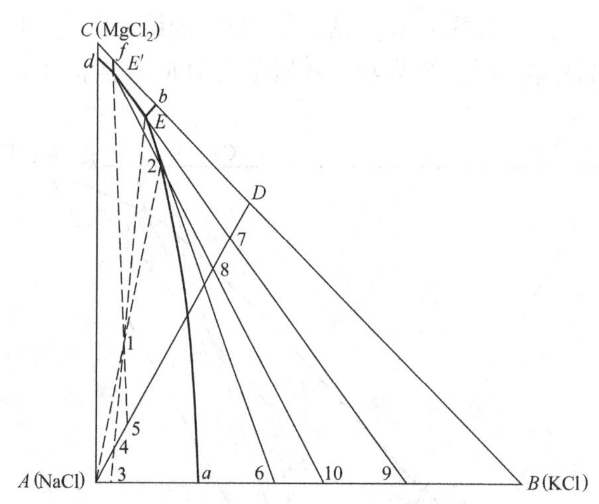

图 3-7　NaCl–KCl–$MgCl_2$–H_2O 体系 25℃相图分析

A—NaCl；B—KCl；C—$MgCl_2$；D—$KCl \cdot MgCl_2 \cdot 6H_2O$

（一）盐湖卤水的连续蒸发

定义：在对盐湖卤水进行蒸发时，始终不将各阶段所析出的固体盐与其对应的饱和溶液分开，这一蒸发形式就称为盐湖卤水的连续蒸发。

将盐湖卤水的组成点标绘图 3-7 中的 1 点，当在 25℃条件下等温蒸发时，其变化过程可分为如下几个阶段。

第一阶段：析出 NaCl 结晶，液相组成沿直线 *A*1 的延长线移动，当到达 2 点时 KCl 与之共饱和。在此过程固相点为 *A*，液相点显然为 2 点。

第二阶段：液相点沿共饱线 *aE* 由 2 向 *E* 运动，NaCl 与 KCl 共析。当液相点移至 NaCl、KCl 和 Car 共饱点 *E* 时，固相点沿直线 *AB* 由 *A* 移至点 3，此点系直线 *E*1 的延长线与 *AB* 的交点。

第三阶段：液相点于三盐共饱点 E 不变，Car 与 NaCl 同时析出，而 KCl 重新转溶。因系统点 1 不变，据直线规则，固相点由 3 移至点 4，至点 4（A、D 的连线上）时，说明 KCl 已全部溶完。

第四阶段：在此阶段析出 Car 和 NaCl 的混合盐，液相点沿 EE' 曲线移动从 E 移至 E'，固相点则由 4 移至点 5。在 E' 时，液相与 NaCl、Car、$MgCl_2 \cdot 6H_2O$ 共饱。

第五阶段：液相点三盐共饱点 E' 不变，NaCl、Car、$MgCl_2 \cdot 6H_2O$ 三盐共同析出，因系统点 1 不变，据直线规则，固相点由 5 移至点 1，至点 1 时，说明系统已经蒸干。

注意：以上的第五阶段在实际应用当中已成为多余，其原因就是在生产中我们要得到的是含钠光卤石，从图 3-7 中，显而易见在第四阶段结束时，含钠光卤石的析出量是最大的，且纯度也是最高的。

（二）盐湖卤水的分段蒸发

定义：在对盐湖卤水进行蒸发时，将各阶段所析出的固体盐与其对应的饱和溶液分开，这一蒸发形式就称为盐湖卤水的分段蒸发。

该卤水的分段蒸发过程，也可用图 3-7 的四元体系 25℃相图予以说明，它分为以下几个阶段。

第一阶段：在第一个结晶池里，当卤水从点 1 蒸发到点 2 时，表明液相与固体 KCl 也已饱和，此时将固相点 A（NaCl）与液相 2 进行分离，液体导入第二个结晶池。显然第一个结晶池是 NaCl 的结晶池。

第二阶段：在第二结晶池里，当卤水从点 2 蒸发到 E 时，固相点落在 $E2$ 的延长线与 AB 轴的交点 6 上，表明液相与 Car 也已饱和，此时将固相混合物点 6（钾石盐—NaCl 与 KCl 的混合物）与液相 E 进行分离，液体导入第三结晶池。显然第二个结晶池是钾石盐的结晶池。

第三阶段：在第三个结晶池里，当卤水从点 E 蒸发到 E' 时，固相点落在 EE' 的延长线与 AD 的连线的交点 7 上，表明液相与固体 $MgCl_2 \cdot 6H_2O$ 也已饱和，此时将固体混合物点 7（含钠光卤石）与液相 E' 进行分离，液体 E' 导入储卤池以作别用。显然第三个结晶池是含钠光卤石的结晶池。

注意：在图 3-7 中，如果把除去 NaCl 固体的母液 2 在一个蒸发池中一直蒸晒至 E'，而中间过程不分离人造钾石盐，则所得含钠光卤石混合物落在 $E'2$ 的延长线与 AD 连线的交点 8 上。

（三）结论

（1）从状态点 6 与状态点 3 可知，分段蒸发可以得到钾石盐，连续蒸发得不到钾石盐，尽管在连续蒸发过程中，3 点是钾石盐的状态点，但随着过程的继续进行，钾石盐中的 KCl 已全部转变成了含钠光卤石里的光卤石了。

（2）从状态 7 与状态 5 可知，分段蒸发可以得到含钠光卤石，连续蒸发也可以得到含钠光卤石，但前者比后者里的 Car 含量要高。

（3）由状态 7 与状态 8 可知，完全分段蒸发可以得到含钠光卤石，非完全分段蒸发也可以得到含钠光卤石，但前者比后者里的光卤石含量要高。

（4）前已述及，分段蒸发得到的含钠光卤石的光卤石含量要高于连续蒸发，但分段蒸发的劳动强度要大大超过连续蒸发的劳动强度，因此这两种蒸发形式各有利弊，实际工作当中采用何种蒸发形式，应视具体情况而定。

三、盐湖卤水兑卤除氯化钠后制取含钠光卤石的相图分析及计算

纯光卤石（Car）是制取KCl很好的原料。在盐湖上，实际生产中不管采用何种方法制取KCl，总是希望原矿光卤石的纯度高些。我国察尔汗地区的盐湖晶间卤水，基本上属于"Na^+，K^+，Mg^{2+}//Cl^--H_2O"四元水盐体系。如表3-19～表3-24及图3-8～图3-11所示，若将原卤M（M_0）先在NaCl结晶池蒸发，且让其中的NaCl单一析出量最大，得到析盐母液L（L'）。接着以此析盐母液L（L'）为原料，传统做法是对其在盐田直接进行蒸发，得到老卤F（F'）和原矿光卤石R（R'），而此原矿当中含有较多的NaCl。

为了提高原矿光卤石的质量，减少原矿当中NaCl含量。现采用"兑卤法"，即在对析盐母液L（L'）蒸发之前，先让其在盐田与盐湖的老卤F（F'）相兑，依据二者液相组成，在相图上很容易确定二者的适宜兑卤比，经兑卤后，将得到的固相NaCl与成矿卤水E（E'）进行分离，获得成矿卤水E（E'），再以其为原料在盐田进行蒸发，可得到原矿光卤石P（P'）。

由两种方法得到的原矿光卤石P（P'）与R（R'）相比，具有数量较大、质量较好的优点，这将为生产KCl后续工序奠定良好的基础。

（一）相图分析及计算

假设有一原卤M（M_0）是对NaCl饱和的卤水，其组成如表3-19所示，且其蒸发温度为15℃。

表3-19 原卤M（M_0）的湿基组成

成　分	KCl	$MgCl_2$	NaCl	H_2O
质量分数/%	3.748	7.604	16.030	72.618

整个相图分析及计算可分为如下三个过程。

1. 对原卤M（M_0）进行蒸发相图分析及计算

本阶段对原卤M（M_0）进行蒸发，意即使原卤当中的单一NaCl析出量最大（图3-8），此时得到析盐母液L（L'），其组成如表3-20所示。

表3-20 析盐母液L（L'）的干基组成

成　分	KCl	$MgCl_2$	NaCl	H_2O
g/100g（干盐）	22.017	44.665	33.318	256.503

以100kg M（M_0）湿基原卤为计算基准，则M（M_0）的干基量为27.382kg，H_2O量为72.618kg。

因为：$M(M_0) - W_{蒸H_2O,\ M_0 \to M_1} \longrightarrow M(M_1) \longrightarrow A\ (A) + L\ (L')$

所以，经过相图分析及计算：对100kg M（M_0）湿基原卤蒸发28.951kg H_2O后，得到10.358kg的NaCl及60.691kg的析盐母液L（L'）。其中析盐母液L（L'）是由17.024kg的干盐和43.667kg的H_2O所组成的。

2. 用"传统方法"对析盐母液L（L'）直接进行蒸发相图分析及计算

本阶段对析盐母液L（L'）直接进行蒸发，意即以析盐母液L（L'）为系统点持续蒸发，终止点为：使其液相点刚达到老卤F（F'）（图3-9），其组成如表3-21所示，此时光卤石原矿固相点为R（R'）。

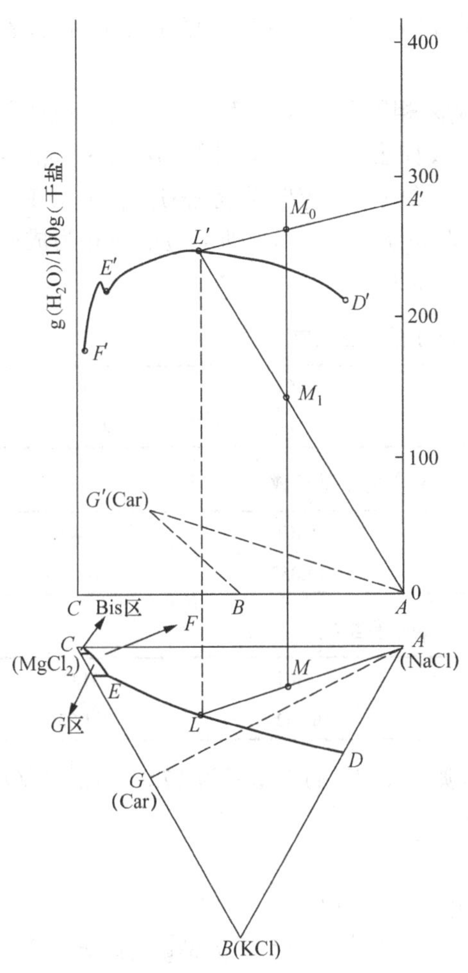

图 3-8　对原卤 M（M_0）进行蒸发，使原卤当中的单一 NaCl 析出量最大相图分析（15℃）

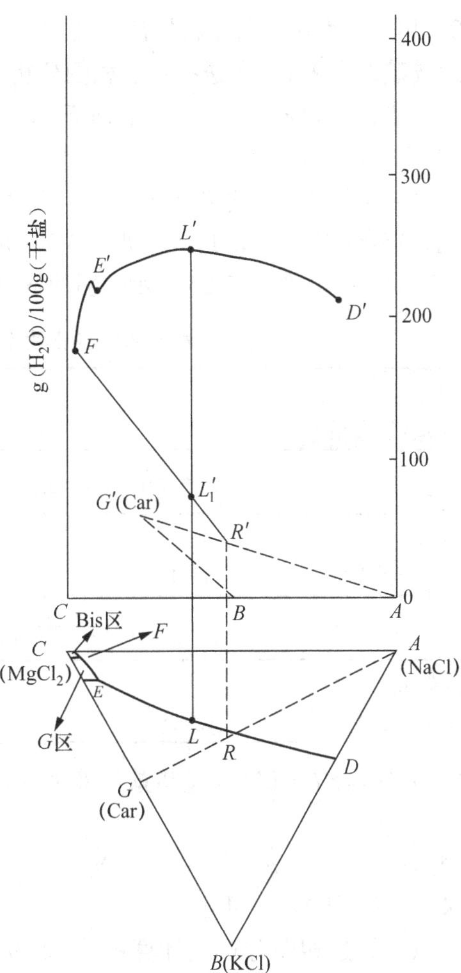

图 3-9　对析盐母液 L（L'）直接持续进行蒸发，使其液相点刚达到老卤 F（F'）的相图分析（15℃）

表 3–21　老卤 F（F'）的干基组成

成　分	KCl	$MgCl_2$	NaCl	H_2O
g/100g（干盐）	0.311	98.814	0.875	182.326

以 60.691kg L（L'）湿基析盐母液为计算基准，则 L（L'）的干基量为 17.024 kg，H_2O 量为 43.667 kg。

因为：$L\ (L') - W_{蒸\,H_2O,\,L'} \longrightarrow L\ (L') \longrightarrow F\ (F') + R\ (R')$

而：$R\ (R') \longrightarrow A\ (A') + G\ (G')$

所以，经过相图分析及计算：对 60.691kg 湿基析盐母液 L（L'）蒸发 33.014kg H_2O 后，可得到 19.574kg 的光卤石原矿 R（R'）和 8.103kg 的老卤 F（F'）。其中光卤石原矿 R（R'）是由 13.927kg 的 Car 及 5.647kg 的 NaCl 所组成，老卤 F（F'）是由 2.870kg 的干盐和 5.233kg 的 H_2O 所组成。

因此得到的原矿光卤石 R（R'）中的 NaCl 含量：

$$\frac{5.647}{13.927+5.647}\times 100\% = 28.849\%$$

3. 用“兑卤法”首先将析盐母液 $L(L')$ 与老卤 $F(F')$ 进行兑卤，得到成矿卤水 $E(E')$，然后对成矿卤水 $E(E')$ 进行蒸发相图分析及计算

（1）将析盐母液 $L(L')$ 与老卤 $F(F')$ 进行兑卤相图分析及计算。选取适合的兑卤比（图 3-10），使兑卤后系统点落在 $N(N_0)$ 上，其组成如表 3-22 所示。因为从相图上很容易看出：兑卤后所得固相里有 Car 析出，为了提高 Car 的收率，应向系统加 H_2O，将系统点 $N(N_0)$ 上移至点 $N(N_1)$，其组成如表 3-23 所示。此时系统点 $N(N_1)$ 所对应的液相为成矿卤水 $E(E')$，其组成如表 3-24 所示，对应固相为单一 NaCl。

表 3-22　兑卤后系统点 $N(N_0)$ 的干基组成

成　分	KCl	$MgCl_2$	NaCl	H_2O
g/100g（干盐）	8.461	78.482	13.057	210.180

表 3-23　兑卤加水后系统点 $N(N_1)$ 的干基组成

成　分	KCl	$MgCl_2$	NaCl	H_2O
g/100g（干盐）	8.461	78.482	13.057	214.015

表 3-24　成矿卤水 $E(E')$ 的干基组成

成　分	KCl	$MgCl_2$	NaCl	H_2O
g/100g（干盐）	9.142	84.796	6.062	231.236

以 60.691kg $L(L')$ 湿基析盐母液为计算基准，则 $L(L')$ 的干基量为 17.024 kg，H_2O 量为 43.667 kg。

因为：$L(L')+F(F')\longrightarrow N(N_0)$

又因为：$N(N_0)+W_{蒸H_2O,\ N_0\to N_1}\to N(N_1)\to E(E')+A(A)$

所以，经过相图分析及计算：将 60.691kg 析盐母液 $L(L')$ 与 79.938kg 老卤 $F(F')$ 进行兑卤，再向系统加上 1.739kg H_2O，得到 3.376kg NaCl 及 138.993kg 成矿卤水 $E(E')$。其中成矿卤水 $E(E')$ 是由 41.962kg 的干盐和 97.031kg 的 H_2O 所组成。

（2）对成矿卤水 $E(E')$ 进行蒸发相图分析及计算。本阶段对成矿卤水 $E(E')$ 进行蒸发，意即以成矿卤水 $E(E')$ 为系统点持续蒸发，终止点为：使其液相点刚达到老卤 $F(F')$，此时原矿固相点为 $P(P')$（图 3-11）。

以 138.993kg 成矿卤水 $E(E')$ 为计算基准，则 $E(E')$ 的干基量为 41.962kg，H_2O 量为 97.031kg。

因为：$E(E_0')+W_{蒸H_2O,\ E'\to E_1'}\to E(E_1')\to F(F')+P(P')$

而：$P(P')\longrightarrow A(A)+G(G')$

所以，经过相图分析及计算：对 138.993kg $E(E')$ 湿基成矿卤水蒸发 34.754kg H_2O 后，可得到 16.200kg 的光卤石原矿 $P(P')$ 和 88.038kg 的老卤 $F(F')$。其中光卤石原矿 $P(P')$ 是由 13.929kg 的 Car 及 2.271kg 的 NaCl 所组成，老卤 $F(F')$ 是由 31.183kg 的干盐和 56.855kg 的 H_2O 所组成。

因此得到的原矿光卤石 $P(P')$ 中的 NaCl 含量：

$$\frac{2.271}{13.927+2.271}\times 100\%=14.019\%$$

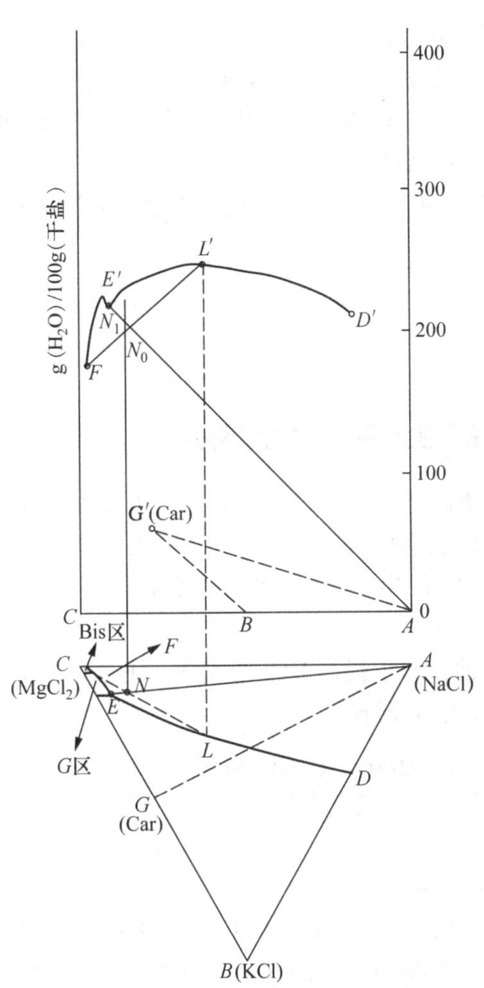

图 3-10　将析盐母液 L（L'）与老卤 F（F'）进行兑卤得到成矿卤水 E（E'）的相图分析（15℃）

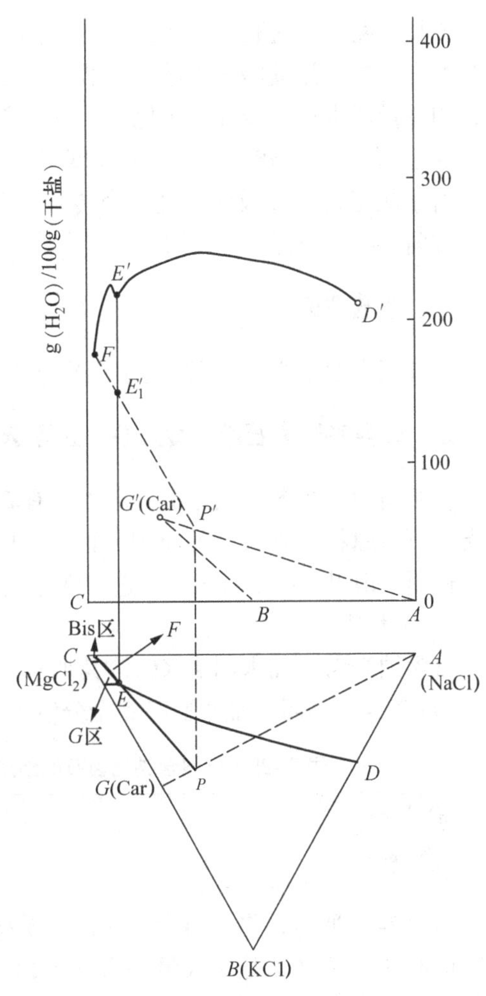

图 3-11　对成矿卤水 E（E'）持续进行蒸发，使其液相点刚达到老卤 F（F'）的相图分析（15℃）

（二）结论

通过以上相图分析及计算，可以得出如下结论：

（1）采用“兑卤法”比“传统方法”所得的原料矿中光卤石含 NaCl 量有较大幅度的降低；

（2）由于采用“兑卤法”能生产质量较好的原料矿光卤石，这为生产氯化钾后续工序奠定了良好的基础；

（3）以上是针对 15℃条件下一定组成原卤来进行讨论的，在实际生产中还应依据天气、原卤浓度重新进行相图分析及计算，给出适合兑卤比，以便生产出质量较好的原矿光卤石。

3.5.2　以含钠光卤石为原料，用“冷分解－正浮选－洗涤法”生产氯化钾

以察尔汗盐湖的晶间卤水为原料，经盐田摊晒可以得到含钠光卤石，它是制取氯化钾的原料。

该法生产氯化钾的历史可追溯到 20 世纪 30 年代。因其工艺过程自始至终在常温下进行，工艺条件温和，所以几十年来得到了长足的发展。该法生产的钾肥产量占全球产量的 55%，我国前些年氯化钾产量的绝大部分源于该法生产。

该技术路线的过程是：用淡水将含钠光卤石矿冷分解，使氯化镁进入液相，然后在高镁母液的介质中，用盐酸十八胺做捕收剂，二号油做起泡剂，对分解浆料进行浮选，精矿过滤后，用少量淡水进一步洗去氯化钠，所得产品纯度可达 90% 以上，尾盐中的氯化钾含量一般少于 3%。该法收率较低，且产品粒度很细，产品竞争力较弱。

由于此工艺比较成熟，是一个传统工艺。因此下面将从“浮选理论”以及“相图理论”两个方面，给以较详细地介绍。

一、浮选理论

浮选理论参见“第 2 章钾盐浮选及浮选理论”。

二、以含钠光卤石用“冷分解－正浮选－洗涤法”生产氯化钾的相图分析

众所周知，相图在盐化工生产当中有着举足轻重的作用。经过相图分析，可以得到以含钠光卤石为原料制取 KCl 的原则流程，运用相图分析后，可以解决生产中存在的问题。下面运用相图知识以“冷分解－正浮选－洗涤法”制取 KCl 的生产过程为例进行分析。

（一）相图分析

以含钠光卤石加水制取 KCl，其加水形式有多种，为了提高 KCl 的收率，下面以对 Car（组成如表 3-25 所示）加水恰好完全分解为例来进行相图分析。

表 3–25 原料含钠光卤石的组成（25℃，略去 $MgSO_4$、$CaSO_4$ 等杂质）

成　分	KCl	$MgCl_2$	NaCl	H_2O
质量分数 /%	14.35	25.51	26.30	33.84

如图 3-12 所示，将原料含钠光卤石系统组成点标绘在图中为 M（M_0），显然从相图中可以知道原料 M（M_0）是由大量的含钠光卤石 R（R'）固相与少量的和其共饱的 F（F'）共饱液所组成，整个相图分析过程分为七个阶段：

第一阶段，原料 M（M_0）加水恰好完全分解。若对原料 M（M_0）加水使其中的 Car 恰好完全分解，则在干基图上，先是固相点从 R 运行到 Q 点，与之相对应的液相点从 F 运行到 E 点，系统点在 M 点不变；继而固相点从 Q 运行到 H 点，而液相点在 E 点不变，系统点在 M 点不动。在水图上，先是固相点由 R' 运行到 Q'，液相点由 F' 运行到 E'，系统点由 M_0 运行到 M_1 点；继而固相点由 Q' 运行到 H'，而液相点在 E' 不动，系统点由 M_1 运行到 M_2 点。

此阶段为第一次加水过程，加水量为恰好使原料 M（M_0）中的 Car 完全分解。

第二阶段，对钾石盐 H（H'）进行浮选。经过第一阶段可以得到钾石盐 H（H'）及与之对应的共饱液 E（E'），若对其进行分离，理论上可以得到钾石盐 H（H'），但是若对分离出来的 H（H'）钾石盐在常温条件下加水，溶洗其中的 NaCl，由相图分析可知，最终得不到固相 KCl，而得到固相 NaCl。又由相图分析可知，在常温下对钾石盐加水，溶洗其中的 NaCl 而得到固相 KCl，则该钾石盐固相点不能处在 DA 之间，而只能处在 BD 之间。为达到此目的，使用浮选手段可以解决这个问题，浮选介质可以是第一阶段得到的高镁母液 E（E'），浮选药剂可以是盐酸十八胺及二号油。经过浮选，固相钾石盐 H（H'）则变成了粗钾 I（I'）及尾盐 J（J'）。[I（I'）及 J（J'）的确定可依据浮选机的浮选效率予以确定]。

第三阶段，粗钾泡沫 K（K'）与尾盐浆料 L（L'）的分离。根据浮选机的工作原理及特性可知：粗钾泡沫 K（K'）是由粗钾 I（I'）以及与其相对应的共饱液 E（E'）还有空气气泡（质量可忽略）三部分组成。在干基图上依据粗钾泡沫中的共饱液 E 的干盐量及粗钾 I 的量可以确定粗钾泡沫点 K，连结 KM 且其延长线与 EJ 线的交点，即为尾盐浆料点 L，其中 M 即为系统点。在水图中很容易找到粗钾泡沫点 K'，连结 $K'M_2$ 且其延长线与 $E'J'$ 线的交点，即为尾盐浆料点 L'，其中 M_2 为系统点。在浮选机中由刮板刮出的料即为粗钾泡沫 K（K'），而由槽底流出的料即为尾盐浆料 L（L'）。

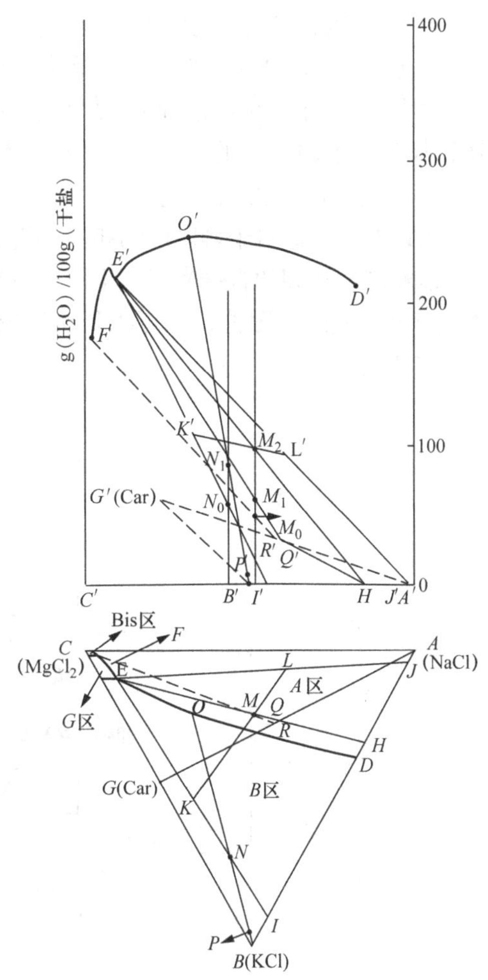

图 3-12 以察尔汗盐湖的含钠光卤石用“冷分解 - 正浮选 - 洗涤法”生产氯化钾的四元相图分析（25℃）

此阶段为第一次分离过程，使得粗钾泡沫 K（K'）与尾盐浆料 L（L'）分离。

第四阶段，将粗钾泡沫 K（K'）中的固相粗钾 I（I'）与其对应的共饱液 E（E'）进行分离。寻求一种固液分离设备如转筒真空过滤机，使其对粗钾泡沫 K（K'）进行固液分离。若是固液分离效率能达到 100%，则对 K（K'）进行固液分离之后，固相为粗钾 I（I'），则液相为与之对应的共饱液 E（E'），但往往转筒过滤机的分离效率达不到 100%，因此假如知道转筒过滤机的分离效率时，则依此效率可在相图上找到粗钾泡沫 K（K'）分离后的滤饼点 N（N_0）及与之对应的共饱点 E（E'），其中 K（K'）为系统点。

此阶段为第二次分离过程，使得滤饼 N（N_0）与其对应的共饱液 E（E'）分离。

第五阶段，洗涤滤饼 N（N_0）中的 NaCl。由相图分析可知，滤饼 N（N_0）是由粗钾 I（I'）及与之对应的共饱液 E（E'）所组成，当对其加适量水时，固相则由 I（I'）运行至 B（B'），而液相则由 E（E'）运行至 O（O'），在干基图上系统点在 N 不变，在水图上系统点则由 N_0 运行至 N_1。

此阶段为第二次加水过程，加水量恰好使 I（I'）中的 NaCl 溶洗尽，得到洗涤浆料 N（N_1）。

第六阶段：将洗涤浆料 N（N_1）中的固相 KCl B（B'）与其对应的共饱液 O（O'）进行分离。寻求一种固液分离设备如离心机，使其对洗涤浆料 N（N_1）进行固液分离，若是固液分离效率能达到 100%，则对 N（N_1）进行固液分离后，固相为纯钾 B（B'），则液相为与之对应的共饱液 O（O'），但往往离心机的分离效率达不到 100%，因此假如知道离心机的分离效率时，则以此效率可在相图上找到对洗涤浆料 N（N_1）分离后的固相精钾点 P（P'）及与之对应的共饱液点 O（O'），其中 N（N_1）为系统点。

此阶段为第三次分离过程，使得精钾 P（P'）与其对应的共饱液 O（O'）分离。

第七阶段，精钾 P（P'）在干燥设备中除去所含水分，即得到成品 KCl 产品。

由相图分析可知：精钾 P（P'）是由纯钾 B（B'）与其对应的共饱液 O（O'）所组成。由于本相图是 25℃时的相图，而干燥过程的温度很高，但只要在物料干燥后，将其冷却到 25℃，仍然可以用 25℃时的相图对该过程进行分析，加之干燥过程的相图分析过程比较简单，所以在此省略对干燥阶段的相图分析过程。

以察尔汗盐湖的含钠光卤石生产 KCl 的整个相图分析过程如表 3-26 所示。

经过以上的相图分析，可以得出以察尔汗盐湖的含钠光卤石生产 KCl 的原则流程，如图 3-13 所示。

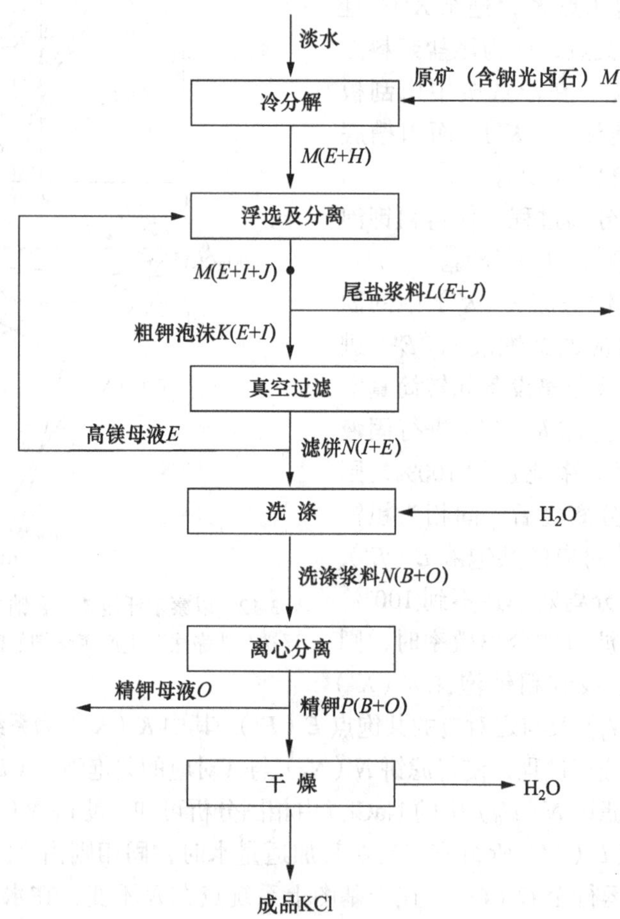

图 3-13　察尔汗盐湖含钠光卤石常温经两次加水，完全分解，三次分离，生产氯化钾的原则工艺流程

（二）生产中应注意的事项

在实际生产中，为了提高 KCl 的回收率及质量，应该注意以下几方面的问题：

（1）含钠光卤石 M（M_0）点完全分解加水量的计算。首先应该明确：原料是由晶间卤水经盐田摊晒而来，一般情况下原料的组成点 M（M_0）是由含钠光卤石的 R（R'）与其对应的共饱液 F（F'）所组成，而不能理解为原料组成点是由含钠光卤石的 Q（Q'）与其对应的共饱液 E（E'）所组成，也就是不能将原料组成点在图上表示为 M（M_1），若是这样，则依相图计算的完全分解加水量就会减少，减少之值为：

$$\frac{M_1\text{点水量值}-M_0\text{点水量值}}{100}\times\text{原料的干盐量}$$

正确的完全分解加水量按相图计算为：

$$\frac{M_2\text{点水量值}-M_0\text{点水量值}}{100}\times\text{原料的干盐量}$$

原矿当中少加了水，就意味着原矿不能完全分解，而影响了 KCl 的收率；若给原矿多加了水，则从相图分析可知：由原料分解得到的钾石盐 H（H'）当中的 KCl 就会溶损，也会影响 KCl 的收率。

表 3-26 由含钠光卤石生产氯化钾的相图分析（25℃）

阶段 过程情况		一 原矿分解	二 浮选	三 浮选分离	四 真空过滤	五 洗涤	六 离心分离	七 干燥
干基图	系统	M	M	M	K	N	N	略
	液相	$F\to E\to E$	E	L（$E+J$） 尾盐浆料	E 高镁母液	$E\to O$	O 精钾母液	
	固相	$R\to Q\to H$ H 为钾石盐	$H\to I+J$ I 为粗钾 J 为尾盐	K（$E+I$） 粗钾泡沫	$I\to N$（$E+I$） N 为滤饼	$I\to B$ B 为纯钾	$B\to P$ P 为精钾	
水图	系统	$M_0\to M_1\to M_2$	M_2	M_2	K'	$N_0\to N_1$	N_1	略
	液相	$F'\to E'\to E'$	E'	L'（$E'+J'$） 尾盐浆料	E' 高镁母液	$E'\to O'$	O' 精钾母液	
	固相	$R'\to Q'\to H'$ H' 为钾石盐	$H'\to I'+J'$ I' 为粗钾 J' 为尾盐	K'（$E'+I'$） 粗钾泡沫	$I'\to N_0$（$E'+I'$） N_0 为滤饼	$I'\to B'$ B' 为纯钾	$B'\to P'$ P' 为精钾	

（2）钾石盐 H(H') 在常温下加水得不到 KCl。经相图分析，显而易见，给钾石盐 H(H') 在常温下加水，最后得到的固相是 NaCl，而不是 KCl。当然如果以钾石盐 H（H'）为原料，采用溶解结晶法是可以得到 KCl，而此法能量消耗较大，在察尔汗地区一般很少采用。

（3）选用高效的浮选机及优质的浮选药剂，不仅使得粗钾 I（I'）的质量较大，而且其中 KCl 的含量也较高，这样可以提高 KCl 的收率及质量。

（4）选用分离效果好的真空过滤设备，减少滤饼 N（N'）中的母液量 E（E'），经过相图计算，能够提高 KCl 的收率。

（5）滤饼 N（N_0）当中 NaCl 恰好溶洗完加水量的计算。从相图分析可知，溶洗滤饼 N（N_0）当中的 NaCl，若水量加得少，则将影响产品 KCl 的质量，即产品 KCl 中 NaCl 含量较高；但若加水量过多，则将使 KCl 的收率有所降低。正确的加水量应使滤饼当中的 NaCl 恰好溶洗完，其加水量为：

$$\frac{N_1\text{点水量值}-N_0\text{点水量值}}{100}\times\text{滤饼的干盐量}$$

（6）选用分离效果好的离心设备。减小离心机的穿滤现象以及使精钾 P（P'）中的共饱液 O（O'）减少，经过相图分析，可以提高 KCl 的收率及质量。

由以上分析可以看出：生产中每一个环节的工艺参数均可在相图中找到其相应的“位置”，运用相图对其进行分析和计算，从而对生产能够予以指导。因此在实际生产中，一定要以相图为依托，以便更好地提高 KCl 产品的质量与收率。

三、用“冷分解－正浮选－洗涤法”生产氯化钾的物料衡算

物料衡算对于控制生产过程有着重要的指导意义。通过物料衡算可以计算出原料的消耗定额、产品和副产品的产量，以及“三废”的生产量，衡量生产过程的经济性，从而找出问题，制定提高产率、减少副产品和“三废”排放量的改进措施，为生产过程优化提供依据。

函数与函数图形之间存在着一一对应关系。在盐化工生产中，用“冷分解－正浮选－洗涤法”生产氯化钾流程图与相图之间实际上也存在着一一对应关系，这就使利用相图知识并采用“冷分解－正浮选－洗涤法”生产氯化钾的“物料衡算”成为可能。下面采用“杠杆规则法”，借助相关软件绘制相图，进行全工艺过程的物料衡算，计算过程直观快捷，结果准确。

（一）“冷分解－正浮选－洗涤法”生产 KCl 的过程

1. 原矿（含钠光卤石）组成

原矿（含钠光卤石）组成如表 3-27 所示。

表 3-27 原矿（含钠光卤石）组成（15℃，略去 $MgSO_4$ 及 $CaSO_4$ 等杂质）

成　分	NaCl	KCl	$MgCl_2$	H_2O
质量分数 /%	30.04	12.31	24.16	33.49

注：原矿取自察尔汗盐湖某钾肥公司。

2. 生产工艺参数

（1）温度：15℃；

（2）浮选中粗钾泡沫（K 点）：$W_{E\,(\mathrm{K}),\,湿基}:W_{\mathrm{I}}=3:1$；

（3）粗钾泡沫固相组成（I 点）：$W_{\mathrm{KCl}}:W_{\mathrm{NaCl}}=90:10$；

（4）尾盐浆料固相组成（J 点）：$W_{\mathrm{KCl}}:W_{\mathrm{NaCl}}=3:97$；

（5）粗钾泡沫经过滤母液后，滤饼（N 点）含母液量为 20%，即 $W_{E\,(\mathrm{N}),\,湿基}:W_{\mathrm{I}}=2:8$；

（6）洗涤浆料经离心分离后精钾含水量（P 点）：6%；

（7）精钾经干燥后产品含水量（P 点）：2%。

3. 工艺流程图

工艺流程图如图 3-14 所示。

4. 相图分析（干基图中）

如图 3-15 所示，在此仅给出了干基图，且给出的干基图为示意图。

第一阶段：原矿分解。系统点 X 由原矿 M 和精钾母液 O 组成，原矿里的光卤石在精钾母液里的水和分解水（淡水）的作用下，恰好完全分解，得到分解母液为 E 和钾石盐 H。显然分解浆料 X 是由钾石盐 H 和分解母液 E 组成。

第二阶段：浮选及分离。浮选前系统点 Y 由分解浆料 X 和高镁母液 E 组成，经浮选分离后得到粗钾泡沫 K 和尾盐浆料 L。显然粗钾泡沫 K 是由粗钾 I 和分解母液 E 组成，尾盐浆料是由尾盐 J 和分解母液 E 组成。

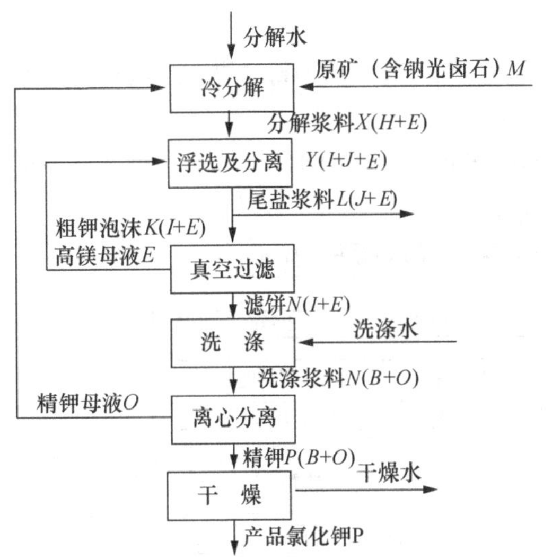

图 3-14　“冷分解 - 正浮选 - 洗涤法”生产氯化钾工艺流程图

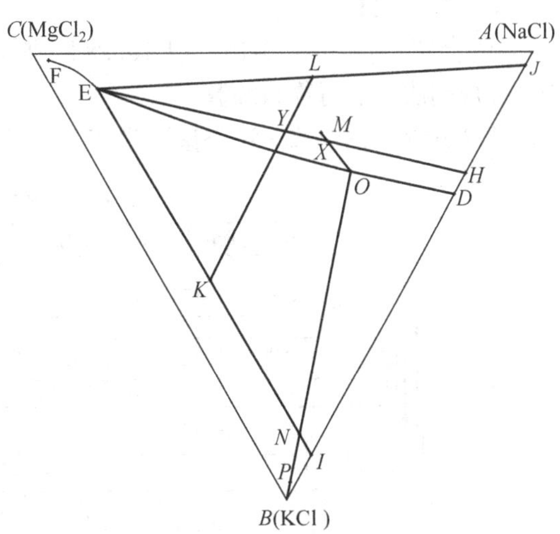

图 3-15　“冷分解 - 正浮选 - 洗涤法”生产氯化钾四元相图分析（15℃）

第三阶段：真空过滤。系统点 K（粗钾泡沫）经过滤后，得到高镁母液（分解母液）E 及滤饼 N。显然滤饼 N 是由粗钾 I 和分解母液 E 组成。

第四阶段：洗涤。系统点 N（滤饼）加水经洗涤后，恰好使滤饼里的固相氯化钠全部转移到液相里，得到洗涤浆料 N。显然洗涤浆料 N 是由纯钾 B 和精钾母液 O 组成。

第五阶段：离心分离。系统点 N（洗涤浆料）经离心分离后，得到精钾母液 O 和精钾 P。显然精钾 P 是由纯钾 B 和精钾母液 O 组成。

第六阶段：干燥。系统点 P（精钾）经干燥后，系统点仍为 P，但此时 P 代表产品点。

（二）“冷分解 – 正浮选 – 洗涤法”生产 KCl 物料衡算

1. 各物料点组成

从相图中查得相关各物料的干基组成，换算相关各物料的湿基组成，如表 3-28 所示。

表 3–28　“冷分解 – 正浮选 – 洗涤法”生产氯化钾相关各物料湿基组成（15℃）

物　料	干基组成 / [g/100g（干盐）]				湿基质量分数 /%			
	NaCl	KCl	$MgCl_2$	H_2O	NaCl	KCl	$MgCl_2$	H_2O
原料 M	45.17	18.50	36.33	50.36	30.04	12.31	24.16	33.49
钾石盐 H	74.18	25.83	0.00	0.00	74.18	25.83	0.00	0.00
分解母液 E	6.06	9.14	84.80	231.24	1.83	2.76	25.60	69.81
粗钾泡沫 K	8.13	51.57	40.30	109.90	3.87	24.57	19.20	52.36
尾盐浆料 L	52.06	6.04	41.91	114.28	24.29	2.82	19.56	53.33
滤饼 N	9.72	84.33	5.95	16.23	8.37	72.55	5.12	13.96
精钾母液 O	46.04	25.78	28.18	249.84	13.16	7.37	8.06	71.42
洗涤浆料 N	9.72	84.33	5.95	52.76	6.37	55.20	3.90	34.54
精钾 P	1.18	98.10	0.72	6.38	1.11	92.22	0.68	6.00
产品 P	1.18	98.10	0.72	2.04	1.15	96.14	0.71	2.00

2. 物料衡算

结合图 3-14 和图 3-15，以 100.00kg 原矿（其干盐量为 m=66.51kg）为计算基准，用“杠杆规则法”进行物料衡算。

“冷分解－正浮选－洗涤法”生产 KCl 物料衡算结果如图 3-16 所示。

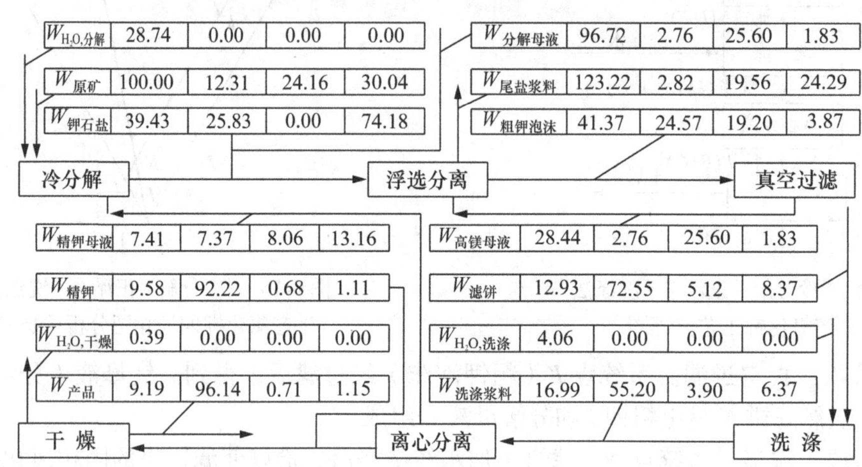

图 3-16 “冷分解 - 正浮选 - 洗涤法”生产氯化钾工艺数量与质量流程图

（三）结论

（1）物料衡算对于“冷分解－正浮选－洗涤法”生产氯化钾过程有重要的指导意义。它既可以确定出原料（原矿）和辅助原料（水）单耗指标，也可以揭示物料的浪费和生产过程的反常现象，从而帮助找出改进措施，提高成品率及减少副产品（尾盐浆料）排放量。

（2）采用相关软件，在相图上准确地表示“冷分解－正浮选－洗涤法”生产氯化钾整个过程的物料组成点，再运用“杠杆规则法”进行物料衡算，计算过程直观快捷，结果准确。

（3）计算出的分解加水量和洗涤加水量均为最佳加水量。分解加水量是使原矿中的光卤石恰好完全分解的最少水量，洗涤加水量是使粗钾（滤饼）当中的氯化钠恰好溶尽的最少水量，这样可保证分解和洗涤工序均无氯化钾溶损。

3.5.3 以含钠光卤石为原料，用“反浮选－冷结晶法”生产氯化钾

“反浮选－冷结晶法”生产氯化钾是世界上较为先进的一种新工艺。此工艺不仅具有回收率高，产品质量好，有一定粒度，而且此工艺所用的原料一般是用较为先进的采盐船采输的，因此其经济效益和社会效益明显高于传统的“冷分解－正浮选－洗涤法”工艺。

“反浮选－冷结晶法”：是以含钠光卤石为原料，利用光卤石和氯化钠的晶体表面具有不同的被水润湿的能力，在高镁母液中用钠浮选捕收剂，增加氯化钠矿物表面疏水性进行浮选作业，除去含钠光卤石中的氯化钠，尾矿脱水后得到低钠光卤石，用冷结晶技术加以处理，并加水洗去少量固体氯化钠，分离后得到产品氯化钾。

一、反浮选原理

含钠光卤石（原矿光卤石）是由纯光卤石和一定量的细盐粒（$d \leqslant 0.4$mm）组成的。当含钠光卤石在饱和的浮选介质下，光卤石和氯化钠的晶体表面具有不同程度被水润湿的性能，这种性能的差异是由两盐晶系构造的差异和晶体表面与水分子结合力即范德华力的强弱差异所引起的，一般来讲，这种差异对光卤石和氯化钠是不明显的，但加入脂肪酰胺或十二烷基吗啉等捕收剂时，就能够增加氯化钠表面的疏水性，即亲气性。在料浆中鼓入空气并被均匀弥散后，当气泡与氯化钠捕收剂处理后的氯化钠晶体相遇时，氯化钠晶体表面水层迅速破裂，并和气泡紧密结合，形成矿化泡沫层，上升到矿浆表面，然后将这些带有氯化钠晶粒的泡沫刮出，而光卤石由于亲水性较强，不能吸附在泡沫上，仍留在矿浆中。之所以称之为反浮选，乃是因为所浮选出的精矿氯化钠属废弃矿物，而尾矿中的光卤石才是要利用的矿物。这就是反浮选分离光卤石和氯化钠两盐分的原理。

二、冷分解结晶机制

（一）热力学分析

光卤石是一种非相称复盐，因其干基组成点处于 K^+，Na^+，$Mg^{2+}//Cl^-—H_2O$ 水盐体系干基图中光卤石饱和区域外的氯化钾区内，故加水分解时就会得到固体氯化钾，在 Car+KCl+NaCl 的共饱溶液中，冷分解后的母液中氯化钾的含量仅为氯化镁的 1/7～1/8，因此，溶解时进入溶液中的氯化钾占原料的 20% 以下，绝大部分的氯化钾仍以固相（s）的形式存在于分解浆料中，而氯化镁全部转移到溶液中，又因低钠光卤石矿中混有少量氯化钠，分解过程中，氯化钠的溶解度亦远远小于氯化镁的溶解度，所以部分氯化钠亦残留在固相中，其化学反应式如下：

$$x\mathrm{NaCl}(\mathrm{s})+y\mathrm{KCl}\cdot\mathrm{MgCl_2}\cdot6\mathrm{H_2O}(\mathrm{s})+n\mathrm{H_2O}(1)\longrightarrow$$
$$x\mathrm{NaCl}(\mathrm{s+1})+y\mathrm{KCl}(\mathrm{s+1})+y\mathrm{MgCl_2}(1)+(n+6y)\mathrm{H_2O}(1)$$

（二）动力学机制

光卤石分解时，存在着两个串联过程，先是光卤石溶解到溶液中，由于光卤石溶解后，形成氯化钾的过饱和液，使氯化钾自溶液中析出结晶。要得到粒度较好的氯化钾颗粒，必须仔细控制第一个过程，即光卤石的溶解速度不要太快，否则会形成过高的氯化钾过饱和度，产生大量的氯化钾细晶。降低光卤石溶解速度的方法是：利用具有一定组成的循环母液对其进行冷分解结晶，即降低光卤石溶解时的推动力 ΔC，其溶解过程的动力学公式是：

$$\frac{\mathrm{d}G}{\mathrm{d}t}=K\times A\times(C_0-C)$$

从上式可以看出，$\mathrm{d}G/\mathrm{d}t$ 即溶解速度与 ΔC 成正比，其中 C_0 表示溶解温度下饱和溶液的浓度；C 表示溶液中的实际浓度，A 表示固体 / 颗粒的表面积；K 表示溶解速度系数，与温度、搅拌强度等因素有关。

三、相图分析

总的来说，用“反浮选 - 冷结晶法”生产氯化钾可分为两个步骤：首先是以原矿含钠光卤石经“反浮选法”制取半成品低钠光卤石；其次是以低钠光卤石为原料用“冷结晶法”生产成品氯化钾。因此下面的相图分析亦按两个步骤进行。

（一）"反浮选－冷结晶法"制取低钠光卤石的相图分析

1. 相关参数

（1）反浮选原料（图 3-17）：原矿含钠光卤石 *D*（D_0）为反浮选原料，由图 3-17 可知：其由大量的含钠光卤石 *R*（*R*′）与少量的饱和母液 *F*（*F*′）组成。*D*（D_0）、*R*（*R*′）及 *F*（*F*′）的组成分别如表 3-29、表 3-30 及表 3-31 所示。

表 3-29　原矿含钠光卤石 *D*（D_0）的组成（15℃，略去 $CaSO_4$ 等杂质）

成　分	KCl	NaCl	$MgCl_2$	H_2O
质量分数 /%	15.02	11.71	29.68	43.59

表 3-30　含钠光卤石 *R*（*R*′）的组成（15℃，略去 $CaSO_4$ 等杂质）

成　分	KCl	NaCl	$MgCl_2$	H_2O
质量分数 /%	22.23	17.15	28.36	32.26

表 3-31　饱和母液 *F*（*F*′）的组成（15℃，略去 $CaSO_4$ 等杂质）

成　分	KCl	NaCl	$MgCl_2$	H_2O
质量分数 /%	0.31	0.60	32.39	66.70

（2）反浮选介质（图 3-17）：饱和母液 *F*（*F*′）为反浮选介质，*F*（*F*′）组成如表 3-31 所示。

（3）反浮选药剂：烷基吗啉类（QHS-2）浮选剂。

（4）反浮选固液比［经调浆后 *M*（M_0）固液质量比例］：1∶3。

（5）反浮选温度：15℃。

（6）反浮选法产品（图 3-17）：滤饼低钠光卤石 *N*（N_0）为反浮选产品，由图 3-17 可知：其由大量的低钠光卤石 *I*（*I*′）与少量的饱和母液 *F*（*F*′）组成。*N*（N_0）、*I*（*I*′）及 *F*（*F*′）的组成分别如表 3-32、表 3-33 及表 3-31 所示。

表 3-32　滤饼低钠光卤石 *N*（N_0）的组成（15℃）

成　分	KCl	NaCl	$MgCl_2$	H_2O
质量分数 /%	19.42	5.05	32.12	43.41

表 3-33　低钠光卤石 *I*（*I*′）的组成（15℃）

成　分	KCl	NaCl	$MgCl_2$	H_2O
质量分数 /%	25.13	6.38	32.05	36.44

2. 相图分析

从表 3-29～表 3-33 可知，由原矿含钠光卤石 *D*（D_0）及饱和母液 *F*（*F*′）调浆经反浮选法制取低钠光卤石，可用 Na^+，K^+，Mg^{2+}//Cl^--H_2O 四元水盐体系进行相图分析。

如图 3-17 所示，将原矿含钠光卤石组成点标绘在相图中，即为 *D*（D_0），整个相图分析过程可分为四个阶段：

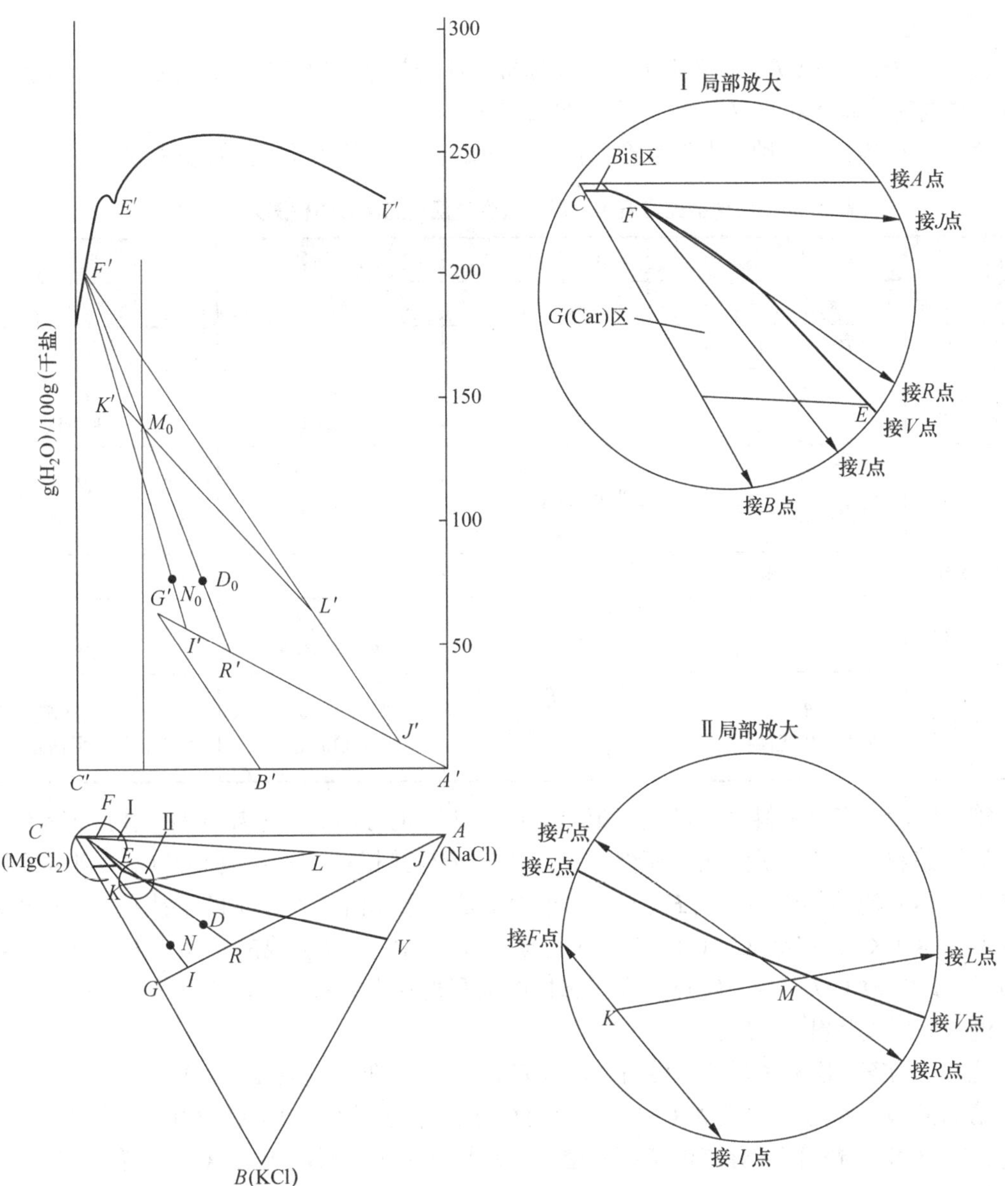

图 3-17 反浮选法制取低钠光卤石的相图分析（15℃）

第一阶段，用含钠光卤石 D（D_0）和其对应的饱和母液 F（F'）在调浆槽内进行调浆，调浆后，浆料中固液质量比例为 1∶3。经过调浆系统点为 M（M_0），液相点为 F（F'），固相点为 R（R'）。

注：由相图可知，固相点 R（R'）也称作含钠光卤石，只不过此处的 R（R'）当中不含饱和母液 F（F'），而是为纯固相 NaCl 与 Car 的混合物而已。

第二阶段，对固相含钠光卤石 R（R'）进行反浮选。经过第一阶段可以得到含钠光卤石 R（R'）及与之对应的共饱液 F（F'），本阶段的目标是得到低钠光卤石，为达到此目的，使用反浮选手段可以解决这个问题，浮选介质可以是饱和母液 F（F'），浮选药剂可选烷基吗啉类（QHS—2）浮选剂。经过反浮选，固相含钠光卤石 R（R'）则变成了低钠光卤石 I（I'）及

尾盐 J（J'）。

注：I（I'）及 J（J'）的确定可依据浮选机的浮选效率予以确定，由相图可以清楚地看出 I（I'）中含有少量 NaCl，J（J'）中含有少量 Car。

由察尔汗盐湖的含钠光卤石生产低钠光卤石的整个相图分析过程如表 3-34 所示。

表 3-34 由含钠光卤石用反浮选法生产低钠光卤石的相图分析（15℃）

阶段		第一阶段	第二阶段	第三阶段	第四阶段
过程情况		调浆	反浮选	浮选分离	浓密及过滤
干基图	系统	$D \longrightarrow M$	M	M	K
	液相	F	F	"K（$F+I$）" K 为底流浆料	F 饱和母液
	固相	R R 为含钠光卤石	$R \longrightarrow I+J$ I 为低钠光卤石 J 为尾盐	"L（$F+J$）" L 为顶流泡沫	"$I \longrightarrow N$（$F+I$）" N 为滤饼（低钠光卤石）
水图	系统	$D_0 \longrightarrow M_0$	M_0	M_0	K'
	液相	F'	F'	"K'（$F'+I'$）" K' 为底流浆料	F' 饱和母液
	固相	R' R' 为含钠光卤石	$R' \longrightarrow I'+J'$ I' 为低钠光卤石 J' 为尾盐	"L'（$F'+J'$）" L' 为顶流泡沫	"$I' \longrightarrow N_0$（$F'+I'$）" N_0 为滤饼（低钠光卤石）

第三阶段，底流浆料 K（K'）与顶流泡沫 L（L'）的分离。根据浮选的工作原理及特性可知：底流浆料 K（K'）是由低钠光卤石 I（I'）以及与其相对应的共饱液 F（F'）组成的。在相图上依据底流浆料中共饱液 F（F'）的干盐量及低钠光卤石 I（I'）的干盐量，可以确定底流浆料点 K（K'），连结 KM（$K'M_0$）且其延长线与 FJ（$F'J'$）线的交点，即为顶流泡沫点 L（L'），其中 M（M_0）为系统点。在浮选机中由刮板刮出的料为顶流泡沫 L（L'），而由槽底流出的料为底流浆料 K（K'）。

此阶段为第一次分离过程，使得底流浆料 K（K'）与顶流泡沫 L（L'）分离。

第四阶段，将底流浆料 K（K'）中的固相低钠光卤石 I（I'）与其对应的共饱液 F（F'）进行固液分离。寻求固液分离设备如浓密机及水平带机（串联使用），对底流浆料 K（K'）进行固液分离。若是固液分离效率能达到 100%，则对 K（K'）进行固液分离之后，固相为低钠光卤石 I（I'），液相为与之对应的共饱液 F（F'），但往往所选择的固液分离设备，其分离效率达不到 100%，因此依据其分离效率，可在相图上找到底流浆料 K（K'）分离后的滤饼点 N（N_0）及与之对应的共饱点 F（F'），其中 K（K'）为系统点。

此阶段为第二次分离过程，使得滤饼 N（N_0）与其对应的共饱液 F（F'）分离。

至此，本阶段所得到的滤饼 N（N_0）就是在实际生产中所说的低钠光卤石，显然从相图中容易看出，N（N_0）中除含有大量的低钠光卤石 I（I'）外，而且还含有少量的与其共饱的母液 F（F'），滤饼 N（N_0）的组成如表 3-32 所示。

（二）低钠光卤石经冷结晶法制取氯化钾的相图分析

1. 相关参数

冷结晶原料（如图 3-18 及表 3-35 所示）：低钠光卤石 N（N_0）。

2. 相图分析

从表3-35～表3-39可知，由原料低钠光卤石加水（循环母液）经冷结晶法制取氯化钾，可用Na^+，K^+，$Mg^{2+}//Cl^-$–H_2O四元水盐体系进行相图分析。

表3-35 原料低钠光卤石N（N_0）的组成（15℃）

成分	KCl	NaCl	$MgCl_2$	H_2O
质量分数/%	19.42	5.05	32.12	43.41

（1）分解液组成如图3-18及表3-36所示。

表3-36 分解液E（E'）的组成（15℃）

成　分	KCl	NaCl	$MgCl_2$	H_2O
质量分数/%	2.82	1.85	25.60	69.73

（2）洗涤液组成如图3-18及表3-37所示。

表3-37 洗涤液S（S'）的组成（15℃）

成　分	KCl	NaCl	$MgCl_2$	H_2O
质量分数/%	8.24	16.09	4.85	70.82

（3）精钾组成如图3-18及表3-38所示。

表3-38 精钾T（T_0）的组成（15℃）

成　分	KCl	NaCl	$MgCl_2$	H_2O
质量分数/%	93.38	1.30	0.39	4.93

（4）成品组成如图3-18及表3-39所示。

表3-39 成品T（T_1）的组成（15℃）

成　分	KCl	NaCl	$MgCl_2$	H_2O
质量分数/%	96.26	1.34	0.40	2.00

如图3-18所示，以低钠光卤石为原料，对其加水制取KCl，为了提高KCl的产量和质量，在分解和洗涤两个环节，我们在结晶器当中对低钠光卤石N（N_0）加水（循环母液），恰好使其中的Car完全分解，且在洗涤槽中对滤饼P（P_0）进行加水，使粗钾O（O'）当中的NaCl恰好溶尽。

将低钠光卤石组成点标绘在相图中为N（N_0），显然从图中可以知道原料N（N_0）是由大量的低钠光卤石I（I'）固相与少量的和其共饱的F（F'）共饱液所组成，整个相图分析过程分为六个阶段：

第一阶段：当对低钠光卤石N（N_0）加少量水（循环母液）进行分解时，其实并未对低钠光卤石N（N_0）中的Car进行分解。首先在干基图当中，系统点为N点不变，液相点由F移至E点，固相点由I点移至Q点；在水图当中，液相点由F'移至E'点，固相点由I'点移至Q'点，系统点由N_0点移至N_1点。

本阶段终了时，液相为母液E（E'），固相为低钠光卤石Q（Q'）。

第二阶段：当对系统N（N_1）继续加水（循环母液）时，才为低钠光卤石N（N_1）中的

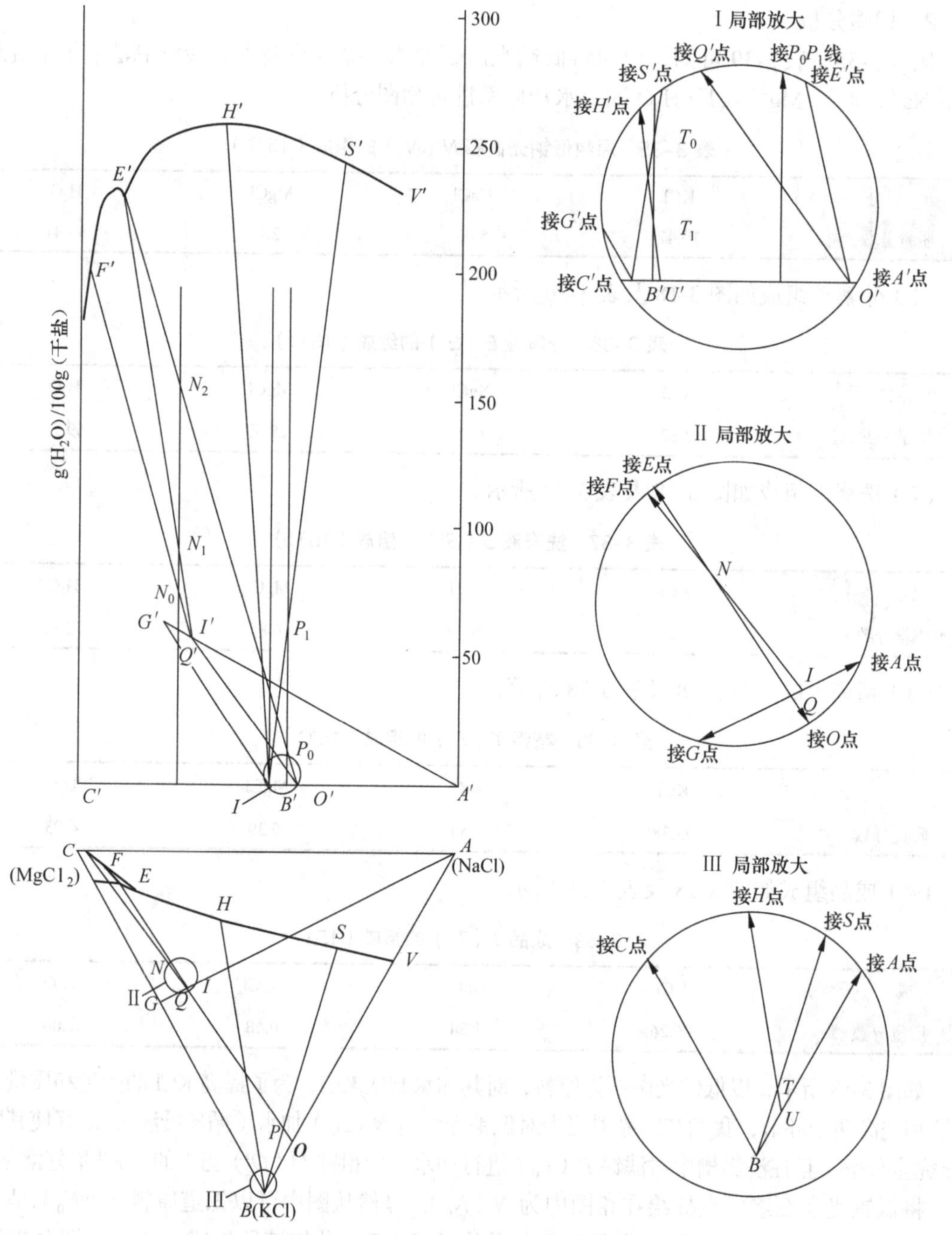

图 3-18 低钠光卤石冷结晶制取氯化钾的相图分析（15℃）

Car 进行分解，当 N（N_1）中的 Car 完全分解后。在干基图中，系统点还为 N 点不变，液相在 E 点保持不变，固相点由 Q 移至 O；在水图当中，液相在 E' 点保持不变，固相点由 Q' 移至 O'，系统点由 N_1 移至 N_2。

本阶段终了时，液相为分解母液 E（E'），固相为粗钾 O（O'）。

第三阶段：将第二阶段的分解母液 E（E'）与粗钾 O（O'）进行固液分离。寻求固液分离设备如浓密机及水平带机（串联使用），使其对分解母液 E（E'）与粗钾 O（O'）进行固液分离。若是固液分离效率能达到100%，则对其进行固液分离之后，固相为粗钾 O（O'），液相为与之对应的共饱液 E（E'），但往往所选择的固液分离设备，其分离效率达不到100%，因此依据其分离效率，可在相图上找到固液分离后的滤饼点 P（P_0）及与之对应的共饱点 E（E'），其中 N（N_2）为系统点。

此阶段为第一次分离过程，使得滤饼 P（P_0）与其对应的共饱液 E（E'）分离。

第四阶段：将第三阶段的得到的滤饼 P（P_0）在洗涤槽中进行洗涤。当对其加水时，在干基图中，系统点为 P 点不变，固相点由 O 移至 B 点，液相由 E 点移至 S 点；在水图当中，固相点由 O' 点移至 B' 点，液相点由 E' 点移至 S' 点，系统点由 P_0 点移至 P_1 点。

本阶段终了时，液相为洗涤母液 S（S'），固相为纯氯化钾 B（B'）。

第五阶段：对第四阶段终了时的产物洗涤浆料 P（P_1）行固液分离。若对洗涤浆料进行固液分离所用的设备为离心机，但离心机的分离效率往往不能达到100%，亦即离心机分离后固相氯化钾 B（B'）当中含有一定的洗涤母液 S（S'）。因此，根据离心机的分离效率，在相图中可以标绘出精钾 T（T_0）及精钾母液 S（S'），系统点为 P（P_1）。显而易见，在相图当中精钾 T（T_0）是由大量 B（B'）和少量 S（S'）所组成的。

此阶段为第二次分离过程，液相为精钾母液 S（S'），固相为精钾 T（T_0）。

第六阶段：精钾 T（T_0）在干燥设备中除去所含水分。本相图是15℃时的相图，而干燥过程的温度很高（干燥温度一般大于300℃），但只要物料在干燥后，将其冷却到15℃，仍然可以用15℃时的相图对该过程进行分析。当对系统干燥时，在干基图中，系统点为 T 点不变，固相点由 B 点移至 U 点，液相点由 S 点移至 H 点；在水图当中，系统点由 T_0 点移至 T_1 点，固相点由 B' 点移至 U'，液相点由 S' 点移至 H' 点。

本阶段终了时，液相为成品中的母液 H（H'）点，固相为KCl和NaCl的混合物（主要为KCl）U（U'）点，而最终真正的成品（即系统点）为 T（T_1）。成品组成可参见表3-39。

注：本阶段最后的系统点依据干燥机的脱水效率，标绘在干及基图及水图上为 T（T_1）。由于直线规则中的三个点（系统、液相、固相）在此时只知其中之一（系统点），故不能直接确定固、液相的位置。液相点、总固相点如何确定呢？可采用相图上的理论——“尝试逼近法”进行确定。运用“尝试逼近法”以计算机为辅助手段，在相图上经过三次尝试逼近可以很精确地找到与系统点 T（T_1）相对应的液相点 H（H'）及固相点 U（U'）。

由低钠光卤石冷分解结晶法制取氯化钾的整个相图分析过程如表3-40所示。

表3-40　由低钠光卤石冷分解结晶法制取氯化钾的相图分析（15℃）

阶段 过程情况		第一阶段 未冷分解结晶	第二阶段 冷分解结晶	第三阶段 浓密及过滤	第四阶段 洗涤	第五阶段 离心分离	第六阶段 干燥
干基图	系统	N	N	N	P	P	T T 为成品KCl
	液相	$F \to E$	E	E	$E \to S$	S	$S \to H$
	固相	$I \to Q$ Q 为低钠光卤石	$Q \to O$ O 为粗钾	$O \to P$ P 为滤饼	$O \to B$ B 为纯氯化钾	$B \to T$ T 为精钾	$B \to U$ U 为成品中的纯固相（主要为KCl）
水图	系统	$N_0 \to N_1$	$N_1 \to N_2$	N_2	$P_0 \to P_1$	P_1	$T_0 \to T_1$ T_1 为成品KCl

续表

阶　段 过程情况		第一阶段 未冷分解结晶	第二阶段 冷分解结晶	第三阶段 浓密及过滤	第四阶段 洗　涤	第五阶段 离心分离	第六阶段 干　燥
水图	液相	$F' \to E'$	E'	E'	$E' \to S'$	S'	$S' \to H'$ $B' \to U'$
	固相	$I' \to Q'$ Q'为低钠光卤石	$Q' \to O'$ O'为粗钾	$O' \to P_0$ P_0为滤饼	$O' \to B'$ B'为纯氯化钾	$B' \to T_0$ T_0为精钾	U'为成品中的纯固相（主要为KCl）

3. 工艺流程

经过以上的相图分析，可以得出由含钠光卤石经反浮选法生产低钠光卤石的原则工艺流程，如图 3-19 所示。

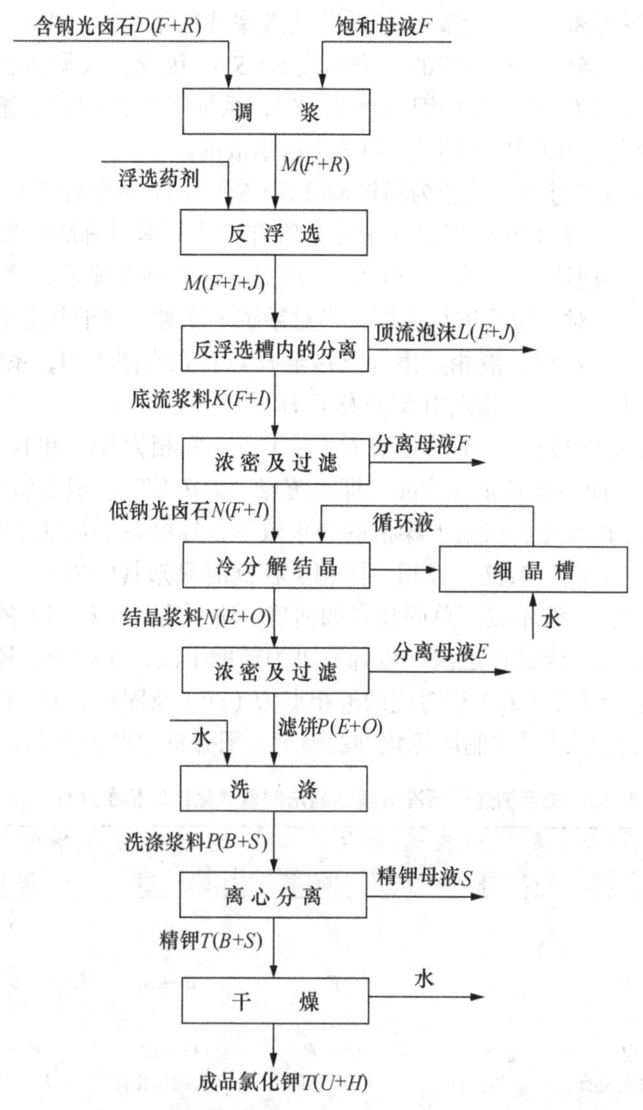

图 3-19 “反浮选 - 冷结晶法”制取氯化钾的原则工艺流程示意图

4. 说明

（1）利用反浮选法制取低钠光卤石。从相图上可以清楚地看出：含钠光卤石 R（R'）经过反浮选药剂的作用，被分解为低钠光卤石 I（I'）及尾盐 J（J'）。因此，在实际生产当中，我们总是希望低钠光卤石中的 Car 含量高些，而 NaCl 含量低些，在尾盐当中，则是 NaCl 含量高些，而 Car 含量低些，为达到此目的，生产当中应选用优质高效的浮选药剂，除此之外，从相图上还可以清楚地看出：对从浮选机出来的浆料 K（K'）进行固液分离时，还应选用分离效率高的固液分离设备，以便使滤饼（产品）低钠光卤石 N（N_0）更好地接近低钠光卤石 I（I'）。

（2）利用低钠光卤石冷结晶法制取氯化钾的相图分析。为了制得优质氯化钾，在实际生产中，对原料低钠光卤石 N（N_0）进行冷分解结晶时，一定要加入定量组成的循环母液对其分解和结晶速度进行控制。另外，从相图上可以清楚地看出，为了提高产品 KCl 的质量和收率，应该进行如下操作：首先，在对原料低钠光卤石 N（N_0）加水恰好进行完全分解结晶时，最恰当的加水量应是原料低钠光卤石 N（N_0）加水后，使其系统点变为 N（N_2）；其次，在对滤饼 P（P_0）加水恰好溶洗完其中的 NaCl 时，最恰当的加水量是滤饼 P（P_0）加水后，使其系统点变为 P（P_1）；第三，在进行固液相的分离时，应选用分离效率较高的过滤机及离心机；第四，在对精钾 T（T_0）进行干燥时，应选用干燥效率较高的干燥器设备。

3.5.4 以含钠光卤石为原料，用“冷结晶－正浮选法”生产氯化钾

以含钠光卤石为原料，用“冷结晶—正浮选法”生产氯化钾的工艺在国内居于领先地位。该工艺已在察尔汗盐湖地区得以实现，经济效益显著。它是青海盐湖工业集团股份有限公司科研人员经过科技攻关，研发出的生产氯化钾的一种新工艺，该工艺目前已申请国家专利。

3.6 用察尔汗盐湖的“分解液”经兑卤制取氯化钾

察尔汗盐湖是我国最大的氯化钾生产基地。在该地区，主要用浮选法生产氯化钾，原料为从盐田得到的含钠光卤石，主要用浮选法生产。而年产 30 万吨氯化钾的生产装置，每年所排放的分解液有 315 万吨之多，如何合理地利用“分解液”及盐田产生的“老卤”，以便减少环境污染和资源浪费，创造更好的经济效益和社会效益，具有重要意义。

“分解液”及“老卤”经兑卤，即“兑卤结晶、控速分解”，制取氯化钾分两个步骤进行：第一步，用 E 点（NaCl、KCl、Car 三盐共饱）卤水与 F 点（NaCl、Car 及 Bis 三盐共饱，或 NaCl 及 Car 两盐共饱，Bis 接近饱和）卤水在兑卤器中兑卤，结晶出低钠光卤石；第二步，以低钠光卤石为原料，用具有一定组成的循环母液在结晶器中进行冷分解结晶（冷结晶），得到氯化钾。

由上可知，从“分解液”经兑卤制取氯化钾，半成品低钠光卤石（“兑卤固相物”中杂质 NaCl 的质量分数低于 6.000%，此“兑卤固相物”称作“低钠光卤石”）的制取是一个重要的环节，下面就“分解液”经兑卤制取低钠光卤石进行详细讨论。

3.6.1 E 卤及 F 卤经兑卤制取低钠光卤石的兑卤过程原理

一、相图分析

因为察尔汗盐湖的原卤（晶间卤水）大致属于 K^+，Na^+，$Mg^{2+}//Cl^-$–H_2O 四元水盐体系，所

以可用K^+，Na^+，Mg^{2+}//Cl^--H_2O四元水盐体系25℃相图，对兑卤法制取低钠光卤石进行分析。

（一）原料*E*卤及*F*卤制备

（1）*E*卤的制备：将“分解液”在盐田中调整至*E*点（对NaCl、KCl、Car三盐共饱）。

（2）*F*卤的制备：*F*卤是晶间卤水制取含钠光卤石以后恰好对Bis也饱和的老卤（对NaCl、Car、Bis三盐共饱）。

*E*卤及*F*卤的组成如表3-41及表3-42所示。

表3-41 *E*卤组成

成　分	NaCl	KCl	$MgCl_2$	H_2O	总干盐
质量分数/%	1.800	3.340	25.860	69.000	31.000
g/100g（干盐）	5.806	10.774	83.419	222.581	100.000

表3-42 *F*卤组成

成　分	NaCl	KCl	$MgCl_2$	H_2O	总干盐
质量分数/%	0.350	0.110	35.400	64.140	35.860
g/100g（干盐）	0.976	0.307	98.717	178.862	100.000

（二）兑卤

按一定比例将*E*卤及*F*卤在“兑卤器”中进行兑卤，得系统点为M（M_2）。

（三）相图分析（图3-20）

从相图上很容易看出，E（E'）卤与F（F'）卤按一定比例相兑后的系统点为M（M_2），此系统点在干基图中为M，在水图中为M_2。系统点M落在了干基图的Car区，是否有固相Car析出？而且所析出的固相又是否是纯净的Car？单从干基图上不容易回答这两个问题。要得到答案，应该将干基图与水图联系起来，进行综合考虑。

不难理解，若将兑卤后的系统点M（M_2）加水进行稀释，在干基图中，系统点仍为M，而在水图中系统点则沿过M_2的垂直线由M_2向上移动。当对系统点M（M_2）加入一定量的水时，系统会被稀释成未饱和溶液。现在反过来，我们对此未饱和溶液进行蒸发浓缩，在干基图中，系统点仍为M，而在水图中，系统点则是由未饱和溶液点沿过M_2的垂直线向下移动。显然当有第一种固相析出时，此固相肯定是Car，在相图当中，第一种固相Car析出最大量（即对NaCl恰好饱和）时的系统点是M（M_1），固相点是G（G'），液相点是K（K'）。当继续对系统点进行蒸发浓缩，因为此时系统对另一固相NaCl也已饱和，所以蒸发时会发生Car和NaCl两种固相共析。当液相点由K（K'）移至F（F'），对另一固相Bis恰好饱和时，此时两固相（Car及NaCl）的析出量最大。这时，总固相点由G（G'）移至R（R'），系统点在干基图中还是M点，在水图中系统点则由M_1移至M_3。

现在*E*卤及*F*卤经兑卤，系统点为M（M_2），系统M_2含水量处在M_1与M_3之间，可以断定为Car与NaCl两个固相和它们的共饱液共存。液相点应在KF（$K'F'$）曲线上，总固相点应在GA（$G'A'$）直线上。由于直线规则中的三个点（系统、液相、固相）在此时只知其中之一（系统），故不能直接确定固、液相的位置。液相点、总固相点如何确定呢？可采用相图理论中的“尝试逼近法”进行确定。运用“尝试逼近法”很容易找到液相点$L(L')$及总固相点$S(S')$。

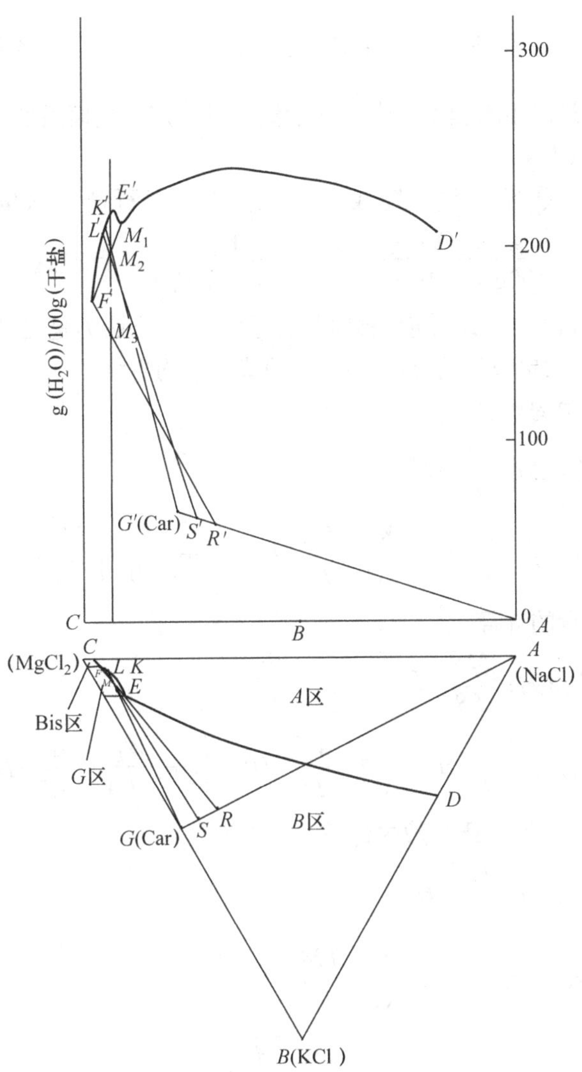

图 3-20　由察尔汗盐湖的 *E* 卤及 *F* 卤兑卤制取低钠光卤石的相图分析（25℃）

由相图知：*E* 卤及 *F* 卤以一定的比例相兑后，可得固相 *S*（*S′*）及液相 *L*（*L′*）。而 *S*（*S′*）是 Car 与 NaCl 混合物。由相图可清楚地看出，此混合物 *S*（*S′*）中 NaCl 含量甚少，因此可通过这种方法制取低钠光卤石，另外，由相图还可清楚地看出，液相 *L*（*L′*）是对 Car 与 NaCl 共饱，因此将 *L*（*L′*）母液通入 Car 池可以制取含钠光卤石。

二、低钠光卤石及兑卤完成液量的计算

（一）杠杆规则法

E 卤及 *F* 卤的组成如表 3-41 及表 3-42 所示。

假定兑卤时用 *E* 卤为 *e*kg，用 *F* 卤为 *f* kg，则兑卤比为$\frac{f}{e}$。*E* 卤当中的干盐量为$\frac{31.00}{100}e$kg，*F* 卤当中的干盐量为$\frac{35.85}{100}f$kg。其总干盐量为$\left(\frac{31.00}{100}e+\frac{35.85}{100}f\right)$kg，令总干盐量等于 *H* kg，

即$\left(\frac{31.00}{100}e+\frac{35.85}{100}f\right)=H$。依据$E$卤及$F$卤的组成及质量可在相图当中确定兑卤后的系统点$M$（$M_2$）。又经过分析并据相图理论“尝试逼近法”可确定，兑卤后所产生的低钠光卤石点为S（S'）、完成液点为L（L'）。

由水图可分别读得系统点M_2、完成液L'及低钠光卤石S'的水量值，假定其值分别为$W_{M_2}\frac{\text{g}(H_2O)}{100\text{g}(\text{干盐})}$、$W_{L'}\frac{\text{g}(H_2O)}{100\text{g}(\text{干盐})}$、$W_{S'}\frac{\text{g}(H_2O)}{100\text{g}(\text{干盐})}$，此时这三个值均为已知数。

注意：兑卤用的E卤及F卤质量一经假定，则e及f可认为是已知数，显然H亦为已知数。另外本计算中所用的单位均为kg，在下面的式子中均省略。

1. 低钠光卤石质量的计算

因为低钠光卤石的干盐量为：$\frac{\overline{LM}}{\overline{LS}}\cdot H$

所以低钠光卤石的质量为：$\frac{\overline{LM}}{\overline{LS}}\cdot H+\frac{W_{S'}}{100}\cdot\frac{\overline{LM}}{\overline{LS}}\cdot H=\left(1+\frac{W_{S'}}{100}\right)\cdot\frac{\overline{LM}}{\overline{LS}}\cdot H$

2. 兑卤完成液质量的计算

因为兑卤完成液的干盐量为：$\frac{\overline{MS}}{\overline{LS}}\cdot H$

所以兑卤完成液的质量为：$\frac{\overline{MS}}{\overline{LS}}\cdot H+\frac{W_{L'}}{100}\cdot\frac{\overline{MS}}{\overline{LS}}\cdot H=\left(1+\frac{W_{L'}}{100}\right)\cdot\frac{\overline{MS}}{\overline{LS}}\cdot H$

3. 低钠光卤石中NaCl质量分数的计算

因为低钠光卤石的干盐量为：$\frac{\overline{LM}}{\overline{LS}}\cdot H$

又因为低钠光卤石中NaCl的质量为：$\frac{\overline{GS}}{\overline{GA}}\cdot\frac{\overline{LM}}{\overline{LS}}\cdot H$

所以低钠光卤石中NaCl质量分数为：$\frac{\frac{\overline{GS}}{\overline{GA}}\cdot\frac{\overline{LM}}{\overline{LS}}\cdot H}{\left(1+\frac{W_{S'}}{100}\right)\cdot\frac{\overline{LM}}{\overline{LS}}\cdot H}\times 100\%=\frac{\frac{\overline{GS}}{\overline{GA}}}{\left(1+\frac{W_{S'}}{100}\right)}\times 100\%$

（二）物料平衡法

由于前面已经知道了E卤及F卤的组成，而且依据相图的干基图及水图亦可求得兑卤后低钠光卤石及兑卤完成液的质量分数，因此很容易利用物料平衡法对有关的量进行计算。

由相图分析所揭示的杠杆规律可以看出：析出的固相（光卤石和NaCl）的量与兑卤完成液相比是很少的，这就意味着兑卤过程实质上是处理大量液体的过程。

三、兑卤比与老卤组成以及温度对兑卤过程相关生产指标影响的相图分析及计算

E卤与F卤在兑卤过程中，兑卤比与老卤组成以及温度对兑卤过程相关生产指标：诸如兑卤固相质量、兑卤完成液质量、兑卤固相中NaCl质量分数、以原料卤为基准Car的产率以及单位质量原料卤所产生Car质量等生产指标，均会产生影响。因此，下面通过相图分析

及计算寻求有利于兑卤固相物所需要的适宜兑卤比、最佳老卤组成以及适宜兑卤温度，这具有重要意义。

（一）兑卤比对兑卤过程相关生产指标影响的相图分析及计算

1. 相图分析（25℃）

因为察尔汗盐湖的原卤（晶间卤水）大致属于“Na^+，K^+，$Mg^{2+}//Cl^--H_2O$”四元水盐体系，显然我们可用“Na^+，K^+，$Mg^{2+}//Cl^--H_2O$”四元水盐体系相图，对兑卤法制取光卤石过程进行分析。

（1）原料 E 卤及 F 卤

1）E 卤的制备：将“分解液”在盐田中调整至 E 点（对 NaCl、KCl、Car 三盐共饱）。

2）F 卤的制备：F 卤是卤水制取含钠光卤石以后恰好对 Bis 也饱和的老卤（对 NaCl、Car、Bis 三盐共饱）。

E 卤及 F 卤的组成如表 3-41 及表 3-42 所示。

（2）兑卤比（指质量兑卤比）

兑卤时所选取的兑卤比［兑卤比以 K 表示，$K=W_F/W_E$（kg$F$ 卤 /kg$E$ 卤）］如表 3-43 所示。

（3）兑卤

按表 3-43 中的兑卤比，将 E 卤及 F 卤在“兑卤器”中分别进行兑卤，得系统点为 M（M_2）。

（4）相图分析（图 3-21）

从相图上很容易看出，E（E'）卤与 F（F'）卤按一定比例相兑后的系统点为 M（M_2），此系统点在干基图中为 M，在水图中为 M_2。系统点 M 落在了干基图的 Car 区，且在水图中系统点 M_2 处在 M_1（M_1 是对 Car 和 NaCl 共饱和，且恰好对 NaCl 饱和）与 M_3（M_3 是对 Car、NaCl、Bis 共饱和，且恰好对 Bis 饱和）之间，经过相图分析可知：E 卤及 F 卤以一定的比例相兑后，可得兑卤固相 S（S'）及兑卤完成液 L（L'）。很显然 S（S'）是 Car 与 NaCl 的混合物，且其中 NaCl 的质量分数较小。

表 3-43 兑卤时所选取的兑卤比

序　号	兑 卤 比
1	5.000
2	2.500
3	1.500
4	1.000
5	0.400
6	0.200

这里要注意的是：固相 S（S'）及液相 L（L'）是通过“尝试逼近法”确定的。在“计算机”上运用“尝试逼近法”很容易且可较准确地找到兑卤固相点 S（S'）及液相点 L（L'）。

2. 量的计算

在此运用“杠杆规则法”，可以对一定兑卤比下的诸如兑卤固相质量、兑卤完成液质量、兑卤固相中 NaCl 质量分数、以原料卤为基准 Car 的产率以及单位质量原料卤所产生 Car 质量等生产指标逐一进行计算，计算结果如表 3-44 所示。

3. 作图

依照表 3-44 中的数据，以兑卤比 K（kg/kg）为横坐标，分别以兑卤固相中 NaCl 质量分数（%）$C_{S,\ NaCl}$、以原料卤为基准 Car 的产率（%）$Y_{原,\ Car}$、以单位质量原料卤所产生 Car 质量（kg/kg）$W_{单,\ Car}$ 为纵坐标作图，如图 3-22 所示。

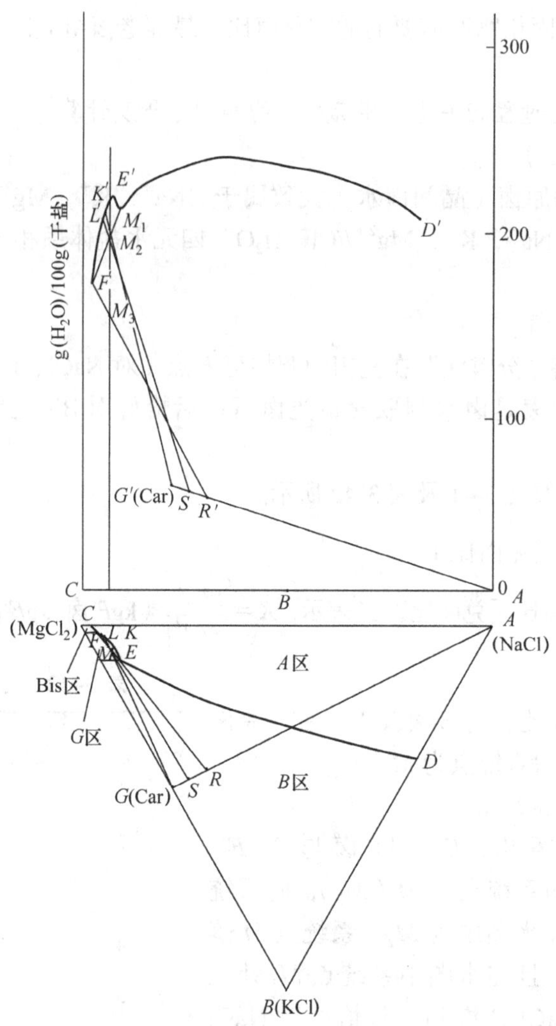

图 3-21 由盐湖的 E 卤及 F 卤兑卤制取光卤石的相图分析（25℃）

表 3-44 25℃时兑卤生产指标计算列表

（E 卤及 F 卤均为三盐共饱卤，计算基准 E 卤均取 100.000kg）

兑卤比（W_F/W_E）	E 卤及 F 卤 KCl 质量 /kg	兑卤完成液质量 /kg	兑卤固相质量 /kg	兑卤固中 NaCl 质量分数 /%	兑卤固相中 Car 质量 /kg	原料卤中 KCl 折合 Car 质量 / kg	以原料卤为基准 Car 的产率 /%	单位质量原料卤所产生 Car 质量 /（kg/kg）
5.000	3.8900	591.072	8.928	5.597	8.428300	14.489597	58.168	0.014
2.500	3.6150	341.843	8.166	4.878	7.767663	13.465268	57.687	0.022
1.500	3.5050	242.071	7.930	4.448	7.577274	13.055537	58.039	0.030
1.000	3.4500	192.405	7.595	4.099	7.283681	12.850671	56.679	0.036
0.400	3.3840	134.163	5.836	3.709	5.619543	13.604832	44.582	0.040
0.200	3.3620	116.338	3.663	3.271	3.543183	12.522886	28.294	0.030

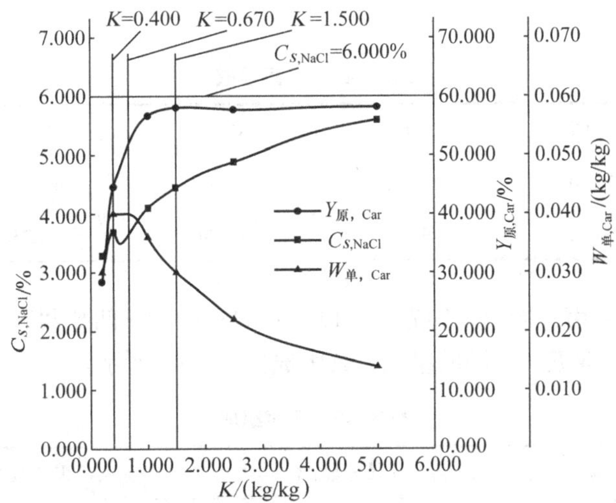

图 3-22　不同兑卤比与 Car 生产指标关系图（25℃）

4．结论

由图 3-22 可以看出，在兑卤比 $0.200 \leqslant K \leqslant 5.000$ 的范围内：

（1）当兑卤比 $0.200 \leqslant K \leqslant 5.000$ 时，兑卤固相中 NaCl 质量分数（%）的 $C_{S,\ NaCl,\ min} \approx 3.271\%$，$C_{S,\ NaCl,\ max} \approx 5.597\%$。因此，在此兑卤比范围内，兑卤固相中 NaCl 质量分数（%）一直小于 6.000%，此兑卤固相一直为低钠光卤石。

（2）当兑卤比 $K \geqslant 1.500$，以原料卤为基准 Car 的产率（%）$Y_{原,\ Car}$，随着兑卤比的增大基本不变，其值几乎为最大值，在 $1.500 \leqslant K \leqslant 5.000$ 的范围内，$Y_{原,\ Car,\ max} \approx 58.039\%$。

（3）当 $0.400 \leqslant K < 0.670$ 时，以单位质量原料卤所产生 Car 质量（kg/kg）$W_{单,\ Car}$，随着兑卤比的增大而基本不变，其值几乎为最大值，在此范围内，$W_{原,\ Car,\ max} \approx 0.040$kg/kg。

（4）在实际兑卤生产低钠光卤石时，总是希望以原料卤为基准 Car 的产率（%）$Y_{原,\ Car}$ 和以单位质量原料卤所产生 Car 的质量（kg/kg）$W_{单,\ Car}$ 均要高一些。若为了兼顾两者，由图 3-22 容易看出，当兑卤比 $0.670 \leqslant K \leqslant 1.500$ 时：①以原料卤为基准 Car 的产率（%）$Y_{原,\ Car}$ 随着兑卤比 K 的增大而增大，此时 $51.895\% \leqslant Y_{原,\ Car} \leqslant 58.039\%$；②以单位质量原料卤所产生 Car 质量（kg/kg）$W_{单,\ Car}$ 随着兑卤比 K 的增大而减小，此时 $0.030 \leqslant W_{单,\ Car} \leqslant 0.040$。

通过以上分析可知：在 25℃下，以 E 卤（对 NaCl、KCl、Car 三盐共饱）与 F 卤（对 NaCl、Car、Bis 三盐共饱）在“兑卤器”中进行兑卤，为了制得合格的低钠光卤石，且满足低钠光卤石的生产指标（如产率）及单位质量原料卤所产生光卤石质量均要高的条件，较适宜的兑卤比 K 范围为 0.670～1.500；若为了制得合格的低钠光卤石，生产中仅仅在意光卤石的产率，而不太在意单位质量原料卤所产生光卤石质量，较适宜的兑卤比 K 为 1.500。在实际生产中，当温度，原料组成变化时，均可依照前述的方法进行分析及计算，以便确定适宜的兑卤比。

（二）老卤组成对兑卤过程相关生产指标影响的相图分析及计算

1．相图分析（15℃）

（1）原料 E 卤及 F 卤

1）E 卤的制备：将“分解液”在盐田中调整至 E 点（对 NaCl、KCl、Car 三盐共饱）。E

卤的组成如表 3-45 所示。

表 3-45　*E* 卤组成

成　分	NaCl	KCl	$MgCl_2$	H_2O	总干盐
质量分数 /%	1.830	2.760	25.600	69.810	30.190
g/100g（干盐）	6.062	9.142	84.796	231.236	100.000

2）*F* 卤的制备：*F* 卤是制取含钠光卤石以后对 NaCl、Car 两盐共饱或对 NaCl、Car、Bis 三盐共饱的母液。*F* 卤取五种不同的组成，其组成如表 3-46 所示。

表 3-46　*F* 卤组成

组成种类 / *F* 卤序号	湿基质量分数 /%				干基组成 /［g/100g（干盐）］			
	NaCl	KCl	$MgCl_2$	H_2O	NaCl	KCl	$MgCl_2$	H_2O
1#（NaCl、Car、Bis 三盐共饱）	0.310	0.110	35.000	64.580	0.875	0.311	98.814	182.326
2#（NaCl、Car 两盐共饱）	0.650	0.360	32.000	66.990	1.969	1.091	96.940	202.939
3#（NaCl、Car 两盐共饱）	0.990	0.750	29.500	68.760	3.169	2.401	94.430	220.102
4#（NaCl、Car 两盐共饱）	1.160	1.010	28.500	69.330	3.782	3.293	92.925	226.052
5#（NaCl、Car 两盐共饱）	1.360	1.410	27.500	69.730	4.493	4.658	90.849	230.360

（2）兑卤比（指质量兑卤比）。兑卤时所选取的兑卤比（兑卤比以 *K* 表示，$K={W_F}/{W_E}$）均为：K=1.000。

（3）兑卤。按兑卤比 K=1.000，分别将 *E* 卤与 *F* 卤的 1# 卤、2# 卤、3# 卤、4# 卤、5# 卤在“兑卤器”中进行兑卤，得到系统点均为 M（M_2）。

（4）相图分析（图 3-23）。从相图上很容易看出，*E*（*E*′）卤与五种不同的 *F*（*F*′）卤分别按兑卤比 K=1.000 的比例相兑后的系统点均为 M（M_2），此系统点在干基图中为 M，在水图中为 M_2。系统点 M 落在了干基图的 Car 区，且在水图中系统点 M_2 处在 M_1（M_1 是对 Car 和 NaCl 两盐共饱，且恰好对 NaCl 饱和）与 M_3（M_3 是对 Car、NaCl、Bis 三盐共饱，且恰好对 Bis 饱和）之间，经过相图分析可知：*E* 卤与五种不同的 *F* 卤以兑卤比 K=1.000 的比例相兑后，均可得兑卤固相 *S*（*S*′）及兑卤完成液 *L*（*L*′）。很显然 *S*（*S*′）是 Car 与 NaCl 的混合物。

这里要注意的是：固相 *S*（*S*′）及液相 *L*（*L*′）是通过“尝试逼近法”确定的。在“计算机”上运用“尝试逼近法”很容易且可较准确地找到兑卤液相点 *L*（*L*′）及兑卤固相点 *S*（*S*′）。

2. 量的计算

在此运用“杠杆规则法”，可以对一定老卤组成下的诸如兑卤固相质量、兑卤完成液质量、兑卤固相中 NaCl 质量分数、以原料卤为基准 Car 的产率以及单位质量原料卤所产生 Car 质量等生产指标逐一进行计算，计算结果如表 3-47 所示。

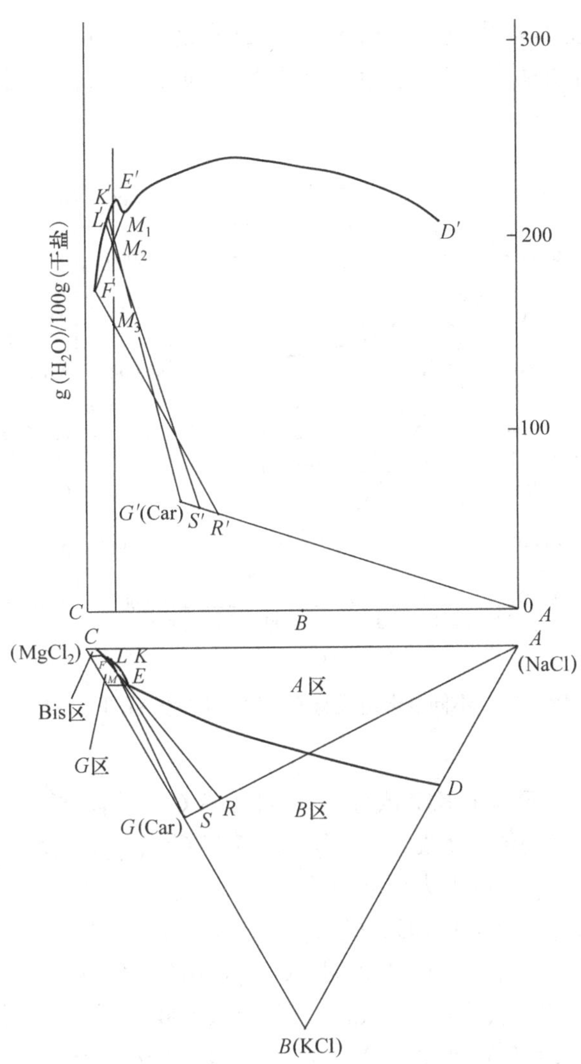

图 3-23　由盐湖的 E 卤及 F 卤兑卤制取光卤石的相图分析（15℃）

表 3-47　15℃有关兑卤生产指标计算列表

（E 卤为三盐共饱卤，且 K=1.000，计算基准 E 卤均取 100.000kg）

F 卤序号	E 卤及 F 卤 KCl 质量 /kg	兑卤完成液质量 /kg	兑卤固相质量 /kg	兑卤固相中 NaCl 质量分数 /%	兑卤固相中 Car 质量 /kg	原料卤中 KCl 折合 Car 质量 /kg	以原料卤为基准 Car 的产率 /%	单位质量原料卤所产生 Car 质量 /（kg/kg）
1#	2.870	193.259	6.740	6.617	6.294014	10.690268	58.876	0.031
2#	3.120	194.965	5.034	5.777	4.743186	11.621477	40.814	0.024
3#	3.510	197.236	2.763	4.640	3.634797	13.074161	20.153	0.013
4#	3.770	198.282	1.713	4.409	1.637474	14.042617	11.661	0.008
5#	4.170	199.146	0.856	4.124	0.820699	15.532550	5.284	0.004

3. 作图

依照表 3-46 及表 3-47 的数据，以表 3-46 中 F 卤 KCl（干基质量分数 /%）$C_{F（干）, KCl}$

为横坐标，再分别以表 3-47 中兑卤固相 NaCl 质量分数（%）$C_{S,\ NaCl}$、原料卤为基准 Car 的产率（%）$Y_{原,Car}$、单位质量原料卤所产生 Car 质量（kg/kg）$W_{单,Car}$ 为纵坐标作图，如图 3-24 所示。

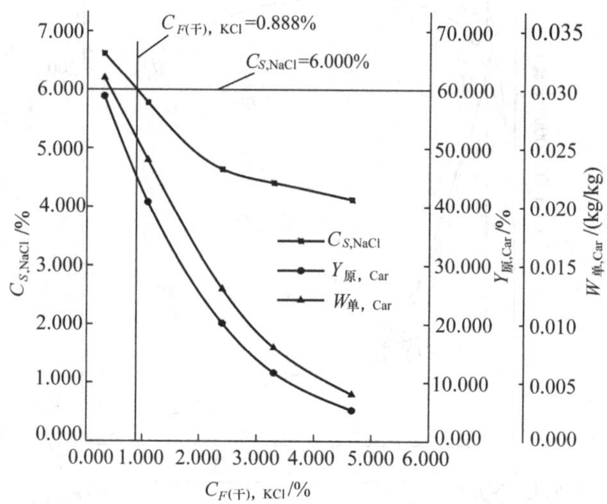

图 3-24 不同老卤组成与 Car 生产指标关系图（15℃）

4. 结论

由图 3-24 可以看出，F 卤中 KCl 成分在 $0.311\% \leqslant C_{F(干),\ KCl} \leqslant 4.658\%$ 的范围内：

（1）兑卤固相中 NaCl 质量分数（%）$C_{S,\ NaCl}$ 随着 $C_{F(干),\ KCl}$ 的增大而减小、同时 $Y_{原,\ Car}$ 和 $W_{单,\ Car}$ 也是随着 $C_{F(干),\ KCl}$ 的增大而减小。

（2）当 $C_{F(干),\ KCl,\ min}=0.311\%$ 时，$C_{S,\ NaCl,\ max}=6.617\%$；当 $C_{F(干),\ KCl,\ max}=4.658\%$ 时，$C_{S,\ NaCl,\ min}=4.124\%$，而 $C_{F(干),\ KCl}=0.888\%$ 时，$C_{S,\ NaCl}=6.000\%$，因此，在 $C_{F(干),\ KCl}>0.888\%$ 时，兑卤固相中 NaCl 质量分数（%）$C_{S,\ NaCl}$ 一直小于 6.000%，此兑卤固相为低钠光卤石。

（3）当 $C_{F(干),\ KCl,\ min}=0.311\%$ 时，$Y_{原,\ Car,\ max}=58.876\%$；当 $C_{F(干),\ KCl,\ max}=4.658\%$ 时，$Y_{原,\ Car,\ min}=5.284\%$；而 $C_{F(干),\ KCl}=0.888\%$，$Y_{原,\ Car}\approx 44.971\%$。

（4）当 $C_{F(干),\ KCl,\ min}=0.311\%$ 时，$W_{单,\ Car,\ max}\approx 0.031$kg/kg；当 $C_{F(干),\ KCl,\ max}=4.658\%$ 时，$W_{单,\ Car,\ min}=0.004$kg/kg；而 $C_{F(干),\ KCl}=0.888\%$，$W_{单,\ Car}\approx 0.026$kg/kg。

通过以上分析，在 15℃下，以 $K=1.000$ 的兑卤比例，用 E 卤（对 NaCl、KCl、Car 三盐共饱）与不同组成的 F 卤（对 NaCl、Car 两盐共饱或同时对 NaCl、Car、Bis 三盐共饱）在“兑卤器”中进行兑卤，为了制得合格的低钠光卤石且低钠光卤石的产率及单位质量产量均要高，最佳老卤干基组成为 $C_{F(干),\ KCl}=0.888\%$（其具体组成可由相图读出相关数据，经换算组成如表 3-48 所示）。在实际生产中，当温度、兑卤比变化时，均可依照前述的方法进行分析及计算，以便确定 F 卤的最佳组成。

表 3-48 最佳老卤组成（15℃，$K=1.000$）

干基组成［g/100g（干盐）］				湿基质量分数 /%			
NaCl	KCl	$MgCl_2$	H_2O	NaCl	KCl	$MgCl_2$	H_2O
1.788	0.888	97.324	199.937	0.596	0.296	32.448	66.660

（三）温度对兑卤过程相关生产指标影响的相图分析及计算

1. 相图分析（25℃、15℃、0℃）

（1）原料 E 卤及 F 卤

1）E 卤的制备：在三种温度下，分别将“分解液”在盐田中调整至 E 点（对 NaCl、KCl 及 Car 三盐共饱）。E 卤的组成如表 3-49 所示。

表 3–49　E 卤组成

成　分		NaCl	KCl	$MgCl_2$	H_2O	总 干 盐
25℃	质量分数 /%	1.800	3.340	25.860	69.000	31.000
	g/100g（干盐）	5.806	10.774	83.419	222.581	100.000
15℃	质量分数 /%	1.830	2.760	25.600	69.810	30.190
	g/100g（干盐）	6.062	9.142	84.796	231.236	100.000
0℃	质量分数 /%	1.900	2.300	25.050	70.750	29.250
	g/100g（干盐）	6.496	7.863	85.641	241.880	100.000

2）F 卤的制备：F 卤是在三种温度下，卤水制取含钠光卤石以后恰好对 Bis 也饱和的老卤（对 NaCl、Car 及 Bis 三盐共饱）。F 卤的组成如表 3-50 所示。

表 3–50　F 卤组成

成　分		NaCl	KCl	$MgCl_2$	H_2O	总 干 盐
25℃	质量分数 /%	0.350	0.110	35.400	64.140	35.860
	g/100g（干盐）	0.976	0.307	98.717	178.862	100.000
15℃	质量分数 /%	0.310	0.110	35.000	64.580	35.420
	g/100g（干盐）	0.875	0.311	98.814	182.326	100.000
0℃	质量分数 /%	0.350	0.110	34.300	65.240	34.760
	g/100g（干盐）	1.007	0.316	98.677	187.687	100.000

（2）兑卤比（指质量兑卤比）。兑卤时所选取的兑卤比（兑卤比以 K 表示，$K={W_F}/{W_E}$）如表 3-51 所示。

表 3–51　兑卤时所选取的兑卤比

序　号	1	2	3	4	5	6
兑 卤 比	5.000	2.500	1.500	1.000	0.400	0.200

（3）兑卤。按表 3-51 中的兑卤比，将三种温度下的 E 卤及 F 卤在“兑卤器”中分别进行兑卤，得到的系统点均为 M（M_2）。

（4）相图分析（图 3-25）。从相图上很容易看出，在三种温度下，E（E'）卤与 F（F'）卤按一定比例相兑后的系统点为均 M（M_2），此系统点在干基图中为 M，在水图中为 M_2。系

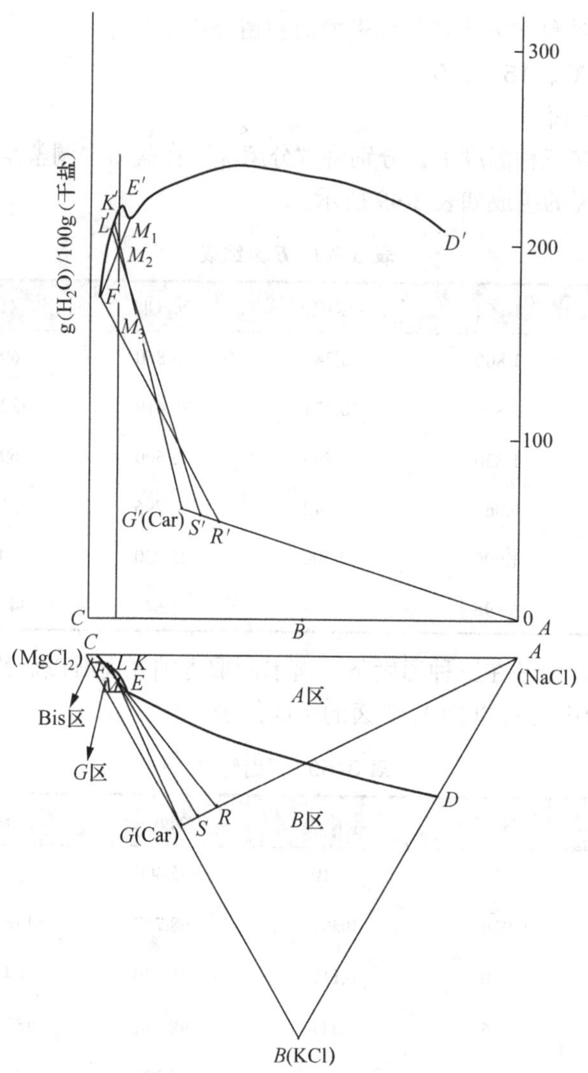

图 3-25 由盐湖的 E 卤及 F 卤制取光卤石的相图分析（25℃ /15℃ /0℃）

统点 M 落在了干基图的 Car 区，且水图中系统点 M_2 处在 M_1（M_1 是对 Car 和 NaCl 共饱，且恰好对 NaCl 饱和）与 M_3（M_3 是对 Car、NaCl、Bis 共饱，且恰好对 Bis 饱和）之间，在三种温度下，经过相图分析可知：E 卤及 F 卤以一定的比例相兑后，均可得兑卤固相 S（S'）及兑卤完成液 L（L'）。很显然 S（S'）是 Car 与 NaCl 的混合物。

这里要注意的是：固相 S（S'）及液相 L（L'）是通过"尝试逼近法"确定的。在"计算机"上运用"尝试逼近法"很容易且可较准确地找到液相点 L（L'）及兑卤固相点 S（S'）。

2. 量的计算

在此运用"杠杆规则法"，可以对三种温度的一定兑卤比下诸如兑卤固相质量、兑卤完成液质量、兑卤固相中 NaCl 质量分数、以原料卤为基准 Car 的产率以及单位质量原料卤所产生 Car 质量等生产指标逐一进行计算，计算结果如表 3-52 所示。

表 3-52 三种温度条件下兑卤生产指标计算列表

（*E* 卤及 *F* 卤均为三盐共饱卤，计算基准 *E* 卤均取 100.000kg）

兑卤比（W_F/W_E）		*E* 卤及 *F* 卤 KCl 质量 /kg	兑卤完成液质量 /kg	兑卤固相质量 / kg	兑卤固相中 NaCl 质量分数 /%	兑卤固相中 Car 质量 /kg	原料卤中 KCl 折合 Car 质量 /kg	以原料卤为基准 Car 的产率 /%	单位质量原料卤所产生 Car 质量 /（kg/kg）
25℃	5.000	3.8900	591.072	8.928	5.597	8.428300	14.489597	58.168	0.014
	2.500	3.6150	341.843	8.166	4.878	7.767663	13.465268	57.687	0.022
	1.500	3.5050	242.071	7.930	4.448	7.577274	13.055537	58.039	0.030
	1.000	3.4500	192.405	7.595	4.099	7.283681	12.850671	56.679	0.036
	0.400	3.3840	134.163	5.836	3.709	5.619543	13.604832	44.582	0.040
	0.200	3.3620	116.338	3.663	3.271	3.543183	12.522886	28.294	0.030
15℃	5.000	3.3100	591.178	8.827	6.481	8.254922	12.329195	66.954	0.014
	2.500	3.0350	342.171	7.837	6.547	7.323912	11.304866	64.785	0.021
	1.500	2.9250	242.855	7.139	6.800	6.653548	10.895134	61.069	0.027
	1.000	2.8700	193.259	6.740	6.617	6.294014	10.690268	58.876	0.031
	0.400	2.8040	134.938	5.059	5.911	4.759963	10.444430	45.574	0.034
	0.200	2.7820	116.707	3.291	5.518	3.109403	10.362483	30.006	0.026
0℃	5.000	2.8500	592.466	7.528	10.726	6.720547	10.615772	63.307	0.011
	2.500	2.5750	342.929	7.063	11.018	6.284799	9.591443	65.525	0.018
	1.500	2.4650	243.188	6.811	9.897	6.136915	9.181711	66.838	0.025
	1.000	2.4100	193.531	6.466	8.897	5.890720	8.976846	65.621	0.029
	0.400	2.3440	135.029	4.969	7.267	4.607903	8.731007	52.776	0.033
	0.200	2.3220	116.819	3.179	5.485	3.004632	8.649060	34.739	0.025

3. 作图

依照表 3-52 中的数据，以兑卤比 K 为横坐标，分别以三种温度下兑卤固相中 NaCl 质量分数（%）$C_{S,\ NaCl}$ 为纵坐标作图，见图 3-26，以原料卤为基准 Car 的产率 $Y_{原,\ Car}$（%）为纵坐标作图，见图 3-27，以单位质量原料卤所产生 Car 质量 $W_{单,\ Car}$（kg/kg）为纵坐标作图，见图 3-28。

4. 结论

在兑卤比 $0.200 \leqslant K \leqslant 5.000$ 的范围内：

（1）由图 3-26 可以看出：要制取低钠光卤石，若在 25℃下生产，兑卤固相物中 $C_{S,\ NaCl}$ 一直小于 6.000%；在 15℃和 0℃下生产，若要兑卤固相物中 $C_{S,\ NaCl}$ 一直小于 6.000%，则兑卤比分别要 $K_{15}<0.466$，$K_0<0.264$。

（2）由图 3-27 可以看出：要生产低钠光卤石，在 15℃下生产，$Y_{原,\ Car,\ max} \approx 48.560\%$；在 0℃下生产，$Y_{原,\ Car,\ max} \approx 41.930\%$；而在 25℃下生产，当兑卤比 $0.670 \leqslant K \leqslant 1.500$ 时，以原料卤为基准 Car 的产率（%）随着兑卤比的增大而增大，此时 $51.895\% \leqslant Y_{原,\ Car} \leqslant 58.039\%$。

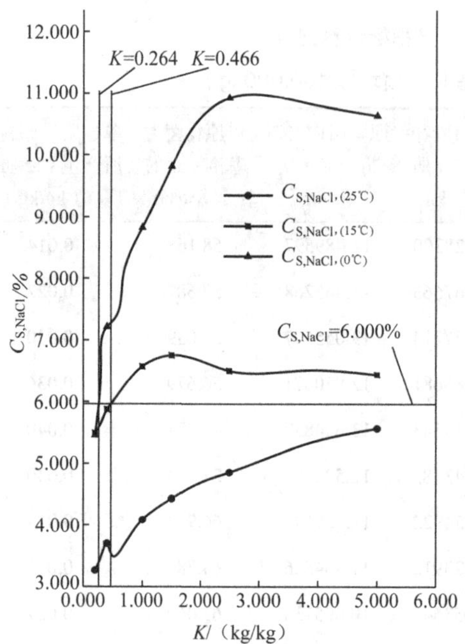

图 3-26　不同兑卤比与兑卤固相中 NaCl 质量分数关系图

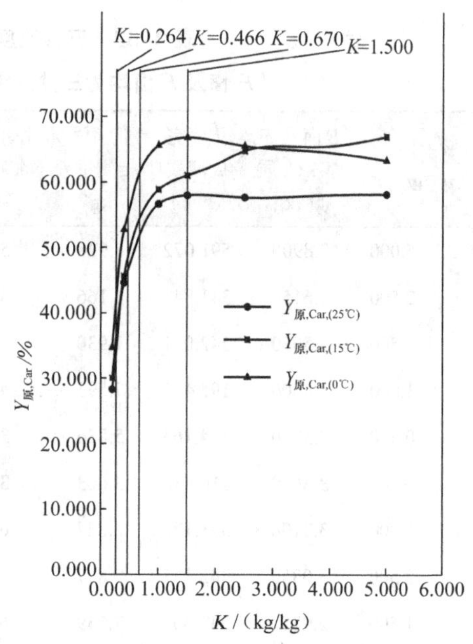

图 3-27　不同兑卤比与以原料卤为基准 Car 的产率关系图

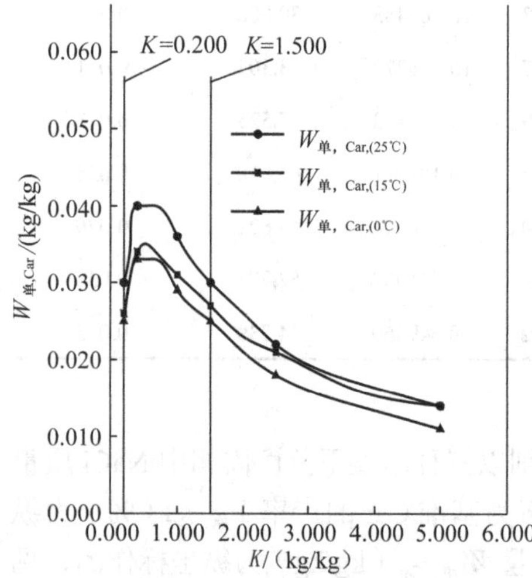

图 3-28　不同兑卤比与单位质量原料卤所产生 Car 质量关系图

（3）由图 3-28 可以看出：在三种温度下，$0.200 \leqslant K \leqslant 1.500$ 范围内，当兑卤比相同时，25℃下的 $W_{单,Car}$ 是最大的。

通过以上分析可知：以三种温度下各自的三盐共饱卤 E 卤及 F 卤在“兑卤器”中进行兑卤，来制取合格的低钠光卤石时，无论是 $Y_{原,Car}$，还是 $W_{单,Car}$，都以 25℃为最佳。这就告诉我们，在常温下兑卤生产低钠光卤石，我们应尽量选取较高温度来进行兑卤操作。

3.6.2　由低钠光卤石制取氯化钾冷分解结晶机理

此部分内容，参见本章“3.5.3　以含钠光卤石用‘反浮选—冷结晶法’生产氯化钾”。

3.6.3　“兑卤法”生产氯化钾物料衡算

采用“杠杆规则法”，借助相关软件绘制相图对“兑卤法”生产氯化钾进行全工艺过程的物料衡算，计算过程直观快捷，结果准确。

一、“兑卤法” KCl 生产过程

（一）E 卤及 F 卤组成

分别在 E 卤盐田和 F 卤盐田对分解洗涤母液，和兑卤完成液进行摊晒，得到 E 卤和 F

卤。E 卤和 F 卤组成如表 3-53 所示。

表 3-53 E 卤和 F 卤组成（25℃，略去 $MgSO_4$ 及 $CaSO_4$ 等杂质，质量分数 /%）

成 分	NaCl	KCl	$MgCl_2$	H_2O
E 卤	1.80	3.34	25.86	69.00
F 卤	0.35	0.11	35.40	64.14

（二）生产工艺参数

（1）温度：25℃；

（2）低钠光卤石浓密机底流含固率：50%；

（3）氯化钾浓密机底流含固率：30%；

（4）低钠光卤石离心机分离后低钠光卤石自由水含量：6%；

（5）氯化钾离心机分离后湿产品自由水含量：6%；

（6）干燥后产品含自由水：2%；

（7）兑卤质量（湿基）比：$W_F : W_E = 1.23 : 1.00$；

（8）兑卤器底流含固率为：4.25%；

（9）E 点及 F 点盐田摊晒池的母液渗透率：3.5%；

（10）E 点及 F 点盐田摊晒池固相盐夹带母液量：25%。

（三）工艺流程图

工艺流程图如图 3-29 所示。

为了书写方便，图中采用省略表达形式，特作如下说明：

E 卤蒸水—E 卤池蒸发水；夹带 E 卤—钾石盐夹带 E 卤；浮选分洗液 O—浮选厂分解洗涤液 O；F 卤蒸水—F 卤池蒸发水；夹带 F 卤—含钠光卤石夹带 F 卤；HNG（J）—含钠光卤石（J）；兑溢流 L—兑卤溢流液 L；兑底浆 S_1—兑卤底流浆料 S_1；DNG 浓溢流 L—低钠光卤石浓密溢流液 L（DNG 指低钠光卤石）；DNG 浓底浆 S_2—低钠光卤石浓密底流浆料 S_2；DNG 离分离液 L—低钠光卤石离心分离液 L；DNG 离分离固 H—低钠光卤石离心分离湿固相 H；分洗浆 H—分解洗涤浆料 H；KCl 浓溢流 O—氯化钾浓密溢流液 O；KCl 离分离液 O—氯化钾离心分离液 O；产品 P—产品氯化钾 P。

（四）相图分析（干基图中）

如图 3-30 所示，由于版面的限制，在此仅给出了干基图，且给出的干基图为示意图。

第一阶段：原料 E 卤及 F 卤的制备。原料 E 卤的制备：系统点 O（分解洗涤母液）经蒸发变为钾石盐 I 和 E 卤；原料 F 卤的制备：系统点 L（兑卤完成液）经蒸发变为含钠光卤石 J 和 F 卤。

第二阶段：兑卤。按规定兑卤比在兑卤器中进行兑卤，兑卤后，系统点为 M，液相点为兑卤完成液 L，固相点为低钠光卤石 S。依据生产工艺参数，兑卤后，液相点为兑卤溢流液 L，固相点为兑卤底流浆料 S_1。

第三阶段：低钠光卤石浓密。系统点为 S_1，依据生产工艺参数，S_1 经浓密后，液相点为低钠光卤石浓密溢流液 L，固相点为低钠光卤石浓密底流浆料 S_2。

第四阶段：低钠光卤石离心分离。系统点为 S_2，依据生产工艺参数，S_2 经离心分离后，

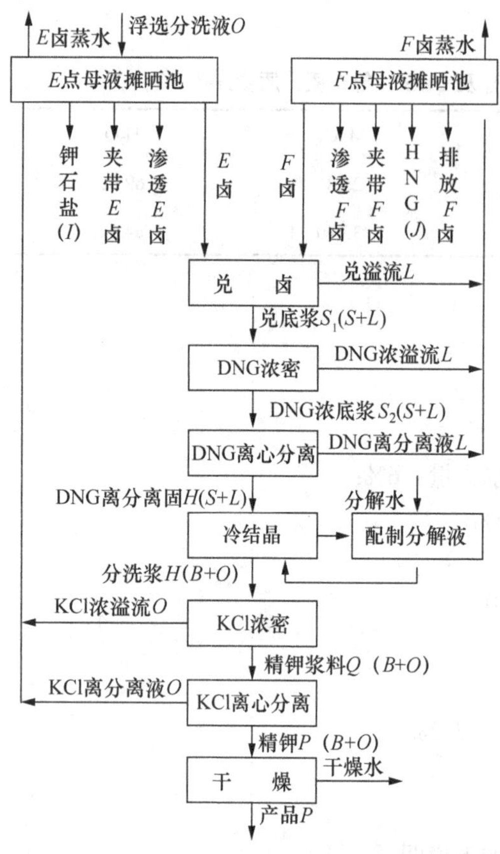

图 3-29 “兑卤法”生产氯化钾工艺流程图

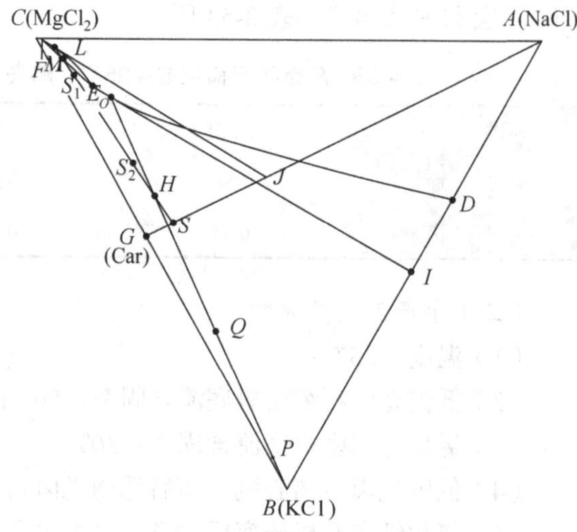

图 3-30 “兑卤法”生产氯化钾四元相图分析（25℃）

液相点为低钠光卤石离心分离液 L，固相点为低钠光卤石离心分离湿固相 H。

第五阶段：冷结晶－洗涤。系统点为 H，依据生产工艺参数，H 经冷结晶－洗涤后，系统点仍为 H，但此时系统点 H 代表分解洗涤浆料，液相点为分解洗涤母液 O，固相点为纯氯化钾 B。

第六阶段：氯化钾浓密。系统点为 H，依据生产工艺参数，H 经氯化钾浓密后，液相点为氯化钾浓密溢流液 O，固相点为精钾浆料 Q。

第七阶段：氯化钾离心分离。系统点为 Q，依据生产工艺参数，Q 经离心分离后，液相点为氯化钾离心分离液 O，固相点为精钾 P。

第八阶段：干燥。系统点 P（精钾）经干燥后，系统点仍为 P，但此时 P 代表产品点。

二、“兑卤法”生产 KCl 物料衡算

（一）各物料点组成

从相图中首先查得各物料的干基组成，经换算各物料的湿基组成如表 3-54 所示。

表 3-54 “兑卤法”生产氯化钾相关各物料湿基组成（25℃，兑卤比为 1.23）

成分	干基组成 / [g/100g（干盐）]				湿基质量分数 /%			
	NaCl	KCl	$MgCl_2$	H_2O	NaCl	KCl	$MgCl_2$	H_2O
原料 E 卤	5.81	10.77	83.42	222.58	1.80	3.34	25.86	69.00
原料 F 卤	0.98	0.31	98.72	178.86	0.35	0.11	35.40	64.14
DNG S	6.75	40.99	52.26	59.42	4.24	25.71	32.78	37.27
兑卤完成液 L	2.71	2.10	95.19	206.47	0.88	0.69	31.06	67.37
兑底浆 S_1	3.03	5.16	91.82	194.91	1.03	1.75	31.13	66.09

续表

成　分	干基组成 / [g/100g（干盐）]				湿基质量分数 /%			
	NaCl	KCl	$MgCl_2$	H_2O	NaCl	KCl	$MgCl_2$	H_2O
DNG 浓底浆 S_2	5.37	27.68	66.95	109.73	2.56	13.20	31.92	52.32
DNG 离分离固 H	6.56	39.10	54.34	66.53	3.94	23.48	33.63	39.95
分洗浆 H	6.56	39.10	54.34	166.96	2.46	14.65	20.36	62.54
分解洗涤母液 O	9.26	13.98	76.76	235.84	2.76	4.16	22.86	70.22
精钾浆料 Q	3.80	64.74	31.47	96.68	1.93	32.91	16.00	49.16
钾石盐 I	49.09	50.91	0.00	0.00	49.09	50.91	0.00	0.00
HNG J	30.27	30.65	39.08	44.43	20.96	21.22	27.06	30.76
精钾 P	0.25	97.67	2.08	6.38	0.24	91.81	1.95	6.00
产品 P	0.25	97.67	2.08	2.04	0.25	95.72	2.04	2.00

（二）物料衡算

结合图 3-29 和图 3-30，因为兑卤比为 1.23，所以以 100.00kg E 卤（其干盐量为 e=31.00kg）为计算基准，此时 F 卤量为 123kg（其干盐量为 f=44.11kg），用“杠杆规则法”进行计算。物料衡算结果如图 3-31 所示。

三、结论

（1）物料衡算对“兑卤法”生产氯化钾过程有重要的指导意义。它既可以确定出原料（浮选厂分解洗涤液）和辅助原料（水）单耗指标，也可以揭示物料的浪费和生产过程的反常现象，从而帮助找出改进措施，提高成品率及减少副产品（老卤）排放量。

（2）采用相关软件，在相图上准确地表示出“兑卤法”生产氯化钾整个过程的物料组成点，再运用“杠杆规则法”进行物料衡算，计算过程直观快捷，结果准确。

（3）计算出的分解洗涤（冷结晶 - 洗涤法）加水量为最佳加水量。分解洗涤过程是一次完成的，此加水量是使低钠光卤石中的光卤石恰好完全分解，且使粗钾当中的氯化钠恰好溶尽的最少水量，这样即可保证本工序无氯化钾溶损。

3.7　用“热溶解 - 冷结晶法”从钾石盐中制取氯化钾

钾石盐的主要成分是氯化钾和氯化钠。在察尔汗盐湖，以浮选法生产氯化钾过程中产生的尾盐矿为原料，经洗涤、过滤和摊晒，即可获得钾石盐，用“热溶解 - 冷结晶法”可从钾石盐中提取氯化钾。较优的钾石盐含 KCl 约为 30%。我国思茅钾石盐矿品位低，含 K_2O 平均为 6%。

很显然以钾石盐为原料来制取氯化钾属于三元体系，那么从钾石盐中提取 KCl 则应运用 KCl—NaCl—H_2O 三元体系相图来进行讨论。

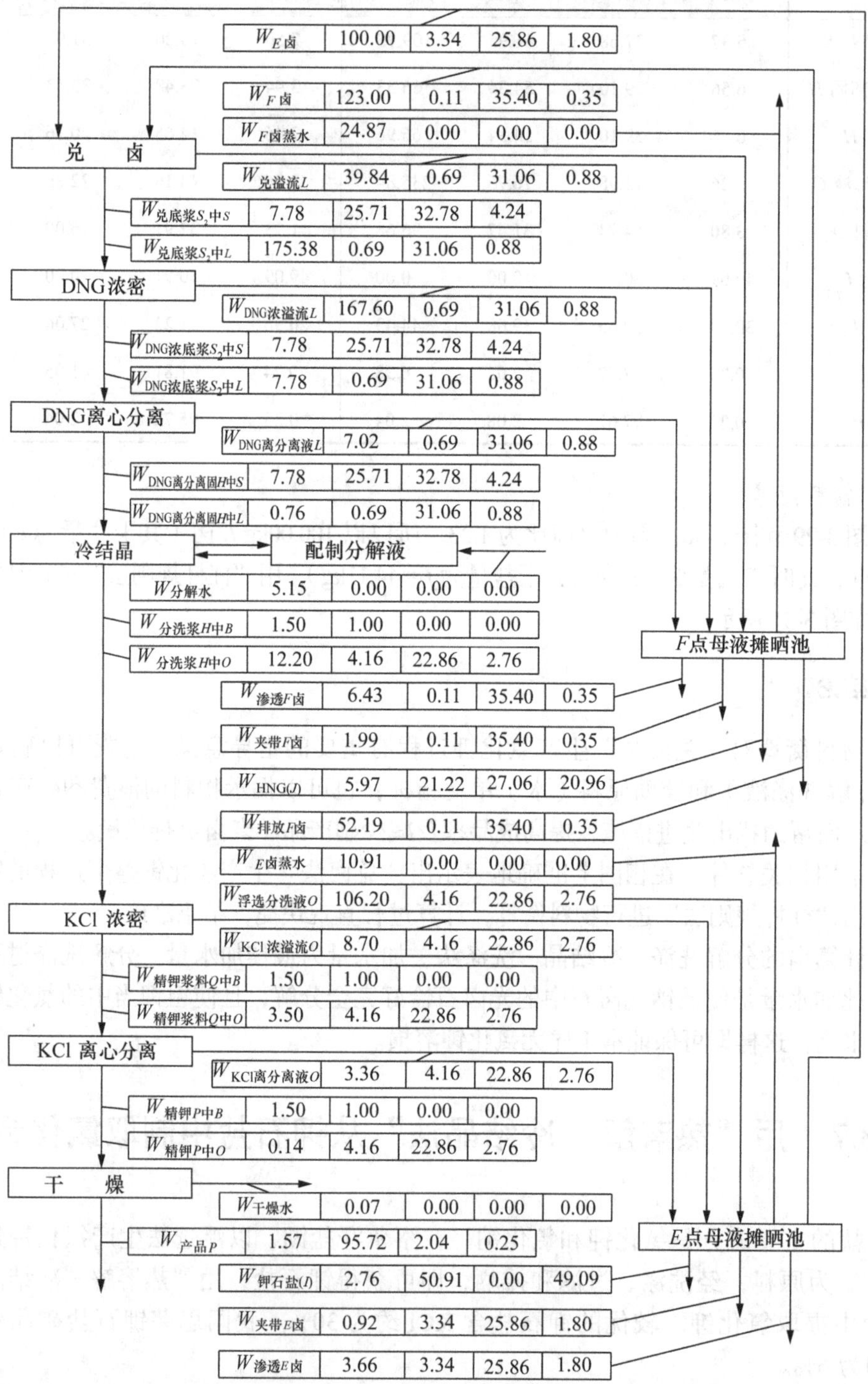

图 3-31 “兑卤法”氯化钾生产工艺数量与质量流程图

“热溶解－冷结晶法”是根据 NaCl 和 KCl 在水中的溶解度随温度变化规律不同而将两者分开的。在 KCl、NaCl 两盐共饱溶液中，NaCl 的溶解度随温度的变化不大，而 KCl 的溶解度随着温度的升高（或降低）要明显增大（减小），故可以在高温时加适量的水使钾石盐的 KCl 全部溶解，而 NaCl 则有相当数量不能溶解，这样便可将 NaCl 分离开，母液冷却到低温时，KCl 便可析出。在图 3-32 中，表示的是 KCl-NaCl-H_2O 系统在 25℃、100℃下的相图。图中：E_1 及 E_2 分别为 100 ℃、25 ℃的 KCl、NaCl 二盐共饱点，M 点为钾石盐的组成点，在 100℃时加水至 N 点，KCl 全部溶解于液相 E_1 中，分离出固相 NaCl 后，E_1 处于 25 ℃时 KCl 的结晶区内，故母液 E_1 冷却到 25 ℃时便有大量 KCl 析出，分离后固相为 KCl，液相点为 L，分离出 KCl，把母液 L 重新加热到 100℃。

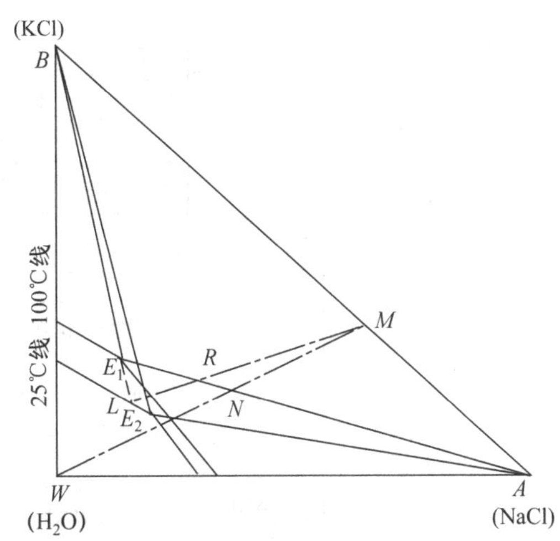

图 3-32　钾石盐加工的相图分析

在 100 ℃时，L 点对 KCl、NaCl 均不饱和，可以用液相 L 里的水代替水用来溶浸钾石盐，控制适当的量，可以使 M 与 L 配料点为 R。

分离 NaCl 固相后，又得到母液 E_1，开始新的循环过程——实际上构成了 R—E_1—L—R 的循环操作过程。

根据上述分析，可以拟定出从钾石盐中提取 KCl 的方案如下：

向钾石盐中加冷却结晶后的 KCl 母液，并加热至 100℃，此时，氯化钾已全部转移至液相，而大部分氯化钠及少量的不溶物则保留在固相中，在此温度下固液分离，得到固相为 NaCl。液相进行冷却结晶，高温的氯化钾、氯化钠共饱液在低温 25℃相图上，处于氯化钾的结晶区域之内，所以，在降温后，就会有大量的氯化钾结晶析出（少量的氯化钠会伴随氯化钾一同析出），经分离，洗涤后得到 KCl 产品，析出 KCl 后的母液用于溶解钾石盐，如此循环生产。

如果钾石盐的溶解温度和氯化钾的结晶温度相差越大，则循环的产率越高，但溶解过程一般在常压下进行，由于受沸点的限制，故在 100～103℃之间。KCl 的结晶温度则视冷却水温度及结晶设备而定。

在循环过程中，钾石盐中所含的其他少量杂质盐类逐渐累积，使 NaCl-KCl-H_2O 系统的溶解度发生变化，从而影响 KCl 溶解和结晶的工艺条件。当杂质盐累积到一定程度后，就会使 KCl 产品的纯度下降，此时就应对 KCl 增加洗涤，当出现这一种情况时，就应该从系统中排出一部分 KCl 母液，依照母液中的杂质盐类成分，进行相应处理。

溶解结晶法的工艺流程示意图如图 3-33 所示。

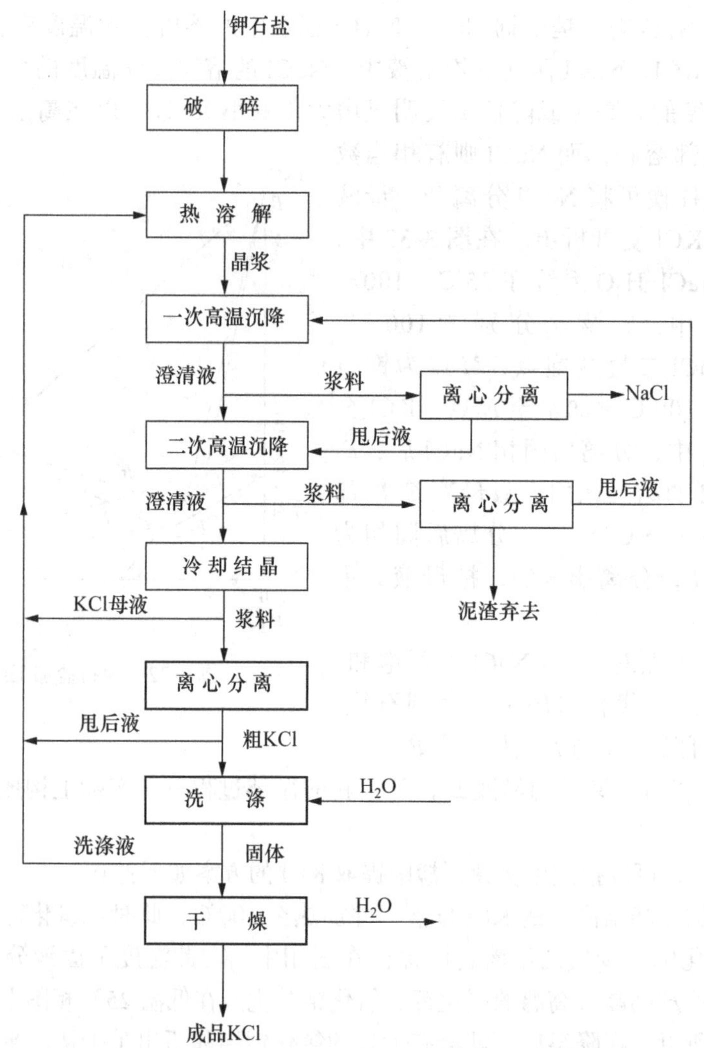

图 3-33 用溶解结晶法从钾石盐中制取氯化钾流程示意图

3.8 用苦卤经兑卤制取氯化钾

苦卤是在海水晒盐过程中最后得到的母液，随着水分的不断蒸发，KCl 得到富集，再经过复晒，一般含 KCl 浓度可达 20g/L 以上，是海水中 KCl 含量的 40 倍，我国每年生产的海盐在 3000 万吨以上，每产 1 吨原盐应排出 30 °Be′ 的苦卤 0.8m^3 左右，由于渗透和输送过程等损失，我国每年的苦卤产量约为 1500 万立方米，这是提取钾盐的重要资源。

3.8.1 苦卤中主要盐类的分离理论

苦卤中不仅含有丰富的钾盐，而且还含有很多种其他无机盐类，要想从苦卤中分离钾盐，必须利用钾盐的种种特性，来达到与其他盐类分离的目的。据有关资料介绍，主要的分离方法有无机沉淀法、有机沉淀法、离子交换法、电渗析法及蒸发浓缩法等，国内外真正用到生产上的只有蒸发浓缩法（兑卤法），其他方法均处于研究和实验阶段。为此先从理论上论证蒸发浓缩法生产氯化钾的可能性和可行性，并确定其原则性流程具有重要意义。

苦卤是一种含有多种无机盐的复杂溶液。由于这些盐类大都是强电解质，所以它们在苦卤中主要是以离子形式存在。这些盐类在苦卤中溶解度的大小，不仅受温度的影响，而且还要受溶质之间相互作用的影响，另外这些离子与水分子的亲和能力也不一样，因此，苦卤蒸发的析盐过程是个较复杂的过程。当苦卤蒸发到不同阶段时，各种盐类可能以单一的结晶析出。可能以各种复盐的形式结晶析出，也可能结合不同数目的水分子，以水合物的形式析出。如果我们不把结晶析出的盐类分离出来，在蒸发过程中有时它还会溶解而以另一种盐的形式重新结晶析出。对于这些复杂过程，用简单的溶解度概念进行分析是很不够的。目前用“相图”这一理论来分析这些复杂过程（或多种盐类的加水溶解过程），能很直观地反映问题，更便于我们分析问题和解决问题，但“相图”是研究平衡过程的，况且其数据还不齐全，因此我们在应用“相图”这一理论工具的同时，须重视生产实践和科学实验的结果。下面我们就分别应用相图理论和科学试验结果来探讨不同条件下，从苦卤中分离主要盐类的可能性，并确定其原则工艺流程。

一、苦卤中主要盐类分离的理论

苦卤中主要含有 NaCl、$MgSO_4$、KCl、$MgBr_2$ 及 $CaSO_4$ 等，因为 $MgBr_2$ 和 $CaSO_4$ 含量较低，为便于分析及简化问题，我们忽略这两种盐的含量，这时体系就变成了 Na^+，K^+，$Mg^{2+}//SO_4^{2-}$，Cl^-–H_2O 的五元交互体系。利用上述五元交互体系的平衡相图来分析苦卤在不同温度下蒸发时的析盐规律。例如，有一苦卤的组成如表 3-55 所示，换算成耶内克指数，如表 3-56 所示。

表 3–55　苦卤的组成

波美度 / °Be′	密度 ρ/（kg/m^3）	化学组成 /（kg/m^3）				
		NaCl	KCl	$MgCl_2$	$MgSO_4$	H_2O
30.6	1266	96.62	22.54	179.55	79.58	887.71

表 3–56　苦卤的组成——用耶内克指数表示

单　位 / 离子名称	K_2^{2+}	Mg^{2+}	SO_4^{2-}	Na_2^{2+}	H_2O
mol 离子 /（$K_2^{2+}+Mg^{2+}+SO_4^{2-}=$100mol 离子）	4.50	75.8	19.70	24.59	1469

（一）苦卤在低温等温蒸发过程的析盐规律

将此系统点标绘在 0℃的五元平衡相图上，进行等温蒸发，如图 3-34 所示，系统点为 *M* 点，处在 NaCl、$MgSO_4\cdot7H_2O$ 共饱面区域内。

（1）苦卤是析出 NaCl 后的母液，在低温下对 NaCl 饱和，故蒸发的第一阶段是 NaCl 继续析出，在简化干基图上反映不出这一阶段。

（2）从 *M* 点的位置判定，第二个饱和的固相是 Eps（$MgSO_4\cdot7H_2O$），第二阶段是 NaCl、Eps 共析，固相点为 *S*，液相沿过程向量的方向为 $M\rightarrow L$。

（3）*L* 是液相线 OE_2 上的一点，从 OE_2 线上的过程向量分析可知，第三阶段是 NaCl、$MgSO_4\cdot7H_2O$、KCl 三盐共析，液相沿共饱线从 *L* 向 E_2 运动，总固相沿 *SA* 连线移动，当液

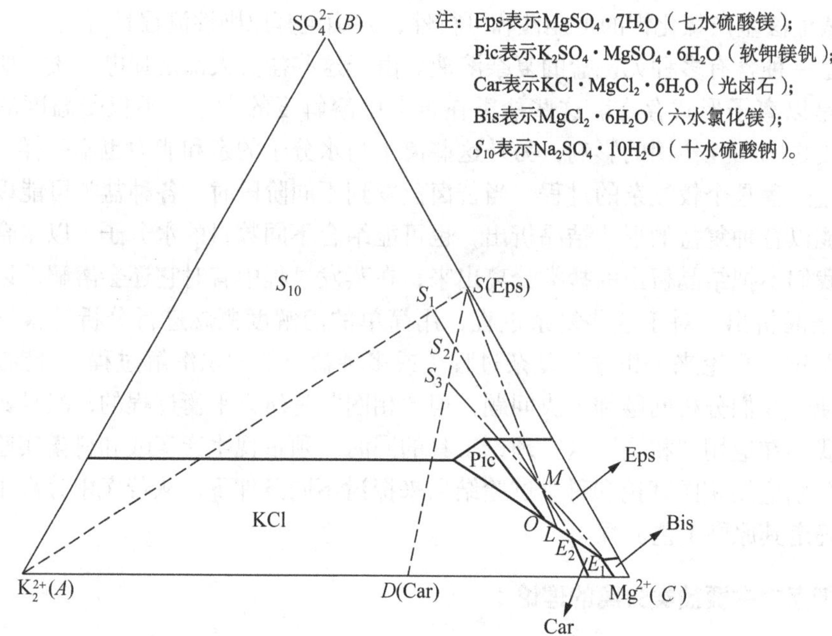

图 3-34 苦卤 0℃等温蒸发析盐规律分析

相到达 E_2 点时，固相到 S_1 点。

（4）E_2 点为四固（KCl、NaCl、$MgSO_4 \cdot 7H_2O$、Car）一液平衡点，且是不相称零变点，蒸发时必然有固相要溶解，由过程向量分析法可知：KCl 溶解，Car 和 $MgSO_4 \cdot 7H_2O$ 析出，此时溶液点在 E_2 点不动，固相点在 S_1S_2 连线上移动，当固相点到达 S_2 时，KCl 全部溶完。

（5）E_2E_1 为 NaCl、$MgSO_4 \cdot 7H_2O$、Car 的共饱线，由过程向量分析可知，这一阶段为 NaCl、Car、$MgSO_4 \cdot 7H_2O$ 共析，液相点沿共饱线从 E_2 向 E_1 移动，总固相在 S_2D 连线上移动，当液相点到达 E_1 时，固相点到达 S_3。

（6）E_1 为 NaCl、$MgSO_4 \cdot 7H_2O$ 、Car、$MgCl_2 \cdot 6H_2O$ 四固一液平衡点，且是相称零变点，在这一过程中，NaCl、$MgSO_4 \cdot 7H_2O$ 、Car、$MgCl_2 \cdot 6H_2O$ 共析，液相点在 E_1 点不动，并在 E_1 点蒸干，固相点由 S_3 移到 M，并与系统点重合。

整个低温蒸发过程如表 3-57 所示。

表 3–57 0℃时苦卤等温蒸发析盐规律

蒸发阶段	一	二	三	四	五	六
系统点	M	M	M	M	M	M
液相点	M	$M \longrightarrow L$	$L \longrightarrow E_2$	E_2	$E_2 \longrightarrow E_1$	$E_1 \longrightarrow$消失
固相点	—	S	$S \longrightarrow S_1$	$S_1 \longrightarrow S_2$	$S_2 \longrightarrow S_3$	$S_3 \longrightarrow$ M
过程情况	NaCl 析出	NaCl＋Eps 析出	NaCl＋Eps＋KCl 析出	NaCl＋Eps＋Car 析出，KCl 溶解直至溶完	NaCl＋Eps＋Car 析出	NaCl＋Eps＋Car＋Bis 析出

结论：苦卤在低温蒸发到某一阶段后，虽有 KCl 结晶析出（伴随着大量 NaCl 和

$MgSO_4 \cdot 7H_2O$ 析出)，继续蒸发时 KCl 溶解，苦卤中的 KCl 主要是以光卤石的形式析出。

（二）苦卤常温等温蒸发时的析盐规律

将此系统点标绘在 25℃的五元平衡相图上，看其在蒸发过程的析盐规律，图 3-35 绘出 25℃简化干基图的局部放大图。

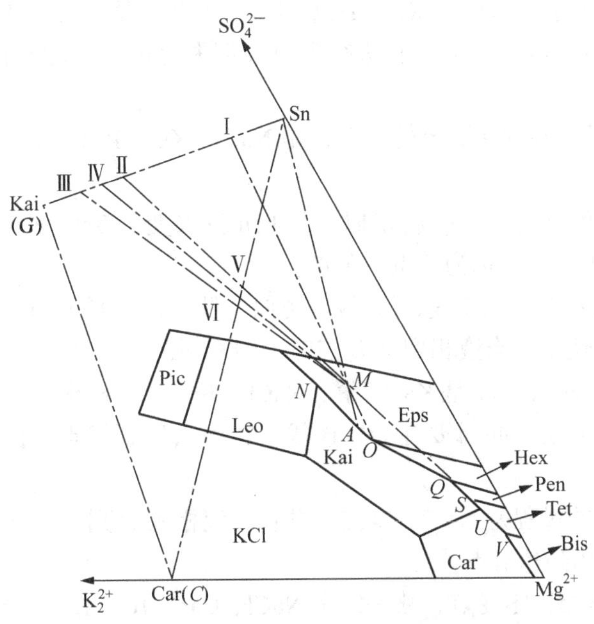

图 3-35　苦卤 25℃等温蒸发析盐规律分析

注：Kai 表示 $KCl \cdot MgSO_4 \cdot 3H_2O$（钾盐镁矾）;
Car 表示 $KCl \cdot MgCl_2 \cdot 6H_2O$（光卤石）;
Bis 表示 $MgCl_2 \cdot 6H_2O$（六水氯化镁）;
Leo 表示 $K_2SO_4 \cdot MgSO_4 \cdot 4H_2O$（钾镁矾）;
Pic 表示 $K_2SO_4 \cdot MgSO_4 \cdot 6H_2O$（软钾镁矾）;
Eps 表示 $MgSO_4 \cdot 7H_2O$;
Hex 表示 $MgSO_4 \cdot 6H_2O$;
Pen 表示 $MgSO_4 \cdot 5H_2O$;
Tet 表示 $MgSO_4 \cdot 4H_2O$。

苦卤系统点标在图中为 *M* 点，处在 NaCl、Eps 共饱面区域内。

（1）苦卤在常温下对 NaCl 已饱和，故蒸发第一阶段 NaCl 应继续析出，在简化干基图上反映不出这一阶段。

（2）从 *M* 点的位置判断第二个饱和固相是 Eps，第二阶段是 NaCl、Eps 共析，固相点为 Sn，液相沿过程向量的方向从 *M* 至 *A*。

（3）*A* 是液相线 *NO* 上的一点，从 *NO* 线上的过程向量分析可知，第三阶段是 NaCl、Eps、Kai 共析，液相点沿液相线从 *A* 向 *O* 运动，总固相在 Sn*G* 连线上运动，当液相到达 *O* 点时，固相到 *I* 点。

（4）*O* 点是 NaCl、Eps、Kai、Hex 四盐共饱点，是第二种不相称零变点，蒸发时必有固相溶解。由于 Eps、Hex 的过程向量在一直线上，方向相反，已使向量和为零，其他向量即为多余，故在此发生的过程是 Eps 脱水变为 Hex，而 Kai、NaCl 不参与；在这一阶段中，液相点在 *O* 点不动，总固相既要在 Sn*G* 连线上，又要在 *MO* 线上，故在 I 点不动，过程一直进行到 Eps 全部转变为 Hex，消失一相，剩下 NaCl、Kai、Hex 三固相与液相平衡为止。

（5）*OQ* 线的平衡固相为 NaCl、Kai、Hex，由于固相点 Sn 及 *G* 在 *OQ* 线延长线的同一侧，故根据过程向量分析，蒸发时 Hex 溶解，NaCl 和 Kai 析出。液相从 *O* 点向 *Q* 点运动，总固相仍在 Sn、*G* 连线上运动，当液相到达 *Q* 时，总固相到达Ⅱ点。

（6）*Q* 点的平衡固相为 NaCl、Kai、Hex、Pen，其过程情况类似于 *O* 点，是 Hex 脱水变为 Pen，而 NaCl、Kai 不参与，并一直进行到 Hex 消失为止，过程中液、固相点均不动，仍分别为 *Q* 及Ⅱ点。

（7）*QS* 线上的过程与 *NO* 线上的类似，是 NaCl、Kai、Pen 共析，液相从 *Q* 到 *S*，固相从Ⅱ到Ⅲ点。

（8）*S* 点上的过程又与 *O*、*Q* 点相似，是 Pen 脱水变为 Tet，NaCl、Kai 不参与，直到 Pen 消失，液相点、固相点分别为 *S* 点、Ⅲ点。

（9）*SU* 线上的过程又与 *NO* 线、*QS* 线上类似，是 NaCl、Kai、Tet 共析，液相从 *S* 到 *U*，固相还在 Sn*G* 连线上运动，当液相到达 *U* 点时，固相到Ⅳ点。

（10）*U* 点的过程向量判断是 Kai 溶解，NaCl、Tet、Car 析出，液相点在 *U* 点不动，固相点应在△ Sn*GC* 上运动，同时要在 *UM* 连线上，即从Ⅳ到Ⅴ点。固相到达Ⅴ点时，说明 Kai 已溶完。

（11）在 *UV* 线上的过程是 NaCl、Tet、Car 共析，液相从 *U* 到 *V*，固相在 Sn*C* 连线上运动，当液相到达 *V* 时，固相到达Ⅵ点。

（12）由于 *V* 点是相称零变点，故一定是 NaCl、Car、Tet、Bis 共同析出，液相在 *V* 点不动，并一定在这一点蒸干，固相点由Ⅵ向 *M* 移动，与系统点重合。

整个苦卤常温蒸发过程如表 3-58 所示。

表 3-58 苦卤常温蒸发过程析盐规律（25℃）

阶段	系统点	液相点	固相点	过程情况
一	*M*	*M*	—	NaCl 析出
二	*M*	*M* 至 *A*	Sn	NaCl、Eps 共析
三	*M*	*A* 至 *O*	Sn 至Ⅰ	NaCl、Eps、Kai 共析
四	*M*	*O*	Ⅰ	Eps 脱水变为 Hex，NaCl、Kai 不参与直至 Eps 消失
五	*M*	*O* 至 *Q*	Ⅰ至Ⅱ	Hex 溶解，NaCl、Kai 析出
六	*M*	*Q*	Ⅱ	Hex 脱水变为 Pen，NaCl、Kai 不参与直至 Hex 消失
七	*M*	*Q* 至 *S*	Ⅱ至Ⅲ	NaCl、Kai、Pen 共析
八	*M*	*S*	Ⅲ	Pen 脱水变为 Tet，NaCl、Kai 不参与直至 Pen 消失
九	*M*	*S* 至 *U*	Ⅲ至Ⅳ	NaCl、Kai、Tet 共析
十	*M*	*U*	Ⅳ至Ⅴ	Kai 溶解，NaCl、Tet、Car 析出直至 Kai 溶完
十一	*M*	*U* 至 *V*	Ⅴ至Ⅵ	NaCl、Tet、Car 析出
十二	*M*	*V*→消失	Ⅵ至 *M*	NaCl、Tet、Car、Bis 共析直至蒸干

结论：苦卤在常温蒸发时没有 KCl 析出，只有钾盐镁矾和光卤石两种含钾复盐析出，而且随着蒸发过程的继续进行，析出的钾盐镁矾又完全溶解。

（三）苦卤高温等温蒸发过程析盐规律

将此系统标绘在 110℃的五元平衡相图上，如图 3-36（局部图）所示，系统点为 *M*，处

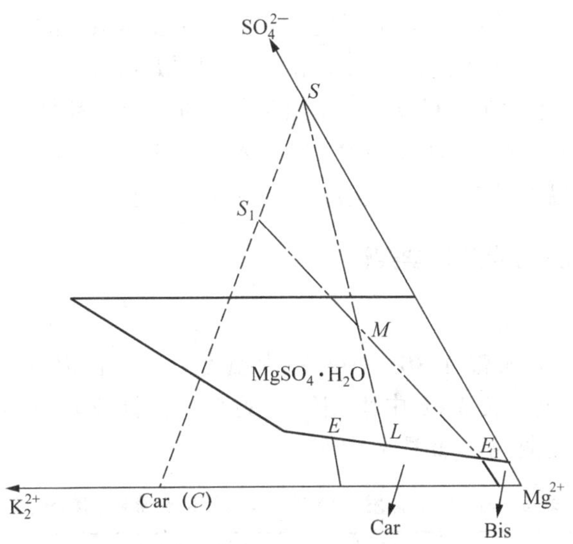

图 3-36 苦卤 110℃等温蒸发析盐规律分析

在 NaCl、$MgSO_4 \cdot H_2O$ 共饱面区域内。

(1)苦卤在高温下对 NaCl 已饱和，故蒸发第一阶段 NaCl 应继续析出，在简化干基图上反映不出这一阶段。

(2)从 M 点的位置判断第二个饱和固相是 $MgSO_4 \cdot H_2O$，第二阶段是 NaCl、$MgSO_4 \cdot H_2O$ 共析，固相点为 S，液相沿过程向量的方向从 M 至 L。

(3)L 是液相线 EE_1 上的一点，从 EE_1 线上的过程向量分析可知，第三阶段是 NaCl、$MgSO_4 \cdot H_2O$、Car 共析，液相点沿液相线从 L 向 E_1 运动，总固相在 SC 连线上运动，当液相到达 E_1 点时，固相到 S_1 点。

(4)由于 E_1 点是相称零变点，故一定是 NaCl、$MgSO_4 \cdot H_2O$、Car、Bis 共同析出，液相在 E_1 点不动，并一定在这一点蒸干，固相点由 S_1 向 M 移动，与系统点重合。

整个高温蒸发过程如表 3-59 所示。

表 3-59 苦卤高温蒸发过程析盐规律(110℃)

阶段	系统点	液相点	固相点	过程情况
一	M	M	—	NaCl 析出
二	M	M 至 L	S	NaCl、$MgSO_4 \cdot H_2O$ 共析
三	M	L 至 E_1	S 至 S_1	NaCl、$MgSO_4 \cdot H_2O$、Car 共析
四	M	E_1 →消失	S_1 至 M	NaCl、$MgSO_4 \cdot H_2O$、Car、Bis 共析至蒸干

结论：苦卤在高温等温蒸发过程中，没有 KCl 析出，只有 $KCl \cdot MgCl_2 \cdot 6H_2O$(Car)一种含钾复盐析出。

综上所述，据低温(0℃)、常温(25℃)以及高温(110℃)几种温度下的相图分析可知：

(1)在不同温度下进行等温蒸发，其析盐规律各不相同。

(2)KCl 只有在 0℃蒸发时与其他盐一起析出，而在其他情况下均以含钾复盐的形式析出，其复盐有 Kai、Car 两种，且最后都转化为光卤石。

值得指出的是，尽管我们没对其他温度下的五元交互体系相图（如 50℃、75℃及 100℃等）进行分析，但从这些相图上同样可以得出与以上相似的结论：

这些相图的共同点是 KCl 没有单独的析出阶段，都是以含钾复盐的形式析出，而且最后都转化成光卤石，蒸干时的固相都是由 NaCl、$MgSO_4 \cdot H_2O$、Car 及 $MgCl_2 \cdot 6H_2O$ 这四种盐所组成，因此对这几种温度下的等温蒸发过程不再一一进行分析了。

二、苦卤中主要盐类分离的科学实验

（一）苦卤常温蒸发实验

原轻工业部制盐研究所曾在 30～40℃室内温度下进行苦卤的常温蒸发实验，其结果列于表 3-60、表 3-61 中。表 3-60 中固相组成的水分为计算水分量，包括结晶水和游离水，将表 3-60 数据绘成曲线，如图 3-37 所示。

表 3-60 常温蒸发苦卤至不同浓度时分离的固相组成

蒸发母液 °Be′/℃	固相质量分数 /%				
	NaCl	$MgCl_2$	$MgSO_4$	KCl	H_2O
30/30	0	0	0	0	0
30.8/30	90.7	1.27	0.77	0.03	7.25
32.08/30	89.0	1.57	0.91	0.07	8.33
33.8/30	88.7	1.72	1.05	0.12	8.66
33.97/30	88.0	1.96	1.10	0.12	8.83
34.6/30.5	80.5	1.83	5.69	0.10	11.95
35.12/29.9	59.8	1.76	17.54	0.63	22.20
36.15/30.5	46.9	3.45	21.75	5.67	22.66
37.28/30	44.1	4.85	21.10	6.43	33.80
38.22/30	43.7	5.18	20.80	6.58	24.00
38.90/30	43.5	5.37	20.60	6.81	24.01

表 3-61 在 30～40℃常温下苦卤蒸发数据

蒸发母液		分离盐类后母液组成 /（g/L）				每段析出盐量 /g	析出盐类质量分数 /%				
°Be′/℃	体积 /L	NaCl	$MgCl_2$	$MgSO_4$	KCl		NaCl	$MgCl_2$	$MgSO_4$	KCl	H_2O
30/30	1.00	120.76	147.04	77.41	20.53	0	0	0	0	0	0
30.8/30	0.885	103.07	166.63	86.61	23.00	23.2	90.98	1.27	0.77	0.03	7.25
32.08/30	0.790	85.80	188.64	95.40	25.14	29.1	87.73	1.82	1.11	0.11	9.23
33.8/30	0.726	71.25	204.07	103.24	26.75	17.1	86.08	2.17	1.32	0.23	10.20
33.97/30	0.666	53.09	221.38	111.88	29.49	16.7	85.37	3.85	1.65	0.16	9.97
34.6/30.5	0.615	41.62	239.65	113.27	33.34	20.4	48.77	1.28	24.80	微	25.15
35.12/29.9	0.518	30.58	281.64	94.66	37.42	60.0	23.36	1.63	37.55	微	37.46
36.15/30.5	0.404	1.98	375.80	66.16	12.55	69.1	15.02	7.51	31.67	19.45	26.35
37.28/30	0.362	4.82	406.05	66.71	5.78	18.7	11.30	22.62	13.07	15.02	37.99
38.22/30	0.344	0.62	421.15	67.50	3.84	3.8	15.80	27.48	2.51	16.42	37.72
38.91/30	0.329	2.14	433.58	69.75	2.99	2.4	20.19	25.99	4.08	13.65	36.09

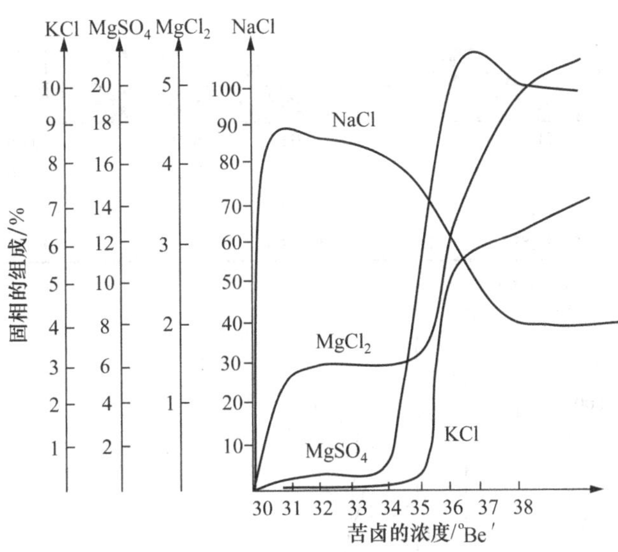

图 3-37　常温蒸发苦卤至不同浓度时分离出的固相组成

由表 3-60、表 3-61 和图 3-37 可以看出，苦卤蒸发至 34 °Be′以前为 NaCl 单独析出阶段，在 34～35.5 °Be′之间有大量 $MgSO_4$ 析出，在 35～36.2 °Be′之间有大量 KCl 析出，在 38.5～37.2 °Be′之间有大量 $MgCl_2$ 析出。由固相各种盐之间的相对比例可以看出，在 34～35.5 °Be′之间，$MgSO_4$ 是以 $MgSO_4 \cdot 7H_2O$ 的形式析出，在 35～35.5 °Be′之间，KCl 和 $MgSO_4$ 是以结合成 $KCl \cdot MgSO_4 \cdot 3H_2O$ 的形式析出，在 35.5～36.2 °Be′之间，KCl 是以 $KCl \cdot MgCl_2 \cdot 6H_2O$ 的形式析出，在蒸发到 37.28 °Be′时，原来析出的 $KCl \cdot MgSO_4 \cdot 3H_2O$ 已经溶解完了。

通过上面的分析可以看出，苦卤常温蒸发实验的析盐规律与用 25℃五元平衡相图分析的结果基本相符。

（二）苦卤高温蒸发实验

实验用原料苦卤 30.6 °Be′/30℃，其组成如下（单位：kg/m^3）；

KCl—22.54；　　NaCl—96.61；

$MgSO_4$—79.85；　　$MgCl_2$—179.64。

实验结果列于表 3-62，根据表 3-62 绘成的曲线如图 3-38 及图 3-39 所示。从表 3-62 和图 3-38、图 3-39 可以看出，苦卤在高温蒸发时，温度在 117℃以前主要析出 NaCl；117℃左右 $MgSO_4$ 开始饱和，117～121 ℃之间为 $MgSO_4$ 大量析出阶段；沸点在 121 ℃时，NaCl 和 $MgSO_4$ 的析出率在 80% 左右，沸点在 127℃时，NaCl 和 $MgSO_4$ 的析出率都已达到 90% 以上（即已充分析出）；沸点在 129℃左右时开始有钾盐析出。这一试验结果与前面用 110℃的五元平衡相图分析的结果基本相符。

表 3-62　苦卤高温蒸发液相组成

沸点 /℃	密度 /（kg/L）	高温液相组成 /（kg/m^3）				NaCl 析出率 /%	$MgSO_4$ 析出率 /%
		KCl	NaCl	$MgSO_4$	$MgCl_2$		
117	1.2909	33.89	66.59	107.22	266.43	53.88	8.20
119	1.3016	38.90	53.20	70.25	311.73	69.99	48.85
121	1.3064	44.83	32.93	36.87	360.91	82.91	76.84
123	1.3104	49.05	25.95	29.44	393.22	87.66	83.06

续表

沸点 /℃	密度 / (kg/L)	高温液相组成 / (kg/m³)				NaCl 析出率 /%	$MgSO_4$ 析出率 /%
		KCl	NaCl	$MgSO_4$	$MgCl_2$		
125	1.3139	51.89	22.08	20.03	419.79	90.09	89.11
127	1.3266	54.04	16.45	18.55	438.36	92.90	90.32
129	1.3321	56.26	15.17	11.48	456.34	93.75	94.27
131	1.3328	52.53	11.67	13.88	468.61	95.33	94.00

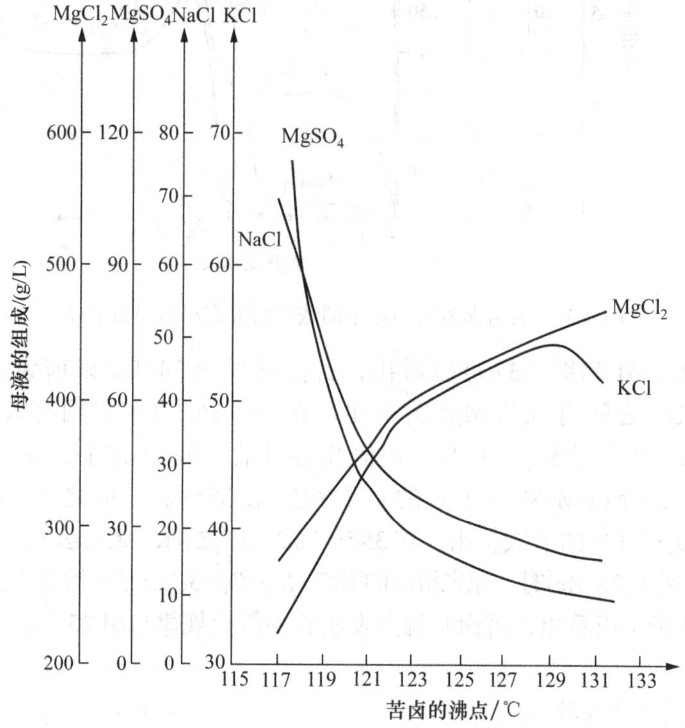

图 3-38 苦卤高温蒸发的沸点与母液的组成的关系

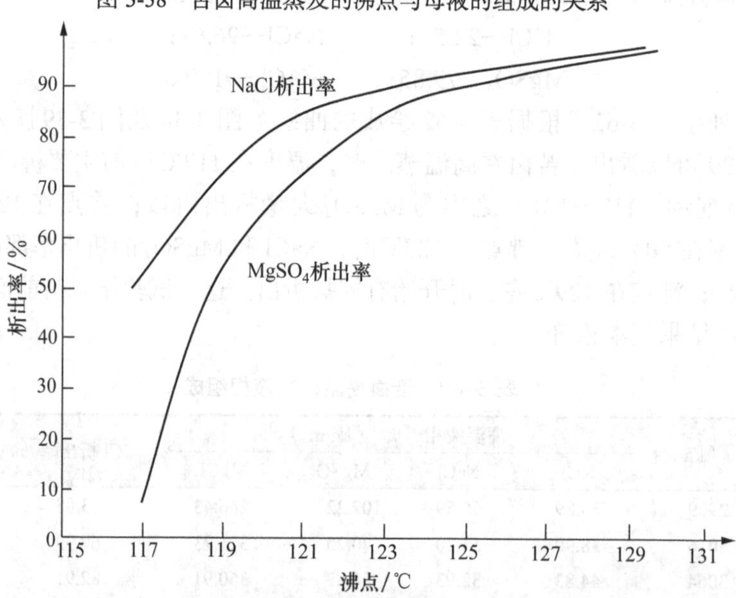

图 3-39 苦卤高温蒸发的沸点与 NaCl、$MgSO_4$ 析出率的关系

三、兑卤法生产 KCl 的原则流程的确定

通过相图分析和科学试验的分析，可以总结出以下几点：

（1）在苦卤的蒸发过程中，常温蒸发和高温蒸发时没有 KCl 的单独析出阶段，只有钾的复盐的（钾盐镁矾和光卤石）析出，低温蒸发时有 KCl 析出，但析出率很低，并且是与其他盐一起析出的，因此用低温蒸发的方法从苦卤中直接提取 KCl 是不可能的。

（2）在常温蒸发时，有钾盐镁矾和光卤石两种含钾复盐析出，KCl 的析出率平均在 80% 以上，因此这两种复盐有可能成为我们提取 KCl 的中间产品，那么选择哪一种更好呢？我们可以利用相图进行分析：这两种复盐都属于异成分复盐，对于钾盐镁矾（$KCl \cdot MgSO_4 \cdot 3H_2O$），我们利用 25℃时 K_2^{2+}，$Mg^{2+}//Cl_2^{2-}$，SO_4^{2-}–H_2O 四元交互相图来分析，如图 3-40 所示。

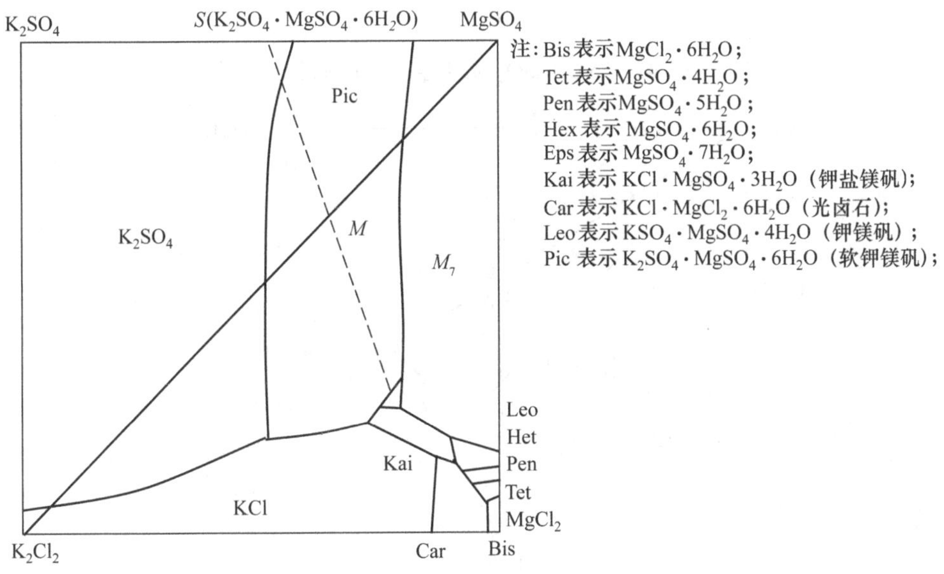

图 3-40　25℃时，K_2^{2+}，$Mg^{2+}//Cl_2^{2-}$，SO_4^{2-}-H_2O 溶液平衡相图

图中 M 点为钾盐镁矾的系统点，落在 Pic 的结晶区内，根据相图分析，当加水分解钾盐镁矾时，可得到大量的 $K_2SO_4 \cdot MgSO_4 \cdot 6H_2O$，而没有固相 KCl 析出，由于 $K_2SO_4 \cdot MgSO_4 \cdot 6H_2O$ 也是异成分复盐，加水分解时 K_2SO_4 结晶析出，其加水过程详见图 3-41（25℃ K_2SO_4–$MgSO_4$–H_2O 系统平衡相图），因而加水分解钾盐镁矾是不可能制取 KCl 的。

对于光卤石（$KCl \cdot MgCl_2 \cdot 6H_2O$），用 KCl–$MgCl_2$–$H_2O$ 系统相图进行分析可知：光卤石加水分解有大量 KCl 析出，详见图 3-42（25℃ KCl–$MgCl_2$–H_2O 系统平衡相图），故选择光卤石这种含钾复盐作为提取 KCl 的中间产品是适宜的。

（3）根据苦卤高温蒸发实验可以看出，在蒸发过程中，各种盐类析出有明显的阶段性，沸点在 117℃以前单独析出 NaCl，117～121℃之间为 $MgSO_4 \cdot H_2O$ 大量析出阶段，此阶段有 80% 以上 $MgSO_4$ 析出，121℃以后为 KCl、$MgCl_2$ 进一步浓缩的过程，129℃左右开始有钾盐析出，因此只要控制蒸发沸点在 121～129℃之间，并在钾盐析出前进行高温固液分离，这样

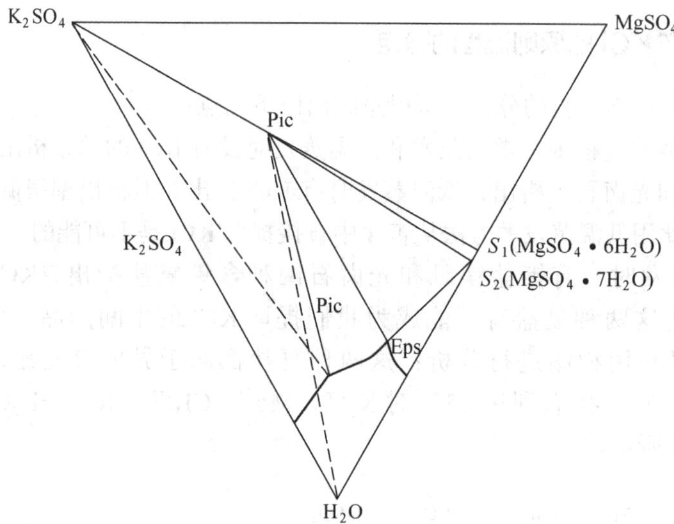

图 3-41　25℃ K_2SO_4-$MgSO_4$-H_2O 平衡相图

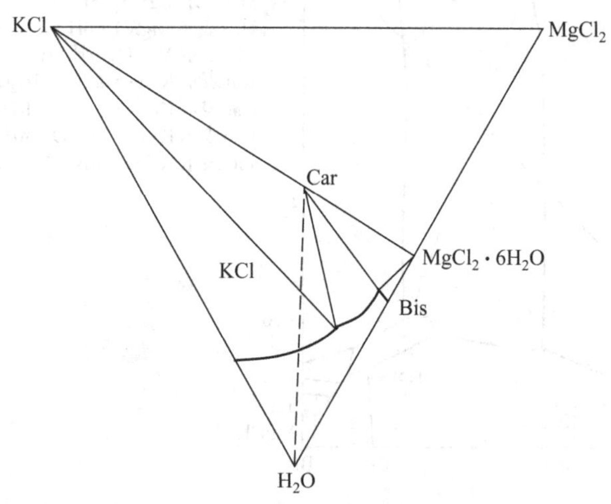

图 3-42　25℃ KCl-$MgCl_2$-H_2O 平衡相图

可以把绝大部分的固相 NaCl、$MgSO_4$ 分离出去，使 KCl 全部富集于母液中，再制取光卤石。

（4）把 25℃的五元相图与 110℃时的五元相图进行比较可以看出，在高温时，$MgSO_4$ 结晶区扩大，光卤石结晶区缩小，而在低温时恰恰相反，这一点也说明高温蒸发时对分离 $MgSO_4$ 等杂质盐类比低温蒸发更有利；另外利用低温时光卤石结晶区扩大这一特点，可以将苦卤在高温蒸发得到的清液进行冷却，必然有大量光卤石析出。

根据以上分析，不难看出用蒸发浓缩的方法自苦卤中提取 KCl 的原则性工艺流程：首先是将苦卤进行高温蒸发直至光卤石接近饱和时停止蒸发，进行高温固液分离，所得高温料液冷却至常温，再进行固液分离后便可得到大量的光卤石，经加水分解光卤石即可得到成品 KCl。

3.8.2　兑卤法生产氯化钾的工艺过程

以苦卤为原料，采用兑卤法生产氯化钾的工艺过程包括原料卤水的处理、兑卤、蒸发浓缩、保温沉降、冷却结晶、分解洗涤六个工序。其工艺流程框图如图 3-43 所示。

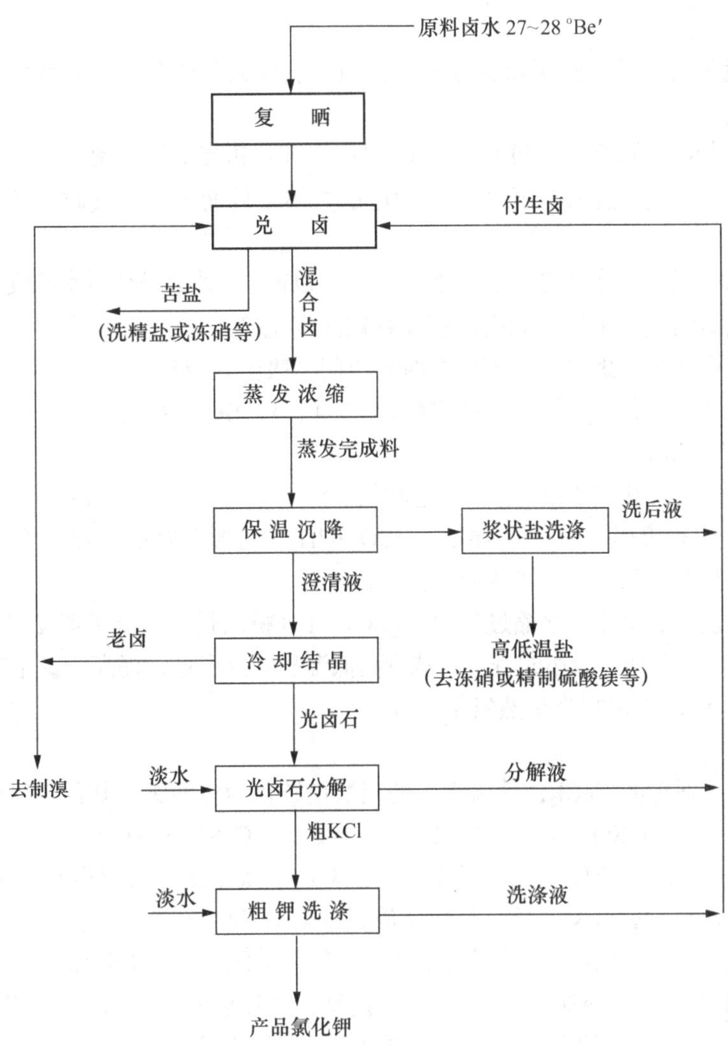

图 3-43 兑卤法生产氯化钾的工艺流程框图

一、原料卤水的处理

我们知道，用蒸发浓缩的方法从苦卤中提取氯化钾，首先是进行高温蒸发浓缩，先把大量的水分、NaCl 和 $MgSO_4$ 分离出去，母液再进行冷却析出光卤石。一般晒盐后的苦卤密度多在 28 °Be′左右，经明沟输送到化工厂附近时，稀释后，它的浓度一般为 26～27 °Be′，这种低浓度的卤水含有大量水分和 NaCl，故在高温蒸发过程中要蒸发大量的水分，燃料消耗很大，使其成本增高，而且在蒸发过程中要析出大量的固相盐类，使固液比高达 50%，使蒸发操作和固液分离很困难，同时在固液分离过程中不可避免地要带失大量的母液，从而使钾盐损失很大，为此各生产厂都非常重视原料卤水的处理。

原料卤水处理的主要目的是：提高苦卤的浓度，而杂质盐（如 NaCl 和 $MgSO_4$）含量尽量低些。

目前比较常用的方法有：盐田复晒、冷冻法及化学方法。

（一）苦卤的复晒

所谓复晒就是将盐田苦卤再重新输送到盐田，利用太阳能和风力来蒸发浓缩卤水，是一种经济而有效的方法。

实验证明，苦卤复晒终止浓度在 34 °Be′以内无钾盐析出。而且复晒浓度越高，氯化钠析出越充分。苦卤复晒终止浓度，可根据各地区的具体条件而定，如气候条件等，一般应考虑以下几个方面：

（1）在复晒过程不析出钾盐的情况下（34 °Be′以前），尽量提高卤水浓度。

（2）考虑当地的气候条件：如卤水蒸发系数的变化等。

（3）有利于保卤，考虑卤水浓度较高时，夜间有吸湿现象存在。

根据北方各地的经验，复晒终止浓度选择在 31～32 °Be′较好。

（二）冬季除硫酸镁

常温下，一般苦卤中的 $MgSO_4$ 是不饱和的。随着温度的降低，$MgSO_4$ 溶解度显著下降。当温度降低到一定程度时，$MgSO_4$ 便以 $MgSO_4 \cdot 7H_2O$ 的形式结晶析出，因而北方盐场利用冬季自然气温的降低，从苦卤中把 $MgSO_4$ 冻除。

冬季除硫酸镁，减少蒸发浓缩过程中 $MgSO_4 \cdot H_2O$ 析出量，降低了蒸发浓缩和高温固液分离过程中的固液比，有利于操作的进行，减少高低温盐的析出量，提高了氯化钾的回收率。

除掉 $MgSO_4 \cdot 7H_2O$ 也相当于蒸发了水分。

（三）化学法

在苦卤中添加适量的 $CaCl_2$，使卤水中的硫酸镁转化为硫酸钙，其化学反应式如下所述：

$$MgSO_4 + CaCl_2 + 2H_2O = MgCl_2 + CaSO_4 \cdot 2H_2O \downarrow$$

从反应式看出，用 $CaCl_2$ 处理，除掉了硫酸镁，增加了氯化镁，从而降低了 $MgSO_4/MgCl_2$ 质量分数的比值。提高 $MgCl_2/KCl$ 质量分数比值，结果可以少兑卤或不兑卤。

这种方法的缺点：在制钾的系统中，增加了钙离子，生成了浆状的 $CaSO_4 \cdot 2H_2O$，不易沉淀，对保温极不利，$CaSO_4$ 在蒸发时易结管垢，极难洗去，降低了蒸发罐的传热系数，$CaCl_2$ 的掺兑，增加了老卤的含钙量，使得“卤块”产品质量不纯。

二、兑卤

苦卤经复晒后，其浓度一般可达 30～33 °Be′左右，这种浓度的苦卤其 $MgCl_2/KCl$ 质量分数比值约为 7.7，$MgSO_4/MgCl_2$ 质量分数比值约为 0.45，虽然苦卤高温蒸发时，从五元平衡相图的理论分析和室内实验来看，在光卤石达到饱和以前均无其他钾盐析出，但在实际生产上，由于蒸发速度非常快，有的盐类来不及马上析出，所以系统中各项之间没有达到平衡状态，使得一些盐类呈介稳平衡状态，这样使苦卤高温蒸发的析盐规律发生变化，生产实践和科学实验证明，如不经兑卤，苦卤直接进行高温蒸发浓缩，在光卤石饱和前是有其他钾盐析出的（根据一些资料介绍认为是无水镁矾 $K_2SO_4 \cdot 2MgSO_4$），这种复盐混合于高低温盐中而使洗涤回收 KCl 后的高低温盐中含钾量仍为 25%，带失量占原料总钾量的 20%（正常情况高低温盐含钾量为 1.0% 以上，占总投入量的 8%～10%）。另一方面，未经兑卤的苦卤直接进行高温蒸发浓缩，其蒸发完成料的固液比高达 21%～27%，使生产操作很难进行，因此，不改变原料苦卤的组成在生产上是行不通的。

经科学实验得出蒸发浓缩过程钾盐析出与原料的 $MgCl_2/KCl$（质量分数比值）和

$MgSO_4$/ $MgCl_2$（质量分数比值）的关系如表 3-63 所示，绘成图如图 3-44 所示。

表 3-63　苦卤蒸发钾盐损失率与 $MgSO_4$/ $MgCl_2$ 和 $MgCl_2$/KCl 质量分数比值的关系

$\frac{MgSO_4}{MgCl_2}$ ＼ 钾的损失率 /% ＼ $\frac{MgCl_2}{KCl}$	0.15	0.25	0.4	0.6	0.8
25	—	—	—	—	0
16.68	—	—	—	—	8
14.29	—	—	—	0	—
12.5	—	—	—	—	8
10	—	—	0	10	16
9.09	—	0	—	—	—
8.33	0	—	8	—	—
6.67	12	9	52	49	—
5	—	41	—	69	—

由表和图可以看出苦卤组成点落在曲线上方，在高温蒸发时没有钾盐损失，若苦卤组成落在曲线下方，在高温蒸发时有钾盐损失，$MgCl_2$/KCl（质量分数比值）约为 7.7，$MgSO_4$/$MgCl_2$（质量分数比值）为 0.45 的苦卤组成标在图 3-44 上为 *P* 点，*P* 点落在曲线下方的有钾盐损失区，同样也证明如不改变其组成，直接进行高温蒸发必有钾盐损失，其损失量的大小因组成而异。

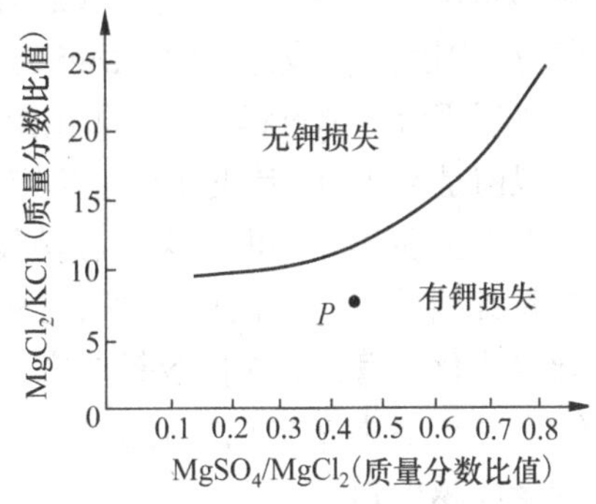

图 3-44　苦卤高温蒸发钾盐析出与 $MgSO_4$/$MgCl_2$（质量分数比值）和 $MgCl_2$/KCl（质量分数比值）的关系

如改变苦卤的组成，使其 $MgCl_2$/KCl 质量分数比值升高，$MgSO_4$/$MgCl_2$ 质量分数比值降低即可进入无钾损失区。

（一）兑卤的作用

兑卤是指苦卤、老卤以及生产过程中的循环液——副生卤（包括光卤石分解液、粗钾洗涤液、高低温盐洗涤回收液）互相掺兑的操作。

老卤是制钾后的母液，其中 NaCl、$MgSO_4$ 和 KCl 的含量都很低，而 $MgCl_2$ 的含量很高，一般在 440g/L 左右，因此，兑卤的实质就是增加苦卤中 $MgCl_2$ 的含量，兑卤有三个作用：

（1）原料苦卤中 NaCl 是饱和的，兑卤后苦卤中 $MgCl_2$ 的浓度提高了，相应的 Cl^- 浓度也提高了，因“同离子效应”降低了 NaCl 的溶解度，故在兑卤的过程中有一部分 NaCl 要结晶析出。

（2）兑卤后卤水中 $MgCl_2$ 浓度提高了，而 KCl 和 $MgSO_4$ 的浓度相应降低了，故兑卤起到提高 $MgCl_2$/KCl 质量分数比值和降低 $MgSO_4$/$MgCl_2$ 质量分数比值的作用。控制适当的兑卤比例，使苦卤的组成点移至曲线上方，避免钾盐析出，一般情况下 $MgCl_2$/KCl 质量分数比值在 10 以上，$MgSO_4$/$MgCl_2$ 质量分数比值在 0.35 以下，在高温蒸发时可以避免钾盐析出。

（3）因老卤中 NaCl 和 $MgSO_4$ 含量很低，苦卤中兑入部分老卤后，在进行蒸发时，这部分老卤不再有固相盐类析出；所以兑卤可降低蒸发完成液的固液比，有利于蒸发保温操作。

上面三点是兑卤的有利方面，但也有不利因素，老卤是制钾后的母液，那么兑入的这部分老卤在生产过程中只是在空运转。这必然会增加蒸发、保温、冷却各工序的负荷，降低设备的利用率，增大了电力、燃料的消耗。因此，在满足工艺条件和操作要求的情况下应尽量少兑老卤，要选择适宜的兑卤比例。

（二）兑卤比例的确定：兑卤比是指苦卤体积和老卤体积的比值，生产上为了方便起见，通常把苦卤和老卤的体积之和作为 10 份，用苦卤、老卤所占份数的比值表示，例如：某厂用 30 °Be′苦卤和 36.5 °Be′老卤进行兑卤，生产 1 吨质量的 90%KCl，需苦卤 52.5m^3、老卤 15.4 m^3，试计算其兑卤比：

兑卤比＝苦卤体积：老卤体积

＝52.5：15.4＝7.73：2.26

即兑卤比为 8：2。

兑卤比的确定依据：

（1）保证兑卤后所得的混合卤在蒸发浓缩和保温固液分离过程中（或在光卤石饱和以前）没有钾盐析出。即混合卤的组成点必须落在图 3-44 的曲线上方，由于 $MgSO_4$ 在蒸发过程中是析出组分，因此在蒸发过程中，$MgSO_4/MgCl_2$ 质量分数比值是不断变化的，而 $MgCl_2$ 和 KCl 在蒸发、高温固液分离过程中是未析出组分，所以卤水中的 $MgCl_2/KCl$ 质量分数比值在冷却析出光卤石以前是不变的，因此生产上确定兑卤比例时控制 $MgCl_2/KCl$ 质量分数比值较好。

（2）兑卤所得到的混合卤，在蒸发浓缩时，料液中的固液比不宜过高。根据生产经验用蒸发罐浓缩料液时，固液比不高于 15% 较好，固液比过高时，料液循环速度受到很大影响。传热效果恶化，管道、阀门容易堵塞，严重时影响正常的操作。

（3）由于老卤在氯化钾的生产过程中是空循环的，因此在满足上述工艺要求的前提下，兑入的老卤越少越好。

在兑卤过程中，不光是老卤和苦卤的掺兑，而且在 KCl 的生产中所回收的各种付生卤也参与兑卤，如在回收高低温盐中的 KCl 时所得到的高低温盐的回收液，用光卤石制取氯化钾所得到的分解液及洗涤液等，因高低温盐回收液中 $MgCl_2/KCl$ 质量分数比值与混合卤中 $MgCl_2/KCl$ 质量分数比值很相近，故在兑卤时可不考虑高低温盐回收液的影响，而分解液及洗涤液中 KCl 的含量较高，对混合卤的 $MgCl_2/KCl$ 质量分数比值影响较大，因此，在确定兑卤比例时，必须考虑这两种回收液的影响。

三、蒸发浓缩

蒸发浓缩的任务是将混合卤中大部分的水分蒸发掉，使大部分氯化钠和硫酸镁先行析出，得到氯化钾、氯化镁浓度较高的溶液，为冷却工序制取光卤石创造有利条件。因此，蒸发浓缩操作是 KCl 生产中的关键环节。

（一）蒸发终止沸点的确定

混合卤在蒸发过程中，随着料液浓度的不断提高，蒸发液的沸点不断上升。也可以说，蒸发沸点的高低是随着蒸失水量的多少而变化的。终止浓缩时的沸点，习惯上称为终止沸点。生产上通过控制沸点来间接地控制蒸发水量，从而控制了溶液的浓度。

蒸发终止沸点应掌握在什么范围内合适呢？苦卤加热蒸发时的析盐规律是确定蒸发操作控制条件的依据。

由图3-38和图3-39可见，苦卤加热蒸发时，NaCl首先结晶析出，沸点在117℃以前为氯化钠单独析出阶段。若继续蒸发，硫酸镁开始饱和，以$MgSO_4 \cdot H_2O$形式析出，117～121℃之间为$MgSO_4 \cdot H_2O$大量析出阶段，当沸点升到121℃以后，大约有80%的氯化钠和硫酸镁已经析出。继续蒸发时，虽然也有NaCl和$MgSO_4 \cdot H_2O$析出，但析出量是很少的；同时氯化钾和氯化镁的含量不断提高，沸点达129℃左右，KCl会饱和，以光卤石形式析出。兑卤后的混合卤加热蒸发时，也符合上述析盐规律。

通过上面的分析可知：若蒸发终止沸点过高，则光卤石析出，使KCl回收率降低；若终止沸点过低，不但蒸发过程中氯化钠和硫酸镁析出不充分，影响光卤石质量，而且冷却时，光卤石析出不充分，大量KCl被浓厚卤带走。那么终止浓缩的标准是什么呢？根据工艺要求，经过蒸发浓缩后，苦卤中的氯化钾必须富集于澄清液中，经过冷却使KCl和$MgCl_2$结合成光卤石析出。为了达到这个要求，在蒸发浓缩过程中和保温分离前不允许有钾盐析出，使蒸发完成液温度降到保温温度时，光卤石恰到饱和。同时，在蒸发过程中应尽量把氯化钠和硫酸镁分离出去，以提高光卤石的质量。合乎上述条件就达到了蒸发浓缩的要求。

根据蒸发浓缩的标准，澄清液中除氯化镁不饱和外，氯化钠、硫酸镁、光卤石均处于饱和状态。我们把在同一溶液中几种盐都达到饱和的状态称为盐类共饱状态。澄清液即是上述三种盐的共饱溶液。在蒸发过程中，氯化钾、氯化镁都是未析出盐类，因此可以用$MgCl_2$/KCl比值的变化，表示出澄清液组成的变化；另外温度变化，溶液组成液发生变化。因此可以说三盐共饱的澄清液的组成主要取决于保温温度和镁钾比值。表3-64列出了在不同的保温温度和$MgCl_2$/KCl质量分数比值情况下，氯化钠、一水硫酸镁及光卤石三盐共饱时液相组成。从表3-64中可以看出，在相同温度条件下，三盐共饱的澄清液中，镁钾比值越高，则KCl的浓度越低；当镁钾比值固定时，温度越高，KCl的浓度也越高。因此，在选择蒸发浓缩工艺条件时，应使保温温度稍高一些，镁钾比值稍低一些，这对生产光卤石有利。

表3-64 氯化钠、一水硫酸镁、光卤石共饱时液相组成

温度/℃	$MgCl_2$/KCl质量分数比值	液相质量分数/%			
		NaCl	KCl	$MgCl_2$	$MgSO_4$
90	7.7	1.62	3.9	30.01	1.81
	8.4	1.31	3.88	32.46	1.54
	18.7	0.79	1.84	34.38	1.34
	30.7	0.66	1.18	36.20	1.13
100	7.4	1.10	4.30	31.88	1.83
	9.7	1.01	3.42	33.04	1.56
	15.4	0.81	2.28	35.00	1.40
	26.2	0.72	1.41	36.99	1.17
	36.7	0.79	1.04	38.15	1.05
110	6.2	1.17	5.18	32.20	0.59
	8.1	1.00	4.15	33.55	0.48

续表

温度 /℃	$MgCl_2$/KCl 质量分数比值	液相质量分数 /%			
		NaCl	KCl	$MgCl_2$	$MgSO_4$
110	10.7	0.83	3.24	34.73	0.41
	14.3	0.75	2.52	35.97	0.32
	19.2	0.79	1.93	37.13	0.27
	27.4	0.60	1.41	38.64	0.20
	35.4	0.52	1.13	39.95	0.19
120	5.4	1.23	6.05	32.79	0.41
	7.0	0.95	4.95	34.15	0.36
	8.9	0.97	3.95	35.21	0.31
	11.7	0.60	3.14	36.64	0.28
	16.4	0.49	2.31	37.90	0.25
	22.4	0.44	1.77	39.69	0.20
	28.4	0.29	1.44	40.83	0.14
	34.0	0.14	1.24	42.18	0.16

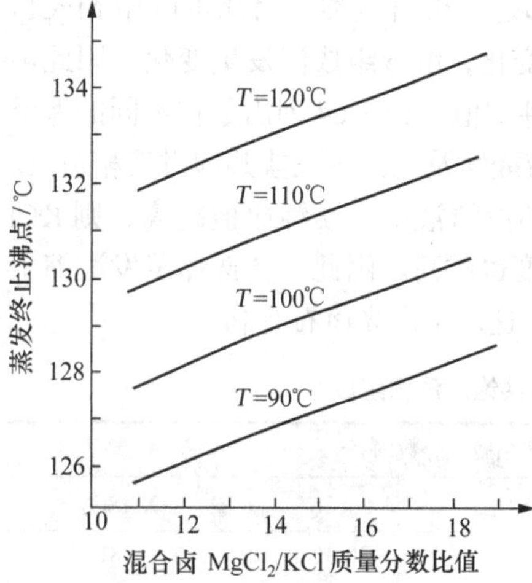

图 3-45 混合卤中 $MgCl_2$/KCl 质量分数比值与终止沸点关系

注：T—保温分离温度；图线左端不得延长使用

当镁钾比值和保温温度确定后，三盐共饱的澄清液就有了一个确定的组成，对应某一澄清液的组成有一个确定的沸点。生产上通常是控制蒸发完成液终止沸点来达到此目的的。

那么蒸发终止沸点与保温温度、镁钾比值有什么关系呢？通过实验和生产实践总结出了三者的相互关系，结果列于表 3-65 中并绘成图 3-45。由图 3-45 和表 3-65 可见，对于不同的 $MgCl_2$/KCl 质量分数比值，蒸发终止沸点与保温温度有一定的对应关系，因此，可以确定一定保温温度下的蒸发终止沸点。再根据冷却设备能力大小及气温的变化情况进行适当调整。如夏季有利于蒸发和保温而不利于冷却，可将终止沸点与保温温度提高一些；冬季有利于冷却而不利于蒸发和保温，可把终止沸点、保温温度降低一些，但也要依具体情况灵活掌握。

表 3-65 混合卤的 $MgCl_2$/KCl 质量分数比值、保温温度与相对应的蒸发终止沸点的关系

混合卤 $MgCl_2$/KCl 质量分数比值	保温温度 /℃	终止沸点 /℃	混合卤 $MgCl_2$/KCl 质量分数比值	保温温度 /℃	终止沸点 /℃
10.8	90	125.5	10.8	110	129.7
13.6	90	126.8	13.6	110	131.0
15.8	90	127.4	15.8	110	131.6

续表

混合卤 $MgCl_2/KCl$ 质量分数比值	保温温度 /℃	终止沸点 /℃	混合卤 $MgCl_2/KCl$ 质量分数比值	保温温度 /℃	终止沸点 /℃
18.5	90	128.3	18.5	110	132.5
10.8	100	127.6	10.8	120	131.8
13.6	100	129	13.6	120	133.1
15.8	100	129.5	15.8	120	133.7
18.5	100	130.4	18.5	120	134.6

由生产经验可知，保温温度一定时，混合卤镁钾比值低，所得澄清液密度也低，反之则高；当混合卤镁钾比值固定，保温温度高，澄清液密度也高，反之则低。有些生产厂通过随时检测澄清液密度来校正蒸发终止沸点。蒸发终止沸点一般掌握在126～128℃（常压下），相应澄清液浓度为35.5～36 °Be′（105℃）。

（二）蒸发操作

氯化钾的蒸发过程一般采用二效逆流真空蒸发。蒸发操作须注意三点：蒸发终止沸点、蒸发室压力及蒸发室内的液面。其中以蒸发终止沸点最为重要。

我们通常所说的终止沸点，指的是常压下的排料温度。排料温度和一效蒸发室内压力是紧密地联系在一起的。在相同的浓度下，当蒸发室内压力升高或降低时，料液会有沸点上升或下降的现象。一般情况下，蒸发室的压力是根据热量平衡关系自然形成的。但有些厂也用控制二效加热室不凝气排出量的办法使其造成一定的真空。因此在实际控制排料温度时须严格按照压力温度对照表进行。例如某厂常压下排料温度是126℃，其压力与排料温度对照表如表3-66所示。

表3–66　压力与排料温度对照表

Ⅰ效蒸发室压力	真空度 /kPa									表压 /kPa			
	28.26	25.73	22.80	19.73	16.80	13.73	10.40	7.07	3.60	0.00	9.81	19.61	29.42
排料温度 /℃	117	118	119	120	121	122	123	124	125	126	127.8	130.3	132.6

四、保温沉降

保温沉降操作的任务是靠质量差将蒸发完成液中的氯化钠、一水硫酸镁晶体同母液分离。因为光卤石的溶解度随温度的降低而降低，为防止光卤石析出，必须在良好的保温条件下进行。

（一）保温温度的确定

保温澄清的过程，实际上也是蒸发完成液温度缓慢下降的过程（由126℃左右降至110℃左右）。在蒸发完成液中，NaCl和$MgSO_4 \cdot H_2O$是饱和的，光卤石是不饱和的。在保温过程中由于NaCl的溶解度随温度的降低而降低（不过变化很小），有少量NaCl从溶液中析出。$MgSO_4 \cdot H_2O$的溶解度在100℃以上时随温度的逐渐降低而稍有增大，因此$MgSO_4 \cdot H_2O$不会析出。光卤石随着保温温度的逐渐降低，由不饱和逐渐接近饱和或达到饱和，而$MgCl_2$始终处于不饱和状态。

由上述分析看出，选择适当的保温温度是很重要的。适宜的保温温度是杂质盐充分分离，澄清液中光卤石接近饱和或恰到饱和时的温度。根据生产经验，一般保温温度控制在100～110℃之间。混合卤的镁钾比值、蒸发终止沸点与保温温度有着相对应的关系。生产中保温设备已定，很难随意降低或升高其保温温度以适应终止沸点的要求。目前生产上都是依终止沸点的升高或降低，来适应保温设备在一定气候条件下能够达到的保温温度。从表3-65和图3-45看出：当混合卤的镁钾比值一定时，终止沸点增减1℃，保温分离温度约增减5℃；当保温温度一定时，混合卤镁钾比值增减1，终止沸点约增减0.3℃。

保温沉降大多在连续沉降器内进行（少数工厂采用间歇式的保温槽）。有些工厂在沉降器前加装一个负压降温器，蒸发完成液经过负压降温器，其温度可降至110～120℃。在负压降温器中，器内真空度控制在26.66～40.00kPa，相对应的料液沸点为110～120℃。蒸发完成液温度高于负压降温器内真空条件下料液的沸点，这种状态称过热。呈过热状态的料液进入器内要蒸发一部分水分把热量消耗，这个过程叫绝热蒸发。蒸发完成液经过负压降温器蒸发了一部分水分，本身温度降至110～120℃，再进入沉降器，达到保温沉降的目的。

（二）混合盐的处理

由保温沉降得到的盐叫混合盐，呈浆状。其主要成分是NaCl和$MgSO_4 \cdot H_2O$，由于夹带母液，其中还有一定量的$MgCl_2$和KCl，因此必须对混合盐中的KCl进行回收。

在生产上采用对混合盐进行洗涤的方法回收其中的KCl。理想的洗涤液是对KCl不饱和而对氯化钠和硫酸镁是饱和的，这样回收了氯化钾而氯化钠和硫酸镁不会被带回系统中来。但目前还没有这种适宜的洗涤液，通常采用如下两种洗涤液：

（1）用苦卤或混合卤作洗涤液：因其只对氯化钠饱和，洗涤浆状盐，能回收70%～85%的KCl，但同时会带回一定量硫酸镁。

（2）热浓厚卤作洗涤液：预热后的浓厚卤对NaCl和KCl都不饱和，对硫酸镁接近饱和，因此用浓厚卤溶浸混合盐时，带回系统的氯化钠和硫酸镁较少，但需要增加加热浓厚卤的设备，一般生产上采用较少。

生产上广泛采用苦卤、混合卤作为洗涤液。经实践证明洗涤时间对洗涤效果没有显著影响，只要搅拌均匀即可。洗涤温度低，洗涤效果差；温度高，洗涤效果好，但脱卤时易堵滤布和管道，放置时会有钾盐析出，因此洗涤温度以50℃为宜。

五、冷却结晶

冷却结晶操作的目的是由澄清液获得量高而质优的光卤石。该过程主要控制条件就是冷却温度。

冷却温度的确定：110℃左右的澄清液中的光卤石接近饱和或恰到饱和；氯化钠处于饱和状态。只有氯化镁处于未饱和状态。当温度下降时，光卤石将随温度不断下降逐渐析出。

选择的冷却温度过高，光卤石析出不充分；若过低，氯化镁会以$MgCl_2 \cdot 6H_2O$形式析出，影响光卤石的质量。$MgCl_2 \cdot 6H_2O$的析出温度取决于澄清液中$MgCl_2$的浓度。一般情况下，澄清液中$MgCl_2$的浓度在450g/L以下，其饱和温度在25℃以下。因此，从光卤石析出率和光卤石质量出发，冷却温度一般不低于25℃。另外在选择冷却温度时还要考虑设备利用率。表3-67列出光卤石析出率与冷却温度的关系。从表3-67看出，当冷却温度低于40℃以后，光卤石析出率的提高并不显著，再继续冷却，光卤石析出率只能提高百分之几，而且因为温差较小，冷却需很长时间，设备利用率程度不高，且消耗动力。从提高光卤石析出率和光卤石质量与生产上设备利用率方面考虑，在生产中，冷却温度一般控制在30～40℃之间，在有条件的情况下，冷却温度可以再降低一些，但以25℃为限。

表 3-67 光卤石析出率与冷却温度的关系

澄清液镁钾比值 \ 光卤石析出率/% \ 温度/℃	100	95	90	85	75	55	45	35	25
11.1	0	17.9	29.9	44.2	59.1	84.4	90.7	93.7	95.6
12.8	0	15.5	33.8	48.3	66.0	88.3	90.9	94.7	96.2
14.5	0	16.0	30.7	45.4	65.1	85.3	91.2	94.1	95.8

盐化厂应用的机械冷却设备主要有真空结晶器、夹套冷却器、液膜冷却器、风力湍球塔等。

六、光卤石的分解和洗涤

分解洗涤主要是对光卤石做进一步加工，生产出合乎要求的成品氯化钾。光卤石的组成含量如表3-68所示。采用分解洗涤的方法可将光卤石制成纯度为90%以上KCl。其原理主要是利用KCl、NaCl、$MgCl_2$彼此间溶解度不同。首先加水使光卤石分解，溶解其中的$MgCl_2$，分解产物称为粗钾，主要成分是KCl和NaCl。然后再加水溶解其中的NaCl，此操作过程称为粗钾的洗涤，KCl除有少量和NaCl共同溶解外，大部分存在于固相之中，经分离脱水得到KCl产品。光卤石的分解液和粗钾洗涤液经澄清后送去兑卤。

表 3-68 光卤石组成含量

物料名称	质量分数/%			
	KCl	NaCl	$MgCl_2$	$MgSO_4$
光卤石	18～22	5～8	30～32	0.8～1.5

目前生产上由光卤石制取KCl的方法主要有两种：

（一）完全分解、两次加水、两次分离的方法

此法也叫一次洗钾法。这种方法在盐化厂中应用较普遍。其步骤是首先加水将光卤石恰好全部分解，经分离得到粗钾，再加水洗去粗钾中的NaCl。

分解加水量（W_1）以控制刚好将光卤石中的$MgCl_2$全部溶解为限。其加水经验公式为：

$$W_1=Q_1\left(\frac{M_1}{0.3541+0.00085t_1}-N_1\right) \tag{3-1}$$

式中：W_1为实际分解加水量（kg）；Q_1为光卤石质量（kg）；M_1为每千克光卤石中$MgCl_2$含量（kg/kg）；N_1为每千克光卤石中水分含量（kg/kg）；t_1为分解时温度（℃）；0.3541为常数；0.00085为系数（1/℃）。

实际生产中，结合长期生产实践，采用适当加水量。一般加水量约相当于光卤石质量的45%左右。当$MgSO_4$含量高时，可适当增加水量。若采用真空转鼓过滤机分离，则加水不宜超过40%，否则物料固液比过小，滤饼太薄，降低设备台时产量。

洗涤加水量（W_2）以刚好将粗钾中NaCl全部溶尽为限。其加水经验公式为：

$$W_2=Q_2\left(\frac{M_2+M_3}{0.296-0.0006(t_2-15)}-N_2\right) \tag{3-2}$$

式中：W_2为实际洗涤加水量（kg）；Q_2为粗钾质量（kg）；M_2为每千克粗钾中 NaCl 含量（kg/ kg）；M_3为每千克粗钾中 $MgCl_2$ 含量（kg/ kg）；N_2为每千克粗钾中水分含量（kg/ kg）；t_2为洗涤时温度（℃）；0.296 为常数；0.0006 为系数（1/℃）。

利用式（3-2）计算，再结合生产设计，找出适宜加水量。一般洗涤加水量约相当于粗钾质量的 65% 左右。

分解洗涤工序很重要的一个问题是要正确掌握加水量。实际操作中，根据光卤石成分的平均值来确定光卤石分解的加水量，此比值一般是固定值。粗钾的洗涤则根据化验数据计算加水量。有些工厂粗钾不进行化验，洗涤液浓度控制在 28 °Be′，也能使产品合乎质量要求。

（二）完全分解、三次加水、三次分离的方法

此法也叫做二次洗钾法。光卤石的分解是按固定加水量进行。粗钾的洗涤则分两步进行。第一次加水量比最佳加水量少，目的在于得到对 NaCl 和 KCl 共饱的洗涤液，将此洗涤液送去兑卤。此时所得到的粗钾中 NaCl 含量仍较高，我们把它称为中间钾。中间钾脱卤后再进行第二次洗涤。为了保证成品质量，第二次加水量应大于计算加水量，以彻底溶尽固相 NaCl 为原则，加水量为原粗钾的 40%～50%。第二次加水量的控制也是根据洗涤液的浓度来调节的，一般洗涤液浓度控制在 27～28 °Be′。因为第二次加水量是稍过量的，只要将第二次洗涤液返回兑入第一次洗涤用水中，在第二次洗涤时多溶解的 KCl 仍可得到回收。这样从整个洗钾操作来说，排出流程的洗涤液和成品氯化钾都能分别满足要求，总的洗涤加水量也能符合最佳加水量的要求。其流程如图 3-46 所示。

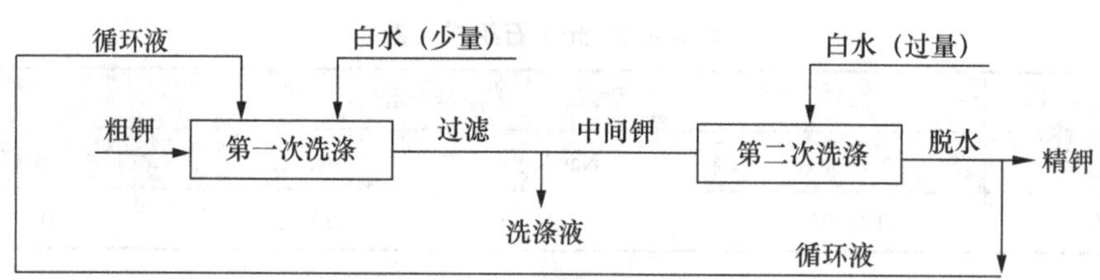

图 3-46　二次洗钾法流程图

下面列出流程的物料平衡式：

第一次洗涤：

$$粗钾量+白水_1量+循环液量=洗涤液量+中间钾量 \tag{3-3}$$

第二次洗涤：

$$中间钾量+白水_2量=成品钾量+循环液量 \tag{3-4}$$

将两式合并得：

$$粗钾量+白水_{1+2}量=成品钾量+洗涤液量$$

显然只要白水 $_{1+2}$ 量符合最佳加水量，成品钾与洗涤液的成分是能保证的。从式（3-3）和式（3-4）两式看，两次洗涤的关键在于循环液。白水 $_{1+2}$ 的多与少也反映在循环液的数量和浓度上。因此操作中主要控制循环液的数量和浓度，据此调整加水量。

这种工艺路线的特点是降低了洗涤粗钾的淡水用量，提高了 KCl 回收率，相应提高了设备利用率。所得的精钾成品 KCl 的质量分数在 93% 以上，且质量稳定，但也有一些缺点，如操作工序繁复，增加了分离设备等。

04 第4章 硫酸钾的生产

硫酸钾是无氯钾肥，主要用于烟草、甜菜、甘蔗、马铃薯、葡萄、柑橘、西瓜、茶叶、菠萝等喜钾忌氯作物。它能改善农作物的质量，例如改善烟草的可燃性，提高浆果和瓜类的甜度，增加淀粉含量等。硫酸钾系中性，不会损伤农作物；物理化学性能良好，不易吸潮结块，便于储存和使用。

在自然界中，硫酸钾（除硫酸钾石外）多以复盐形式存在。重要的有软钾镁矾 ($K_2SO_4 \cdot MgSO_4 \cdot 6H_2O$)、钾镁矾 ($K_2SO_4 \cdot MgSO_4 \cdot 4H_2O$) 及无水钾镁矾 ($K_2SO_4 \cdot 2MgSO_4$)。这些含钾复盐往往和氯化钠共生。在缺镁的土壤中，上述复盐经简易地处理洗去氯化钠后即可直接施用。但为了制造优质肥料，并用作复合肥的组元，就需把硫酸钾分离出来。

中国尚未发现硫酸钾矿，目前除少量是由明矾石加工得到外，其余都是由氯化钾加工得来的。中国各地生产厂家，根据当地资源和经济效益采取了不同的工艺路线。

由氯化钾生产 K_2SO_4 的基本反应列于表 4-1。

表 4-1　由氯化钾为原料生产硫酸钾

硫酸或硫酸盐	化学反应式	副产物	
		名　称	理论产量 t/tK_2SO_4
H_2SO_4	$2KCl+H_2SO_4 \longrightarrow K_2SO_4+2HCl$	31%HCl	1.348
$MgSO_4 \cdot H_2O$	$2KCl+MgSO_4 \cdot H_2O+5H_2O \longrightarrow K_2SO_4+MgCl_2 \cdot 6H_2O$	$MgCl_2 \cdot 6H_2O$	1.367
$CaSO_4 \cdot 2H_2O$	$2KCl+CaSO_4 \cdot 2H_2O+4H_2O \longrightarrow K_2SO_4+CaCl_2 \cdot 6H_2O$	$CaCl_2 \cdot 6H_2O$	1.268
Na_2SO_4	$2KCl+Na_2SO_4 \cdot 10H_2O \longrightarrow K_2SO_4+2NaCl+10H_2O$	NaCl	0.671
$(NH_4)_2SO_4$	$2KCl+(NH_4)_2SO_4 \longrightarrow K_2SO_4+2NH_4Cl$	NH_4Cl	0.614

4.1　曼海姆法生产硫酸钾

本法因创始人为德国 V·曼海姆（Mannheim）而命名。

氯化钾和浓硫酸在高温下反应放出 HCl 气体而生成硫酸钾。实际上反应是分两步进行的。第一步在较低温度下反应生成硫酸氢钾：

$$KCl+H_2SO_4 \longrightarrow KHSO_4+HCl\uparrow \tag{4-1}$$

第二步是 $KHSO_4$ 与 KCl 进一步反应生成 K_2SO_4：

$$KCl+KHSO_4 \longrightarrow K_2SO_4+HCl\uparrow \tag{4-2}$$

后者是一个强烈的吸热反应。由于在第一阶段，H_2SO_4 是在 KCl 固体表面反应生成 $KHSO_4$，因此就在氯化钾的表面形成一层薄壳，将未反应的氯化钾固体包裹，阻止了反应的进行，使氯化钾转化率不能提高。硫酸钾有两种酸式盐：$KHSO_4$ 和 $K_3H(SO_4)_2$，前者的熔点为 218.6℃，后者的熔点为 286℃，而 KCl 的熔点为 760℃，K_2SO_4 的熔点为 1076℃。所以如果要使反应在液固相之间进行，最终反应温度应该高于 760℃。

图 4-1 表示不同温度下氯化钾生成硫酸钾的转化速度。但温度超过 800℃时，硫酸将大量分解成 SO_3 逸出，所以工业生产时，一般选择 600～700℃。

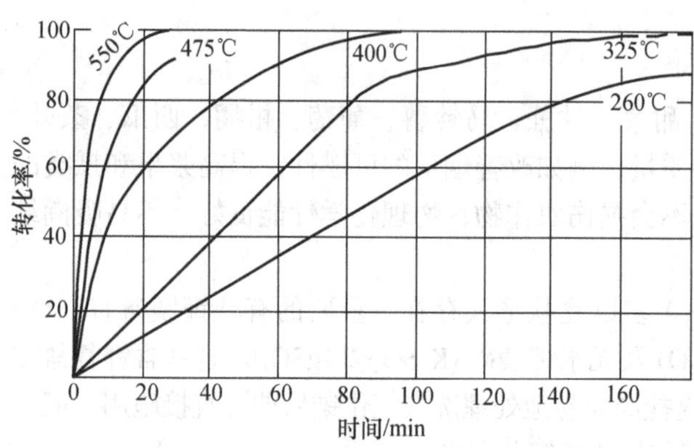

图 4-1 温度对硫酸转化氯化钾生成硫酸钾的转化率

工业生产时，如将这两步反应合并在一个炉子中进行，称为一炉法；如将这两步反应分别在两个炉子中进行，则称为两炉法。这两种方法在工业上均有应用。鉴于高温下硫酸钾有强烈的腐蚀性，两炉法是指在第一炉中使硫酸和氯化钾在低温下进行反应，从而大大减轻腐蚀。由于在第一炉中，反应已进行一半，这样也可减轻第二炉的生产负荷，并可适当降低第二炉中的反应温度，延长第二炉的使用寿命。但是，由于降低了温度，出炉的硫酸钾中残余氯化钾含量会提高到 6% 左右，不能满足忌氯化物的需要，需另设回转炉进一步煅烧，才能将氯根含量降低到 1.5% 以下。两炉法生产流程长，每吨硫酸钾耗电 165kW·h。

采用一炉法时，两步反应都在高温下进行。为了延长炉子的使用寿命，选用优质耐火砖和黑硅砖（含 SiC 的耐火砖）砌筑炉子，炉龄可超过 10 年。

不论一炉法还是两炉法，在高温下总有少量硫酸分解，使得副产氯化氢气体含有少量 SO_3。为了除去这些 SO_3 和随 HCl 气体带出的 K_2SO_4、KCl 粉尘以制得较纯的盐酸，出炉的 HCl 气体如果用浓硫酸洗涤和直接冷却，就要产出 75% 稀硫酸；如果用浓盐酸洗涤，就会生产含 5% H_2SO_4 的不纯盐酸。

图 4-2 为曼海姆（Mannheim）炉法生产流程框图。将氯化钾粉碎后与浓硫酸一起移入炉中，用 900～1000℃的烟道气将炉料加热到 520～540℃，反应过程中逸出 HCl 气体先经洗涤塔用少量成品盐酸洗涤以除去从炉中带出的 SO_3 气体和 K_2SO_4、KCl 粉尘，然后进入吸收塔

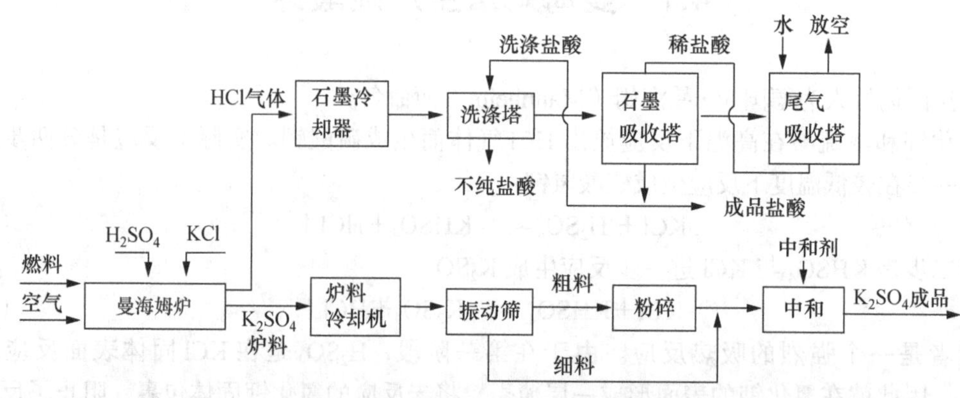

图 4-2 曼海姆炉法生产工艺流程框图

用水吸收以制取盐酸。排出的盐酸大部分作为成品酸出售，少量的盐酸则送入洗涤塔作洗涤之用。排出的空气送入尾气吸收塔进一步除去HCl，以保护环境。

曼海姆炉的构造如图4-3所示，其炉床和炉顶都是用异形高级耐火砖砌成的。炉床下面和炉顶上面都设有烟道。氯化钾由螺旋加热器经加料斗连续加入炉中央，硫酸也沿管道通过硫酸加热分布器加到同一位置，炉料内安装在铸铁轴上的四个耙臂从炉床中心向外围移动，最后由出料孔排出炉外，落入冷却粉碎筒或带有水夹套的管磨机中，经冷却、粉碎和中和后即为硫酸钾成品。

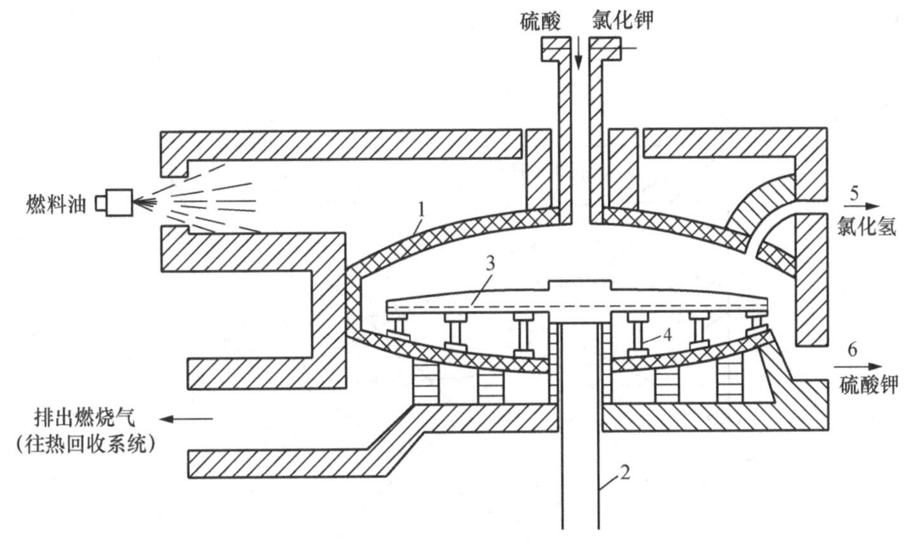

图4-3　曼海姆炉示意图

1—炉膛；2—搅拌油；3—悬臂；4—耙；5—HCl出口；6—硫酸钾出料口

反应所需的热量由在燃烧室中燃烧重油或煤气供给，烟道气从燃烧室送来，进入炉顶上面的烟道，然后经床下面的烟道排出。在行程中靠辐射传热，将炉料加热。

一炉法生产1吨硫酸钾的消耗定额如下：

氯化钾	0.85吨；	重油	0.075吨；
硫酸（98%）	0.57吨；	水	45吨；
中和剂（CaO）	0.02吨；	电	60kW・h。

副产31%的盐酸1.2吨。由于副产盐酸量大，储存、运输都很有困难，所以只能在盐酸有可靠销路或厂内能自身消化的情况下，才能用此法生产。

盐酸可用于分解磷矿粉，生产沉淀磷酸钙作动物饲料以及用于油气井的酸处理等。少量盐酸则用于钢铁表面的氧化物清除和工业设备的化学清洗。

4.2　用含硫酸镁的复盐和氯化钾复分解法生产硫酸钾

中国硫酸镁资源丰富，山西运城盐湖的硝板（Na_2SO_4和$MgSO_4$的复盐，成分不固定），甘肃河西走廊和内蒙额济纳旗的白钠镁矾（$Na_2SO_4 \cdot MgSO_4 \cdot 4H_2O$）都含$MgSO_4$；在海盐生产时，所产的高温盐是氯化钠和硫镁矾（$MgSO_4 \cdot H_2O$）的混合盐。此外，含硫酸镁的各种复盐［如无水钾镁矾（$K_2SO_4·2MgSO_4$）和钾盐镁矾（$KCl·MgSO_4·3H_2O$）］也都可以用来生产硫酸钾。

硫酸镁和氯化钾生产硫酸钾的反应：

$$2KCl + MgSO_4 = K_2SO_4 + MgCl_2 \quad (4\text{-}3)$$

图4-4是25℃时这一复分解盐对相图，35℃的相图也与此类似，只是在靠近$MgCl_2$一角的一些相区发生了变化。在图中，*S*是软钾镁矾（$K_2SO_4·MgSO_4·6H_2O$）和钾镁矾（$K_2SO_4·MgSO_4·4H_2O$）的固相组成点；*L*为无水钾镁矾的固相组成点；*K*为钾盐镁矾的固相组成点。

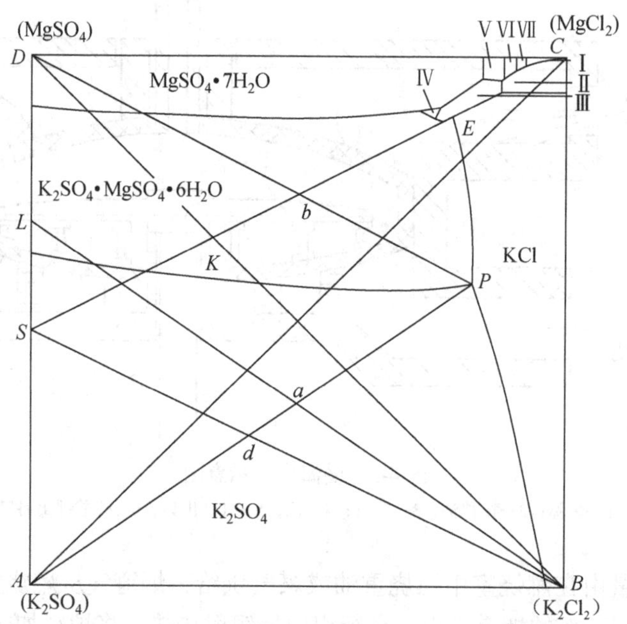

图4-4 25℃，K^+，$Mg^{2+}//Cl^-$，SO_4^{2-}-H_2O体系相图

Ⅰ—$MgCl_2·6H_2O$结晶区；Ⅱ—$KCl·MgCl_2·6H_2O$结晶区；Ⅲ—$KCl·MgSO_4·3H_2O$结晶区；Ⅳ—$K_2SO·MgSO_4·4H_2O$结晶区；Ⅴ—$MgSO_4·6H_2O$结晶区；Ⅵ—$MgSO_4·5H_2O$结晶区；Ⅶ—$MgSO_4·4H_2O$结晶区

4.2.1 用硫酸镁水合盐与氯化钾复分解生产硫酸钾

硫酸镁有很多水合物。但有工业意义的只有一水合物，称为硫镁矾（$MgSO_4·H_2O$）。硫镁矾、六水泻利盐（$MgSO_4·6H_2O$）及七水泻利盐（$MgSO_4·7H_2O$）都可用来复分解生产硫酸钾。

为了提高钾的转化率，复分解反应要分两步进行：第一步在20～30℃温度下，用后面返回的K_2SO_4母液*P*（简称钾母液）和固体$MgSO_4·H_2O$混合成*b*，析出软钾镁矾*S*（如为35℃，则生成钾镁矾，组成点仍为*S*）得到母液*E*（简称矾母液）。固液分离后将软钾镁矾*S*和氯化钾*B*混合成*d*并加适量水使之进一步转化，析出K_2SO_4而得钾母液*P*，固液分离后，钾母液送往第一步继续与$MgSO_4·H_2O$反应。

在第一步反应时，由于硫镁矾的溶解速度是非常慢的，往往要在10h以上才臻平衡，如果反应体系中含有NaCl，更是如此。所以实际配料时，并不使软钾镁矾母液落在E点，而是离E点有一定距离。

如果用泻利盐或六水泻利盐为原料，由于它们本身就含有大量结晶水，因之在第一步转化时，为了要将第二步生成的钾母液全部返回到第一步，就应在第一步反应时加一部分KCl。即使如此，由于水量太多，矾母液也不能落在E点。

由泻利盐和氯化钾制取硫酸钾的工艺流程如图4-5所示。

将氯化钾、泻利盐（包括回收的钾盐镁矾）及钾母液和水按比例加入第一转化槽中，在25℃左右进行强烈搅拌生成软钾镁矾，得到的晶浆用真空过滤机进行过滤，然后用钾母液洗涤，所得的湿软钾镁矾、氯化钾和水一起进入第二转化槽中。在相同温度和搅拌条件下，使之转化成硫酸钾固体析出，所得晶浆用回转真空过滤机过滤，湿滤饼送往回转干燥机干燥后，即得硫酸钾成品。

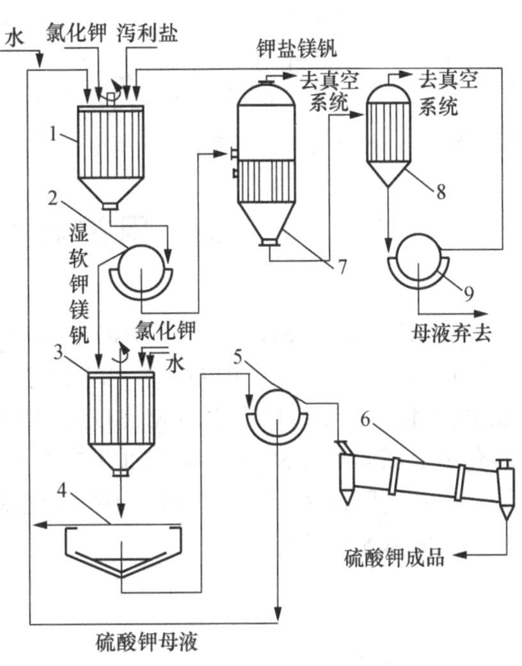

图4-5　由泻利盐和氯化钾制取硫酸钾的工艺流程

1，3—第一、第二转化槽；2，5，9—回转真空过滤机；4—增稠剂；6—转筒干燥器；7—真空蒸发器；8—真空结晶器

由真空过滤机出来的软钾镁矾母液，送往真空蒸发器蒸发浓缩，然后在真空结晶器中冷却到75℃左右，便析出钾盐镁矾（$KCl\cdot MgSO_4\cdot 3H_2O$），晶浆经真空过滤机过滤，湿渣为钾盐镁矾送回第一转化槽继续复分解，母液主要含氯化镁，或者送去制成片状和粒状六水氯化镁成品，或者弃之。

由真空过滤机出来的硫酸钾母液全部回到第一转化槽中。全流程的钾的总回收率可达85%，成品纯度可达90%以上，1t产品要消耗0.25t蒸汽。

4.2.2　利用海水制盐生产中的混合盐制取硫酸钾

用日晒法自海水制盐后的苦卤在采用兑卤法生产氯化钾时，副产大量混合盐，其主要成分为硫镁矾和氯化钠（质量分数），含NaCl 30%～40%、KCl 1%、$MgSO_4$ 30%～40%、$MgCl_2$ 3%～4%及H_2O 10%～20%。工业上采用旋流器或浮选法将粗粒NaCl和细粒硫镁矾分开，再在KCl和$MgSO_4\cdot H_2O$中加入KCl，用两步法生产K_2SO_4。

4.2.3　用无水钾镁矾制取硫酸钾

在自然界中，含$MgSO_4$的复盐除软钾镁矾和钾镁矾外，还有无水钾镁矾（$K_2SO_4\cdot 2MgSO_4$）和钾盐镁矾（$KCl\cdot MgSO_4\cdot 3H_2O$）。这些钾镁复盐洗去NaCl以后，可以直接作为肥料使用，对缺钾、缺镁的土壤，施用这种钾镁肥当然是非常合适的。但为了减少运输费用并使之更加适用于各种作物和土壤，有时也将它们与氯化钾复分解，制成K_2SO_4肥料。

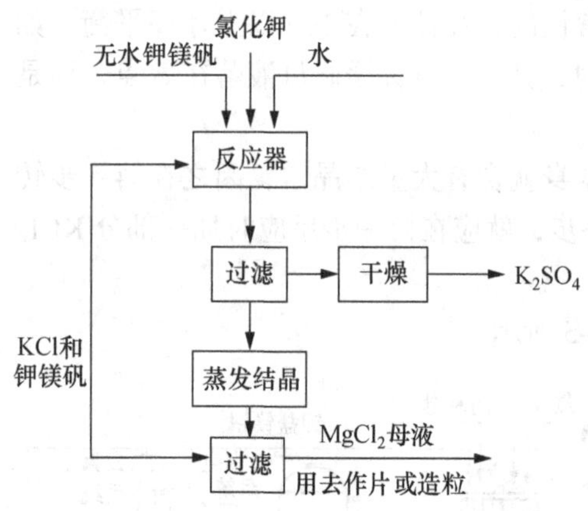

图 4-6 无水钾镁矾制硫酸钾流程框图

无水钾镁矾和钾盐镁矾都与 NaCl 共生。由于 NaCl 在水中的溶解速度要比无水钾镁矾快得多，故可以利用这种差异，用水洗涤将 NaCl 从混合物中除去大部分。将富集后的无水钾镁矾（在图 4-4 中为 *L* 点）与回收的钾盐镁矾（*K* 点），并配以氯化钾，在带搅拌的反应器中，于 50～60℃复分解 6h，生成硫酸钾，经过滤和干燥后即为成品。其原则性流程如图 4-6 所示。

4.3 用芒硝和氯化钾生产硫酸钾

在 K^+，$Na^+//SO_4^{2-}$，Cl^--H_2O 体系中存在钾芒硝（$3K_2SO_4 \cdot Na_2SO_4$）复盐，其相图（图 4-7）与 K^+，$Mg^{2+}//SO_4^{2-}$，Cl^--H_2O 体系的相图（图 4-4）非常相似，因此用 Na_2SO_4 和 KCl 生产 K_2SO_4 过程也与 $MgSO_4$ 和 KCl 复分解相同，常采用两步法生产，以提高钾的转化率。图 4-8 为 Na_2SO_4 和 KCl 生产 K_2SO_4 的流程框图。

将芒硝固体和上一生产循环中生成的 K_2SO_4 母液 P_{25} 混合成溶液 *b*，在 25℃复分解而得钾芒硝固体 *S* 和母液 E_{25}。

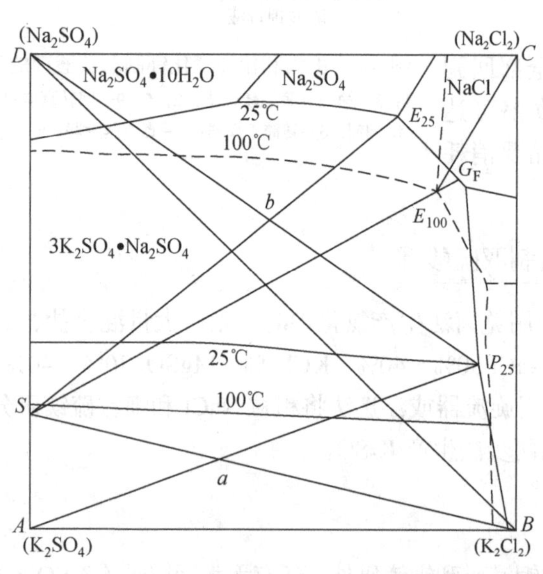

图 4-7 25℃和 100℃时，K^+，$Na^+//SO_4^{2-}$，Cl^--H_2O 体系相图

---100℃相区界限；—25℃相区界限

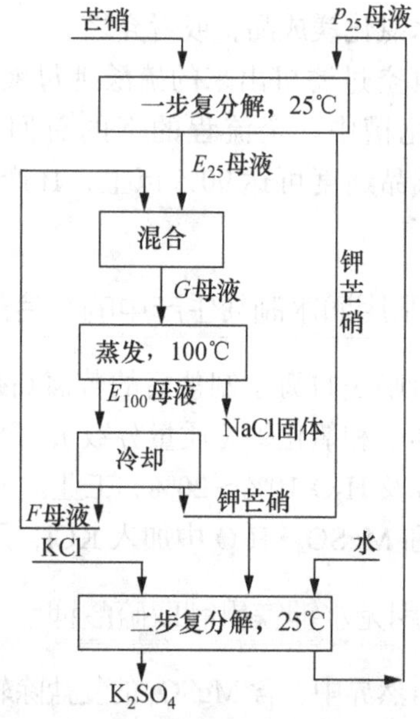

图 4-8 芒硝与氯化钾复分解流程框图

E_{25}母液与后面返回的F母液混合成G后，在100℃以上的高温蒸发，就析出NaCl固体，其母液E_{100}冷却到25℃，又析出钾芒硝得F母液，F母液返回去与E_{25}母液混合。两次析出的钾芒硝，加KCl和H_2O进行二步复分解得到K_2SO_4产品，其母液返回一步复分解，生成钾芒硝。

4.4　用硫酸铵和氯化钾复分解生产硫酸钾

由于NH_4^+和K^+的离子半径十分相近，因此在NH_4Cl-KCl-H_2O体系中和$(NH_4)_2SO_4$-K_2SO_4-H_2O体系中都会形成固溶体。图4-9为25℃时K^+，$NH_4^+//SO_4^{2-}$，Cl^--H_2O体系相图。$(NH_4)_2SO_4$-K_2SO_4形成连续固溶体，中间没有间断，其结晶区为*BCHEFB*；相反，NH_4Cl溶于KCl的固溶体（K，NH_4）Cl，结晶区为*DGEHD*，和KCl溶于NH_4Cl的固溶体（NH_4，K）Cl，其结晶区为*AEFA*，介于两区之间的*AEGA*区间则为（K，NH_4）Cl和（NH_4，K）Cl的混合物。

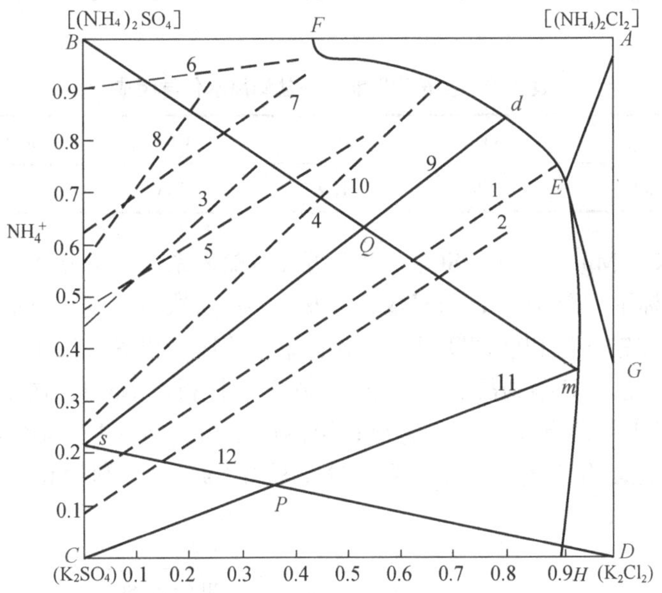

图4-9　25℃时，K^+，$NH_4^+//SO_4^{2-}$，Cl^--H_2O体系相图

（虚线表示固液两相的平衡结线）

在图4-9中的（K，NH_4）$_2SO_4$结晶区内还绘出了液固相平衡结线。从平衡结线可以看出，如果要制得纯度为98%以上的K_2SO_4固体，液相中K^+/NH_4^+的物质的量比应大于1.86（0.65/0.35）（图中*m*点）。因此复分解要分两步进行：首先$(NH_4)_2SO_4$与中间溶液*m*混合成*Q*，在搅拌下反应，得到固溶体*S*及其平衡溶液*d*，固液分离后，溶液*d*蒸发、冷却析出NH_4Cl；固溶体*S*与固体KCl混合成*P*，一起加水搅拌得到K_2SO_4固体，母流*m*送往第一步，循环使用。复分解也可以在螺旋反应器中进行，液固相逆向流动，以得出纯度较高的K_2SO_4固体产品。

硫酸铵复分解制每吨硫酸钾的消耗定额：氯化钾0.94吨，硫酸铵0.85吨，蒸汽2.5吨，电（包括供水用电）100kW·h，副产氯化铵0.79吨。

对于仅生产农用硫酸钾的情况，为了简化流程，可将KCl与水直接加入一次复分解槽中，生成硫酸钾铵固溶体，即为产品，可免去第二步复分解槽及后续的固溶分离过程，该产

品组成相当于 $7K_2SO_4\cdot(NH_4)_2SO_4$，其中含 $K_2O\geqslant45.0\%$，N 为 2%～3%，$Cl\leqslant2.5\%$，符合中国专业标准 ZBG 21006—1989 中一级品的要求。

用 $(NH_4)_2SO_4$ 和 KCl 生产 K_2SO_4 的工艺，褒贬不一。反对者认为，成品氯化铵和硫酸钾都是肥料，而原料氯化钾和硫酸铵也都是肥料，花费财力、人力去生产硫酸钾，从社会效益来衡量是得不偿失的。而支持者却认为，在炼焦工业，三聚氰胺、已内酰胺、有机玻璃和铁红等化工生产中以及 SO_2 尾气治理过程中，都副产硫酸铵，可作为本工艺的原料；其产品硫酸钾和副产品氯化铵又对不同的作物各有所用，因而认为这种复分解法，在特定的条件下，有它的合理性。

4.5 用浮选法生产硫酸钾

4.5.1 用罗布泊盐湖卤水制取硫酸钾的相图分析

罗布泊盐湖属硫酸镁亚型卤水，是制取硫酸钾的优质卤水资源。罗北凹地卤水化学组成分析结果见表 4-2。

表 4-2 罗布泊罗北凹地盐湖卤水化学组成

化学组成	K^+	Na^+	Mg^{2+}	Cl^-	SO_4^{2-}	H_2O
质量分数 /%	0.80	7.59	1.48	13.80	4.01	72.32

卤水属 Na^+, K^+, Mg^{2+} // Cl^-, SO_4^{2-}-H_2O 五元水盐体系，该组分体系相图分析如图 4-10 所示。将卤水组成标示相图 *M* 点，随着水分蒸发，第一阶段析出 NaCl 固体，随后析出 NaCl 和白钠镁矾，直至白钠镁矾和软钾镁矾共饱线；第二阶段析出 NaCl、白钠镁矾和软钾镁矾，直至白钠镁矾、软钾镁矾和泻利盐三相共饱点；第三阶段析出 NaCl、软钾镁矾和泻利盐，直至软钾镁矾、泻利盐和钾石盐三相共饱点；第四阶段析出 NaCl、泻利盐和钾石盐；直至泻利盐、钾石盐和光卤石三相共饱点；第五阶段析出 NaCl、泻利盐和光卤石，直至水氯镁

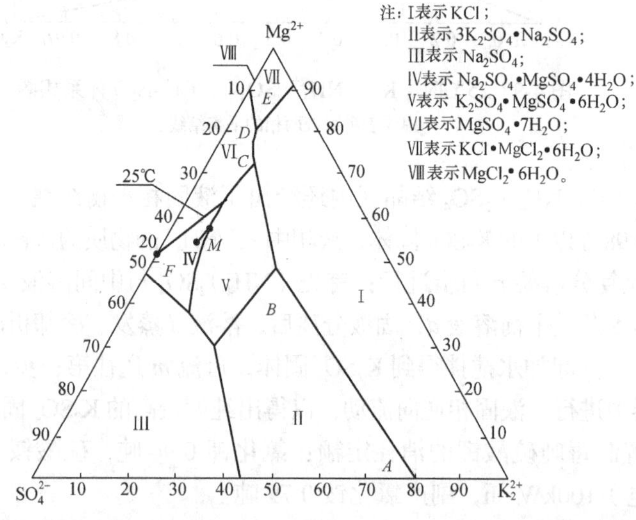

图 4-10 $Na^+, K^+, Mg^{2+}//Cl^-, SO_4^{2-}-H_2O$ 五元水盐体系介稳相图

石析出。

由蒸发结晶路线可见：除 NaCl 的析出伴随整个蒸发结晶过程之外，有用元素钾的析出线段最长，致使结晶产品中钾含量不高，因此采用兑卤工艺除去部分氯化钠杂质，同时缩短钾盐产品结晶路线，使钾盐的析出相对集中。通过对蒸发结晶路线进行合理分级，采用第五阶段中光卤石产品分解获取生产硫酸钾的氯化钾原料。

由卤水蒸发结晶路线分析，拟推荐盐田蒸发工艺流程如图 4-11 所示。

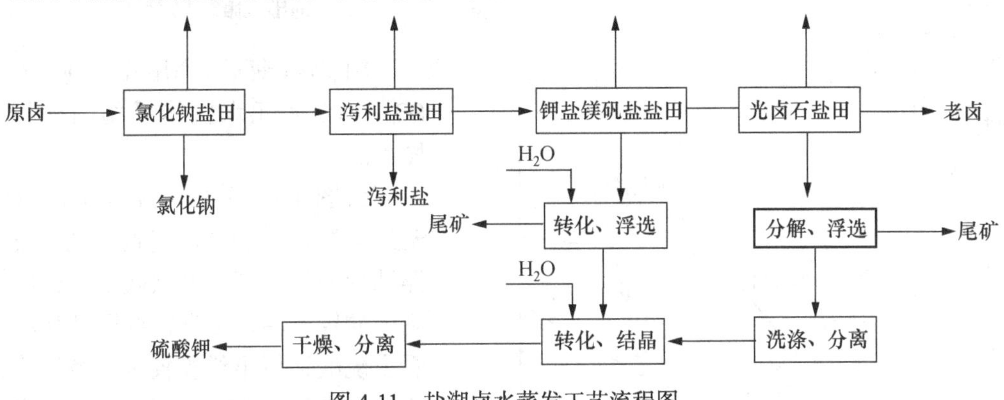

图 4-11　盐湖卤水蒸发工艺流程图

一、制取氯化钾分析

目前国内外生产氯化钾的主要方法有：一是利用钾石盐矿，采用热溶法或浮选法；二是利用光卤石，采用浮选法或冷结晶工艺。由罗北凹地卤水蒸发结晶路线分析可知，难以通过钾石盐矿获取 KCl；宜采用分解光卤石制取氯化钾。罗布泊地处干旱地区，严重缺水，为节省水资源，经相图理论分析，考虑采用相图中特定点卤水分解光卤石，详见图 4-12。

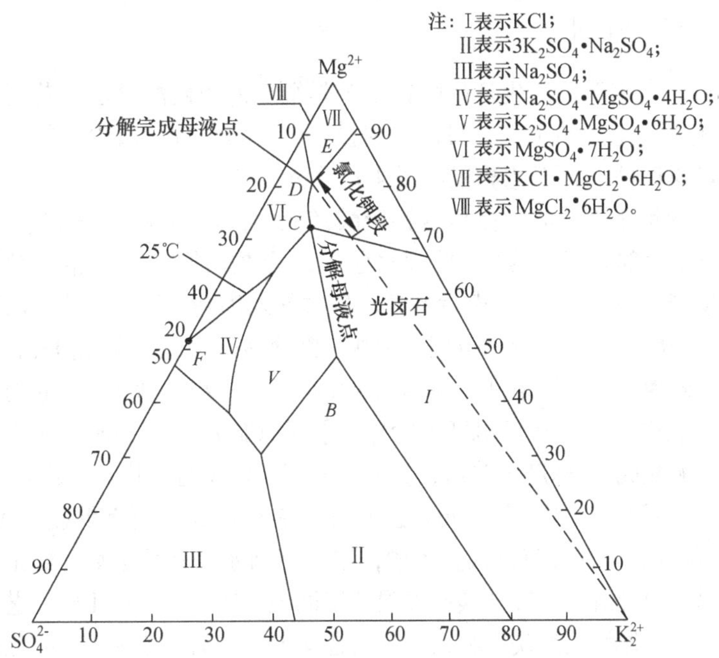

图 4-12　Na^+，K^+，$Mg^{2+}//Cl^-$，$SO_4^{2-}-H_2O$ 五元水盐体系介稳相图

由图 4-12 可以看出，相图中 D 点以下卤水均具有分解光卤石能力，且分解母液点随 KCl 和泻利盐共饱线向下移动，氯化钾线段变长，说明分解后氯化钾产率增大，回收率提高。分解母液点继续沿泻利盐与软钾镁矾共饱线下移，氯化钾线段继续变长，但随之析出细颗粒氯化钠也会显著增加，而这种细颗粒 NaCl 在浮选时可浮性能极好，易进入氯化钾精矿泡沫产品。因此采用 C 点或 CB 线段卤水代替淡水分解光卤石，然后采用正浮选工艺获得硫酸钾生产原料。

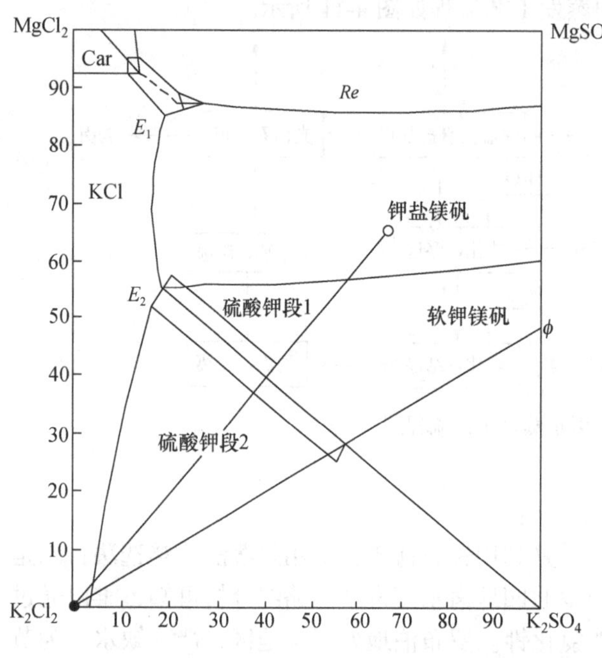

图 4-13　K^+，Mg^{2+}//Cl^-，SO_4^{2-} – H_2O 四元水盐体系 25℃相图

二、制取硫酸钾分析

制取硫酸钾通常采用 K^+, Mg^{2+} // Cl^-, SO_4^{2-}–H_2O 四元水盐体系相图分析，见图 4-13。

由图 4-13 可见，利用罗布泊卤水蒸发分级得到的钾盐镁矾加光卤石分解浮选后的氯化钾，经微咸水转化即可得到硫酸钾产品，根据杠杆原理从相图可看出硫酸钾析出线段较短，经计算其理论回收率仅为 47%；而采用软钾镁矾与氯化钾加微咸水转化，其硫酸钾因线段较长，其理论回收率可提高到 68%。因此，先把钾盐镁矾转化为软钾镁矾，再进行硫酸钾转化。

4.5.2 浮选法生产硫酸钾工艺

以卤水为原料，利用浮选法生产硫酸钾工艺是继曼海姆硫酸钾法和芒硝转化生产硫酸钾之后的又一投入规模化生产的工艺，目前，国投新疆罗布泊钾盐股份有限公司用浮选法生产硫酸钾的工艺最具典型性。其工艺流程如图 4-11 所示。

浮选法生产硫酸钾工艺，主要是以含钾硫酸镁亚型卤水为原料，先将原卤导入氯化钠盐田，经日晒蒸发析出大部分氯化钠后，将卤水导入二级钠盐池与晒制光卤石钾混盐后的老卤进行兑卤（第一次生产时不兑卤）。兑卤后的卤水依次导入泻利盐田、钾盐镁矾钾混盐盐田和光卤石钾混盐盐田。经盐田摊晒后分别得到泻利盐、钾盐镁矾钾混盐和光卤石钾混盐。晒制光卤石钾混盐后的卤水即为老卤，用来和原卤晒制氯化钠后的二级钠盐田卤水进行兑卤，多余的老卤排储待用。将晒制得到的钾盐镁矾钾混盐输入软钾镁矾浮选厂加转化液（以微咸水加洗涤氯化钾后的二转母液配成）。球磨成浆后，打入一段反应槽进行转化。转化后的浆料经过浮选，脱水得到软钾镁矾脱除的液体即为 E_1 母液。将摊晒制得的光卤石钾混盐输入氯化钾浮选厂，将其与软钾镁矾脱出的 E_1 点母液打入分解槽，用 C 点卤水进行分解后，经浓密、浮选、脱水即得到氯化钾。脱出的母液返回钾盐镁矾钾混盐田循环利用。最后用上述工艺制得的软钾镁矾和氯化钾生产硫酸钾，先将软钾镁矾和氯化钾混合均匀后，加入微咸水（矿化度为 3.02g/L）配卤，再经盐田日晒蒸发脱水制取硫酸钾，或以软钾镁矾与氯化钾在装置中转化得到硫酸钾产品。

05 第5章 硝酸钾的生产

硝酸钾密度为2100kg/m^3，熔点为337～339℃，为无色透明晶体，低温时为斜方晶系，高温时为菱形晶体，在空气中不潮解，易溶于水，温度由0℃升至114℃时，在水中的溶解度大约增加6倍。

硝酸钾是理想的肥料，因为它同时含有植物所需要的氮、钾两种营养元素和良好的物理化学性能，但由于制造成本高，售价昂贵，因而无法推广作为肥料应用，仅用作园艺和特种经济作物的特种肥和专用肥。

硝酸钾在工业上主要作为工业原料。它可制造黑色火药和用于焰火、引火线、点火筒和火柴中。硝酸钾是一种最好的食品防腐剂。金属淬火时也用硝酸钾做盐浴。此外，还是制造各种催化剂和玻璃的原料。

5.1 用硝酸钠和氯化钾复分解制造硝酸钾

虽然用苛性钾、碳酸钾和硝酸或硝酸生产中的含硝气体作用可以生成硝酸钾，但由于原料昂贵，制造成本过高，不为工业生产所采用。

现在世界上制造硝酸钾主要是用氯化钾和硝酸钠复分解生产的。硝酸钠和氯化钾的复分解反应如下：

$$NaNO_3 + KCl \longrightarrow KNO_3 + NaCl \tag{5-1}$$

100℃时的相图如图5-1所示。从图中可以看出，随着温度的升高，KNO_3的结晶区缩小，而NaCl的结晶区扩大，故在高温时可以析出NaCl，而在低温下有利于析出KNO_3。例如将KCl和$NaNO_3$按等物质的量配成溶液a，在100℃下蒸发，即可析出NaCl固体，直至液相达到b。过滤除去NaCl固体后，将b溶液冷却到25℃，由于落在KNO_3结晶区之内，即析出KNO_3固体，而液相达到E_2^{25}。固液分离后，E_2^{25}溶液又可加入KCl和$NaNO_3$的混合物使之回到a，进行下一循环。但是在这样配料下，每一循环得到的NaCl和KNO_3产量都不大。

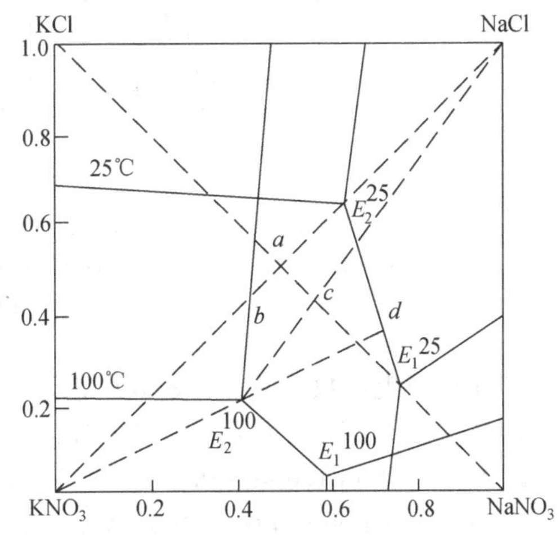

图5-1 K^+，Na^+//Cl^-，NO_3^-－H_2O体系相图

为了提高每一循环的产率，可以将KCl和$NaNO_3$的混合溶液调节到c，在100℃蒸发，析出NaCl而得母液E_2^{100}，过滤除去NaCl固体后冷却到25℃，就析出KNO_3而其母液达到d。过滤除去KNO_3以后，再加入$NaNO_3$和KCl

的混合物使之回到 c，开始下一循环。由于 dE_2^{100} 的线段大于 bE_2^{25} 的线段，可以看出循环产量显著提高。

复分解所用的氯化钾质量分数大致如下：KCl 95%～98%，NaCl 1.4%～5.6%，水分 0.5%～1.0%，SO_4^{2-} 0.03%，钙、镁盐（以 CaO+MgO 计）0.03%，水不溶物 0.025%。所用的硝酸钠原料可以是固体，但比较经济合理的是直接用以纯碱溶液吸收硝酸生产中的含硝尾气所得的 $NaNO_3$ 溶液。

纯碱溶液吸收含硝尾气的过程是在 1～2 个碱吸收塔内进行的，新鲜的纯碱液浓度配制成 200～250g/L，吸收了氮氧化物以后，每升含 $NaNO_2$ 200～250g、$NaNO_3$ 60g、Na_2CO_3 10g 和 $NaHCO_3$ 5g。送至转化器中用硝酸将 $NaNO_2$ 转化为 $NaNO_3$。转化器为钢制，在 85～90℃和浓度为 15～20g/L 过量硝酸条件下反应，并启用搅拌桨和通空气，不断搅拌，使生成的 NO、NO_2 从液相逸出，送往稀硝酸吸收塔制造稀硝酸。

转化后的溶液每升含 $NaNO_3$ 300～350g，含 $NaNO_2$ 0.5g 以下，含 $NaHCO_3$ 0.3g 以下。过滤除去其中的悬浮物质，如硅酸盐和 $Fe(OH)_3$，然后浓缩到 600～700g/L 的 $NaNO_3$ 中，再送入图 5-2 的反应器中，并徐徐加入氯化钾粉末或氯化钾，溶于含少量 $NaNO_3$ 的溶液中。$NaNO_3$ 用量应超过理论浓度量 90～120g/L，以提高循环产量。为了加速反应和预防析出的氯化钠将反应器堵塞，在反应器的下部直接通入压缩空气和蒸汽，加以搅拌。

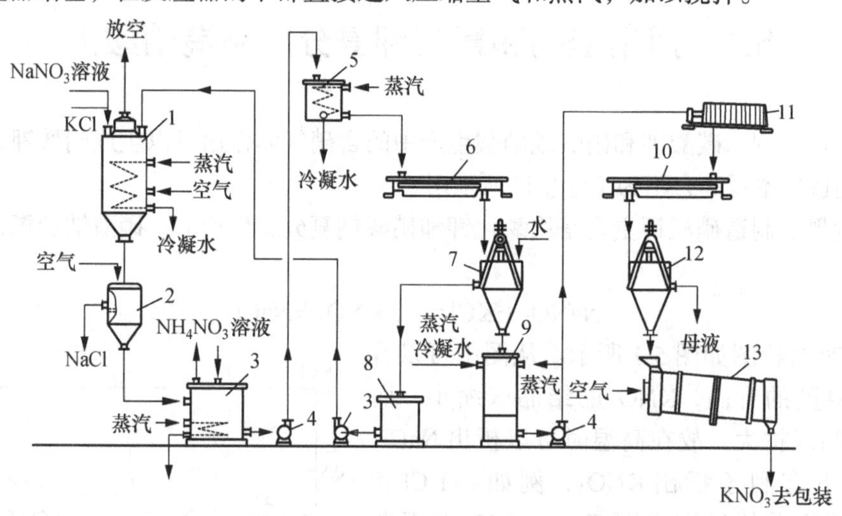

图 5-2 转化法制造 KNO_3 的流程图

1—反应器；2—过滤器；3—KNO_3 溶液储槽；4—泵；5—高位槽；6，10—结晶机；7，12—离心机；8—母液储槽；9—熔解槽；11—压滤机；13—转筒干燥机

在加完规定数量的氯化钾以后，开启反应器中的所有蒸汽盘管，蒸发 3～4h。为了减少泡沫的生成，要加入少量矿物油作消泡剂。

在温度达到 119～122℃时，复分解反应即将结束，约有 70% 以上的 NaCl 呈泥浆状析出。由于溶液被空气和蒸汽强烈搅拌，生成的氯化钠几乎全部处于悬浮状态。

复分解结束后，将反应器内的物料装入过滤器，用 0.4MPa 的空气进行压滤，将 NaCl 滤出。然后用蒸汽冷凝液洗涤滤饼，洗液送去与粗 KNO_3 母液混合，返回反应器，继续蒸发。洗涤后的 NaCl 中允许含 1%～3% 的 KNO_3，直接排入下水道或作为工业用。

硝酸钾溶液送至储槽，在 90～105℃加入 NH_4NO_3 以破坏 $NaNO_2$、Na_2CO_3 和 $NaHCO_3$ 等杂质。

$$NaNO_2 + NH_4NO_3 \longrightarrow NaNO_3 + N_2\uparrow + 2H_2O \tag{5-2}$$

$$Na_2CO_3 + 2NH_4NO_3 \longrightarrow 2NaNO_3 + 2NH_3\uparrow + CO_2\uparrow + H_2O \tag{5-3}$$

$$NaHCO_3 + NH_4NO_3 \longrightarrow NaNO_3 + NH_3\uparrow + CO_2\uparrow + H_2O \tag{5-4}$$

溶液送至高位槽再流入结晶机，在此冷却到 25～30℃，析出 KNO_3 的第一次结晶，在离心机上分离掉母液后，硝酸钾产品含 88%～90% KNO_3，1.5%～3% NaCl，0.1%～0.3% $NaNO_3$，6.5% H_2O 和 0.3% 其他杂质。

为了制得纯度高的硝酸钾一级品，要将第一次结晶所得的硝酸钾用冷水洗涤后，投入熔化器中，用蒸汽冷凝水和蒸汽重新溶解。经板框压滤机过滤，再流入结晶机中进行第二次结晶。第二次结晶前溶液中 NaCl 含量不得超过 1%～2%，硝酸钾结晶在离心机中与母液分离，然后在转筒干燥机中用 105～110℃的热空气干燥。第二次结晶后所得的 KNO_3 母液用来制取二级品。

每吨硝酸钾的平均消耗定额：硝酸钠 0.93 吨；氯化钾 0.92 吨；硝酸铵 0.050 吨；电 50kW·h，蒸汽 11 吨；水 $20m^3$。

在中国也用 NH_4NO_3 和 KCl 复分解法制造 KNO_3 和 NH_4Cl。NH_4NO_3 比 $NaNO_3$ 便宜，而且复分解的副产物 NH_4Cl 又可以作为工业原料和农业肥料，但蒸发 NH_4Cl 溶液会使设备受到严重腐蚀，增加了工业生产的难度。

5.2　从罗布泊杂硝矿中提取硝酸钾

新疆罗布泊大洼地和乌勇布拉克盐湖小横山等地有小型的杂硝矿。大洼地合计地质储量为 35 万～45 万吨。其成分（质量分数）大致如下：K^+ 4.49%～4.84%，Na^+ 23.43%～24.77%，NO_3^- 4.19%～4.35%，Cl^-31.45%～33.70%，SO_4^{2-} 11.13%～11.65%，（$Ca^{2+}+Mg^{2+}$）0.81%～1.00%，水不溶物 19.91%～23.42%。

可溶物盐类中以 NaCl 为最高，KNO_3 虽然在 8% 左右，但经济价值极高。矿区属典型的荒漠气候，夏季高温酷热，冬季干冷，昼夜温差较大，一年降水稀少，自然蒸发量大。四季多风，风向以西北风居多，风力一般 4～5 级，有时可达 8～9 级，这种气候条件正适宜于盐田蒸发。杂硝石矿中的主要盐类为 KNO_3、$NaNO_3$、KCl、NaCl 和 $NaSO_4$ 5 种，它们各自在水中的溶解度如图 5-3 所示。由图 5-3 可以看出，这 5 种盐在一定的温度范围内都具有良好的水溶性。其中 NaCl 的溶解度最小，且不随温度变化，因而可采用堆浸：以饱和 NaCl 卤水喷淋矿石，KNO_3 溶于水中而 NaCl 不会溶出，能保持矿堆结构完整，不会崩解散架。堆浸时浸出液的成分质量体积浓度（g/L）（中间样）：K^+9.22，Na^+129.09，NO_3^-7.55，Cl^-178.3，SO_4^{2-}33.84。

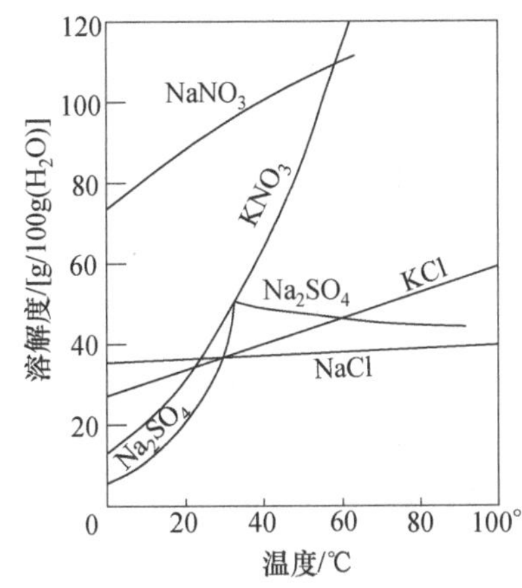

图 5-3　杂硝石中各种组分的溶解度

然后将浸取液送至盐田分两池日晒，在第一池中析出 NaCl，在第二池中析出 $NaNO_3$ 不纯固体。

将盐田日晒得到的硝酸钾半成品收集后送至工厂加水溶解，澄清后除含有 KNO_3、$NaNO_3$ 等有用成分外，还含有 NaCl、Na_2SO_4 及钙镁盐，它们可以在高温蒸发过程中一一除去。

25℃和 75℃下 K^+，Na^+ //NO_3^-，Cl^-，SO_4^{2-}–H_2O 五元体系的溶解度已分别由 Cornec 和 Krombach 以及 Corenc、Krombach 和 Spack 进行了研究。在这五元体系中，在高温下有利于 NaCl 的析出，而在低温下有利于 KNO_3 的析出。

由于液相中 K^+的物质的量小于 NO_3^-物质的量，故在浓缩液中按相图需要加入适当 KCl，然后冷却至常温，即可析出纯 KNO_3 晶体，其纯度可达 99.6 % 以上。

06 第 6 章 用氯化镁溶液制取无水氯化镁

6.1 氯化镁水合物脱水的基本原理

6.1.1 $MgCl_2$-H_2O 系统状态图及氯化镁水合物

利用海水、盐湖水及钾盐工业的废液中的 $MgCl_2$ 作原料生产金属镁，其技术关键是氯化镁水合物的脱水。直至 20 世纪 60 年代，这一脱水技术才被攻克，世界上新建镁厂，多采用氯化镁溶液作原料。

$MgCl_2$ 在水中的溶解度是很大的，且随着温度的升高而增大。溶解时镁离子发生强烈的水化并析出大量热，这是因为 Mg^{2+} 的半径小（0.74Å）且带两个正电荷，在溶液中，其周围能形成一个很强的静电场，而水分子为极性分子，因而 Mg^{2+} 的水合能很大（1966kJ/mol），在 $MgCl_2$ 溶液中，Mg^{2+} 以水合离子存在。当 $MgCl_2$ 从过饱和溶液中结晶析出时，就会连同一些水分子成为氯化镁水合物的形态析出。通过蒸发浓缩结晶的方法不可能得到无水氯化镁。以氯化镁溶液为电解炼镁原料时，先使氯化镁水合物脱水制成无水氯化镁，而后电解得金属镁。

图 6-1 是 $MgCl_2$-H_2O 系统状态图。由该图可以看出，当 $MgCl_2$ 从溶液中结晶析出时，根据溶液浓度和温度的不同，可生成六种含不同结晶水的水合物，即 $MgCl_2 \cdot 12H_2O$、$MgCl_2 \cdot 8H_2O$、$MgCl_2 \cdot 6H_2O$、$MgCl_2 \cdot 4H_2O$、$MgCl_2 \cdot 2H_2O$ 及 $MgCl_2 \cdot H_2O$。温度升高，水合物的结晶水减少，例如－3.4～116.7℃，结晶析出的为 $MgCl_2 \cdot 6H_2O$；而在 116.7～181.5℃，结晶析出的则为 $MgCl_2 \cdot 4H_2O$。

根据此状态图，当加热这些水合物时，将分解为另一种结晶水含量较低的水合物和饱和溶液。例如将 $MgCl_2 \cdot 6H_2O$ 加热至相当于 I 点的温度（116.7℃）时，发生如下包晶反应：

$$MgCl_2 \cdot 6H_2O \xlongequal{\triangle} MgCl_2 \cdot 4H_2O + \text{饱和溶液}(I)$$

$MgCl_2 \cdot 6H_2O$、$MgCl_2 \cdot 4H_2O$ 及 I 点溶液含 H_2O 量（质量分数）分别为：53.2%、43.1% 及 53.8%，根据杠杆规则可求得 $MgCl_2 \cdot 6H_2O$ 分解后所生成的饱和溶液及 $MgCl_2 \cdot 4H_2O$，两者在数量上的关系：

$$\frac{I\text{点溶液量}}{MgCl_2 \cdot 4H_2O\text{量}} = \frac{53.2\% - 43.1\%}{53.8\% - 53.2\%} = \frac{10.1\%}{0.6\%} = 16.8$$

生成的溶液量约为 $MgCl_2 \cdot 4H_2O$ 的 17 倍。此时由于大量溶液的生成，使原来呈固体状态的 $MgCl_2 \cdot 6H_2O$ 变成了液体（即所谓溶解在本身结晶水中）。将 $MgCl_2 \cdot 4H_2O$ 加热至 181.5℃，也会发生类似的反应，此时生成的相当于 J 点组成的溶液量为 $MgCl_2 \cdot 2H_2O$ 量的 14.23 倍。由于大量溶液的生成，使整个物料由固体变成了黏稠的糊状物，堵塞了物料之间空隙，妨碍了水蒸气的逸出，给脱水过程造成困难。在实际生产中，为了避免这种现

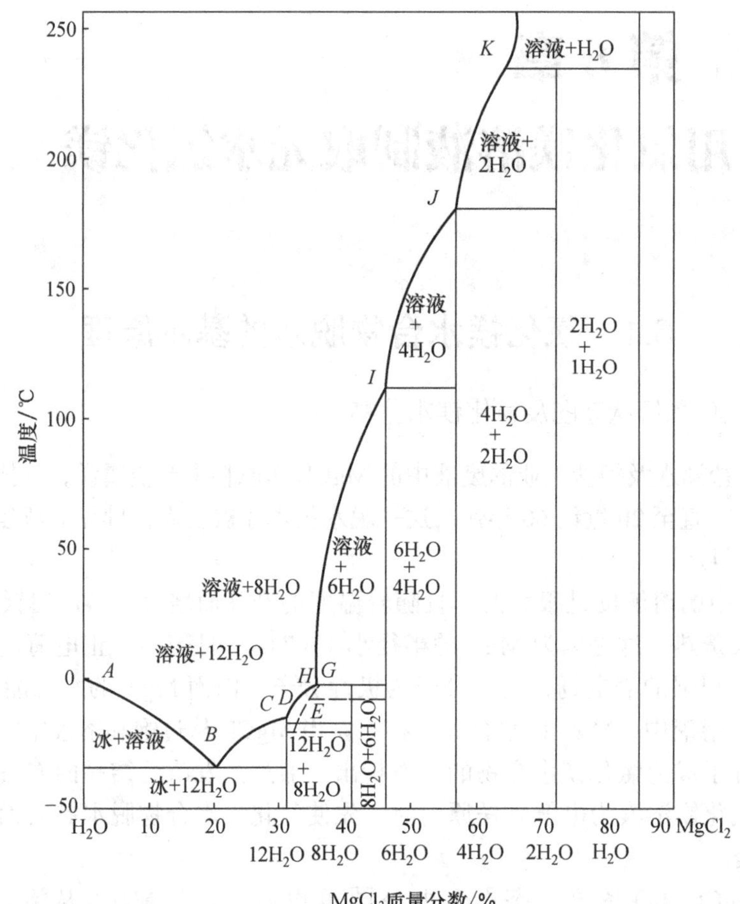

图 6-1 $MgCl_2$-H_2O 状态图

象发生，乃采用逐步将氯化镁水合物升温的办法。对于 $MgCl_2·6H_2O$ 的脱水，应在物料温度达到 *I* 点温度（116.7℃）之前，使一部分结晶水以水蒸气的形式脱去，而得以转为 $MgCl_2·4H_2O$。同理，对于 $MgCl_2·4H_2O$，则应在温度达到 *J* 点温度（181.5℃）之前脱去一部分水，使之转变为 $MgCl_2·2H_2O$。

在各种氯化镁水合物中，室温下能稳定存在的为 $MgCl_2·6H_2O$，因此含水较低的氯化镁水合物，将从空气中吸收水分而转变为 $MgCl_2·6H_2O$。

无水 $MgCl_2$ 在空气中也会吸收水分转变为 $MgCl_2·6H_2O$，并放出大量的热。

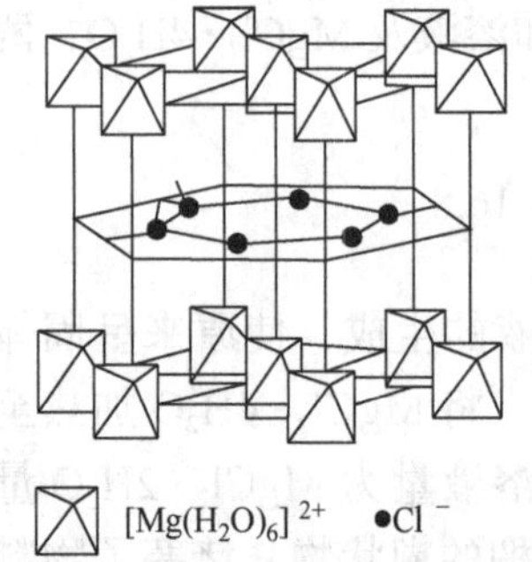

图 6-2 $MgCl_2·6H_2O$ 的晶格构造

6.1.2 氯化镁水合物的脱水

六水氯化镁是无色透明的晶体，属六方晶系，其晶格构造如图 6-2 所示。Mg^{2+}分布在六方格子的 12 个结点及上、下底面的中心上，在它的周围有六个水分子形成八面体，Cl^-呈六边形分布在晶格内部，每个晶格内含有三个 $MgCl_2·6H_2O$。在八面体中的六个水分子，以 Mg^{2+}为中心两两对称，因此在加热

$MgCl_2 \cdot 6H_2O$ 时，是分段脱去所含的结晶水的，脱水反应为

$$MgCl_2 \cdot 6H_2O \xlongequal{100\sim115℃} MgCl_2 \cdot 4H_2O + 2H_2O \tag{6-1}$$

$$MgCl_2 \cdot 4H_2O \xlongequal{115\sim170℃} MgCl_2 \cdot 2H_2O + 2H_2O \tag{6-2}$$

$$MgCl_2 \cdot 2H_2O \xlongequal{} MgCl_2 \cdot H_2O + H_2O \tag{6-3}$$

$$MgCl_2 \cdot H_2O \xlongequal{} MgCl_2 + H_2O \tag{6-4}$$

最后两个结晶水与 Mg^{2+} 的结合力相当强，需在较高温度下才能脱除，这时 Cl^- 更可能成为 HCl 而同时脱除，这就是氯化镁的水解。

有学者对氯化镁水合物的脱水和水解问题进行了大量的研究。对于上述脱水反应来说，各研究者在研究反应式（6-1）、（6-2）时，得到的平衡分解压与温度的关系相当一致，而对于反应式（6-3）和（6-4）的平衡分解压与温度的关系则稍有差别，这是因为 $MgCl_2 \cdot 2H_2O$ 及 $MgCl_2 \cdot H_2O$ 的脱水需在较高温度下进行，这时氯化镁的水解已相当明显，为了防止其水解，通常是在用 HCl 气氛加以抑制的条件下进行研究的，由于个人控制的具体条件不同，所得结果有所差异。根据较新的研究结果，上述四个脱水反应的平衡水蒸气分压与温度的关系分别为

$$\lg p = -\frac{3012}{T} + 12.09 \quad (308\sim388K)$$

$$\lg p = -\frac{3430}{T} + 12.39 \quad (363\sim443K)$$

$$\lg p = -\frac{3300}{T} + 11.45 \quad (403\sim483K)$$

$$\lg p = -\frac{4000}{T} + 11.60 \quad (493\sim573K)$$

上述各式中，p 为平衡水蒸气分压（Pa）。

不同温度下氯化镁水合物脱水反应的平衡水蒸气分压列于表 6-1。为了使水合物脱水，必须使气相中的实际水蒸气分压力低于相应温度下的平衡水蒸气分压。表中数据表明，随着温度的提高，氯化镁水合物的平衡水蒸气分压迅速升高，即氯化镁水合物更容易脱水，并得到含水更低的脱水产物。在生产中，六水氯化镁的脱水温度宜控制在 70～100℃，如果温度过高，物料将会产生熔结，给进一步脱水造成困难。而对于四水氯化镁，其适宜的脱水温度为 110～160℃，高于 160℃物料也将开始熔结和水解。对于二水和一水氯化镁的脱水，需在高于 140～200℃及 200～280℃，并用 HCl 气氛抑制水解反应的条件下进行。

6.1.3 氯化镁及其水合物的水解

在氯化镁水合物脱水过程中会发生以下的水解反应，它不仅造成了 $MgCl_2$ 的损失，而且水解产物 MgOHCl 或 MgO 是水解过程极为有害的杂质，所以必须采取措施抑制其生成。气相中实际的 HCl 分压，或 HCl 与 H_2O 的分压比值，大于水解反应平衡时的相应数值，即可达到此目的。

表 6-1 氯化镁水合物的平衡水蒸气分压

温度		平衡水蒸气分压 /Pa			
/℃	/K	$MgCl_2 \cdot 6H_2O$	$MgCl_2 \cdot 4H_2O$	$MgCl_2 \cdot 2H_2O$	$MgCl_2 \cdot H_2O$
10	313	293			
60	333	1109			
80	353	3609	471		
100	373	10350	1564		
120	393	26660	4595		
140	413	62665	12160	2882	
160	433		29412	6741	
180	453		65805	14630	
200	473			29734	
220	493			57054	3065
240	513				6349
260	533				12454
280	553				23266
300	573				41610

$$MgCl_2 \cdot 2H_2O = MgOHCl + HCl + H_2O \quad (6\text{-}5)$$

$$MgCl_2 \cdot H_2O = MgOHCl + HCl \quad (6\text{-}6)$$

已经脱水的无水氯化镁，又可以同气相中的水分作用：

$$MgCl_2 + H_2O = MgOHCl + HCl \quad (6\text{-}7)$$

在更高的温度下，碱式氯化镁进一步分解：

$$MgOHCl = MgO + HCl \quad (6\text{-}8)$$

低水氯化镁和无水氯化镁也可以直接水解为 MgO：

$$MgCl_2 + H_2O = MgO + 2HCl \quad (6\text{-}9)$$

各水解反应的平衡常数与温度的关系可分别用下列各式表示：

$$\lg K_{6-5} = -\frac{6820}{T} + 22.36 \quad (130\sim220℃)$$

$$\lg K_{6-6} = -\frac{3520}{T} + 10.94 \quad (230\sim300℃)$$

$$\lg K_{6-7} = -\frac{360}{T} - 0.45 \quad (300\sim500℃)$$

$$\lg K_{6-8} = -\frac{5140}{T} + 11.35 \quad (300\sim500℃)$$

$$\lg K_{6-9} = -\frac{4780}{T} + 10.9 \quad (300\sim714℃)$$

在以上各计算式中，平衡常数用气体分压表示，压强的单位为 Pa。

关于氯化镁水解的平衡条件，研究所得结果互有差异，有的结果［如反应式（6-7）］相差甚大。以上所列水解反应的平衡常数与温度的关系式，是 20 世纪 70 年代的研究结果。某些温度下水解反应的平衡常数值列于表6-2。表6-3为$P_{HCl}+P_{H_2O}=1.013\times10^5$Pa时反应式（6-7）、（6-9）的平衡气相组成。为了防止氯化镁水解，气相中实际的HCl与H_2O之比必须大于表6-3中所列之值。

表6-2　各水解反应在不同温度下的平衡常数（压强单位，Pa）

温度/℃	$K_{(6-5)}=P_{HCl}P_{H_2O}$	$K_{(6-6)}=P_{HCl}$	$K_{(6-7)}=P_{HCl}/P_{H_2O}$	$K_{(6-8)}=P_{HCl}$	$K_{(6-9)}=P^2_{HCl}/P_{H_2O}$
150	1.73×10^4				
200	8.74×10^7	3150			
250	2.09×10^9	16203			
300		62646	1.508×10^6	240	361
350			1.342×10^6	1258	1688
400			1.216×10^6	5159	6273
450			1.117×10^6	17407	19438
500			1.037×10^6	50186	52036
550					123589
600					265845
650					526302
700					971312

表6-3　反应式（6-7）及（6-9）的平衡气相组成

温度/℃	反应式（6-7）：$MgCl_2+H_2O=MgOHCl+HCl$			反应式（6-9）：$MgCl_2+H_2O=MgO+2HCl$		
	HCl	H_2O	HCl/H_2O	HCl	H_2O	HCl/H_2O
300	0.601	0.399	1.51	0.058	0.942	0.06
350	0.573	0.427	1.34	0.122	0.878	0.14
400	0.549	0.451	1.22	0.221	0.779	0.28
450	0.528	0.472	1.12	0.354	0.646	0.55
500	0.509	0.491	1.04	0.507	0.493	1.03
550				0.654	0.346	1.89
600				0.775	0.225	3.44
650				0.860	0.140	6.14
700				0.914	0.086	10.63

6.1.4　氯化镁水合物脱水和水解的相图

图6-3为氯化镁水合物脱水及水解相图的几个截面。相图共分为七个区，每个区表示在该区所处的HCl与H_2O的分压及温度条件下各化合物的稳定区。相图下部各区为氯化镁水合物的稳定区，自下而上随着温度升高，六水氯化镁逐步脱水，转变为四水、二水及一水氯化镁。相图中部右侧为$MgCl_2$的稳定区，左侧为MgOHCl的稳定区。相图的最上部为MgO的稳定区。

氯化镁水合物脱水的目的是为了制取无水氯化镁，为此，必须控制脱水条件与$MgCl_2$的稳定区相适应，以减少氯化镁的水解。

一、脱水温度

由相图可知，最终脱水的适宜温度与$P_{HCl}+P_{H_2O}$总压的大小有关，当总压为1×10^5Pa、

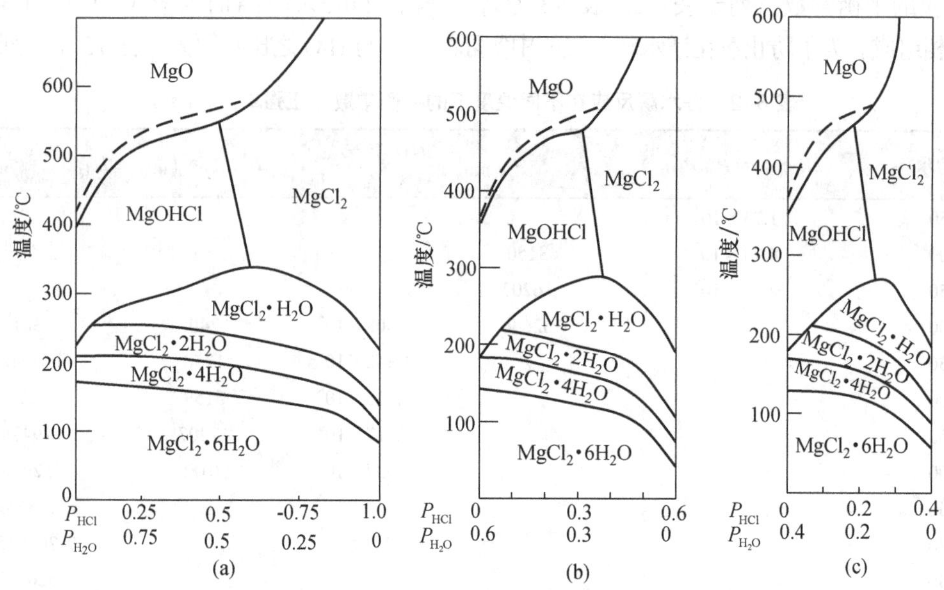

图 6-3 氯化镁水合物的脱水和水解相图

(a) $P_{HCl}+P_{H_2O}=1\times10^5$Pa；(b) $P_{HCl}+P_{H_2O}=0.6\times10^5$Pa；(c) $P_{HCl}+P_{H_2O}=0.2\times10^5$Pa

0.6×10^5Pa、0.2×10^5Pa 时，最适宜的脱水温度分别为 280～480℃、260～460℃及 240～440℃。在此温度范围内，气相中 HCl 与 H_2O 的比值较低时，也可使 $MgCl_2\cdot H_2O$ 脱水得到 $MgCl_2$，而不致于发生明显的水解，高于或低于上述温度范围，则要求气相中的 P_{HCl}/P_{H_2O} 比更高。

二、气相中的 P_{HCl}/P_{H_2O} 比值

氯化镁水合物的最终脱水，通常是在沸腾炉内以热的氯化氢气体作加热介质进行的，此时氯化氢气体起着加热和保护气氛两重作用。由相图可知，在上述最宜脱水温度下，气相中的 P_{HCl}/P_{H_2O} 应大于 1.0～1.5。在脱水过程中，由于物料所含的水转入气相，故送入沸腾炉的氯化氢气体的 P_{HCl}/P_{H_2O} 需高于上述数值，通常 P_{HCl}/P_{H_2O} 为 10～20。

三、气相中 HCl 及 H_2O 的总压

相图表明，当 $P_{HCl}+P_{H_2O}=1\times10^5$Pa 时，$MgCl_2\cdot H_2O$、MgOHCl 及 $MgCl_2$ 三相交点的温度约为 280℃，而当 $P_{HCl}+P_{H_2O}=0.2\times10^5$Pa 时（其余气体的压强为 0.8×10^5Pa），该点的温度降低到 240℃，这说明 HCl-H_2O 混合气体中掺入其他气体，只要气相中 P_{HCl}/P_{H_2O} 的比值保持不变，可以适当降低一水氯化镁的脱水温度。

6.2 低水氯化镁水合物的制取

低水氯化镁是指只含一个或二个结晶水的氯化镁。

氯化镁溶液又称卤水。对以氯化镁溶液为原料制取无水氯化镁的工艺流程，进行过大量的实验研究工作，提出了各种各样的方案，其共同特点都是分两阶段脱除氯化镁水合物的水。在第一阶段，有的方法是预先制得六水或四水的氯化镁晶体，然后在干燥设备中进行脱水；也有将卤水

直接喷入脱水设备内进行脱水制得二水或一水氯化镁的。制取低水氯化镁的过程称为一次脱水。第二阶段再将低水氯化镁在 HCl 气氛保护下进行彻底脱水制得粒状的无水氯化镁，或将低水氯化镁与 KCl、NaCl 共熔氯化脱水制得熔体氯化镁。图 6-4 是具有代表性的卤水炼镁工艺流程。

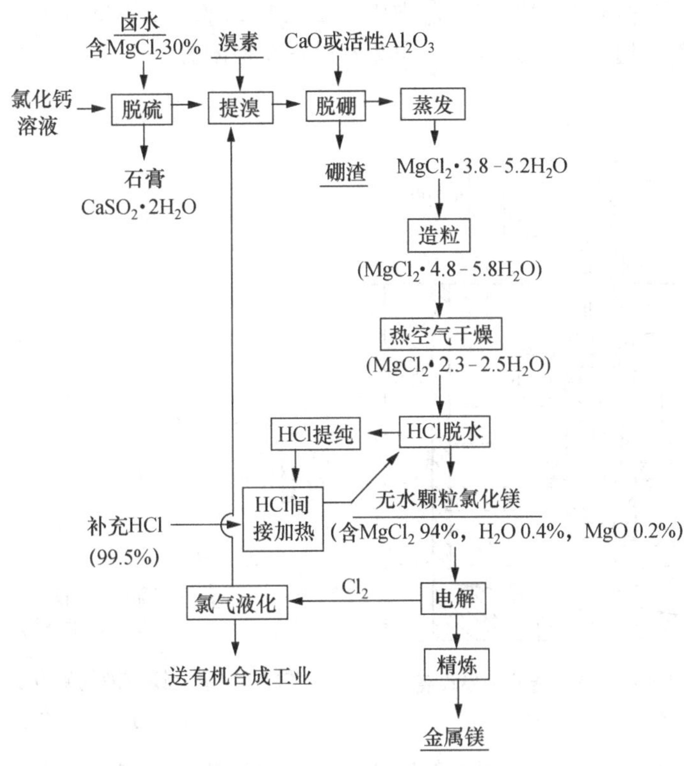

图 6-4　卤水炼镁工艺流程

6.2.1 卤水的净化

卤水中常含有一些对电解过程有害的杂质，这些杂质不能在脱水过程中排除，需要在其脱水之前进行清除。不同来源的卤水其杂质的种类及含量皆不同，例如挪威普斯格龙镁厂所用卤水的组成（质量分数）为：$MgCl_2$33%，$MgSO_4$ 1.4%，NaCl 0.5%，KCl 0.2%，MgO 0.01%，CaO 0.01%，$MgBr_2$ 0.04%，Fe 0.0001%，B 0.0015%，Cu 0.01%，以及少量的锰，其余为水。

为了除去卤水中的硫酸根及重金属杂质，在 pH 4～8 的条件下，加入 $CaCl_2$ 和 Na_2S，使之转化成 $CaSO_4$ 及重金属硫化物沉淀而从卤水中分离。卤水随后送往提溴塔，在塔中往下流动的卤水同上升的氯气接触而释放出溴素：$MgBr_2+Cl_2 = MgCl_2+Br_2$。与此同时，卤水中过剩的 Na_2S 被氧化成 Na_2SO_4，未除净的重金属被氧化成不溶性的 MnO_2 及 $Fe(OH)_3$。从提溴塔出来的卤水再加入 $BaCl_2$，以进一步除去硫酸盐。过去采用加入活性 CaO 和活性 Al_2O_3 将硼盐吸附的除硼方法，现在已改用有机萃取法除硼。经过如此处理后，卤水在下一步蒸发时，便可大大减轻设备的结垢，并有利于电解指标的改善。

6.2.2 氯化镁溶液的蒸发和氯化镁水合物的脱水

从卤水制取无水氯化镁需要蒸发大量的水和消耗大量的热，所以需要采用高热效率的蒸发设备。对于 $MgCl_2$ 浓度低于 35% 的卤水，过去曾采用化工行业通用的蒸汽加热列管式多效蒸发器进行蒸发，但遇到了很大困难，主要是极易形成 $CaSO_4$ 和 NaCl 的结垢，热卤水对钢制设备腐蚀严重，维修费用大，热效率低。近期多采用如图 6-5 示出的称为带浸入式燃烧器的接触式蒸发设备来蒸发卤水，它的优点是结构简单，热效率高达 85%～90%。用这种设备将卤水浓缩至含 35%$MgCl_2$ 不会遇到什么困难。但随着 $MgCl_2$ 浓度的提高，溶液的沸点和氯化镁水合物的熔点越来越接近（图 6-6），使蒸发过程变得困难。

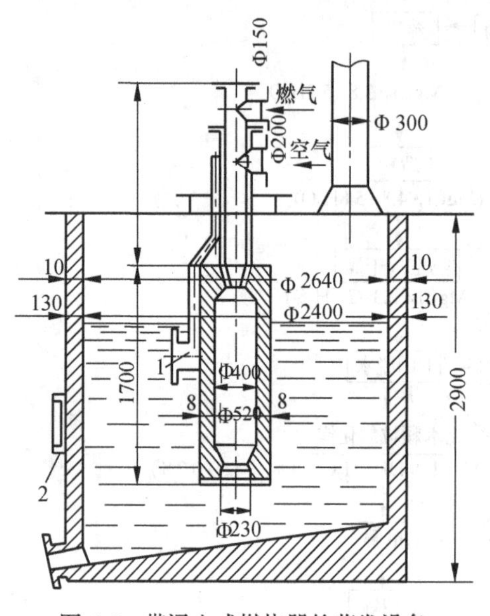

图 6-5 带浸入式燃烧器的蒸发设备

1—电点火嘴；2—温度计

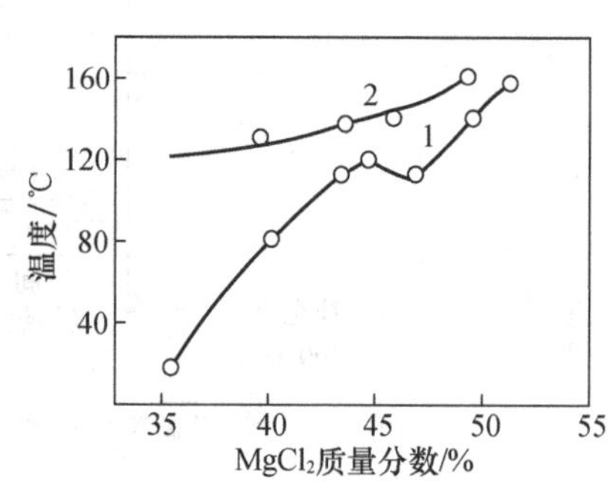

图 6-6 氯化镁溶液的沸点 2 及结晶温度 1 与浓度的关系

蒸发高浓度卤水的设备，可采用蛇形管蒸气间接加热的敞开蒸发槽或内部装有陶瓷填料环的以燃烧气体直接加热的喷洒塔，可将 $MgCl_2$ 浓度提高 40%～50%。所得的高浓度卤水送往造粒塔制粒。造粒塔为一圆柱形空塔，卤水自顶部喷下，与从塔底鼓入的冷风接触而被冷凝成粒度为 0.5～2mm 的六水或四水氯化镁水合物晶体。而后在沸腾炉（或多膛炉）内，利用热空气进行干燥脱水而得到含一至二个结晶水的低水氯化镁。一级沸腾炉内料层的温度为 90～95℃，二级沸腾炉内料层的温度为 110～1600℃。

6.2.3 由卤水直接制取低水氯化镁

目前工业上多采用喷雾脱水或喷雾沸腾造粒脱水的方法，由 $MgCl_2$ 浓度为 35% 左右的或 40%～50% 的卤水直接制取低水氯化镁。

喷雾脱水的主体设备脱水塔，是由不锈钢板焊成的圆筒。热卤水经高压喷枪雾化成液滴，由鼓入的热风加热，迅速蒸发脱水变成粉状的低水氯化镁，并随废气一起进入旋风分离器，而与废气分离并收集。塔内温度越高，脱水产物含水越低，但氯化镁的水解率越高。当热风入口处温度控制在 450～550℃，脱水塔内反应带的气体温度在 250～300℃，所得脱水产物含 $MgCl_2$70%～85%、H_2O 5%～20% 及 MgO 3%～5%（均指质量分数）。这种脱水方法的缺点是，它所得到的产物堆装密度小，而且是细小的粉料，吸湿性很强，易飞扬损失。需要再加压成块，而后又破碎成粒才能进行最终脱水。据报道，在卤水中加入氢氧化镁凝胶，或加入少量的某些有机试剂（如聚乙二醇—脂肪酸混合液），可使脱水产物的堆装密度由 80g/L

提高到 300～350g/L。喷雾脱水的优点是脱水速度快，设备的产能高，产品含水低。

喷雾沸腾造粒脱水的工艺流程如图 6-7 所示。脱水的主体设备实际上是由喷雾干燥塔（上部）和沸腾干燥炉（下部）组合成的一个整体装置，自上而下分三个区、悬浮状态干燥区、造粒区和沸腾层干燥区。用泵 2 将卤水从储槽 1 经高位槽 3 送至雾化器 4，在此被从燃烧室 8 来的 900℃的燃气所雾化，并在悬浮干燥区逐步干燥成含 5～5.5 个结晶水的氯化镁微粒，其表面有一定黏性，当降落至沸腾层的上部时，黏结在别的小颗粒上，使颗粒得以长大，这一过程称造粒过程。粗颗粒的质量大而处于沸腾层的下部，当干燥达到要求后，经排料管 5 排出。排料口的高度与沸腾炉的筛板相同。尾气经排气管和旋风分离器 6 由排风机 7 排走，旋风分离器回收的粉尘用压缩空气吹回沸腾层的上部，形成一层“尘幕”，“尘幕”中的粉尘即是造粒的核心。整个干燥设备有两个正压操作的燃烧室，上部燃烧室 8 所产生的燃气量应保证喷雾器能正常工作，下部燃烧室 9 的燃气送往沸腾炉筛板下，供给沸腾炉干燥物料所需的热量。鼓风机 10 供给调节沸腾层温度所需的空气。当沸腾层的温度控制在 135～140℃，得到的脱水产物为 $MgCl_2 \cdot 2H_2O$，氯化镁水解率为 4%～5%（质量分数）。如果要得到 $MgCl_2 \cdot (1.2 \sim 3) H_2O$ 的脱水产物，沸腾层的温度应为 150～160℃，氯化镁的水解率则增至 15%～20%（质量分数）。脱水产物的粒度为 1～3mm，这种粒度的产物对于下一步彻底脱水是有利的。

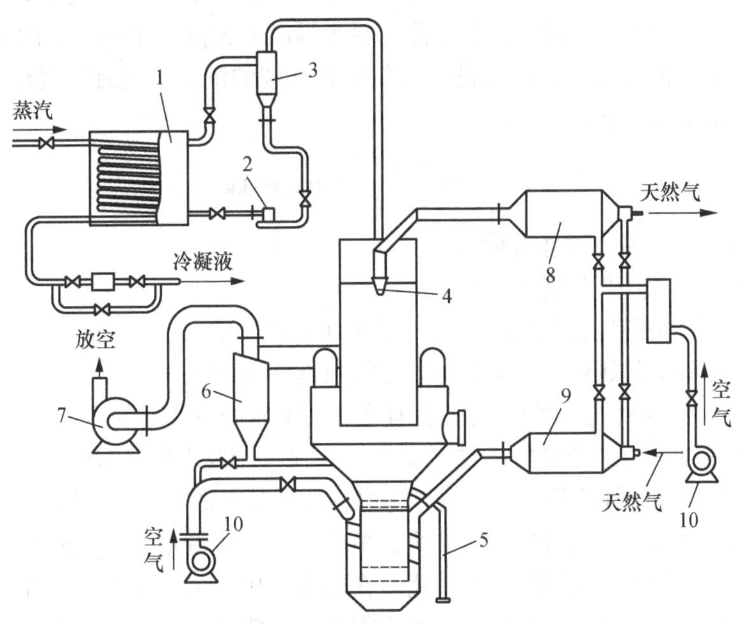

图 6-7 喷雾干燥塔和沸腾干燥炉组合的工艺流程

1—储槽；2—泵；3—高位槽；4—雾化器；5—排料管；6—旋风分离器；7—排风机；8—上部燃烧室；9—下部燃烧室；10—鼓风机

6.3 低水氯化镁的彻底脱水

6.2 节说明，由卤水制取低水氯化镁的脱水工艺过程是比较简单和易于实现的。然而低水氯化镁的彻底脱水则比较困难，工艺复杂。美国道屋化学公司的镁厂，直接采用这种含有部分结晶水的氯化镁作为电解槽原料，使之在电解槽内的氯化氢气氛下实现最终脱水并电解。这种工艺的直流电能消耗量大，只是用于道屋公司的镁厂。因为其厂区附近有廉价的天然气，可用来从电解槽外部加热而不需额外增加电能消耗。其他镁厂则不一定具有这种条件。

由低水氯化镁制取无水氯化镁的方法有两大类，即在氯化氢气氛保护下彻底脱水的方法和熔融氯化法。经过彻底脱水制得的无水氯化镁再加入电解槽进行电解。

6.3.1 氯化氢气氛下低水氯化镁的彻底脱水

该方法使用的脱水设备为连续作业的沸腾炉。低水氯化镁连续加到沸腾炉的筛板上部，产品连续地从排料管排出，排料管出口在筛板中央，伸出筛板上方的高度与沸腾层的高度相同，以保证从排料管排出的都是干燥好了的产品。干燥的氯化氢气体用耐腐蚀鼓风机送到热交换器，加热至所需要的温度后进入沸腾炉内。热的氯化氢气体向上流动通过筛板，使颗粒物料呈沸腾状态。通过气量的调节来控制沸腾层的高度，沸腾层的温度为260～350℃。所得产品的组成（质量分数）为：$MgCl_2$ 94%，H_2O 0.4%，MgO 0.2%，其余为碱金属氯化物。这种颗粒状无水氯化镁送往电解槽的料斗，连续地加入电解槽进行电解。

为了减少氯化镁在脱水过程的水解，最重要的是控制好脱水温度、氯化氢气体流量及炉内气相的HCl和H_2O的分压比。原料带入的全部水分，脱水后都进入气相中，因而气相中的P_{HCl}/P_{H_2O}随之降低，其降低的限度，应不低于脱水温度下$MgCl_2$水解反应的平衡分压比。为此，必须根据沸腾炉的加料量，以及进入的氯化氢气体的浓度控制好通气量。1kg原料所需的氯化氢混合气体量可用下式计算：

$$V=\frac{22.4ab}{18(c-bd)}\times 10^6\ (\mathrm{m^3/kg})$$

式中：a——原料的含水量（质量分数）；

b——脱水后尾气中控制的P_{HCl}/P_{H_2O}比；

c——进入沸腾炉的氯化氢气体的HCl浓度（体积分数）；

d——进入沸腾炉的氯化氢气体的H_2O含量（体积分数）。

由上式可知，为了降低氯化氢气体的消耗量，应力求减少原料的含水量。

为了保证物料在炉内处于良好的沸腾状态，在保持所要求的P_{HCl}/P_{H_2O}前提下，可以掺入一定数量的不参与反应的气体将氯化氢气体稀释，这样并不影响产品质量。

从沸腾炉出来的氯化氢尾气中，含有大量的水分，采用冷凝和氯盐解吸的方法，除掉其中绝大部分水后，经加热再返回沸腾炉使用。在回收氯化氢尾气过程中，有一部分HCl冷凝成稀盐酸，同时生产过程有HCl损失，因此必须补充一部分新的HCl到循环使用的气体中。

6.3.2 低水氯化镁的熔融氯化脱水

低水氯化镁熔融氯化彻底脱水的工艺流程如图6-8所示。低水氯化镁经星形阀1加入熔融槽2中进行熔融脱水。熔融槽是一个有耐火材料内衬的钢制槽，槽内有两根导入交流电的电极3，电流通过熔融氯化物产生的热量以保持所需的温度，槽内温度为750～800℃，原料带入的结晶水，一部分以水蒸气蒸发掉，还有少部分同$MgCl_2$反应生成HCl和MgO，所以熔体中含有较高的MgO，必须将其氯化成$MgCl_2$。为此，用熔体泵4将熔融槽内的熔体送入氯化炉5，氯化炉有耐火材料内衬，并且填有碳素格子，氯化炉设有一组交流电极6和氯化管 7。来自熔融槽的氯化镁熔体，从顶部加入，当往下流经碳素格子填料层时与向上流的氯气相遇，熔体中的 MgO 即被氯化为 $MgCl_2$。为了利于 MgO 的氯化，在低水氯化镁中应配入一定数量的碳质还原剂，如石油焦粉等。氯化器的温度也保持为 750～800℃。氯化后熔体中的 MgO 含量降低到规范要求的范围后，从排料管流入保温澄清槽 8 中，少量来不及氯化的 MgO 和碳粒等杂质沉降于槽底，澄清的熔体则根据电解过程的需要，用熔体泵 9 或抬包送往电解槽。熔体的组成（质量分数）为：$MgCl_2$ 92%～95%，MgO 0.2%～0.4%，其余为碱金属和碱土金属的氯化物。

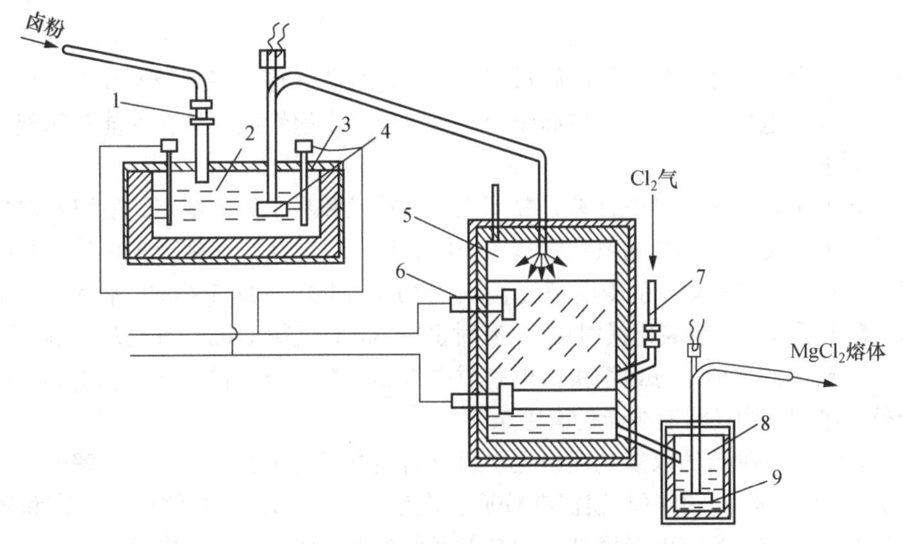

图 6-8 熔融氯化脱水工艺流程图

1—星形阀；2—熔融槽；3—交流电极；4—熔体泵；5—氯化炉；6—交流电极；7—氯气管；8—保温澄清槽；9—熔体泵

研究表明，在熔融氯化过程中加入少量铁屑作催化剂，可以提高 MgOHCl 和 MgO 的氯化速度，从而增大设备的产能。其缺点是，所加入的铁最终以 $FeCl_3$ 的形态挥发进入尾气，增加了尾气净化装置的负担，并且得到的氯化镁熔体含有铁离子，需经过预电解除铁后才能加入电解槽。

07 第7章

金属镁的生产

7.1 镁电解质的物理化学性质

镁电解与铝电解一样，为了使电解过程能正常进行并获得良好的技术经济指标，对电解质的熔度、密度、电导率、黏度、界面张力、蒸气压、水解性能和氧化性能等物理化学性质都有一定的要求。

由于 $MgCl_2$ 的熔点高，导电性差，黏度大，易挥发和易水解等缺点，所以不单独用氯化镁做电解质，而是使用多组分的氯化物体系作电解质。目前镁电解生产采用的电解质主要有三种体系：$MgCl_2$-NaCl-KCl 系（电解光卤石时用）、$MgCl_2$-NaCl-$CaCl_2$ 系和 $MgCl_2$-NaCl-$CaCl_2$-KCl 系（后两个电解氯化镁时用）。有时也用 $BaCl_2$ 代替 $CaCl_2$，以提高电解质的密度。为了使阴极上析出的镁能很好地汇集，电解质中常加入 2%～5% 的 CaF_2 或 MgF_2。除了这些基本成分外，电解质中还含有少量的有害杂质。

近年已研究出一种新的以氯化锂为主要组分的轻电解质及相应的新型电解槽，这种电解质的特点是密度比镁小，电解时镁沉在槽底，电解层在上部，能有效地防止镁和氯的再反应。此外这种电解质还具有电导率高、初晶温度低等很多优点，是镁电解工艺的一个重要发展方向。但对原料的质量要求十分严格，要求 NaCl＋$CaCl_2$＋KCl 的总含量不超过 0.2%，否则它们在电解中积累太快而使电解质的密度增大，造成镁的上浮。为了防止镁上浮，就必须更换电介质和补充 LiCl，而 LiCl 的价格很贵，故采用锂电解质时，对 $MgCl_2$ 的纯度提出了很高的要求。

目前镁电解采用的电解质，其密度都比镁大，镁是漂浮在电介质表面上的。

7.1.1 镁电解质的熔度和离子形态

镁的熔点为 650℃，电解过程要求在稍高于镁的熔点即 680～720℃下进行最为有利。电解温度过低，镁可能以海绵状态在阴极上析出，造成阴阳极之间的短路，电解温度过高，则电流效率低。实践证明，为了使电解槽正常工作，电解质的初晶温度应低于电解温度 50～100℃，电解质的初晶温度与其组成有关。电解质各基本成分的熔点（℃）为：$MgCl_2$714，电解质 NaCl 801，$CaCl_2$ 782，KCl 770。这四种化合物能构成六个二元体系，其中 NaCl-KCl 、NaCl-$CaCl_2$ 和 $MgCl_2$-$CaCl_2$ 不形成化合物，在这三个系中，混合盐的熔度是随另一组分的增加而降低的，而在 $MgCl_2$-NaCl、$MgCl_2$-KCl 和 $CaCl_2$-KCl 中有化合物生成，其熔度的变化较为复杂，如图 7-1、图 7-2 所示。在 $MgCl_2$-KCl 系中生成一个稳定的化合物 KCl·$MgCl_2$（熔点 490℃）和一个不稳定化合物 2KCl·$MgCl_2$（熔点 437℃）。在 $CaCl_2$-KCl 体系中生成一个稳定化合物 KCl·$CaCl_2$（熔点 750℃），$MgCl_2$-NaCl-KCl 系，$MgCl_2$-NaCl-$CaCl_2$ 系和 $MgCl_2$-NaCl-$CaCl_2$-KCl 系的熔度变化如图 7-3、图 7-4 及图 7-5 所示。从这些熔度图可以看出，这些体系有一系

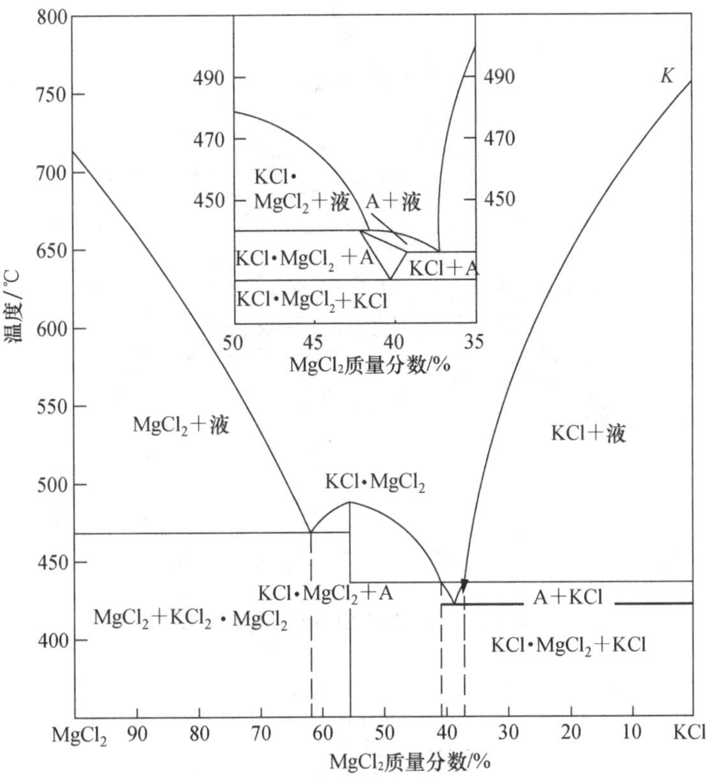

图 7-1 $MgCl_2$-KCl 系熔度图

列状态点，其初晶温度远低于氯化镁的熔点，这就使得电解可以在高出镁熔点不多的温度下进行，既可保证熔体有足够的流动性，镁和氯气能很好上浮，又不会引起镁的过多化学损失。镁电解质的组成是根据所用原料选择的，电解光卤石时采用 $MgCl_2$-NaCl-KCl 系，电解质成分处于图 7-3 中状态点 *X* 和 *Y* 附近，其熔度为 580～600℃。电解氯化镁时，则采用另两个系，此时电解质的组成（质量分数 /%）大致是：$MgCl_2$10，$CaCl_2$30～45，NaCl 40～60，KCl 0～10。该组成的熔体在图 7-4 中靠左腰中部附近，在图 7-5 中靠右腰中部处的点，从该图中看出，熔体的熔度分别为 520～680℃及 500～600℃。

NaCl 和 KCl 是典型的离子化合物，熔化时即离解为简单的 Na^+、K^+和 Cl^- 离子。$MgCl_2$ 晶体具有配离子的层状结构，为离子晶体和分子晶体间的过渡型晶体，熔化时层间弱的分子键力被破坏，

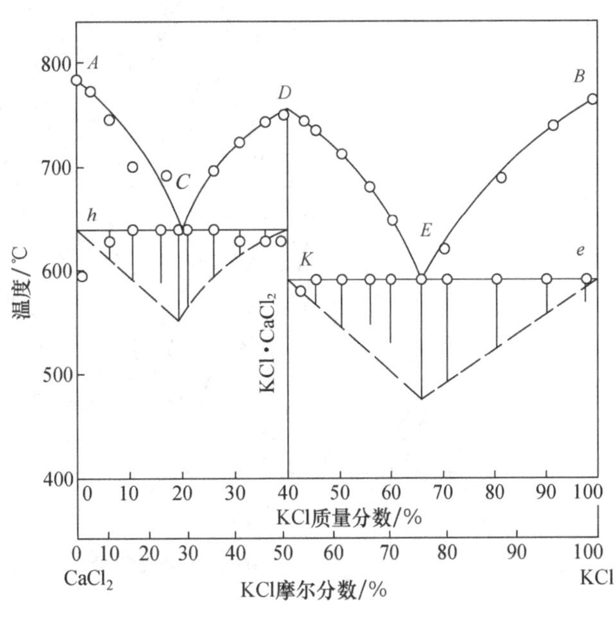

图 7-2 $CaCl_2$-KCl 系熔度图

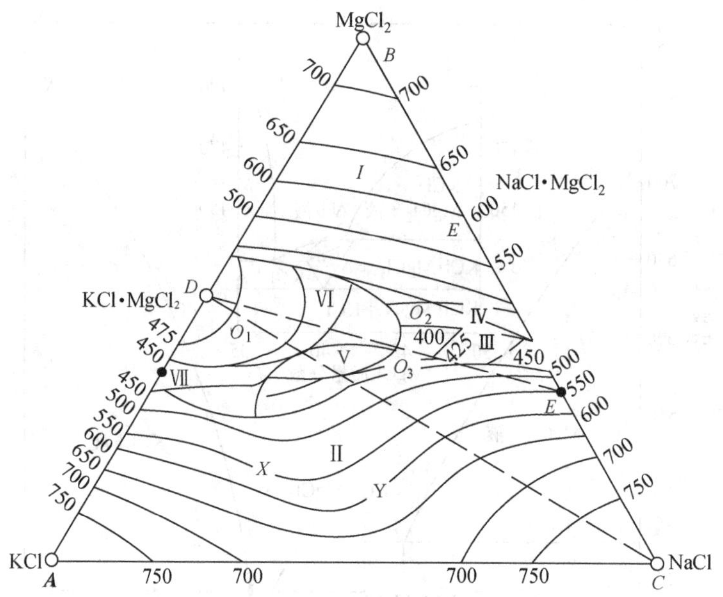

图 7-3 $MgCl_2$-KCl-NaCl 系熔度图

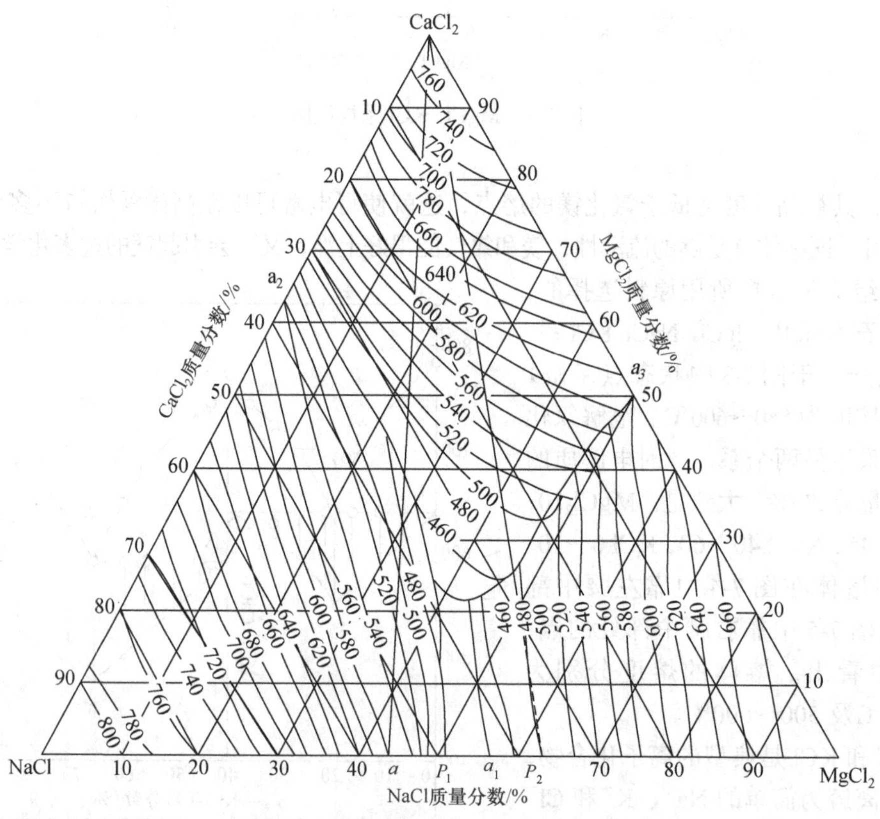

图 7-4 $MgCl_2$-NaCl-$CaCl_2$ 系熔度图

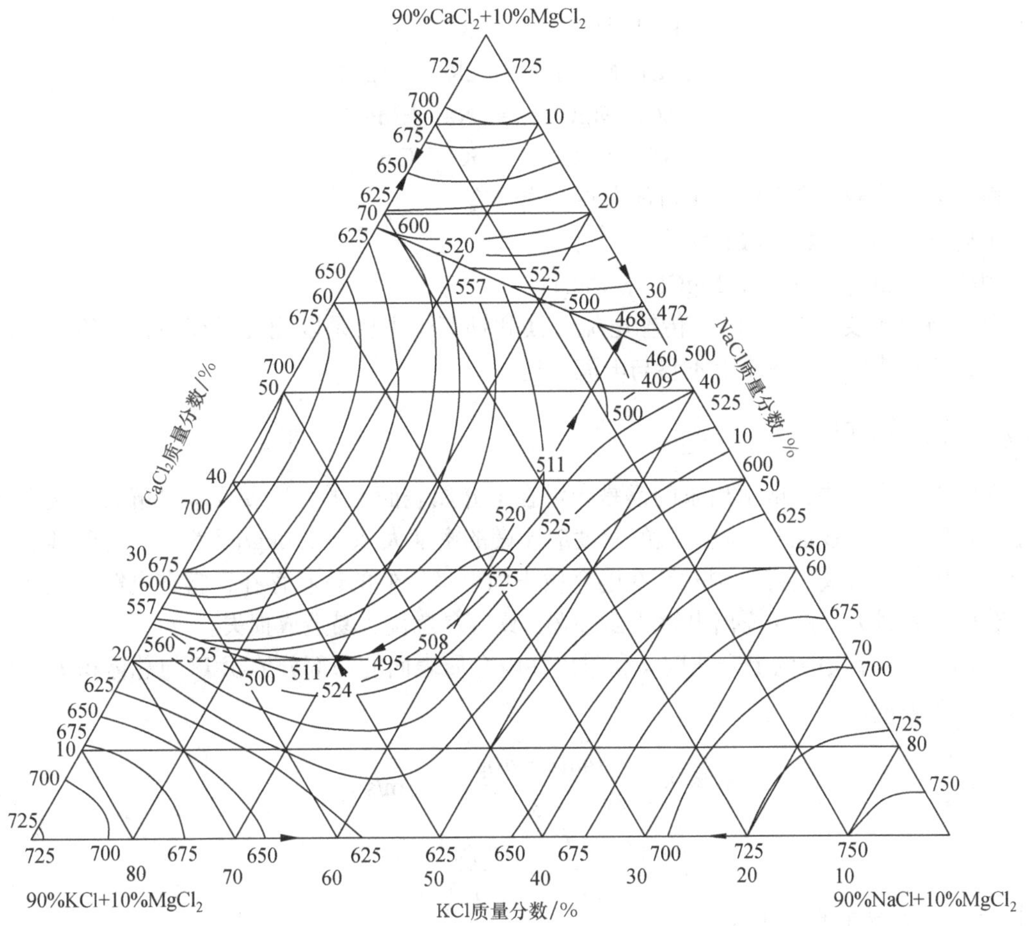

图 7-5　10%$MgCl_2$-NaCl-$CaCl_2$-KCl 系熔度图

层内牢固的离子键力仍保存着，因此

$MgCl_2$ 熔化时部分地按下式离解：

$$2MgCl_2 \rightleftharpoons MgCl^+ + MgCl_3^-$$

或

$$MgCl_2 \rightleftharpoons MgCl^+ + Cl^-$$

故纯 $MgCl_2$ 熔体中没有或很少有简单离子，其导电性很差。由此可推断纯 $MgCl_2$ 熔体是介于分子熔体和离子熔体之间的过渡型熔体。$CaCl_2$ 晶体的离子特性远比 $MgCl_2$ 强，因而分子晶体特性变弱，$CaCl_2$ 熔化时分两步进行离解：

$$CaCl_2 = CaCl^+ + Cl^-$$

$$CaCl^+ \rightleftharpoons Ca^{2+} + Cl^-$$

第一步离解进行得较完全，而第二步只部分地进行，所以 $CaCl_2$ 熔体中产生少量的简单离子 Ca^{2+}和 Cl^-，其电导率比 $MgCl_2$ 熔体高得多。

镁电解质是复杂的多元系，各组分之间存在着复杂的相互作用，它对电解质熔体的结构及一系列性质产生重大的影响。如前所述，$MgCl_2$ 与 KCl 及 $CaCl^+$，$CaCl_2$ 与 KCl 能生成化合物，在实际的电解质中 $MgCl_2$ 含量较低的情况下，这些化合物按以下方式离解：

$$KCl \cdot MgCl_2 = K^+ + MgCl_3^-$$
$$2KCl \cdot MgCl_2 = 2K^+ + MgCl_4^{2-}$$
$$NaCl \cdot MgCl_2 = Na^+ + MgCl_3^-$$
$$KCl \cdot CaCl_2 = K^+ + CaCl_3^-$$

根据以上分析，镁电解质中可能存在的离子有：

阳离子：Na^+，K^+，（Li^+）；

阴离子：Cl^-，$MgCl_3^-$，$MgCl_4^{2-}$，$CaCl_3^-$。

电解质中主要靠 Na^+ 和 K^+ 传输电流。镁和钙离子主要是以配离子存在，其体积比简单离子大，活动能力差，基本上不参与电流传送。

7.1.2 镁电解质的密度

在镁电解生产中，电解出来的镁是漂浮在电介质表面上的，这就要求电解质与镁之间有一定的密度差，实践证明，电解质的密度应比镁的密度大 80～120kg/m³ 为宜。此时镁能很好上浮，与电解质分离良好，同时镁在电介质表面上呈近似的球状存在，露在电解质表面者不多。若密度差过大，镁层露出电解质面过多，镁容易燃烧，易造成损失。

镁珠在电介质中的上升速度 u 和露出在电介质表面的那部分体积 V' 与总体积 V 之比可由以下两式确定：

$$u = \sqrt{\frac{4d(\rho - \rho_0)g}{3\rho f}} \quad (\mathrm{m/s}) \tag{7-1}$$

$$\frac{V'}{V} = \frac{\rho - \rho_0}{\rho} \tag{7-2}$$

式中：d——镁珠的直径（m）；

$\rho - \rho_0$——电解质与镁的密度差（kg/m³）；

g——重力加速度（m/s²）；

f——与电介质黏度有关的系数。

电解质的密度与电解质组成有关，且随温度升高而减小，镁和电解质基本组成的密度如表 7-1 所示。

表 7-1 镁和电解质基本组分的密度

组　分	温度 /℃	密度 /（kg/m³）	组　分	温度 /℃	密度 /（kg/m³）
Mg	651	1650	NaCl	814	1541
	700	1540	$CaCl_2$	800	2050
	750	1470		850	2030
$MgCl_2$	722	1686	$BaCl_2$	1000	3120
	742	1668	LiCl	700	1454
KCl	750	1539		750	1434
	772	1515		800	1414
NaCl	800	1547			

一般来说，二元和多元混合熔体的密度是随密度大的那个组分含量的增加而增大的。由表 7-1 的数据可以看出，$CaCl_2$ 和 $BaCl_2$ 在镁电解质中起加重剂的作用，而 KCl，特别是 LiCl 则使电解质的密度降低。

若混合熔体内各组分之间有化合物生成，在熔体内存在着配离子时，密度与组成含量的关系就变得复杂起来，如图 7-6 所示的 $MgCl_2$-KCl 系密度曲线，在 50%（摩尔分数）KCl 处出现突变，就是在该处生成稳定化合物 KCl·$MgCl_2$，熔体中出现大量的 $MgCl_4^{2-}$ 及 $MgCl_3^-$ 配离子。在配离子内，各质点的排列比简单离子紧密，所以在生成化合物处熔体的摩尔体积最小，而密度急剧增大。

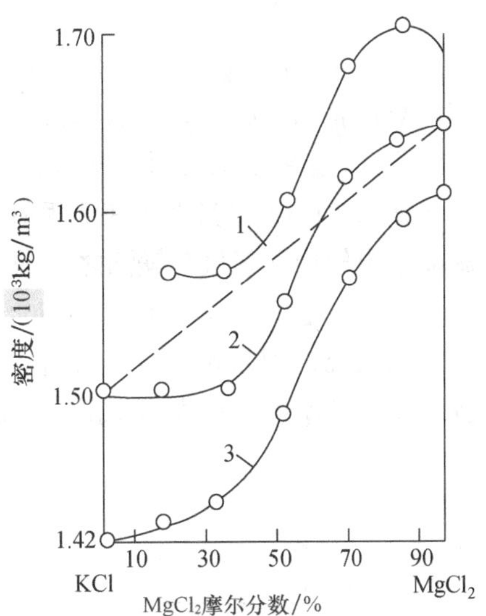

图 7-6 $MgCl_2$-KCl 系的密度

1—700℃；2—825℃；3—950℃

目前工业生产上电解氯化镁和光卤石所采用的电解质，在 700 ℃的电解温度下，它的密度分别为 1700～1800kg/m^3 和 1550～1580kg/m^3。700 ℃时，镁的密度为 1540kg/m^3，前者对于镁的分离较为有利。

7.1.3 镁电解质的黏度

为了使镁和槽渣能很好地与电解质分离，电解质的黏度应该适当地小些。电解质的黏度与其组成及温度有关。温度升高，黏度降低。各组分的黏度（其单位为 Pa·s，1Pa·s=10P=10^3cP）如表 7-2 所示。

表 7–2 各组分的黏度

化 合 物	NaCl	KCl	$MgCl_2$	$CaCl_2$	LiCl
温度 /℃	821	810	751	800	617
黏度 /（Pa·s）	1.44×10^{-3}	1.30×10^{-3}	4.96×10^{-3}	4.92×10^{-3}	1.81×10^{-3}

由此可见，电解质的基本组成中 $MgCl_2$ 和 $CaCl_2$ 的黏度最大，为了使电解质具有较好的流动性，$MgCl_2$ 和 $CaCl_2$ 的含量不宜太高。若混合熔体内存在着运动能力差的配离子，则熔体的黏度显著增大。

电解氯化镁时所用的工业电解质组成，在 750℃时的黏度为 1.6～1.8cP，电解光卤石时所用电解质的黏度在 700℃为 1.6～1.8cP。

7.1.4 镁电解质的表面性质

在电解炼镁过程中，电解质与气相（氯气、空气）、固相（阴极、阳极、槽衬、槽渣）和熔镁之间的界面张力具有重要作用。如果镁能很好地在阴极上汇集长大，氯气能在阳极上富集，以及镁在电解质表面汇集并为电解质膜覆盖着，则能获得高的电流效率。因此，电解质与阴极、阳极、气体之间的界面性质对电解过程的影响尤为重要。熔体与空气界面上的张力又称表面张力。

在电解质表面，镁、电解质、空气三相共存的情况可用图 7-7（a）表示。平衡时三相间的界面张力有以下关系：

$$\sigma_{气-镁}=\sigma_{气-电解质}+\sigma_{镁-电解质}\cos\theta$$

上式中，$\sigma_{气-镁}$、$\sigma_{气-电解质}$、$\sigma_{镁-电解质}$分别为空气－熔镁、空气－电解质、熔镁－电解质之间的界面张力，θ 为 $\sigma_{气-电解质}$与 $\sigma_{镁-电解质}$的夹角。

当 $\sigma_{气-镁}>\sigma_{气-电解质}$时，$\theta<90°$，镁能被电解质很好的覆盖，将空气隔开，防止了镁的燃烧［图 7-7（b）］。又由于镁能很好的被电解质润湿，镁滴表面总有一层电解质包裹着，这就减弱了电解质内氯气与镁滴之间的二次反应。

当 $\sigma_{气-镁}<\sigma_{气-电解质}$时，$\theta>90°$，金属会暴露于空气中［图 7-7（c）］。镁电解过程多属于（b）的情况，因为 $\sigma_{气-镁}$比 $\sigma_{气-电解质}$大得多（表 7-3）。只要电解质的密度不过分地大于镁的密度，镁层凸出电解质表面不多，在镁层的上面就能保持着一层电解质膜，保护镁不被氧化。

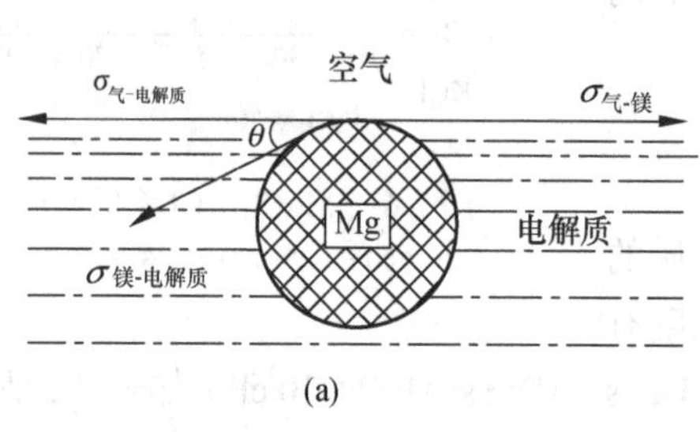

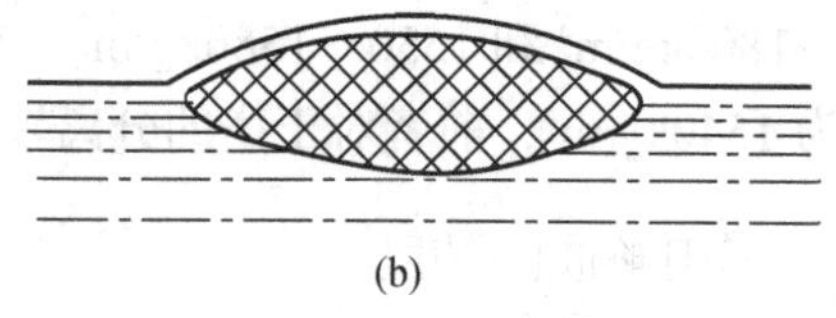

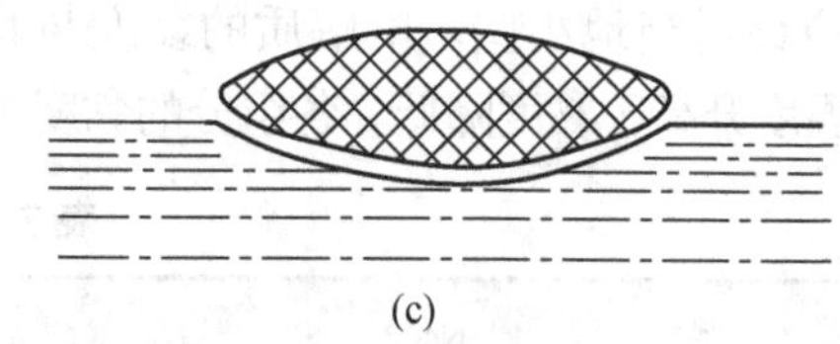

图 7-7　镁在电解质表面的状态

表 7-3　某些熔体的表面张力 $\sigma_{气-熔体}$

熔　体	LiCl	NaCl	KCl	$MgCl_2$	$CaCl_2$	$BaCl_2$	Mg
温度 /℃	606	801	770	718	772	958	681
熔体－气体之间的表面张力 /（mJ/m^2）	140	116	97	139	148	681	563

在工业生产上，电解氯化镁和电解光卤石时所使用的电解质其表面张力分别为 $120mJ/m^2$（750℃）和 $100mJ/m^2$（800℃）。

电解质对钢阴极和石墨阳极的润湿性，对镁在阴极上和氯气在阳极上的析出状况有很大影响。图 7-8 表示电解质 - 镁 - 阴极同时存在时的情况。平衡时相间张力符合以下关系：

$$\sigma_{阴-Mg}=\sigma_{电-阴}+\sigma_{电-Mg}\cos\theta \tag{7-3}$$

$$\cos\theta=\frac{\sigma_{阴-Mg}-\sigma_{电-阴}}{\sigma_{电-Mg}} \tag{7-4}$$

当 $\sigma_{阴-Mg}>\sigma_{电-阴}$时，$\theta<90°$，电解质能很好润湿阴极，而镁不能很好附着在阴极上，如图 7-8（a）所示。这时镁以细小的镁滴析出，脱离阴极后随电解质在槽内不断循环，增强了镁与氯之间的二次反应，镁损失量增多。相反，当 $\sigma_{阴-Mg}$ 小于 $\sigma_{电-阴}$时，则 θ 大于 90°，镁能很好地湿润阴极，如图 7-8（b）所示。生产实践表明，镁能较好地附着在阴极上并形成镜面，是获得高电流效率的前提。氯在阳极上析出也有类似情况。

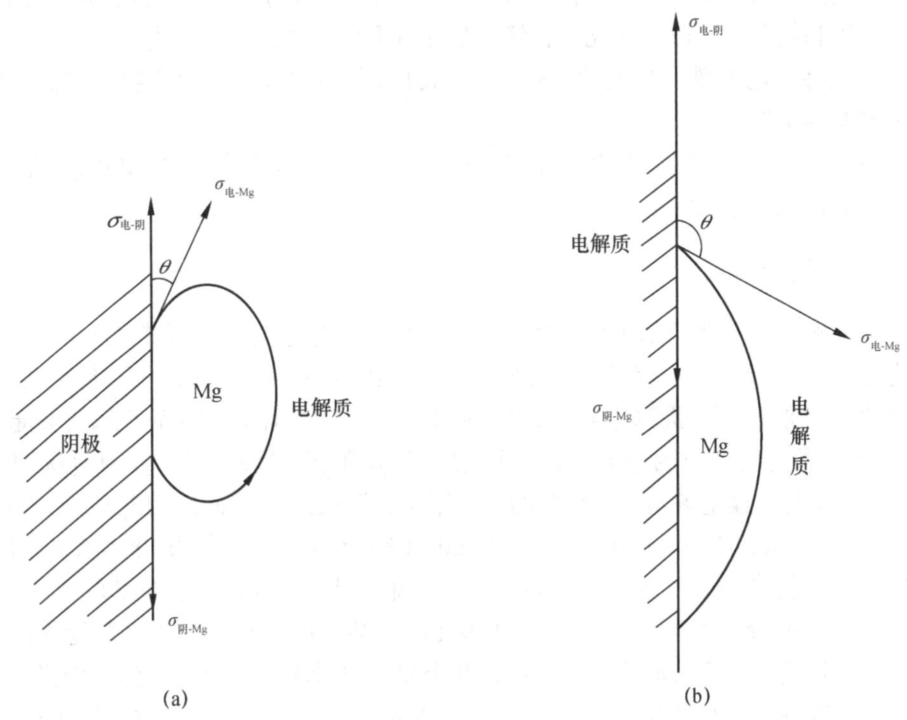

图 7-8　镁 - 阴极 - 电解质同时存在时镁在阴极上的汇集状态

镁电解质各组分的有关界面性质列于表 7-4。表中 $\sigma_{熔-镁}$为熔体与熔镁之间的界面张力（mJ/m^2）。θ_1 和 θ_2 分别为熔体 - 固体 - 气相和熔体 - 固相 - 熔镁同时存在时熔体与固相间的湿润角，θ_3 为熔镁 - 固相 - 气相共同存在时镁与固相间的湿润角。

一些研究表明，$MgCl_2$ 及 NaCl 对电解质与阴极的润湿性影响较大，从而影响镁对阴极的润湿状况。

表 7–4　800℃时某些熔体的表面性质

熔　体	$\sigma_{熔-镁}$/（mJ/m^2）	θ_1/（°）		θ_2/（°）		θ_3/（°）	
		铁板	石墨板	铁板	石墨板	铁板	石墨板
LiCl	358	47	147		33		
NaCl	351	35	180				
KCl		22	31	50	43		
$MgCl_2$	374	33	37	180	47		
$CaCl_2$	374	57	180	52	50		
$BaCl_2$							
Mg						112	115

7.1.5 镁电解质的蒸气压

电解质蒸气压的大小决定着电解质的挥发损失。镁电解质纯组分的蒸气压为：$MgCl_2$253Pa（750℃），KCl 46Pa（750℃），NaCl 48Pa（755℃）。氯化镁的蒸气压比氯化钾和氯化钠的高，这是因为氯化镁晶格中存在着一部分分子键，而氯化钾和氯化钠晶体则全部是离子键。氯化钙和氯化钡的蒸汽压比氯化镁、氯化钾和氯化钠的都低。电解质添加氯化钙或氯化钡时，可以降低电解质的挥发性。KCl 与 NaCl 能与 $MgCl_2$ 生成化合物，它们在电介质中能降低 $MgCl_2$ 的蒸气压。

工业电解槽排气管道中的升华物含有 40%～50%（质量分数）的 $MgCl_2$，这是由于 $MgCl_2$ 的蒸气压最高产生的结果。

7.1.6 镁电解质的电导率

电导率是电解质最重要的物理化学性质之一。电流通过电解的电压降由公式 $U=DL/k$ 确定，当电流密度 D 及极距 L 一定时，电解质的电压降则取决于电解质的电导率 k，因此在维持电解槽热平衡的前提下，提高电解质的电导率，可降低槽电压，因而可降低电能消耗；若保持 U 不变，提高电解质的电导率后，可增大电流强度（即增大 D），使电解槽产能增大，并同时降低电耗。镁电解质基本组分的电导率（$\Omega^{-1}\cdot cm^{-1}$）如下：LiCl 5.86（620℃），NaCl 3.54（805℃），KCl 2.42（800℃），$CaCl_2$ 2.02（800℃），$MgCl_2$1.70（800℃）。熔盐的电导率与温度有关，提高温度，电导率升高。在上述熔盐中，以 LiCl 及 NaCl 的电导率最高，所以工业电解质含有较高的 NaCl。在二元或多元混合熔盐中，其电导率总是随着含电导率高的组分增加而提高的。但若混合熔盐中出现化合物，电导率随成分的变化而变得复杂，如前面讲过的 $MgCl_2$-KCl，$MgCl_2$-NaCl 及 $CaCl_2$-KCl 系中，50%（摩尔分数）KCl 或 NaCl 处生成化合物，此时熔体中有大量的 $MgCl_3^-$ 和 $CaCl_3^-$ 等配离子，而导电能力强的 Na^+、K^+ 和 Cl^- 等简单离子的数量则相对少，故化合物的生成对混合熔体的电导率产生重大影响。

从图 7-9 及图 7-10 可以看出，随着混合熔盐中 NaCl 含量的增加，其电导率也增大，而 $MgCl_2$ 及 $CaCl_2$ 则相反。电解光卤石时所用的电解质组成（质量分数）为：$MgCl_2$ 6%～14%，KCl 72%～76%，NaCl 13%～18%，700 ℃时的电导率为 2.0～2.2/（$\Omega\cdot cm$）；电解氯化镁时所用电解质的组成为（质量分数）：$MgCl_2$ 10%，$CaCl_2$30%～40%，KCl 0～6%，NaCl 50%～60%。700℃的电导率为 1.9～2.3/（$\Omega\cdot cm$）。

7.1.7 镁电解质中 $MgCl_2$ 的水解和 MgO 的氯化

在电解温度下，空气中的水分及氧能与电解质中的 $MgCl_2$ 作用：

$$MgCl_2+H_2O = MgOHCl+HCl$$

$$MgCl_2+O_2 = MgO+Cl_2$$

生成的氧化镁大部分进入渣中而使渣量增加。生产实践表明，电解槽的渣量与电解质的 $MgCl_2$ 含量成正比，而电解质中的 KCl 能降低 $MgCl_2$ 的活度，使上面两个反应受到抑制，从而减少了渣量，电解光卤石的渣量比电解氯化镁少得多。

生成的氧化镁又可以在阳极上与析出的氯反应并造成阳极消耗：

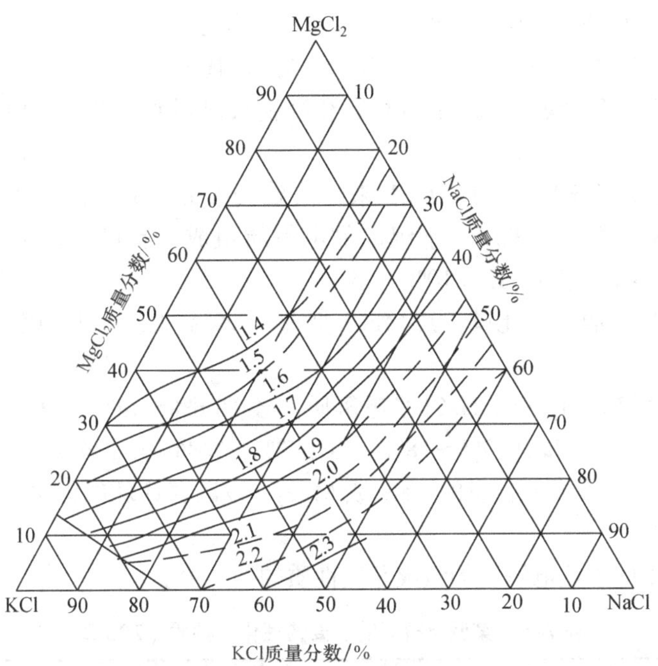

图 7-9 $MgCl_2-NaCl-KCl$ 系熔体 700℃时的比电导

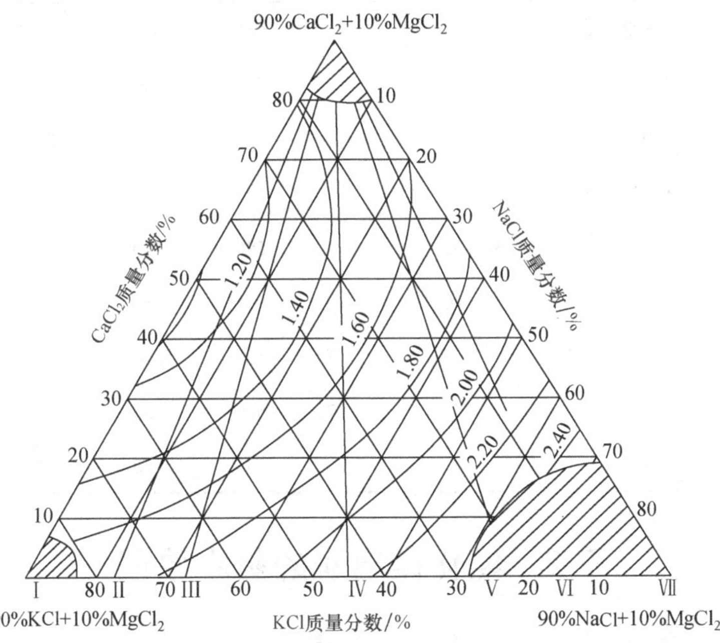

图 7-10 $10\%MgCl_2-NaCl-CaCl_2-KCl$ 系熔体在 700℃下的比电导

$$MgO+C+Cl_2 = MgCl_2+CO$$

工业生产是根据所采用的原料（氯化镁或光卤石）选择电解质体系，再根据要求的物理化学性质确定各基本组分的含量。

当原料是氯化菱矿或其他氧化镁炉料制得的氯化镁时，最合适的电解质组成（质量分数）为：$MgCl_2$ 10%，$CaCl_2$ 30%～40%，NaCl 50%～60%，KCl 0～6%。

若加入电解槽的氯化镁是由氯化镁溶液经过脱水得到的，其电解质组成与上面的电解质大致相同。

如果净化氯化镁溶液时，是用 $BaCl_2$ 来除去硫酸根的，势必随无水氯化镁进入 $BaCl_2$，并在电解质中积累，这时可采用如下组成的电解质组成（质量分数）：$MgCl_2$ 10%，$BaCl_2$ 10%～15%，NaCl 50%～60%，KCl 10%～15%。

如电解钛生产中回收的氯化镁，其 $MgCl_2$ 含量在 99% 以上，可采用 $MgCl_2$-KCl-NaCl 系电解质。

电解光卤石采用 $MgCl_2$-KCl-NaCl 系电解质，$MgCl_2$6%～14%，KCl 与 NaCl 的比值由脱水光卤石本身决定，一般 NaCl 13%～18%，KCl 72%～76%（质量分数）。

此外，电解质中还添加有少量的 CaF_2 或 MgF_2，以改善镁珠的汇集状况，其加入量为原料量的 0.2%～0.5%。

表 7-5 列出了某些工业电解质的组成及其性质的估计值。

表 7-5 某些电解质的主要物理化学性质（700℃）

电解质名称	电解质的质量分数 /%						初晶温度 /℃	密度 /（kg/m^3）	比电导 /（$\Omega^{-1}\cdot cm^{-1}$）	黏度 $\mu\times10^3$/（Pa·s）	表面张力 /（mJ/m^2）
	$MgCl_2$	NaCl	KCl	$CaCl_2$	$BaCl_2$	LiCl					
钾电解质	10	15～22	60～75				625	1570	1.7～1.74	1.53	104
钾电解质	5～12	12～16	70～78				650	1600	1.83	1.35	104
钠钾电解质	10	50	40				625	1625	2.0	1.58	108
钠钾电解质	8～16	38～44	38～44				625	1630	2.1	1.59	108
钠钙电解质	10	48～54	4～8	30～35			590	1680	2.05～2.1	1.97	110
钠钙电解质	8～16	35～45	0～10	30～40			575	1780	2.0	2.22	110
锂钾电解质	10		20			70	550	1500	4.2	1.20	
锂钠电解质	10	20				70	560	1520	4.88		
钠钡电解质	10	50	20		20		686	2170	2.17	1.70	110

7.2 氯化镁电解的基本原理

7.2.1 $MgCl_2$ 电解的理论能耗及 $MgCl_2$ 的分解电压

$MgCl_2$ 的分解反应为吸热反应，为了使反应能连续进行，必须不断地从外界体系供给能量，所给的能量用于：

（1）氯化镁分解过程自由能变化（ΔG_T°）所消耗的能量；

（2）氯化镁分解过程束缚能变化（$T\Delta S_T^\circ$）所消耗的能量；

（3）加热物料消耗的能量 $\Delta H_{加热}$。当电解槽的加料为熔体氯化镁或熔体光卤石，且温度与电解温度相差不多时，这项可忽略。

因此制取 1kg 镁的理论电耗可表示为

$$W_{理}=\frac{2.777\times10^{-7}(\Delta G_T°+T\Delta S_T°+\Delta H_{加热})}{24.305\times10^{-3}}$$

$$=1.1426\times10^{-5}(\Delta G_T°+T\Delta S_T°+\Delta H_{加热}) \quad (kW·h/kg)$$

$$\Delta H°_T=\Delta G_T°+T\Delta S_T° \quad (J/mol) \tag{7-5}$$

式中：$\Delta G_T°$——电解温度下 $MgCl_2$ 分解反应的自由能变化值（J/mol）；

T——电解温度（K）；

$T\Delta S_T°$——电解温度下 $MgCl_2$ 分解反应的束缚能（J/mol）；

$\Delta H_T°$——电解温度下 $MgCl_2$ 分解过程焓的变化（J/mol）；

$\Delta H_{加热}$——将反应物料从初始温度加热到电解温度所需要的热（J/mol）；

2.777×10^{-7}——1 焦耳换算为千瓦时的系数；

24.305——镁的相对原子质量。

$MgCl_2$ 的分解电压可由式（7-6）计算：

$$E°_T=\frac{\Delta G_T°}{nF} \quad (V) \tag{7-6}$$

式中：n——反应过程电子的转移数；

F——法拉第常数，$F=96487C$。

根据反应的自由能变化值，由式（7-6）得到的电压为 $MgCl_2$ 的理论分解电压，它是为了使 $MgCl_2$ 分解需加到两级上的最小电压。

有时候还用到理论电压的概念，它由式（7-7）计算：

$$U_{理}=\frac{G_T°+T\Delta S_T°+\Delta H_{加热}}{nF} \quad (V) \tag{7-7}$$

$\Delta H_T°$、$\Delta G_T°$及 $\Delta H_{加热}$与温度的关系式可根据有关热力学数据推导出，不同温度区间的表达式如下：

温度低于镁熔点（650℃）时，反应为$MgCl_{2(固)}$ $=\!=\!=$ $Mg_{(固)}+Cl_{2(气)}$

$$\Delta H_T°=648223-18.9T+2.256\times10^{-3}T^2-5.339\times10^5T^{-1} \quad (J/mol)$$

（298～923K）

$$\Delta G_T°=648223-294.23T+18.9T\ln T-2.256\times10^{-3}T^2-2.67\times10^5T^{-1} \quad (J/mol)$$

（298～923K）

温度在 650～714℃，反应为$MgCl_{2(固)}$ $=\!=\!=$ $Mg_{(液)}+Cl_{2(气)}$

$$\Delta H_T°=652462-9.2T-2.85\times10^{-3}T^2-5.77\times10^5T^{-1} \quad (J/mol)$$

（923～987K）

$$\Delta G_T°=705829-382.78T+22.9T\ln T-0.126\times10^{-3}T^2+1.42\times10^5T^{-1} \quad (J/mol)$$

（923～987K）

温度在 714～1107℃，反应为$MgCl_{2(液)}$ $=\!=\!=$ $Mg_{(液)}+Cl_{2(气)}$

$$\Delta H_T°=705892-22.9T+0.126\times10^{-3}T^2-2.84\times10^5T^{-1} \quad (J/mol)$$

（987～1370K）

$$\Delta G_T°=705892-382.78T+22.9T\ln T-0.126\times10^{-3}T^2+1.42\times10^5T^{-1} \quad (\text{J/mol})$$
（987～1370K）

将 1mol$MgCl_2$ 从 25℃加热到电解温度并熔化消耗的热为

$$\Delta H_{加热}=16375+79.1T+2.97\times10^{-3}T^2-8.61\times10^5T^{-1} \quad (\text{J/mol})$$
（298～987K）

$$\Delta H_{加热}=-75219+171.9T+2.97\times10^{-3}T^2-8.61\times10^5T^{-1} \quad (\text{J/mol})$$
（997～1500K）

某些温度下的 $\Delta H_T°$、$\Delta G_T°$ 及 $E_T°$ 列于表 7-6 中。

对原电池 Mg|$MgCl_2$|（Cl_2）C 的电动势进行测定的结果如下：

温度 /℃	718	723	733	751	765
电动势 /V	2.5443	2.5415	2.5358	2.5223	2.5147

在混合熔盐中，$MgCl_2$ 被稀释并同其他组分发生作用，其活度降低，分解电压增大。混合盐中 $MgCl_2$ 的分解电压可由能斯特（Nernst）公式计算得

$$E_T=E°_T+\frac{RT}{nF}\ln\frac{1}{a_{MgCl_2}} \tag{7-8}$$

式中：$E_T°$——$MgCl_2$ 活度为 1 时的分解电压（V）；

R——气体常数，R=8.314J/（mol·K）；

a_{MgCl_2}——混合熔盐中 $MgCl_2$ 的活度。

表 7-6　不同温度下 $MgCl_2$ 分解的热力学函数值

温度		$\Delta H_T°$ / （J/mol）	$\Delta G_T°$ / （J/mol）	$E°_T$/V	$\Delta H_{加热}$/ （J/mol）	每千克镁的理论电耗 $W_{镁}$/（kW·h）	
/℃	/K					加固体料	加熔体料
640	913	632260	495050	2.565	90126	8.254	7.224
650	923	640920	494180	2.561	90981	8.363	7.323
660	933	640780	492580	2.553	91837	8.371	7.321
670	943	640640	490980	2.544	92696	8.379	7.320
680	953	640500	499380	2.536	93550	8.387	7.318
690	963	640360	487780	2.528	94408	8.396	7.317
700	973	640220	486180	2.519	95266	8.404	7.315
714	987	640080	484590	2.511	96124	8.412	7.313
710	983	683130	483940	2.508	96467	8.908	7.805
720	993	682990	482730	2.502	97540	8.918	7.804
730	1003	682770	480710	2.491	99327	8.936	7.801
740	1013	682540	478690	2.481	101114	8.954	7.798
750	1023	682320	476670	2.470	102901	8.972	7.796

混合熔盐中 $MgCl_2$ 的分解电压也可通过测定原电池的电动势或用电流—电压法（I-V 法）求得。表 7-7 为 $MgCl_2$-NaCl 和 $MgCl_2$-KCl 系的电动势测定结果。表中数据表明，熔体中有 NaCl 和 KCl 存在时，$MgCl_2$ 的分解电压升高，这是由于生成了 $MgCl_3^-$，镁离子的活度降低的缘故。表中数据还表明，KCl 的影响比 NaCl 大，这说明 KCl 与 $MgCl_2$ 生成的化合物更

稳定。

表 7-8 为其他混合熔盐中 $MgCl_2$ 的活度和分解电压的测定值。这些熔盐中 $MgCl_2$ 的浓度与工业电解质中 $MgCl_2$ 的浓度相近，可以看出，在电解温度下 $MgCl_2$ 的分解电压为 2.7～2.8V。

表 7-7 在 718℃下 $MgCl_2$-NaCl 和 $MgCl_2$-KCl 系的电动势（V）

$MgCl_2$ 的摩尔分数 /%	1.0	0.6	0.5	0.4	0.33	0.3	0.2
$MgCl_2$-NaCl 系	2.544	2.566	2.583	2.614	2.640	2.654	2.710
$MgCl_2$-KCl 系	2.544	2.570	2.612	2.688	2.742	2.766	2.852

表 7-8 750℃温度下混合熔盐中 $MgCl_2$ 的活度及分解电压

熔体	摩尔分数 /%					a_{MgCl_2}（摩尔分数 /%）	E/V
	KCl	NaCl	$CaCl_2$	$BaCl_2$	$MgCl_2$		
KCl-$MgCl_2$	87.88				12.12	0.000324	2.840
KCl-NaCl-$MgCl_2$	52.60	36.40			11.00	0.001060	2.788
KCl-NaCl-$MgCl_2$	32.06	53.00	2.66		12.28	0.002383	2.752
NaCl-$BaCl_2$-$MgCl_2$	13.20	63.10		10.91	12.79	0.003122	2.740
NaCl-$CaCl_2$-$MgCl_2$	8.050	63.10	17.95		10.90	0.004318	2.726
NaCl-$MgCl_2$		90.00			10.00	0.003910	2.737

电解质中其他组分和杂质的分解电压列于表 7-9 中。因为镁电解质只有 Cl^- 在阳极上放电，若取氯电极作比较电极，并假定其电极电位为零，则氯化物的分解电压就等于相应金属离子在阴极上的析出电位。氯化物的分解电压越小，相应金属离子的析出电位越正，越易在阴极上放电。如果不考虑各组分之间的相互作用，则镁电解质中各金属离子的放电顺序为 Fe^{3+}－$MgOH^+$－Fe^{2+}－Al^{3+}－Ti^{3+}，Ti^{2+}－Mn^{2+}－Mg^{2+}－Ca^{2+}－Na^+－Li^+－K^+－Ba^{2+}。

表 7-9 镁电解质基本组分及杂质的分解电压（700℃）

基本组分		杂质	
化合物	E°_T/V	化合物	E°_T/V
$BaCl_2$	3.62	$MnCl_2$	1.85
KCl	3.53	$TiCl_3$，$TiCl_2$	1.82
LiCl	3.41	$AlCl_3$	1.73
NaCl	3.39	$FeCl_2$	1.16
$CaCl_2$	3.38	$MgOHCl_2$	1.50
$MgCl_2$	2.51	$FeCl_3$	0.78

在镁电解质的基本组分中，Mg^{2+}的析出电位最正，只要电解质中 $MgCl_2$ 的浓度不过分低，则阴极上只有镁析出。实验表明，当 $MgCl_2$ 浓度降低到 3.5%～4.0%（摩尔分数）时，钠或钾开始与镁共同放电。钙离子以稳定的 $CaCl_3^-$存在，其活度降低，不易在阴极上放电。工业电解质的 $MgCl_2$ 浓度一般控制在 6%～10%（质量分数）。

电解质中存在的某些氯化物杂质，其分解电压比 $MgCl_2$ 的小得多，它们能够在阴极上析出，所以应尽量降低原料中的杂质含量。

7.2.2 镁电解过程的副反应

一、镁和氯的溶解

电解出来的镁又会溶解到电介质中。镁在电介质中的溶解度与温度及组成有关。在纯氯化镁熔体中，当温度从700℃升高到800℃，镁的溶解度由0.55%增至0.82%（摩尔分数）。在混合熔体中，镁的溶解度也是随温度升高而增大的。镁在纯氯化镁熔体中的溶解度最大，加入不会与溶解的镁起反应的金属氯化物能降低镁的溶解度，原子半径大的碱金属氯化物降低的作用明显（表7-10），在$MgCl_2$-KCl系中，镁的溶解度最小，这是由于在该系中$MgCl_2$的活度最低的缘故。混合熔盐中$MgCl_2$的浓度对镁的溶解度影响最大。工业电解质的$MgCl_2$浓度不高，所以镁在工业电解质中的溶解度是不大的，在800℃下为0.004%～0.014%（质量分数）。

表7-10　镁在50%$MgCl_2$＋50%MeCl（摩尔分数）熔体中的溶解度（800℃）

熔　体	KCl	NaCl	$BaCl_2$	LiCl	纯$MgCl_2$
极化力	0.57	1.04	0.98	1.64	
溶解度（摩尔分数/%）	0.152	0.174	0.342	0.404	0.820

按金属在其本身盐中溶解的现代观点，镁的溶解反应有三种可能方式：

（1）生成原子溶液，溶解的镁以Mg^0存在：

$$Mg+Mg^{2+}\longrightarrow Mg^0+Mg^{2+}\quad 电极反应为Mg^0 = Mg^{2+}+2e$$

（2）生成低价化合物MgCl：

$$Mg+Mg^{2+} = 2Mg^+\quad 电极反应为Mg^+ = Mg^{2+}+e$$

（3）生成缔合低价化合物Mg_2Cl_2：

$$Mg+Mg^{2+} = Mg_2^{2+}\quad 电极反应为Mg_2^{2+} = 2Mg^{2+}+2e$$

小林照寿等测得了下列浓差电池的电动势与镁浓度关系：

C | Mg（N_0），$MgCl_2$，MeCl ||MeCl，$MgCl_2$，Mg（N）|C

图7-11中直线（*b*）上的“△”点为其测定结果，由直线（*b*）的斜率可以确定镁的溶解是按反应（3）进行的。研究的方法是：根据能斯特公式，上述镁的浓差电池的电动势为

$$E=\frac{RT}{nF}\ln\frac{a_0}{a} \tag{7-9}$$

式中，a_0及a分别为浓差电池左边电极及右边电极溶解镁的活度，因为溶解镁的浓度很低，以镁的浓度N代替活度，并保持左边电极的镁浓度N_0不变，则电池的电动势为

$$E=\frac{RT}{nF}\ln\frac{N_0}{N}=\frac{RT}{nF}\ln N_0-\frac{RT}{nF}\ln N \tag{7-10}$$

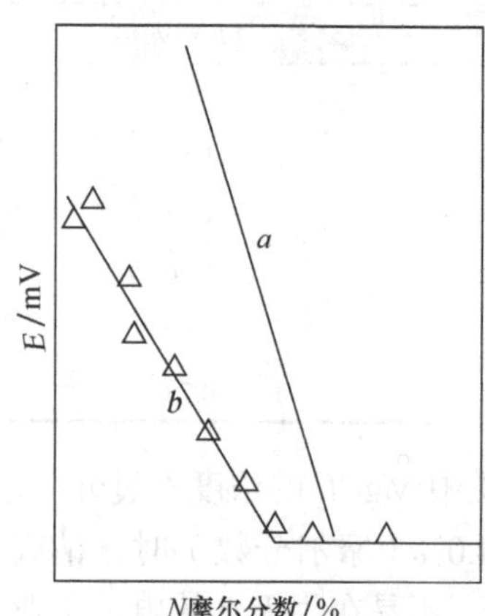

图7-11　镁浓度与电动势的关系
a—对Mg^+（计算值）；
b—对Mg或Mg^{2+}（计算值）；
△—实测点（$MgCl_2$-KCl系）

当n=1时，根据此式计算得到的E与指示电极镁浓度N的关系如图7-11中直线a所示；当n=2时，E与N的关系如直线b所示。由于实测值落在直线b上，故可确定镁溶解过程中有两个电子转移，镁溶解按（1）或（3）进行。但Mg^0是溶液中的镁原子，反应（1）不能解释镁溶解度随$MgCl_2$浓度降低而减小的现象，

因此镁溶解按（3）进行。反应（3）的表观平衡常数为$K=N_{Mg_2^{2+}}/a_{Mg^{2+}}$，则$N_{Mg_2^{2+}}=Ka_{Mg^{2+}}$，这表明镁的溶解度$N_{Mg_2^{2+}}$与熔体中的 $MgCl_2$ 活度 $a_{Mg^{2+}}$成正比。

研究证实，氯在各种组成中的熔体中的溶解度甚小，在电解温度下为 0.1mol/m^3。

二、镁的氯化

电解过程中，已电解出的镁与氯重新化合为 $MgCl_2$ 所造成的镁损失，是工业电解槽电流效率降低的主要原因。与氯作用的镁，不是附着在阴极上或已汇集到集镁室的镁，而是悬浮于电解质内的大量的细小的镁珠。

镁在阴极上析出和长大过程可用图 7-12 说明。整个过程大致可分为五个阶段：①镁离子在阴极上放电并形成小镁珠；②小镁珠长大并汇合成片；③镁层聚合成大镁滴；④大镁滴在浮力作用下沿阴极表面上升；⑤脱离阴极进入电解质中，随电解质循环流往阴极室或集镁室。当阴极表面发生钝化时，镁对阴极的湿润性恶化，镁珠不能很好地长大而析出呈“鱼子”状的镁，这种“鱼子”状的镁难与电解质分离，因而随电解质一起循环，与氯气相接触而被氯化。为了减少镁的氯化损失，要求镁和氯在电极上都能很好地汇集，使两者快速地分离。

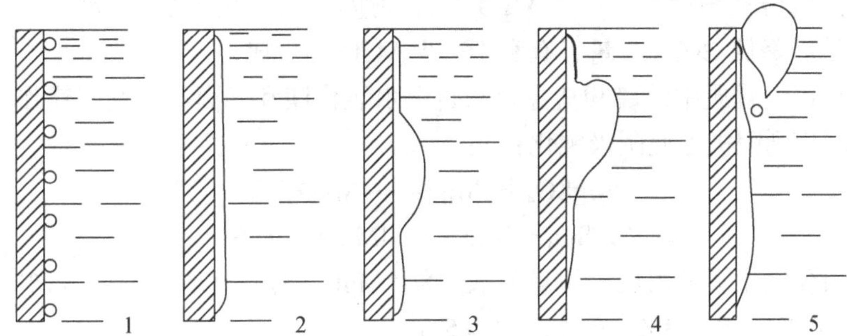

图 7-12　镁在阴极上析出和长大过程的示意图

1—镁滴刚形成；2—镁滴在阴极表面汇集成层；3—镁层聚合为大镁滴；4—镁滴沿阴极表面上升；5—镁滴脱离阴极

三、杂质的行为

镁电解质中的杂质有水分、氧化镁、硫酸盐、铁盐、硼化物以及硅、钛、锰等化合物。这些杂质对电解过程产生不良影响。

（1）水分：电解质中的水分，主要由脱水不彻底的原料带入的，电解槽密封不好时，也能从空气中吸收水分。在电解温度下，电解质水分不可能以 H_2O 的形态存在，而是以 MgOHCl 形式存在。MgOHCl 在电解质内离解为 $MgOH^+$和 Cl^-，$MgOH^+$在阴极上放电析出 H_2：

$$2MgOH^+ + 2e = 2MgO + H_2$$

生成的 MgO 沉积在阴极表面，使阴极钝化。

在阳极附近，MgOHCl 与 Cl_2 起反应，使得阳极石墨被消耗，阳极氯气被 CO_2 稀释：

$$2MgOHCl + 2Cl_2 + C = 2MgCl_2 + 2HCl + CO_2$$

MgOHCl 也能直接与 Mg 反应造成镁的损失：

$$Mg + 2MgOHCl = 2MgO + MgCl_2 + H_2$$

当此反应在镁珠表面进行时，生成的 MgO 形成一层膜包围着镁珠，妨碍镁珠彼此汇合，又使镁珠变重而沉入渣中，增加镁的额外损失。

（2）氧化镁：电介质中的氧化镁，一部分来自原料，但大部分是在电解过程生成的。当电解槽加料中含有水分，或电解质吸收空气中的水分，$MgCl_2$ 与 H_2O 作用生成 MgO。另外，漂浮在电解质表面的镁，也会与空气中的 O_2 及 H_2O 作用生成 MgO。

细微的 MgO 粒子能被阴极表面吸附，或本身吸附阳离子带上电荷后，由于电泳作用沉积在阴极上，使阴极钝化。

电解质中的 MgO 在阳极表面附近能被阳极上析出的氯所氯化，当电解质中含有碳粒时，MgO 的氯化反应也可以在远离阳极的电解质中进行。电解过程中产生的 MgO 有 60%～70% 被氯气氯化了。

粒度较粗的 MgO 沉入槽底变成了渣。使用四成分电解质时，每吨镁的产渣量为 0.2 吨，渣的成分（质量分数）大致为：$MgCl_2$ 7%～10%，$CaCl_2$ 25%～32%，NaCl 27%～32%，KCl 5%，MgO 15%～20%，Mg 3%，$Al_2O_3+Fe_2O_3+SiO_2$ 等 5%～10%。可见氧化镁的生成产生大量的槽渣，造成原料有用成分的大量消耗。当电解质含 30%～40%$CaCl_2$ 时，从渣中排出的 MgO 比从原料带入的多 1～1.5 倍，而且还有许多已经被氯化掉。

MgO 对电解过程危害极大，能引起阴极钝化，造成镁损失，加快石墨阳极的消耗，浪费原料，增加出渣的劳动强度等。产生 MgO 的各种途径中，以 $MgCl_2$ 的水解为主。提高电解质中的 KCl 含量和降低 $CaCl_2$ 含量，有利于减少 MgO 的生成。

（3）硫酸盐：电解质中的硫酸盐主要来自卤水氯化镁和光卤石。它与镁作用造成镁的损失，反应产物沉积到阴极上使阴极钝化：

$$MgSO_4+3Mg = 4MgO+S$$

$$MgSO_4+4Mg = 4MgO+MgS$$

经分析，阴极钝化膜的组成（质量分数）为：MgO 35%～42%，MgS 1.2%～1.5%，单体硫 0.14%，SiO_2 0.2%，Fe 0.1%～0.2%，C 0.5%。

在阳极，$MgSO_4$ 与石墨作用，造成阳极的消耗：

$$MgSO_4+C = MgO+CO+SO_2$$

当向电解槽中加入含有少量硫酸盐的原料时，还会产生长时间的电解质“沸腾”现象，并伴生很多泡沫和浮渣。此时电解质的正常循环被破坏，电解槽不能正常工作，电流效率大幅度降低。所以硫酸盐是一种有害杂质，在制备原料时，应仔细地加以脱除。为了获得较高的电流效率，电解质中的 SO_4^{2-} 含量不应超过 0.03%（质量分数）。

（4）铁盐：电解质中的铁来源和电解槽的铁部件被腐蚀所致。铁在电解质中是以氯化物存在。研究氯化物熔体中铁离子的平衡过程的结果指出，其平衡常数与熔体的组成、温度及熔体上方的氯气分压有关。当熔体中铁的总量为 0.03%（质量分数）时，在以下三种熔体中的平衡常数为

$$FeCl_2+1/2Cl_2 = FeCl_3 \qquad K=\frac{N_{FeCl_3}}{N_{FeCl_2}\cdot p_{Cl_2}^{1/2}}$$

在 700℃及 $p_{Cl_2}=1.013\times10^5$Pa（相当于电解槽的阳极室内的情况）时，当电解质组成（质量分数）为

10%$MgCl_2$-45%NaCl-5%KCl-40%$CaCl_2$　　$K=1.09$

10%$MgCl_2$-50%NaCl-40%KCl　　$K=2.05$

15%$MgCl_2$-10%NaCl-75%KCl　　$K=3.16$

即有 1/2～3/4 的铁以 $FeCl_3$ 存在，1/2～1/4 的铁以 $FeCl_2$ 存在。

在同样温度下，但熔体上方氯气的分压 $p_{Cl_2}=0$（相当于电解槽的阴极室或集镁室内）时，熔体内的铁全部以 $FeCl_2$ 存在。

在工业电解槽内，电解质处于循环状态之中，可以认为 $FeCl_3$ 及 $FeCl_2$ 都存在，还可生成铁的配离子 $FeCl_4^-$ 和 $FeCl_5^{2-}$。

电解质中的铁离子能与镁作用造成镁的损失：

$$FeCl_2+Mg═MgCl_2+Fe$$

$$2FeCl_3+3Mg═3MgCl_2+2Fe$$

生成的海绵铁留在镁珠表面上，妨碍镁珠汇合，又使镁珠加重而落入渣中造成镁的进一步损失。

铁离子可在阴极上放电析出海绵铁，很易吸附 MgO 而使阴极钝化。

电解质中的铁离子是电解过程很有害的杂质，它能显著地降低电流效率，因此要求电解质中的铁含量小于 0.05%。

（5）其他杂质：电解质中还可能存在少量的锰和铬等的氯化物，它们在镁电解过程的行为，与铁的行为大体相似。此外，随脱水氯化镁和光卤石可能带入硼的化合物；由于槽内衬被腐蚀和破损，而使电解质含有 SiO_2 和 Al_2O_3；随钛生产返回的氯化镁带入金属钛的微粒及 $TiCl_2$、$TiCl_3$。这些杂质对电解过程都有不良的影响。

7.3　镁电解的电流效率和电能效率

7.3.1　电流效率和电解槽产能

镁电解过程的电流效率由式（7-11）计算：

$$\eta=\frac{M}{0.453It}\times100\% \tag{7-11}$$

式中：M——t 小时内电解得到的镁量（g）；

0.453——镁的电化当量［g/（A·h）］；

I——电流强度（A）；

t——时间（h）。

在 t 小时内，电解槽的产镁量为

$$M=0.453\times10^{-3}It\eta \quad (kg) \tag{7-12}$$

由此公式可知，电解槽的产镁量与电流强度及电流效率成正比。电解槽的电流效率及产能是镁电解过程的一项重要指标。

电解槽氯气的产量由式（7-13）计算：

$$M'=1.323\times10^{-3}It\eta' \quad (kg) \tag{7-13}$$

生产 1kg 镁的氯气产出率为

$$m=\frac{M'}{M}=\frac{1.323\times10^{-3}It\eta}{0.453\times10^{-3}It\eta}=2.917\frac{\eta'}{\eta} \tag{7-14}$$

式中：η'——氯气的电流效率（%）；

1.323——氯的电化当量［g/（A·h）］；

2.917——镁的理论产氯量（kg/kg）。

氯气是氯化镁电解的另一重要产品。氯气产出率也是镁电解过程的一项重要指标。

7.3.2 电能消耗率和电能效率

电能消耗率是指生产单位数量的镁时所消耗的电能：

$$W=\frac{IU_{平}t\times10^{-3}}{0.453\times10^{-3}It\eta}=\frac{U_{平}}{0.453\eta}\quad(kW\cdot h/kg)\tag{7-15}$$

式中的 $U_{平}$为电解槽的平均电压：

$$U_{平}=E+\frac{LD}{K}+IR+U_{外}\quad(V)\tag{7-16}$$

式中：E——$MgCl_2$ 的实际分解电压（V）；

L——极距（cm）；

D——电解质中的电流密度，$D=\sqrt{D_{阳}\cdot D_{阴}}$（$A/cm^2$）；

$D_{阳}$、$D_{阴}$——分别为阳极电流密度及阴极电流密度（A/cm^2）；

K——电解质的电导率（$\Omega^{-1}\cdot cm^{-1}$）；

I——电解槽的电流强度（A）；

R——电解槽各导电部件之总电阻（Ω）；

$U_{外}$——电解槽以外电路分摊的电压降（V）。

由以上两式可以看出，凡能够降低电解槽平均电压及提高电流效率的因素都能降低电能消耗率。电能消耗率是电解过程的一项非常重要的指标。

电能效率为理论电耗率与实际电耗率的百分比：

$$\eta_{电能}=\frac{W_{理}}{W_{实}}\times100\%=\frac{0.453\eta W_{理}}{U_{平}}\times100\%$$

镁电解一般在 600～730℃下进行。不同温度下电解制镁的理论电耗率列在表 7-5 中。如果电解槽的平均电压为 6.5V，电流效率为 85%，电解温度为 700℃，加入电解槽的原料为熔体氯化镁，则电解槽的电能效率为

$$\eta_{电能}=\frac{0.453\times0.85\times7.315}{6.5}\times100\%=43.33\%$$

由此可见，电解炼镁的电能效率是不高的。目前镁电解的电能效率 40%～65% 之间。

7.3.3 各种因素对电流效率的影响

由于电流空耗（如漏电、短路、其他离子放电）和镁的损失，电流效率总是低于 100%。在正常条件下，镁的损失是电流效率降低的主要原因，而在损失的镁中有 85%～90% 是由于镁与氯的逆反应造成的。理论研究和工业实践都表明，镁的分散度对逆反应的影响最大，下面着重从改善镁的汇集状况方面讨论各种因素对电流效率的影响。

一、电解质成分的影响

电解质对钢阴极的湿润性、电解质的密度和黏度，对镁在阴极上的析出状况和汇集情况影响最为显著。

在镁电解质的基本组分中，$MgCl_2$ 对钢阴极的湿润角较大，它能增大电解质与钢阴极的湿润角，从而有利于镁在阴极上的汇集长大。因此，$MgCl_2$ 浓度增大，可以降低镁的分散度，减少镁的氯化损耗，此外 $MgCl_2$ 的表面张力较小，$MgCl_2$ 含量较高的电解质能较好地保护槽内镁层不燃烧。但 $MgCl_2$ 浓度高时，镁在电解质中的浓度增大，电解质水解严重，导电性变差，黏度增大，挥发性增大，于电解过程不利。而 $MgCl_2$ 的浓度过低，碱金属离子放电，也会降低电流效率。根据原料和槽型的不同，目前工业电解质中 $MgCl_2$ 的含量波动较大，从加料前的 5%～6%（质量分数，电解光卤石）或 7%～8%（质量分数，电解 $MgCl_2$）至加料的 15%～16%（质量分数）或 25%（质量分数）。

NaCl 能增大电解质与 阴极的湿润角，从而有利于降低镁的分散度和减少镁的损失，它还能有效地提高电解质的电导率，降低槽电压，故 NaCl 对提高电流效率和降低电能消耗都有好的作用。电解氯化镁时电解质的 NaCl 含量是比较高的，达 40%～60%（质量分数）。

$CaCl_2$ 能增大电解质的密度，利于镁的上浮，但 $CaCl_2$ 的含量过高时，电解质的黏度增大，导电性降低，故电解质中的 $CaCl_2$ 不宜超过 30%～35%（质量分数）。当以 $BaCl_2$ 代替 $CaCl_2$，$BaCl_2$ 在电解质中的含量约为 15%（质量分数）。

KCl 的表面张力较小，能使电解质很好地湿润镁层表面，保护镁不燃烧。KCl 还能减轻电解质的水解性和降低镁的溶解度，这些对提高电流效率有一定的作用。但 KCl 能减小电解质对阴极的湿润角，不利于镁在阴极上汇集长大。它还使电解质的密度减小，从而对镁的上浮不利。所有这些，都会增加镁的损失。因此，当以不含 KCl 的氯化镁作原料时，电解质中可不加入 KCl，或让其含量控制在较低的范围内。

电解质各组分对电流效率的影响甚为复杂，曾有学者在结构与工业有隔板槽相似的实验室电解槽内研究电解质组成与电流效率的关系，其结果如图 7-13 所示。由该图看出，电流效

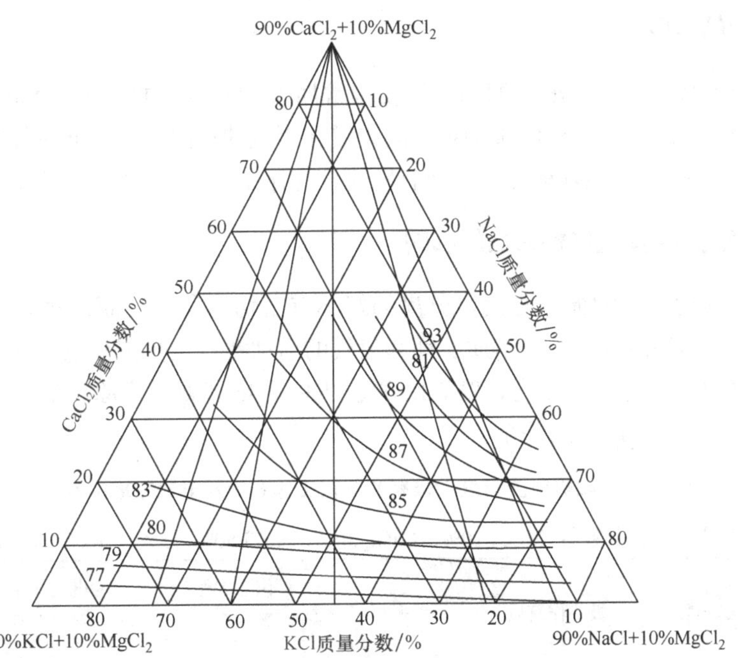

图 7-13 10%$MgCl_2$ － NaCl － $CaCl_2$ － KCl 系的等电流效率线

（D_a=0.91A/cm^3；h_a（阳极工作高度 =100cm；L=8cm）

率是随着 $CaCl_2$ 和 NaCl 含量的增加而提高的。还可看出，在浓度三角形右腰中部附近组成的熔体，其电流效率最高，所以，如果供给电解槽的原料是氯化镁时，所选用的电解质组成大多落在该处。目前国外所用电解质组成列举于表 7-11 中。

表 7-11 工业电解槽的电解质成分（质量分数 /%）

$MgCl_2$	NaCl	$CaCl_2$	KCl	MgF_2	原　料
20	60	20			道屋公司，海水 $MgCl_2$
15	50	35			东邦镁—钛工艺的 $MgCl_2$
18～23	55～58	20～25		2	大阪镁—钛工艺的 $MgCl_2$（无隔板槽）
4～14	12～20	1～3	68～78		光卤石
10～20	35～55	0～4	35～45		镁—钛工艺的 $MgCl_2$
4～14	8～12	2～4	62～74		光卤石与镁—钛工艺的 $MgCl_2$

从电解质中杂质的行为可以了解它们的存在对于电流效率也是有严重影响的，这里就不再重复说明了。

二、电解温度的影响

为了获得高的电流效率，镁电解质应保持最适宜的温度。温度过高，镁的分散更加严重，分散的镁粒更细，此时镁的溶解速度加快，镁与氯气接触机会增多，同时温度过高时，镁的溶解度增大，由于黏度减小，扩散速度加快，这都增大了化学反应速度，使镁的损失增加；而温度过低，熔体黏度大，镁、氯气及渣与电解质分离都不好，也使镁的损失增加，因此温度过高或过低都不好。适宜的电解温度与电解质成分及槽型有关。对于有隔板电解槽，一般为 700℃左右。而对于带导镁槽的 8 万安培阿尔肯（Alcan）型无隔板槽，电解温度保持在 660～680℃之间。

三、添加剂的作用

为了提高电流效率，工业电解槽的电解质中常加入 2%～3% 的 CaF_2、NaF 或 MgF_2。氟化物的作用在于增大电解质与阴极的湿润角，改善镁在阴极的析出条件。同时氟化物还能溶解镁珠表面的 MgO 膜，使镁能很好地汇合。当有硼化合物存在时，它将使氟化物的良好作用消失。

四、电流密度和电解槽结构参数的影响

在工业电解槽内，镁的损失与镁氯分离的好坏有密切的关系，而镁氯分离的好坏与电解质、镁和氯气的运动特点有关。电解质、镁和氯气的运动特点又受阳极电流密度、极距和阳极工作高度等电解槽参数的共同影响。表 7-12 和表 7-13 是电解氯化镁原料的有隔板电解槽的主要结构参数与电流效率及产能的关系。

表 7-12 阳极电流密度、极距和阳极工作高度对电流效率的影响

［电解质（质量分数）：$MgCl_2$10%，$CaCl_2$ 30%，NaCl 50%～55%，KCl 5%～7%］

阳极电流密度 /（A/cm^2）	阴极工作高度 /cm	不同极距（cm）下的电流效率 /%			
		2cm	4cm	6cm	8cm
0.7	80	86.4%	91.6%	92.0%	93.0%
0.5	100	86.3%	90.8%	93.0%	92.7%

续表

阳极电流密度 / (A/cm²)	阴极工作高度 /cm	不同极距（cm）下的电流效率 /%			
		2cm	4cm	6cm	8cm
0.6	100	86.3%	91.5%	92.8%	93.3%
0.7	100	86.3%	91.0%	91.1%	91.8%
0.8	100	86.7%	91.8%	92.1%	
0.3	120	71.4%	74.9%	80.3%	81.5%
0.45	120	79.2%	79.5%	81.5%	82.2%
0.6	120	80.1%	81.0%	82.0%	83.0%
0.7	120	79.6%	81.0%	82.0%	

表 7–13　每平方米槽底产能与电解槽参数的关系

［电解质（质量分数）：$MgCl_2$10%，$CaCl_2$30%，NaCl：KCl=6：1］

产能 / [kg/(m²·h)] \ 阳极工作高度 /cm	极距 /cm	2		4		6		8	
	阳极电流密度 / (A/cm²)	0.5	0.7	0.5	0.7	0.5	0.7	0.5	0.7
80		4.1	5.5	4.5	5.9	4.5	5.9	4.5	6.0
100		5.2	7.0	5.5	7.4	5.6	7.4	5.6	7.5
120		5.8	7.8	5.9	8.0	6.0	8.0	6.0	8.2

表 7-12 中数据表明，在实验所用的槽型及电解质组成下，阳极电流密度为 0.5～0.8A/cm^2，阳极工作高度为 80～100cm，极距为 4～8cm 时能获得 91%～93% 的高电流效率。表 7-13 的数据表明，当其他条件相同时，增大电流密度和阳极工作高度能够提高电解槽单位面积的产能。

在电解槽内，阳极析出的氯气往上升到阳极室后排走，氯气上升时带动电解质围绕阴极循环运动（有隔板槽，图 7-14）或围绕着隔墙循环运动（无隔板槽，图 7-15）。依靠电解质这种有规则的循环运动及其适当的循环速度，把阴极析出的镁带到阴极室或集镁室，而使镁与氯和电解质得以分离。电解质的这种运动方式对镁氯的分离好坏有决定性意义，在设计电解槽时，必须正确地选择电流密度、阳极工作高度及宽度、极距及其他参数。

五、阴极材质的影响

阴极钢板材料的成分和结晶组织对镁的析出状况也有较大的影响。对以铁素体组织为主的含碳低的钢板，镁有较好的覆盖性能。钢板的结晶组织粗大，能改善镁对钢板的润湿。钢阴极在电解过程中有脱碳和结晶长大的作用，镁对阴极的湿润越来越好，能很好地覆盖在阴极上，其损失减少。工业实践表明，起动电解槽时，与使用新阴极相比，使用旧的阴极能在较短的时间内达到正常的电流效率。

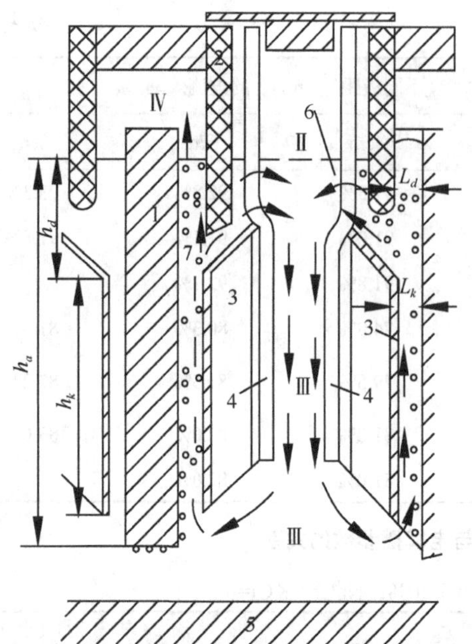

图 7-14　有隔板镁电解槽的电解质循环示意图

Ⅰ—极间空间区；Ⅱ—集镁区；Ⅲ—沉渣区；Ⅳ—集氯区
1—阳极；2—隔板；3—阴极工作面板；4—阴极平衡杆；
5—槽底；6—电解质水平；7—充满氯气泡的熔体下界

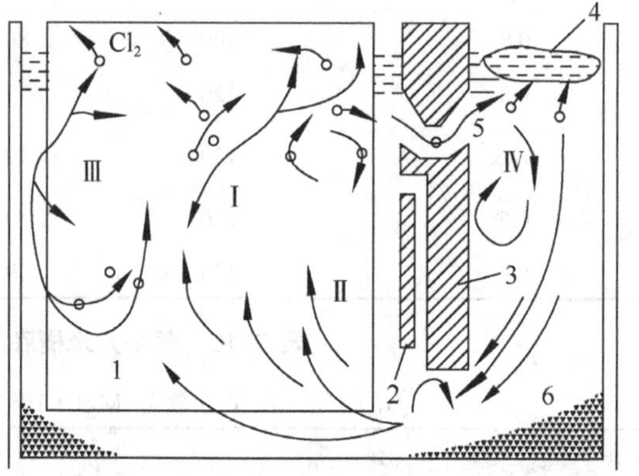

图 7-15　无隔板镁电解槽的电解质循环示意图

1—阴极；2—阳极；3—集镁式隔墙；4—镁液；5—镁珠；
6—沉渣 Ⅰ—含氯电解质向上流；Ⅱ—出集镁室电解质流向；Ⅲ—含氯电解质向下流；Ⅳ—集镁室电解质循环流动

7.4　镁电解生产工艺

7.4.1　镁电解槽

目前世界各国采用的镁电解槽可分为有隔板槽、无隔板槽和道屋型电解槽三大类型。

有隔板电解槽又称埃奇（IG）电解槽。按阳极插入方式的不同，又分为上插阳极、侧插阳极和底插阳极三种。我国采用上插阳极电解槽。在这类电解槽的阳极与阳极工作面上部，砌有把镁和氯隔开的隔板，故称有隔板槽。

无隔板电解槽是 20 世纪 60 年代研制成功的新型槽。按集镁方式的不同分为：借电解质循环集镁的无隔板槽和借导镁槽集镁的阿尔肯型无隔板槽两种。近十年来，国外许多镁厂已用无隔板槽代替了传统的有隔板槽。无隔板槽的阳极与阴极之间没有隔板相隔，但在电解室与集镁室之间仍有隔墙把析出的镁和氯隔离。

道屋型电解槽是美国道屋化学公司所属镁厂专用的一种独特电解槽，所电解的原料是未经彻底脱水的低水氯化镁（$MgCl_2 \cdot 1.2 \sim 2.0\ H_2O$），这种原料的成本较低，原料带入的水分是在电解槽内脱除的。道屋电解槽虽然有电流效率较低（75%～80%）等缺点，但它生产镁的总能耗却是最低的。道屋公司的镁在世界镁市场有强大的竞争能力。

下面介绍上插阳极有隔板槽和借电解质循环集镁的无隔板槽的结构。

一、上插阳极电解槽

上插阳极电解槽结构如图 7-16 所示。它包括槽体、阳极和阴极及其导电母线、槽盖等部分。

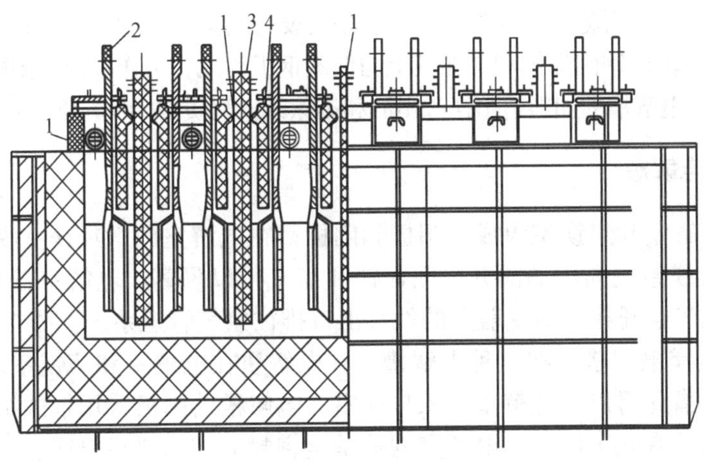

(a) 上插阳极电解槽纵剖面图

1—隔板；2—钢阴极；3—石墨阳极；4—阳极母线支承点

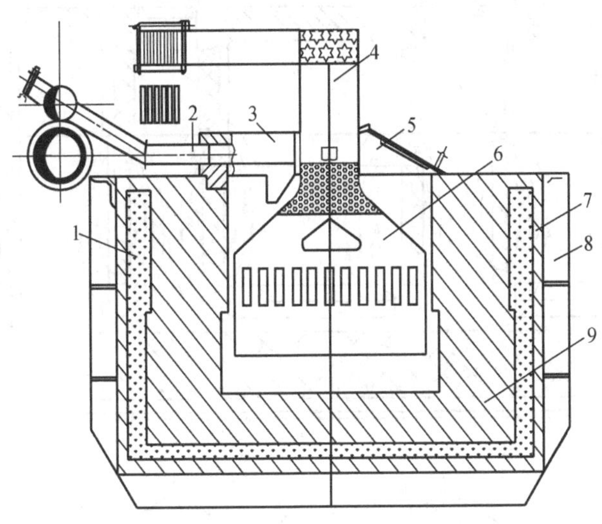

(b) 上插阳极电解槽阴极横剖面图

1—黏土砖；2—阴极室出气口；3—阴极室盖；4—阴极头；5—阴极室前盖板；
6—阴极；7—槽壳；8—补强板；9—绝热层

图 7-16　上插阳极有隔板镁电解槽

槽体是一个钢板外壳内部衬以耐火材料围成的长方形槽膛，作为内衬的耐火材料应能高温下经得起电解质、熔镁和氯气的侵蚀，整个槽体在生产过程中不发生变形和破损，否则电解槽的气密性将遭到破坏，并导致电解质的渗漏。槽体外壳用厚钢板焊成并在其表面再焊上补强钢板和槽沿板，就是为了防止槽体变形的。

镁电解槽的阳极设施由两组隔板和一个阳极构成，隔板嵌入电解槽纵墙内衬上的凹槽中，配置在阳极的两侧，浸入电解质内 15～25cm，它的作用是分开阳极氯气和阴极上析出的镁。两组隔板与其上部的阳极盖构成了阳极室，将氯气收集在这里并排走。阳极从阳极盖顶部插入。每个阳极由若干根石墨条拼成。作为阳极的材料要求其导电性好，不与氯气和电解质作用，高温下不易氧化，为此采用石墨作阳极材料。石墨条需要先用磷酸处理，以提高阳极的抗氧化能力。镁电解槽的阴极由铸钢阴极体和焊在其上的低碳钢板构成，工作板面向阳极方向伸出。阴极悬挂在阴极室中。电解槽的加料、出镁、出渣和排除废电解质等操作，都是在阴极室进行的。

二、无隔板镁电解槽

整个槽膛由电解室和集镁室组成。阳极和阴极都在电解室内，集镁室收集由电解室来的镁。电解室与集镁室之间用墙隔开，因而镁和氯气得以隔离。电解室盖必须严加密封，以防氯气外逸。氯气经开在电解室盖上的氯气出口排往氯气管道系统。图 7-17 是借电解质循环集镁的无隔板镁电解槽。在这种电解槽中，电解质在电解室和集镁室之间循环流动，阴极上析出的镁珠借此得以从电解室进入集镁室。电解槽的阴极采用框式结构，阳极插入框内，增大了电极的有效工作面。电解室的盖是全密封的。加料、出镁、出渣都在集镁室进行。这种循环集镁的无隔板槽的电流强度已达 30 万安培。

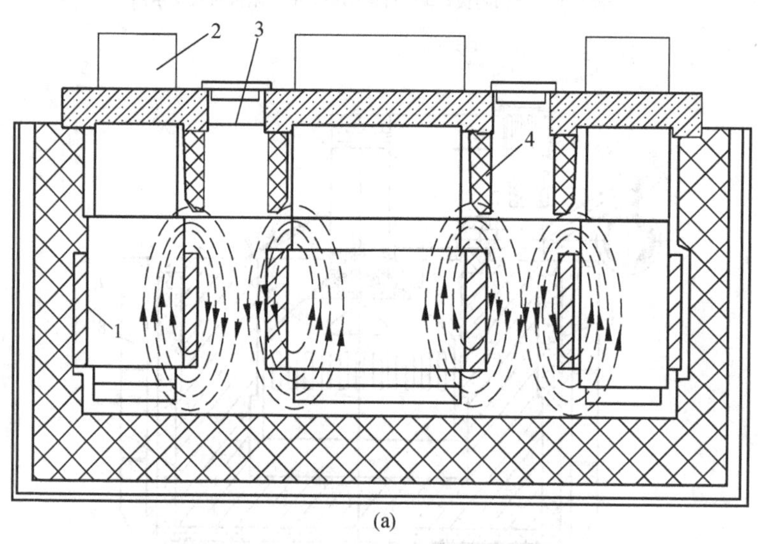

(a)

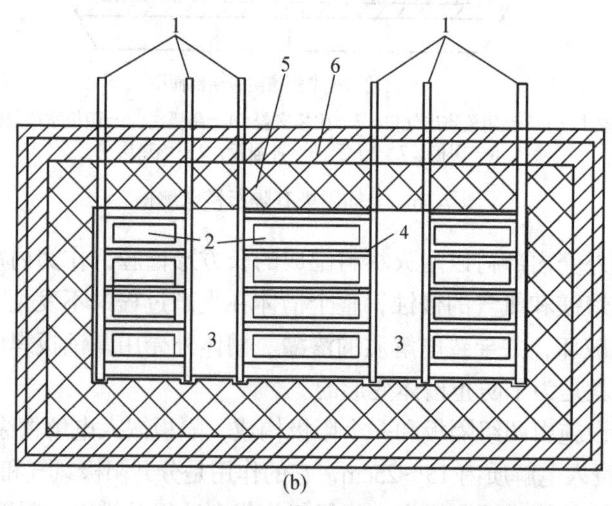

(b)

图 7-17　上插阳极框架式阴极无隔板电解槽

1—阴极；2—阳极；3—集镁室；4—槽内衬；5—绝热层；6—槽外壳

无隔板镁电解槽有许多优点：因为电解室密闭性好，氯气浓度高；镁与氯的分离较好，电流效率高；由于取消了阳极与阴极之间的隔板，电极的排列及整个槽子结构较为紧凑，单位槽底面积的生产率较高；没有阴极室排气，而集镁室的排气量又不多，因此热损失减少，极距可缩短，加之阳极和阴极的有效工作面大，电流密度得以降低，放电能消耗率显著下降。例如电解光卤石时，无隔板槽的粗镁成本比有隔板槽的低 3%～8%。

无隔板槽的缺点是不能调整极距，因为它的阴极是从纵墙插入槽内，而阳极又是固定在电解室盖上的。阴极钝化后不能取出清理。因此设计、管理都要求较严，原料纯度要求高，电解槽的安装检修都较困难。表 7-14 列出了几种槽型的技术经济指标。

表 7–14 不同槽型的电解槽的技术经济指标

指 标	上插阳极有隔板槽	循环集镁无隔板槽	阿尔肯型无隔板槽	道屋电解槽
电解原料	无水氯化镁	无水氯化镁	钛生产的氯化镁	低水氯化镁
电流强度 /kA	150	300	80	90
槽电压 /V	5.5～7.0		5.7～6.0	6. 0
电流效率 /%	80～85	80～93	90～93	80
电能单耗 /（kW・h/t）	15000～18000	1280～15000	14000	165000
电解温度 /℃	700	720～730	670～680	700～720
石墨单耗 /（kg/t）	45			100
氯气体积分数 /%	85～90	90～95	97	
总电耗 /（kW・h/t）				209000

7.4.2 镁电解的流水作业线

镁电解的正常作业有加料、出镁、出渣、排废电解质等，这些操作是在每台槽上独立进行的，劳动强度大，劳动生产率低。

在美国的罗莱镁厂和苏联的一些镁厂，电解采用了流水作业。图 7-18 是罗莱镁厂的镁电解流水作业示意图。流水作业线是将许多台电解槽 4 与一台氯化镁熔化槽 1、一台镁电解质分离槽 2 及一台电解质混合槽 3 串联起来组成一个作业组，实现电解槽的集中照管和集中加料及出镁。

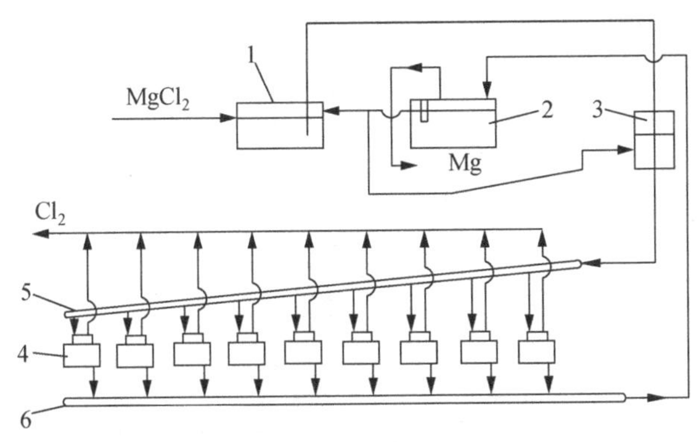

图 7-18 镁电解的流水作业线

1—氯化镁熔化槽；2—镁与电解质分离槽；3—电解质混合槽；
4—电解槽；5—送料总管；6—镁与电解质输送管

氯化镁在熔体槽中进行熔化并精炼，熔体槽内装有加热用的交流电极。此外还有碳素直流电极，控制较低的电压（约 2V）及电流密度，进行预电解除杂质。在较低的电流密度下，熔体中的氧化铁、水分和其他杂质进行电解，而氯化镁则不进行或很少进行电解，于是氯化镁得到了净化。精炼好了的氯化镁熔体经耐热泵或溢流到调整槽中，与从分离槽来的氯化镁含量少的电解质按一定比例调整到要求的氯化镁浓度，而后用耐热泵经送料总管 5 送到电解车间，再经支管分别流到各电解槽内。向电解槽加料可以是间歇的，也可以是连续的。

电解槽产出的镁浮在阴极室的电解质表面上，镁夹带着部分电解质从电解槽的溢流口流出，经过出料总管 6 送往镁—电解质分离槽进行沉降分离，镁层在上，电解质层在下，镁用泵送去铸造车间，而电解质送到调整槽，配入新的一批氯化镁再返回电解槽。调整槽内也有交流电加热装置。

所有输送熔体的溜槽都是由内砌耐火砖的钢外壳、外包玻璃棉的保温层和上面盖有保温盖板所组成的。

电解槽产出的氯气从电解槽的氯气支管出来后经总氯气管送往液氯车间。

苏联采用流水作业的工业试验表明，它可提高劳动生产率 1.5 倍，每吨镁的直流电耗降低到 13500 kW·h，交流电耗降到 300～3000 kW·h，氯化镁消耗量为 4.2t，电流效率为 80%，每吨镁产氯气 2.8 吨。

08 第 8 章 精制氯化钠的生产

8.1 卤水净化

8.1.1 卤水的种类及成分

真空制盐的原料是卤水，笼统地讲，卤水是一种主要含氯化钠的水溶液，一般还包含其他化合物，称为杂质。但是，析盐后的水溶液，其氯化钠含量小于总固形物的 50% 时，不再算作卤水，而叫做母液或苦卤。卤水由于制取方法不同，可分为天然卤水和人工卤水。

一、天然卤水

我国天然卤水盛产于四川及其附近各省，因其形成条件之异，其成分及色泽亦大不相同。按地质学标准分类，天然卤水的分类法比较复杂；若按使用这些卤水的习惯而言，可以分为黑卤及黄卤两种。由于我国石油工业和天然气工业的蓬勃发展，在油气田边界地带，副产一种含氯化钠较低的卤水，统称油田水和气田水。此外，一些天然咸水湖亦可称作天然卤水。

一些天然卤水的组成如表 8-1～表 8-5 所示。

表 8-1 四川天然卤水成分

各地样品名称及单位 含量 成分	黑卤 /［g/100g（固体）］	自贡 无钡黄卤 /［g/100g（固体）］	梁高山 黑卤 /（g/L）	蓬莱 有钡黄卤 /（g/L）	自贡 有钡黄卤 /［g/100g(固体)］	五通桥 有钡黄卤 /（g/L）
Na^+	35.10	35.05	75.26	39.35	32.8	42.66
Mg^{2+}	0.27	0.45	1.16	1.302	0.58	1.09
Ca^{2+}	1.41	1.98	6.02	13.278	3.98	5.229
Sr^{2+}	0.04	0.16	—	1.969	0.27	0.46
K^+	1.21	0.66	7.34	1.026	0.36	0.267
NH^+	0.03	0.04	0.24	0.122	0.03	—
Cl^-	58.8	59.30	136.47	122.22	60.20	75.38
SO_4^{2-}	0.98	0.47	1.37	—	—	—
HCO_3^-	—	—	—	—	—	—
Br^-	0.29	0.38	0.37	1.472	0.49	0.661
I^-	67.1×10^{-4}	84×10^{-4}	0.038	0.03125	102×10^{-4}	0.013
$B(OH)_3$	1.64	1.43	—	—	—	—
Ba^{2+}	—	—	—	1.574	0.82	0.69
平均相对密度	1.145	1.091	1.156	1.131	1.099	1.180

表 8-2 湖北利川天然卤水成分（浓度单位：g/L）

NaCl	105	$MgCl_2$	5.3
$CaCl_2$	31.2	LiCl	0.0105
KCl	0.553	Br^-	0.927
$SrCl_2$	0.88	I^-	0.017
$BaCl_2$	1.859		

表 8-3 四川某地气田水主要成分表（浓度单位：mg/L）

氯化钠	65810	总硼酸	2690
氯化钾	6064	溴素	158
氯化钙	5926	碘素	14
氯化镁	3838	氯化铷	9
氯化锶	367	氯化铯	28
氯化钡	1856	氯化锂	825

表 8-4 四川巫溪天然卤水成分（浓度单位：g/L）

卤水浓度 4.1°Be′ /28.5℃

Na^+	17.56	Cl^-	27.31
K^+	0.122	SO_4^{2-}	1.869
Ca^{2+}	0.6698	H_3BO_3	微量
Mg^{2+}	0.108	Br^-	0.01
Li^+	0.002	I^-	微量

表 8-5 英国温宁顿氨碱厂天然卤水组成（浓度单位：g/L）

食盐	300.0	硫酸镁	0.7
石膏	4.0	碳酸钙	0.2
氯化镁	0.6		

国外天然卤水含盐量亦有差异，以美国几个地区为例，其氯化钠质量分数分别为：密歇根州 17.58%；俄亥俄州 7.553%；西弗吉尼亚州 8.95%。

总之，天然卤水储量大，距地表近，大多数卤水自喷，且含有大量极为重要的化工产品和稀有元素，近几十年来已从中提取了许多化工产品，供化工、国防及医药行业使用，有的产品还畅销国外。因此，努力开发天然卤水，发展真空制盐具有极为现实的意义。

二、人工卤水

所谓人工卤水就是人为地将水加入固体盐或地下固体盐矿床中，使其溶解为含氯化钠较高的溶液，称为人工卤水。

我国和世界大多数氯化钠的生产都采用水采工艺制得人工卤水。只有埋藏极浅的矿盐，当直接采矿较为经济时，才直接旱采。我国各地人工卤水因其所含主要杂质不同而又分为含 Na_2SO_4 型卤水和 $CaSO_4$ 型卤水，简称为芒硝型卤水和石膏型卤水。现将各地人工卤水组成列于表 8-6 和表 8-7 中。

表 8–6　各地人工卤水组成（石膏型）

成　分	四川罗成盐矿 /（g/L）	四川自贡 /（g/L）	美国恩达提 /（g/L）	美国梭尔特维尔 /（g/L）
NaCl	288	297.84	303.6	298.0
$CaSO_4$	5.39	4.774	4.8	5.15
$MgCl_2$	0.244	1.676	1.6	0.48
$MgSO_4$	—	0.758	—	—
Na_2SO_4	—	无	无	—
$CaCl_2$	0.244	无	—	0.81
$CaCO_3$	—	—	—	0.15
密度	1.195	1.199（23℃）	1.20	1.196（15℃）

表 8–7　各地人工卤水组成（芒硝型）

成　分	湖北应城 /（g/L）	湖北长江埠 /（g/L）	湖南湘潭 /（g/L）	江西盐矿 /（g/L）	云南平浪 /（g/L）
pH	—	—	7.5	6.5	—
NaCl	290	305	280	286.89	253.49
Na_2SO_4	22	15	45	40.88	25.43
$CaSO_4$	1.5	2	1.8	0.76	1.95
$MgSO_4$	0.3	<1	2	0.16	0.38

各地人工卤水含氯化钠均较高，杂质含量较少（与天然卤水相比）。此种卤水对制盐生产有利，可最大限度地提高单位蒸发面积的产盐量。因此，努力增加人工卤水产量，对发展我国制盐工业有着重要作用。

8.1.2　净化卤水的重要性

为了除去卤水中有害杂质，提高生产强度，延长生产时间，进行综合利用，制盐生产中，净化卤水是极其重要的一环。其主要优点分述如下。

一、提高产品质量

所有卤水几乎均含有杂质，某些杂质会严重污染产品，甚至毒害人体。如四川、湖北一带所产有钡黄卤，含氯化钡高达 2～4g/L。当蒸发过程中，析出食盐时，氯化钡随母液一道附着于盐粒上，干燥后，氯化钡便析出混合于食盐中，成为钡盐。氯化钡属有毒物质，人食用后会出现中毒症状，甚至造成死亡。又如芒硝型卤水中，含 $Na_2SO_4$30～40g/L，若不进行提硝处理，则食盐中含硫酸钠量可高达 10% 以上，使食盐质量低于国家标准。在云南某些盐矿中，发现铅盐，这亦是有害于人体的金属。铁的存在将严重影响食盐色泽，它将以三氧化二铁或四氧化三铁形式混入食盐，而使食盐成褐色或黑色。因此，净化卤水的第一个目的是保证产品符合国家盐质量标准。

二、增大设备生产能力

真空制盐生产是一种严密的、科学的生产，各个环节的紧密配合是保证正常生产，提高盐质，夺取高产的重要条件，而卤水的净化就是增大设备生产能力的关键之一。

三、利于化工生产和综合利用

氯化钠的用途，绝非仅仅作食用，其最广泛的用途还在化工。由于化工生产的要求，无论纯碱、烧碱工厂，均附设庞大的卤水处理车间，以便除去食盐中杂质——Ca^{2+}、Mg^{2+}及SO_4^{2-}等离子，保证电解和碳化的顺利进行。因此，卤水净化是化工生产的必不可少的环节。

卤水处理远远超出了制盐范畴，它与化工生产有着不可分割的联系。因此，我们必须采用相应的卤水净化工艺，把真空制盐和综合利用向前推进一步。

8.1.3 净化卤水的方法

一、石灰（或烧碱）-芒硝法

本法广泛用于有钡黄卤的处理，加石灰（或烧碱）以除去铁和镁，加芒硝以除去钡。其反应为

$$FeCl_3 + 3NaOH \longrightarrow Fe(OH)_3\downarrow + 3NaCl$$

$$MgCl_2 + 2NaOH \longrightarrow Mg(OH)_2\downarrow + 2NaCl$$

或

$$CaO + H_2O \longrightarrow Ca(OH)_2$$

$$3Ca(OH)_2 + 2FeCl_3 \longrightarrow 2Fe(OH)_3\downarrow + 3CaCl_2$$

$$Ca(OH)_2 + MgCl_2 \longrightarrow Mg(OH)_2\downarrow + CaCl_2$$

$$BaCl_2 + Na_2SO_4 \longrightarrow BaSO_4\downarrow + 2NaCl$$

反应后均生成极难溶于水的沉淀$Mg(OH)_2$（溶度积为1.2×10^{-11}）、$Fe(OH)_3$（溶度积为1.1×10^{-36}）、$BaSO_4$（溶度积为1.08×10^{-10}），从而将它们从卤水中分离除去。

应当指出，$Fe(OH)_3$沉淀在pH7.5以上即可生成，此时$Mg(OH)_2$并未析出。而当pH为9时，此时$Mg(OH)_2$方能析出。这就为从卤水中分离铁和镁提供了操作条件，从而利于铁红的生产。

（一）工艺流程

为了利用化工资源和保护环境，可用两步法生产铁红和沉淀硫酸钡。其流程如图8-1所示。

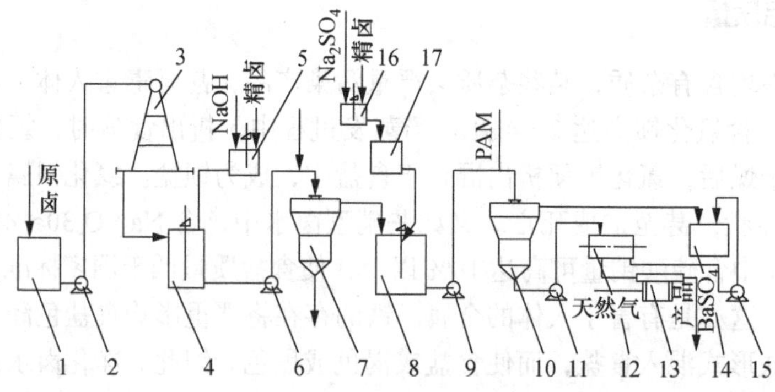

图8-1 烧碱-芒硝法处理有钡黄卤流程图

1—原卤贮池；2—原卤泵；3—支条架；4—一号反应桶；5—NaOH配制桶；6—一次卤泵；7—一次澄清桶；8—二号反应桶；9—混合料液泵；10—二次澄清桶；11—硫酸钡浆料泵；12—单盘翻斗过滤器；13—干燥锅；14—净化卤池；15—滤液泵；16—芒硝液配制桶；17—芒硝液贮桶

本流程是从有钡黄卤中生产铁红和沉淀硫酸钡的工艺流程。若不生产化工产品，只考虑除去杂质。则采用一步法，用石灰、芒硝除去 Fe^{3+}、Mg^{2+} 及 Ba^{2+}，沉淀集中排弃，其所用设备也相应增减。

（二）操作控制指标

（1）生产铁红时，加入 NaOH 量为理论量的 110%，NaOH 配制浓度为 20% 水溶液。加入速度视容器和搅拌状态而定，若用空气压缩机鼓入空气搅拌，则 NaOH 加入速度为卤水加入时间的三分之二。空气搅拌时间为 2h。

（2）加入芒硝除钡，是在常温下进行的。当卤水中氯化钡含量为 3～4g/L 时（此数字视卤水中氯化钡含量高低稍有变化），芒硝加入量是理论量的 118%～125%，即可保证不出钡盐。从制盐角度而言，芒硝加入量越少越好，既可降低原料消耗，又可减少 SO_4^{2-} 带入卤水中的量，降低卤水中 $CaSO_4$ 含量，减少蒸发过程中的结垢。实际生产中，以控制反应后卤水中 SO_4^{2-} 含量小于 0.3g/L 为宜。

（3）为了保证 $BaSO_4$ 质量，芒硝必须溶解澄清，甚至通入氯气脱色。芒硝浓度为 75～90g/L，一般可用精卤作溶剂，以减少水分带入系统。芒硝与卤水同时按比例加入，并应注意芒硝溶液的分散性，力求越均匀越好，生产上一般用混合桶或分散板达到这一目的。即将卤水与芒硝液加入带有搅拌器的混合桶内，充分混合后再流入反应桶或在反应桶搅拌轴上设置一圆形分散板，芒硝液加于板上，由于板随同轴旋转而产生离心力，将芒硝液抛出，分散于卤水中。

（4）反应过程中所产生的沉淀必须从卤水中分离出去。生产上常用沉降池或澄清桶分离液固相。助凝剂一般采用聚丙烯酰胺（polyacrylamide，PAM）。泥浆则用离心机或真空过滤机过滤。

（5）聚丙烯酰胺是一种高分子絮凝剂，相对分子质量一般在 250 万～300 万之间，中性，溶于水，但溶解速度很慢，需要齿轮泵或在其他强烈搅拌下溶化。聚丙烯酰胺是一种无毒透明胶状体（其单体丙烯酰胺有毒）。我国出产的聚丙烯酰胺纯度为 7%（其余为水）。

使用时将聚丙烯酰胺加水，配制成 0.05%～0.1% 水溶液，然后加入反应后的卤水中。聚丙烯酰胺在卤水中浓度为 2×10^{-6}（过多过少都会影响澄清效果），由澄清桶进料口徐徐加入。加入聚丙烯酰胺后可提高澄清速度 1～5 倍。若加入 $BaSO_4$ 作晶种，则其沉降速度还会更快。其结果如表 8-8、表 8-9、图 8-2 及图 8-3 所示。

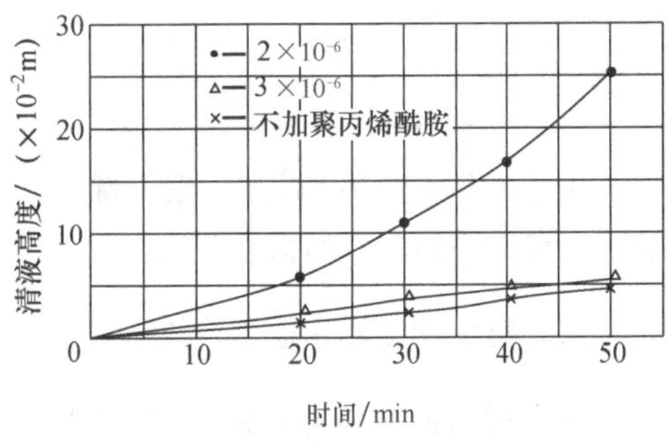

图 8-2　聚丙烯酰胺浓度与澄清关系曲线
（卤水浓度 17°Be′，温度 9℃）

表 8-8　聚丙烯酰胺用量与沉降关系

时间 /min	沉降清液高度 /cm		
	不加聚丙烯酰胺	聚丙烯酰胺在卤水中的浓度 /2×10^{-6}	聚丙烯酰胺在卤水中的浓度 /3×10^{-6}
10	0.5	2	1
20	1.5	6	2
30	2	11.5	3.5
40	3.5	15.5	4.7
50	4.5	25.5	5.5

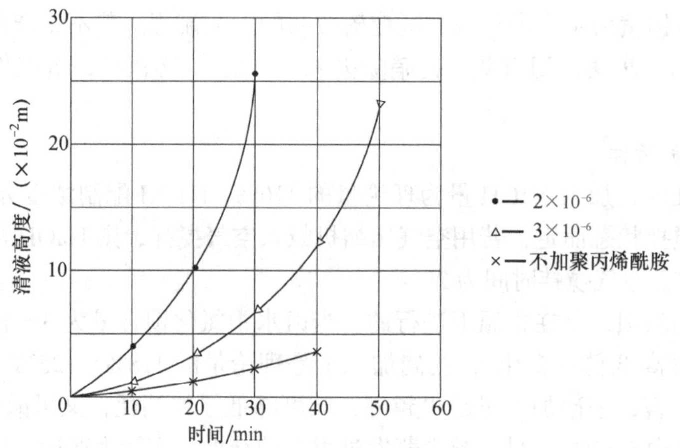

图 8-3 加入 $BaSO_4$ 晶种后聚丙烯酰胺用量与澄清关系曲线

（卤水浓度 17°Be′，温度 9℃）

表 8–9 加入 $BaSO_4$ 晶种后聚丙烯酰胺用量与沉降关系

时间 /min	沉降清液高度 /cm		
	不加聚丙烯酰胺	聚丙烯酰胺在卤水中的浓度 $/2\times10^{-6}$	聚丙烯酰胺在卤水中的浓度 $/3\times10^{-6}$
10	0.5	3.5	2
20	2	11	4
30	3	26	7
40	4		12
50			24

由表 8-8 和表 8-9 可知，聚丙烯酰胺浓度控制在 2×10^{-6}，加入硫酸钡作晶种会提高澄清速度，整个澄清可在常温下进行。

二、黄、黑（岩）卤混合法

在有黑卤或岩卤与有钡黄卤同时生产的地区，一般采用黄、黑（岩）卤混合法。因为黑卤和石膏型卤水中存在着杂质 $CaSO_4$，而在芒硝型卤水中存在大量 Na_2SO_4，这两种物质均可以和黄卤中 $BaCl_2$ 作用生成 $BaSO_4$ 沉淀，使两种卤水均可得到精制而不消耗处理药剂（石灰除外）。在有这种条件的地方，采用此法极为经济。其基本反应为

$$BaCl_2+CaSO_4 \longrightarrow BaSO_4\downarrow+CaCl_2$$

$$BaCl_2+Na_2SO_4 \longrightarrow BaSO_4\downarrow+2NaCl$$

在混合槽中，黄卤、黑（岩）卤、石灰同时不断加入，搅拌反应 1 小时（加完料液时起），可使反应完全。经现场检验，SO_4^{2-} 含量小于 0.3g/L，卤水中无钡显示，可视为合格。

此法流程和石灰 - 芒硝法相似，其不同是省去了芒硝液的配制，直接由含 SO_4^{2-} 卤水与含钡黄卤混合。黑（岩）卤需要量为其理论量的 120% 左右。四川省自贡市贡井盐厂采用此法净化卤水，效果极为理想。

三、石灰－纯碱法

使用石膏型卤水制盐时，为除去钙及镁杂质，国外广泛采用石灰-纯碱法。此法的优点是工艺成熟、设备简单及除去率高。一般镁除去率可达97%～99%，钙除去率达98%～99%。对于镁含量低的卤水可不用石灰而采用纯碱法。

（一）基本原理

在某种卤水中含有$Ca(HCO_3)_2$、$CaSO_4$、$MgSO_4$及$MgCl_2$等杂质，它们和石灰及纯碱反应生成难溶性的沉淀而从卤水中分离。

$$MgSO_4+Ca(OH)_2 \longrightarrow Mg(OH)_2\downarrow+CaSO_4$$

$$MgCl_2+Ca(OH)_2 \longrightarrow Mg(OH)_2\downarrow+CaCl_2$$

$$Ca(HCO_3)+Ca(OH)_2 \longrightarrow 2CaCO_3\downarrow+H_2O$$

$$CaSO_4+Na_2CO_3 \longrightarrow CaCO_3\downarrow+Na_2SO_4$$

$$CaCl_2+Na_2CO_3 \longrightarrow CaCO_3\downarrow+2NaCl$$

若同时加入两种试剂，则反应按下列各式进行：

$$CaO+H_2O \longrightarrow Ca(OH)_2$$

$$Ca(OH)_2+Na_2CO_3 \longrightarrow CaCO_3\downarrow+2NaOH$$

$$Ca(HCO_3)_2+2NaOH \longrightarrow CaCO_3\downarrow+Na_2CO_3+2H_2O$$

$$MgSO_4+2NaOH \longrightarrow Na_2SO_4+Mg(OH)_2\downarrow$$

$$CaSO_4+Na_2CO_3 \longrightarrow CaCO_3\downarrow+Na_2SO_4$$

按照以上反应式计算所得的结果均一样，与石灰及纯碱的加入次序无关。这一理论经工厂检验无误。

（二）工艺流程（图8-4）。

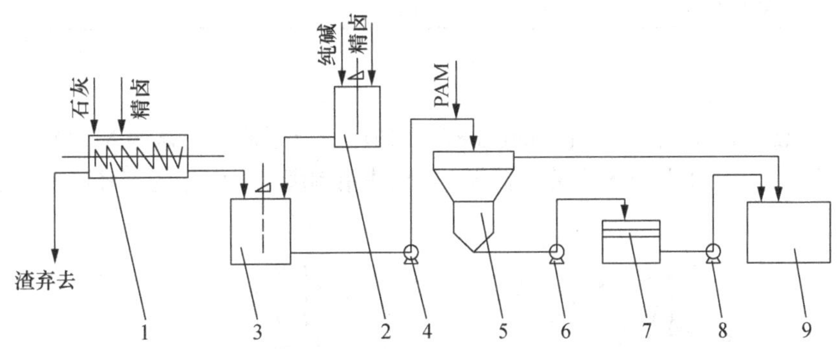

图8-4 石灰纯碱法工艺流程图

1—石灰乳配制桶；2—纯碱液配制桶；3—反应桶（附搅拌）；4—料液泵；5—澄清桶；6—排泥泵；7—过滤池；8—滤液泵；9—净化卤池

由井场采原卤，经卤水流量计进入综合反应桶3，石灰加入石灰乳配制桶1的筛网中，与精卤配成石灰乳，石灰加入量为理论量的110%。纯碱在纯碱液配制桶2中用精卤配制成纯碱悬浮液（或纯碱溶液），纯碱用量为理论量的103%。原卤、石灰乳及纯碱液于综合反应桶搅拌反应20～30min，泵入斜板澄清桶沉降，同时加入PAM以助沉，清液溢流去净化贮池，供制盐之用，沉淀为$Mg(OH)_2$及$CaCO_3$，泵入沉淀过滤池过滤，并洗涤回收盐水，滤渣弃去。洗水或循环使用或送去配制石灰乳及纯碱液。

（三）生产效果

经许多工厂生产或试验验证，用此法精制卤水效果极佳。其变化如表 8-10 及表 8-11 所示。

表 8-10 某厂卤水精制前后组成

成分	ρ/（g/L）								碱（按 NaOH 计）	除钙率 /%	除镁率 /%
	$Ca(HCO_3)_2$	$CaSO_4$	$MgSO_4$	NaCl	$CaCO_3$	Na_2SO_4	Na_2CO_3	$MgCl_2$			
精制前	0.324	5.43	0.60	302	—	—	—	0.71	—	99.85	100
精制后	—	—	—	285.5	0.018	6.04	0.16	—	0.109	—	—

表 8-11 某单位精制试验成分变化

药剂添加量	石灰 / 纯碱	单位	适量 / 适量	过量 10% / 适量	过量 20% / 适量	过量 30% / 适量
品种加入量	$CaCO_3$	mg	10	10	10	10
除镁	原卤浓度	°Be′/℃	24.3/22.5	24.3/22.5	24.3/22.5	24.3/22.5
	原卤含镁	g/L	2.1515	2.1515	2.1515	2.1515
	精卤浓度	°Be′/℃	22.5/28.5	22.5/28	22.5/28	22.5/28.5
	精卤含镁	g/L	0.021	0.018	0.019	0.019
	除镁率	%	99.01	99.17	99.09	99.11
除钙	原卤含钡	g/L	0.6839	0.6839	0.6839	0.6839
	精卤含钙	g/L	0.057	0.013	0.019	0.044
	除钙率	%	91.65	98.15	97.02	93.62

（四）沉淀的沉降速度

石灰－纯碱法精制卤水，其沉淀的沉降速度各厂进行了研究，认为 $Mg(OH)_2$ 及 $CaCO_3$ 混合物不难澄清。表 8-12 和图 8-5 为某厂石灰 - 纯碱法精制卤水中沉淀的沉降速度测定结果。

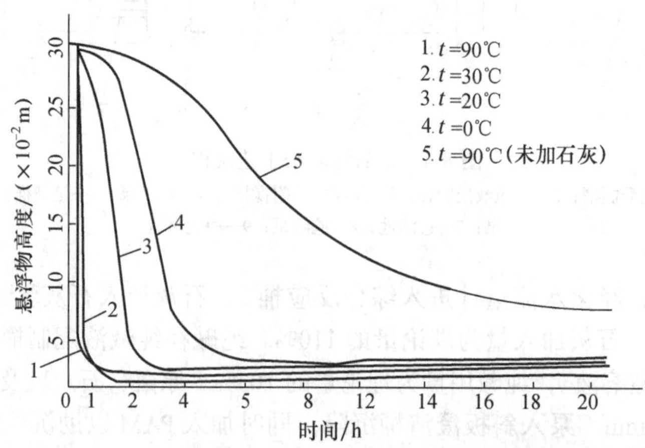

图 8-5 不同温度下石灰－纯碱法沉淀物沉降曲线

表 8-12 沉降速度测定

顺序	沉淀时间	沉淀物高 / （10^{-2}m）							
1	浆状	（1）t=90℃		（2）t=30℃		（3）t=20℃		（4）t=0℃	
2	5min	30.0	—	30.0	—	30.0	—	30.0	—
3	10min	6.3	×	—	—	—	—	—	—
3	10min	4.5	×	/	—	/	—	/	—
4	15min	3.8	×	11.5	×	28.3	×	—	—
5	30min	3.3	××	3.45	××	80	××	/	—
6	1h	2.6	××	1.90	××	4.0	××	/	—
7	2h	2.2	××	1.43	××	2.3	××	24.6	×
8	2h30min	/	××	—	××	—	××	8.1	××
9	3h	2.0	××	1.26	××	1.9	××	5.4	××
10	4h	—	××	—	××	—	××	4.3	××
11	5h	—	××	—	××	—	××	3.4	××
12	6h	—	××	—	××	—	××	2.86	××
13	20h	1.38	××	1.18	××	1.3	××	1.32	××

注：×—半透明；××—透明无悬浮物；——浑浊；/—未计高度。

由表 8-12 和图 8-5 可知，温度与沉降有一定关系。当温度由 90℃降至 0℃时，浑浊液的沉降速度并非随温度的降低而呈直线减少；而在 20～30℃条件下，沉降速度十分令人满意。同样静置 1h，90℃时清液高度为总高度的 91.34%，30℃时清液高度为总高度的 93.67%，20℃时，清液高度为总高度的 86.7%，此种沉降速度完全满足连续生产的条件。

四、石灰－芒硝－碳化法

对于含 $MgCl_2$、$MgSO_4$、$CaSO_4$ 及 $CaCl_2$ 的卤水，采用此法甚为合理，可用最少的纯碱保证净化效果良好。国外亦有采用此法于工业生产的报道。

（一）基本原理

此法的基础在于石灰和芒硝反应而生成 NaOH，NaOH 与烟道气反应而生成 Na_2CO_3，Na_2CO_3 再与 Ca^{2+}作用生成难溶物质 $CaCO_3$，反应分两步进行。

第一步

$$MgCl_2+Ca(OH)_2 \longrightarrow Mg(OH)_2\downarrow+CaCl_2$$

$$CaCl_2+Na_2SO_4 \longrightarrow CaSO_4+2NaCl$$

$$MgSO_4+Ca(OH)_2 \longrightarrow Mg(OH)_2\downarrow+CaSO_4$$

$$Ca(OH)_2+Na_2SO_4 \longrightarrow CaSO_4+2NaOH$$

第二步

$$2NaOH+CO_2 \longrightarrow Na_2CO_3+H_2O$$

$$CaSO_4 + Na_2CO_3 \longrightarrow CaCO_3 \downarrow + Na_2SO_4$$

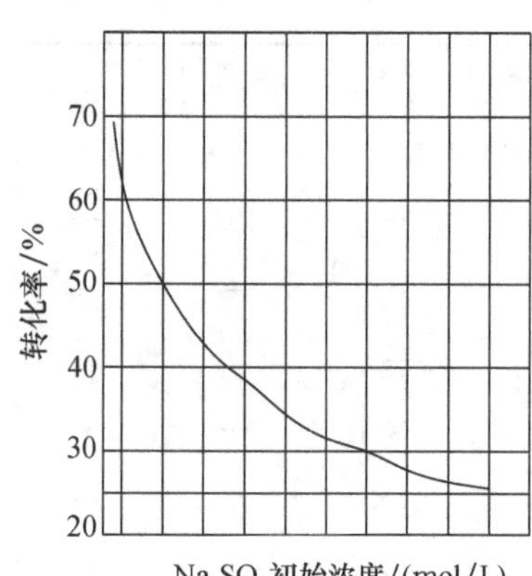

图 8-6 Na_2SO_4 初始浓度与 NaOH 产量关系

反应中所得沉淀是 $Mg(OH)_2$、$CaCO_3$ 及 $CaSO_4$，而溶液中所得生成物是 NaCl 及 Na_2SO_4。因此，制盐母液可返回使用，利用其中的芒硝。

$CaSO_4$ 在 NaCl 和 Na_2SO_4 溶液中的溶解度大大降低，第一步反应生成的 $CaSO_4$ 基本已沉淀析出。

（二）芒硝的苛化

芒硝和氢氧化钙作用生成氢氧化钠是此法的基本反应。

许多化学家对芒硝苛化进行了研究，一致认为影响其转化率的因素主要是芒硝的初始浓度和反应温度。

对 Na_2SO_4 初始浓度和 NaOH 产量的关系，化学家纽曼·卡特怀将其绘制成图 8-6。他们根据实验列出芒硝浓度及温度与 NaOH 产量的关系（表 8-13）。

表 8-13 Na_2SO_4 浓度、温度对 NaOH 产量的影响

初始浓度 /（mol/L）	转化率 /%			
	温度 /℃ 15	40	70	100
0.7	11.87	10.07	8.17	7.13
0.5	15.82	12.91	10.0	8.99
0.25	26.05	20.80	17.0	13.85
0.1	43.50	34.60	24.47	22.40
0.05	59.0	48.60	36.50	29.0

由图 8-6 和表 8-13 清楚地看出，当浓度一定时，温度升高，苛性钠产量降低；当温度一定时，芒硝浓度升高，苛性钠产量亦降低。但在较好的温度（15℃）及芒硝浓度（0.05mol/L）时，转化率不超过 60%，反应时间一般为 4h。

当芒硝型卤水中含 NaCl 270g/L 左右，$Na_2SO_4$30～40g/L，$CaSO_4$1.5g/L 时，氧化钙用量按理论量的 50% 配制，但生产中要考虑沉淀铁、镁所需的氧化钙。氧化钙太少，会使形成的 OH^-和 CO_3^{2-}不足以除去卤水中的 Ca^{2+}、Mg^{2+}；太多并不能增加 OH^-浓度，因而 Na_2CO_3 生成量亦不会增加，而且在 NaCl 存在情况下，芒硝转化率会降低。

利用此法精制卤水的主要工艺参数及成分变化情况列于表 8-14 和表 8-15 中。

表 8-14 卤水精制工艺数据

卤水精制第一阶段										精制第二阶段						
试剂的准备										卤水碳化				纯碱加入量 /kg	沉淀	
石灰 /kg	芒硝 /kg	母液 /m^3	卤水温度 /℃	母液温度 /℃	未精致的卤水量 /m^3	混合时间 /h	混合后温度 /℃	沉淀时间 /h	沉淀温度 /℃	加入卤水 /m^3	碳化时间 / h	气体温度 /℃	碳化后卤温 /℃		沉淀时间 /h	沉淀后卤温 /℃
900	—	78	18	60	293	5	27	12	27	305	4.5	25.3	28	720	6.15	26

此表系根据苏联布尔什维克工厂生产试验所得数据编制，根据这一工艺参数制得卤水的分析数据列于表 8-15。

表 8-15　石灰 – 芒硝 – 碳化法精制卤水分析数据

项　　目	未精制卤水 /（g/L）	第一阶段卤水 /（g/L）	第二阶段卤水 /（g/L）	碳化后卤水 /（g/L）	制盐后母液 /（g/L）
相对密度	1.192	1.195	1.196	1.195	1.208
$Ca(HCO_3)_2$	0.298	—	—	—	—
$CaSO_4$	5.413	4.34	—	2.533	—
$MgSO_4$	0.644	—	—	—	—
$MgCl_2$	0.680	—	—	—	—
NaCl	295.2	300.96	310.22	300.96	307.67
NaOH	—	0.80	0.04	0.14	0.016
$CaCO_3$	—	0.096	痕迹	0.072	痕迹
Na_2SO_4	—	4.35	9.007	6.617	31.4
Na_2CO_3	—	—	0.19	—	0.906
总计	320.25	310.10	305.86	310.18	363.57

（三）工艺流程

根据生产实践，综合工艺流程如图 8-7 所示。

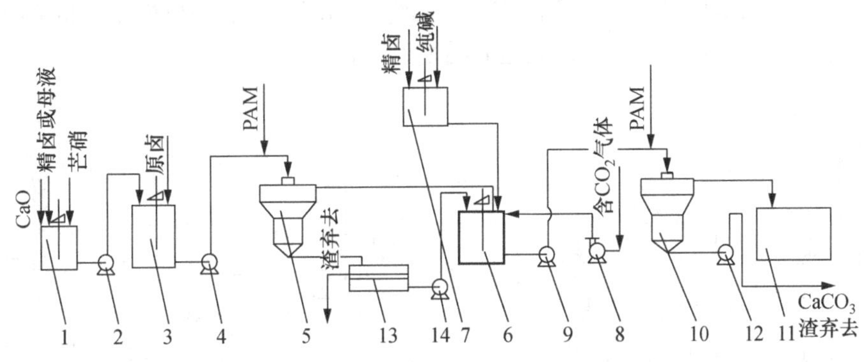

图 8-7　石灰 – 芒硝 – 碳化法工艺流程图

1—石灰—芒硝液配制桶（附搅拌）；2—药剂泵；3— 一次反应桶（附搅拌）；4— 一次反应泵；5　一次斜板澄清桶；6—碳化反应桶（附搅拌）；7—纯碱液配制桶；8—CO_2 鼓风机；9—碳化卤水泵；10—二次斜板澄清桶；11—精卤贮池；12—排渣泵；13—沉降过滤池；14—过滤液泵

整个反应分两步进行，两次沉降。芒硝（或返回母液代替）和石灰在配制桶 1 中用精卤配制成浆状，泵入反应桶 3 中，与原卤混合搅拌 4h，反应生成 $Mg(OH)_2$、$CaSO_4$ 和 NaOH。用泵送入一次卤澄清桶，将 $Mg(OH)_2$ 及 $CaSO_4$ 沉淀分离并由底部排入过滤池，滤渣洗后弃去，滤液和洗液送回碳化桶与一次卤混合。在一次卤中通入 CO_2 碳化并加入一定纯碱液。一般来说，$CaSO_4$ 浓度在 3g/L 以下时，不必加入纯碱，当 $CaSO_4$ 含量超过了 3g/L 时，由于 $Ca(OH)_2$ 在卤水中的溶解度有限，需另补充加入纯碱，以除去 Ca^{2+}。

$$2NaOH+CO_2 \longrightarrow Na_2CO_3+H_2O$$

反应生成的纯碱与加入的纯碱一道与 $CaSO_4$ 反应，生成难溶物 $CaCO_3$。

$$Na_2CO_3+CaSO_4 \longrightarrow Na_2SO_4+CaCO_3\downarrow$$

通入 CO_2 的浓度为 10%～15%，通气量以卤水 pH 控制在 8.2～9.0 为宜。若 pH 值太低，则发生 $CaCO_3$ 的重新溶解，而无法除去。

$$CaCO_3+CO_2 \longrightarrow Ca(HCO_3)_2$$

卤水中，通 CO_2 搅拌反应后即泵入二次卤澄清桶 10，$CaCO_3$ 沉淀泵至堆渣场或江河中，澄清液则为精致卤水，流入储池供蒸发使用。此法的优点是大大节省 Na_2CO_3 消耗量，而缺点是净化设备较多，排渣量大。

五、烧碱－纯碱－氯化钡法

此法适用于含 Ca^{2+}、Mg^{2+}和 SO_4^{2-}的卤水，所精制的卤水杂质甚少，可供制作要求很高的食用盐及工业用盐。其反应如下：

$$MgCl_2+2NaOH \longrightarrow Mg(OH)_2\downarrow+2NaCl$$

$$FeCl_3+3NaOH \longrightarrow Fe(OH)_3\downarrow+3NaCl$$

$$CaSO_4+Na_2CO_3 \longrightarrow CaCO_3\downarrow+Na_2SO_4$$

$$CaCl_2+Na_2CO_3 \longrightarrow CaCO_3\downarrow+2NaCl$$

$$Na_2SO_4+BaCl_2 \longrightarrow BaSO_4\downarrow+2NaCl$$

反应结果，卤水中杂质基本除去，并增加卤水中 NaCl 含量。此种卤水用于蒸发极为理想。对防止结垢，减少料液沸点上升，降低料液黏度，保证产品质量均有重要作用。不过，此种精制法所用药剂费用昂贵，若全面实现产品综合利用，此法亦可采用。世界各地制盐厂和化工厂亦有部分采用此法。其工艺流程如图 8-8 所示。

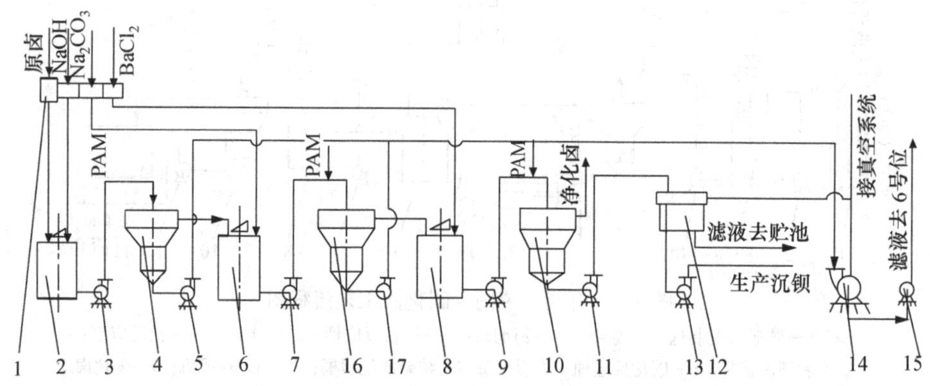

图 8-8 烧碱－纯碱－氯化钡法工艺流程图

1—计量分配桶；2—第一反应桶；3—一次卤泵；4—一次澄清桶；5—排渣泵；6—碳酸钠反应桶；7—二次反应卤泵；8—氯化钡反应桶；9—三次反应卤泵；10—三次卤水澄清桶；11—硫酸钡泥泵；12—翻斗过滤器；13—二次过滤泵；14—真空过滤器；15—一次滤液泵；16—二次卤水澄清桶；17—$CaCO_3$ 泥浆泵

原卤首先与 NaOH 作用生成 $Fe(OH)_3$ 和 $Mg(OH)_2$ 沉淀，并在斜板澄清桶沉降分离，经真空过滤器回收卤水后其渣弃去。一次卤再与 Na_2CO_3 反应生成 $CaCO_3$ 沉淀。混合液经泵输入二次卤水澄清桶 16，$CaCO_3$ 沉淀经泵输入真空过滤器 14 进行分离，清液流入反应桶 8，在其中与 $BaCl_2$ 反应生成 $BaSO_4$ 沉淀，并在三次卤水澄清桶 10 中沉降。清液即为精制卤水，供制盐用，泥浆定时经泵输入翻斗过滤器 12，滤饼去干燥而生成硫酸钡沉淀副产品，滤液和真空过滤机滤液一道返回 Na_2CO_3 反应桶 6。

如果生产单位不考虑综合利用，可省去 12、13、16 及 17。而将 $CaCO_3$ 和 $BaSO_4$ 沉淀一起于 10 中沉降，12 及 13 可由 14 及 15 一并替代。

六、其他处理方法

在卤水处理中，方法甚多，除以上六种方法外，尚有若干其他方法。

（一）盐硝联产法

在芒硝型卤水中，一般均含有 Na_2SO_4 20～40g/L，使所产食盐中 Na_2SO_4 含量高达 12%，出产大量次品盐，同时给储运包装带来不便。而 Na_2SO_4 系重要的化工原料，弃之太可惜。过去从母液中冷冻分离芒硝虽有较为成熟的生产经验，能解决部分问题，但设备复杂、投资大、热损失大及成本高。此法恰好克服上述缺点，有发展前途。

盐硝联产法也称热法提硝，所谓热法系与冷冻法相对而言。此法流程示意图如图 8-9 所示。

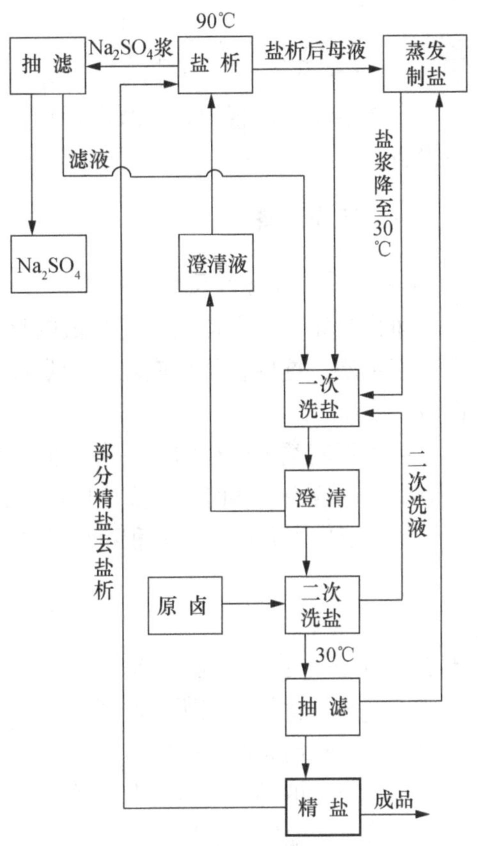

图 8-9　盐硝联产法流程示意图

此法可将原料卤水中 Na_2SO_4 分离 77%，$CaSO_4$ 除去 80% 并使食盐质量提高，但要达到纯度极高的食盐有困难。

（二）氯化钙法

在有大量氯化钙的地区，可用氯化钙处理芒硝含量高的卤水。其反应式为

$$Na_2SO_4 + CaCl_2 \longrightarrow CaSO_4 \downarrow + 2NaCl$$

氯化钙加入量为理论量的两倍，加入的水石膏（$CaSO_4 \cdot 2H_2O$）作晶种，搅拌 2h，消除 $CaSO_4$ 的过饱和状态，可使卤水中硫酸钙含量降至 5g/L，氯化钙含量 7g/L，硫酸钠全部除去。

此法过去曾在有氯化钙水的地区（苏尔维碱厂）采用，但处理后仍含硫酸钙 5g/L 左右，在蒸发过程中易发生锅垢，需另设法解决结垢问题。

（三）钙芒硝法

对于芒硝型卤水可加入二水石膏反应生成钙芒硝复盐沉淀，从而分离芒硝，使卤水得以净化。

其反应为

$$Na_2SO_4 + CaSO_4 \cdot 2H_2O \longrightarrow Na_2SO_4 \cdot CaSO_4 \downarrow + 2H_2O$$

我国自流井盐厂曾用此法生产多年，有一定效果。

（四）碳酸钡法

采用碳酸钡与含硫酸钙的卤水反应，生成难溶性物质 $BaSO_4$ 和 $CaCO_3$，使卤水得以净化。

其反应式为

$$BaCO_3 + CaSO_4 \longrightarrow BaSO_4 \downarrow + CaCO_3 \downarrow$$

很显然采用此法所生成的$BaSO_4$（溶度积为1.08×10^{-10}）和$CaCO_3$（溶度积为4.8×10^{-10}）均较$BaCO_3$（溶度积为8.15×10^{-10}）和$CaSO_4$（溶度积为6.1×10^{-5}）的溶解度为小，反应向右进行。

使用天然碳酸钡和人工碳酸钡净化卤水，效果迥然不同，前者除去率显然低于后者，故应使用人工碳酸钡。

8.1.4 主要设备的选用和计算

在卤水净化过程中，涉及许多化工单元操作，本节着重介绍本工序常用的反应设备及沉降设备。

一、反应设备

（一）反应设备的尺寸计算

净化操作中，需加入一定数量的化学药剂，如芒硝、石灰、纯碱、石膏等，以除去卤水中有害杂质，这些化学反应均在剧烈搅拌下才能加速进行，这种带搅拌的混合设备称为反应设备。

各种不同类型的卤水和各种不同的净化方法，所选用的设备种类、数量也不同。在间歇反应中，一般由进料时间、反应时间、出料时间和处理卤水量而定。

每个反应设备的真实容积可由式（8-1）求出：

$$V=\frac{G(t_1+t_2+t_3+t_4)}{\eta^n} \tag{8-1}$$

式中：t_1——进料时间（h）；

t_2——化学反应所需时间（h）；

t_3——出料时间（h）；

t_4——取样分析时间及其他（h）；

G——处理卤水量（m^3/h）；

V——每个反应器容积（m^3）；

η——容积系数 = 有效容积 / 真实容积；

n——反应器个数。

反应器一般为钢制圆桶，也有用水泥制作的。其直径为

$$D=\sqrt{\frac{4V}{\pi H}}\quad(\mathrm{m}) \tag{8-2}$$

式中：H——反应桶高度（m）。

（二）搅拌器功率估算

在制盐工业中，常用的是推进式搅拌器，对于此种搅拌装置，计算方法较多，除张洪源等所著《化工过程及设备》与原化工部化工设备设计专业技术情报中心站所编《搅拌器设计》中介绍的方法外，我们再推荐两种方法，供读者选用。

（1）对于无挡板条件下各种桨叶搅拌器所消耗的功率，永田进治给出了以下计算公式：

$$N_P=\frac{A}{\mathrm{Re}}+B\left(\frac{10^3+1.2\mathrm{Re}^{0.66}}{10^3+3.2\mathrm{Re}^{0.66}}\right)^C\cdot\left(\frac{H}{D}\right)^{(0.35+b/D_i)}\cdot(\sin\theta)^{1.2} \tag{8-3}$$

$$A=14+(b/D)\left[670\left(d_i/D_i-0.6\right)^2+185\right]$$

$$B=10^{\left[1.3-4\left(b/D_i-0.5\right)^2-1.14\left(d_i/D_i\right)\right]}$$

$$C=1.1+4\left(b/D_i\right)-2.5\left[\left(d_i/D_i\right)-0.5\right]^2-7(b/D_i)^4$$

$$Re=\frac{d^2n\rho}{\mu}$$

式中：N_P——桨叶搅拌器所消耗的功率（kW）；H——搅拌槽内液面高度（m）；b——搅拌叶宽度（m）；D——搅拌槽内径（m）；θ——叶汽与轴夹角；d_i——搅拌叶长度（m）；n——转速（r/s）；ρ——密度（kg/m^3）；μ——黏度［kg/（m·s）］。

此式适用于 b/D 为 0.05～0.2，d/D 为 0.3～0.8 范围。

（2）根据《化学世界》（1964 年第 4 期）介绍，估计搅拌器功率还可用计算线图查得（图 8-10）。

使用说明：利用算图，可方便地估计用于 1000 加仑［1 加仑（英制）=4.546×10^{-3}m^3］以下液体容积的螺旋桨搅拌器所需马力［1 马力（英制）=745.71(N·m)/s］，只要事先知道混合物的液体容积、平均密度、平均黏度（厘泊）以及混合过程的要求，就可从算图中求出功率。

例如，对液体容积 1400 加仑，平均相对密度 1.2，平均黏度 1000 厘泊（cP）液体的剧烈

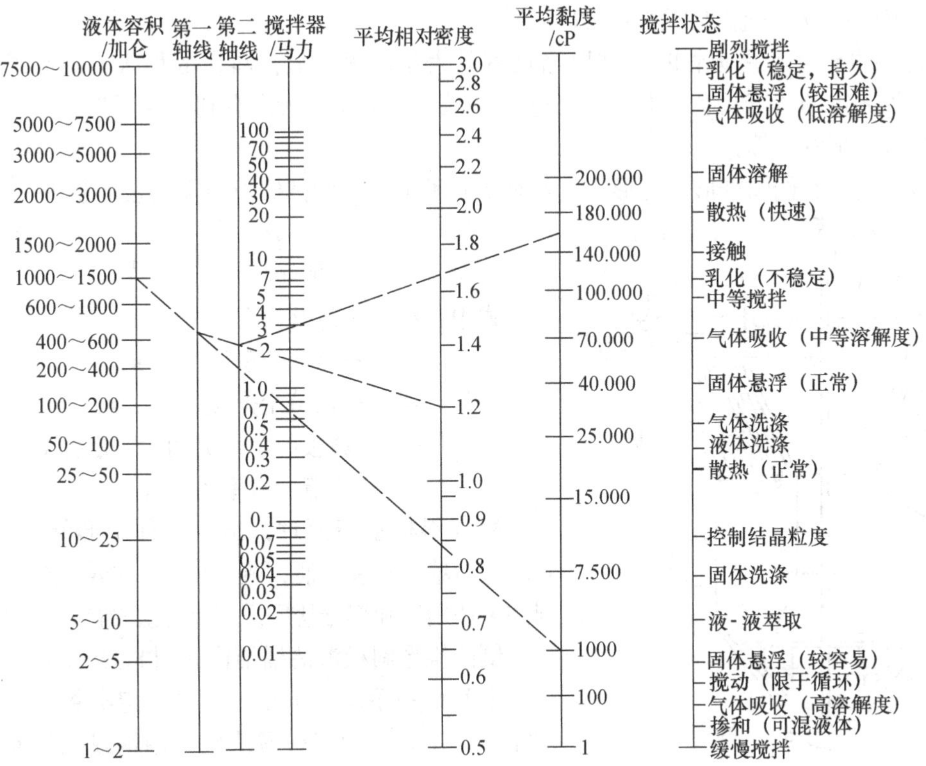

图 8-10 用于估测搅拌器所需马力的算图

搅拌（用螺旋桨），可以先在第一条线上找到与容积相应的点，同第六条线上与平均黏度相应点连接，得到与第一轴的交点，再将这一点与第五条线上平均密度相对应的点连接，得到与第二轴线相交的点，最后再将这一点与第七条线上与混合要求相应的点进行连接，即可在与第四条线相交的点上读出搅拌器所需的马力数，即图 8-10 中所示的 3 马力。

二、卤水澄清设备

在卤水中，由于带入机械杂质，反应后生成沉淀等原因，卤水呈固液混合状态，为了满足制盐生产需要，应采取适当的措施，以便迅速分离固液相而制得净化卤。常用澄清设备有道尔型澄清桶、斜板澄清桶和沉降池。现一般采用斜板澄清桶，而助凝剂采用聚丙烯酰胺。

由沉降理论可知：沉降器的生产能力只与设备的水平截面积和悬浮液中粒子的沉降速度有关。根据这一理论，增大沉降面积乃为增大沉降器生产能力的重要环节。斜板澄清桶正是在一定容积沉降器内安插若干倾角为 60° 的斜板，以尽可能增大沉降面积，利于悬浮物的沉降。

另一方面，由于斜板间距较小（一般为 100mm），单位时间内沉降在斜板上的固体就多，促进了悬浮物的聚凝作用，从而加大沉降速度。

再一方面，对沉降而言，流体雷诺准数越小越好，当 Re<1 时，为滞留区沉降。

而雷诺准数：

$$Re=\frac{d_0W\rho}{\mu}$$

式中：d_0——流体流过导管的直径（m）；W——清液上升速度（m/s）；ρ——流体的密度（kg/m^3）；μ——流体的黏度（N·s/m^2）。

当流过的导管不是圆管时，则以当量直径表示。很明显，斜板的加入，减小了当量直径，防止了流体的紊流状态，雷诺准数随 d_0 的减小而减小，大大有利于悬浮物的沉降。

斜板澄清桶的计算：

斜板澄清桶有倒圆锥形、矩形和倒八角形几种形式。倒圆锥形所需斜板面积为

$$F=\frac{Q}{W\cdot\cos\alpha\cdot\eta}\quad(m^2)\qquad(8\text{-}4)$$

式中：F——斜板总面积（m^2）；

Q——卤水处理量（m^3/s）；

W——清液上升速度（m/s）；

α——斜板的水平夹角（一般为 60°）；

η——澄清桶效率（%）。

根据斜板澄清原理，出现一种矩形斜板澄清桶，其制造简单，安装方便，造价较低，澄清效果良好。我国许多芒硝厂和部分盐厂采用此种沉降器，情况很好。

倒圆锥形斜板澄清桶结构如图 8-11 所示。

中间设一手动或电动耙集器，定期将沉淀汇集在排泥口排出。矩形斜板澄清桶可用钢或钢筋混凝土制作，其结构如图 8-12 所示。

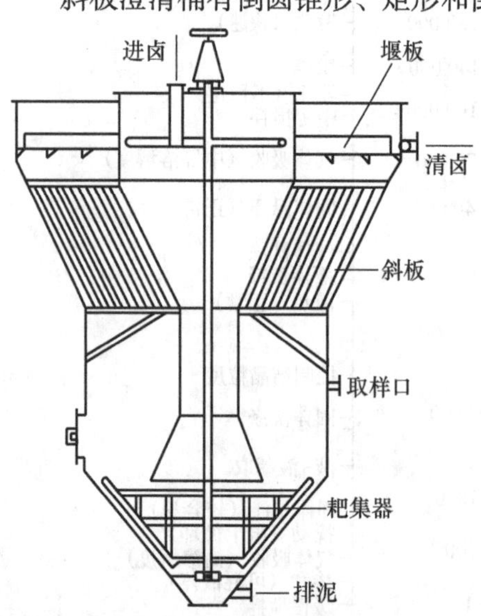

图 8-11　斜板澄清桶

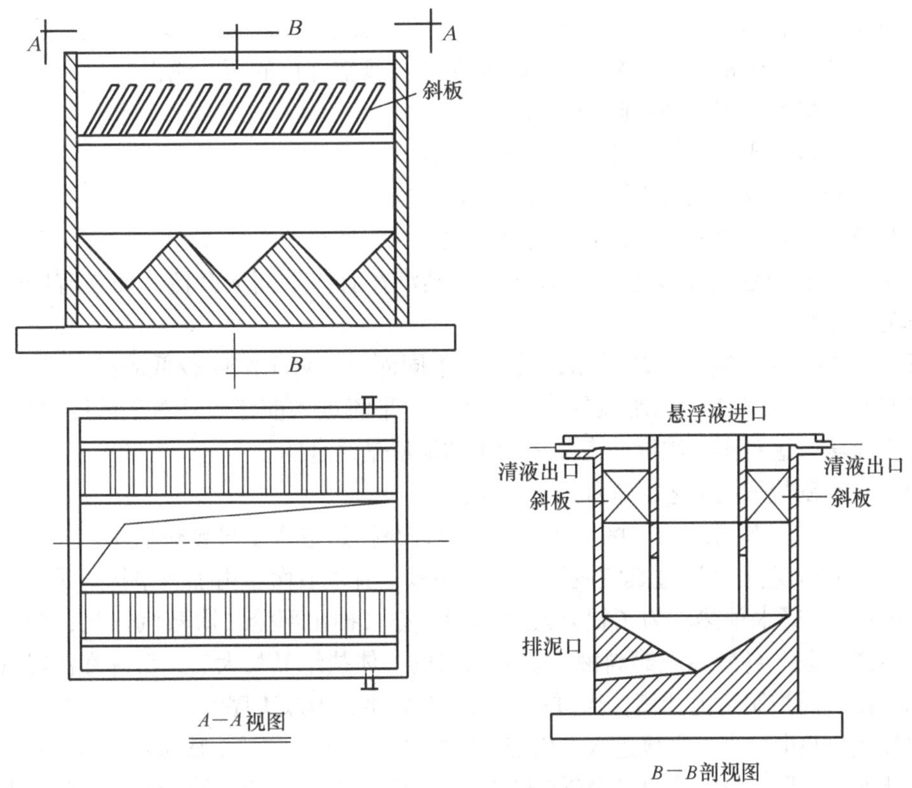

图 8-12 钢筋混凝土矩形斜板澄清桶

8.2 卤水蒸发

蒸发是真空制盐的主要过程，卤水由于蒸汽的加热而在蒸发罐内沸腾，一部分水被汽化，氯化钠则因水分的不断蒸发而从溶液中结晶析出。蒸发是一传热过程，它必须靠热能的不断供给和二次蒸汽的不断排除（冷凝）才能进行。

8.2.1 蒸发流程

卤水的蒸发一般采用加压与真空并用的多效蒸发，以提高热效率，减少加热蒸汽的消耗量，并增设卤水预热器（有时还增设自蒸发器），以回收各效冷凝水的热量。其效数的确定取决于有效温度差、热经济（蒸汽费用）与设备投资费用。制盐生产中一般加热蒸汽压为49035Pa，温度151.1℃，末效压力9807Pa，其对应温度为45.5℃，总温差151.1−45.5=105.6℃。而有效温差还需减去各种温度损失，这部分温度损失平均约为12℃，传热推动温差应大于6℃，则各效所需最低理论温差为18℃，蒸发效数即为：$\frac{105.6}{18}=6$。

根据经验数据，蒸发一吨水分所消耗的加热蒸汽量约为下面数值：单效蒸发设备为1.1吨，双效为0.57吨，三效为0.4吨、四效为0.3吨及五效为0.27吨等。由此可见，自单效改为双效时，加热蒸汽的节约为50%，自四效改为五效时，其节约程度已降至10%。效数的增加，需添加设备费用，增加生产中的动力消耗与运行费用，由于传热过程的温度差损失增加，而降低了整套设备的生产能力。因此，当再添一效蒸发设备有效温差的分配小于18℃

或增加的设备和操作费用不能与单位产品所节省的加热蒸汽的收益相抵时，即达到效数的限度。在制盐工业中，卤水蒸发一般都采用四效加压与真空并用的蒸发流程。

多效蒸发的加料，有四种不同的方法：

（1）溶液与蒸汽成并流的方法，简称为并流法；

（2）溶液与蒸汽成逆流的方法，简称为逆流法；

（3）每效都加入原料的方法，简称为平流法；

（4）上述三种方法的复杂组合，如溶液与蒸汽在有些效间成并流，而在有些效间成逆流，简称为错流法。

此四种进料方式，制盐中均采用，视条件不同而异。对于浓度较低的卤水采用错流法，即料液先进四效，起着浓缩和脱氧的作用，然后再平流进入前三效；对于浓度较高的卤水，一般采用平流法，这对于高浓度而有晶体析出的溶液是适合的。

目前，真空制盐采用工艺流程如图 8-13 所示。

原料卤水自矿区泵房送至厂区原卤池，经原卤泵扬送进入 1 号预热器（3），与Ⅰ效冷凝水换热升温至 60℃左右，通过真空脱气塔脱气除氧，脱氧后卤水由加料泵扬送进入 2 号预热器（6）用Ⅱ效冷凝水预热。为了提高进罐卤温，亦可抽出部分二次蒸汽预热，然后平流进入各效蒸发罐蒸发。各效蒸发罐料液蒸发后析出的固体盐结晶长大后，沉降在沉降管（排盐腿）底部，由阀门控制至搅拌槽，通过盐浆泵送至分离、干燥工序。

加热蒸汽自热电站来，直接进入Ⅰ效蒸发罐加热室，蒸发室的二次蒸汽又进入后一效的加热室，循此下去，Ⅳ效蒸发罐的二次蒸汽送冷凝器冷凝，不凝气随水排除或由真空泵抽出。

为了减少各加热室蒸汽中不凝气含量，除采用脱氧器使卤水中溶解氧脱除外，Ⅰ、Ⅱ及Ⅲ效不凝气应分别排放于空中，不得为了节约蒸汽而转去下一效。

采用平流进料，集中 Ⅲ及Ⅳ效排盐流程，可减少热损失，改善操作条件，利于防垢和盐粒的成长。因此，该工艺已被一些工厂所采用。

8.2.2 蒸发设备

真空制盐工业中，卤水的蒸发设备称为蒸发罐。通常由蒸发室及加热室两部分组成。按照蒸发罐中料液的循环推动力不同分为自然循环、强制循环和不循环三类。

一、概述

强制循环蒸发器在制盐工业中广泛采用。料液靠外界机械做工（如泵或搅拌器）而循环。加热室在蒸发罐外面的称外加热式强制循环蒸发罐，加热室在蒸发罐内的称为内加热式强制循环蒸发罐，俗称标准罐。前者靠循环泵的做功而循环，后者依靠搅拌器的做功而循环，如图 8-14 所示。

此类蒸发器的优点是循环速度高（一般为 1.5～2.0m/s），传热系数高，生产强度大，适宜于黏度大而有晶体析出的料液，缺点是动力消耗大（每 m^2 加热面积需 0.18～0.3kW），管子磨损快，维修麻烦。

二、蒸发器各部分的主要尺寸

（一）蒸发室

蒸发室为钢板焊制的空壳体，其中设置必要的料液流动挡板，加料洗罐装置，为了观察

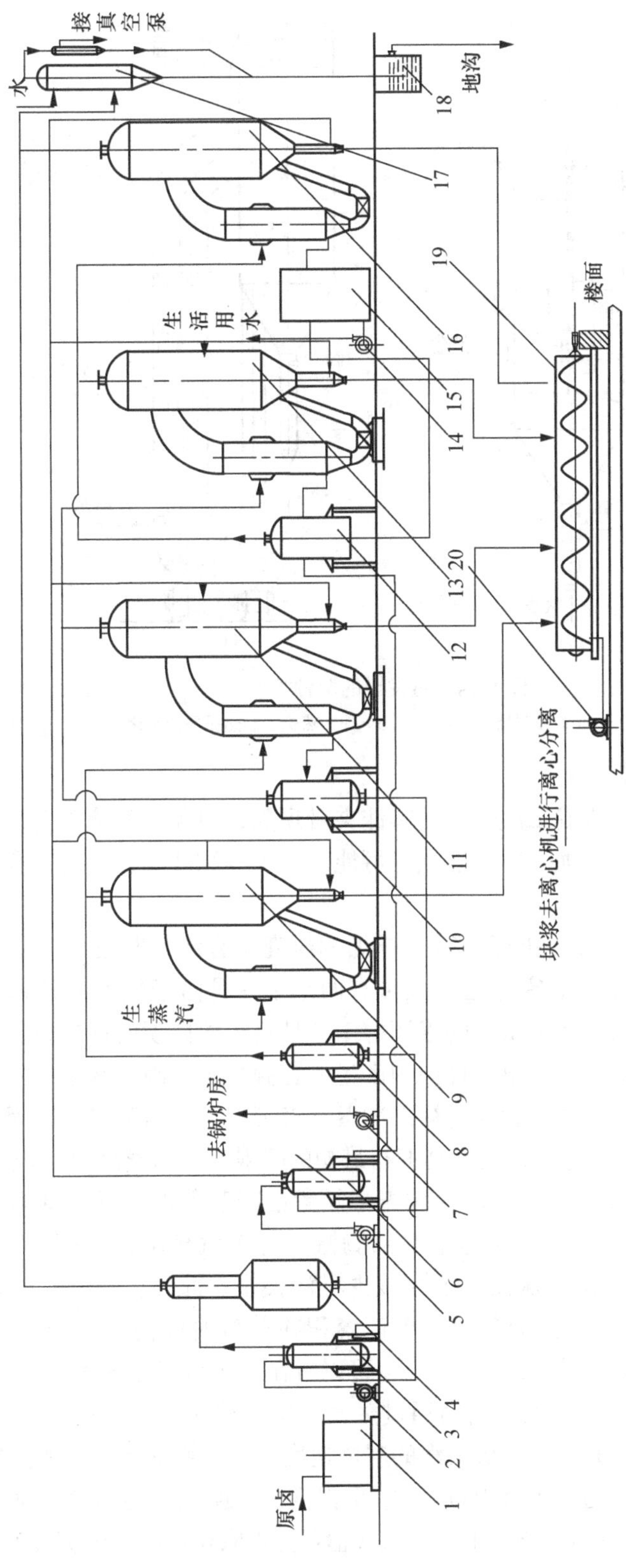

图 8-13 真空制盐工艺流程图

1—原卤贮池；2—原卤泵；3—1号预热器；4—脱氧器；5—加料泵；6—2号预热器；7—一次冷凝水泵；8—Ⅰ效闪蒸器；9—Ⅰ效蒸发罐；10—Ⅱ效闪蒸器；11—Ⅱ效蒸发罐；12—Ⅲ效闪蒸器；13—Ⅲ效蒸发罐；14—Ⅳ效冷凝水泵；15—混合冷凝水贮桶；16—Ⅳ效蒸发罐；17—冷凝器；18—水封池；19—盐浆槽；20—盐浆泵

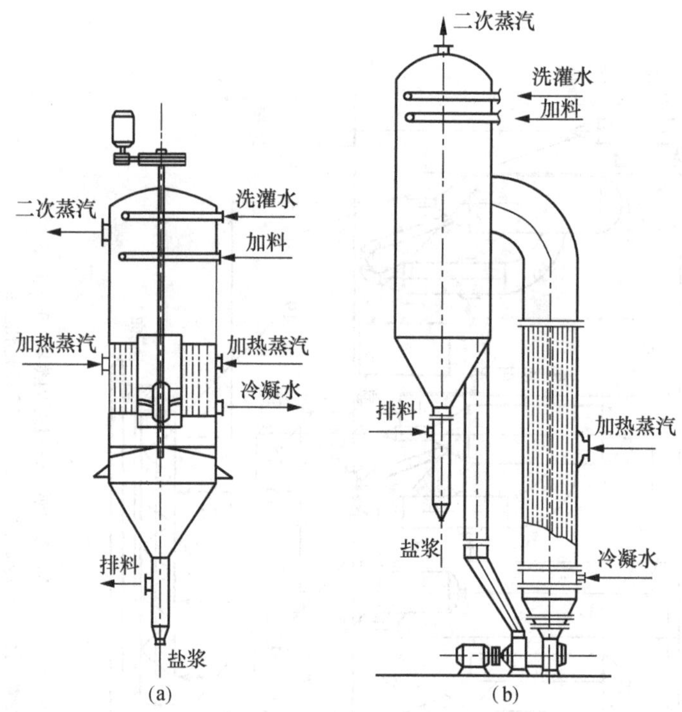

图 8-14　蒸发罐的两种类型

（a）标准式强制循环蒸发罐；（b）外加热式强制热循环蒸发罐

料液沸腾情况，设置了多个视镜。

加热室料液剧烈沸腾，造成二次蒸汽的雾沫夹带现象，引起冷凝液中含盐量的增加，加剧对加热室壳体与加热管的腐蚀，因此必须尽可能地减少雾沫液滴，并研究有效地去除雾沫液滴的方法。

国内外已对雾沫液滴形成的机理进行了详细的研究。雾沫，即被蒸汽流夹带出的小液滴，是在蒸汽泡破裂时产生的。雾沫起因大致有两个：一是由于气泡上升到液面时发生破裂，使液膜圆顶分裂成直径为几个微米的雾滴群；二是由于液体喷射柱的破裂而产生较大的液滴，其直径可达几百个微米。由第一种原因产生的雾滴很小，因为其末端降落速度往往比蒸汽上升速度小，所以这些小液滴就容易被二次蒸汽夹带出来。由第二种原因产生的较大的液滴，具有较大的末端速度，它能达到的高度与最初的喷射力量和蒸汽的上升速度有关。

雾沫主要来源于第二种情况，所以，首先必须考虑闪蒸条件，以减少第二种液滴形成的机会；其次在设计蒸发室时，必须考虑在沸腾液面与蒸汽排出口之间留有足够的高度，以防较大的液滴被蒸汽流带出，从而显著地减少雾沫夹带；此外，蒸发室的直径对蒸汽速度有影响，因此它也是一个重要的参数。单位容积在单位时间内可以通过的二次蒸汽量 [$m^3/(m^3 \cdot s)$] 称为容积蒸发强度，用 R 表示，可以看作二次蒸汽在蒸发室停留时间的倒数，即 R 越大，停留时间越短。在单位时间内通过蒸发室单位截面的二次蒸汽量 [$m^3/(m^2 \cdot s)$] 称作蒸汽的断面流速，实际上就是二次蒸汽的空塔速度。蒸发室的最大容积蒸发强度 R_{max} 随压力升高而降低，当压力超过 196140Pa 时，减小程度已不明显。通常蒸发室容积蒸发强度可取 0.8～1.3[$m^3/(m^3 \cdot s)$]，如Ⅳ效蒸发时，各效 R 值可分别取 0.8、0.9、1.05 及 1.3[$m^3/(m^3 \cdot s)$]，当确定了 R 值后，蒸发室的蒸发空间体积 V（m^3）可由式（8-5）计算：

$$V=\frac{G\gamma}{3600R} \tag{8-5}$$

式中：G——蒸发罐的蒸发量（kg/h）；γ—— 二次蒸汽的比容（m^3/kg）。

蒸发室高度与直径的确定要注意二次蒸汽空塔速度不宜太高。一般Ⅳ效二次蒸汽断面流速可取4～5m/s。蒸汽速度的增高，将导致单位蒸汽中雾沫量的增加。根据杜马什涅夫液滴运行的抛物线理论，并考虑料液的沸腾特性、操作液面的波动，通常蒸发室蒸发空间高度不低于3～4m。

对于标准罐，由于蒸发室直径D（m）受到加热室布管的限制，通常是先已确定的，其高度H（m）可由式（8-6）计算：

$$H=\frac{4V}{\pi D^2}=1.274\frac{V}{D^2} \tag{8-6}$$

对于外热式罐，一般可用式（8-7）计算其直径D：

$$D=\frac{G\gamma}{3600\times 5} \tag{8-7}$$

蒸发罐高度可按式（8-6）计算，式中γ是蒸汽的物性参数，可从专业手册中直接查取。如当计算出的高度H小于3m时，一般应单独将H取作3m。

不言而喻，在多效蒸发中，由于二次蒸汽压力逐效下降，二次蒸汽比容成倍增加（如当温度为125℃、105℃、80℃及50℃时，蒸汽比容分别为0.77、1.42、3.41及12.0m^3/kg），虽然各效蒸发量较前一效小些，但蒸发空间却要求逐效加大。因此，为加工安装方便，要求各效蒸发室大小一致时，只须计算末效的蒸发空间的体积就可以了。近年来，国外一些盐厂为了节约钢材，Ⅰ、Ⅱ及Ⅲ效罐体按三效二次蒸汽体积计算，Ⅳ效单独设计。最初设计蒸发室顶部时，有补沫网，罐外有分离器，实践证明，由于盐的堵塞，毫无作用，现均采用空筒罐体。蒸发室的下部为沸腾料液占有的空间，为使料液充分沸腾汽化，减小不平衡温差，必须保证料液在室中有足够的停留时间。

（二）加热室

加热室相当于一个单程换热器，主要由壳体、管板与加热管组成。加热管通常用胀接法固定在上下两块板上。加热蒸汽由壳体上部或中部引入加热室管间，冷凝水由下部排出，管内是被加热的料液。常用加热管规格为ϕ45×3.5与ϕ57×3.5，标准罐管长为1.5～2.5m，外热式罐管长为6～7m（最长可达12m），管间距通常取管外径的1.25～1.35倍。

加热室内的蒸汽应力求均匀分布。蒸汽进口处设置蒸汽环，管子留有合适的汽道，这样虽减少了一些传热面积，但由于传热效率提高，仍然是合理的。加热室采用紫铜管时，管板采用轧制锡黄铜，壳体必须设置热膨胀补偿器。

加热室上下均设有排气口，以排除不凝气。冷凝水的排除必须通畅。原设计的冷凝水排水管位于接近下花板的壳体上，使冷凝水沉积于加热室内，占据部分加热面积，且加剧腐蚀。现冷凝水排出管一般由下花板引出。

（三）循环管和沸腾管

对于标准罐来说，循环管称为中央循环管，位于加热室中部，其横截面积为加热管总切面积的50%～100%。外加热式循环管是连接蒸发室与循环泵的圆管，截面积一般为加热室总横切面积的150%。加热室出口的上循环管，若蒸发罐液面控制在循环进口附近，则一般按液压高度来计算其长度，为了安全，再增加15%～20%。同时，必须考虑管内液体向上运动时，逐渐沸腾而夹带气泡，其密度可按汽、液混合物计算。为了防止盐的沉积，上循环管直径不宜太大，一般为加热室横切面的100%～120%。

（四）循环泵

制盐生产中所用循环泵一般为轴流泵。由于上循环管与蒸发室内料液基本平衡，故所需扬程仅为克服流体阻力的扬程。轴流泵流量取决于加热管总切面与料液在管内流速，可由式（8-8）计算：

$$Q=\frac{\pi}{4}nd^2w\times3600=2826nd^2w \tag{8-8}$$

式中：n为管数；d为管内径（m）；Q为流量（m^3/h）；w为管内流速（m/s）。

轴流泵功率消耗为

$$N=\frac{QH\gamma}{102\eta} \tag{8-9}$$

式中：N为电机功率（kW）；H为扬程（m，液柱）；γ为密度（kg/m^3）；η为泵效率（%）；Q为流量（m^3/s）。

实际上，直管摩擦阻力和局部摩擦阻力在循环系统中影响因素甚多，计算往往不太准确，根据实际经验，可以2～3m计算，一般可满足生产要求。

根据实际生产经验，轴流泵电机功率可按每平方米加热面积为0.18～0.3kW计算。

轴流泵的密封均采用端面密封，其结构如图8-15所示。一般密封材料为锡青铜兑45号钢

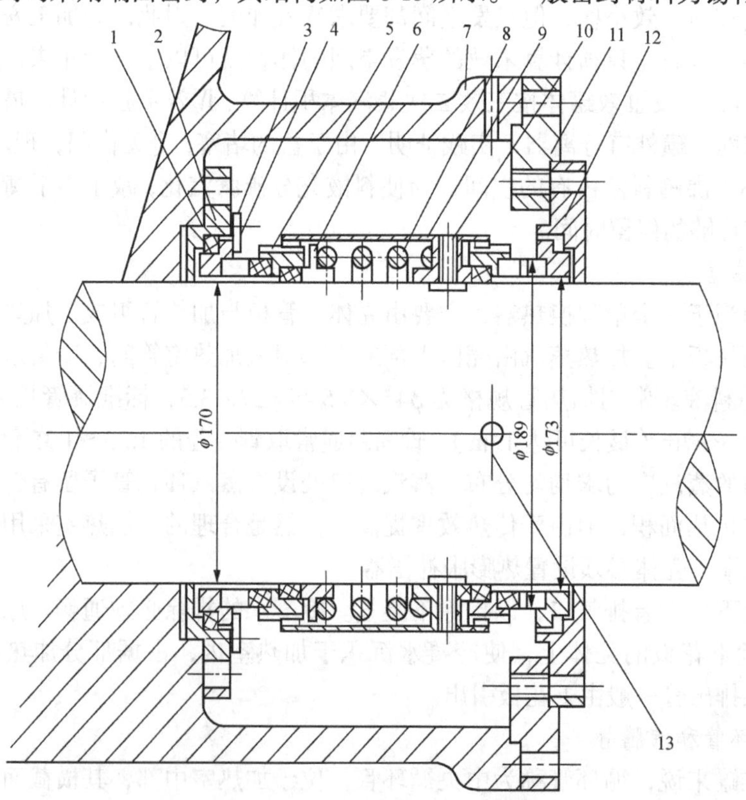

图8-15 轴流泵机械密封结构图

1—静环胶圈；2—静环座；3—压板；4—静环；5—动环；6—动环胶圈；7—压板；8—弹簧；9—弹簧套；10—螺钉；11—密封室大盖；12—密封室小盖；13—密封水进口

注：图中直径单位为毫米（mm）。

或锡青铜兑石墨密封环，前者一般可用2～3个月，而后者使用寿命可达一年。在密封室内，设一冷却水室，用淡盐水注入其间，其压力约高于泵内流体压力49035Pa，一方面可将摩擦所产生的热量带走，另一方面也可防止晶粒渗出，延长端面使用寿命。

新设计的轴流泵注意到了涡流挠动造成的阻力损失，浆泵的进出口由90°弯管改为45°肘管连接，并增设向导装置，增加了流体输送能力。图8-16为ϕ870轴流泵。

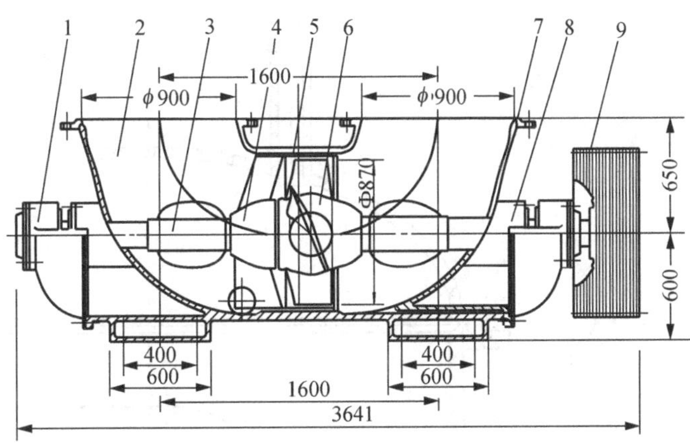

图8-16 ϕ870轴流泵结构图

1—轴承座；2—泵壳；3—轴；4—导叶；5—衬圈；6—叶轮；7—端盖；8—机械密封；9—泵用皮带轮

注：图中数字单位为毫米（mm）。

最后，应该指出，轴流泵性能曲线变化很大，工作点较窄，因此，每一种泵必须进行试测，绘出性能曲线，以便使用。

8.2.3 冷凝水的排除

在蒸发设备运行中，冷凝水的及时排出是很重要的，因为积存在加热室下部的冷凝水占据了蒸汽空间，使有效传热面积显著减少，而降低设备的生产能力。严格地说，冷凝水与管内料液也进行换热，但因传热系数只有蒸汽与料液换热时K值的十分之一左右，而且有效温度差随着传热过程越来越小，因此其传热速率是微不足道的。

在加热蒸汽为正压的条件下，当冷凝水自加热室排出时，蒸汽可能与冷凝水同时冲出，因此冷凝水的排出装置必须只使冷凝水顺利排出，而蒸汽不能通过。在加热蒸汽为负压的条件下，冷凝水的排除装置必须防止设备外的空气逸入加热室。

一、冷凝水排除装置

在不同条件下，依据蒸发工艺流程的需要，有多种形式的冷凝水排除装置，下面分别介绍几种冷凝水排除装置。

（一）疏水器

疏水器的功用是自动排除冷凝液而阻止蒸汽泄出，故又可称为冷凝水排除器或阻气排水阀。用于蒸发设备冷凝水排除的疏水器有三种型式，即浮球式、浮杯式与钟形浮子式。下面以浮球式疏水器为例，简单介绍其工作原理。

浮球式疏水器如图8-17所示，当蒸汽和冷凝水自顶部进入阀内，液面到达相当于阀内容积2/3的高度后，浮球即升起，同时引动杠杆开启阀盘，冷凝水在蒸汽压力的作用之下由下部被排入冷凝水管路。若冷凝水是连续而且均匀地进入阀内，则排出亦是连续的，而且阀内的液面极少波动，阀盘开启的程度变化也很小。若机构调节适宜，阀盘必浸于一层冷凝水之下，故能阻止积存在上部的蒸汽进入冷凝水管路。

疏水器一般常用于加热蒸汽为正压时，将冷凝水直接排至换热器，常压冷凝水容器或冷凝水池，如多效蒸发中前Ⅰ、Ⅱ效冷凝水的排除，干燥工序中空气加热器冷凝水的排除。疏

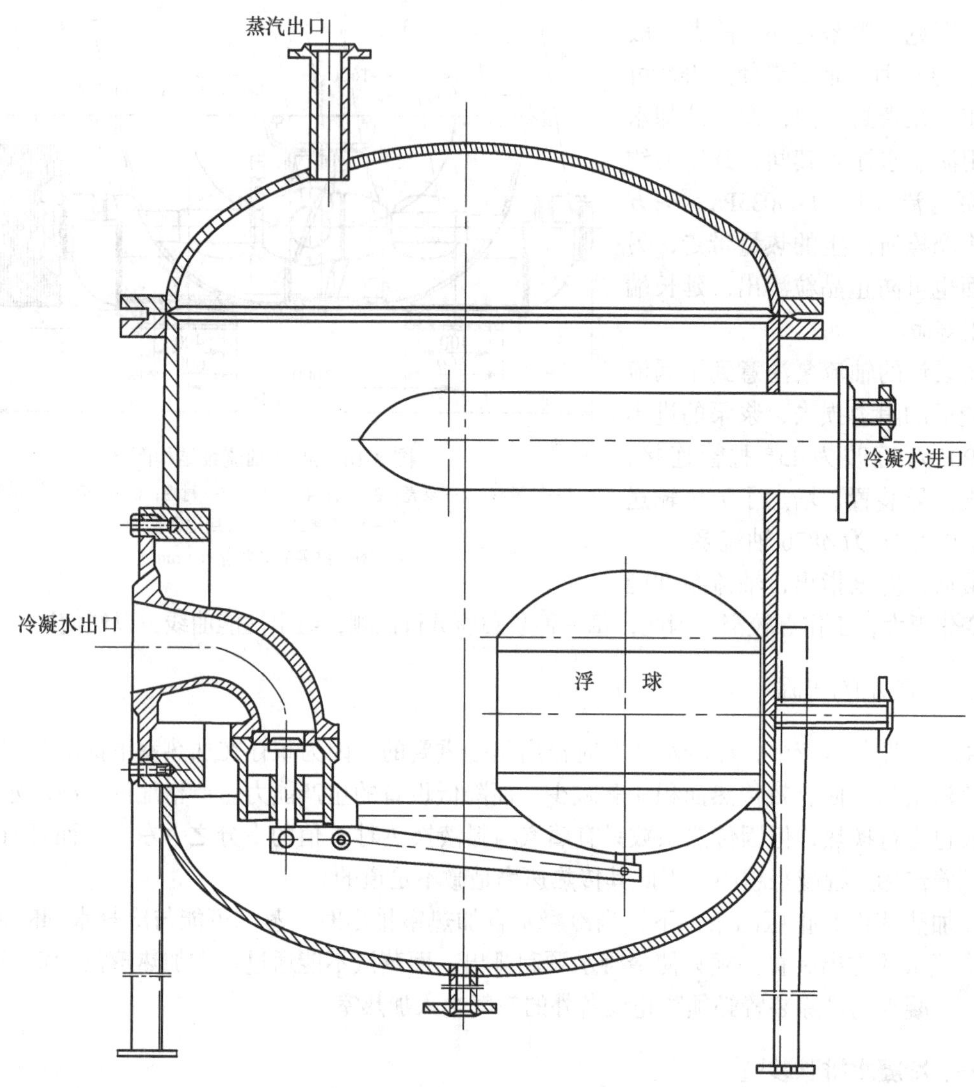

图 8-17 浮球式疏水器

水器装置小，一次投资低，但维修麻烦，在压差较大时，排除的冷凝水仍会夹带少量蒸汽。钟形浮子式疏水器的排水能力最大，在工作压力为 19614～392280Pa 时，D_g50 与 D_g80 的钟形浮子式疏水器的最大排水量可达到 7300 与 18800kg/h。

（二）平衡式冷凝水桶

平衡式冷凝水桶系利用汽液平衡原理来排除冷凝水，如图 8-18 所示。加热室冷凝水管直接插入冷凝水液面下，冷凝水桶上部的汽相，通过平衡管与加热室上部或进入该加热室的加热蒸汽管路连接，使之与蒸汽达到压力平衡。当冷凝水流入冷凝水桶时，冷凝水管路中的冷凝水液柱起液封作用，即使夹带的少量蒸汽也能通过平衡管回到加热室。必须指出，冷凝水桶操作时的最高液面与加热室下花板的高度差 H，必须足以克服冷凝水在管路中流动的阻力 ΣH，以免加热室下部积存冷凝水，H 一般为 2m 左右，并由此确定冷凝水管内流速，选择合适的管路尺寸。冷凝水桶中的液面高度可由侧面的玻璃管液面计直接观察，在冷凝水直接排出时，液面由排出阀控制，在冷凝水桶通过泵排出时，液面通常由冷凝水泵出口阀控制。

平衡时冷凝水桶属于受压容器，制造不便，费用大，但运行可靠，操作控制简单。

（三）液封式冷凝水槽

液封式冷凝水槽系利用压力平衡原理自动排除冷凝水，常用于加热蒸汽为负压或略高于常压（<19614Pa）时，如Ⅲ、Ⅳ效冷凝水的排除，如图 8-19 所示。冷凝水槽为敞口容器，加热室冷凝水管路直接插于冷凝水槽液面以下，在冷凝水槽上部有排出口自动将冷凝水排至地沟或冷凝水池。如冷凝水需用泵排出时，则应在冷凝水槽中部加一块与排出口等高的隔板，隔板一侧为液封部分，当液面高于隔板时，即自动流入储水部分，冷凝水泵由储水部分直接抽取冷凝水，并保持该部液面低于隔板高度。

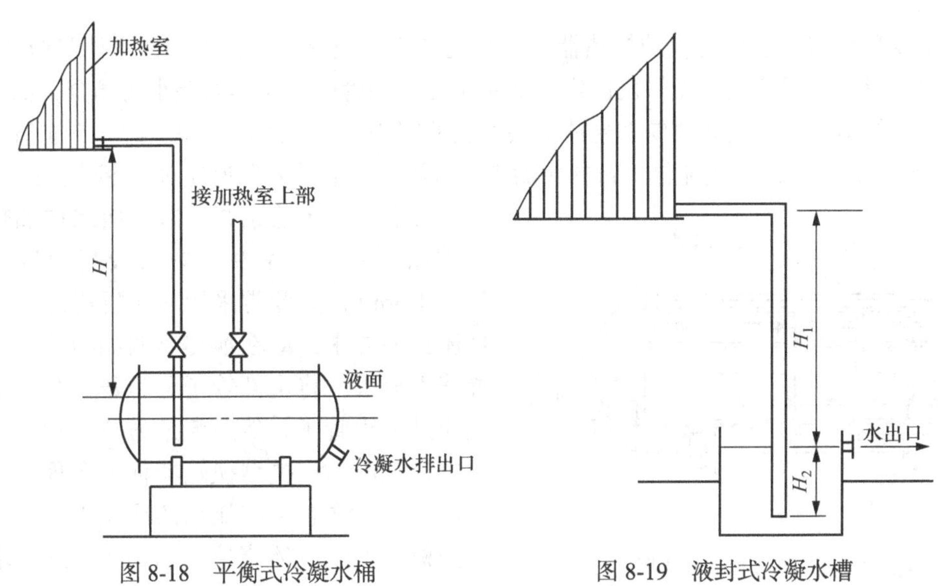

图 8-18　平衡式冷凝水桶　　图 8-19　液封式冷凝水槽

为了叙述方便，将液封式冷凝水槽的控制液面与加热室下花板的高度差称为 H_1，而与液封管口的高度差称为 H_2，冷凝水在管路中流动的阻力为Δh，加热室的蒸汽压力为 P_0，大气压力为 P，则整个装置必须保证：（1）当加热室为负压时，H_1 必须大于（$P-P_0$）$+\sum h$（米水柱），否则即会造成加热室下部积存冷凝水；（2）当加热室为正压时，则 H_2 必须大于（P_0-P）$-\sum h$（米水柱），否则加热室蒸汽即会逸入冷凝水槽而造成损失。

液封式冷凝水槽为常压容器，制造简单，费用较小，但对蒸发设备布置有一定要求，用于三效蒸发生产时，当操作条件变化时（如三效蒸发生产，第Ⅲ效作第Ⅱ效用），蒸汽压力升高，则冷凝水排除时有带汽现象。

二、冷凝水热能利用

冷凝水热能的利用，对于提高整个蒸发系统的热效率，节省加热蒸汽消耗量，提高设备生产能力，降低产品成本，有很大意义。通过合理回收冷凝水余热，往往可使蒸发设备的热效率提高 10% 以上。冷凝水的温度越高，余热的利用价值也越大。回收冷凝水余热的设备，有换热器与自蒸发器（或闪蒸器）。纯净的冷凝水可直接回锅炉房使用。

换热器是利用冷凝水预热进罐卤水，由于各效冷凝水的温度不同以及卤水流程的变化，预热系统有各种不同的组合。一种最简单的系统是各效冷凝水各设一个换热器，卤水首先进入末效换热器，然后依次进入前一效换热器，最后经Ⅰ效冷凝水预热后平流进入Ⅳ效蒸发罐。

现在，为了提高设备利用率，不少国家采用接近沸点的卤水进料，因而引入二次蒸汽做热源，以使卤水预热至较高温度。

自蒸发器或闪蒸器是回收冷凝水热量的一种简单设备，即利用温度较高的冷凝水在减压下闪蒸出部分蒸汽，用作后一效的加热蒸汽。我国有的厂采用冷凝水储桶替代闪蒸器，以气动薄膜调节阀控制冷凝水的排除，取得了良好的效果。但将冷凝水桶和闪蒸器合二为一，又无疏水器时，会有部分蒸汽串罐，降低热利用率，并破坏蒸发罐内压力平衡。

（一）换热器

用于冷凝水与卤水热交换的换热器一般都是列管式换热器。为了制造方便与节省材料，采用固定管板式，因管板与壳体已固定，适用于壳侧和管侧的流体温差小的场合，如壳体和管间有较大的温差时，就必须要在壳体上装适当的膨胀节。因此该型换热器有不能清扫壳侧和拔出管子的缺点，故壳侧流体应选择污垢少的流体，通常是卤水走管内，冷凝水走管间。

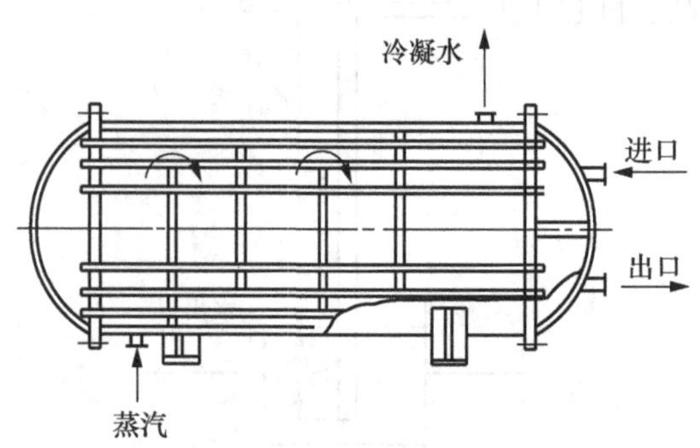

图 8-20 双程列管式换热器

为了提高传热系数，减少卤水在加热面沉淀结垢，要求卤水在管内有较高的流速，如0.5～1.5m/s，因此常采用多次折流的方法来满足流速的要求，即在换热器两端的分配室内增置若干隔板，将全部管子分为若干组，流体只能通过一组管子，然后流进另一组管子，最后由出口流出，该类型换热器称为多程列管式换热器。对于在管束间流动的冷凝水，可适当安排挡板以增大流体流速，如仍达不到要求，可以选择一组多个换热器。图 8-20 是一个双程列管式换热器的示意图。

（二）自蒸发器

自蒸发器是没有间壁传热面的冷凝水余热回收设备。自蒸发器结构见图 8-21，由壳体、扩大管与上 U 形管所组成。蒸发罐加热室的冷凝水经下 U 形管进入自蒸发器，自蒸发器上部与二次蒸汽管接通，冷凝水温度高于二次蒸汽的饱和温度，因此，冷凝水在自蒸发器内沸腾闪蒸，至接近二次蒸汽温度后，由液面附近排出，汽化产生的蒸汽则通过二次蒸汽管路进入下一效加热室。上 U 形管使部分已闪蒸的冷凝水形成循环而降低混合后的进水温度，减小闪蒸最初温差，从而消除雾沫夹带现象。

自蒸发器的汽化量ΔW（kg/h）可由式（8-10）计算：

$$\Delta W=\frac{(T_0-T)CW_0}{\gamma} \tag{8-10}$$

式中：T_0 及 T——冷凝水及二次蒸汽的温度（℃）；

W_0——冷凝水量（kg/h）；

C——水的热容 4.187kJ/（kg·℃）；

γ——T℃时水蒸汽的汽化热（kJ/kg）。

如欲计入自蒸发器与管路的热损失及闪蒸过程的不平衡温差，可乘以系数 0.90～0.95。

为了防止加热室蒸汽短路进入自蒸发器，自蒸发器要有一定安装高度，同时要考虑加热室与蒸发室压力差的波动，则必须设置下 U 形管与进口调节阀，如图 8-21 所示。U 形管高度 H 是指管底部到自蒸发器沸腾液面的高度差，即图中 H_1+H_2，H 应略大于加热室与蒸发室的压力差 $\rho_0-\rho$（米水柱），以保证有足够高度的冷凝水液柱起液封作用。严格地说，还必须减去冷凝水在管路中流动的阻力 Δh（米水柱），即 $H>(\rho_0-\rho)-\Delta h$。其中 H_1 段在 $\rho_0-\rho$ 较小时可起调节作用，但当 $\rho_0-\rho<H_2+\Delta H$ 时，则加热室冷凝水不能正常排出，造成加热室存水，减小有效传热面积，只能由 U 形管下部排空口直接排走。而当 $\rho_0-\rho>H+\Delta h$ 时，必须调整自蒸发器调节阀，产生相应阻力，提高 Δh 值，以免加热蒸汽逸入自蒸发器。

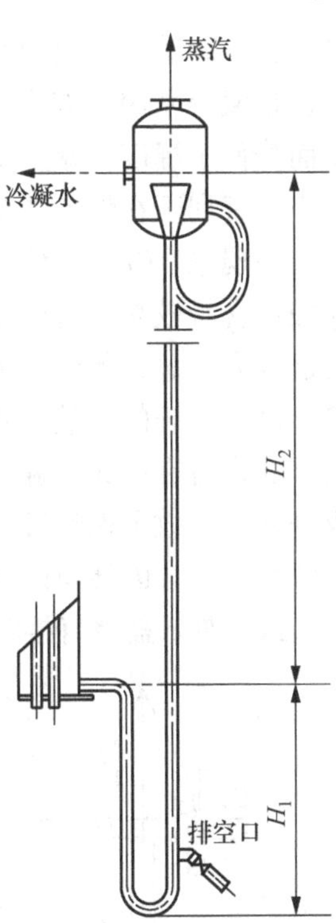

图 8-21　自蒸发器结构与安装

8.2.4　排盐

制盐蒸发罐通常都设沉降管（盐脚），在蒸发过程中析出的固体盐结晶长大后沉降在沉降管底部，由排盐装置将盐浆排出系统，沉降管侧设上、下两个视镜，以观察排盐情况。为保证离心干燥工序的正常运行，提高盐浆脱水设备的生产能力，要求排盐固液比保持在 1～1.5kg（盐）/kg（母液）。提高盐浆浓度还可减少料液的周转。

一、排盐方式

由于蒸发工序、工艺过程与设备布置的不同，有多种排盐方式。

（一）各效盐浆直接排入低位盐浆搅拌槽（桶）

此方式是利用蒸发设备本身的压力排料，因此低位槽安装高度要保证末效能顺利排料，通常将低位槽置于Ⅲ、Ⅳ效蒸发罐之间。为了避免盐浆管路的堵塞，应当尽可能地将排放管设计地短一些，直一些，在操作时也要注意保持合适的盐浆浓度。排盐设备大都采用旋塞或杠杆排盐阀，为了减轻操作时的劳动强度，有的工厂采用油压排盐阀或电动排盐阀，其阀体部分结构与杠杆排盐阀基本相同，只是改变了操作动力。排盐可分为间歇排盐与连续排盐两种方法，一般来说，间歇排盐可以获得较大固液比的盐浆。

（二）各效盐浆分别由泵排至高位盐浆搅拌槽

这种方式大都是将高位盐浆槽直接作离心分离工序的喂料装置，由于用盐浆泵直接从蒸发罐沉降管抽取盐浆，因此料液的浓度往往得不到保证，必须增设水力旋流器以增加浓度，底流盐浆进入高位盐浆槽，而顶流清液则返回本效蒸发罐。盐浆泵常采用开式叶轮，如碱液泵等。对石膏晶种法生产流程，经旋流器排出盐浆是完全必要的。它可保证罐内石膏浓度，并有助于提高盐质。

（三）顺次排盐方式

顺次排盐方式即各效盐浆利用压力差顺次转入后一效，由末效集中排出全部盐浆。转料操作亦有间歇与连续两种方法，虽然连续转料时盐浆固液比略低，但由于运行稳定，操作简单，是值得采用的方法。顺次排盐方式的优点较多：①由于盐浆依次排入后一效时，因自蒸发而降低了温度，减少了排出盐浆损失与环境的热量，改善了操作环境；②由于转料时压差较小，有利于在保证盐浆浓度的条件下实现连续转料，使蒸发罐操作液面比较稳定，减轻罐壁结垢现象；③对于硫酸钠型矿盐卤水的蒸发过程，由于最后排出的盐浆温度较低，母液中硫酸钠含量较高，可以减少老卤的排出量，并为兑卤降温回溶芒硝创造了有利条件。但在采用这种方式时，要注意下列几点：①必须严格控制转料盐浆浓度，盐浆固液比太小时，会使整个蒸发系统的热效率降低，是不经济的；②由于转料时有自蒸发现象，有时会引起设备振动，通常可在盐浆管路中加入部分温度较低的进罐卤水，或在进入下一效时采用切线进料，或进入下一效下循环管充分混合后，减小闪蒸初温差，以避免振动现象；③当最后二效压力差较小时，会因转料困难，出现堵管现象。可在沉降管排盐口的另一侧加入进罐卤水帮助转料，或将Ⅲ效盐浆直接转入Ⅳ效循环管，以增大压差与减小转料时的流动阻力。

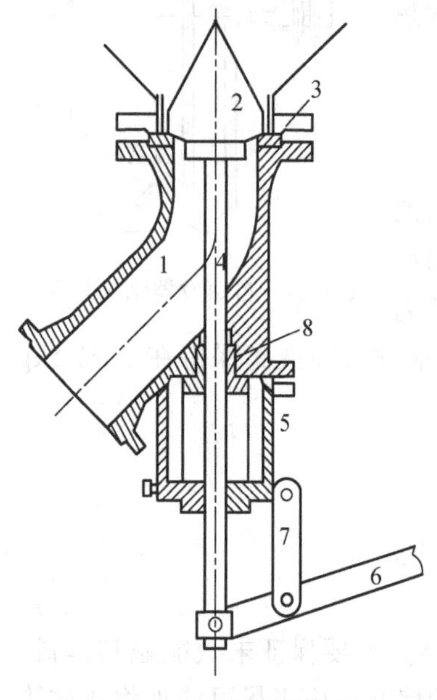

图 8-22　杠杆排盐阀

1—阀体；2—阀芯；3—阀座；4—阀杆；5—连接套；6—启闭杆；7—连接杆；8—密封装置

二、排盐设备及装置

排盐设备主要是排盐阀，因阀体结垢与操作动力的不同有多种类型。常用的手动杠杆排盐阀如图 8-22 所示，该阀由阀体 1、阀芯 2、阀座 3、阀杆 4、连接套 5、启闭杆 6、连接杆 7 与密封装置 8 等部分组成。阀体上法兰接蒸发罐沉降管，下法兰接排放管路。当向下扳动启闭杆时，通过与连接杆的配合，带动阀杆上升，使阀芯离开阀座，形成环形空隙，沉降管内盐浆即进入阀体，并通过排出口排至盐浆管路。排盐结束，向上扳动启闭杆，带动阀杆下降，阀芯回复到原位，并与阀座密封面贴合，排盐阀即处于关闭状态。

排盐装置比较简单，这里只介绍典型的顺次排盐装置，如图 8-23 所示。阀门 1 与 2 为转料阀，间歇转料多采用直通式杠杆排盐阀，连续排料可采用普通闸阀，其中阀门 1 全开，阀门 2 做调节用，盐浆通过阀门 2 后即直接进入后一效蒸发室（或循环管）。阀门 3 为接进罐卤水管路的冲堵阀，可以分别向本效沉降管或转料管路冲堵，在转料时，适当开启此阀，可减小转料温差，避免振动现象。阀门 4 一般采用上述杠杆式排盐阀，供转料阀门发生故障时向低位盐浆槽排盐用，也用于排出沉降管内的大粒盐。

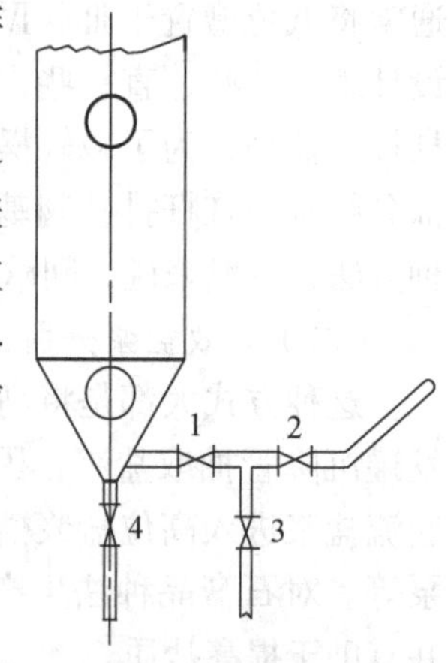

图 8-23　顺次排盐装置

1,2—转料阀；3—冲堵阀；4—排盐阀

8.2.5 真空系统

首效加热蒸汽温度与Ⅳ效二次蒸汽温度之差，称作蒸发系统的总温差。显然，增加加热蒸汽压力和提高Ⅳ效二次蒸汽真空度，均有助于总温差的加大。首效加热蒸汽压力不宜太高，一般是

490350Pa（绝对压力）。因此，总温差的加大主要依赖于末效真空度的提高，影响末效真空度高低的因素颇多，但主要是蒸汽的迅速冷凝和不凝气的有效排除。为达此目的，制盐生产中均采用直接冷凝，即冷却水和二次蒸汽直接接触，蒸汽放热而冷凝，冷却水吸热而升温，不凝气由真空泵抽出或随冷却水一道排出。如此不断进行，以维持末效蒸发室真空度。

目前，制盐工业采用的冷凝装置有气压式冷凝器，配真空泵、水喷射冷凝器、蒸汽喷射器和改良式冷凝器，或配套使用它们，其主要结构如图 8-24 所示。

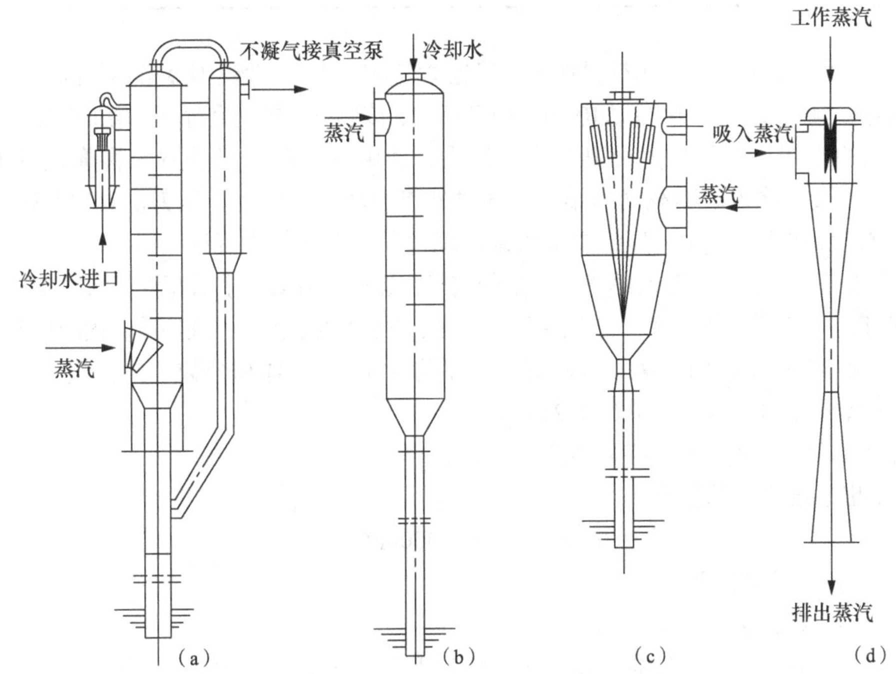

图 8-24　各种真空装置结构示意图

（a）逆流式气压式冷凝器；（b）改良式冷凝器；（c）水喷射冷凝器；（d）蒸汽喷射器

在混合冷凝器内，热交换的强度随水、汽接触时间，水、汽接触面积和水、汽初始温差的增加而增加。

冷却水可成膜状、帘状、柱状或滴状下流，其接触面积以膜状最小，而以滴状最大。

在制盐生产中，冷却水耗量极大，无论何种冷凝装置，其水流方式基本上为柱状水流。

除水柱表面大小外，表面积的不断更新与传热有极大关系，水在自由下落时，水的温升不大，如表 8-16、表 8-17 所示。

表 8–16　水膜、水柱和水滴的表面积（f）与其体积（V）的值

水膜厚度或水流、水滴直径 /mm	2	3	4	5	6	7	8	9	10
下流水膜$\left(\frac{f}{V}\right)$	0.5	0.333	0.25	0.2	0.1667	0.1429	0.125	0.111	0.1
溢流水膜$\left(\frac{f}{V}\right)$	1	0.667	0.50	0.4	0.333	0.2859	0.25	0.222	0.2
水柱$\left(\frac{f}{V}\right)$	2	1.333	1.0	0.8	0.666	0.5718	0.5	0.4447	0.4
水滴$\left(\frac{f}{V}\right)$	3	2	1.5	1.2	1.0	0.855	0.75	0.666	0.6

表 8–17 冷却水自由下落的温升（$B \cdot \Delta t$）℃

冷却水自由下落高度 /m		1	2	3	4	5
下落时间 /s		0.46	0.64	0.79	0.91	1.02
水柱直径 /mm	1	0.46				
	2	0.30	0.34			
	3	0.23	0.23	0.25	0.278	0.29
	4	0.16	0.19	0.193	0.217	0.227

由表 8-17 可知，自由下落水柱要加热至接近蒸汽温度时，冷凝器温度必然很高，故一般冷凝器内均设有淋水筛板，以不断更新加热面，使筛板上的传热由传导变为对流，增加传热速率。

不凝气的存在一方面加大冷凝器内总压力，影响真空度，另一方面将降低汽水传热过程，故应设法及时除去。不凝气的排除是通过外界做功使其压缩，压力由真空状态变为略大于大气压状态而排于空气中。压缩方法可采用真空泵、水抽射或蒸汽喷射。

不凝气有三个来源：一是溶解于卤水中的空气在Ⅳ效和脱氧器中随蒸汽进入冷凝器；二是由于设备、管道、阀门等的不严密，空气渗入；三是冷却水中溶解的空气在冷凝器内减压逸出。

在 0℃ 和 760mmHg 时，卤水和冷却水中平均含有 2%（体积分数）的空气，空气密度为 1.25kg/m^3 时，1kg 水中含空气 0.000025kg。

系统漏入的空气量，卡萨特金推荐为 $0.01G$。

由此得出系统空气总量为

$$G_k=0.000025G+0.000025W+0.01G \tag{8-11}$$

式中：G——进入冷凝器蒸汽量（kg/h）；

W——冷却水量（kg/h）。

实践证明，对于大型冷凝器，用式（8-11）计算的空气量一般偏大，其原因是：

（1）冷凝水量大，一般为 500～2000t/h。因此，在冷凝器中，水的停留时间很短，如水通过间距为 450mm 八块筛板所需时间仅为 2.4s。一部分应逸出的空气还来不及逸出就被水流带走，减少了抽气量。

（2）冷凝器中的空气，由于水流的抽射作用，一部分渗入水中形成气泡，被水从气压管夹带而去。在生产中，经常发现水封池内有大量气泡逸出即为明证。

（3）漏入空气量按 $0.01G$ 计算太大，可按图 8-25 查得或以 $0.002G$ 计。

（4）上式列出水中溶解空气量为每 kg 水 0.000025kg 空气。实际上，空气在水中溶解度与进水温度有关，其量可由图 8-26 查出。在进水温度为 25～30℃时，每 kg 水中约含空气 0.00002kg。

我们特推荐式（8-12）计算空气量：

$$G_K=10^{-6}X_1W+10^{-6}X_1(G+G')+0.002G \tag{8-12}$$

或

$$G_K=10^{-6}X_1W+10^{-6}X_1(G+G')+G'' \tag{8-13}$$

式中：G_K——进入冷凝器空气量（kg/h）；

G——Ⅳ效二次蒸汽量（kg/h）；

G'——由脱氧器进入冷凝器蒸汽量（kg/h）；

G''——漏入空气量（kg/h）；

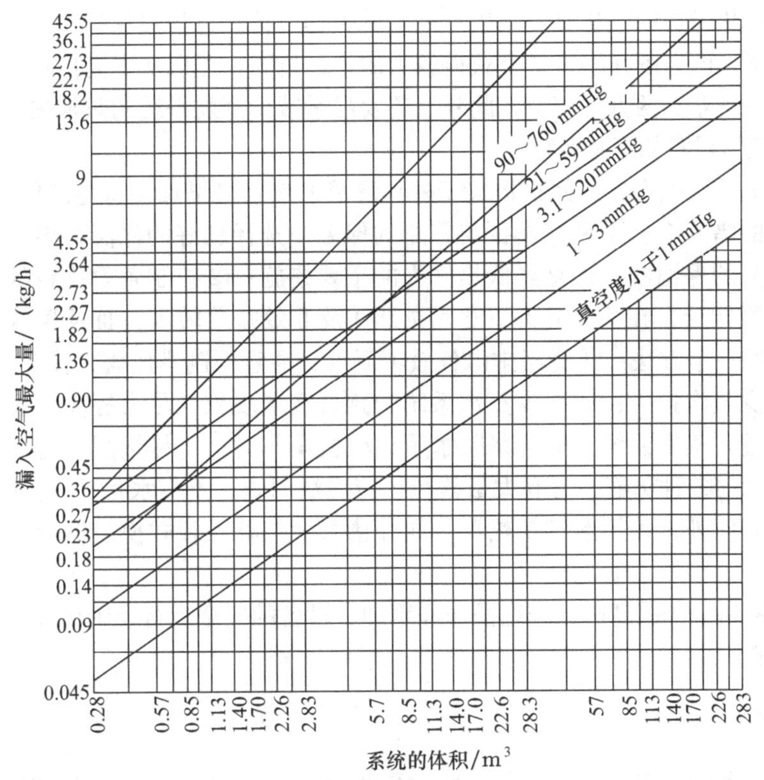

图 8-25　密闭系统漏入空气最大量

X_1——冷却水或卤水中空气含量（kg/kg 水）；

W——冷却水量（kg/h）。

抽出空气的温度 t_s 因冷凝器型式不同而异。对于湿式混合冷凝器，t_s 等于冷却水终温 t_2。对于干式混合冷凝器，t_s 可由下列经验方程求出：

$$t_s=t_1+4+0.1\ (t_2-t_1) \qquad (8\text{-}14)$$

式中：t_1——冷却水初温（℃）；t_2——冷却水终温。

混合冷凝器中总压强 P 为饱和蒸汽压强 P_s 与干空气压强 P_a 之和，P_s 可由已知的 t_s 从蒸汽表中查得，$P_a=P-P_s$，抽出空气体积为

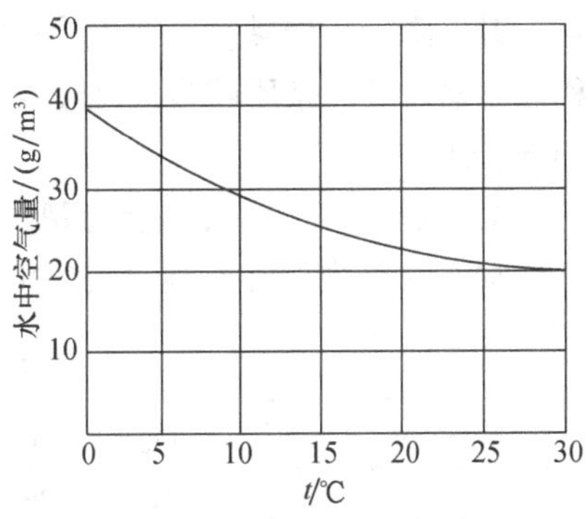

图 8-26　在不同温度条件下，每立方米水中空气含量

$$V=\frac{29.27G_K(273+t_s)}{P-P_s} \qquad (8\text{-}15)$$

不凝气在冷凝器内各梯段所占比例并不一致，随着蒸汽的不断冷凝，不凝气百分含量不断增大。对于干式混合冷凝器，最上一梯段蒸汽全部冷凝，不凝气含量达 99% 以上；对于改良式混合冷凝器，其最下面一梯段不凝气含量达 99% 以上。由此可见，不同的冷凝器，不凝气抽出口应在不同的位置，其原则是在不凝气含量最高处设抽出口，蒸汽进口位置则应与抽气口反方向。

8.2.6　提高设备生产能力的主要措施

在真空制盐工业中，蒸发设备的生产能力的提高是一个涉及各方面的问题，通常由传热

过程所决定，传热过程的强化是提高生产能力的关键。传热过程强化的途径主要是提高单位面积的传热速率，即力图在小设备上获得较大的生产能力，可以从提高传热系数与加大传热推动力（有效温度差）两方面着手，此外，还要尽量减少蒸发系统的热损失，并注意合理地操作，以保证蒸汽设备的正常运行。

努力减少蒸发系统直接或间接损失于外界环境的热量是增加设备生产能力的一个方面。减少热能损失的措施有：①做好设备与管路的保温，选择良好的保温材料，并使设备与管路经常处于完整的保温状态，是降低热损失的重要措施；②控制各效排料的固液比，减少系统中料液的周转量，在条件允许下尽可能将Ⅰ及Ⅱ效盐浆转入，Ⅲ及Ⅳ效排放盐浆，也是降低热损失的一个方法；③适当排出各效不凝气，注意控制排放阀，使不凝气及时排出，同时尽可能减少蒸汽损失；④减少蒸汽系统的跑冒滴漏现象，尽力提高蒸发回收率；⑤减少淡水及淡卤进入蒸发系统，如盐浆脱水用离心机操作时，应尽量减少进入甩后液的淡水量。从罐内排出的各种母液中含有大量盐粒，应设法回收，不应水化；⑥充分利用预热器，以提高热效率。此外，采用新型换热器，如开槽管换热器及板式换热器等，对于提高传热系数亦有帮助。

当然，要做到稳产、高产，合理操作和管理、设备的安全运行及附属岗位的有效配合等都是重要的环节。

8.2.7 制盐母液

由于各种卤水均含有一定的杂质，如硫酸钠、硫酸钙、氯化钙、氯化镁等，且一般未进行净化处理。因此，随着生产的不断进行，杂质浓度越来越高，沸点上升加大。为了减小沸点上升，降低料液黏度，加快传热速率和利于综合利用，必须适时排放部分罐内浓缩液，此液称作制盐母液。杂质越多，母液越多；杂质越少，母液越少。一般来说，每产1吨盐所得母液如下所述：

黄、黑卤　1m^3；硫酸钙型岩卤　0.05～0.1m^3；芒硝型岩卤　1～1.5m^3。

它们的组成如表8-18～表8-20所示。

表 8-18　某厂黄、黑卤混合母液成分

成　分	Ca^{2+}	Mg^{2+}	K^+	Sr^{2+}	Li^+	Cl^-	SO_4^{2-}	H_3BO_3	Br	I^-
浓度 /（g/L）	126.61	21.37	26.22	4.10	2.654	322.18	无	34.08	20～42	0.843

表 8-19　某厂岩卤制盐母液成分（硫酸钙型母液分离固相后）

成　分	Ca^{2+}	Mg^{2+}	K^+	Na^+	Cl^-	SO_4^{2-}
浓度 /（g/L）	2.00	0.204	0.126	109.62	169.55	4.882

表 8-20　岩卤制盐母液成分（芒硝型）

成　分	NaCl	Na_2SO_4	$CaSO_4$	$MgSO_4$
浓度（g/L）	305～315	50～55	1～3	0.3～0.8

显然，母液中含有大量有用的化合物，为了制得各种化工产品和防止母液污染环境，处理母液就成为制盐生产必不可少的生产过程。

芒硝型卤水母液中，主要副产物是硫酸钠，其生产方法有冷冻提硝法、钙芒硝法、热法提硝及兑卤降温回溶芒硝法。黄黑卤母液中，现已生产出溴、碘、氯化钾、硼砂、硼酸、碳酸锂、碳酸锶、氯化钡及氯化钙和其他一些物质。硫酸钙型卤水母液中，主要杂质是硫酸钙，可经分离洗涤后，制作建筑材料，或进一步将石膏作原料，制作水泥和硫酸。

各种母液的处理方案、生产流程和反应机理请参阅其他专业书籍。

8.3　盐的分离与干燥

卤水经蒸发水分后，盐结晶沉积在盐腿部（盐脚），大约按固液比 1 ∶ 1（1t 盐 ∶ $1m^3$ 母液）排出蒸发罐，称作盐浆。盐浆再经旋流器增稠后进行离心脱水和干燥两道工序，即得成品盐。盐浆经离心脱水后，含水量通常在 3% 以下。为了进一步提高盐质，方便用户以及包装和运输，再经干燥处理，则含水量一般在 0.5% 以下。

离心分离和干燥都是为了除去湿盐中的水分，但其操作机理是不同的。前者是依靠物料在高速旋转时产生的离心力脱水，后者是依靠热空气与湿盐之间的传质、传热过程除去湿盐中的水分。在化工过程中，属于不同的两个单元操作。

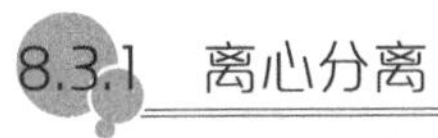

8.3.1　离心分离

一、基本概念

由蒸发罐排出的盐浆，是一种悬浮液，盐的粒度较细（0.2～0.3mm），含水量为 30%～50%，目前各厂均采用离心机脱卤。

离心机的主要部分是一个在竖轴或水平轴上高速旋转的鼓，鼓壁上有孔，孔上覆以滤布或筛条。盐浆中的卤水在离心机力作用下通过滤布或筛条的孔隙而排出鼓外，盐颗粒则被截留在滤布或筛条上，再由人力或机械卸出。离心机特别适用于对晶体、颗粒状物料以及各种纤维状物料的分离，如化肥、食盐、蔗糖、棉纱等。离心机的结构形式也很多，通常按操作情况分为间歇式和连续式两大类。

二、影响离心机结构的主要因素

（一）离心力和分离因素

离心机的转鼓和其中的物料在旋转时产生离心力。假定：

G——旋转物（转鼓及其中物料）质量（kg）；

r——旋转半径（m）；

n——每分钟转数（r/min）；

w——旋转圆周速度（m/s）$\left(w=\dfrac{2\pi rn}{60}\right)$；

g——重力加速度（m/s^2）。

则旋转时产生的离心力 C 为

$$C=\frac{Gw^2}{gr}\quad（kg）\tag{8-16}$$

将圆周速度值$\left(w=\frac{2\pi rn}{60}\right)$代入式（8-16），得

$$C=\frac{G}{gr}\left(\frac{2\pi rn}{60}\right)^2 \quad (\text{kg})$$

因 π^2 与 g 在数值上约相等，故

$$C\approx\frac{Grn^2}{900} \quad (\text{kg}) \tag{8-17}$$

当旋转物质量为 1kg 时，离心力为

$$C=\frac{rn^2}{900} \quad (\text{kg}) \tag{8-18}$$

式（8-18）指出，旋转物越重，旋转半径越大，转数越快，则所产生的离心力越大；同时，转鼓半径与离心力是一次方关系，而转数与离心力是二次方关系。因此，增加转数以增大离心力比增加转鼓半径以增大离心力来得容易些。现代的离心机往往是转鼓不大，但转数很高，因此处理能力很大。

离心加速度$\frac{w^2}{r}$与重力加速度 g 的比值，称为分离因素。表示为

$$K=\frac{w^2}{gr} \tag{8-19}$$

比较式（8-16）和式（8-19）可知，分离因素 K 在数值上等于质量为 1kg 的物体旋转时所产生的离心力，即

$$K=\frac{rn^2}{900}$$

分离因素是代表离心机特性的重要因素，它表示离心力场的特性。K 值越大，离心力亦越大，对固体颗粒的分离越有利。

（二）鼓内的液面

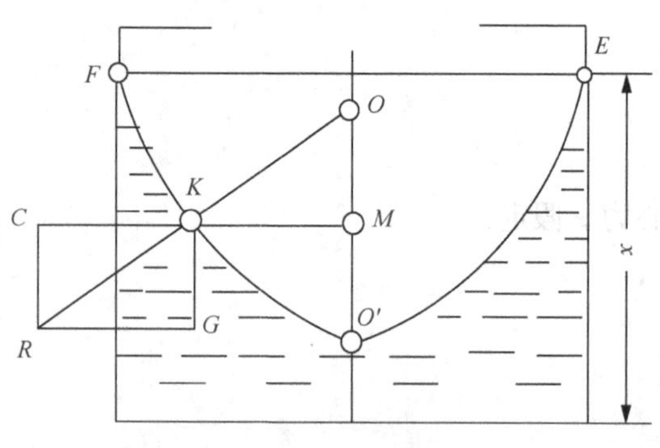

图 8-27 转鼓内液面

转鼓旋转时，鼓内的液体受到两种力：重力 G 和离心力 C，因此鼓内液体的自由表面呈一旋转抛物面。液体平衡的条件是其自由表面在任何一点上均应与其合力（重力 G 和离心力 C 的合力）的方向垂直。

如图 8-27 所示，延长合力 R 与鼓的中心线相交于 O 点，延长离心力 C 与鼓的中心线相交于 M 点，得△ KOM。自由表面以曲线 $FO'E$ 表示，其特点是其上任一点的线段 OM 都是一常数。这可由△ KGR 和△ OMK 相似证出：

$$\frac{OM}{MK}=\frac{G}{C}$$

线段 MK 是该点 K 的旋转半径 r，因此，

$$OM = \frac{G}{C} \cdot r$$

但
$$C=\frac{Grn^2}{900}$$

故
$$OM=\frac{Gr}{\frac{Grn^2}{900}}=\frac{900}{n^2}$$

即当转数一定时，线段 OM 为一常数。OM 值一定，是抛物线的特点，其方程形式为

$$y^2=2px \tag{8-20}$$

式中，p 就是常数 OM。

将值 $p=OM=\frac{900}{n^2}=\left(\frac{30}{n}\right)^2$ 代入抛物线方程式，得

$$y_2=2\left(\frac{30}{n}\right)^2 x$$

由此，得

$$x=\frac{1}{2}\left(\frac{ny}{30}\right)^2 \quad (\mathrm{m})$$

若离心机转鼓半径为 R，则 $y=R$，锥体总深度 x 为

$$x=\frac{(nR)^2}{1800} \tag{8-21}$$

这样，转鼓旋转时，转鼓壁处液面的高度（以 x 表示）与鼓之转速的平方成正比。因此，离心机转鼓都具有边缘，以防止液体抛出。

8.3.2 盐的干燥

干燥是人们熟悉的生产过程之一。凡是借热能使固体物料中的水分气化，并借惰性气体带走，以除去水分的方法，称为干燥。根据干燥热源的不同，分为自然干燥和人工干燥两种。后者生产强度远大于前者，故食盐的干燥均采用人工干燥。

人工干燥的热源来自被加热的空气、烟道气或其他惰性气体。因受外界气候影响小，可以做到常年生产，而且干燥时间短，温度低、产品质量均匀。食盐的干燥过程属于表面汽化控制。食盐进入干燥器时，颗粒内部不含水分，只存在表面水。在食盐干燥常用的三种干燥形式中，均不存在水分由内部扩散至表面的过程，只存在水分从表面汽化并被带走的过程。

干燥过程的实质为去除的水分从固相转移到气相中，固相即为被干燥物料，气相即为干燥介质。这个过程得以进行，必须是被干燥的物料表面上的蒸汽压强大于干燥介质的蒸汽压分压强。而当其相等时，干燥过程也就终止了。

利用干燥方法可以相当完全地除去物料中的水分，但是干燥操作需要消耗大量热能，操作费用要比用机械方法高很多，所以在干燥前应尽可能使用机械方法，如离心分离、过滤等

方法降低物料的湿度，即使仅降低少许，也可显著地节约干燥过程的热能。

对干燥设备的基本要求有二：一是应保证获得必需的质量指标，如规定的含湿量，保持物料的结构、机械性能、色泽及粒度等；二是保证最低的耗热及耗能指标，提高干燥操作的经济效益。这就要求根据不同物料选用不同类型的干燥设备，设备本身结构合理，同时加强管理，认真执行操作规程。

经过离心脱卤后的湿盐一般含有 3% 的水分，经干燥后含水量可在 0.5% 以下。目前各厂采用的干燥设备一般为沸腾床干燥器、气流管式干燥器及转筒干燥器。

8.3.3 沸腾干燥器

沸腾干燥器可广泛用于干燥颗粒粉末状物料，其优点是热效率高，达 70% 以上，物料停留时间可任意调节，装置结构简单，目前国内外精盐干燥多数采用沸腾干燥器。

沸腾即流化。流化是指固体颗粒被流体吹起呈悬浮状态，粒子可以相互分离，作上、下、左、右、前、后运动。这种状态，我们称为流态化、流动化或沸腾状态。沸腾干燥是指干燥介质使固体颗粒在沸腾状态下干燥的过程。

一、沸腾床的结构

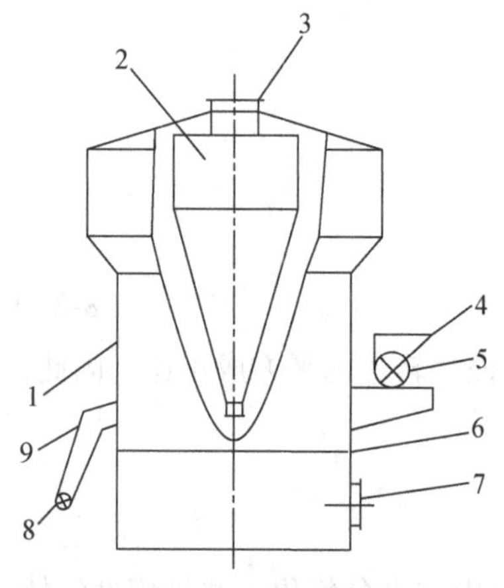

图 8-28 沸腾床结构

1—壳体；2—粉状精盐回收装置；3—出风管；4—下料斗；5—进料密封装置；6—分布板；7—进风管；8—出料密封装置；9—出料管

精盐干燥所用沸腾床一般为单层，其结构主要包括：①壳体；②粉状精盐回收装置；③出风管；④下料斗；⑤密封装置；⑥床内分布板；⑦进风管；⑧出料密封装置；⑨出料管等，如图 8-28 所示。

（一）壳体

最常见的流化床的壳体为圆柱形或椭圆柱形容器，下部为平底或圆锥形底，在底与柱之间有一气体分布板，上部热风出口处装有旋风分离器。

（二）气体分布板

气体分布板在流化床中有两个作用：一是支承固体物料；二是均匀分布气流，造成良好的起始流化条件与抑制聚式流化床的不稳定性。

（三）气固分离器

流化床在运行过程中，离开沸腾床的废弃物夹带部分固体颗粒，这是流化床的一个缺点，它对生产和环境都带来不良影响：①造成精盐损失。②造成引风系统设备的磨损。③污染环境，引起周围厂房设备腐蚀。为了尽力消除上述不良影响，在设计沸腾床时必需同时考虑设置气固分离装置，通过分离，使废气带出颗粒尽量减少。目前精盐干燥系统常用的气固分离器多为内旋风分离器装置，也有的装在沸腾床外面。事实证明，将旋风分离器安装在引风机和沸腾床之间气体管道上，效果极其理想。甚至可以取消后面的湿式除尘器而无盐尘飞扬，是今后沸腾床应采用的结构形式。

（四）加料与卸料装置

目前国内精盐干燥所用的加料装置除个别厂为电磁振动给料机外，大多用皮带直接给料，卸料一般也是从溢流口直接溢出。但为了保持沸腾床内的一定负压，应在加料与卸料口增加密封装置，以保证沸腾床的正常操作。加料与卸料的密封装置形式很多，有星形、离心式、气动阀及滑动阀等。

二、沸腾干燥的工艺流程

（一）精盐的沸腾干燥工艺流程

由离心机脱卤后，湿盐经皮带机送入沸腾床，湿盐经热风干燥后由出料口排出，去包装。热风系统：冷空风经鼓风机送入散热器加热后，再送入沸腾床，带粉盐的废气先通过内旋风分离器回收粉盐，然后再进入湿式除尘器，用水除去粉尘，再通过引风机排入大气。沸腾干燥工艺流程如图 8-29 所示。

（二）精盐干燥操作参数

精盐干燥操作参数如表 8-21 所示。

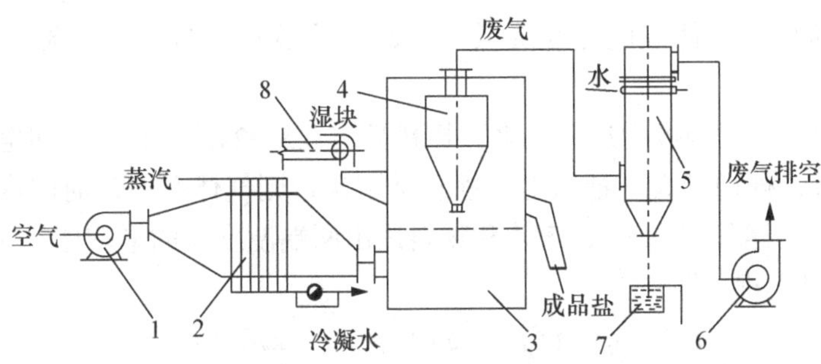

图 8-29 沸腾干燥工艺流程图

1—鼓风机；2—预热器；3—沸腾干燥器；4—内旋风分离器；5—湿盐除尘器；6—抽风机；7—水槽；8—输送带

表 8–21 精盐干燥操作参数

项 目	操 作 参 数
蒸汽压力（表压）/Pa	392280～490350
预热空气温度 /℃	120～140
床内温度 /℃	80
床内压力 / 毫米水柱	−5
出口废气温度 /℃	60
鼓风压力 / 毫米水柱	400 以上

8.3.4 气流干燥器

一、概述

气流干燥是把呈粉状、块状或者泥状的湿物料送入热气流中，与之并流，从而得到分散成粉粒状的干燥产品。

气流干燥也可把高温的物料同大气一道，并流送入，利用高温物料本身所具有的显热来进行干燥。

与其他干燥方法相比，气流干燥具有以下特征：

（1）粒子显著分散。由于物料呈粉粒状漂浮在热气流中而被带走，因此，干燥的有效面积大大增加。因物料系一粒一粒地分散在气流中，故可以把粒子的全部表面积作为干燥的有效面积。

粒子与气体间的传热系数 K 值［kJ/（m^2·h·℃）］也很大，因此，气流干燥的体积传热系数 ka［kJ/（m^3·h·℃）］极大（a 为单位体积干燥管中粒子所具有的有效表面积，m^2/m^3 干燥管体积）。就一般常用的管长来说，其平均值为 8373.6～25120.8［kJ/（m^3·h·℃）］。

其次，由于粒子分散成一粒一粒的，它所含的水分差不多都是附着水分，粒子中的水分几乎全是以表面汽化的方式干燥，因此，能以最大干燥速率将湿含量降到很低。也就是说，物料的临界湿含量可以大大地降低，对结晶盐类来说是 0.3%～0.5%。

（2）并流操作。由于气流干燥时并流操作，而且其表面汽化阶段可以持续到极低的湿含量，因此，可以使用高温气体。在表面汽化阶段，物料始终处于与其接触的气体的湿球温度，一般不超过 60～65℃，不致发生燃烧或变性，因而可以安全地操作。在干燥末期，物料温度上升的阶段，气体温度已经降低，因此也是很安全的。产品温度超过 70～90℃的几乎没有。

（3）干燥时间短。干燥极为迅速，多数物料只需 0.5～2s，最长的时间也不超过 5s。

（4）装置简单，处理量大。把以上三项总括起来，则气体在单位时间内给予物料的热量 q（kJ/h）是干燥器的体积 V（m^3）、气体和物料进出两端温度差的平均值（Δt）$_{\rm lm}$（℃）及体积传热系数 ka 三者之积，即

$$q=ka\cdot V\cdot(\Delta t)_{\rm lm}\qquad(\text{kJ/h})$$

由于并流，气体和物料间的温度差可达 50～100℃，因此（Δt）$_{\rm lm}$ 之值很大，又从（1）项可知，ka 值也是很大的，因此，传递一定热量 q 所需的体积 V 可以大大减小，也就是说，用体积较小的装置可以处理大量的物料。

再从装置的结构来说，用直径为 0.2～0.7m 的干燥管，只要 10～20m 长就可以了，另外需要的辅助装置也仅是鼓风机、散热器、加料装置及产品捕集器等。

气流干燥器的散热面积很小，热损失最多不过 5%，而且完全没有由漏出热气体所引起的热损失，这些都有利于提高总的热效率。

气流干燥器占地面积很小，大体来说，包括附属设备在内，占 33～99m^2 的地面。

同时操作连续而稳定，完全可以自动控制。气流干燥器只需 1 名操作人员。

（5）输送产品。由于全部粒子都漂浮在气流中，故可以把干燥产品输送到较远的任意场所。

二、工艺流程及操作参数

工艺流程如图 8-30 所示。鼓风机 1 将冷空气鼓入散热器 2，利用蒸汽进行加热。加热后的热风，在干燥管 3 内与由盘式加料器 5 及螺旋输送机 4 送来的物料相冲撞而使之分散，然后气体、物料并流，沿干燥管上升并干燥，干燥后的产品大部分由一级旋风分离器 6 捕集，残余部分用二级旋风分离器 7 捕集。亦有不用旋风分离器而按照细粉的不同性质而用袋滤器等捕集的。物料捕集后的热风排空。

气流干燥器操作参数如表 8-22 所示。

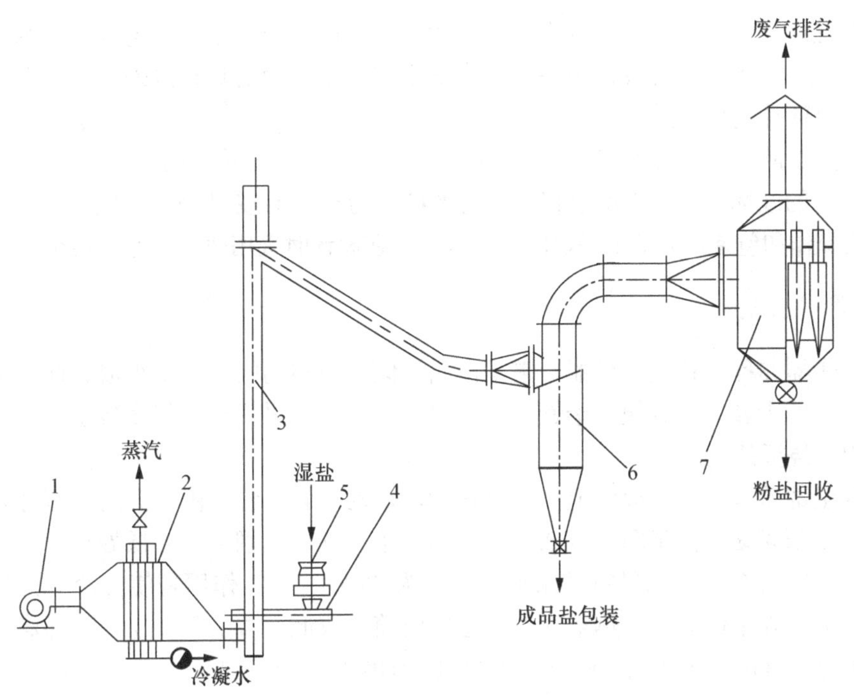

图 8-30 气流干燥工艺流程

1—鼓风机；2—散热器；3—干燥管；4—螺旋输送机；5—盘式加料器；
6—一级旋风分离器；7—二级旋风分离器

表 8-22 气流干燥器操作参数

项 目	操作参数	项 目	操作参数
散热器空气加热温度 /℃	135	湿盐水分 /%	3
蒸汽压力 /Pa	441315	干盐水分 /%	1
离开干燥管前温度 /℃	65		

三、气流干燥器的适用范围

在干燥管中直接加料的情况下，粒径可以大到 10～20mm。

所处理的原料湿含量从糊状物料的百分之几百到结晶盐类的 1%～2%，均可用这种干燥器干燥。

一般粉粒物料的临界湿含量是 1%～2%，产品的湿含量可以降到 0.5%～0.3%。

一般来说，粒径在 0.5～0.7mm 以下的粒子干燥到 0.3% 左右是可能的。

其次，对于惧怕破坏的晶体粒子，这种干燥方法不适用。但在一般情况下，尚能找出不致破坏粒子的容许风速，则大体上也可以应用。对于黏着性很强的物料，由于它们容易黏结在管壁或旋风分离器壁上，不能使用气流干燥。至于在干燥时会放出毒气的物料或者某些有毒物料，由于气流与微颗粒的完全分离有困难，处理风量又大，故气流干燥不适用。

利用气流干燥器干燥精盐尚存在如下几个问题：

（1）机械磨损。在直管部分几乎没有机械磨损，但在弯管部分和一级旋风分离器的进气口附近，则需考虑到有相当大的磨损，这些部分必须使用厚壁管或厚板。

（2）管壁结垢。在精盐干燥过程中，干燥管的弯曲部分易结垢，这是由于精盐到弯曲部分干燥尚不充分所致，因此设计中除了考虑适当加大干燥管的直管段外，尚需在弯曲部分加装洗水管，以便冲洗盐垢。

另外，为了防止干燥管管壁结垢，干燥管的保温也是十分重要的。

（3）粒子的破坏。精盐干燥过程中，盐颗粒大约有 20% 受到破坏，使粒度减小，粉尘增加，给包装操作和包装材料带来一定困难，因此，在设计时选用适当风速是很重要的。

8.3.5 转筒干燥器

转筒干燥器亦称回转式干燥器，它是由稍作倾斜而转动的长筒所组成，此类干燥器广泛用于颗粒物料的干燥。最方便的干燥介质是热空气，也可采用天然气直接燃烧的烟道气，或直接在筒内燃烧天然气加热。

圆筒的全部质量支承于滚轮上；筒身被齿轮带动回转，食盐由较高之一端加入筒内，借圆筒旋转而不断翻动。由于圆筒有 0.5°～6° 的倾角，食盐在翻动中向低处移动，从出料口排出。筒内壁装有许多与筒轴平行的条形板，称为“抄板”，其作用是使食盐更充分地和热气流接触，增大有效干燥面积。热空气或烟道气由筒体较低一端引入，与食盐逆流而行，带走被汽化的水分，并由筒体较高一端，由引风机经烟囱排出。

转筒干燥器回转筒长度与直径之比为 4～8，转数为 1～8r/min。

此种设备基建投资大，维修麻烦，现新建盐厂一般不采用转筒干燥器。

总之，上述的气流干燥器、沸腾干燥器和转筒干燥器均能满足精盐的干燥要求。根据实践经验，三种干燥器的主要优缺点如下所述：

（1）干燥热效率。气流干燥器及沸腾干燥器（均用蒸汽加热空气）和烟道气直接干燥的转筒干燥比较，其热效率相近，干燥每吨盐耗煤量均在 10～13kg。

（2）消耗动力。以干燥每吨盐计，气流干燥为 3.62kW·h，沸腾干燥为 3.85 kW·h，转筒干燥为 2.1 kW·h。

（3）基建设备投资。转筒干燥器较高，沸腾干燥器次之，气流干燥器最低。

（4）日常维修及操作。转筒干燥器有转动部件，维修较复杂，气流干燥器及沸腾干燥器维修简单。从操作上讲，转筒干燥器及气流干燥筒壁易结垢，清洗周期短；沸腾干燥器器壁结垢较轻，清洗周期长。

9 第9章 无水硫酸钠的生产

9.1 概　　述

在整个化学工业的历史中，硫酸钠产业曾占有过重要的地位。它是重要的无机盐，也是盐化工重要的产品之一。我国的硫酸钠资源十分丰富，20 世纪 80 年代末已成为世界上生产硫酸钠最多的国家之一。

9.1.1 硫酸钠的用途

用于硫化钠、群青及硅酸钠等化工产品的制造，造纸工业中用于制造硫酸盐纸浆，玻璃工业中用来代替纯碱，染料工业中作填充剂，印染工业中用作助染剂，医药工业中用作缓泻剂和钡盐中毒的解毒剂等。此外，还用作洗涤剂填充料，用于配制维尼纶纺丝凝固浴。在电镀中一般用作导电盐，用于硫酸盐镀锌、镉及镍等电解液中，也用于镀锌层的低铬酸钝化溶液中。

9.1.2 硫酸钠的物理性质与化学性质

一、硫酸钠的物理性质

硫酸钠又名无水硝，为白色粉末状晶体，易溶于水而不溶于乙醇。纯度高、粒径小于 100 目 / 英寸 ^{2} 者叫元明粉，化学式为 Na_2SO_4，相对分子质量为 142.048，相对密度为 2.689，熔点为 884℃，虽经高温也难分解。沸点 1404℃，在 76～98℃之间的摩尔热容为 7.20kJ/（kmol·℃），溶解热为 1171.55J/mol，为一吸热反应。

带有十个结晶水的硫酸钠水合物 $Na_2SO_4\cdot 10H_2O$ 叫作芒硝，又称格劳柏盐。芒硝为无色透明单斜菱状晶体，有苦咸味，相对分子质量为 322.208，其中硫酸钠占 44.09%，结晶水占 55.91%，相对密度为 1.464，熔点为 32.38℃，摩尔热容为 6.07×10^2kJ/（kmol·℃）。芒硝在空气中能逐渐风化，自行失去结晶水转化为无水硫酸钠，这两种结晶的密度和比容不同，芒硝的密度为 1464kg/m^3，比容为 6.8×10^{-4}m^3/kg，而硫酸钠的密度为 2689kg/m^3，比容为 3.7×10^{-4}m^3/kg，即 1kg 无水硫酸钠转化为芒硝时，其体积将由 3.7×10^{-4}m^3 增加到 6.8×10^{-4}m^3，膨胀了 83.78%，在较干燥的空气中，芒硝又风化成无水硫酸钠，其体积又缩小，仅为原来体积的 54%，这样一缩一胀易使土壤疏松，易破坏水泥建筑物，所以无水硝车间地面应作防腐处理。

二、硫酸钠的化学性质

Na_2SO_4 在 1100℃时与 SiO_2 反应生成熔融玻璃，其反应式为

$$2Na_2SO_4+2SiO_2 \xlongequal{1100℃} 2Na_2SiO_3+2SO_2+O_2$$

当加入催化剂 Fe_2O_3 时，上述反应加速，当加入碳还原剂，有下列反应

$$Na_2SO_4+SiO_2+C = Na_2SiO_3+SO_2+CO$$

故 Na_2SO_4 可以代替 Na_2CO_3 制玻璃。

硫酸钠在高温下能被碳还原生成硫化钠，与氢、一氧化碳、甲烷等反应均生成 Na_2S。

$$Na_2SO_4+2C = Na_2S+2CO_2$$

$$Na_2SO_4+4H_2 = Na_2S+4H_2O$$

$$Na_2SO_4+4CO = Na_2S+4CO_2$$

$$Na_2SO_4+CH_4 = Na_2S+CO_2+2H_2O$$

硫酸钠与铝粉的反应

$$3Na_2SO_4+8Al \xlongequal{800℃} 4Al_2O_3+3Na_2S+Q$$

此反应激烈，大量放热。

在 900～1000℃煅烧铝铁砂时，有如下反应：

$$Na_2SO_4+Al_2O_3+C \xlongequal{900℃} 2NaAlO_2+SO_2+CO$$

$$NaAlO_2+2H_2O = Al(OH)_3\downarrow+NaOH$$

$$2Al(OH)_3 \rightleftharpoons Al_2O_3+3H_2O$$

此反应用于铝土矿的提纯。

在一定条件下，硫酸钠能与其他一些无机盐生成复盐。常见的复盐有：

碱芒硝	$2Na_2SO_4\cdot Na_2CO_3$
碳酸芒硝	$9Na_2SO_4\cdot 2Na_2CO_3\cdot KCl$
硫酸钠硝石	$Na_2SO_4\cdot NaNO_3\cdot H_2O$
钠钾芒硝	$Na_2SO_4\cdot 3K_2SO_4$
白钠镁矾	$Na_2SO_4\cdot MgSO_4\cdot 4H_2O$
钠镁矾	$Na_2SO_4\cdot MgSO_4\cdot 25H_2O$
无水钠镁矾	$3Na_2SO_4\cdot MgSO_4$
抗钠镁矾	$Na_2SO_4\cdot 3MgSO_4$
钙芒硝	$Na_2SO_4\cdot CaSO_4$
杂芒硝	$Na_2SO_4\cdot 2Na_2CO_3\cdot 2MgCO_3$

利用含 Na_2SO_4 的复盐的生成和分解，可以提纯或分离相应的盐。例如将 $CaSO_4\cdot 2H_2O$ 加入高低温盐中，当钙硫比例为 1∶0.7，于 85℃时，经四次接触反应，生成复盐钙芒硝。钙芒硝加水分解，可得较纯的 Na_2SO_4 溶液，可制取无水硝，分解的另一产物 $CaSO_4\cdot 2H_2O$ 可返回使用。这是一种制硝的方法。也可用氯化钙法制取 Na_2SO_4。

9.1.3 生产技术

无水硫酸钠的生产方法大致分为蒸发法、盐析法、热熔法以及转化法等多种方法，而凡纯度较高的无水硫酸钠，几乎都是采用全溶蒸发脱水的工艺路线，即通过溶解（或称化硝）、澄清、蒸发、离心分离、干燥以及包装六个生产工序来完成。溶解（或称化硝）就是将固体芒硝（或称土硝）加水、加热溶化成液体，根据热源又可分为生蒸汽化硝和余热化硝。所谓余热化硝，即将真空蒸发末效的二次蒸汽用来化硝，这种方法较生蒸汽化硝节约能源。

澄清大多采用自然重力沉降，或加絮凝剂的办法，加速硝泥的沉降，一般均可达到工艺要求。

目前大多采用真空蒸发，按效数来分，有单效、双效、三效及四效蒸发。以平锅或圆锅土灶蒸发的生产方式于 20 世纪中后期逐渐被淘汰。

离心分离工序采用的离心机，大多为 WH-800 型卧式推料离心机，有的小型厂家采用锥兰式离心机。锥兰离心机结构简单，动力消耗小，无油压系统，但推广应用尚待进一步检验和完善。

无水硫酸钠大部分采用直管式干燥器干燥，个别厂家采用硫化床干燥，如玉门化工厂等单位。

无水硫酸钠的包装目前多数厂家均采用几十千克的大包装，而几千克的小包装尚少见。包装方式及机械，诸生产单位各异。

9.1.4　无水硫酸钠的产品规格

现代工业无水硫酸钠的质量标准执行根据国家标准 GB/T6009—2003，其要求如下：①外观为白色结晶颗粒。②无水硫酸钠产品符合表 9-1 技术要求。

表 9–1　工业无水硫酸钠质量标准

项目		指标					
		Ⅰ类		Ⅱ类		Ⅲ类	
		优等品	一等品	一等品	合格品	一等品	合格品
硫酸钠（Na_2SO_4）质量分数 /%	⩾	99.3	99.0	98.0	97.0	95.0	92.0
水不溶物质量分数 /%	⩽	0.05	0.05	0.10	0.20	—	—
钙镁（以 Mg 计）合量质量分数 /%	⩽	0.10	0.15	0.30	0.40	0.60	—
氯化物（以 Cl 计）质量分数 /%	⩽	0.12	0.35	0.70	0.90	2.0	—
铁（以 Fe 计）质量分数 /%	⩽	0.002	0.002	0.010	0.040		—
水分质量分数 /%	⩽	0.10	0.20	0.50	1.0	1.5	
白度（R457）/%	⩾	85	82	82		—	

注：此表中相关含量均指质量分数。

9.2　原料芒硝的生产

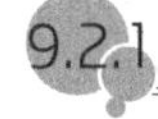

9.2.1　芒硝的生产原理及工艺条件

一、芒硝的生产原理

在含有氯化钠和硫酸镁等盐类的各种卤水中，盐类都以离子状态存在。当这些离子浓度适宜时，在较低温度下，经天然冷冻或人工制冷便有芒硝析出，其反应式为

$$Na_2Cl_2 + MgSO_4 + 10H_2O \rightleftharpoons Na_2SO_4 \cdot 10H_2O + MgCl_2 + Q$$

从化学反应式可以看出，该反应式是四种无机盐的复分解反应，根据平衡原理可知：

（1）降低温度有利于芒硝的生成，因为该反应为放热反应。

（2）增大 NaCl 和 $MgSO_4$ 的浓度有利于芒硝的生成。

（3）溶液中 $MgCl_2$ 浓度的增大，不利于芒硝的生成。

二、影响芒硝产量的因素及工艺条件的确定

由相图分析，得知影响芒硝产量、质量的主要因素是卤水的组成、各离子的浓度及温度等，下面将分别阐述。

（一）卤水组成

卤水的干基组成必须满足芒硝析出的干基图条件，干基组成主要决定于卤水中 NaCl 与 $MgSO_4$ 的配比及卤水中主要杂质的含量。现在用 Na^+，Mg^{2+}//Cl^-，SO_4^{2-}–H_2O 体系（5℃相图）分析，如图 9-1 所示，图中系统点 M（M'）同时满足了芒硝析出的干基图条件和水图条件。

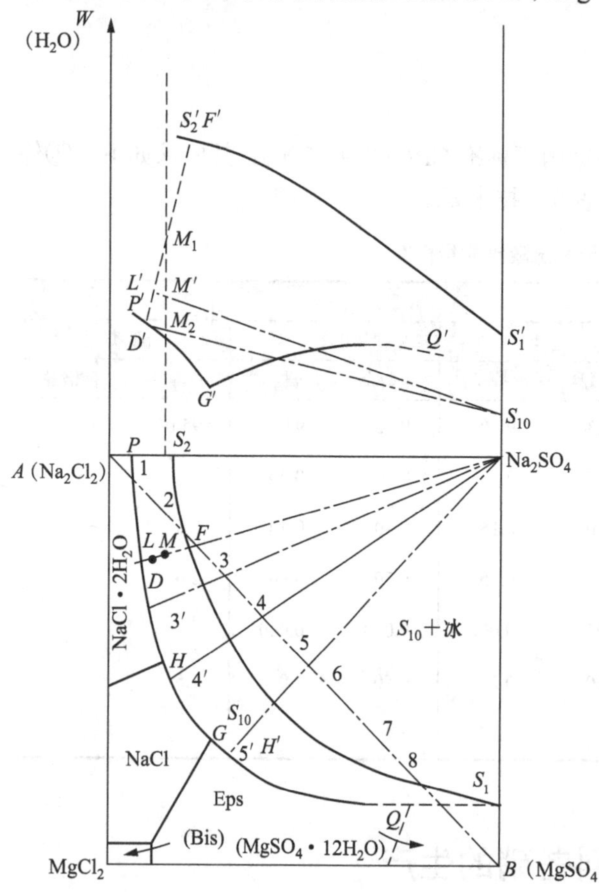

图 9-1 Na^+，Mg^{2+}//Cl^-，SO_4^{2-}–H_2O 体系（5℃相图）

首先，设冷硝卤水的干基组成由纯的 NaCl 和 $MgSO_4$ 混合组成，则混合线为对角线 AB，然后在 AB 线上截取 1、2、3、…各点，表示 NaCl 和 $MgSO_4$ 不同物质的量比的各系统点，各系统点在芒硝结晶区内结晶线则为 3—3′、4—4′、5—5′等。其中 3′、4′、5′等各点为相应的液相点。通过初步观察，我们发现当 Na_2Cl_2 : $MgSO_4$ 在 6 : 4～5 : 5 之间时，芒硝的析出量最大，因为其代表芒硝析出量杠杆臂最长。

当然，卤水冻硝时，除满足干基图条件外，同时必须满足水图条件。在图 9-1 中，由作图求出，卤水中含水量应在 M_1 与 M_2 之间，以接近 M_2 为最佳。由于盐田卤水冻硝时，每次要调配和调动大量卤水，故其干基组成及含水量只能大体接近最佳点，而不易做到十分精确。为了证明以上分析大体正确，现选用了实际卤水冻硝数据，如表 9-2 所示。

表 9–2 不同配料比的产硝情况

配 料 比			−5℃下冷冻结果		
Na_2Cl_2 : $MgSO_4$（物质的量比）	Na_2Cl_2 : $MgSO_4$（质量比）	Na/Mg（质量比）	芒硝析出率（质量分数 /%）	芒硝单产 /（kg/m^3）	每吨芒硝耗原料卤量 /m^3
8 : 2	8 : 2	4.0	84.06	160	6.25
7.1 : 2.9	7 : 3	2.3	84.66	263	3.8
6 : 4	6 : 4	1.5	79.94	356	2.81
5.5 : 4.5	5.5 : 4.5	1.2	75.71	386	2.59
5.1 : 4.9	5.0 : 5.0	1.0	68.85	336	2.97
4.5 : 5.5	4.5 : 5.5	0.82	56.19	274	3.65
4.2 : 5.8	4.1 : 5.9	0.70	46.10	228	4.38

由以上数据分析看出，当 Na_2Cl_2：$MgSO_4$ 为 7.1：2.9（物质的量比）时，$MgSO_4$ 的转化率最高，而单位体积卤水芒硝产量，则以 Na_2Cl_2：$MgSO_4$ 为 5.5：4.5 时为最高。为了兼顾二者，选取 Na_2Cl_2：$MgSO_4$（物质的量比）=6：4 为宜。

（二）冷冻温度对析硝量的影响

从 Na^+，Mg^{2+}//Cl^-，SO_4^{2-} -H_2O 体系多温图中（图 9-2）可看出，当 Na_2Cl_2 与 $MgSO_4$ 的物质的量比为 6：4 时，分别冷至 10℃、0℃、−5℃、−10℃、−15℃时。其相应的液相组成为 L_{10}、L_0、L_{-5}、L_{-10}、L_{-15}。显然，冷冻温度越低，芒硝的析出量越多。

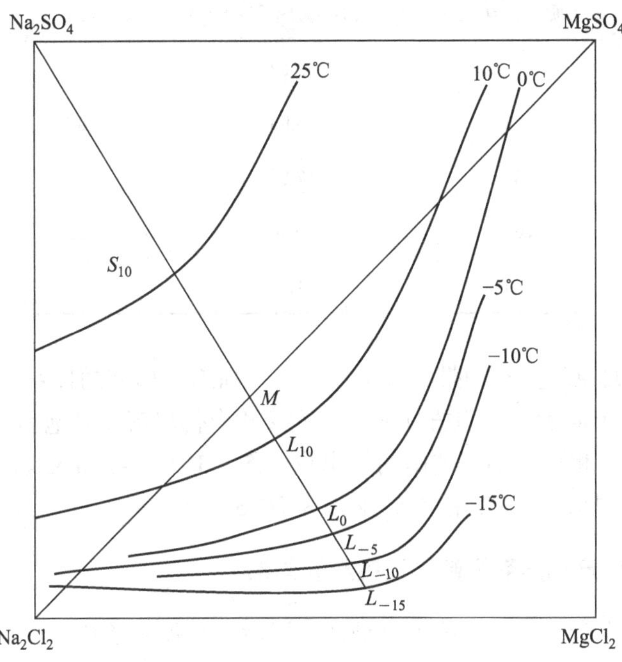

图 9-2 芒硝结晶多温图

通过实验，得出同样结论，如表 9-3 所示。

表 9-3 冷冻温度与芒硝析出量的关系

序号 \ 项目	1	2	3	4	5
NaCl ：$MgSO_4$	质量比为 6.3 ：3.7				
冷冻温度 /℃	−10	−5	0	5	10
芒硝析出率 /%	89.92	83.62	71.5	59.27	28.14
芒硝单位产量 /（kg/m^3）	341	326	290	232	111
每吨芒硝所需原料卤 /m^3	2.93	3.06	3.45	4.32	9.01

由图 9-2 中看出，10℃、0℃、−5℃、−10℃、−15℃时，表示固相芒硝中 Na_2SO_4 析出的量各杠杆长度，显然有以下关系：$\overline{ML}_{10}<\overline{ML}_0<\overline{ML}_{-5}<\overline{ML}_{-10}<\overline{ML}_{-15}$。从图中看出，温度越低，芒硝的结晶区越大。组成一定的物料在低温条件下会析出更多的芒硝。但在−10℃以下再

降温时，因结晶区扩大不多，硝的析出增加有限，如采用机械冷冻，则更是得不偿失。

（三）冻硝原料中 $MgCl_2$ 含量的影响

实际生产中，无论使用什么冻硝卤水原料，其中一般都含有 $MgCl_2$，$MgCl_2$ 含量增加，由反应式 $Na_2Cl_2+MgSO_4+10H_2O \rightleftharpoons Na_2SO_4 \cdot 10H_2O+MgCl_2+Q$ 可以看出，必然影响转化反应，使反应向左进行，如表 9-4 所示。

表 9–4　冻硝母液中 $MgCl_2$ 含量对析硝量的影响

Na_2Cl_2 ：$MgSO_4$（物质的量比）	$MgCl_2$ 占干盐质量（质量分数 /%）	芒硝析出率（质量分数 /%）	芒硝析出量 /（kg/m^3）	每吨芒硝耗原料 /m^3
6.3 ：3.7	0	83.62	326	3.06
6.3 ：3.7	8.82	76.93	267	3.74
6.6 ：3.4	10.93	67.88	212	4.71
6.4 ：3.6	26.18	50.36	160	6.25
6.3 ：3.7	36.01	34.51	88	11.36

从图 9-1 看出，如原料卤水中带一部分 $MgCl_2$，则冻硝母液的体系点在干基图上必然从 Na_2Cl_2-$MgSO_4$ 对角线上向 $MgCl_2$ 点方向移动，而液相点仍然落在其饱和线上，这样就自然地加大液相中的干盐量，相对缩小了芒硝的析出量。图 9-1 中，含 $MgCl_2$ 的冻硝系统干基组成点 H'，其冷冻后表示析出 Na_2SO_4 由 5-5′ 缩短为 H'-5′。

三、盐田芒硝的生产与海盐及盐化工生产的关系

盐田芒硝在冬季生产，这时盐田不再晒盐。两者似乎没有矛盾，但产硝要占用部分结晶池和调节池。产硝后，滩池池板会受到破坏，给盐田春季整池修滩加重负担。

此外，产硝后的卤水造成钠离子浓度下降及盐卤密度下降。似乎对产盐不利，但相图分析指出，经冻硝后的盐卤析盐饱和浓度点降低，析盐率和总析盐量较未冻硝的盐卤均有提高，而且每产 1kg 盐所需蒸发的水量也较少，因为 1mol 的芒硝要带走 10mol 水。这对产盐是有利的。

经冻硝和产盐之后的苦卤用于氯化钾生产是很有利的，因盐卤经冻硝后，苦卤中的 $MgSO_4/MgCl_2$ 质量比值下降，而 W_{MgCl_2}/W_{KCl} 和 W_{MgCl_2}/W_{H_2O} 的比值（均为质量比）均相对提高。而 W_{MgSO_4}/W_{MgCl_2} 质量比值下降，可有效地避免在苦卤浓缩过程中，钾盐以复盐的形式析出而造成钾的回收率下降的弊端。而 W_{MgCl_2}/W_{KCl} 质量比值的提高则有利于光卤石的生成。另外，由于原料苦卤组成的改变，在氯化钾生产中，可以适当降低浓厚卤的兑入比例，从而减少浓厚卤的空运转量。这就必然减少了能耗并提高设备利用率。

芒硝的质量直接影响无水硝的生产，如芒硝中泥沙、NaCl 及 $MgSO_4$ 含量高，势必影响无水硝的产量和质量。芒硝在堆存过程中，其中一些杂质盐会减少，对无水硝生产有利。

9.2.2 以高低温混合盐为原料生产芒硝

芒硝生产的另一种原料，是氯化钾生产过程中析出的高温及低温混合盐（高低温混合盐），这种盐的组成如表 9-5 所示。

表 9-5　高低温混合盐组成

物料名称	组成 /%（质量分数）			
	$MgSO_4$	NaCl	KCl	$MgCl_2$
高低温混合盐	30～35	25～33	1～1.5	6～7

由实践经验得知，用于冻制芒硝的卤水成分中钠镁质量分数比值接近 2 时，其芒硝析出率最高，因此，为了补充其高低温混合盐中氯化钠的不足，实际生产中，常常将制钾过程中副产的苦盐兑入高低温混合盐中，使其将冷冻芒硝的组成调整到比较理想的程度。如表 9-6 所示。

表 9-6　用于冷冻芒硝的混合盐组成

物料名称	组成（质量分数 /%）			
	$MgSO_4$	NaCl	KCl	$MgCl_2$
用于冻硝的混合盐	24～28	40～45	1～1.5	6～7

以这种混合盐为原料，以淡水或二效冷凝水充分溶解后，可得冷冻芒硝的原料液，其组成如表 9-7 所示。

表 9-7　原料液组成

物料名称	浓度 °Be′/℃	组成 /（g/L）			$NaCl/MgSO_4$
		$MgSO_4$	NaCl	KCl	
冻硝	30.4～30.9/30～31.2	129.5～131.14	213.75～223.97	35.45～56.28	1.65～1.71

从表 9-7 可以看出，尽管将制钾副产的苦盐全部兑入高低温混合盐中，但其溶解成的冻硝原料的钠镁比值仍不足 2.0，因此，在实际生产中，如采取盐田自然冷冻法生产十水硫酸钠，则可将滩田中的各种化盐卤水或晒盐前的中度含钠较高的卤水等按一定比例进行掺兑，使其掺兑后的冻硝卤水中的钠镁比值接近 2.0 左右。若在化工厂内采取机械冷冻制造十水硫酸钠的办法，则可兑入部分洗盐用水或者另外制些化盐水兑入冻硝原料液中，以便使其冻硝原料液的钠镁比值达到 2.0 左右。

9.2.3　用冷冻法制取芒硝

一、自然冷冻制取芒硝

自然冷冻生产芒硝是利用我国北方海盐区冬季气温较低的自然条件，以盐田中的蒸发池、调节池或结晶池等设备作为冻硝池，冷冻产出十水硝后，采用人工或机械设备将其芒硝集中，堆存、控淋、集坨、苫封，然后作为化工厂加工无水硫酸钠的原料。

自然冷冻制取芒硝就其使用的原料来分有以下三种方法：

（1）用兑卤法生产芒硝。将秋晒结束的 30°Be′的苦卤与晒盐前的 15°Be′的新卤掺兑成 20～30°Be′的混合卤水作为冻硝原料，以 23°Be′最好，这种方法成硝快，但带入 $MgCl_2$ 及 KCl，并占用了部分苦卤。

（2）用新卤生产芒硝。用未产过 NaCl 的 18～24°Be′的新卤来产硝。这种卤水产硝析出率高，而且不与盐化厂争原料，又避免苦卤循环影响产盐。新卤冻硝时，卤水浓度不可超过 25°Be′，否则 NaCl 同时析出。

兑卤法冻硝与新卤冻硝的比较如表 9-8 所示。

表 9-8　兑卤法冻硝与新卤冻硝的比较

方法	卤水浓度 /°Be′	SO_4^{2-}析出率 /%	析出量 /（kg/m^3）	定额 /（m^3/t）
兑卤法	18.5	47.53	31.83	31.43
	20.2	47.62	40.2	24.9
	22.35	40.00	43.1	23.2
	24.45	35.1	41.2	24.3
	25.6	25.81	35.55	28.12
新卤法	18.55	47.27	24.48	40.8
	20.4	57.39	31.74	31.5
	22.3	63.38	41.22	24.26
	24.3	65.58	40.36	22.8
	25.7	63.84	88.30	11.69
	27.5	53.26	92.20	10.85

（3）用混合盐生产硝。将氯化钾生产中副产的高温及低温混合盐，用海水溶解成 22～24°Be′的饱和溶液，送入盐田，再兑入晒盐结束时的化盐底水，调节钠镁比值达 2∶1 左右，送入冻硝池冻硝。

这种生产方法是北方海盐区芒硝的传统生产方式，生产的季节性很强，生产前期须将冻硝池提前修平压固，尽量防止卤水渗漏，且便于收硝，减少芒硝中不溶物，提高芒硝质量。冻硝卤水成分要在立冬以前调整好，如果时间过早，占地面积大，卤水渗漏损失过多，且易将硝池池面泡软；时间过晚，又容易错过冬季寒流，影响产量。调整卤水时要采取多次现场采样化验的方法，将其卤水浓度调整到 21～23°Be′，钠镁比值为 2 左右。冻硝池内卤水的深度，要因地制宜，视冻硝池的结构及收硝条件而定，一般以 60～70cm 较好。

采取自然冷冻芒硝的方法，工艺比较简单，成本相对较低，但需较大量的贮卤池及冻硝池，卤水渗漏及流失较多，芒硝中的泥沙等不溶物含量较高。此外，由于冬季寒流过后 2～3 天即可将卤池冻透，风停后待芒硝于冻硝池中沉淀后，早晨气温回升前必须排出母液，以免白天气温回升，芒硝溶解损失。由于冻硝操作均在冬季寒冷季节进行，且露天作业，因此，劳动条件差，劳动负荷重。同时，由于芒硝对泥池板有较严重的破坏作用，同时要消耗部分盐田卤水，因此，对原盐的生产有一定的影响。

冻硝母液由于其中镁镁比值（$MgSO_4/MgCl_2$ 质量分数比值）降低，镁钾比值（$MgCl_2/KCl$ 质量分数比值）增大，对氯化钾的生产有利，因此，可作为晒盐原料，返回制盐系统。

二、机械冷冻制取芒硝

机械冷冻生产芒硝的原理以及原料卤水的条件等均和自然冷冻大致相同，只是机械冷冻的工艺是将预冷后的原料液放在氨蒸发器中，利用氨液蒸发吸收料液热量，使之降温而析出芒硝。由于此工艺是在机械设备中进行的，不受自然条件限制，因此，可常年连续生产。劳动条件好，产品含水不溶物杂质极少，质量好，白度高；同时，此种方法可省去芒硝的收集、运输、集坨保管等原料处理环节，减少原料损失，且节约原料费用；此外，此法还可避免与原盐生产在设备及原料卤水等方面的矛盾。

但机械冷冻法生产芒硝的工艺流程较复杂，且需冷冻设备，生产操作要求较严，耗电量大，生产成本稍高。

机械冷冻法生产芒硝的工艺流程如图 9-3 所示。由氯化钾保温沉降排出的高低温盐浆和兑卤沉降器排出的苦盐浆均匀地排入高温盐搅拌槽，掺兑一定的苦卤后，送真空过滤机脱卤回收氯化钾。脱卤后的干盐连续卸入化盐搅拌槽，用氯化钾蒸发器Ⅱ效排出的冷凝水化盐，待浓度达 30°Be′左右时，送化盐液卤井。然后以泵送一段预冷器，以二段送来的冷母液作冷剂，使料液温度下降到 20℃以下，预冷到 20℃以下的料液再转入第二段预冷器预冷。冷剂来自十水硝，沉降器的温度为−8～10℃的冷母液。使料液温度下降到 10℃左右。经二段预冷后的料液进氨蒸发器进行冷冻，排料温度控制在−8～10℃，冷冻析出的十水硫酸钠与母液一并排入沉降器，使十水硝沉降。母液从溢流圈流出，送二段预冷器，水硝浆送离心机脱水，脱卤硝卸入化硝搅拌槽，通蒸汽溶解成饱和硝液，送无水硝蒸发器并经干燥后得无水硫酸钠产品。

以氯化钾副产的高低温混合盐为原料，以机械冷冻制取芒硝的生产方法，适用于冬季气温较高或是无滩田自然冷冻条件的地方。把握其生产条件的关键是掌握好原料卤水的浓度及成分；确定合理的预冷和冷冻流程以及选取适合的冷冻终止温度；有效理想的冷冻设备及充足的制冷量，包括耐腐蚀的氨蒸发器材质以及合理的分离设备等。

混合盐化盐液的制取是生产冷冻硝的首要环节。化盐液的浓度要求为 30～31°Be′，钠镁比值为 2.0 左右。为达到取得这种冻硝原料液的目的，化盐操作温度须在 40℃以上进行，且需要经过二步机械搅拌操作，方可达到将混合盐充分溶解的目的。因此，化盐操作须在蒸汽加热的条件下，在搅拌设备中进行。即便如此，化盐液中仍会有少量固体盐悬浮于化盐液中（1%～2%，主要是氯化钠），因此，还必须有化盐液的澄清设备，以回收固体盐。

对于化盐液钠镁比值，一般情况下，即使将苦盐全部兑入高低温混合盐中，而化盐液中的钠镁比值也只可达到 1.6～1.7，距离理想的 2.0 左右尚有一定的差距，因此，实际生产当中，如有条件还需采取措施，适当向化盐液中补充适量的氯化钠，以使其达到较理想的程度。

机械制冷制取无水硫酸钠经济性的关键是冷量的充分利用，因此，如何设计预冷流程及选定合理的冷冻终止温度，是充分利用冷量的关键。一般情况下，原料液采用二段预冷，预冷温度一般控制在 10～15℃，如温度再低，则会发生预冷器管子堵塞现象。因此，设计预冷器时，须考虑预冷器管中料液有必要的流速及较充裕的换冷面积。

冷冻终止温度的选择，要综合考虑制冷量、氨蒸发器换热面积、换热温差及硫酸根回收率等诸因素。一般情况下，冷冻终止温度选定为−8～−5℃，此时硫酸根析出率为 68.3%～77.1%。在正常使用工况条件下，冷量利用率可达 80% 左右，每吨无水硝消耗冷量 150～200kJ。

经冷冻所得的无水硫酸钠，其粒径在 0.125～0.25mm 者占 85% 左右。选择合理的离心分离设备，这对提高无水硫酸钠质量、减少甩后液的固相带失均有较大作用。据有关生产厂家对不同分离设备的测定结果，以 WG-800 型卧式刮刀离心机分离无水硫酸钠，其无水硫酸钠中硫酸钠含量较 LZh-800 型锥兰离心机提高 4.67%，较 GPZ-1 转鼓真空过滤机提高 3.65%，氯化钠及硫酸镁等杂质含量合计较锥兰离心机下降 3.63%，较过滤机下降 2.51%。离心分

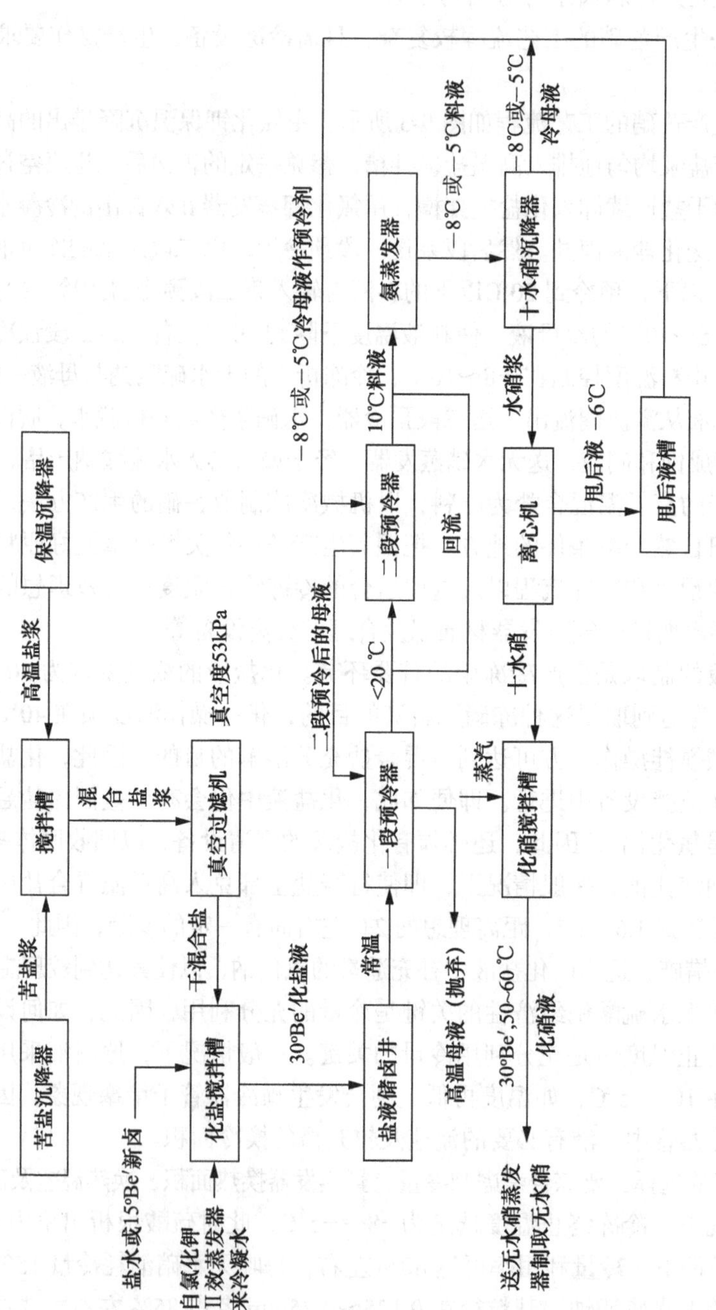

图 9-3 机械冷冻芒硝工艺流程图

离后甩后液中的硫酸镁等化学成分的总盐量分别较锥兰离心机下降10.63%，较过滤机下降3.69%。这对提高无水硫酸钠产品的产量、质量和降低消耗定额非常有利。同时，分离母液夹带水硝颗粒少，因此，无水硫酸钠回收率高，对冷量的利用也十分有利。

除化盐、预冷以及水硝的分离和沉降设备以外，其冷冻设备是无水硫酸钠生产流程中的主体设备。由于氨压机制冷系统属于标准的制冷设备，在此不作专题论述。要根据无水硫酸钠的特点来设计氨蒸发器的结构。由于无水硫酸钠具有较强的附着性，即在结晶过程中，晶体容易黏结于容器表面，因而以选择卧式列管蒸发器为宜，即氨液在管间蒸发制冷，料液在管内以动力强制循环，并保持一定流速，以防止管内壁结垢或结晶堵塞。

9.3　无水硫酸钠的生产工艺

以芒硝为原料生产无水硫酸钠的方法，主要有蒸发脱水法、盐析法、热熔法以及热熔-盐析法等多种，其中以蒸发脱水法应用较为普遍。

9.3.1　蒸发脱水法

蒸发脱水法是将含水不溶物较多的盐田芒硝（或称盐田土硝）或者将用机械冷冻法得到的较纯净的十水硝，全部溶解成硫酸钠的饱和溶液，硝液经过澄清、蒸发、离心脱水以及干燥等工艺过程生成无水硫酸钠的方法，也就是芒硝再结晶提纯并脱掉十个结晶水的过程。该法的优点是产品纯度高，缺点是工艺过程比较复杂，燃料消耗多，劳动条件较差。

蒸发脱水法生产无水硫酸钠的工艺流程如图9-4所示。

一、溶解芒硝

溶解芒硝是以洗泥水作为化硝水，经蒸汽加热到一定温度后，得到硫酸钠的饱和溶液，

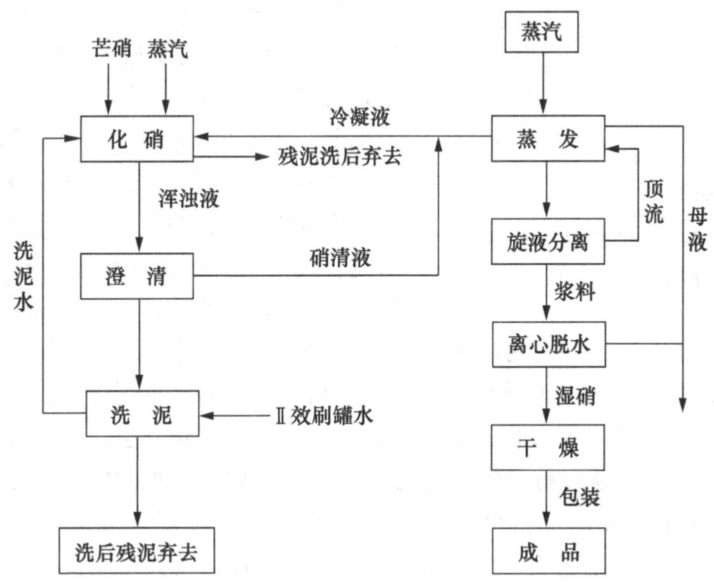

图9-4　蒸发脱水法工艺流程

同时还要除去芒硝中的大部分不溶物。

硫酸钠的溶解度在32.38℃时最大，但不能在该温度下溶解芒硝：一是因为低温时其芒硝的溶解速度慢，不易达到饱和；二是由于热损失，硝液在澄清过程中还会继续降温而析出$NaSO_4 \cdot 10H_2O$；三是温度低则硫酸钠浑浊液的黏度将会增大，泥砂等水不溶物不易沉降，这样将会大大降低设备的生产能力，相应地多增加沉降面积会增大建设投资及产品成本。但是，如果溶解芒硝的温度过高，不仅会使硫酸钠的溶解度减小，而且热量消耗量也会增大，因此，考虑生产上的实际化硝温度，须权衡利弊，根据芒硝中泥砂含量的多少和沉降速度的实际情况灵活掌握，一般以75～80℃为宜。

溶解芒硝得到的浑浊液中硫酸钠的含量，与溶解温度和溶液的浓度密切相关，即随两者的变化而变化。当溶解芒硝的温度一定，例如75℃时，浑浊液硫酸钠含量与其溶液的浓度的关系如表9-9所示。

表9–9 75℃时溶解芒硝浑浊液中硫酸钠含量与浓度的关系

浑浊液浓度/°Be′	29.0	30.0	31.0	32.0
硫酸钠含量/（g/L）	299	313	323	329

由表9-9数据可知，在一定温度下，溶解芒硝浑浊液中的硫酸钠含量随其溶液浓度的升高而增加。

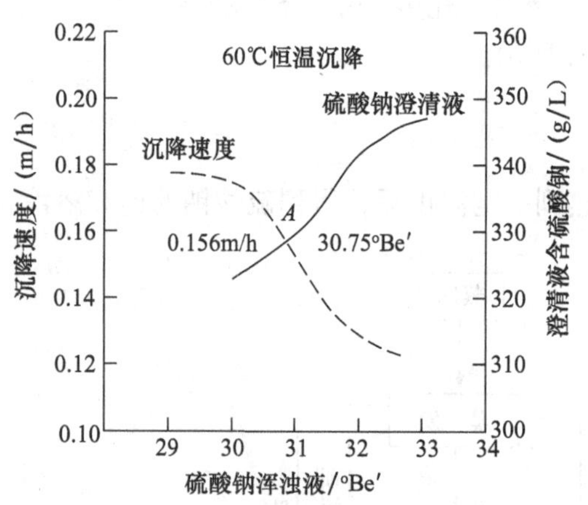

图9-5 在60℃时，硫酸钠浑浊液的浓度与澄清液含硫酸钠量以及泥浆沉降速度关系图

溶解芒硝得到的浑浊液，在沉降分离泥沙等不溶物过程中，其沉降速度与泥沙的性质、含量的多少、颗粒的大小以及浑浊液的温度和浓度等密切相关。沉降物的颗粒越大、浑浊液的浓度越小、温度越高，则沉降速度越快。

综上所述，硫酸钠浑浊液的浓度高，对生产有利。生产上确定在一定温度条件下，测出硫酸钠浑浊液的浓度和澄清液含硫酸钠量以及泥浆沉降速度等数据绘于同一图中，两条曲线的交点，即为适宜的工艺条件，如图9-5所示。

图中两条曲线的交点*A*为硫酸钠浑浊液的浓度，为30.75°Be′，泥浆沉降速度为0.156m/h，是比较合理的工艺操作条件。因此，在60℃时沉降，其硫酸钠浑浊液的浓度取30.5～31°Be′较宜。

溶解芒硝的工艺操作，一般在带有搅拌的溶解槽内进行，化硝时，先将洗泥水用泵打入槽内，并通入蒸汽将其洗泥水加热到80℃左右，开启搅拌器后，再缓缓加入芒硝，采取边加料、边搅拌、边加热的方法均匀进行，不得采取集中加硝、化硝方法，以免造成芒硝溶解不充分，浪费原料，并使其溶解过程中的槽内温度维持60℃以上，加硝完毕，使其浑浊液温度升至75～85℃后，即停止通蒸汽，并测量其料液浓度，希望浓度为30.5～31°Be′，如果不在此范围，则可再加入适量芒硝或加入少量溶解液，调整浓度，使其达到要求。芒硝的溶解是一个吸热过程，每溶解1kg水硝需要246kJ的热量。如果采用0.2～0.4MPa的生蒸汽化硝，则蒸汽直接通入化硝槽中，一方面是蒸汽的利用效率较低，同时，原料芒硝溶解需要的热是相当可观的，以生产1吨无水硫酸钠计，溶解芒硝蒸汽消耗须0.7吨（理论计算值），而采用四效真空蒸发工艺，每吨产品的蒸发汽耗为0.9吨，即溶解芒硝汽耗为蒸发汽耗的78%。

山西某单位从20世纪80年代初开始，以末效蒸发器的二次蒸汽的低位热能溶解芒硝，取得了较好的节能效果。该溶解芒硝工艺如图9-6所示。

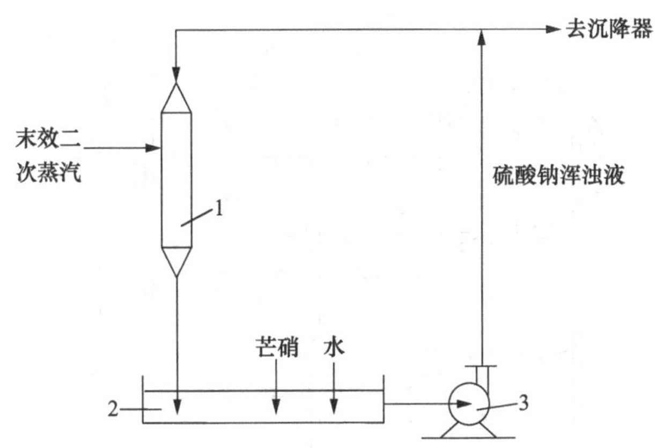

图9-6　利用末效二次蒸汽溶解芒硝工艺流程示意图

1—气压冷凝器；2—化硝槽；3—循环泵

原料芒硝在化硝槽中与气压冷凝器下水管流下的55℃左右的硫酸钠溶液直接换热，芒硝得到二次蒸汽冷凝液的热量被溶解，硝液也因给出热量而降温。降温后的硝液用泵连续送至气压冷凝器去冷凝末效二次蒸汽。循环达到芒硝的溶解和代替循环水降温两个目的。

采用该工艺，使本来应用冷却水带走散发到大气中的末效二次蒸汽的热量得到合理利用，这样既节约了溶解芒硝所耗用的生蒸汽，又省去了在冷凝末效二次蒸汽时所耗用的冷却水。

采用此工艺，气压冷凝器的淋水板孔径应较一般孔径大10～12mm，以免硫酸钠浑浊液中的泥沙等水不溶物堵塞板孔。

循环的硫酸钠浑浊液，达到要求浓度时，从气压冷凝器的进料管处引入沉降器，澄清液溢流至贮槽后，泵入预热器，经一效冷凝水预热至75℃左右，送去蒸发。

据生产单位实践结果，以此工艺溶解芒硝较生蒸汽化硝的老工艺，每吨产品可节约生蒸汽0.7吨，节约煤耗40%左右。

二、保温沉降

采用的沉降设备有间歇立式沉降槽、连续式斜板沉降器、多层连续式沉降器以及连续耙集式沉降器等多种结构形式。实际生产中以连续耙集式沉降器应用较为普遍。

硫酸钠浑浊液在沉降分离其固形物时，须进行保温，以免硫酸钠溶液温度降低。如此既有利于蒸发，节约能源，又将加快泥沙等水不溶物的沉降速度，还可避免低温析出$NaSO_4 \cdot 10H_2O$。因此，沉降器外壁一般以填充固体保温材料为宜。

沉降器中沉降下来的泥浆，定期从锥底排泥阀门排出，排泥量要与加入芒硝所带的泥量相平衡，操作时以“少排及勤排”的方法，随时掌握排出泥浆的稠度，即控制沉降器底部泥浆的高度在一个合适的范围内波动。如果排泥太勤太多，则排出的泥浆太稀，损失硫酸钠；如果排出泥浆太稠、太少则必将使器中泥浆高度增加，清液高度下降，使其澄清液质量下降，容易影响产品质量。排出的泥浆中，液、固相中均会有较多的硫酸钠，一般高达15%～20%，为提高硫酸钠的取得率，可用二效蒸发器刷罐水洗涤回收，洗涤用水量应根据溶解芒硝所需用的水量来决定。用一定量的水洗涤硫酸钠泥浆时，以采取少量水多次洗涤的方法，洗涤效果最佳。

三层洗泥筒是洗泥效果较好的设备，如图9-7所示。

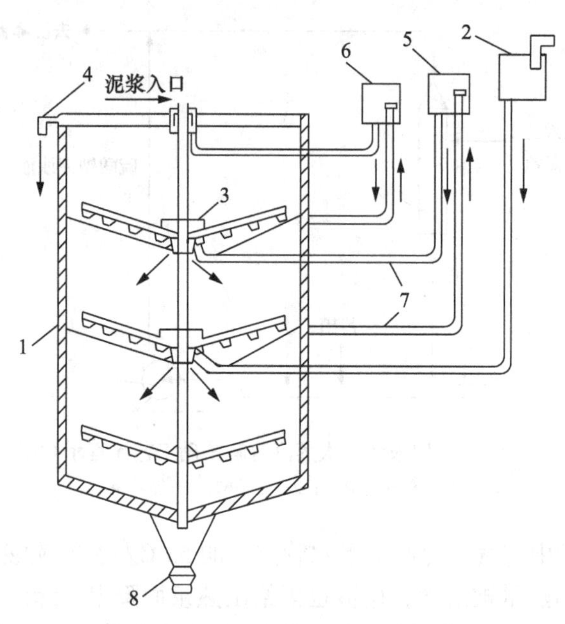

图9-7　三层洗泥桶

1—桶体；2、5及6—一、二及三次洗泥水贮槽；3—收集器；
4—洗泥水排出管；7—洗涤液导管；8—硝泥浆排出管

连续耙集式沉降器排出的硝泥，用泵送入缓冲槽后，流入三层洗泥筒的浆液筒，硝泥浆自上层依次向下层流动，而洗泥水则借一、二、三次洗泥水贮槽间位差的不同，从下层逆流至上层，与泥浆接触，进行洗涤，每层洗液含硫酸钠量依次升高，最后具有较高相对密度的洗泥水从上层洗泥水流出口排出，至洗泥水贮槽暂存，供溶解芒硝之用。

三、蒸发及分离

蒸发是将硫酸钠澄清液进行浓缩，使硫酸钠达到饱和而结晶析出，同时使硫酸钠和氯化钠、硫酸镁等可溶性杂质得到分离。

蒸发及分离工序的工艺流程如图9-8所示。

将溶解芒硝得到的澄清液送入预热器，以一效冷凝水为热源，预热清液，经预热后的澄清液送入一效蒸发器，沸点达103～105℃时转入二效蒸发器，由二效完成液排入保温增稠器，利用重力沉降，硝沉降于器底，从锥底阀门排入离心机脱水。硝浆在离心脱水前，为提高其质量，可于混合槽内加入约1/3体积的澄清液，以起洗涤作用。

经离心机脱卤后卸下的湿硝，送至干燥工序，经气流干燥器干燥后得成品，包装入库。

二效排出料液澄清后的母液以及离心机脱卤得到的硝母液，须再返回蒸发系统，进行蒸发浓缩。但二效蒸发器的循环硝液，当质量下降到排放废母液标准时，应立即排放，以保证无水硫酸钠成品的质量。排出硫酸钠母液，其中含有较多的硫酸钠并悬浮着大量的硫酸钠固体颗粒，均须加以回收，以提高硫酸钠的取得率。为此，排出的废母液乘热加入生产氯化钾副产的苦盐，经过计算，将需用的盐量加入热的硫酸钠废液中，进行盐析，盐析后的浆状硫酸钠送入混合槽，用硫酸钠澄清液冲洗。

由图 9-8 可知，硫酸钠澄清液在生产中循环使用，随着水分的蒸发和硫酸钠的不断析出，溶液中的氯化钠和硫酸镁等可溶性杂质相应增加，当溶液循环到一定次数时，致使氯化钠和硫酸镁杂质浓度过高，为了不影响产品质量，必须将硫酸钠循环液（或称母液）排放，但这是影响硫酸钠收率的主要原因，为使产品优质高产，应尽量减少废液中的硫酸钠含量，将排放液尽量压缩到最低限度，以提高硫酸钠的收率。

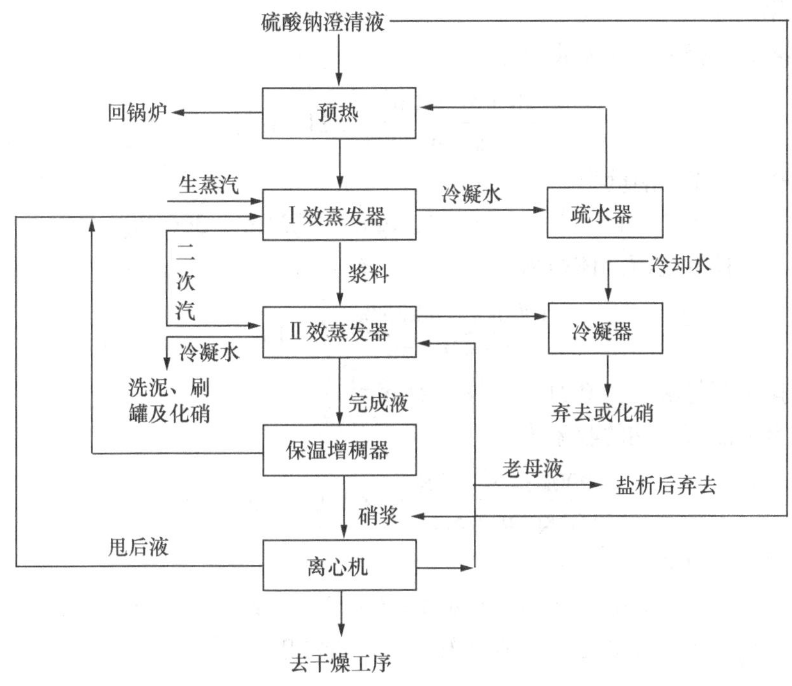

图 9-8　蒸发分离工序工艺流程示意图

在排放母液前，必须先化验产品及废母液的质量，根据成品可溶性杂质和废母液含硫酸钠量，决定是否排放循环母液，以免影响产品质量或降低硫酸钠的收率。

以某厂生产数据为例，无水硫酸钠、澄清液和不同浓度的硫酸钠废母液的组成如表 9-10 所示。

表 9-10　硫酸钠澄清液、无水硫酸钠和不同浓度的硫酸钠废母液组成

物料名称	序号	浓度/°Be′	化学组成 /（g/L）				
			$CaSO_4$	$MgSO_4$	Na_2SO_4	NaCl	H_2O
硫酸钠废母液	1	30.4/39	0.2	86.5	105.1	201	874.1
	2	28.9/49	0.4	77.9	85.9	208	878.2
	3	28.5/52	0.2	75.8	60.3	234.9	874.9
	4	29.0/47	0.3	90.0	42.3	256	862.9
	5	29.1/43	0.2	84.1	28.2	261.8	879.3

续表

物料名称	序号	浓度/°Be′	化学组成 / (g/L)				
			$CaSO_4$	$MgSO_4$	Na_2SO_4	NaCl	H_2O
硫酸钠废母液	6	29.7/31	0.3	80.3	16.8	287.5	874.3
	7	28.7/52	0.2	74.4	7.4	299.2	867.1
硫酸钠澄清液		31.5/58.7	1.1	14.6	328.5	41.8	893.3
无水硫酸钠产品中各组分的质量分数 /%		—	0.23	0.40	98.25	0.75	—

从表 9-10 可以看出，硫酸钠废母液中硫酸钠含量越低，则氯化钠含量越高。以序号 1 中未析出组分氯化钠计：

1m³ 硫酸钠澄清液排出废母液量为

$$\frac{41.8\text{kg/m}^3 \times 1\text{m}^3}{201\text{kg/m}^3} = 0.21\ (\text{m}^3)$$

1m³ 澄清液析出硫酸钠量为

$$328.5\text{kg/m}^3 \times 1\text{m}^3 - 105.1\text{kg/m}^3 \times 0.21\text{m}^3 = 306.4\text{kg}$$

则每吨产品消耗的澄清液体积为

$$\frac{1000\text{kg} \times 98.25\%}{306.43\text{kg/m}^3} = 3.21\text{m}^3$$

每吨产品排出废母液量为 $0.21\text{m}^3/\text{m}^3 \times 3.21\text{m}^3 = 0.67\text{m}^3$

从澄清液至成品硫酸钠的收率为

$$\frac{1000\text{kg} \times 98.25\%}{328.5\text{kg/m}^3 \times 3.21\text{m}^3} \times 100\% = 93.17\%$$

每吨产品蒸发水量为

$$893.3\text{kg/m}^3 \times 3.21\text{m}^3 - 874.1\text{kg/m}^3 \times 0.67\text{m}^3 = 2281.85\text{kg}$$

同样，可以计算出序号 2 至 7 中的有关数据，如表 9-11 所示。

表 9-11 每吨产品排出硫酸钠废母液量及其有关数据

序号	废母液含硫酸钠 / (g/L)	硫酸钠收率（质量分数 /%）	每吨产品排废母液量 /m³	废母液带走硫酸钠（质量分数 /%）	每吨产品耗澄清液 /m³	每吨产品蒸发水量 /t
1	105.1	93.17	0.67	7.17	3.21	2.28
2	85.9	94.65	0.63	5.51	3.16	2.26
3	60.3	96.79	0.56	3.44	3.09	2.27
4	42.3	98.06	0.49	2.11	3.05	2.27
5	28.2	98.71	0.48	1.38	3.03	2.28
6	16.8	99.36	0.45	0.77	3.01	2.30
7	7.4	99.70	0.42	0.32	3.00	2.32

表 9-11 数据表明，硫酸钠废母液中含硫酸钠量越小，则排废母液量越小，带失硫酸钠量越小，而每吨产品蒸发水量略有增加。硫酸钠收率越高，则每吨产品耗用澄清液量也随之减

少，这样，既节约原料，又节约能源，因而成本也会降低。

同时，还可看出硫酸钠废母液含硫酸钠为105.1～42.3g/L，硫酸钠浓度每降低10g/L，硫酸钠收率提高0.8%；而硫酸钠废母液含硫酸钠在42.3g/L以下，硫酸钠每降低10g/L，硫酸钠收率约提高0.48%，然而，当硫酸钠废母液含硫酸钠低于28.2g/L时，每吨产品蒸发水量升高，继而能耗增加，因此，排放硫酸钠废母液的标准可控制在含硫酸钠42.3～28.2g/L之间较宜。在实际生产中，由于生产的不稳定性及老母液化验不够及时等原因，实际排弃的废母液中硫酸钠的含量远远超出此理论范围。

在硫酸钠澄清液蒸发浓缩过程中，为了提高无水硫酸钠的产品质量和收率，应采取低温排料的方式，即在二至四效蒸发流程中，应采取二效（70℃左右）排料。

从图9-9可知，硫酸钠澄清液中含有Na^+、Mg^{2+}、SO_4^{2-}和Cl^-等，蒸发时首先结晶析出Na_2SO_4，从该图中可以看出随着温度的升高，蒸发一效料液的液相点向着Na_2SO_4和$3Na_2SO_4 \cdot MgSO_4$（硫酸钠镁矾）复盐的共饱线移动，当达到两者的共饱线时，$3Na_2SO_4 \cdot MgSO_4$和Na_2SO_4一起结晶析出。

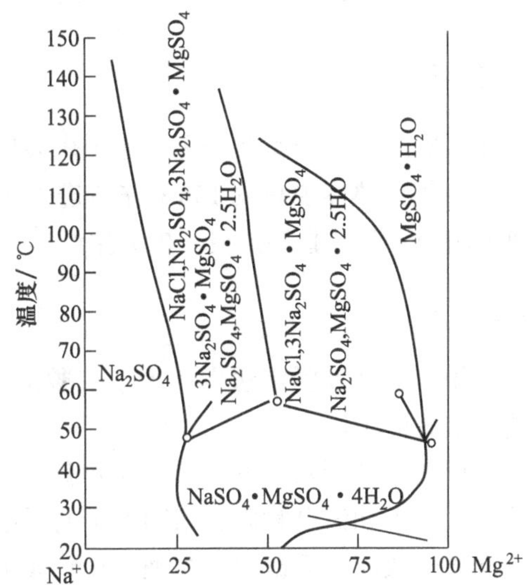

图9-9 Na^+，$Mg^{2+}//SO_4^{2-}$，Cl^--H_2O多温相图

从48.5℃开始，如果硝液中含$MgSO_4$量较大，体系点将进入$3Na_2SO_4 \cdot MgSO_4$结晶区域，而析出$3Na_2SO_4 \cdot MgSO_4$结晶；随着温度的提高，Na_2SO_4结晶区逐渐缩小，而$3Na_2SO_4 \cdot MgSO_4$结晶区逐渐扩大，当温度达到100～130℃之间时，靠近Na_2SO_4结晶区的是$3Na_2SO_4 \cdot MgSO_4$和NaCl结晶区，也容易生成$3Na_2SO_4 \cdot MgSO_4$结晶。由此可见，一效高温蒸发最容易生成$3Na_2SO_4 \cdot MgSO_4$复盐，同时，析出的结晶颗粒细小，在黏度较大的硫酸钠溶液中不易沉降，易出现沉降不清的现象，造成沉降的浆状硫酸钠过稀，夹带硝液多，离心脱水困难，致使甩干的硫酸钠夹带母液多，质量低。

硫酸钠镁矾复盐的析出，会使产品中杂质增多，为确保产品质量，不得不过早地大量地排掉硫酸钠废母液，这样做的结果，就使得硫酸钠的收率大大降低，生产成本大大提高。

为避免在蒸发过程中析出硫酸钠镁矾复盐，可降低蒸发排料温度，使蒸发在较低温度下进行，将一效103℃高温排料改为二效70℃低温排料，扩大无水硫酸钠结晶区，并避免硫酸钠镁矾复盐的生成。同时，排料温度的降低，还减少了热能的浪费，并改善了工人的操作条件。

在双效蒸发流程设计中，为达到二效低温排料的目的，可采取顺流操作方式，即硫酸钠澄清液从一效进入，由二效排出；在三、四效蒸发流程的设计中，可采取顺、逆流结合的方法，将料液从一、三效转入二效后排出。

在无水硫酸钠生产中，常用的蒸发设备有强制循环蒸发器和自然循环蒸发器，强制循环蒸发器由于有循环泵的推动，料液流速加快，不易结垢，传热效率高，而且容易实现多效蒸发，能耗也较低。因受温差限制，自然蒸发器不易实现多效蒸发。因此，无水硫酸钠的生产以采用强制循环实现多效蒸发为宜。

据从生产实践中得到的数据，双效外加热式强制循环蒸发器的蒸发强度一般均超过1100 $kgH_2O/(m^2 \cdot d)$，每吨产品耗标准煤为450kg左右。而自然循环蒸发器的平均蒸发强度仅为450 $kgH_2O/(m^2 \cdot d)$，较强制循环蒸发器相差一倍以上。单位产品消耗标准煤一般也超过600kg，较强制循环蒸发器高出30%以上。

多效蒸发比单效或双效蒸发可提高热利用率，蒸发1t水所耗用的蒸汽量和蒸发的效数成反比例。如表9-12中数据所示，一般以采用四效真空蒸发为宜。

表 9-12 蒸发器效数和蒸发耗蒸汽量比较

蒸发器效数	单　效	二　效	三　效	四　效
单耗蒸汽 / [t/t（H_2O）]	1.15	0.625	0.415	0.32
各效较单效节约蒸汽 /%	—	45.65	63.91	72.17
后效较前效节约蒸汽 /%	—	45.65	33.60	22.89

四、干燥

无水硫酸钠的干燥多采用气流干燥装置。空气在预热器中以蒸汽加热，空气由鼓风机鼓入，经空气预热器加热到150℃左右进入干燥管，而后经两级旋风分离器分离，干硝经锁气器进入料斗，热风直接排空。少数生产单位采用沸腾干燥器作为无水硫酸钠的干燥设备。

9.3.2 盐析法

在用全溶蒸发脱水法生产无水硫酸钠以及其他方法回收饱和溶液中的硫酸钠的情况下，均要用到盐析法。

盐析法生产无水硫酸钠是在强电解质的饱和溶液中，溶质均以离子状态存在于溶液中，当溶液中加入和该电解质有相同离子的强电解质，从而降低了原电解质的溶解度，这种效应称作同离子效应。根据这一原理，在硫酸钠的饱和溶液中，加入细颗粒状氯化钠，由于同离子的作用，使硫酸钠的溶解度减小而析出。

氯化钠和硫酸钠溶液平衡组成，即$NaCl-Na_2SO_4-H_2O$体系的溶解度如表9-13所示。

表 9-13 $NaCl-Na_2SO_4-H_2O$ 体系的溶解度

点	温度 / ℃	g/100g（溶液）			g/100g（干盐）		固　相
		Na_2SO_4	NaCl	H_2O	Na_2SO_4	NaCl	
	−21.7	0.12	22.80	77.08	0.52	99.48	$NaCl \cdot 2H_2O+Na_2SO_4 \cdot 10H_2O+H_2O$
	−20.0	0.24	23.00	76.76	1.03	98.97	$NaCl \cdot 2H_2O+Na_2SO_4 \cdot 10H_2O+H_2O$
A	−10.6	0.79	24.20	25.01	3.16	96.84	$NaCl \cdot 2H_2O+Na_2SO_4 \cdot 10H_2O+H_2O$
	−4.0	1.19	24.80	74.01	4.58	95.42	$NaCl \cdot 2H_2O+Na_2SO_4 \cdot 10H_2O+H_2O$
	0.0	1.39	25.30	73.31	5.21	94.79	$NaCl \cdot 2H_2O+Na_2SO_4 \cdot 10H_2O+H_2O$
	0.1	1.41	25.30	73.29	5.28	94.72	$NaCl \cdot 2H_2O+Na_2SO_4 \cdot 10H_2O+NaCl$
	6.5	2.47	24.80	72.73	9.06	90.94	$NaCl+Na_2SO_4 \cdot 10H_2O$
B	10.2	3.39	24.30	72.31	12.24	87.76	$NaCl+Na_2SO_4 \cdot 10H_2O$
	15.0	5.41	23.20	71.39	18.91	81.09	$NaCl+Na_2SO_4 \cdot 10H_2O$
	17.5	7.31	22.30	70.39	24.69	75.31	$NaCl+Na_2SO_4 \cdot 10H_2O$

续表

点	温度/℃	g/100g（溶液）			g/100g（干盐）		固 相
		Na_2SO_4	NaCl	H_2O	Na_2SO_4	NaCl	
	17.9	7.57	22.30	70.13	25.34	74.66	$NaCl+Na_2SO_4+Na_2SO_4\cdot 10H_2O$
	20.0	9.16	20.40	70.44	30.99	69.01	$Na_2SO_4+Na_2SO_4\cdot 10H_2O$
	25.0	14.50	14.50	71.00	50.00	50.00	$Na_2SO_4+Na_2SO_4\cdot 10H_2O$
	30.0	25.00	5.68	69.32	81.49	18.51	$Na_2SO_4+Na_2SO_4\cdot 10H_2O$
	20.0	7.36	22.50	70.14	24.65	75.35	$NaCl+Na_2SO_4$
C	25.0	7.06	22.65	70.29	23.76	76.24	$NaCl+Na_2SO_4$
	30.0	6.68	22.95	70.37	22.54	77.46	$NaCl+Na_2SO_4$
	50.0	5.55	24.10	70.35	18.72	81.28	$NaCl+Na_2SO_4$
	75.0	4.95	25.25	69.80	16.39	83.61	$NaCl+Na_2SO_4$
	100.0	4.51	25.90	69.59	14.83	85.17	$NaCl+Na_2SO_4$
	105.0	4.44	26.10	69.46	14.54	85.46	$NaCl+Na_2SO_4$

将表9-13中g/100g溶液换算为g/100g（干盐），例如20℃时，Na_2SO_4和$Na_2SO_4\cdot 10H_2O$共饱时，

$$Na_2SO_4：\frac{9.16}{9.16+20.4}\times 100=30.99\ (\text{g/100g 干盐})$$

$$NaCl：100-30.99=69.01\ (\text{g/100g 干盐})$$

同样计算出各种温度时溶液中的干盐百分数，列于表9-13。将表9-13中干盐组成绘于图9-10中。

图9-10及表9-13数据表明，在硫酸钠饱和溶液中加入氯化钠，使硫酸钠溶解度降低而析出硫酸钠。

设有硫酸钠饱和溶液组成如图9-10中的*R*点，在50℃时加盐盐析。在盐析过程中，若温度降至45℃，则*R*点将沿着*RS*线向*S*点移动。*RS*线为Na_2SO_4饱和线，在析盐过程中只析出Na_2SO_4。到达*S*点后，NaCl和Na_2SO_4都达到饱和，*S*点是最佳加盐点。再多加盐只能混入Na_2SO_4中而影响产品质量；如加盐少，液相点未到达*S*点，则硫酸钠溶液中的硫酸钠未能充分析出，产品产量低，故盐析终止点以*S*点为佳。如温度继续下降，液相点将沿着*SC*线向*C*点移动，在降温过程中，液相中硫酸钠含量逐渐增大，使已析出的硫酸钠重新被溶解；氯化钠不断析出，混入已析出的硫酸钠中，而液相中氯化钠含量却逐渐减小。因此，当盐析完毕，应迅速离心脱水，不能放置时间太长而降温，以免既减少产量，又降低质量。

到达*C*点，不仅Na_2SO_4和NaCl饱和，而且$Na_2SO_4\cdot 10H_2O$也饱和而析出。如温度再降低，液相点将沿*CB*线向*B*点移动，析出固相NaCl和$Na_2SO_4\cdot 10H_2O$混合结晶，盐析温度如低于17.9℃时的*C*点，则盐析反应停止，不再析出硫酸钠。

饱和硫酸钠溶液加氯化钠盐析硫酸钠，析出量和盐析温度关系很大。从表9-13数据可知，在硫酸钠和氯化钠共饱溶液中，75℃时含硫酸钠量为4.95%（质量分数），50℃时为5.55%

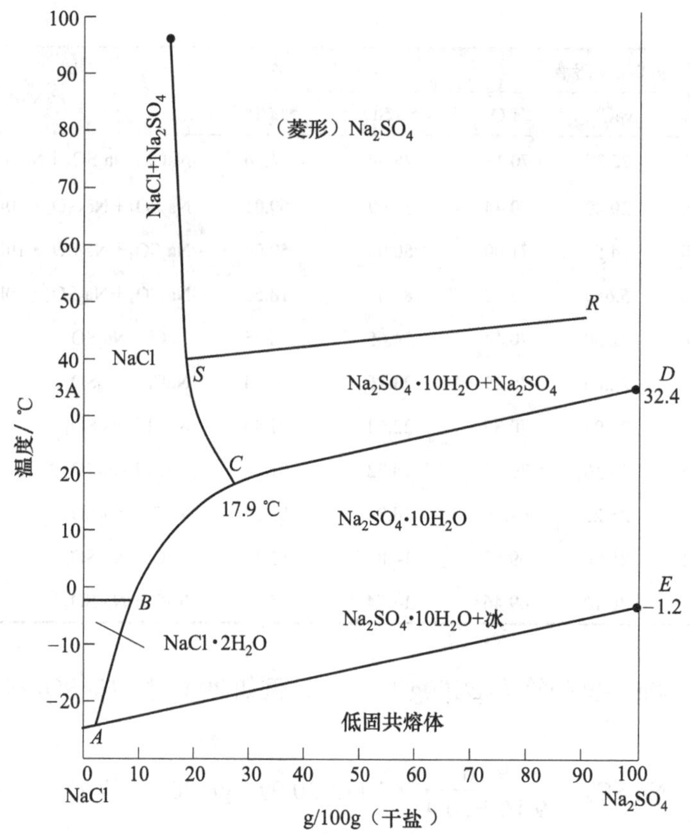

图 9-10 $NaCl\text{-}Na_2SO_4\text{-}H_2O$ 体系的溶解度图

(质量分数),30℃时为 6.68%(质量分数)。可见,适当提高盐析温度,不仅硫酸钠析出量大,还有利于脱水和干燥操作。

生产上盐析温度要根据具体条件而定。例如,全溶蒸发脱水法蒸发到一定浓度时,蒸发罐排出硫酸钠废母液,液温一般在 100℃左右,此时,盐析即可在较高温度下进行,以充分回收硫酸钠。为节约能源,一般情况下,不采取以蒸汽特别加热的办法来提高硝液温度,应加强对料液本身温度的保温措施,防止降温,在盐析过程中,以尽量防止硫酸钠澄清液因液温下降而影响硫酸钠析出量。

盐析用盐一般为氯化钾生产中的副产苦盐、各种原料制取的真空盐及粉碎后的各种原料盐等。盐析用盐粒度越小,则溶解越快,盐析速度也越快,并减少搅拌时间。

盐析加盐量可根据硫酸钠饱和溶液中硫酸钠溶解度以及硫酸钠和氯化钠共饱溶解度来计算。

9.3.3 热熔法

机械冷冻生产的十水硫酸钠,因水不溶物含量较低,因此,可直接加热至 32.38℃以上进行热熔,使其熔于自身的结晶水中,并析出过剩固相硫酸钠,此种工艺称为热熔法。这种工艺可避免溶解芒硝的大量水分的加入,极大地减少蒸发所消耗的能源。

硫酸钠溶解时,其在固相和液相中的分布和温度有关。例如,芒硝在 32.38℃的溶解度为

33.2%。可按以下方法计算硫酸钠析出量和析出率以及液相中硫酸钠的剩余量。

1mol$Na_2SO_4 \cdot 10H_2O$，相对分子质量为322.208，Na_2SO_4的相对分子质量为142.048，设x为析出Na_2SO_4的克数：

$$\frac{142.048-x}{322.208-x}\times 100\%=33.2\%$$

$$x=52.51\text{（g）}$$

硫酸钠析出率为 $\frac{52.51}{142.048}\times 100\%=37\%$

液相中剩余硫酸钠 100%－37%＝63%

同样，计算不同温度热熔芒硝时，硫酸钠在固相及液相中的分布如表9-14所示。硫酸钠析出量随热熔温度升高而增加；液相中硫酸钠剩余量随热熔温度升高而减少。当热熔温度升至90℃以上时，硫酸钠在固相和液相中的分布，无大变化。

表 9-14 不同温度硫酸钠在固相和液相中的分布

温度 /℃		32.38	40.00	50.00	60.00	70.00	80.00	90.00	100.00	120.00	150.00
硫酸钠分布，质量分数 /%	固相	37.0	38.2	40.5	42.7	44.2	45.4	46.0	46.4	46.4	46.6
	液相	63.0	61.8	59.5	57.3	55.8	54.6	54.0	53.6	53.6	53.4

芒硝热熔只需供给熔融热量，无需蒸发水分，所以，节能效果较为显著。但热熔温度不宜太高，例如，90℃时热熔可析出46%硫酸钠，虽比32.38℃时多析出9%，但多耗能源，因此，芒硝热熔温度的范围，以50～80℃为宜。

9.3.4 热熔 - 盐析法

综上所述，芒硝全溶蒸发脱水法生产无水硫酸钠产品质量较好。收率也较高，但能源消耗较高；盐析法耗蒸汽量少，节约能源，生产设备较简单，投资少，建厂快，运行费用也较低，但该法一方面需消耗较多的优质细盐，且不易得到优质产品，在生产中不易实现在理想状态下的操作，因此，析出率及产品质量均不够稳定。

热熔法虽可部分克服全溶蒸发及盐析法生产无水硫酸钠的缺点及不足，但该法的最大缺点是硫酸钠的析出率太低。高者不足50%，低者仅30%多。为了提高热熔法生产无水硫酸钠的收率，必须充分利用热熔母液，回收其中的硫酸钠。在有多效蒸发设备的条件下，可将热熔母液并入蒸发系统中，采用多效蒸发流程，以达到回收热熔母液中残留的硫酸钠的目的。此法可较全溶蒸发脱水法节约煤耗40%左右。

在没有多效蒸发的条件下，可采取以盐析热熔母液的办法，回收热熔母液中有效成分，即所谓热熔 - 盐析法。

此法是将芒硝在间壁式热熔器内用蒸汽加热熔融，分离硫酸钠后的热熔母液加盐盐析，将分离出的盐析硫酸钠，返回热熔器和热熔硫酸钠及其母液混合，可将盐析时过剩的氯化钠全部转入液相中，即以热熔母液去洗涤盐析硝，以提高产品质量。

为了解决热熔母液盐析加盐量的控制问题，经过多次循环实验，找出不同温度条件下热熔母液浓度与盐析加盐量的关系，如表9-15所示。

表 9-15 不同浓度循环热熔母液盐析加盐量

加入盐析母液次数	热熔母液 600ml			热熔母液 800ml		
	逐次测得数据		每立方米热熔母液加盐量 /kg	逐次测得数据		每立方米热熔母液加盐量 /kg
	加入盐析母液量 /ml	循环热熔母液浓度和温度 /（°Be′/℃）		加入盐析母液量 /ml	循环热熔母液浓度和温度 /（°Be′/℃）	
0	—	32.50/64.00	313	—	33.10/45.00	317
1	20	32.50/63.50	302	30	32.90/45.00	305
2	20	32.05/64.00	293	30	32.75/45.00	294
3	20	31.60/64.00	284	30	32.55/45.00	284
4	20	31.15/64.00	276	30	32.40/45.00	275
5	20	30.85/64.00	268	30	32.20/45.00	266
6	20	30.50/64.00	260	30	32.05/45.00	258
7	20	30.25/64.00	253	30	31.95/45.00	251
8	20	29.95/64.00	247	30	31.85/45.00	243
9	20	29.70/64.00	240	30	31.70/45.00	237
10	20	29.45/64.00	234	30	31.55/45.00	230
11	20	29.20/64.00	229	30	31.45/45.00	224
12	20	28.95/64.00	223	50	31.30/45.00	215
13	20	28.70/64.00	218	50	31.10/45.00	206
14				50	30.95/45.00	198
15				50	30.85/45.00	190
16				50	30.70/45.00	183
17				50	30.65/45.00	177
18				50	30.50/45.00	171
19				50	30.30/45.00	165
20				50	30.20/45.00	160
21				50	30.10/45.00	155

10 第10章 硼酸与硼砂的生产

10.1 硼与硼化合物

硼是地球上含量稀少而又非常分散的化学元素。地球上平均含量约为 3×10^{-6}。硼是十分活泼的元素，在自然界里没有游离态的硼，它与其他元素化合生成硼酸盐和硼化合物。

根据化学加工条件的不同，含硼资源可分为3类：①易分解的矿物，主要是沉积生成的。如钠的、钾的、钠-钙的及镁-钙的硼酸盐（约有60种）。②难分解的火成岩矿物，如复杂的含硼硅酸盐及硅铝酸盐（约25种）。③含有硼砂及硼酸的水溶液，如青海、西藏的天然硼砂矿和盐湖卤水。

目前在全世界的硼工业中，主要是使用第1类的矿物，较少量的硼来自第3类的原料。大部分硼资源储藏在西半球，主要是美国。储藏量约占世界总储量的90%，其硼化合物的产量也占世界总产量的85%以上。世界上拥有丰富硼资源的国家不多，主要有美国、土耳其、俄罗斯、智利、阿根廷、秘鲁、中国等。

我国硼资源较丰富，主要为硼镁矿。名列前茅的要数东北硼矿床，如辽宁、吉林有较大量的纤维硼镁矿（$2MgO\cdot B_2O_3\cdot H_2O$）和硼镁铁矿（$3MgO\cdot FeO\cdot Fe_2O_3\cdot B_2O_3$）；青海省有钠硼解石（$Na_2O\cdot 2CaO\cdot 5B_2O_3\cdot 16H_2O$）、柱硼镁矿（$MgO\cdot B_2O_3\cdot 3H_2O$）；西藏有天然硼砂、硼镁矿；四川有含硼卤水。

元素硼由氧化硼与镁粉或铝粉加热还原制得。硼在空气中于700℃下燃烧生成硼酸酐（B_2O_3），硼在900℃以上可与氮化合生成具有高熔点（在常压下约为3000℃以上）的氮化硼（BN）。硼在隔绝空气的情况下加热至2500℃与炭作用生成黑色晶态碳化硼（B_6C、B_4C、B_3C）其中 B_3C 比金刚石还硬。硼与氢作用可生成各种硼的氢化物（如硼烷）。硼能与某些金属作用形成硼化合物结构材料，如 Mo_2NiB_2 是一种具有金属高韧性和陶瓷高温强度的三元复合材料。

我国生产硼化合物具有悠久的历史。早在15世纪，西藏地区就有由天然粗硼砂制取精硼砂的作坊。新中国成立前，四川自贡张家坝制盐化工厂已从卤水中提取了硼酸。20世纪50年代末开始用硼酸盐矿生产硼砂。迄今，我国生产的硼化合物品种有硼砂、硼酸、偏硼酸钡、氮化硼、碳化硼、三氟化硼、硼酐等20余种。

无机硼化合物主要应用于医药、防腐剂、陶瓷釉料、冶金溶剂、化妆品、防冻剂、阻燃剂、超硬磨料，大量用于玻璃和陶瓷工业做化工原料。

10.2 硼　　酸

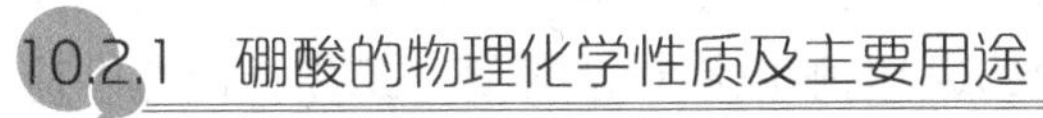

10.2.1 硼酸的物理化学性质及主要用途

硼酸是氧化硼的水合物，也称为亚硼酸、正硼酸、焦硼酸，其外观为白色粉末状结晶或三斜轴面鳞片状，带光泽结晶，与皮肤接触有腻滑感觉，无臭味，它溶于水、乙醇、甘油、醚类及香精，微溶于丙酮，水溶液呈弱酸性。加热至70～100℃时逐渐脱水成偏硼酸，150～160℃时成焦硼酸，300℃时失水而成硼酸酐，熔点169℃。硼酸，CAS号10043-35-3，RTECS号ED4550000，化学式为H_3BO_3，相对分子质量为61.84。硼酸对人体有毒，内服影响神经中枢。

硼酸广泛用于搪瓷、陶瓷、制革、焊接、消毒剂、防火、肥皂、建材、香料、医药、冶金、添加剂、助熔剂、防腐剂、催化剂及肥料和国防工业中。

在轻工纺织和日用化工中，硼酸可以作为杀菌剂用于硼酸皂的生产，也可用于防火纤维的绝缘材料和阻燃剂，还用于漂洗剂、媒染剂、后整理剂；硼酸大量用于光学玻璃、耐酸玻璃、耐热玻璃和玻璃纤维等，可改善玻璃制品的耐热、透明性能，提高机械强度。在陶瓷、搪瓷工业中，它可增强搪瓷制品的光泽和牢固度，提高色釉的覆盖能力；在医药工业中，硼酸是外用药，用于止痛和消毒剂中，可用于防止疼痛和消毒；在电子工业中，硼酸用于生产无碱玻璃纤维，是发电机组的绝缘材料；在农业上，硼元素是植物生长的微量元素肥料，直接关系到糖类的转化、新陈代谢、花粉孕育及抗病能力，施用硼肥后作物可增产10%～15%，硼酸是微量硼的主要来源之一。我国硼酸产品质量标准执行GB/T558—2006标准。指标如表10-1所示。

表10-1　工业硼酸标准（GB/T558—2006）

指标名称		指标		
		优等品	一等品	合格品
硼酸 (H_2BO_3)/%		99.6～100.8	99.4～100.8	≥99.0
水不溶物 /%	≤	0.010	0.04	0.06
硫酸盐（SO_4^{2-}）/%	≤	0.10	0.20	0.30
氯化物（Cl^-）/%	≤	0.010	0.050	0.10
铁（Fe）/%	≤	0.0010	0.0015	0.0020
氨（NH_4）/%	≤	0.30	0.50	0.70
重金属（以Pb计）/%	≤	0.0010	—	—

注：水不溶物是指水不溶解的物质，一般是指机械杂质。

10.2.2　用硼矿生产硼酸的方法

我国绝大多数硼矿资源为纤维硼镁矿，其品位较低，一般含B_2O_3的质量分数为12%～14%。国内利用硼镁矿生产硼酸始于1956年，最初采用硫酸分解硼镁矿的工艺路线，由于酸法存在原材料消耗大、B_2O_3收率低、设备腐蚀严重等问题，所以，自1958年改用碱分解硼镁矿，先制成硼砂，再用硫酸处理硼砂制取硼酸，这是目前国内生产硼酸的主要方法，产量约占硼酸总产量的80%以上。但碱法的工艺流程长，既耗碱又耗酸，另外，因为纤维硼镁矿中含有较多硫酸钙，当用碱加工时硫酸钙会转变为硫酸钠，这就使得碱的消耗增高。并且，从分解液中析出硼砂后，还要消耗许多热量来蒸发母液以回收硫酸钠，因而生产成本较高。1966年天津化工研究院与开元化工厂合作开发，建成了碳铵一步法直接生产硼酸的装置。该法是将硼镁矿粉与碳酸氢铵溶液混合，经加热复分解得到含硼酸铵的料液，再经脱氨得到硼酸。碳铵法的成功开发，较好地解决了酸法和碱法存在的问题，为国内厂家广泛采用。此外，还开展过盐酸法、二氧化硫法、碳酸法、萃取法和电解电渗析法等研究工作，但迄今应用于工业生产的尚极少见。

一、硫酸法制取硼酸

（一）基本原理

在一定的温度下，硫酸作用于纤维硼镁矿，使矿石中的三氧化二硼以硼酸的形式转入液相中，然后分离出残渣和含硼酸的溶液，控制滤液中硼酸和其他杂质的浓度，利用硼酸溶解度随温度降低而减少的性质，冷却溶液，硼酸便从液相中结晶析出，再经分离即得硼酸。

用硫酸分解纤维硼镁矿石生产硼酸的主反应为

$$2MgO\cdot B_2O_3\cdot H_2O+2H_2SO_4+aq \longrightarrow 2MgSO_4+2H_3BO_3+aq$$

由于矿石中存在其他杂质，它们都不同程度地与硫酸发生反应。反应式为

$$CaCO_3+H_2SO_4 \longrightarrow CaSO_4\downarrow+CO_2\uparrow+H_2O$$

$$CaMg(CO_3)_2+2H_2SO_4 \longrightarrow CaSO_4\downarrow+MgSO_4+2CO_2\uparrow+2H_2O$$

$$FeO\cdot Fe_2O_3+4H_2SO_4 \longrightarrow FeSO_4+Fe_2(SO_4)_3+4H_2O$$

$$Mg_6(Si_4O_{10})(OH)_8+6H_2SO_4 \longrightarrow 6MgSO_4+4SiO_2+10H_2O$$

由于副反应的存在，即矿石中的杂质也会与硫酸反应而转变成 $CaSO_4$、$MgSO_4$、$Fe_2(SO_4)_3$ 等，硫酸钙实际上会全部转入沉淀中，这就有利于硼酸结晶后的母液的进一步处理。从分解清液中结晶硼酸时，根据 H_3BO_3-$MgSO_4$-H_2O 体系相图来正确选择硼酸的结晶条件。该体系的相图如图 10-1 所示。图中 E 点为共饱点（25℃），组成为 H_3BO_3（3.09%）、$MgSO_4$（26.0%）。M 点为溶液组成点，组成为 H_3BO_3（7.0%）、$MgSO_4$（9.0%）。于 100℃温度下将溶液 M 点蒸发至 N 点，然后冷却至 25℃析出硼酸结晶，其母液组成为共饱点 E 点。为了利用其中的硼酸，加入沉淀剂，使其以沉淀物的形式析出。母液的组成为 F 点，母液含 H_3BO_3（1.0%）、$MgSO_4$（28.0%）。在 100℃温度下将其蒸发至 G_2 点，冷却至 25℃，析出 $MgSO_4\cdot 7H_2O$ 结晶。其母液组成又返回至 E 点。

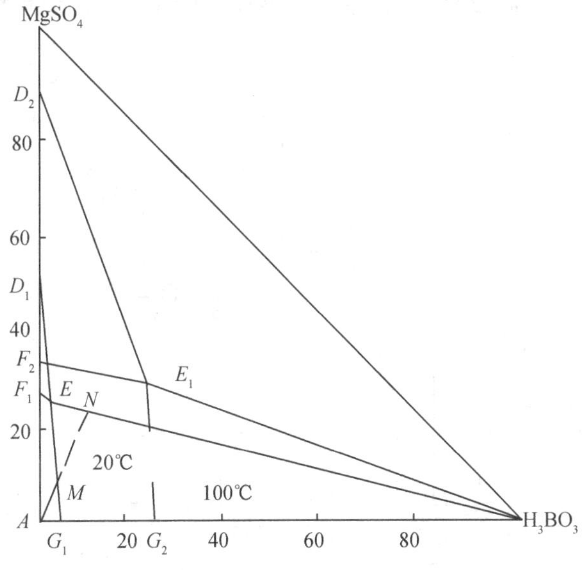

图 10-1　计算硼酸多温结晶用的相图

酸法生产的复杂性主要取决于矿石的组成、各组分的含量及其性质。酸分解的目的，一方面是要以适量的硫酸尽快地将矿石中的硼酸盐分解；另一方面又要求杂质尽量地少分解，以制备出适合于过滤和结晶的物料。由于矿石的组成常有较大的差异，因此使酸解工艺条件

的选择变得比较复杂，很难确定一个固定的通用指标，只能在酸解过程的一般规律指导下，根据矿石的成分及其他具体情况（如设备结构、硫酸原始浓度等），经常定期地选定和调整。影响酸分解的因素有硫酸用量、液固比、反应温度、反应时间、矿粉细度等。

（二）影响因素及工艺条件

矿石经破碎机 1 进行粗碎，再经球磨机 5 进行粉碎，要求细度达 60～80 目。按配料比向酸分解反应罐 8 投入各种物料：首先将上个循环中所得的洗水加入反应器中，然后按液固比的要求补加清水，再在搅拌情况下定量地投入矿粉，缓缓加入硫酸，硫酸储罐 9 由泵送入硫酸高位槽 7，阀门控制硫酸的流速。因为矿石中含有碳酸盐，所以开始加硫酸会有大量气泡产生，一定要控制好温度和硫酸加入速度，以免物料溢出，必要时可以用压缩空气降温或加一些机油作为消泡剂。加完硫酸后，使料浆在 95℃条件下反应一小时，酸解率一般在 95% 以上。反应完成后（控制料浆中游离酸的浓度为 0.2%～0.5%），趁热用泵送入压滤机 10 中进行过滤。为防止硼酸结晶析出，压滤机在操作前先用蒸汽预热。操作压力一般控制在 0.2MPa 左右，提高过滤压力虽然可以加快过滤速度，但滤渣被压得过于坚实，不易彻底洗涤，增加了矿渣中三氧化二硼的损失。矿渣中水溶性三氧化二硼为 0.3%～0.5%，废渣含液量为 30% 左右。滤液需经两次过滤，以进一步净化溶液（二次过滤也要趁热快速进行，以免结晶析出）。过滤后滤液应是澄清透明的棕红色液体，其相对密度应保持在 1.26～1.42。前两次过滤的矿渣需用 80℃以上的热水洗涤，洗水用量一般为 2～2.5m^3/t（矿粉）。两次所得的洗水合并，供下次酸解时使用。经两次过滤后的溶液含硼酸 10% 左右，含硫酸镁 20%～25%。送往结晶器 11 进行冷却，使硼酸结晶析出。含硼酸结晶的悬浮液经离心机 12 分离，用冷水洗涤，每吨粗硼酸洗水量应控制在 1m^3。经离心分离后得到的湿硼酸，含水分为 5%～8%。再经干燥、包装即为成品。洗涤结晶的洗水与洗涤矿渣的洗水合并，供酸解时使用。结晶后母液弃去，母液成分为 2.5%～2.8%，硫酸镁为 24%～27%，其生产流程如图 10-2 所示。

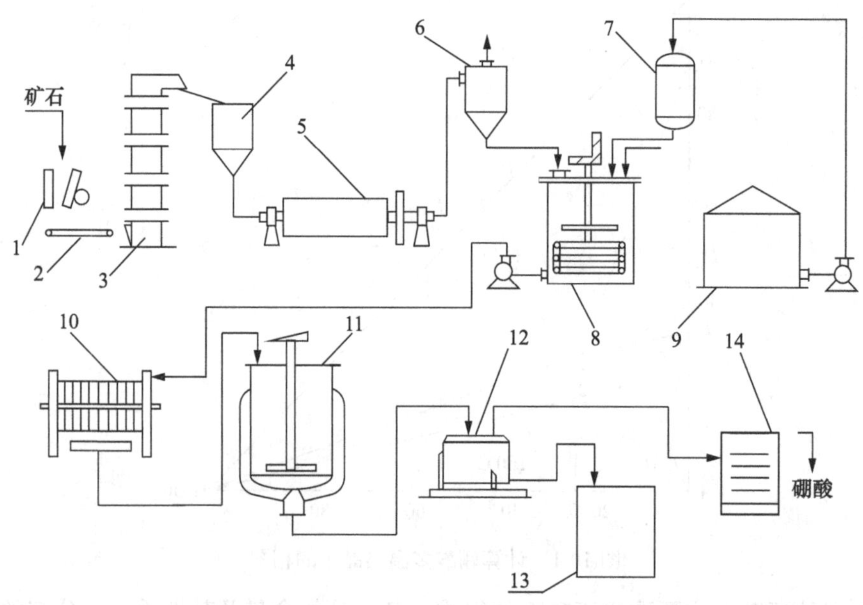

图 10-2　硫酸法生产硼酸工艺流程图

1—颚式破碎机；2—皮带输送机；3—斗式提升机；4—料仓；5—球磨机；6—旋风分离；7—硫酸高位槽；8—酸分解罐；9—硫酸储罐；10—压滤机；11—结晶器；12—离心机；13—母液池；14—干燥器

（三）影响因素及工艺条件

矿石的成分和组成对硼酸的生产影响颇大，不同的矿石产地或同一产地不同的矿点，其矿石组成也常常有较大的变化。因此酸解反应工艺条件的确定是很复杂的，要经常分析矿石的成分，根据成分的变化来调整工艺条件，才能使酸解反应达到较佳效果。影响酸解反应的因素有矿石产地、硫酸用量、液固比、反应温度、反应时间及矿粉细度等，分述如下。

1. 矿石的选择

我国硼镁矿主要产于辽宁省的凤城、宽甸、营口及吉林省的通化等地。习惯上按产地来划分矿种。这几种硼镁矿的三氧化二硼含量相差较大，对硫酸法加工来说，其杂质成分多少也不一样，所以对矿石产地的选择，将影响酸法加工的难易程度，工艺条件也不同。实践证明镁的浸取率一般在 80% 左右，所以生产中对矿石的选择，除要求三氧化二硼含量较高外，还要求一定的硼镁比，当然，Mg：B_2O_3 比值越小对生产越有利。

2. 硫酸用量

按照生产基本原理中所列反应方程式，矿石中能与硫酸作用的金属阳离子，全部转变成硫酸盐时所需的硫酸量即为该矿石的理论用酸量，可按式（10-1）计算：

$$\text{理论用酸量}=2.44\text{Mg 质量分数（\%）}+1.75\text{CaO 质量分数（\%）}+1.83\text{Fe}_2\text{O}_3\text{ 质量分数（\%）}+1.36\text{FeO 质量分数（\%）} \qquad (10\text{-}1)$$

3. 液固比

为使反应后的料浆能够有比较好的流动性，同时还要考虑反应过程中的水分损失，此外，还要使转入液相中三氧化二硼和氧化镁有适当的比值和适宜的硼酸浓度，以利于硼酸的结晶和分离，所以应选择合理的液固比，以满足上述诸因素的要求。

这些因素中以哪一种为主，要视矿石的组成而定。我国以前用于硫酸法制硼酸的硼镁矿中的三氧化二硼含量较低，易被分解的氧化镁较高，因此在选择液固比时首先应考虑到所得滤液中硼酸和硫酸镁的浓度，使滤液结晶时有尽可能高的硼酸收率。由 H_3BO_3-$MgSO_4$-H_2O 三元体系相图便能大体确定出液固比及相应的结晶温度。就料浆流动性而言，液固比为 2：1（质量比）就够了。液固比的大小直接决定了反应时料浆中硫酸的浓度。实践证明：料浆中硫酸浓度对矿石中硼酸盐的分解程度的影响是很小的，但对杂质，特别是对铁的影响是很大的。在实际生产中，液固比一般掌握在 2.0～2.3 之间。

4. 反应温度

对硼酸盐浸出率影响不显著，但对分解速度却有比较大的影响。纤维硼酸镁石的分解速度在 85℃以前随温度的提高明显上升，85℃以后再提高温度，分解速度的变化就不显著了。

温度对杂质的影响是很小的，过分提高温度是没有必要的。但是反应温度太低，则三氧化二硼不能完全被分解，而且会使过滤速度降低，硼酸易在过滤或输送过程中结晶出来。

5. 反应时间

在加完硫酸后于 95℃下搅拌 60min，就有 95%～98% 的硼酸被浸出，再过多地延长反应时间，会使杂质的浸出率提高，还会使矿浆中的游离酸被杂质所消耗，铁、镁的氢氧化物随之析出，造成过滤困难，实践证明反应时间以 60～90min 为宜。

6. 矿粉细度

硼镁矿是比较容易被无机酸分解的矿物。所以矿粉细度和搅拌转数对三氧化二硼的浸出率影响不大。就分解反应要求来说，矿粉细度大于30目即可，但为了使料浆便于输送，避免矿渣在反应罐底沉积，矿粉的细度还是小一些为好。生产中一般选择矿粉细度≥60目。

综上所述，可以看出：在矿石的品位选定以后，为了既经济又合理地利用矿石中的三氧化二硼，必须选择最适宜的操作条件。这些条件是：

◆ 液固比（质量比）：（2.0～2.3）：1；
◆ 硫酸用量：理论量的50%～70%；
◆ 反应终点含游离酸：0.2%～0.5%；
◆ 反应温度：85～95℃；
◆ 反应时间（加完酸后）：60～90min；
◆ 矿粉细度：≥60目。

（四）主要生产设备与选型

1. 颚碎设备

采用颚式破碎机将矿石破碎至25mm左右，再用球磨或雷蒙粉碎机进行粉碎。

2. 酸分解罐

大都采用带搅拌的圆筒式间歇反应器。由于硫酸的腐蚀性很强，且反应温度又较高，需选用防腐材料，一般都为碳钢外壳，内衬2～3层耐酸瓷砖，耐腐蚀效果好，使用寿命长。搅拌器和加热盘管为不锈钢制。反应器的盖子设有矿粉投料口、加酸管及排气口（用抽风机将反应产生的气体排出）。

3. 压滤机

采用板框压滤机。为防止酸的腐蚀，压滤机的滤框及滤板可用木质制造，也有用铸铁衬橡胶。前者制造简单，投资省，但强度较差，寿命短；后者加工较复杂，但使用寿命长。二者耐腐蚀性均较好。滤布一般采用玻璃布，其耐腐蚀性能好，过滤速度快，价格便宜，但易被折坏，操作时应注意避免折叠。

4. 结晶器

结晶器为带有搅拌装置和冷却夹套的搪瓷或不锈钢设备。硼酸冷却结晶过程中，在冷却面会有结晶物黏壁，而降低传热效率，需要定期清理。

5. 硼酸的分离和干燥设备

采用离心机进行硼酸的分离。干燥设备采用滚筒干燥器或沸腾干燥器均可。

（五）生产中的“三废”及其处理方法

1. 废气

在酸解的过程中产生大量的气体，其主要成分为水蒸气，碳酸盐分解产生的少量二氧化碳气体随泡沫带出的酸雾。用抽风机将气体排除室外，排气管的高度应高于车间顶部。若用喷淋塔或填料塔进行吸收处理，效果更佳。

2. 废渣

每生产1吨硼酸排出含水20%左右的废渣2～4吨，这些废渣主要含铁、镁、硅、钙等杂质，微酸性，无毒，可排放。

3. 废液

其主要成分为大量的硫酸镁及少量的硼酸，此外还有硼酸铁、硫酸亚铁、硫酸钙及游离硫酸。每生产1吨硼酸排出10～15m^{3}的母液，也由于其成分复杂，利用问题尚未解决，一般是直接排放。国外研究用离子交换法和溶剂萃取法回收硼。

（六）原料消耗定额

◆ 硼矿粉（12% 计）：8.5 t/ t 硼酸；

◆ 硫酸（89%）：4.8t/ t 硼酸；

◆ B_2O_3 收率：55%～60%。

硫酸法分解硼镁矿制取硼酸是我国早期采用的方法。此法工艺流程短，能耗较低，投资少，设备比较简单。主要缺点是母液难以利用，硼的收率低（最高为 55%～60%），若采用较高品位的硼矿为原料，此法还是可取的。

除硫酸外，还可采用盐酸、亚硫酸等酸解剂。

若均以硼镁矿为起始原料，对硫酸硼砂法、碳氨法和硫酸直接分解硼镁矿一步法（简称硫酸一步法）生产硼酸进行比较，可以看出：硫酸硼矿法因为要用加压碱解法或碳碱法先将硼矿石加工成硼砂，再用硫酸处理得硼酸，存在工艺流程长、需耗酸又耗碱、B_2O_3 回收率低等缺点；碳氨法与硫酸一步法相比，碳氨法的工艺流程短、B_2O_3 回收率较高，总收率可达 75% 以上（硫酸一步法总收率只有 72%～75% 之间）。硫酸一步法虽然 B_2O_3 总收率要比前两者低，但近年来随着硼镁肥在农业应用上的逐步推广，给硫酸一步法生产硼酸所得到的大量副产品——硼镁肥找到了出路。据资料介绍，硫酸一步法每生产 1 吨硼酸，其 H_3BO_3 的质量分数大于 98.5%，可副产固体硼镁肥 6～9 吨，其中 H_3BO_3 的质量分数为 5%～10%，$MgSO_4 \cdot 7H_2O$ 的质量分数为 68%～85%，从而使生产成本大幅度下降，这大大提高了硫酸一步法的竞争能力。

二、硼砂硫酸酸化或中和法制取硼酸

硼砂硫酸酸化法制取硼酸是国外生产硼酸的传统方法，目前还在应用中。

该生产方法的优点是：工艺流程短，设备简单，工艺条件易于掌握，技术成熟，较硫酸直接分解法酸耗少，产品质量稳定可靠，所以，目前仍为国内外生产厂家普遍采用。缺点是：就我国目前情况而言，需先用碱法加工硼镁矿制取硼砂，实际流程长。

（一）基本原理

硼酸是一种相当弱的酸，当强酸与其盐类作用时，即可将硼酸置换出来。主要反应为

$$Na_2B_4O_7 \cdot 10H_2O + H_2SO_4 = 4H_3BO_3 + Na_2SO_4 + 5H_2O$$

在通常条件下，这是一个不可逆的反应，反应速度快，且相当完全。

反应在水溶液中进行，反应产物硼酸和硫酸钠都溶于溶液中，形成一个 H_3BO_3-Na_2SO_4-H_2O 三元体系，利用硼酸和硫酸钠在该体系中不同温度下的溶解特性，可分别把它们结晶分离出来，即冷结晶析出硼酸，热结晶析出硫酸钠。

（二）工艺流程

将水或二次母液加入化料槽 1 中，用蒸汽加热，然后加硼砂，温度控制在 95℃左右，不断搅拌使硼砂完全溶解，溶液用叶片过滤器 2 过滤，除去不溶性杂质。滤液送入中和结晶器 5 中，加入硫酸进行中和反应。反应完备后，调整好反应液的 pH，在夹套中通入冷却水，在不断搅拌条件下冷却结晶，经离心机 6 分离得湿硼酸，再经干燥便得硼酸成品。一次母液用硼砂调整 pH 后送入蒸发器 8 内，蒸发结晶析出硫酸钠，蒸发到一定浓度后，趁热过滤分离出硫酸钠结晶体，二次母液返回配料循环使用，其生产流程如图 10-3 所示。

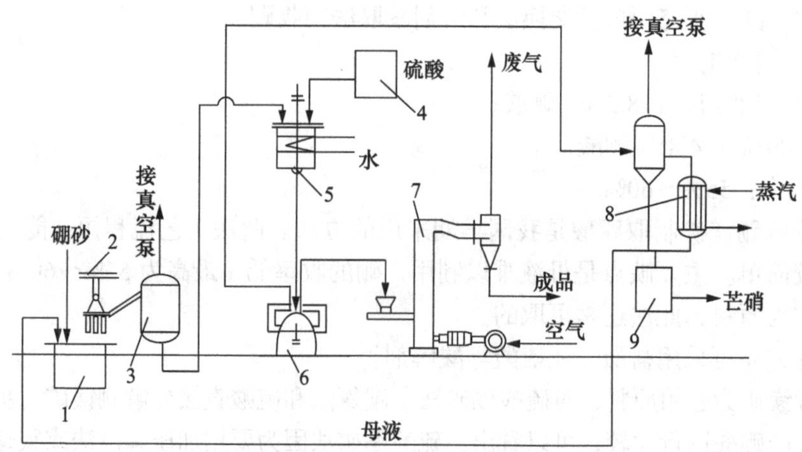

图 10-3 硼砂硫酸酸化法制取硼酸工艺流程图

1—化料槽；2—叶片过滤器；3—气液分离器；4—硫酸计量槽；5—中和结晶器；
6—离心机；7—气流干燥机；8—蒸发器；9—除硝器

（三）工艺参数

1. 化料及过滤

将分离硫酸钠后的二次母液加于化料槽中，如果二次母液不够，可补加部分自来水。调整到一定体积，然后直接用蒸汽加热到 85℃左右，投入硼砂，继续加热并不断搅拌，使硼砂溶解完全。

溶解好的硼砂溶液，因带有固体悬浮物等杂质，应进行真空叶片过滤，在过滤过程中，应保持溶液温度不低于 85℃，以免堵塞管道，影响过滤操作。

主要工艺条件：

◆ 化料浓度：400～450g/L（以 $Na_2B_4O_7 \cdot 10H_2O$ 计）；

◆ 化料温度：95～100℃；

◆ 过滤温度：不低于 85℃；

◆ 滤液应清彻透明无混浊。

2. 中和、结晶

经过滤的硼砂料液送到中和结晶器中，加入硫酸与硼砂，反应生成硼酸和硫酸钠，然后冷却结晶出硼酸。

主要工艺条件：

◆ 中和温度：75～85℃；

◆ 中和反应终点 pH：2～3；

◆ 降温终止温度：35～38℃。

3. 硼酸的离心分离

中和反应液降温至终止温度后，应立即进行离心分离，并用水洗涤结晶物。

主要工艺条件：

◆ 湿硼酸含量：93%～95%（以 H_3BO_3 计）；

◆ 洗水温度：37～40℃。

4. **硼酸的干燥**

经离心机脱水后的湿硼酸，含水量在5%～7%之间，要进一步干燥脱水才能得到含H_3BO_3 99.5%以上的产品硼酸。

气流干燥工艺条件：

◆ 湿硼酸游离水含量：＜7%；

◆ 热空气温度：37～40℃；

◆ 风压：2500Pa；

◆ 成品硼酸游离水含量：＜0.5%。

5. **母液的蒸发和硫酸钠的结晶分离**

结晶分离硼酸的一次母液中含H_3BO_3为100g/L左右，Na_2SO_4为400g/L左右。为了分离硫酸钠，故需进行蒸发结晶，然后趁热过滤，便得副产品硫酸钠。

工艺条件：

◆ 母液中和pH：4～5；

◆ 蒸发浓缩液浓度：34～35%；

◆ 洗水温度：80～90℃；

◆ 硫酸钠中含硼酸：＜0.5%。

（四）主要生产设备与选型

通常采用下列设备：①化料罐：带搅拌器及蒸汽间接加热的不锈钢设备。②结晶器：带搅拌器及蒸汽间接加热的搪瓷反应釜或不锈钢设备。③过滤设备：目前大多采用不锈钢真空叶式过滤器，亦可用压滤机。④蒸发器：目前采用的有两种：一种是常压蒸发结晶器，该设备为碳钢壳内衬耐酸砖，设有蒸汽加热盘管，材质为不锈钢，蒸发器内装有搅拌器。该设备的优点是结构简单，易于加工制造，操作方便易于控制，耐腐蚀性能好，寿命长，检修方便，缺点是效率较低，蒸汽耗量较大。另一种为真空蒸发结晶器，该设备由列管加热器、蒸发结晶室，结晶沉积器三部分组成，材质为不锈耐酸钢，在真空状态下操作。该设备的优点是蒸发效率高，蒸汽消耗较低，劳动条件好，缺点是结构复杂，设备费用高。⑤干燥设备：可用不锈钢干燥器或沸腾干燥器。

（五）主要技术经济指标

每生产1t硼酸，需要的各种原料为：①硼砂（100%）1.58t；②硫酸（100%）0.4t；③烟煤（29260kJ/kg）0.75t；④水13t；⑤电200kW·h。

三、碳氨法制取硼酸

碳氨法加工硼镁矿制取硼酸是天津化工研究设计院根据国外硼酸生产方法的发展动向，参考意大利用碳氨法加工硬硼酸钙石制取硼酸的专利，研究开发成功的。我国硼矿品位低，采用碳氨法加工硼镁矿生产硼酸，在工艺上是一次技术突破。

碳氨法的优点：可直接加工硼矿生产硼酸，不需消耗大量的硫酸和间接法生产所需的酸和碱，氨在流程中循环，消耗量很少，设备腐蚀性较硫酸法大大改善；其缺点是流程复杂，能耗大。

（一）基本原理

在一定的温度和压力下，用碳酸氢铵分解经过焙烧的硼镁石，被分解出来的硼则与铵结合生成硼酸铵而溶解于液相中，硼酸铵受热而逸出氨，最终生成硼酸。反应过程可分为四步：

1. 焙烧反应

硼镁矿中主要含硼镁石（$2MgO \cdot B_2O_3 \cdot H_2O$），在 630℃时开始脱去结晶水，生成具有化学活性的焦硼酸镁（$Mg_2B_2O_5$）。反应式为

$$2MgO \cdot B_2O_3 \cdot H_2O = Mg_2B_2O_5 + H_2O \uparrow$$

2. 浸取反应

浸取就是用碳酸氢铵在 140℃、（7～20）×10^5Pa 压力下分解经过焙烧的硼镁石。其反应为

$$2MgO \cdot B_2O_3 + 2NH_4HCO_3 + H_2O = 2MgCO_3 \downarrow + 2NH_4H_2BO_3$$

3. 硼酸铵的逸氨反应

浸取转入液相的硼酸铵，随着氨硼比的变化，生成不同组成的硼酸铵。这些硼酸铵受热而逸出氨，最终生成硼酸。其反应为

$$4NH_4H_2BO_3 = (NH_4)_2B_4O_7 + 2NH_3 \uparrow + 5H_2O$$

$$2(NH_4)_2B_4O_7 = 2NH_4HB_4O_7 + 2NH_3 \uparrow$$

$$5NH_4HB_4O_7 = 4NH_4B_5O_8 + NH_3 \uparrow + 3H_2O$$

$$NH_4B_5O_8 + 7H_2O = 5H_3BO_3 + NH_3 \uparrow$$

4. 碳化反应

回收的氨水和补充的氨水，通以二氧化碳，吸收而产生碳酸氢铵。

$$CO_2 + NH_3 + H_2O = NH_4HCO_3 + Q$$

（二）工艺流程和工艺参数

将焙烧后的硼矿粉、碳酸氢铵溶液和分离硼酸的母液，在配料罐内充分搅拌混合均匀后，送入浸取釜内进行分解反应，经过滤、洗涤，弃去残渣。溶液送去蒸氨，稀液作下次投料稀释用。溶液在蒸氨塔内，经蒸汽加热，使硼酸铵分解，氨经冷却回收而得氨水，溶液则转变成硼酸的稀溶液。硼酸溶液再经蒸浓，放入结晶罐内，冷却结晶，分离，湿硼酸经气流干燥后即得产品。

硼酸母液可回收加入到新的硼酸溶液中一起进行浓缩或返回分解工序作配料用。氨被冷凝成氨水和补充的氨水，送入碳化塔内，被经过洗涤的 CO_2 碳化成碳酸氢铵，然后送去配料，其生产流程如图 10-4 所示。

各工艺过程分叙如下：

1. 配料

按下式进行配料。

加氨量＝矿粉量（kg）× 品位（B_2O_3）%×1.03 ……（1）

碳化液中氨量＝体积（L）× 浓度（kg/L） ……（2）

补充碳酸氢铵量＝［（1）式－（2）式］×4.58 ……（3）

式中：1.03 为矿粉中 B_2O_3 的配 NH_3 系数；4.58 为 NH_3 换算成 NH_4HCO_3 的系数。

首先将应加入水量的 70% 加于配料罐中，加入碳化液，将配制好的料浆。

全部注入分解釜中，余下的水加入配料罐后，再单独送入分解釜中。

工艺条件：

◆ 氨硼比（NH_3/H_3BO_3）:（1.9～2.4）：1（物质的量比）;

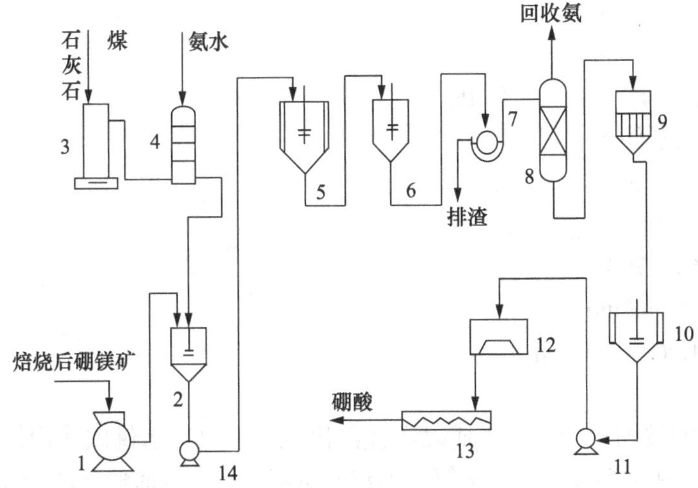

图 10-4 碳氨法制取硼酸生产工艺流程图

1—粉碎机；2—配料罐；3—石灰窑；4—碳化塔；5—浸取釜；6—料浆罐；7—过滤机；8—蒸氨塔；9—蒸发器；10—结晶器；11，14—泵；12—离心机；13—干燥器

◆ 液固比：（2.5～2.7）：1。

2. 矿石的分解

将上述配好的料浆，在一定的温度和压力下进行分解反应。首先将料浆进行升温，此时，反应釜内的碳酸铵受热分解生成 CO_2、NH_3 和 H_2O。由于生成大量气体，压力骤增，硼矿中的硼酸镁也和 NH_4HCO_3 作用，其中镁和二氧化碳反应生成碳酸镁沉淀，分解出的硼酸与氨生成硼酸铵。

工艺条件：

◆ 硼矿粉细度：＞160 目；

◆ 反应温度：140℃ ±5℃；

◆ 反应时间：4 小时以上；

◆ 反应压力：（1.96～2.94）$\times10^5$Pa。

3. 过滤

反应料浆脱氨处理后，用密压机进行过滤，滤液再用叶片吸滤机二次过滤，浓度在 1.02～1.03g/cm^3 以下者，进行蒸氨。残渣中的水溶性 H_3BO_3 一般不高于 0.35%。

工艺条件：

◆ 密压机操作压力：（1.96～2.41）$\times10^5$Pa；

◆ 过滤压力：（1.47～1.96）$\times10^5$Pa；

◆ 料浆浓度：1.32～1.38g/cm^3；

◆ 洗水温度：80～85℃；

◆ 低浓度滤液温度：80～85℃；

◆ 低浓度滤液浓度：1.01g/cm^3；

◆ 料浆过滤时间：10～15min；

◆ 洗水用量：2.4～2.7m^3；

◆ 滤液浓度：1.02g/cm^3；
◆ 滤饼厚度：20～25mm；
◆ 冲渣水压：（2.94～3.43）×10^{5}Pa。
叶片过滤机工艺条件：
◆ 真空度：（7.3～8.0）×10^{4}Pa；
◆ 泥浆浓度：1.21～1.26g/cm^3；
◆ 料浆温度：65～70℃；
◆ 滤饼厚度：35～40mm；
◆ 洗液浓度：1.00～1.01g/cm^3。

4. 蒸氨

将滤液中的硼酸铵加热分解，生成硼酸并蒸出氨，回收氨水供碳化用，残液送去蒸发。硼酸铵是弱碱性盐，在水溶液中极易水解，加热时氨即逸出，从而使硼酸游离出来。

清液从储罐送到高位槽，靠位差经转子流量计后进入预热器，预热后的清液进入蒸氨塔内，蒸溜后含硼酸的残液流入残液储罐。由塔内上升的蒸汽和氨经冷凝后流入储罐。

工艺条件：
◆ 清液组成：硼酸含量（1.213～1.456）×10^{3}mol/m^3（75～90g/L）；
◆ 氨含量：1.471×10^{3}mol/m^3（25g/L）；
◆ 凝液氨含量：2.941～3.824mol/m^3（50～65g/L）；
◆ 残液氨硼比：NH_3/H_3BO_3（物质的量比）0.04 以下；
◆ 喷淋密度：8.0～8.5m^3/（m^2·h）；
◆ 进料温度：20～25℃；
◆ 冷凝温度：104～105℃；
◆ 塔顶温度：96～98℃。
负压蒸氨技术条件：
◆ 气液分离罐真空度：（2.0～2.6）×10^{4}Pa；
◆ 气液分离罐内温度：40～50℃；
◆ 气液分离罐氨水浓度：（1.429～1.571）×10^{3}mol/m^3（50～55g/L）；
◆ 气液分离罐料液体积占罐体总体积的 1/2 处为宜；
◆ 吸收罐内氨水温度：35～40℃。

5. 蒸发

将蒸氨后的残液蒸发至浓缩液相对密度达 1.032～1.042 时将蒸发浓缩液送入结晶器内。
工艺条件：
◆ 出料浓度：20%～25%；
◆ 蒸发温度：85℃；
◆ 真空度：（4.0～4.6）×10^{4}Pa。

6. 结晶和分离

蒸发浓缩液经冷却结晶，离心分离后即得湿硼酸。结晶前要掌握浓液浓度及液量。过程中要注意观察结晶情况，如发现结疤现象时，可通入蒸汽，升温到 60℃左右，溶解后再重新冷却。正常情况下，当结晶温度降到 20～25℃时，开始分离。

工艺条件：

◆ 结晶进料温度：90℃；
◆ 进料浓度：20%～25%；
◆ 出料温度：20～25℃；
◆ 每罐操作周期：2～3h；
◆ 离心分离后湿硼酸含水量：5% 左右。

7. 干燥

当预热器出口热风温度在 90～95℃时，并使整个系统预热后，尾气出口温度在 60℃以上时，方可加料，湿硼酸经干燥后，即得成品硼酸。

工艺条件：

◆ 干燥管进口温度：90～95℃；
◆ 成品硼酸温度：60℃左右；
◆ 干燥管进口风压：1.47×10^3Pa；
◆ 蒸汽压力：2.45×10^5Pa；
◆ 螺旋送料机转速：90r/min；
◆ 湿硼酸含水量：≤5%；
◆ 干燥后成品含水量：≤0.4%。

8. 脱氨和吸氨

将分解釜的料浆送进脱氨罐，以热风进行脱氨，再经吸氨塔吸收，达到规定浓度的氨水，可供碳化配料用。脱氨后的料浆送密闭蝶式压滤机过滤。

工艺条件：

◆ 热风脱氨温度：80～90℃；
◆ 缓冲罐压力：9.81×10^4～1.47×10^5Pa；
◆ 脱氨时间：60～70min；
◆ 脱氨罐压力：（2.94～3.43）$\times10^5$Pa；
◆ 料浆温度：80～85℃；
◆ 料浆浓度：1.32～1.41g/cm^3；
◆ 吸氨塔氨水浓度：35～40g/L；
◆ 出塔氨水浓度：（2.492～2.571）$\times10^3$mol/m^3（85～90g/L）；
◆ 蒸氨器氨水浓度：（1.714～2.000）$\times10^3$mol/m^3（60～70g/L）。

9. 碳化

将由吸氨塔和蒸氨工序送来的氨水，在碳化塔中通入 CO_2（石灰窑气）碳化而得碳酸氢铵溶液，送配料工序供分解矿粉用。

工艺条件：

◆ 进料液中氨含量：（4.412～5.000）$\times10^3$mol/m^3（75～85g/L）；
◆ 出料碳化度：85%（物质的量比）；
◆ 窑气进口压力：（2.45～2.94）$\times10^5$Pa；
◆ 塔温：30℃；
◆ 吸氨塔吸氨液浓度：（2.000～2.286）$\times10^3$mol/m^3（70～80g/L）；

◆ 进气压力：9.81×10^4Pa；

◆ 出气压力：4.9×10^4Pa。

（三）主要生产设备与选型

◆ 配料设备：配料罐为碳钢设备，附搅拌装置和泥浆输料设备；

◆ 分解釜：矿粉分解釜由特种钢制成，附蒸汽夹套和机械搅拌装置；

◆ 过滤器：采用密压机并附设料浆、洗液、清水及滤液罐等；

◆ 蒸氨塔：采用不锈钢材质，双塔内装填料；

◆ 蒸发设备：采用不锈钢列管式单效蒸发器；

◆ 结晶和分离装置：结晶器采用不锈钢衬里设备，夹套冷却，分离用离心机；

◆ 干燥机：采用气流干燥机（碳钢制）；

◆ 脱氨和吸氨设备：碳钢制脱氨罐和吸氨塔；

◆ 碳化塔：碳化塔是带有冷却器的碳钢设备。

主要技术经济指标：

每吨产品消耗定额：

◆ 硼的总收率：70%；

◆ 硼矿粉（12%B_2O_3）：6.64 吨；

◆ 氨水（折 100%）：0.174 吨；

◆ 煤：5.654 吨；

◆ 电：2720kW·h。

（四）工业卫生与包装储运

生产过程中要接触到氨，氨是有强烈刺激气味的无色气体。安全限量为 50×10^{-6}g/m^3。对人致死的最低浓度 10 000×10^{-6}g/m^3。吸入氨量过高，会使呼吸系统受阻窒息；对皮肤、眼睛黏膜刺激和损伤都很厉害。所有氨的设备均防止泄漏。氨除使人中毒外，氨与空气混合，易引起大爆炸，其爆炸范围为 15.5%～27%（112～189mg/m^3），因此在空气中要控制在 30×10^{-6}g/m^3 以下。严禁在操作区动火。操作者要配戴面罩、防毒口罩及橡皮手套，穿防护服。

10.2.3 用盐湖卤水生产硼酸的方法

我国的盐湖主要分布在青海、西藏、内蒙还有山西运城。青海省已探明的地下卤水硼资源 695.0 万吨，地表卤水硼资源 17.0 万吨，占全国硼储量的 29.8%，居全国第二位。青海的卤水硼资源主要分布于柴达木盆地的大、小柴旦，察尔汗，一里坪，东、西吉乃尔等地，其中大、中型硼矿各 1 处，小型 4 处。大柴旦盐湖固体矿分布面积 166km^2，有 6 个含硼矿层，液体矿分为湖表卤水和晶间卤水矿。小柴旦盐湖矿区面积 152km^2，全区分四个硼矿层，第三硼矿层为本区主要硼矿层。一里坪、察尔汗、东台吉乃尔、西台吉乃尔均属小型硼矿。西藏的硼矿资源主要分布于唐古拉山脉一带和班戈、奇林诸盐湖等地区，硼矿资源储量 1000 万吨以上，其中盐湖固体硼矿资源保有储量达 200 万吨以上，平均品位 20%～30%，最高可达 38.7%；液体硼矿资源也较丰富，平均品位为 1.29；盐卤型硼矿资源约 900 万吨。

目前国内外研究卤水提硼的方法很多，主要有酸化法、沉淀法、吸附法（离子交换法）、萃取法。

一、酸化法

酸化法主要分盐酸酸化和硫酸酸化，是利用酸将卤水中的硼转化为硼酸，再利用硼酸具有较小溶解度的性质，使硼酸在卤水中饱和后结晶析出，从而与其他成分分离。酸化法析出硼酸的量主要取决于浓缩卤水中硼酸盐含量，一般硼含量高于 0.3% 时才可以采用该方法，否则不仅耗酸量多，而且产率不高，严重影响经济效益。酸化方法往往需要结合其他方法进一步提取硼。

（一）反应原理

1. 盐酸酸化

盐酸酸化一般采用浓盐酸来进行，酸化过程中的反应机制为：

$$2MgB_4O_7+2HCl=\!=\!=Mg(HB_4O_7)_2+MgCl_2$$

$$Mg(HB_4O_7)_2+2HCl=\!=\!=2H_2B_4O_7+MgCl_2$$

$$H_2B_4O_7+5H_2O=\!=\!=4H_3BO_3$$

从反应原理来看：每消耗 1mol 盐酸有 2mol 硼酸生成，浓缩卤水中硼酸盐浓度减少时，酸消耗将增加，同时硼酸的产率也会降低。

浓缩盐卤的盐酸 -pH 如图 10-5 所示。

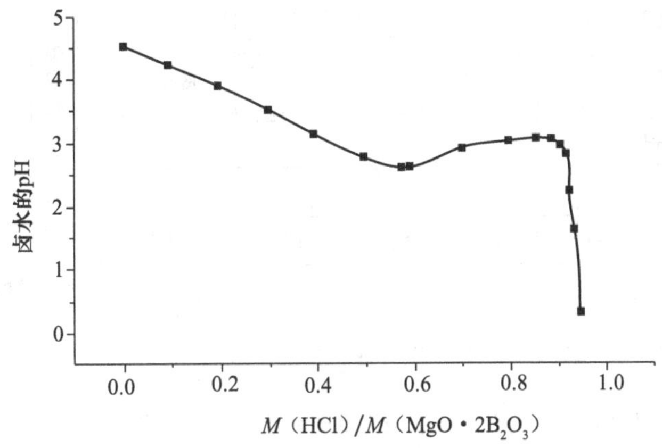

图 10-5 卤水 pH 与加盐酸量的关系

由图 10-5 可见，开始时卤水 pH 随加酸量增加而平滑下降，pH 近 2.6 时达到极小值，然后缓慢上升，到 3.0 达最大值，继续加酸，pH 迅速下降。在实际生产中，完全可以依据此关系确定加酸量和加酸速度。

中国科学院青海盐湖研究所在“七五”期间，对大柴旦盐湖浓缩盐卤开展了用浓盐酸酸化的提硼研究，进行各项条件实验和全流程运转试验，生产出纯度为 99.50% 以上的硼酸产品，硼回收率达到 77.7%，生产成本比当时国内平均成本低 1000 元左右，该工艺因当时的设备腐蚀等问题未解决，没有进一步的产业化。其生产工艺流程如图 10-6 所示。

2. 硫酸酸化

结合硫酸和盐酸在西部盐湖地区的价格差，用硫酸代替盐酸，从经济方面考虑会大大降低硼酸的生产成本，所以用硫酸酸化提取卤水中的硼酸是有相当优势的。硫酸酸化卤水的机理与盐酸相似，但具体酸化条件及生成的粗硼酸在成分上有较大差异，其间会夹杂较多的一

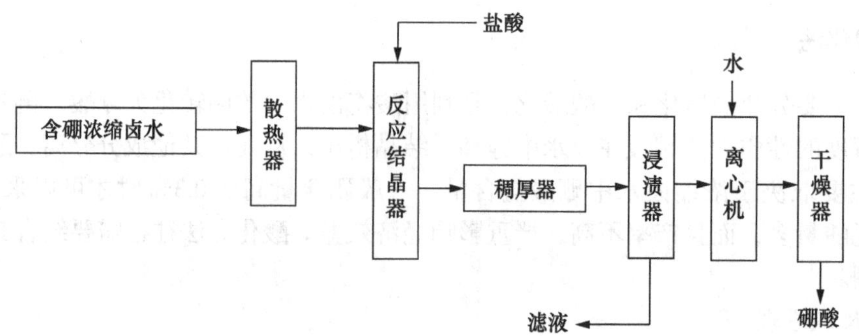

图 10-6 盐湖卤水盐酸酸化生产硼酸的工艺流程图

水合硫酸镁固体。其生产流程如图 10-7 所示。

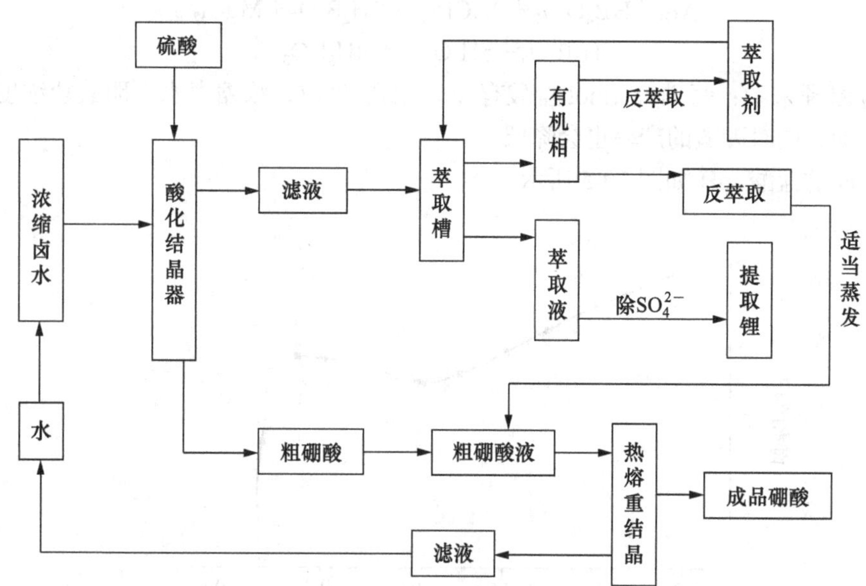

图 10-7 盐湖卤水硫酸酸化生产硼酸的工艺流程图

硼在老卤中主要是以四硼酸钠（$Na_2B_4O_7$）和四硼酸镁（MgB_4O_7）的形式存在，加入硫酸后发生下列反应：

$$Na_2B_4O_7+H_2SO_4+5H_2O=\!=\!=4H_3BO_3+Na_2SO_4$$

$$MgB_4O_7+H_2SO_4+5H_2O=\!=\!=4H_3BO_3+MgSO_4$$

依据文献，25℃和100℃时H_3BO_3-$MgSO_4$-H_2O体系的相图如图 10-8 所示，图中A、B、C点分别是H_2O、$MgSO_4$和H_3BO_3的组成点；E_1、E_2分别是H_3BO_3、$MgSO_4\cdot 7H_2O$和H_3BO_3、$MgSO_4\cdot H_2O$的共饱点；D_1、D_2分别是$MgSO_4\cdot 7H_2O$与$MgSO_4\cdot H_2O$的组成点；F_1为25℃时$MgSO_4\cdot 7H_2O$饱和溶液组成点，F_2为100℃时$MgSO_4\cdot H_2O$饱和溶液组成点；G_1、G_2分别为25℃、100℃时H_3BO_3饱和溶液组成点。现以此相图对硫酸法提硼后的粗硼酸进行H_3BO_3和$MgSO_4$分离过程分析。

将净化液组成绘于图 10-8 上为M点，在100℃时是不饱和的。对此体系100℃下进行蒸发，M点就沿着蒸发射线AM向前移动，当到达$MgSO_4\cdot H_2O$饱和线E_2F_2上H点时，

$MgSO_4 \cdot H_2O$ 饱和，再蒸发 $MgSO_4 \cdot H_2O$ 析出，液相组成点 H 沿着 HE_2 线向 E_2 点移动，到达 E_2 点时，H_3BO_3 也达到饱和，应停止蒸发。分离掉 $MgSO_4 \cdot H_2O$ 后的液相组成点 E_2 落在 25℃ H_3BO_3 和 $MgSO_4 \cdot 7H_2O$ 的共结晶区内，若此时 25℃下冷却则析出两者的混合物，因此按常规必须得向 E_2 中加水，使液相组成点落在 25℃时，H_3BO_3 结晶区与 H_3BO_3 和 $MgSO_4 \cdot 7H_2O$ 共结晶区的边界线 CE_1 上，才能保证冷却时最大量析出 H_3BO_3，而 $MgSO_4 \cdot 7H_2O$ 不析出。采用补加原料 M 的方法能使混合后的组成点 N 落在 CE_1 线上，当 N 混合液冷却析出 H_3BO_3 后，母液组成落在 E_1 点上，E_1 组成在 100℃时是不饱和的，对 E_1 溶液蒸发，液相点到 L 时 $MgSO_4 \cdot H_2O_3$ 饱和，再蒸发，$MgSO_4 \cdot H_2O$ 析出，液相点又移动到 E_2。接下来按上述同样路线与 M 混合进行循环生产即可得到 H_3BO_3。

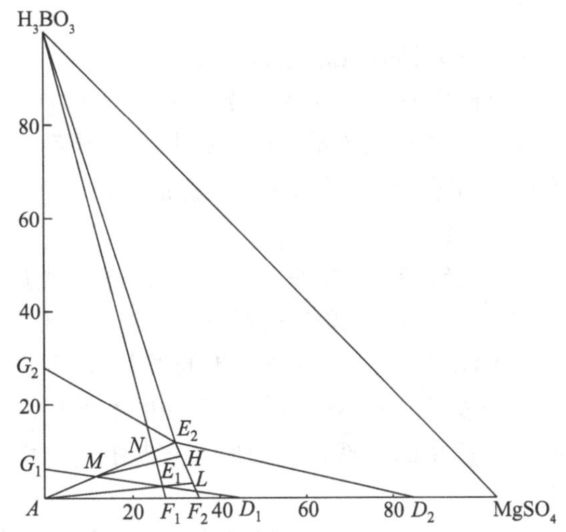

图 10-8 25℃和 100℃时 H_3BO_3—$MgSO_4$—H_2O 体系的相图

（二）影响因素

1. 加酸速度对硼回收率的影响

由于老卤中加入浓硫酸后反应剧烈，并产生大量白雾，有碍反应的平稳进行，因此控制加酸方式和加酸速度显得尤为重要。加 1.4% 浓硫酸，反应温度 60℃，快速搅拌，反应时间 1h，冷却温度 0℃，冷却时间 5h。加酸速度增加，硼回收率也随着增加，但加酸速度过快会产生大量白雾，反应剧烈，不易控制。

2. 加酸量对硼回收率的影响

对盐湖老卤进行提硼，必须先确定加酸量，酸的加入量如果过少，反应不完全，导致硼回收率低。因为老卤中存在 Mg、Li、Ca 等杂质和硫酸反应，所以所用硫酸的量会超出理论值，因此把最佳加酸量定在加入硫酸浓度为 1.4% 时，盐湖提硼老卤 pH 在 2～3 之间。另外发现硫酸过量后，所得粗硼酸颗粒变细，过滤性能变差。

3. 反应温度对硼回收率的影响

反应温度在 60℃以前，硼的回收率随反应温度的升高而增加，60℃达到最高。超过 60℃时，温度过高，硼酸开始分解，使得硼回收率急剧下降。

4. 反应时间对硼回收率的影响

老卤与硫酸反应生成硼酸是需要一定的反应时间的。老卤中的硼在 60min 时转化较为完全，可以把 60min 定为最佳反应时间。60min 后，回收率开始下降，原因是时间过长，硼酸逐渐分解。

5. 冷却温度对硼回收率的影响

硼酸的溶解度是随温度升高而逐渐增加的，当硼酸在溶液中溶解越少，硼回收率越高。在 273K 即 0℃时，硼酸溶解度为 267K（−6℃）时最低。同时在低于 0℃时，硼酸冷冻，过滤性能变差，回收效率低，出于对回收率与过滤性能的综合考虑，选用0℃冷却。

6. 冷却时间对硼回收率的影响

冷却时间是把反应后母液放置在0℃时所用的时间。时间太短，母液内部没有均匀到理想温度，硼酸析出不够；时间过长，则导致溶液冷冻，过滤性能变差。冷却时间为5h时，硼回收率与过滤性能均能达到较好的效果。

（三）硫酸酸化法工艺特点

（1）用硫酸替代盐酸，可以降低原料酸的成本。

（2）后续除去硫酸根过程对成本的影响不大。

（3）提取硼酸工艺基本无锂的损失。萃取剂可以重复使用，反萃取所得含硼酸的水溶液经适当蒸发后，与酸化所得粗硼酸的溶解液混合，经热熔重结晶进行硼酸的精制，热熔重结晶过程产生的滤液，直接加入盐湖浓缩卤水中。经此过程，基本上减少了锂在工艺中的损失。

（4）酸化分离后可以直接进行萃取操作。分离出粗硼酸后，滤液的pH不需调节，可以直接加入萃取剂进行萃取，简化了工艺流程，降低了成本。

（5）硫酸酸化对后续的工艺非常有利。一般氯化物和硫酸盐型卤水常采用先盐田浓缩硼，然后酸化沉淀硼酸的工艺。该方法工艺和流程都较为简单，设备投资小，酸消耗量较小，但硼的总回收率较低，通常用盐酸酸化时收率比用硫酸酸化会高些。酸化方法往往需要结合其他方法进一步提取硼。采用硫酸酸化生成的硫酸盐温度效应强于氯化物，所以在热溶重结晶过程中更容易进行硼酸精制，此外，加入硫酸可提高所使用的萃取剂对于硼酸的萃取。

二、沉淀法

沉淀法是一种有效地从卤水中分离提取硼酸的方法，是在卤水中加入活性氧化镁、石灰乳等沉淀剂形成硼酸盐沉淀，然后再用酸溶解，最后冷却结晶制得硼酸产品。美国专利技术采用活性氧化镁可沉淀卤水中50%～95%硼，但活性氧化镁预处理技术条件复杂，成本高，生产效益差。苏联在20世纪50年代就开始研究，选用石灰乳法从英吉尔湖水中提取二硼酸钙盐。此法是先将原卤水浓缩，然后在浓缩液中加入一定量的石灰乳，得到二硼酸钙沉淀（$CaO \cdot B_2O_3 \cdot 6H_2O$），经过滤、洗涤、干燥，可制得含40%～45%$B_2O_3$的硼酸产品（68%～76%$H_3BO_3$）。

唐明林等利用威远气田水硼含量较高的制盐母液，用沉淀法提硼，沉淀率在70%以上，硼总收率可达60%。李刚等以石灰乳为沉淀剂，从四川威远气田卤水制盐后母液提取硼酸，经循环使用料液，精制硼酸回收率达89.63%，硼酸纯度为96.43%。纵观国内外沉淀法提硼研究进展，从卤水中提硼主要适用于含硼较高的卤水，而从浮选法提硼和酸化提硼后的老卤中进一步沉淀回收硼则有待研究，未见相关报道。研究工作主要集中在20世纪70～90年代。针对不同的卤水类型，选择适宜的沉淀剂、合适的pH是萃取法提硼的关键。随着现代科学技术的发展，沉淀法提硼将具有更加广阔的应用领域。我国青藏高原富硼盐湖卤水资源极为丰富，主要类型有氯化物型、硫酸盐型和碳酸盐型盐湖。因此针对不同类型盐湖卤水，研制相应的沉淀剂，探讨适宜的沉淀pH及沉淀剂用量的控制是我国未来沉淀法提硼的重要攻关方向。沉淀法提硼的工艺流程如图10-9所示。

沉淀法的优点

（1）沉淀法提取硼酸工艺技术简单可行，适用于卤水盐后母液中提硼酸；

（2）所需原材料少，设备简单，周期短；

（3）本法仅适于母液中硼含量高，钙、镁含量低的卤水；

（4）本法生产硼酸耗酸量大，生产1吨 H_3BO_3 需用3吨HCl（30%浓度），比浮选法大10倍。因此，可以考虑利用盐后母液沉淀法直接生产二硼酸钙产品。

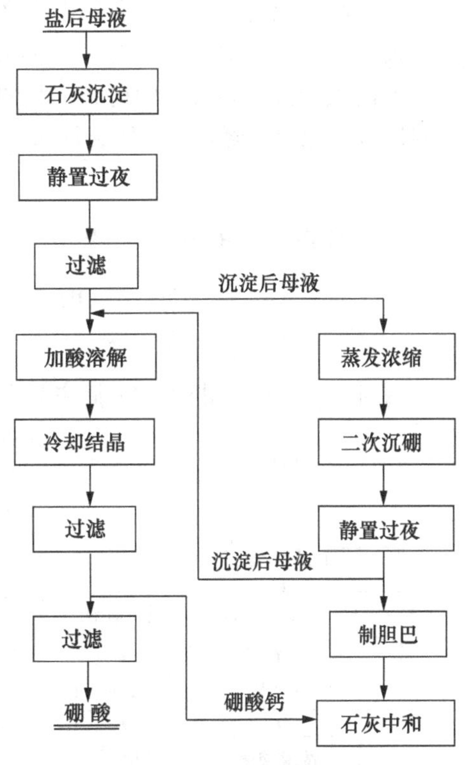

图10-9　沉淀法提硼的工艺流程

三、吸附法

吸附法是采用特效硼选择性离子交换树脂，从盐湖卤水中富集硼，再用稀酸溶液把硼从树脂上洗脱，得到含硼量较高的溶液，经过蒸发、冷却结晶、过滤干燥后可得到硼酸产品。研究对硼有特效吸附性能的吸附剂，美国和苏联起步较早。早在1967年，美国的Jacqueline C. Kane等就提出用树脂从含硼酸盐的西尔斯湖卤水中回收硼酸，利用溶解的硼酸根离子和含有许多活性羟基基团的某些不溶性的固体树脂的络合作用回收硼酸。树脂可选用纤维素、直链或支链淀粉、糖原、半纤维素、植物树胶、动物多糖或它们的混合物组成的多糖基团，然后用稀酸处理硼酸盐配合物，生成硼酸的同时再生树脂，结果可得易分离的液固混合物。目前吸附硼酸技术已比较成熟，硼的回收率可达90%以上，但该法树脂洗脱后得到的溶液含硼酸量较低，一般在3～5g/L（以 H_3BO_3 计）左右，蒸发过程耗能量较大。另外，该法在硼酸洗脱再生过程中，树脂的消耗量较大，故只用于实验室内硼酸分离，若要实现吸附法在工业中的应用，必须开发和研制出对硼有特效、吸附容量大、损耗小的树脂。

（一）反应机理

吸附法从盐湖卤水中提取硼酸的原理主要有两种，分别是以硼酸的两种不同的化学性质为基础的：

（1）水溶液中的硼酸总浓度小于0.25mol/L时，溶液中硼酸盐是以 $B(OH)_3$ 和 $B(OH)_4^-$ 的形式存在，硼浓度较高时，主要以 $[B_3O_3(OH)_4]^-$ 和 $[B_3O_3(OH)_5]^{2-}$ 的形式存在，因此对于这些主要以阴离子形式存在的硼可以使用阴离子交换树脂从卤水中提取硼。由于硼酸是弱酸，所以一般采用强碱性阴离子树脂提硼效果较好，反应完，饱和后的树脂可以使用强碱溶液洗脱，所得的硼酸盐溶液加酸后冷冻结晶即可以得到硼酸。

$$3R-OH+HBO_2^- \cdot H_2O \rightleftharpoons R_3BO_3+3H_2O$$

$$\downarrow +3NaOH\ 洗脱$$

$$3R-OH + Na_3BO_3$$

（2）硼酸能与多羟基化合物生成络合物，这种络合离子只有在中性或碱性溶液中才能生成，而在酸性介质中便分解成α-二羟基化合物和硼酸。利用硼酸的这一化学特性，可将含硼酸的水溶液通过带多羟基的树脂，其中的邻对位羟基与硼酸进行交换，发生配合反应，将硼酸吸附到树脂上，经稀酸洗脱，即可得到浓度较高的硼酸溶液。反应机理如下所示：

$$H_3BO_3 + 2R-\underset{\displaystyle OH}{\underset{|}{C}}-\underset{\displaystyle OH}{\underset{|}{C}}-R \rightleftharpoons \left[\begin{array}{ccccc} R-C-O & & & & O-C-R \\ | & \diagdown & & \diagup & | \\ & & B & & \\ | & \diagup & & \diagdown & | \\ R-C-O & & & & O-C-R \end{array}\right]^- + H^+ + 3H_2O$$

目前商业化的硼特效树脂主要是含N-甲基葡萄糖胺官能团的螯合树脂，如D564、Amberlite IRA743、Diaion CRB 01、Diaion CRB 02、Purolite S 108、WOFATII MK51等。吸附主要在弱碱性条件下进行。国内常用的Amberlite IRA743、D564树脂对B（OH）$_4^-$吸附能力很强，很难用碱液将硼从树脂上洗脱下来；在酸性溶液中，B（OH）$_4^-$将转化为不被树脂吸附的H_3BO_3形式，故可加酸进行洗脱。研究表明，溶液的pH、温度、浓度等因素对Amberlite IRA-743树脂的吸附能力有影响，肖应凯等曾对此进行过大量的研究。

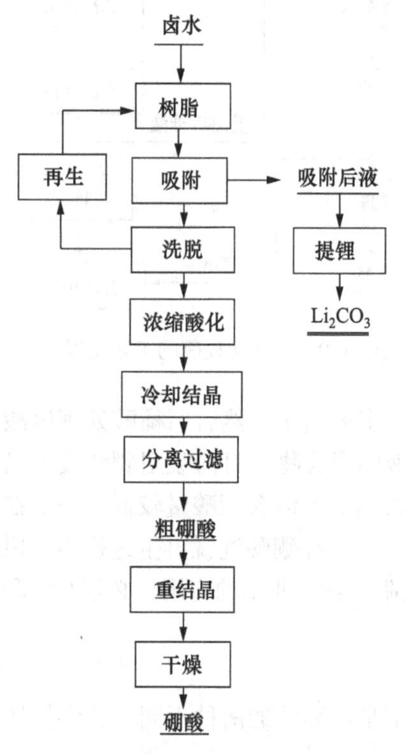

图 10-10 吸附法从卤水中提取硼流程

离子交换分离硼的技术较为成熟，树脂吸硼的选择性高，分离效果好（硼的回收率可达90%），应用较多，使用前景广阔。但是树脂在反复使用、洗脱、再生过程中，部分树脂颗粒会有破损，造成树脂的消耗，使生产成本偏高，是该法的一大缺陷。目前该法多用于实验室内小规模的硼酸分离。如何更经济、更有效而又无污染地从低品位资源中综合提取有用组分以及进一步制取高纯产品是现在分离科学的一个研究重点，因此新型选择性好、吸附容量大、机械强度高的硼离子交换剂的研制和应用是今后的发展方向。吸附法从卤水中提取硼酸的工艺流程如图10-10所示。

（二）影响吸附法从卤水中提取硼酸的因素

1. 树脂的类型

树脂的类型是影响使用离子交换法提取硼酸的主要因素。目前，国内外已经有多种牌号的提硼离子交换树脂，其中有强碱性阴离子交换树脂、特效多羟基硼树脂、缩聚多羟基树脂和饱和笼树脂，另外还有一类磁性离子交换树脂对硼有一定的吸附作用。Hath等还合成了新型的多羟基螯合树脂，它是一种含醚键的多羟基树脂，由于这种树脂不含胺基，用酸将硼洗脱之后不需用碱再生即可进行下一轮吸附。

因为硼酸是弱酸，所以对于阴离子交换树脂来讲，树脂碱性基团的强弱对提取硼酸的影响较大，相对来讲，强碱性树脂的提硼效果更好。表10-2列举了几种提硼效果较好的树脂。

表 10-2　几种提硼效果较好的树脂

树脂类型	牌　号	生产国
碱性阴离子树脂	Diaion SA－10A	日本
	Ameberlite IRA－900	美国
	Duolite ES－371	法国
离子交换树脂 SBK	Wofatit SBK	德国
	201×7	中国
多羟基螯合树脂	WofatitMK－51	德国
	Amberlite IRA－743	美国
	Diaion CRB－01	日本
	Purolite S－108	英国
	564#	中国

在选择离子交换树脂时还要注意以下几点：①树脂的交换容量要大，交换容量大，提硼效率才能高。②机械强度要好，在使用条件下，树脂要耐磨损，不能破裂。一般来讲，球形小颗粒树脂使用、处理比较方便。③由于盐湖卤水化学成分复杂，含盐量高，所以树脂的化学稳定性要好，不易被腐蚀。④选择性、再生性能要好。选择性好，工作效率就高；再生性能好，工作成本就可以降低。⑤树脂的结构性能要好。

以上性能、规格、条件都是相互制约的，在实际应用中，都要通过实验确定。

2. 卤水原液的影响

卤水原液中硼含量的高低、其他杂质离子的类型及浓度对使用离子交换树脂从卤水中提取硼酸有一定的影响，特别是对于阴离子交换树脂，硼的含量越高，其他杂质阴离子种类越少，浓度越低，对离子交换树脂的影响越小，提硼效果越好。而且一般卤水中钙的含量都比较高，由于二氧化碳的存在，因而就不可避免地在交换过程中有碳酸钙沉淀在树脂上，而碳酸钙的沉淀使得树脂无法全部利用。

3. 卤水 pH 的影响

碱性阴离子树脂和多羟基螯合树脂都比较适合于在碱性条件下工作，所以 pH 高则离子交换效果好。

4. 树脂颗粒大小和形状的影响

树脂的颗粒大小和形状对交换速度及压力降有显著的影响，而树脂颗粒大小和形状要由它的溶胀性质来决定，因此树脂的颗粒大小和形状要以交换反应中已经发生溶胀后的大小和形状为准。

5. 温度的影响

温度对离子交换速率和化学平衡都有一定的影响。温度影响化学平衡的一般关系式为

$$\left(\frac{\mathrm{dln}K}{\mathrm{d}t}\right)_p=\frac{\Delta H}{RT^2}$$

式中：K 为热力学平衡常数，ΔH 为标准反应热，R 为摩尔气体常数。但由于离子交换反应的 ΔH 通常很小，因此温度对离子交换反应的影响一般不大。

6. 流速的影响

流速是一个很重要的影响因素。在交换柱操作过程中，流速影响硼离子的膜扩散。流速大，膜扩散快，交换速度快，但是树脂利用率低；流速小，膜扩散慢，交换速度也慢，但是树脂利用率高。

7. 卤水的黏度

卤水一般含盐量高，密度比较大，黏度也比较大，影响硼离子的扩散，进而影响离子交换速度。

8. 硼酸的洗脱

对于碱性阴离子交换树脂，硼的洗脱和树脂的再生是同一个过程，树脂的再生效果好则说明硼洗脱彻底，可以得到高浓度硼洗脱液，再经过酸化后即可得到硼酸。对于多羟基螯合树脂则需要在再生之前用酸将树脂上吸附的硼酸洗脱下来，然后再用碱再生，恢复胺基活性。

9. 装置

在实验室使用离子交换树脂从卤水中提取硼酸的装置一般为小型离子交换柱，根据所选择的树脂的物理化学性质以及提硼性能选择合适的离子交换柱，可以起到增强提硼效果、降低成本、简化流程的作用。

四、萃取法生产硼酸

（一）萃取法提硼机制

溶剂萃取法从盐湖卤水中提取硼酸，是利用硼酸具有与有机多羟基化合物和多元醇生成螯合物的特性，将硼从含硼卤水中萃取到有机相中，通过两相分离使硼与卤水中的其他组分分开，然后利用反萃取从有机相中将硼反萃取到水相，再从反萃取液中分离出硼酸或硼砂。采用的萃取剂基本都是液体多元醇，也可以用固体多元醇溶解在与水不互溶的溶剂中形成的溶液，异丁醇、2- 乙基己醇等醇类物质用于萃取剂已见报道。

国内外公开并得到认可的用溶剂萃取硼的方法有三种：一是以 1，3- 二元醇反应生成中性酯，再利用碱性水溶液分解有机相中的酯，生成偏硼酸钠；二是在碱性介质中与 1，2- 二元醇、邻苯二酚和水杨醇等的衍生物反应生成络合硼酸盐，采用酸解析有机相的方法析出硼酸；三是用不溶于水的一元醇以物理溶解法萃取稀硼酸水溶液，接着又用水解析有机相中的硼，使硼变成饱和硼酸水溶液，浓缩使硼酸析出。

常用的萃取剂对硼的萃取主要是以第一种形式进行，萃取剂中的羟基与硼酸分子中的氢氧根缩水发生酯化反应，生成硼酸酯，硼酸酯中的烷基不溶于水而可以与煤油、氯仿等有机溶剂混溶，根据相比分离比率，从而达到提取和分离硼的目的。负载有机相经反萃取脱除负载的硼，可再生循环使用，且大部分萃取剂在盐析剂的辅助下萃取效果更好。

对液体矿尤其是盐湖卤水来讲，含硼量比较低的卤水可直接用萃取剂萃取提硼，用反萃剂反萃负载有机相后，反萃液经浓缩、酸化沉淀得到硼酸。对含硼高的氯化物及硫酸盐型盐湖卤水而言，可以先用酸化法将浓缩后卤水中的硼直接酸化生成硼酸，利用硼酸低温下在水中的溶解度较小的特点，将大部分的硼沉淀出来，残余的硼利用溶剂萃取法将其萃取出来。

我国兰州大学化学系科研人员早已对酸法提取青海省大柴旦盐湖浓缩卤水中的硼以硼酸盐

形式析出过程进行了研究，B_2O_3 回收率可达 90%。杨存道等研究了用溶剂萃取法从盐湖水中提硼，实验所采用的萃取剂是对叔丁基邻苯二酚（4-tert-butylcatechol，TBC）。以 TBC 进行萃取的结果表明，TBC 作为硼的萃取剂对高镁或低镁卤水都有较好的萃取效果，硼酸的总收率可达 80%。在前人工作的基础上，他们再次用大柴旦盐湖饱和氧化镁卤水（加盐酸）提取硼酸。实验结果是，硼的回收率可达 78% 左右，产品的纯度在 99.5% 以上。他们的实验说明该法具有工艺流程短、生产成本低等优点，颇有实用价值。杨存道等还以 50%ACQ（支链伯醇）磺化煤油溶液为萃取剂，对大柴旦饱和氯化镁卤水（含 $B_2O_3$18～24g/L）和察尔汗盐田卤水（含 $B_2O_3$1.5～15g/L）进行了萃取实验，硼的萃取率可分别达到 99% 和 95%，但这只是实验研究的结果，到目前还未完全实现工业化生产。

（二）萃取法生产硼酸的工艺过程

这里介绍用美国西尔斯盐湖卤水生产硼酸的工艺过程，采用的方法为萃取法。首先用溶于煤油的多元醇萃取硼砂，然后用稀硫酸作用于有机相，使硼砂转变为硼酸而结晶出来。所得到的硼酸与钾钠硫酸盐混合在一起，再通过蒸发和分级结晶的方法制取纯净的硼酸。该法可生产优质的商品硼酸，且成本比较低。

萃取法生产硼酸的整个过程分为萃取、反萃取、碳吸附、蒸发结晶、离心分离、干燥等工序，其工艺流程如图 10-11 所示。

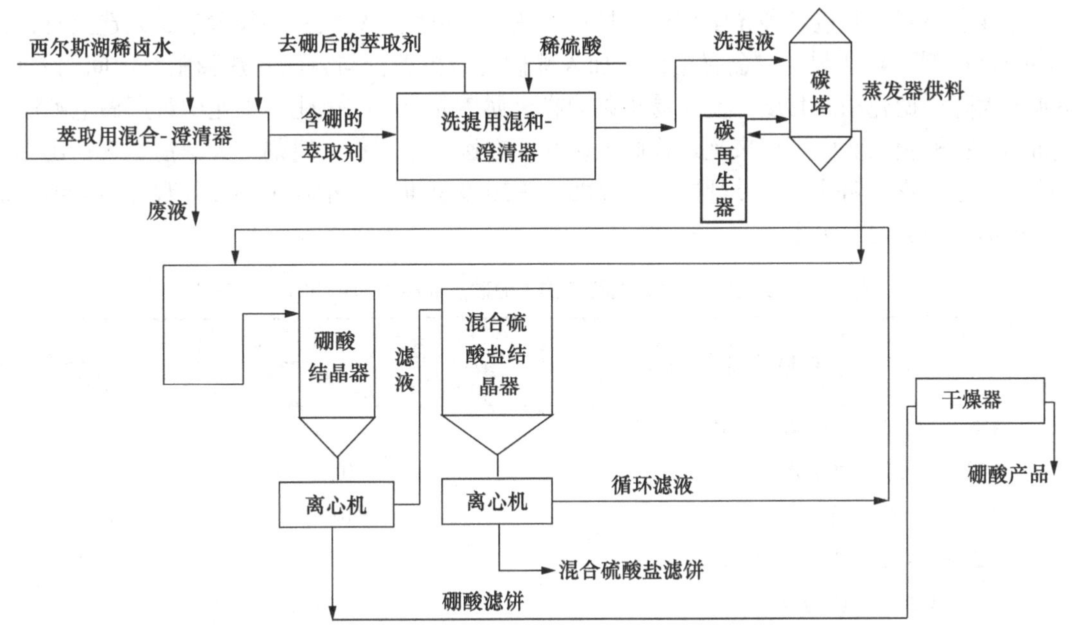

图 10-11 有机溶剂萃取法从卤水提取硼酸流程

反萃取是使负荷的萃取剂和稀硫酸接触，这是在混合沉降器中进行的。反萃取液经碳塔处理脱出残存的有机相后进入蒸发系统。反萃取液中主要含有 H_3BO_3、K_2SO_4、Na_2SO_4。蒸发是在两效蒸发器中完成的。经离心分离、干燥后的硼酸质量很高，而且生产成本也很低。

中国的崔荣旦、程温莹、唐明林、吴贤熙等，以及美国钾碱化学公司开发了一种较为廉价，并能通过萃取从卤水中除硼的萃取剂和相应的卤水除硼方法，使用后的萃取剂经反萃除硼后可反复使用。从萃取前后卤水组成的分析可知，卤水中镁含量未见减少，表明选用的萃取剂对卤水中的镁无萃取作用。可见，萃取法可用于卤水中微量硼酸的有效脱除。

萃取法从卤水中提取硼的关键技术点就是寻找合适的萃取剂、萃取条件和合适的萃取设备。为了获得较好的经济效益及有利于产业发展，目前的首要任务是选择具有如下特点的萃取剂：在水中溶解度低；与目前商用稀释剂混溶性佳；在给定的体系中对硼具有高度的选择性并且 pH 适用范围宽，最好是在中性、弱碱和弱酸中都能萃取硼，以利于盐湖镁资源的综合开发利用；具有较高的负载能力；在洗提阶段容易并尽可能完全地释放硼；毒性小甚至无毒；绿色生产，廉价易得。

10.3 硼　　砂

10.3.1 硼砂的物理化学性质及生产方法

硼砂的学名为十水合四硼酸钠或焦硼酸钠，其化学式为 $Na_2B_4O_7\cdot10H_2O$，相对分子质量为 381.43，为无色透明晶体或白色结晶粉末。无臭，味咸，相对密度为 1.710，在 60℃失去 8 分子结晶水，320℃下失去全部结晶水，成无水硼砂。熔点 741℃，熔融时成无色玻璃状物质。沸点 1575℃，同时分解。硼砂较易溶于热水，水溶液呈弱碱性，微溶于乙醇。在空气中可缓慢风化。硼砂有杀菌作用，口服对人体有害。

硼砂主要用于制造各种光学玻璃、搪瓷、瓷釉、硼酸、硼酸盐、硼砂皂、人造宝石，也可用作焊接剂、黏结剂。在金属搪瓷中加入硼砂可减少搪瓷与金属的热膨胀系数间的差距，并能大大降低搪瓷釉的黏度，使其易于黏附在金属表面上；在电化学工业中可用做电解液的添加剂；在橡胶工业中可用来延迟橡胶的硫化；在医疗上用作防腐剂、灭菌消毒剂；还具有医药学价值。我国硼砂产品质量执行 GB/T537—2009 标准。其中规定硼砂外观为白色细小结晶。指标如表 10-3 所示。

表 10-3　工业十水合四硼酸二钠（硼砂）标准（GB/T537—2009）

指标名称	指标	
	优等品	一等品
主含量（$Na_2B_4O_7\cdot10H_2O$）（质量分数）/%	≥99.5	≥95.0
碳酸盐（CO_3^{2-}）（质量分数）/%	≤0.1	≤0.2
水不溶物（质量分数）/%	≤0.04	≤0.04
硫酸钠（SO_4^{2-}）（质量分数）/%	≤0.1	≤0.20
氯化物（Cl^-）（质量分数）/%	≤0.03	≤0.05
铁（Fe）（质量分数）/%	≤0.002	≤0.005

硼砂的生产方法视原料的不同而异。天然硼砂只需精制便可，含硼卤水可采用纯碱分解、冷冻分级结晶法，而硼镁矿、钠硼解石、含硼泥湖水则有各自不同的加工方法。目前工业上生产硼砂的主要原料是硼镁矿。

我国从 1956 年开始利用硼镁矿生产硼砂，起初采用硫酸法分解高品位（含 B_2O_3 > 20%）的硼镁矿，先制成硼酸，然后再用纯碱中和生产硼砂。这种方法原材料消耗大，B_2O_3 的总收率低，一般只有 40%～50%，国外较先进水平的收率也只有 75% 左右。因此生产成本很高，此外设备腐蚀也很严重。后来开发了加压碱解法，使硼矿分解率达到85%～90%，硼回收率达80%以上。但加压碱解法工艺流程较长，过滤困难，成本较高。于是又开发了碳碱法，它具有能降低硼砂生产成本，可加工较低品位的硼矿，可用纯碱代替烧碱，对设备腐蚀性小，钠利用率高等优点。目前还存在碳解时间过长（达14～20h），碳解率和B_2O_3收率低（均比加压碱解法低3%～5%）等问题。含硼卤水生产硼砂的方法值得我们重点研究，随着国家对中西部开发力度的不断加大，西部的盐湖资源可以得到较好的利用。

10.3.2 用加压碱解法加工硼镁矿制取硼砂

加压碱解法是在常压碱解的基础上进行的。从碱解率与碱解温度的关系中，可以看到温度上升，碱解率呈直线状上升。温度越高，碱解率也相应越高。在常压碱解工艺中，无法得到实质性的改进。只有提高反应压力，才能达到提高反应温度的目的，反应压力一般为0.3～0.4MP（表压），碱解温度可达150～155℃，而碱液浓度可降到300g/L以下，液固比加大，过碱量减少，这样使料浆流动性得到改善，从而使碱解率提高到85%～90%。制得的偏硼酸钠溶液中游离氢氧化钠量也低，可以不经过结晶、分离、再溶解等过程，而直接进行碳化，简化了工艺流程。

（一）生产原理

1. 加压碱解

焙烧后的硼镁矿石经粉碎磨细的熟矿粉与氢氧化钠溶液在0.3～0.4MPa压力和150～155℃温度下进行碱解反应，生成可溶于水的偏硼酸钠和不溶于水氢氧化镁。

$$2MgO \cdot B_2O_3 + 2NaOH + H_2O = 2NaBO_2 + 2Mg(OH)_2 \downarrow$$

2. 碳化

碱解后的料浆经叶片吸滤得到的滤液通入二氧化碳（由石灰窑气净化得到），使滤液中偏硼酸钠转化为硼砂，滤液中过剩的氢氧化钠则与二氧化碳反应生成碳酸钠。

$$CaCO_3 = CaO + CO_2 \uparrow$$

$$C + O_2 = CO_2 \uparrow$$

$$4NaBO_2 + CO_2 = Na_2B_4O_7 + Na_2CO_3$$

$$2NaOH + CO_2 = Na_2CO_3 + H_2O$$

3. 苛化

碳化液结晶分离硼砂以后，在母液中加生石灰，使碳酸钠苛化生成氢氧化钠；母液中的残余硼砂与氢氧化钠作用转变为偏硼酸钠。苛化浆经叶片吸滤得苛化滤液，滤液经蒸发浓缩后，返回用于碱解配制碱液。苛化用的生石灰来自制备窑气而焙烧石灰石的石灰窑。

（二）工艺流程

加压碱解法生产硼砂的主要工艺过程：矿石焙烧、粉碎、配料、过滤、蒸发、洗涤、蒸发、碳化、结晶、分离、干燥、包装、苛化及蒸发、窑气发生、净化压缩等过程。

硼镁矿经过焙烧，粉碎、磨细到一定细度后，在配料罐中与一定量的氢氧化钠溶液相混合，搅拌成料浆。料浆送入加压碱解罐内，直接用蒸汽加热升温、升压，料浆中的三氧化二硼同氢氧化钠在较高温度下发生碱解反应，生成偏硼酸钠、碱解反应后的料浆送叶片吸滤，滤渣经洗涤后弃去，洗液用以苛化，而滤液经浓缩后送入碳化塔。滤液的偏硼酸钠与窑气中的二氧化碳反应生成硼砂，而氢氧化钠吸收二氧化碳后生成碳酸钠。碳化液送入冷却结晶器，冷却到一定温度后，硼砂结晶析出，经离心分离得含水小于5%的硼砂产品。离心分离的母液，送去苛化，加入生石灰，母液中的碳酸钠苛化成氢氧化钠，苛化料浆经过滤器（也可用叶片真空吸滤机）过滤，滤液经过蒸发浓缩后循环到配料罐作配料浆用。

制得的含水小于5%的产品，可经气流干燥器用热空气干燥，最后得到含硼砂大于99%的产品。其工艺流程如图10-12所示。

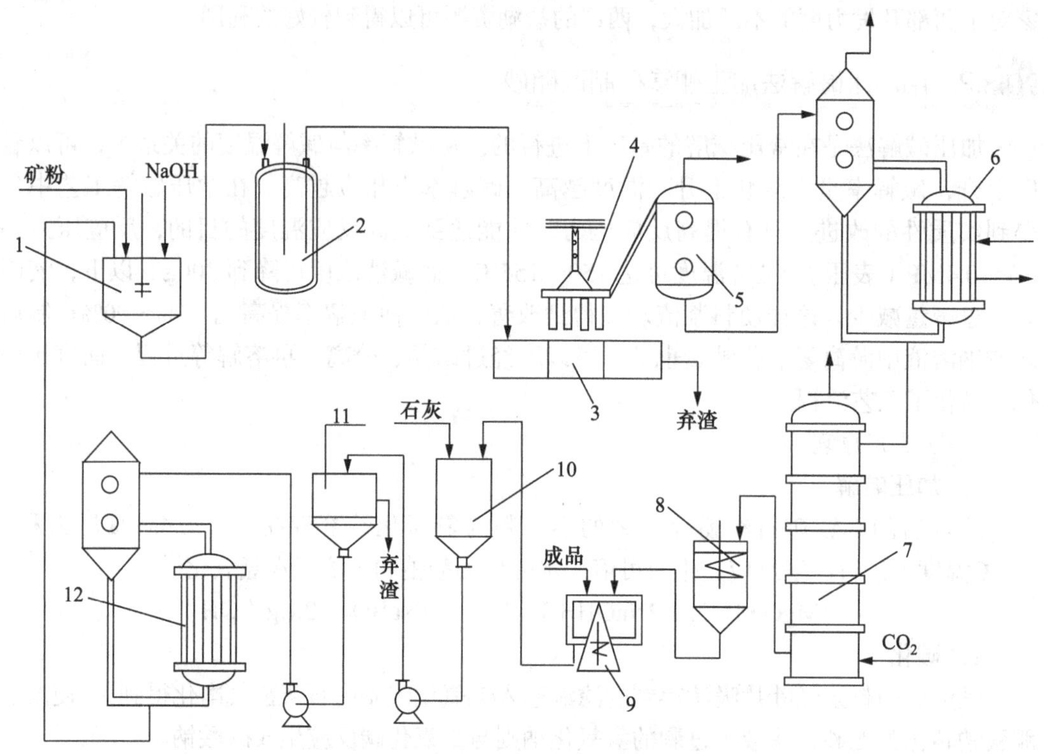

图10-12 加压碱解法制硼砂工艺流程图

1—配料槽；2—碱解釜；3—叶片槽；4—叶片过滤机；5—真空气泡；6—减压蒸发器；7—碳化塔；8—结晶器；9—离心机；10—苛化器；11—过滤器；12—蒸发器

（三）工艺条件、主要设备及操作

1. 碱解

影响碱解率的因素比较多，主要的因素有以下几点：

（1）硼矿石的焙烧质量。这是影响碱解率的关键因素之一，生烧或过烧都会显著降低碱解率。

（2）矿粉细度。矿粉的细度对碱解率的影响较大。粒子细则表面积较大，易于被碱液所渗透，有利于反应，利于提高碱解率，但细度也不能无限提高，同时太细将影响料浆形状及叶片吸滤强度，又受粉磨设备生产能力限制，在实际生产中，熟矿粉细度可控制在150～180目，比较经济合理。

（3）碱量。这也是关键因素之一。在相同液固比下，增加碱量将提高碱液浓度，对碱解率的提高有利；如维持碱量不变，则可以增大液固比，改善料浆性能，对碱解率也有一定的好处。但是在实际生产中，过量碱不宜太多，这将使碱解后的滤液中氢氧化钠的含量增加，对以后的工序带来一系列的不利影响。如二氧化碳消耗增加，影响结晶成品；加重苛化工序负荷。更由于加压碱解取消了偏硼酸钠的结晶分离工序，碱太多将直接影响产品质量。

（4）碱解温度与压力。温度是影响碱解率的重要因素之一。提高温度，可增加反应速度，缩短反应时间，最终碱解率也明显提高。

（5）碱液浓度与液固比。碱液浓度对碱解率的影响很大。在保持料浆有较好流动性前提下，提高碱液浓度可加快反应速度，有利于碳解率的提高。但是适当的液固比对碱解反应的顺利进行也是至关重要的。如一味地追求提高碱浓度而降低液固比，将使料浆流动性差，黏度增加，对碱解反而不利，严重时可使料浆干结。

加压碱解时，液固比以1.2～1.5为好，但碱液浓度同液固比是相互联系的，应灵活掌握。矿粉品味较低，加碱量少，应控制较低的液固比。氧化镁含量高的矿粉，液固比应大些。

（6）碱解时间。由于反应初期，料液中碱浓度高，故反应2h其碱解率就达70%，之后由于碱浓度降低，反应趋于缓慢，碱解率增长的速度随时间递减。碱解时间由于受反应温度、过量碱熟矿粉质量等因素综合影响，一般来说，碱液浓度较高，反应温度较高，矿粉活性好，则反应速度较快。反之就要适当延长碱解时间，但不恰当地延长反应时间，将使设备利用率降低，还会导致料浆吸滤困难，在实际生产中，碱解时间一般在10h左右。

（7）矿粉品位。矿粉品位对碱解率的影响很大。品位低，烧碱用量减少而碱液浓度相应下降。如果为了维持高的碱液浓度，就必须减小液固比，从而使料浆流动性变差，也使生产过程中物料输送难度增加。由于这些因素的制约，将使碱液以后的矿渣中的未分解三氧化二硼，不因矿粉品位的高低而有大的变化。生产实际也表明，在其他条件类似情况下，不论品位高低，矿渣中的未分解三氧化二硼含量大体上相同。因此，矿粉品位高，碱解率一般也高。而品位低的矿粉由于碱解率只能达到较低水平，会增加生产成本。

（8）烧碱带来的杂质。碱液中常会有一定量的氯化钠，在生产中会逐渐积累而增加料浆黏度，不利于碱解反应，同时将不利于碳化结晶操作，使成品中氯化钠含量增加而影响产品质量，因此，对液碱中氯化钠含量要加以控制。为维持水平衡，改善蒸发负荷，应考虑多用固体烧碱。

上述的诸因素对碱解反应的影响是互相制约，共同影响着碱解反应，因此应综合考虑。

加压碱解工艺条件：

◆ 矿粉品位：≥12%；
◆ 矿粉细度：150～200目（最好85%通过180目）；
◆ 矿粉活性：常压分解率大于90%；
◆ 液固比：1.2～1.5m^3（碱液）：1t（矿粉）；
◆ 烧碱量：理论量的160%～210%；
◆ 碱液浓度：220～300g/L（氢氧化钠）；
◆ 钠硼比：1.9～2.1；
◆ 碱解压力：0.3～0.5MPa（表压）；
◆ 碱解温度：≥150℃；
◆ 碱解时间：10h左右；
◆ 碱解率：不小于85%，力求90%。

工艺操作中的几项计算如下：

（1）氢氧化钠用量

$$\text{烧碱用量（kg）}=\text{矿粉量}\times\text{品位（\%）}\times\frac{2M_{NaOH}}{M_{B_2O_3}}\times\text{配碱（\%）}$$

$$=\text{矿粉量（kg）}\times\text{品位（\%）}\times\text{配碱（\%）}\times 1.149$$

$$\text{碱液用量（}m^3\text{）}=\frac{\text{烧碱用量（kg）}}{\text{碱液浓度（}kg/m^3\text{）}}$$

（2）碱解率

$$\text{碱解率（\%）}=\frac{\text{矿粉品位（\%）}-\text{矿渣中未分解}B_2O_3\text{（\%）}\times\text{泥渣率}}{\text{矿粉品位（\%）}}\times 100\%$$

式中：泥渣率随矿种不同而有小的差异，一般可采用1.05。

2. 过滤、碳化、结晶、离心分离

（1）过滤。碳解料浆送至过滤系统过滤，并用85℃以上的热水洗涤滤饼，至滤液浓度为1.02～1.05g/cm³，滤液及洗液合并即为产品液。继续洗滤饼至1g/cm³，滤浆弃去，这种低浓度洗水供下次洗涤滤饼或配料用。所需产品液还需经过控制过滤（二次过滤），使其澄清透明，以保证产品质量。

（2）碳化。碳化是用烧碱分解硼镁矿以后，三氧化二硼转化成偏硼酸钠溶解在滤液中，滤液在碳化塔中通入由压缩机送来的石灰窑气，同窑气中的二氧化碳反应生成硼砂。由于在分解硼镁矿时，加入了过量的氢氧化钠，在碳化塔中，氢氧化钠吸收二氧化碳，转化成碳酸钠。

碳化主要指标：

◆ 窑气中二氧化碳含量：≥28%；
◆ 入塔液偏硼酸钠浓度：350～400g/L；
◆ 碳化塔操作压力：0.2MPa；
◆ 碳化塔温度：60～80℃；
◆ 碳化转化率：≈100%；
◆ 碳化终点：当pH为9.2～9.5时即为终点。

（3）结晶分离。对于硼砂这种溶解度随温度下降而显著降低的物质，采用使溶液冷却达到过饱和而结晶的方法是十分适宜的。目前，我国均采用圆筒锥底结晶罐，蛇套或夹套冷却。蒸发后的浓缩液放入结晶罐进行冷却结晶，经离心分离并洗涤至一定纯度，可将湿产品进行气流干燥，包装即为成品。

工艺条件：

◆ 结晶前溶液浓度：1.15～1.17 g/cm³/70℃；
◆ 结晶器搅拌器转速：30～45 r/min；
◆ 分离温度：22～25℃；
◆ 洗水温度：常温。

3. 苛化

苛化工序是用生石灰苛化离心分离硼砂后的母液，使其中的碳酸钠转化成氢氧化钠。硼砂与氢氧化钠作用转变为偏硼酸钠。

$$CaO+H_2O=Ca(OH)_2$$

$$Na_2CO_3+Ca(OH)_2=2NaOH+CaCO_3\downarrow$$

$$Na_2B_4O_7+NaOH=4NaBO_2+H_2O$$

主要设备有苛化罐、浆池、真空吸滤叶片、真空泵、滤液储罐等。

苛化主要工艺条件：

◆ 生石灰规格：氧化钙含量≥80%；

◆ 生石灰用量：按母液中碳酸钠含量完全反应的量加入。

未苛化前液：

◆ 碳酸钠含量：180～190g/L；

◆ 苛化温度：近沸腾；

◆ 苛化时间：1h；

◆ 苛化率：90%。

4. 浓缩

加压碱解工艺中，苛化后的碱液和碳化前的偏硼酸钠溶液，其中有用成分含量都较低，为了提高其浓度，工艺得到平衡，都要进行蒸发浓缩，才能进入下道工序。

蒸发采用列管式双效负压蒸发器，以提高蒸发强度和降低加热蒸汽消耗量。蒸发工序主要设备为列管式蒸发器，管外为蒸汽加热，蒸发室在蒸发器上部，蒸发器由真空泵保持负压。

蒸发工序主要操作条件：

◆ 加热蒸汽压力：0.2～0.25MPa（表压）；

◆ 二效蒸发器真空度：0.05～0.08MPa。

5. 结晶、离心分离及干燥

工艺条件及设备与碳碱法相同，仅由于碳化液中碳酸钠含量较碳碱法高，所以在结晶分离时温度控制较高一些为宜，一般在30～32℃。

（四）产品呈绿色的原因及解决措施

烧碱法制造硼砂，有时产品会呈淡绿色而影响外观质量。

硼砂产生绿色的原因是：一是焙烧石灰石的燃料煤中含硫量高，操作上失控而生成硫化氢气体，它腐蚀设备生成少量的硫化铁混入产品中使硼砂呈绿色；另一个是硼矿石焙烧造成的，因焙烧温度过高而熔结，使硼矿石中生成了硫化亚铁，这种矿粉在进行碱解时，与氢氧化钠反应生成氢氧化亚铁，带入产品中，由于亚铁离子呈绿色，使产品外观也呈绿色。

解决的措施是：一是要焙烧好硼矿石，特别是含有硫化铁的硼矿石宁可稍微生烧也不可以过烧；二是烧好石灰窑，选用含硫低的无烟煤，维持焙烧过程中的氧化气氛，防止生成硫化氢。

一旦在碳化过程中发现绿硼砂出现，还可以采取补救措施，加入氧化剂如高锰酸钾、次氯酸钠或过氧化氢，使亚铁离子氧化成铁离子而消除绿色。

（五）加压碱解工艺评价和主要技术经济指标

加压碱解工艺比较成熟，碱解率可达到90%以上，总收率也高，但碱利用率稍低，总的综合经济效益与碳碱法相似。加压碱解法流程较长，工序较多，原料烧碱价格比纯碱高，多了苛化和蒸发浓缩工序。

加压碱解法主要技术经济指标：

◆ 碱解率：≥90%；

◆ 收率：≥85%；

◆ 烧碱利用率：≥75%；

◆ 标准矿粉消耗：≤0.375%t/ t 硼砂；

◆ 烧碱消耗：≤0.375%t/ t 硼砂。

10.3.3 用碳碱法加工硼镁矿制取硼砂

（一）生产基本原理

从化学反应动力学可知，碳碱法生产硼砂的起始反应阶段受反应速度支配，反应的后阶段则系化学平衡问题。现就反应速度及终点与各控制因素的关系和影响加以讨论。

$$2(2MgO\cdot B_2O_3)+Na_2CO_3+3CO_2+xH_2O = Na_2B_4O_7+4MgCO_3\cdot xH_2O\downarrow$$

在上面的碳解反应中，一般认为：参与反应的主体是二氧化碳气体，与其分压有关。二氧化碳是碳解反应的主导因素，纯碱先与二氧化碳作用，反应如下：

$$Na_2CO_3+CO_2+H_2O = 2NaHCO_3$$

在不同的反应条件下，矿粉中的游离氧化镁和二氧化碳也可以生成组成各异的镁盐：

$$xMgO+yCO_2+2H_2O = xMgO\cdot yCO_2\cdot 2H_2O$$

碳解是该法的关键工序，其反应机理还在探讨中，而影响碳解反应的主要因素有下述几项。

1. 反应温度

从化学动力学角度看，提高温度可增加反应速度，从而提高分解率，但温度过高，液相中溶解的二氧化碳量下降导致分解率下降，故存在一个最佳温度。实验证明，碳解反应温度以 135℃左右为宜。

2. 反应压力

碳解反应是气、液、固三相反应，由反应式可见，压力直接影响反应的平衡与速度。压力越高，CO_2 在溶液中的溶解度越大，越有利于反应的进行，因而碳解率越高，但随压力的不断提高，分解率呈缓慢上升趋势，如压力从 0.4～0.6MPa 提高 1 倍时，分解率仅提高 2%，故应从经济技术的角度来选择最适宜的压力条件，生产上一般控制在 0.45～0.6MPa 压力下操作。

3. 碳酸钠用量

显然，增加碳酸钠用量对反应有利，但用量过多，不仅经济上不合算，而且会在浓缩时发生下述逆反应，从而降低硼的利用率。生产上加入的碳酸钠量为一般理论量的105%～110%。

$$Na_2B_4O_7+Na_2CO_3 = 4NaBO_2+CO_2$$

4. 液固比及搅拌

在碳解过程中，反应的第一步是 Na_2CO_3 溶液吸收 CO_2 生成 $NaHCO_3$；第二步是 $NaHCO_3$ 分解硼矿粉，生成 $Na_2B_4O_7$。第二步反应比第一步反应慢，是控制整个反应过程的步骤。第二步反应的快慢取决于 $NaHCO_3$ 扩散到矿粉表面的速度和生成 $Na_2B_4O_7$ 的速度。离开固体粒子表面的速度，即碳解反应属扩散控制。固体颗粒的大小、液固比和搅拌程度均会影响过程的扩散阻力。矿粉颗粒越细，液固比越大，搅拌程度越大，扩散阻力也就越小，碳解率也就越高。但上述条件的选择还必须考虑能耗、设备的利用率等因素。生产实践证明，硼矿粉粒度以 120～150 目，液固比为（1.45～1.60）: 1 为宜。碳解反应的搅拌作用是以进入碳解塔的窑气的鼓泡作用来实现的。

（二）工艺流程

碳碱法生产硼砂的主要工艺过程有矿石焙烧、配料碳解、洗涤、蒸发浓缩、结晶分离、干燥包装、窑气发生、净化压缩等过程。

焙烧粉碎后，对矿粉计量，送入预先配好碱液的混料罐中，搅拌均匀送入碳解反应器中。夹套加热并通入窑气碳化。反应达终点时将料浆过滤、洗涤，滤渣弃去，滤液及部分洗液送蒸发器浓缩，然后在结晶罐中进行搅拌，冷却结晶，对析出的结晶物进行离心分离，经洗涤后即为成品。分离后的母液及洗液合并供配制碱液用。

当硼镁矿石含 B_2O_3 为 10%～13% 时，上述工艺条件下的碳解率一般为 80%～85%，总收率为 73%～78%。目前，一些厂家正在从提高碳解压力和 CO_2 浓度等方面进行探索，以期进一步提高 B_2O_3 的收率。

1. 配料碳解

工艺过程：按配料比将纯碱溶于硼砂母液中，再加入矿粉搅拌混合均匀后，加入碳解反应器。用蒸汽间接加热并同时通入碳解尾气预碳化，然后通入窑气，进行碳化分解反应，从反应器排出的尾气送入其他反应器进行预碳化，待进气和排气中的二氧化碳浓度差达 2%～3% 时（或分析料浆中硼砂含量达到要求后），即认为反应已经完全，将反应料浆借反应器中的余压送往过滤工序。

2. 过滤洗涤

碳解料浆送至过滤系统过滤，并用 85℃以上的热水洗涤滤饼，至滤液为 1.02～1.04g/cm^3，滤液及洗液合并即为产品液。继续洗滤饼至 1g/cm^3，滤浆弃去，这种低浓度洗水供下次洗涤滤饼或配料用。所需产品液还需经过控制过滤（二次过滤），使其澄清透明，以保证产品质量。

在过滤过程中，过滤过程的总阻力，包括滤饼的阻力和过滤介质的阻力。滤饼厚度随时间增厚，滤饼层的填充程度及构成也随时间变化。在滤饼压力不变的条件下，滤液量随时间减少，过滤阻力随时间增大。为了保证最佳过滤速度，要选择最佳过滤时间和最佳滤饼厚度。

料液黏度是影响过滤速度的重要因素，即黏度大，过滤速度慢。为此，要设法降低料液黏度，适当提高料浆及洗水温度。为达此目的，要减少料浆的中间储备，减少储存温度损失，还要加热水，使其温度达 85℃以上。同时，还要提高操作压力。操作压力越高，过程推动力就越大，对一定厚度的滤饼来说，推动力越大，过滤速率就越高，生产能力亦越大。

3. 蒸发浓缩

蒸发器多采用标准式或外循环式，流程多为二效或三效真空蒸发。

工艺条件：

- ◆ 蒸汽压力：0.25MPa；
- ◆ 末效真空度：4000Pa；
- ◆ 溶液浓度：1.15～1.17g/cm^3。

4. 结晶分离

对于硼砂这种溶解度随温度下降而显著降低的物质，采用使溶液冷却达到过饱和而结晶的方法是十分适宜的。目前我国均采用圆筒锥底结晶罐，蛇套或夹套冷却。蒸发后的浓缩液放入结晶罐进行冷却结晶，经离心分离并洗涤至一定纯度，可将湿产品进行气流干燥，包装即为成品。

工艺条件：

- ◆ 结晶前溶液浓度：1.15～1.17 g/cm^3（70℃）；
- ◆ 结晶器搅拌器转速：30～45r/min；

◆ 分离温度：22～25℃；

◆ 洗水温度：常温。

石灰窑的操作及窑气的净化按常规的方法进行。

（三）主要设备及选型

（1）碳解反应器：是硼砂生产的关键设备，其型式为带机械搅拌的鼓泡反应器，容积按生产能力设计，搅拌转速为70～80 r/min，设备材质为普通碳钢。

（2）过滤设备：目前有三种设备，即叶片真空过滤机、密压机、$TN_1$150/1200 型自动逆洗压滤机。

（3）蒸发器：详见“用加压碱解法加工硼镁矿制取硼砂”一节。

（4）结晶罐：夹套式的内有搅拌器或热交换盘管钢质设备。

（5）离心机：利用离心力作为过程推动力的分离设备。目前，硼化工行业使用的离心机有三种：三足式离心机、上悬式离心机和卧式刮刀离心机，均属于定性设备，无特殊要求。

（6）干燥机：生产一级品时，需将硼砂进行干燥，干燥设备可用气流干燥机，也可用 GZQ 型干燥机。

（7）石灰窑：窑的结构及高径比大小直接影响窑的操作，一般内径 3 米以下的窑的高径比应在 6.5～7.5 之间。

窑的生产能力可用经验公式（10-2）估算：

$$Q = 1.1D^2H \tag{10-2}$$

式中：Q —— 烧石能力，即每 24h 所煅烧的石灰石质量（吨）；

D —— 窑的内径（m）；

H —— 窑的有效装料高度（m）。

（四）三废处理及综合利用

1. 废渣

每生产 1 吨硼砂排除硼泥约 4 吨（干基），其化学成分大致如下所述：

◆ 硼砂（$Na_2B_4O_7 \cdot 10H_2O$）：<0.5%；

◆ 不溶性三氧化二硼（B_2O_3）：<3%；

◆ 碳酸镁（$MgCO_3$）：55%～60%；

◆ 碳酸钙（$CaCO_3$）：5%～8%；

◆ 氧化铁（Fe_2O_3）：8%～10%；

◆ 氧化铝（Al_2O_3）：<1%；

◆ 二氧化硅（SiO_2）：17%～20%。

2. 废气

在碳解过程中，要始终不断地将反应尾气放空，尾气中含有 20%～25% 的水蒸汽、10%～15% 的二氧化碳、少量的一氧化碳、大量的氮气等。

尾气排放时有 0.4～0.45MPa 的压强，因而具有动能。同时，尾气排放温度至少在 110℃以上，因而具有大量的热能。目前，主要用作输送物料的动力源、压滤过程的推动力等，也有对尾气热量进行利用，如做料液加热、采暖等的热源，但由于尾气不够洁净，可能夹带泥渣、料液，含少量一氧化碳，故利用时应注意安全。

3. 废水

硼砂生产用水量很大，主要用于过滤洗涤水、成品洗水、蒸发过程大气冷凝冷却水、窑气净化洗涤冷却水及机泵冷却水等。其中过滤洗涤水和成品洗水可循环使用，其他废水无毒无害，可直接排放。

（五）主要技术经济指标

技术经济指标主要以三氧化二硼分解率、总收率和钠的利用率表示。

1. 三氧化二硼分解率

$$硼分解率（\%）=\frac{矿粉中B_2O_3（\%）-矿渣中不溶性B_2O_3\times泥渣率}{矿粉中B_2O_3（\%）}\times100\% \quad （10\text{-}3）$$

式中：泥渣率一般取1.05%～1.08%；矿粉中 B_2O_3（%）为矿粉中 B_2O_3 质量分数。

2. 三氧化二硼总收率

$$硼总收率（\%）=\frac{硼砂产量\times硼砂产品纯度（\%）\times0.365}{矿粉中B_2O_3（\%）\times矿粉用量}\times100\% \quad （10\text{-}4）$$

式中：0.365——硼砂与三氧化二硼的换算系数；矿粉中 B_2O_3（%）为矿粉中 B_2O_3 质量分数。

3. 钠利用率

$$钠利用率（\%）=\frac{硼砂产量\times硼砂纯度（\%）\times0.278}{纯碱用量\times纯碱纯度（\%）}\times100\% \quad （10\text{-}5）$$

式中：0.278——硼砂、纯碱的换算系数。

要求达到的技术经济指标大致如下：

①硼分解率＞84%；②硼总收率＞80%；③钠利用率＞75%。

（六）工业卫生及包装储运

1. 工业卫生

碳碱法生产硼砂是比较安全的，没有剧毒性的气体、液体和固体存在，故不致危害人身或酿成职业病，但竖窑、石灰窑、粉碎及配料岗位有粉尘存在，系统中也有沸热的液体或蒸汽，故亦需采取相应的防护措施，如加强局部通风，戴口罩、防护眼镜等。

2. 包装储运

硼砂产品可装于内衬塑料袋的塑料编织袋中，每袋净重为50kg，袋内应附有质量检验证明书，袋上涂刷牢固的标志。包装好的硼砂应存放于干燥、清洁的仓库内。运输应有遮盖物，以免雨淋或受潮，不应与潮湿物和其他有色的物料混合堆放。

10.3.4 用分步结晶法生产硼砂

从卤水中生产硼砂最常用的是分步结晶法。美国用西尔斯湖水生产硼砂采用的就是这种方法。为了便于说明，我们就以美国西尔斯湖水为例谈谈如何利用分步结晶法生产硼砂。

（一）分步结晶法生产硼砂的理论基础

西尔斯湖在美国加利福尼亚州，是一个干湖。湖的中心含有大量的盐结晶，盐层中的孔隙占25%，为晶间卤水所充填，卤水面接近结晶表面。西尔斯湖晶间卤水的组成如表10-4所示。

表 10-4　西尔斯湖晶间卤水的组成

层　次	组成 /%									
	KCl	$NaCO_3$	$Na_2B_4O_7$	Na_2SO_4	NaCl	Na_2S	Li_2O	KBr	WO_3	P_2O_5
上层	5.02	4.80	3	6.75	16.1	0.08	0.015	0.12	0.007	0.07
下层	2.94	6.78	3.7	6.56	15.5	0.08	0.006	0.08	0.004	0.044

除以上组成外，尚含有 As_2（0.019%）、CaO（0.0022%）、NH_3（0.0018%）、Sb_2O_3（0.0006%）、$Fe_2O_3+Al_2O_3$（0.002%）以及有机物 0.006%。由此可见，美国西尔斯盐湖属于碳酸盐型的盐湖。

从表 10-4 可看出，西尔斯湖的卤水主要是由 Na^+-K^+-Li^+-SO_4^{2-}-B_2O_3-Cl^--F^--P_2O_5-CO_3^{2-} 九组分组成的水盐体系，但在工业应用上着重考虑 Na^+-K^+-SO_4^{2-}-CO_3^{2-}-Cl^--H_2O 五元体系，如图 10-13 所示，若不考虑硼砂、硫岩盐和天然碱的存在，图 10-13 上的 *B* 点即为卤水的组成点。由 *B* 点可看出碳酸芒硝、钾芒硝和氯化钠处于平衡状态。对卤水进行 20℃等温蒸发，此时碳酸芒硝结晶速度十分缓慢，因此，可不考虑碳酸芒硝的存在，并可将介稳平衡点 *P* 作为氯化钠、硫酸钠钾芒硝和碳酸钠矾的共饱点。

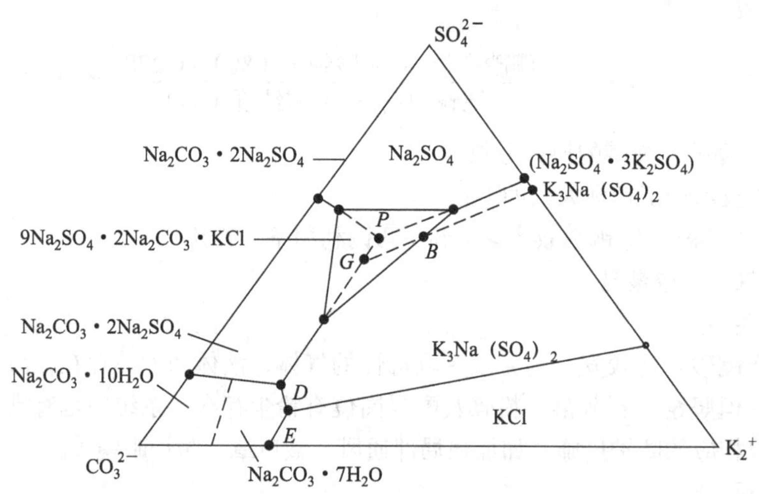

图 10-13　为氯化钠所饱和的 Na^+-K^+-SO_4^{2-}-CO_3^{2-}-Cl^--H_2O 体系 20℃的部分相图

对卤水进行等温蒸发时，液相点沿 *B-G-D-E* 移动，直至为氯化钾所饱和的 *E* 点。盐类结晶依次为 NaCl、$K_3Na(SO_4)_2$、$Na_2CO_3 \cdot 2Na_2SO_4$、$Na_2CO_3 \cdot 2H_2O$。*E* 点为 NaCl、$K_3Na(SO_4)_2$、$Na_2CO_3 \cdot 2Na_2SO_4$、$Na_2CO_3 \cdot 2H_2O$ 共饱点。由此可见，在 20℃的条件下，等温蒸发西尔斯盐湖卤水，无法将钠盐和钾盐完全分离。

不考虑硼砂、硫岩盐（$2Na_2SO_4 \cdot NaCl \cdot NaF$）、天然碱以及磷酸盐类的情况下，将为 NaCl 所饱和的 Na^+-K^+-SO_4^{2-}-CO_3^{2-}-Cl^--H_2O 水盐体系进行 100℃等温蒸发，则只有氯化钠和碳酸钠矾析出，如图 10-14 所示，图中 *B* 点为西尔斯盐湖卤水的组成点，*M* 点是碱石工厂的母液组成点（即制钾后母液），两种溶液以 3∶1 混合后，其混合液的组成点为 *F*。在三效蒸发器中进行等温蒸发时，溶液组成沿 *FA* 线移动，在到达 *A* 点前，析出的是碳酸钠矾。*A* 点为一水碳酸钠所饱和。从 *A* 点到 *C* 点过程中，一水碳酸钠与碳酸钠矾、氯化钠一同析出。到 *C* 点时，在高温蒸发中，溶液被氯化钾所饱和。当温度继续升高到 113℃，由于溶液的浓度和温度增高，有可能将全部氯化钾保留于卤水中而不结晶析出。分离出食盐和碳酸钠矾后的母液再冷却到 35℃，氯化钾则大量析出。

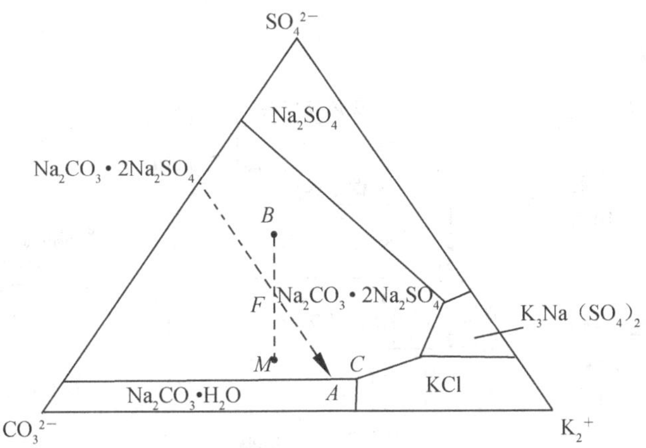

图 10-14 为氯化钠所饱和的 Na^+，K^+，SO_4^{2-}，CO_3^{2-}，Cl^--H_2O 体系 100℃的部分相图

图 10-15 表示 35℃时同一体系的相图。此图中 *C* 点代表高温的浓母液液相组成点。该点接近于氯化钾结晶区的中心。因此，当溶液冷却到此温度时，只有氯化钾沿 *CM* 线析出。分离氯化钾后的 *M* 点母液再用于第二个循环。析出氯化钾后的母液，其中硼砂已处于过饱和状态，但由于硼砂晶体具有强烈的过饱和倾向，即使由 120℃冷却到 38℃，它仍以液相存在，故有充分的时间去分离氯化钾成品。过滤氯化钾后的母液再用氨冷冻，使温度降低到 24℃，则硼砂开始析出。

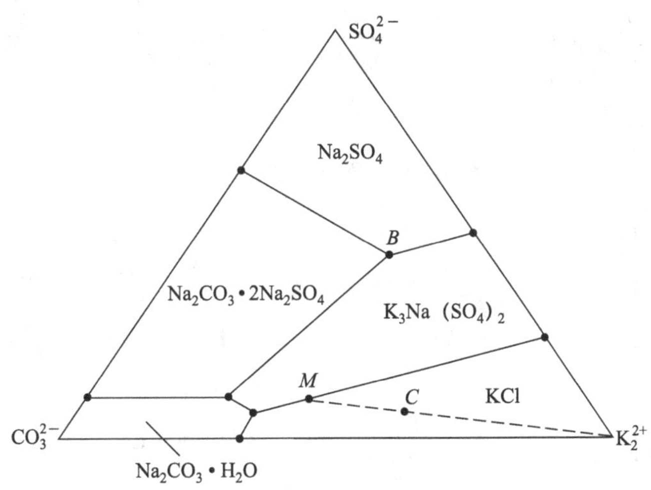

图 10-15 为氯化钠所饱和的 Na^+，K^+，SO_4^{2-}，CO_3^{2-}，Cl^--H_2O 体系 35℃的部分相图

（二）分步结晶生产硼砂的工艺过程

由西尔斯盐湖卤水生产硼砂的工艺流程图如 10-16 所示。生产硼砂的原料为对硼砂过饱和的氯化钾母液。将该母液用氨冷却器冷却至 24℃以下，并加入少量冷凝水冲淡母液，以防止氯化钠析出，加入硼砂晶种以促进硼砂的结晶，再用旋液分离器和过滤机来分离母液，制取粗硼砂。

生产无水硼砂的工艺流程如图 10-17 所示。先将粗粒或湿的硼砂在直径 2.4m、长 21.35m 的煅烧炉中煅烧脱去 70% 左右的结晶水，然后将其送入以耐火砖衬里，并以天然气为燃料的熔融炉中进一步脱水。熔融料自炉底中心开口处流出，冷却后结为固体，经粉碎、过筛制得标准无水硼砂。熔融炉上部火箱温度为1204.4～1426.6℃，熔融带为982.2℃，高于硼砂的熔点221℃。

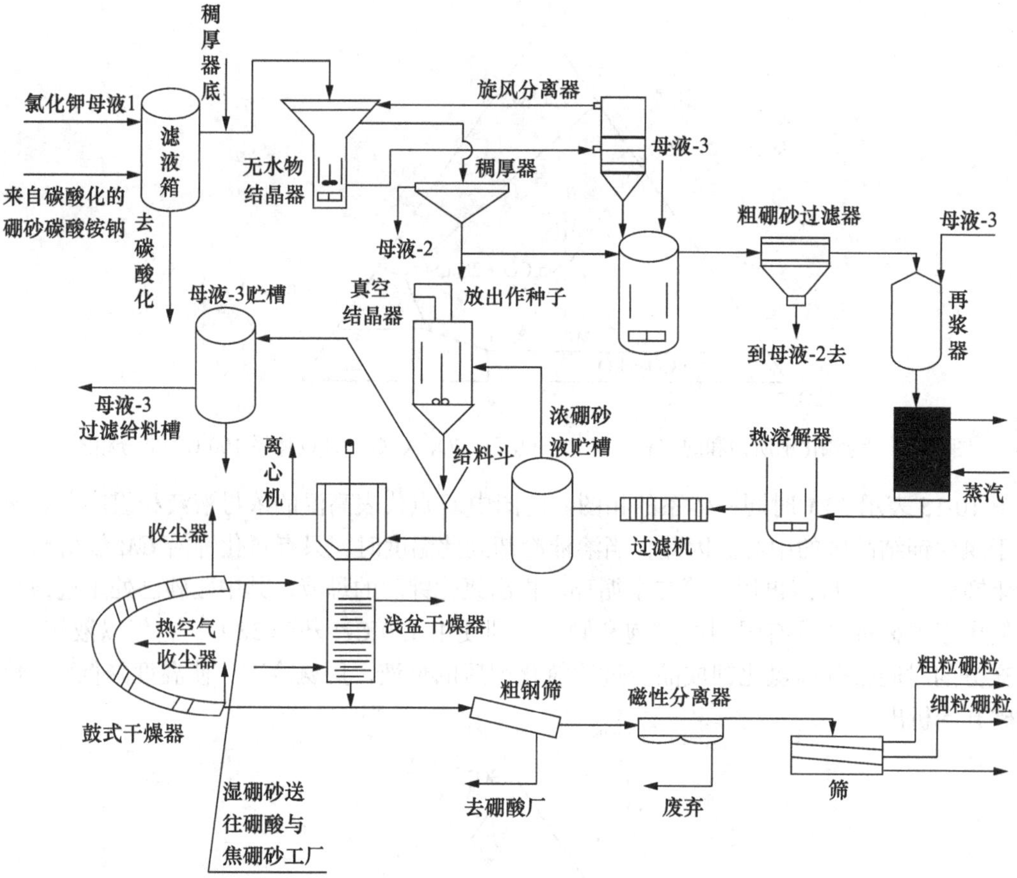

稠厚器底
氯化钾母液1
滤液箱
来自碳酸化的
硼砂碳酸铵钠
去碳酸化
旋风分离器
无水物结晶器
稠厚器
母液-3
母液-2
粗硼砂过滤器
母液-3
放出作种子
真空结晶器
母液-3贮槽
再浆器
到母液-2去
母液-3
过滤给料槽
浓硼砂液贮槽
离心机
给料斗
热溶解器
蒸汽
收尘器
过滤机
浅盆干燥器
热空气
收尘器
粗粒硼粒
粗钢筛
磁性分离器
细粒硼粒
鼓式干燥器
去硼酸厂
废弃
筛
湿硼砂送往硼酸与焦硼砂工厂

图10-16 硼砂生产工艺流程图

硼砂
集尘器
水
煅烧炉
去精制硼砂
耐火衬里炉
煅烧加料斗
活动加料斗
煅烧条
冷却水加套
清除炉渣

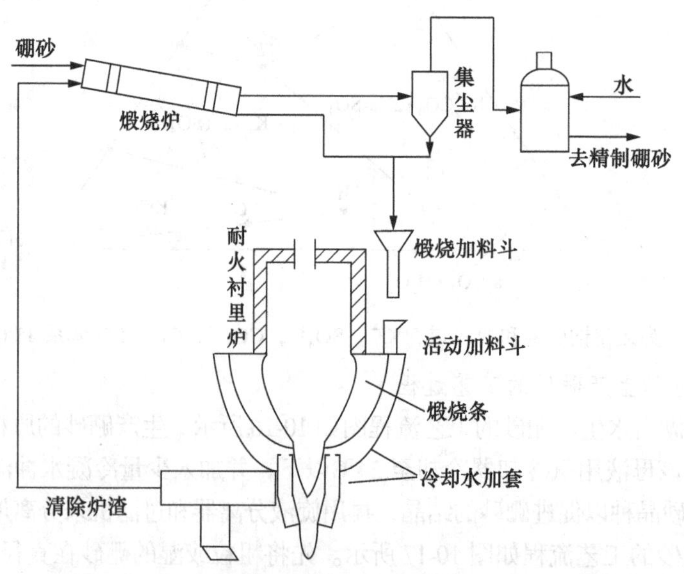

图10-17 无水硼砂生产工艺流程图

11 第11章 锂、锂资源及锂盐生产

11.1 锂、锂化合物的性质、用途及资源

11.1.1 锂及锂化合物的性质

锂是元素周期表中第ⅠA族（碱金属）元素之一，原子序数3，相对原子质量为6.941。金属锂为银白色的轻金属，密度为$0.534g/cm^3$，是目前所知金属中最轻的。熔点为180.54℃，沸点为1317℃，莫氏硬度为0.6，高于钠和钾，但比铅软，可用刀任意切割，延展性能良好。锂25℃时的比热为3582J/（kg·K），是单质中最高的。金属锂可溶于液氨。

天然锂由^6Li和^7Li两种稳定同位素组成，丰度分别为7.42%和92.58%，其中^6Li受热中子照射时发生核反应，能产生氚，氚能用来进行热核反应，因此，^6Li可用于核武器，也可做核聚变动力堆的核燃料。目前通过人工制备，已得到锂的四种放射性同位素^5Li、^8Li、^9Li、^{11}Li。

锂虽然在碱金属中是最不活泼的，但仍是一种比较活泼的金属，化合价为1，与许多物质极易反应。

锂在空气中很快就会与氧和二氧化碳反应生成碳酸锂：

$$4Li+O_2+2CO_2 \longrightarrow 2Li_2CO_3$$

锂在氧气中燃烧则生成白色疏松的氧化锂：

$$4Li+O_2 \xrightarrow{燃烧} 2Li_2O$$

锂在500℃左右容易与氢气发生反应，生成白色的氢化锂。锂也是唯一能生成稳定的足以熔融而不分解的氢化物的碱金属。氢化锂非常活泼，它能和水发生激烈的反应并放出大量的氢气：

$$2Li（熔化）+H_2 \longrightarrow 2LiH$$

$$LiH+H_2O \longrightarrow LiOH+H_2\uparrow$$

锂还是唯一能与氮气在常温下反应的碱金属元素，反应生成黑色的Li_3N晶体，但反应较慢，加热至450℃时便很快生成Li_3N，Li_3N遇水放出氨气：

$$6Li+N_2 \longrightarrow 2Li_3N$$

$$Li_3N+3H_2O \longrightarrow 3LiOH+NH_3\uparrow$$

锂极易溶于酸生成相应的盐并放出氢气，但锂的弱酸盐都难溶于水：

$$2Li+2HCl \longrightarrow 2LiCl+H_2\uparrow$$

$$2Li+H_2SO_4（稀） \longrightarrow Li_2SO_4+H_2\uparrow$$

锂与CO、CO_2、NH_3、H_2S等气体反应生成相应的化合物：

$$2Li+2CO \longrightarrow Li_2C_2+O_2\uparrow$$

$$2Li+2CO_2 \longrightarrow Li_2C_2+2O_2\uparrow$$

$$2Li+2NH_3 \xrightarrow{加热Fe催化} 2LiNH_2+H_2\uparrow$$

$$2Li + H_2S \longrightarrow Li_2S + H_2\uparrow$$

锂还易与 S、P、C、Si 等化合，并能与卤素反应生成卤化锂：

$$2Li + S \longrightarrow Li_2S$$

$$3Li + P \longrightarrow Li_3P$$

$$2Li + 2C \longrightarrow Li_2C_2$$

$$2Li + 2Si \longrightarrow Li_2Si_2$$

$$2Li + X_2 \longrightarrow 2LiX\text{（X为卤素）}$$

由于锂的化学性质非常活泼，因此必须把它储藏在液体石蜡或煤油中或以氩气为保护气的密闭容器内。

碳酸锂（Li_2CO_3）为无色单斜晶体或白色粉末，密度为 2.1g/cm^3，熔点为 618℃，沸点为 1310℃，标准摩尔热容为 97J/（K·mol），溶解度为 1.29g，且在冷水中的溶解度较热水为大，溶于酸，不溶于乙醇和丙酮。

氯化锂为无色立方晶体，密度为 2.1g/cm^3，熔点为 610℃，沸点为 1350℃，标准摩尔热容为 50J/（K·mol），摩尔熔化热 20kJ/mol，摩尔升华热 214kJ/mol，易溶于水、乙醇和乙醚，水溶液呈弱碱性，在空气中会潮解。

硫酸锂（Li_2SO_4）为无色单斜晶体，密度为 2.2g/cm^3，熔点为 857℃，摩尔熔化热为 13kJ/mol，溶于水，不溶于丙酮和 80% 乙醇。

氢氧化锂（LiOH）为白色粉末，有辣味，密度为 2.51g/cm^3，熔点为 462℃，标准摩尔热容为 50J/（K·mol），摩尔熔化热为 21J/（K·mol），摩尔升华热为 238kJ/mol，具强碱性，在空气中易吸收二氧化碳，溶于水，微溶于乙醇，25℃下每 100g 水可溶解 12.9g。

溴化锂（LiBr）为白色立方晶体或粒状粉末，极易潮解，易溶于水、乙醇和乙醚，微溶于吡啶，可溶于甲醇、丙酮、乙二醇等有机溶剂。热浓的溴化锂溶液可溶解纤维。溴化锂可与氨或胺形成一系列的加成化合物，如一氨合溴化锂、二氨合溴化锂、三氨合溴化锂以及四氨合溴化锂。溴化锂与溴化铜、溴化高汞、碘化高汞、氰化高汞、溴化锶等形成可溶性复盐。溴化锂的密度为 3.5g/cm^3，熔点为 550℃，沸点为 1265℃，标准摩尔热容为 52J/（K·mol），摩尔熔化热为 18kJ/mol，摩尔升华热为 197kJ/mol。

氢化锂（LiH）为白色半透明结晶块状物或粉末，商品常呈微蓝灰色，密度为 0.8g/cm^3，熔点为 680℃，标准摩尔热容为 35J/（K·mol），溶于乙醚，不溶于苯和甲苯。可以被水分解为氢和氢氧化锂。呈块状时稳定，呈粉末时与潮湿空气接触能着火。

硝酸锂 $LiNO_3$ 为无色三角晶体或白色粉末，密度为 2.4g/cm^3，熔点为 261℃，在 600℃时分解，摩尔熔化热为 26kJ/mol，溶于水合乙醇。

11.1.2 锂及锂化合物的用途

锂是一种重要的战略性资源物质，是现代高技术产品不可或缺的重要原料，锂产品在高能电池、航空航天、核聚变发电等领域具有极为重要的作用，因此被誉为“推动世界前进的重要元素”和“高能金属”。经过近两个世纪的发展，锂及锂化合物已经在玻璃、陶瓷、石油、化工、冶金、涂料、纺织、合成橡胶、医药、汽车、航空航天、金属焊接、润滑材料、核电工业、高能电池、空调、非金属矿物表面改性及国防工业等众多领域得到成功应用。

一、在核能工业中的应用

锂具有很大的中子俘获截面，是理想的氚增殖剂，还可以用作反应堆中的中子减速剂和辐射屏蔽材料或保护系统的控制棒。

由于金属锂的液态工作温度范围大，蒸气压低，汽化热高，并且其密度小，黏度小，热导率和热容量大，所以在原子反应堆中利用锂作为传热介质，能简化释热元件的结构，减小冷却系统的体积和质量，是理想的热载体，冷却效果要比钠强四倍。

二、在冶金工业中的应用

在冶金工业中，可以利用锂能强烈地和 O_2、N_2、Cl_2、S 等物质反应生成密度小而熔点低的化合物，以除去熔融金属中的这些气体，使金属变得更致密，从而改善金属的晶粒结构，提高各种机械性能。锂还可以显著地降低炉渣的黏性，改善熔融矿浆的流动性，有利于促进不同组分物质的分离，既提高金属的回收率，又可以降低冶炼的费用。

卤化锂可增加焊区熔融金属的流动性，并具有良好的助熔作用和很强的脱氧能力。因此，也用作金属或合金焊接的焊剂或助熔剂。此外，锂作为轻合金、超轻合金、耐磨合金及其他有色合金的重要组成部分，能大大改善合金性能。目前含锂的轻质高强度合金主要有铝锂合金、镁锂合金。

三、在医药行业的应用

金属锂可作为合成制药的催化剂和中间体，如合成维生素 A、B、D，合成肾上腺皮质激素、抗组织胺药等。临床应用证明锂对舞蹈症、美尼尔氏症、迟缓性运动障碍症、躁狂型精神病等病症有效。锂对骨髓会产生有利的刺激作用，可促进细胞、白细胞、血小板的增殖，对肿瘤患者“化疗”引起的白细胞减少等均有良好疗效。

四、在高能电池中的应用

锂与其他物质比较具有以下特性：锂原子量小，理论电化当量值达 3.87g/（A·h），是电极系列中最大的；电负性最低，标准电极电位为−3.045V，也是电极系列中最大的；电阻低，导电性能好，利于电极的集流，质量轻，易获得较高的能量 / 质量比。所以锂电池在相同质量或体积下蓄积的电能为一般电池的 4～30 倍，电压高，自放电小，可长时间存放，无记忆效应，寿命长，可充放电的循环次数远大于 500 次，可快速充电等。另外锂电池的电压一般高于 3.0V，更适合做集成电路电源，所以现在锂电池已替代传统电池广泛应用于计算机、数码相机、数码摄像机、手机等电子产品当中。

目前，各国除研制和生产高比能量、小型轻便的锂电池外，还重点研制作为车辆动力和电能储存的二次锂电池。锂电池由于响应迅速和容量可变性大，因而是有发展前途的储能装置之一。

五、在玻璃和陶瓷工业中的应用

锂化合物最早的重要用途之一就是用于陶瓷和搪瓷制品的制作，特别是搪瓷制品。在过去的二十多年中被广泛使用。由于锂的离子半径小，离子电位高，因而对玻璃和陶瓷的助熔作用强。在玻璃、陶瓷和搪瓷配料中加入适量的锂化合物，可有效降低熔化温度和熔体黏度，缩短融化时间，增大熔体流动性，降低膨胀系数和脆性，提高强度，增强玻璃和陶瓷制品对外界环境冷热变化时的自身状态的稳定性，提高其抗外界机械冲击和抗震强度，提高成品率、质量、炉龄及玻璃的使用寿命，改善玻璃、陶瓷和搪瓷表面光泽和光洁度。

对于陶瓷来说，加入锂化合物可以提高陶瓷的耐热抗震性，减少皱缩现象，降低成品的孔隙度，改善产品的吸尘现象。还可降低搪瓷和陶瓷釉料的高温黏度、表面张力，利于气泡排出，增强陶瓷的耐酸碱及耐磨性。

六、在纺织、印染工业中的应用

在纺织工业中，锂化合物被用作聚合反应的酯交换催化剂和助催化剂，以改善聚酯纤维的染色性能，提高纤维的光滑度，改善喷丝性能，增强纤维耐磨性，消除纤维的静电行为，提高聚酯纤维产品的白度、热稳定性、透明度和平滑度。此外，锂化合物还被用作聚酯纤维生产的改性添加剂，对聚酯纤维的强度、悬垂性能、弹性、耐洗性、吸水性、染色牢固性等性能均有所改善和提高。

锂化合物应用在纺织品印染染料上，可提高染料的溶解度，改善染色性能。次氯酸锂在纺织品漂白方面优于过氧化物，它不会因为漂白而影响纺织品的拉伸强度。溴化锂作聚酯纤维免烫处理的添加剂可使纺织品避免脱色。另外，锂盐可作某些纺织品的阻燃剂使用。

七、在其他方面的应用

锂及锂化合物除上述应用之外，在其他很多方面还有很多应用。

1kg 锂燃烧后可释放 42 998kJ 的热量，因此锂是用来作为火箭燃料的最佳金属之一。若用锂或锂化合物制成固体燃料来代替固体推进剂，用作火箭、导弹、宇宙飞船的推动力，不仅能量高，燃速大，而且有极高的比冲量。

氢化锂遇水会发生猛烈的化学反应，产生大量的氢气。1kg 氢化锂加水后可释放出 2800L 的氢气，是名不虚传的“氢气生产厂”。

在常温下，溴化锂能强烈地吸收水蒸气，而在高温下释放水分。吸收式空调就是利用了溴化锂的这一特性，使水蒸发吸收热量而达到制冷的目的，而且具有可连续工作，工作时几乎无噪声和震动等优点。

单水氢氧化锂最主要的用途是制作锂基润滑脂，与钠、钾、钙基类的润滑脂相比，锂基润滑脂具有抗氧化、耐压、润滑性能好，特别是工作温度范围宽，抗水性能好，在−60～300℃下几乎不改变润滑脂的黏性，甚至在少量水存在时，仍然保持良好稳定性。

正丁基锂是很重要的有机锂化合物，它主要在聚合反应中用作聚合催化剂、烃化剂，用于引发共轭二烯烃进行阴离子聚合。通过聚合途径，可以合成指定结构的线型、星型、嵌段接枝、遥爪型等聚合物，也可用来制备低顺式聚丁二烯橡胶、异戊二烯橡胶、溶液丁苯橡胶、热塑性橡胶、液体橡胶、热固性树脂、涂料等。

人类对锂的应用目前已有了良好的开端，但由于锂的生产工艺比较复杂，成本很高，所以还有很多我们尚未发现的领域等待我们去发掘。如果一旦我们解决了锂的大规模工业化生产的难题，锂的优良性能定将得到进一步的发挥，从而扩大它的应用范围。

11.1.3 锂资源及其开发概况

锂号称“稀有金属”，其实它在地壳中的含量并不算“稀有”。地壳中约有 0.0065% 的锂，其丰度居第 27 位。根据美国地质调查局（United States Geological Survey，USGS）2015 年发布的数据，全球锂资源储量约为 1350 万吨，探明储量约为 3978 万吨。

全球锂矿床主要有五种类型，即伟晶岩矿床、卤水矿床、海水矿床、温泉矿床和堆积矿床。目前开采利用的锂资源主要为伟晶岩矿物（主要包括锂辉石［$LiAl(SiO_3)_2$］、锂云母［$Li_2(F,OH)_2Al(SiO_3)_3$］和透锂长石［$(LiNa)AlSi_4O_{10}$］等含锂矿物）和卤水矿床。在海水中大约有 2600 亿吨锂，但由于海水中的锂浓度太低，提取极为困难，所以尚未有效利用。盐湖锂资源约占世界锂储量的 69% 和世界已探明锂资源的 90% 以上。近几年来，随着电子产业迅速发展，锂在经济发展和技术进步中日益显现出重要作用，所以锂资源的开发与应用引起人类越来越高的关注。

一、世界其他国家及中国锂资源分布

世界上的花岗伟晶岩锂矿床主要分布在澳大利亚、加拿大、芬兰、中国、津巴布韦、南非和刚果。虽然印度和法国也发现了伟晶岩锂矿床，但不具备商业开发价值。具体来说，全球锂辉石矿主要分布于澳大利亚、加拿大、津巴布韦、刚果、巴西和中国；锂云母矿主要分布于津巴布韦、加拿大、美国、墨西哥和中国。盐湖锂资源主要分布在智利、阿根廷、中国及美国。表 11-1 为世界锂储量和储量基础及锂产品产量。

表 11-1 世界锂储量和基础储量及锂产品产量（以金属锂计，单位：万吨）

国家	储量	探明资源量	2013 年产量	2014 年产量
玻利维亚	NA	900	—	—
美国	3.8	550	0.087	W
阿根廷	85	650	0.25	0.29
澳大利亚	150	170	1.27	1.30
巴西	4.8	18	0.04	0.04
智利	750	>750	1.12	1.29
中国	350	540	0.47	0.50
葡萄牙	6	NA	0.057	0.057
津巴布韦	2.3	NA	0.10	0.10
加拿大	NA	100	—	—
刚果（金）	NA	100	—	—
俄罗斯	NA	100	—	—
塞尔维亚	NA	100	—	—
总计	1350	3978	3.40	3.60

注：NA 未能获得，W 拒绝透露。以上数据来源于根据美国地质调查局 2015 年发布的数据。

澳大利亚西部珀斯地区的格林布西（Greenbushes）花岗伟晶岩矿床是世界上最大的锂辉石矿床。加拿大安大略省的伯尼克（Bernic）湖花岗伟晶岩矿床，含锂矿物主要是锂辉石和透锂长石。津巴布韦马斯韦古（Masvingo）省的比基塔（Bikita）锂辉石花岗岩矿床

是津巴布韦最大的锂辉石矿床。美国洛杉矶山脉的金斯山（Jeans）和阿拉巴马州的贝瑟默（Bessemer），纳米比亚的卡里比布（Karibib），刚果（金）的马诺诺 - 基托托洛（Manono-Kitotolo）等都是大型的花岗伟晶岩矿床。南非含锂辉石花岗岩主要分布在卡普（Cape）省诺玛斯和纳那比斯地区，估计锂矿物资源达 300 亿吨，葡萄牙和俄罗斯也有含锂的花岗伟晶岩矿床分布，但储量不详。

世界卤水锂资源高度集中在智利、阿根廷、玻利维亚、中国和美国。南美洲萨拉（Salar）盐湖赋存极其丰富的锂资源。萨拉盐湖展布于智利、阿根廷和玻利维亚。萨拉盐湖和美国的银峰湖，以及中国的西藏扎布耶盐湖和青海盐湖等为目前已探明的锂资源含量最丰富的一批盐湖，另外美国的西尔斯盐湖和中东死海也赋存锂盐湖资源。表 11-2 为国外主要盐湖卤水的组成表。

表 11–2 国外主要盐湖卤水组成（%）

组 分	盐湖名称					
	大盐湖	银 峰	西尔斯	阿塔卡玛	死 海	乌尤尼
Na^+	7.00	6.20	10.98	1.60	3.00	9.10
K^+	0.40	0.80	2.69	1.79	0.60	0.62
Mg^{2+}	0.80	0.04	—	1.00	4.00	0.54
Li^+	0.006	0.040	0.007	0.160	0.002	0.025
Ca^{2+}	0.30	0.05	—	0.024	0.30	—
SO_4^{2-}	1.50	0.71	4.56	1.90	0.05	—
Cl^-	14.00	10.06	12.39	15.70	16.00	—
B	—	—	0.35	0.07	—	—
Mg/Li	133/1	1/1	—	6.25/1	2000/1	21.5/1

我国也是锂资源较为丰富的国家之一，根据美国地质调查局 2015 年发布的数据，我国已探明的锂资源储量约为 540 万吨，约占全球总探明储量的 13%。我国的盐湖资源和矿石资源分别约占全国总储量的 85% 和 15%。我国花岗伟晶岩锂矿床主要分布于四川、新疆、河南、江西、福建、湖南和湖北，其中江西宜春锂云母基础储量达 63.7 万吨，四川省甲吉卡伟晶岩锂辉石矿床是世界上最好的，氧化锂含量为 1.28%，储量为 118 万吨。也是世界第二大，亚洲第一大的锂辉石矿。我国的锂盐湖资源也非常丰富，卤水锂资源占我国锂资源总量的 80%，以金属锂计为 271 万吨。除在湖北省和四川省有少量的地下卤水锂资源之外，近 90% 具有开发价值的卤水锂资源分布在青海和西藏的盐湖中。我国主要盐湖锂盐储量及其组成如表 11-3 所示。

表 11–3 我国主要盐湖锂盐储量及组成（%）

组 分	青海柴达木盆地盐湖					西藏扎布耶盐湖	
	察尔汗	大柴旦	东台吉乃尔	西台吉乃尔	一里坪	南 湖	北 湖
Na^+	2.37	6.93	5.13	8.26	2.58	10.12	9.81
K^+	1.25	0.71	1.47	0.69	0.91	2.44	2.05
Mg^{2+}	4.89	2.14	2.99	1.99	1.28	0.0004	0.002
Li^+	0.0031	0.016	0.085	0.022	0.021	0.111	0.146
Ca^{2+}	0.051	—	0.02	0.031	0.016	—	—

续表

组分	青海柴达木盆地盐湖					西藏扎布耶盐湖	
	察尔汗	大柴旦	东台吉乃尔	西台吉乃尔	一里坪	南湖	北湖
SO_4^{2-}	0.44	4.05	4.78	1.14	2.88	3.62	4.67
Cl^-	18.80	14.64	14.95	16.17	14.97	11.98	11.78
B	0.0087	0.062	0.11	0.018	0.031	0.244	0.200
Mg/Li	1577.4/1	134/1	35.2/1	61.0/1	90.5/1	0.0036/1	0.014/1
储量（以 LiCl 计）（万吨）	995	24.3	55.3	178.4	267.7	837	—

青海的锂资源主要赋存于硫酸盐型盐湖中，集中分布在柴达木盆地的察尔汗盐湖。青海柴达木盆地盐湖锂资源（以 LiCl 计）储量为 1520.7 万吨，锂盐矿主要存在于盐湖地表卤水和晶间卤水中。大型卤水矿主要有一里坪、东台吉乃尔湖、西台吉乃尔湖，中型卤水矿有大柴旦湖、察尔汗、大浪滩等盐湖，目前正在开发的是东、西台吉乃尔湖，储量分别约为 9 万吨和 48 万吨。

柴达木盆地盐湖锂资源有两个显著特点：①锂含量高，东、西台吉乃尔湖和一里坪盐湖卤水锂含量比美国大盐湖的锂含量高 10 倍；②镁锂比高，比国外高数十倍乃至百倍，东台吉乃尔湖卤水镁锂比达到 40，而美国银峰湖卤水中该值为 2，智利阿塔卡玛盐湖卤水中该值为 6，这给察尔汗锂资源的开发与利用带来很大的难度。

西藏已探明的盐湖卤水锂资源主要分布于藏北日喀则地区的扎布耶盐湖，它是世界上三大锂资源超百万吨级的超大型盐湖之一，其固液相碳酸锂储量高达 153 万吨，其中液相锂储量 25 万吨。扎布耶盐湖由南、北两个湖区组成，湖中间到东部有狭长水道相通，北湖是卤水湖，南湖为干盐滩和卤水并存的盐湖。扎布耶盐湖是世界罕见地硼锂钾铯等综合性盐湖矿床，富含有硼、钾、铷、铯、溴等多种有用元素，其中的锂、硼均达超大型规模，含锂量仅次于阿塔卡玛和乌尤尼盐湖，是典型的碳酸盐型盐湖，卤水中的锂以天然碳酸锂和含锂白云石新变种形式存在。卤水中锂含量高达 1000～2000mg/L，其资源特点是镁锂比例低，仅为 3，优于国内已知的其他盐湖锂资源。

二、世界及中国锂资源开发现状

当前，锂盐矿产量较大的国家有智利、美国、澳大利亚、阿根廷、俄罗斯、加拿大、津巴布韦、中国、巴西、纳米比亚和葡萄牙等。1996 年世界金属锂产量为 7822 吨（不含美国），2006 年世界金属锂产量达 2.11 万吨，2014 年世界金属锂产量已达 3.6 万吨，呈逐年上升态势。

数十年来，美国一直是锂盐的最大生产国。20 世纪 80 年代初，美国生产量占世界生产能力的 70% 以上。但自 20 世纪 90 年代以来，由于智利、阿根廷盐湖锂资源的开发，使美国在世界锂产量的比例急剧下滑，到 2000 年下降到仅占 5%；而智利已成为世界上最大的碳酸锂生产国。

传统锂矿业主要以伟晶岩型锂矿为原料，通过采矿、选矿、1100℃焙烧热解，在 250℃加硫酸形成硫酸盐，然后再加碱过滤生成碳酸锂。其工艺流程长，能耗大，成本较高。而盐湖卤水提锂工艺是通过一系列太阳蒸发池对卤水逐级蒸发浓缩，分离出锂盐或高浓度卤水，然后由工厂提纯生产锂盐。加工过程的能源以太阳能为主，工艺简单，生产规模易于调整，因而成本自然降低，由于此原因，美国、中国、澳大利亚等国的伟晶岩型锂盐矿山纷纷关闭，仅留少量直接使用的锂精矿生产。近年来，智利的阿塔卡玛盐湖，美国的西尔斯盐湖、银峰湖地下卤水和阿根廷的翁不累穆埃尔托盐湖、形成了较强的生产能力。目前，全球从卤水中生产的锂盐产品（以碳酸锂计）已占锂产品总量的 85% 以上。

我国是世界锂资源储量大国，但却是锂产品生产的小国。现在我国锂的产量只占全球总产量的 13.9% 左右。造成这一状况的主要原因是：①由于生产成本原因，原来从伟晶岩锂矿石中提取锂的生产厂家基本退出市场；②柴达木盐湖卤水虽然锂含量高，但镁锂比也高，而我国的高镁锂比卤水提锂技术还未达到工业化生产的成熟度；③西藏扎布耶盐湖卤水中的锂虽然易于提取，但基础设施落后，限制了大规模开发。

为开发青海察尔汗的盐湖卤水资源，自 20 世纪 50 年代以来已开展了许多研究工作。有关从盐湖卤水中提锂的项目已经取得了关键性的进展，现已进入正式生产阶段，有望在不远的将来形成规模化工业生产。同时，随着西藏近年来基础设施的不断完善，特别是青藏铁路的开通，制约西藏经济发展的运输瓶颈终于被打开，扎布耶盐湖卤水锂资源也进入到工业化开发阶段。可以相信，在未来十年内，借助我国丰富的锂资源储量和较为低廉的劳动力成本，锂产品将会具有较强的国际竞争力，我国也可望从锂产品的净进口国转变成为主要的出口国，促进世界锂产业重新布局。

11.2 锂盐的制备与生产

鉴于目前盐湖提锂技术的发展不仅改变了锂业市场的格局，而且对世界锂资源分布和配置产生深刻的影响，锂及锂盐的生产目前都在向盐湖提锂方向发展。而卤水组成复杂，一般均含有大量 Na、K、B、Mg、Ca、Li 等离子的氯化物、硫酸盐及硼酸盐，且不同盐湖的组成有很大差异，因而各盐湖提锂所采用的生产工艺也不相同。锂在卤水浓缩过程中，按卤水体系的特点，有的被富集在浓缩的卤水中，有的在浓缩过程中随同其他盐类析出。卤水中的锂常以微量形式与大量的碱金属、碱土金属离子共存。

按照元素周期表的斜线规则，处在斜线上的两种元素的化学性质相似，构成的同种化合物也基本有类似的化学性质，特别是 Li 与 Mg、Be 与 Al、B 与 Si 这三对元素。由于 Li 与 Mg 及其化合物的化学性质非常相似，而卤水中又普遍有高含量镁化合物的存在，使得从卤水中分离锂化物的技术变得更加复杂，因而成为卤水提锂的关键技术难题。

纵观国内外盐湖卤水提锂的工艺方法，归纳起来主要有沉淀法、萃取法、离子交换吸附法、碳化法、煅烧浸取法、许氏法和电渗析法等。其中碳化法是在传统沉淀法的基础上采用碳化除钙、镁离子，从而实现钙、镁及锂离子的有效分离。

11.2.1 碳化焙烧法

一、基本原理

铝酸钠稀溶液与二氧化碳反应，形成无定形氢氧化铝，它对卤水中的锂具有高效选择沉淀作用，形成 $LiCl\cdot 2Al(OH)_3\cdot nH_2O$ 的复合物，从而达到分离回收锂的目的。所得含锂沉淀物，经焙烧浸取获得氯化锂溶液和氧化铝，后者与纯碱反应生成铝酸钠，可循环使用，氯化锂溶液去除杂质后可制取碳酸锂。该法对各种卤水的适用范围较广，曾研究过的卤水组成如表 11-4 所示。

表 11-4 各类卤水的化学组成

序 号	卤水名称	Li^+	Ca^{2+}	Mg^{2+}	B_2O_3	Cl^-	SO_4^{2-}	相对密度
1	油田水制盐母液	0.928g/L	4.85g/L	3.26g/L	9.05g/L	204.0g/L	—	1.216/20℃
2	井卤综合利用后母液	1.6～2.20g/L	85.00g/L	45.00g/L	13.00g/L	—	—	1.26～1.30/20℃
3	某盐湖湖水	1.74g/L	—	12.94g/L	2.01g/L	186.0g/L	29.39g/L	1.225/18℃
4	某盐湖卤水制盐提硼后母液	0.167g/L	—	85.18g/L	7.27g/L	335.4g/L	14.37g/L	1.331/15℃
5	井卤除镁母液	0.968～1.148g/L	64.98～75.81g/L	0.008g/L	2.2～2.4g/L	—	—	1.25/20℃

碳化焙烧法提锂共分四个工序，即碳化沉淀、焙烧浸取、成品以及铝渣回收等工序。各工序主要化学反应如下所述：

（一）碳化、沉淀工序

$$2NaAlO_2+CO_2+5H_2O \longrightarrow 2[Al(OH)_3 \cdot H_2O]+Na_2CO_3$$

$$2NaOH+CO_2 \longrightarrow Na_2CO_3+H_2O$$

$$Na_2CO_3+CO_2+H_2O \longrightarrow 2NaHCO_3$$

碳化时生成的活性氢氧化铝可与卤水中的LiCl生成$LiCl \cdot 2Al(OH)_3 \cdot nH_2O$的复合物，从而与母液中的其他离子分离。

（二）焙烧浸取工序

铝锂沉淀物经400～450℃焙烧30min，用水浸取生成氯化锂和铝渣。

（三）成品工序

除硼镁：$$Ca(OH)_2+MgCl_2 \longrightarrow CaCl_2+Mg(OH)_2$$

除　钙：$$Na_2CO_3+CaCl_2 \longrightarrow 2NaCl+CaCO_3$$

沉淀碳酸锂：$$Na_2CO_3+2LiCl \longrightarrow 2NaCl+Li_2CO_3$$

（四）铝渣回收

$$Al_2O_3 \cdot H_2O+Na_2CO_3 \longrightarrow Na_2O \cdot Al_2O_3+CO_2+H_2O$$

$$Na_2O \cdot Al_2O_3+H_2O \longrightarrow 2NaAlO_2+H_2O$$

二、工艺流程

碳化焙烧法制取碳酸锂的工艺流程如图11-1所示。

将5%～10%的铝酸钠溶液充分搅拌，通入含二氧化碳（物质的量浓度为40%）的石灰窑气，反应10～15min，经检验确定碳化反应完全后，放料过滤及洗涤，回收碳酸钠（78g/L），滤饼为无定形氢氧化铝，供沉淀锂时使用。在沉淀槽中将卤水加热至98℃，按铝锂质量比12，加入无定形的氢氧化铝，搅拌反应2～3h，料浆过滤及洗涤，滤饼为铝锂沉淀物，送往下一工序，滤液供提取其他成分。锂的沉淀率为95%～98%。然后将铝锂沉淀物置于砖窑中于400℃焙烧0.5h，烧成物用水浸取10min，再经过过滤及洗涤，滤饼送往铝渣回收工序，滤液送去制取碳酸锂。锂的焙烧浸取率为87%～95%，浸取液含锂离子4.8g/L左右。将浸取液略微蒸发浓缩后，于90℃加入计量的石灰乳除镁、铝、硼等，然后加入碳酸钠除钙，分离形成硼钙镁渣后，滤液加盐酸调pH至5～6，蒸发使锂浓度达30g/L，再加氢氧化钠调pH至8～11，过滤除去食盐。母液用水稀释至含锂为18～20g/L时，在沸腾条件下加入物质的量浓度为20%的碳酸钠溶液用以沉淀碳酸锂，过滤并用沸腾水洗涤后，经烘干即为碳酸锂产品。

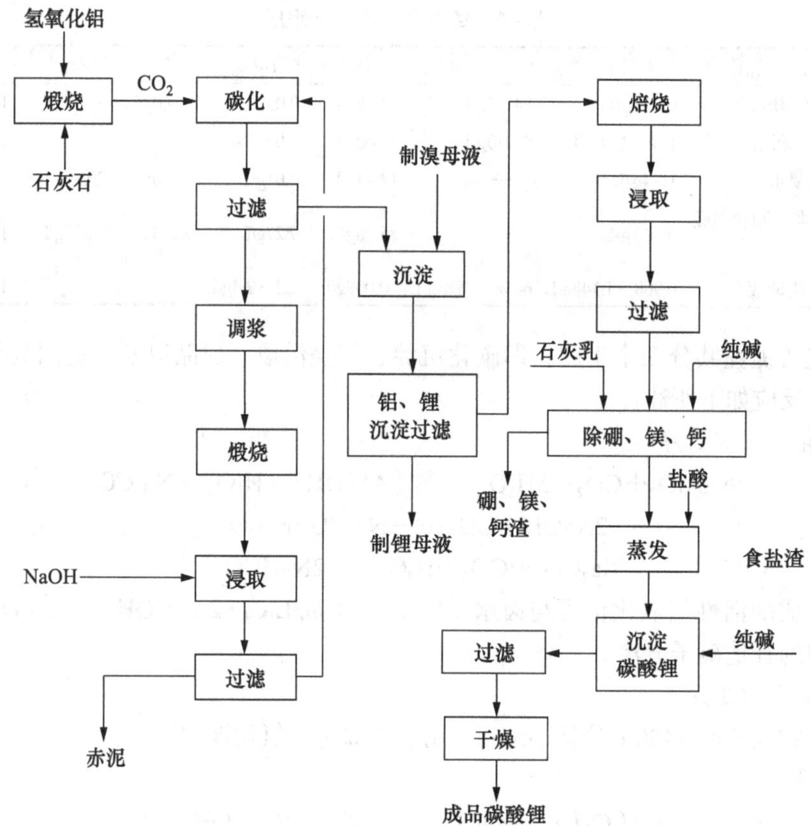

图 11-1　碳化焙烧法制取碳酸锂的工艺流程

沉淀碳酸锂后的母液可循环使用，产品纯度在 98.5% 以上。

由焙烧浸取工序回收的水合氧化铝（铝渣）与氢氧化铝混合，加入碳酸钠［Na_2O/（$Al_2O_3+Fe_2O_3$）物质的量比为 1.07］于温度 1100℃～1200℃的煅烧炉中反应 2h，形成铝酸钠，物料出炉稍冷后移入浸取槽，用物质的量浓度为 30% 的氢氧化钠溶液浸取（Na_2O/Al_2O_3 物质的量比为 0.3），于 95℃搅拌浸取 30min 后，进行热过滤，滤饼为赤泥，滤液及洗水为铝酸钠溶液，可返回碳化工序，铝的回收率达 95% 以上。

碳化沉淀法所需原料较为节省，流程中碳酸钠和铝酸钠可回收使用，在生产过程中只补充损失部分，但其流程较长。

11.2.2　煅烧浸取法

含锂约 0.015% 物质的量浓度的盐湖卤水，在盐田中经过日晒蒸发，析出氯化钠、七水硫酸镁、光卤石等盐类后，所得饱和氯化镁卤水中锂物质的量浓度可达 0.15%，约浓缩十倍。将该饱和氯化镁卤水加盐酸酸化提取硼酸。脱硼母液进一步蒸发浓缩脱水后，再经高温煅烧使氯化镁转变为氯化氢气体和氧化镁。水浸后的氧化镁与可溶性锂盐分离。富锂溶液经除杂质后用碳酸钠沉淀，锂以碳酸锂形式回收。其工艺流程如图 11-2 所示。

脱硼母液中的成分主要是六水氯化镁，进一步蒸发浓缩脱水后成四水合物，在 700℃的高温下煅烧 2h，反应按下式进行：

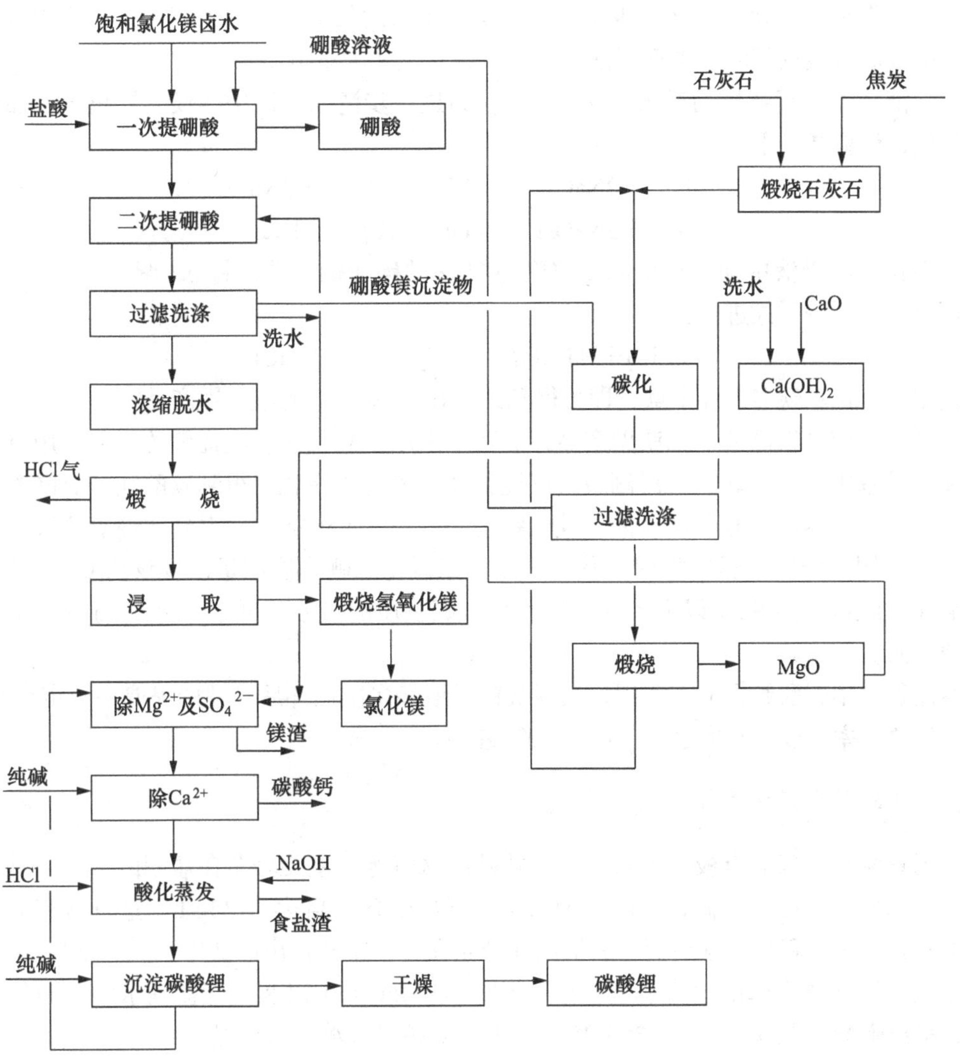

图 11-2 煅烧法制取碳酸锂的工艺流程图

$$MgCl_2 \cdot 4H_2O \xrightarrow{\Delta} MgO + 2HCl\uparrow + 3H_2O\uparrow$$

煅烧后的物料冷却后用水浸取，则可溶性的硫酸锂与不溶性的氧化镁、硼酸镁等得以分离。采用此法尚可得到纯度较高的氧化镁和盐酸。

为了制取工业纯的碳酸锂，必须清除富含硫酸锂的浸取液中的杂质。先将溶液用石灰乳处理，镁以氢氧化镁形式除去，硫酸根以硫酸钙形式除去，其反应式如下：

$$MgCl_2 + Ca(OH)_2 \longrightarrow Mg(OH)_2\downarrow + CaCl_2$$

$$Li_2SO_4 + CaCl_2 \longrightarrow CaSO_4\downarrow + 2LiCl$$

溶液中剩余的钙用碳酸钠处理，使钙以难溶性的碳酸钙形式析出，反应按图 11-2 进行：

$$CaCl_2 + Na_2CO_3 \longrightarrow CaCO_3\downarrow + 2NaCl$$

除钙母液是 pH 为 9～10 的碱性料液，为防止蒸发过程中碳酸锂的损失，故加入盐酸酸化，使碳酸锂转化为溶解度很大的氯化锂，且将 pH 调至 5～6，发生如下反应：

$$Li_2CO_3 + 2HCl \longrightarrow 2LiCl + H_2O + CO_2\uparrow$$

继续蒸发浓缩酸化后料液，因浸取液中钠离子浓度很低，实际上氯化钠析出很少。只有在提碳酸锂后母液返回时，钠离子浓度增加，氯化钠才大量析出。

当溶液蒸发至锂物质的量浓度达 2% 时，为进一步清除母液中的镁、铁离子，加少量的氢氧化钠，反应式如下：

$$Mg^{2+}+2NaOH \longrightarrow Mg(OH)_2\downarrow+2Na^+$$

$$Fe^{3+}+3NaOH \longrightarrow Fe(OH)_3\downarrow+3Na^+$$

在净化后的母液中加入物质的量浓度为 20% 的碳酸钠溶液，将 pH 调至 9～10，此时碳酸锂析出，反应按下式进行：

$$2LiCl+Na_2CO_3 \longrightarrow Li_2CO_3\downarrow+2NaCl$$

过滤后，含水碳酸锂经干燥，即可得到纯度在 98% 以上的碳酸锂产品。

为了得到纯度较高的氧化镁副产品，流程中采用了氧化镁二次提硼的工艺。用氧化镁吸附脱硼后母液中的残留硼。所得硼酸镁沉淀物经二氧化碳炭化，得到碳酸镁和硼酸溶液，分离后硼酸溶液仍返回流程制取硼酸。碳酸镁经 600℃煅烧 0.5h 后，得到活性氧化镁，返回做二次提硼酸用。经二次提硼酸后，所得母液中三氧化二硼物质的量浓度仅为 0.1% 左右。副产品氧化镁纯度可达 98% 以上，其中三氧化二硼物质的量浓度低于 0.8%，可用于耐火材料或其他方面。

本流程中用碳酸钠提取碳酸锂，当碳酸锂母液经多次循环后，锂的提取率稳定在 98% 以上，锂的总收率（以原料卤水计）可达 90% 左右。

11.2.3 磷酸盐沉淀 - 离子交换分离法

我国青藏高原蕴藏有极为丰富的含锂盐湖卤水资源，主要分布在盐湖卤水中，其中以碱性盐湖晶间卤水的品位最高，有的盐湖卤水中锂离子含量高达 1.135g/L。这种含有大量碳酸盐的卤水在蒸发过程中，碳酸锂不断析出并分布在各个阶段析出的盐中，无法富集。

根据碱性介质中磷酸锂溶解度很小（0.031g/100gH_2O）以及碱性盐湖水中富锂贫钙镁的特点，提出磷酸盐沉淀 - 离子交换分离法，用于从晶间卤水中回收锂。

一、基本原理

（一）从卤水中分离锂

向卤水中加入足够量的磷酸盐，控制适当的条件使锂沉淀：

$$3Li^++PO_4^{3-} = Li_3PO_4\downarrow$$

（二）锂与磷酸根分离

沉淀用酸溶解，控制一定的酸度，通过离子交换床分离锂和磷酸根。

溶解：$Li_3PO_4+3HCl \longrightarrow 3LiCl+H_3PO_4$

交换：$3LiCl+H_3PO_4+3R-SO_3Na \longrightarrow 3NaCl+H_3PO_4+3R-SO_3Li$

洗脱：$NaCl+R-SO_3Li \longrightarrow LiCl+R-SO_3Na$

交换流出液用作下次锂的沉淀剂。

（三）沉淀碳酸锂

洗脱液经浓缩后加入一定量的碳酸钠沉淀碳酸锂：

$$2LiCl+NaCO_3 \longrightarrow Li_2CO_3\downarrow+2NaCl$$

二、操作影响因素

（一）沉淀剂的选择和沉淀酸度

晶间卤水中磷酸盐含量很低，不足以沉淀锂，须人为加入一些磷酸盐。以两种磷酸盐（即十二水磷酸钠和十二水磷酸氢二钠）作比较，加入的磷酸盐用量以满足卤水中的锂离子全部生成磷酸三锂沉淀的需要量为基础，在此基础上再过量 25%。用烧碱调节卤水酸度进行沉淀，其结果见表 11-5。

表 11-5　沉淀剂与沉淀酸度选择

$Na_2HPO_4 \cdot 12H_2O$/g	$Na_3PO_4 \cdot 12H_2$/g	NaOH 加入量 /g	NaOH pH	沉淀 总沉淀 /g	沉淀 含锂 /%	沉淀 含锂 /g	沉淀率 /%
12.28	—	0.0	9.2	2.299	16.56	0.381	67.08
12.28	—	8.0	14.0	8.694	5.00	0.435	76.65
—	12.95	5.5	12.0	3.872	10.10	0.391	68.89

由表 11-5 可以看出，选用磷酸三钠和磷酸氢二钠作沉淀剂，其沉淀效果没有明显的差异。还可以看出，随着 pH 增大，锂的沉淀率有所提高，而且随锂析出的其他盐类（主要是碳酸钠矾）也同时增加。pH 为 14.0 时，锂的沉淀率可提高 8%，但从 pH9.2 的原卤调节到 pH 为 14.0，每立方米卤水需耗烧碱约 16kg，经济上不合算。在 pH 为 9.2～12.0 的范围内，锂的沉淀率没有明显变化，因而从原卤中直接沉淀锂较为适宜。

（二）温度对沉淀磷酸锂的影响

图 11-3 表明了温度与沉淀磷酸锂的关系。实验表明，加热对沉淀锂是有利的。温度升高，锂离子和磷酸根离子活度增大，易于生成磷酸锂沉淀。

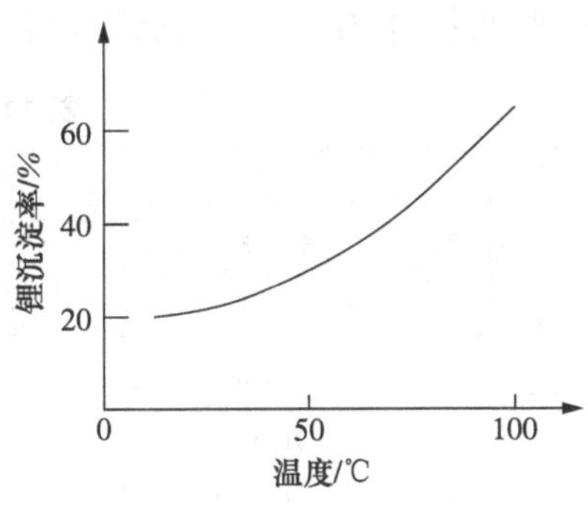

图 11-3　温度与沉淀磷酸锂的关系

西藏为高原地区，平均海拔 4000m 以上，水的沸点接近 90℃。选择在 90℃实验较为合理，即在 90℃进行保温。图 11-4 清楚表明了保温时间与沉淀率的关系。显然，增长保温时间，锂沉淀率增加。保温 2.5～3.0h，锂沉淀率可达 80%。

（三）磷酸盐用量

图 11-5 显示了磷酸盐（沉淀剂）用量与沉淀率的关系。说明增大磷酸盐的用量，锂的沉淀

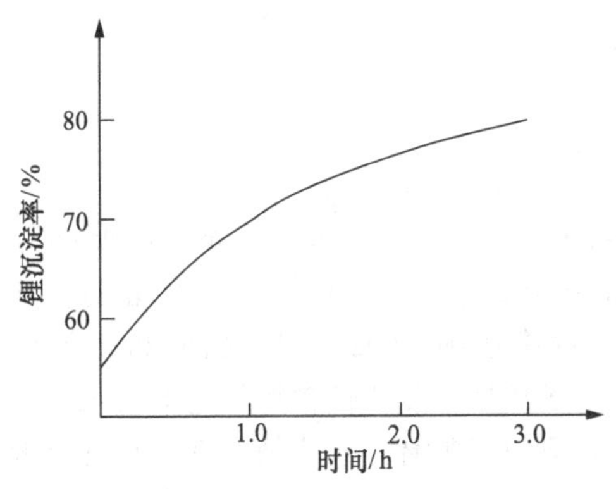

图 11-4　保温时间与沉淀率的关系

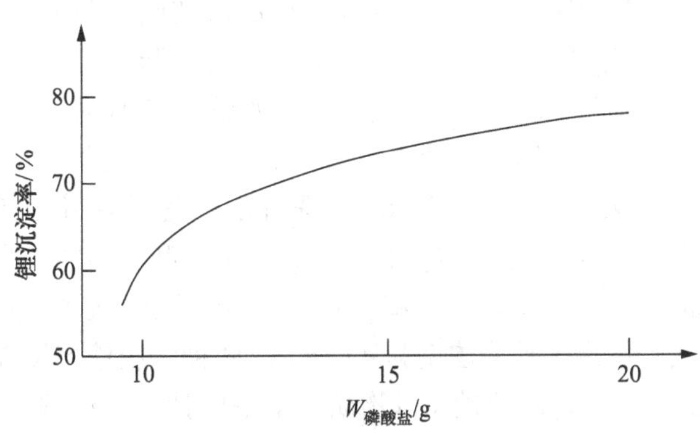

图 11-5　磷酸盐用量与沉淀率的关系

率增大。但是磷酸盐用量增加，其损失也增大，这不仅使生产成本提高，而且还会造成综合利用的复杂化。情况表明，每升卤水加入 24.56g 十二水磷酸氢钠是适当的。

三、锂离子与磷酸根离子的分离

在 90℃沉淀磷酸锂的同时，一些可溶性的盐类也将析出，主要是碳酸钠矾和氯化钠，用沸水将其洗去后，剩余的不溶物即为锂盐。X 射线衍射分析说明沉淀中不仅含有磷酸三锂（物质的量浓度为 48%～67%），而且还含有碳酸锂（物质的量浓度为 18%～30%）和磷酸二锂钠 $NaLi_2PO_4$（物质的量浓度为 16%～21%）。因此，只有进行锂离子与磷酸根离子的分离，才能得到碳酸锂产品。

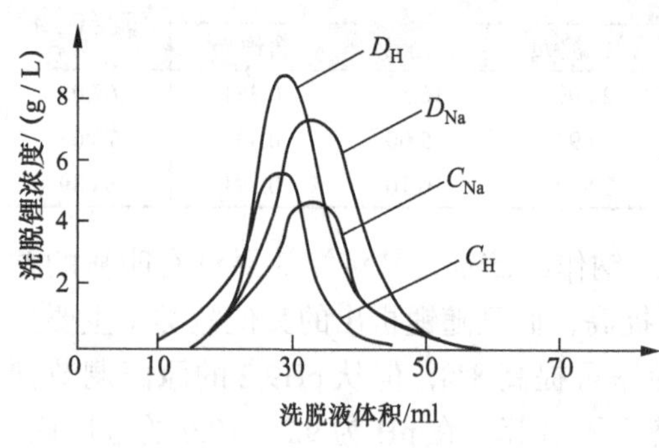

图 11-6 C、D 型树脂洗脱再生曲线

根据离子交换的一般规律，选用磺酸型强酸性阳离子交换树脂作离子交换吸附锂的比较试验，为便于说明问题，大孔径树脂用 *D* 表示，凝胶型树脂用 *C* 表示，H 型树脂用下角码 H 表示，Na 型树脂用下角码 Na 表示，如 D_{Na} 表示大孔 Na 型树脂。试验结果见图 11-6 和表 11-6。

结果表明，H 型树脂比 Na 型树脂更易交换和洗脱锂，洗脱区域较 Na 型集中。*D* 型树脂对锂的交换速度明显大于 *C* 型树脂。洗脱时，*D* 型树脂快速、集中，*C* 型树脂相对来说则分散后移。因此，用 Na 型树脂交换锂更为经济合理。

表 11–6 *D*、*C* 型树脂上锂的交换吸附

树脂类型	入料				流出液			树脂		
	酸碱度/pH	锂浓度/（mg/L）	体积/ml	锂离子/mg	流速/[ml/ml（树脂）]	体积/ml	锂平均浓度/（mg/L）	锂离子/mg	吸附锂/mg	交换率/%
D_H	2.5	1290.80	100	129.08	0.04	146.0	2.84	0.415	128.66	99.68
D_{Na}	2.5	1290.80	100	129.08	0.04	150.0	2.69	0.404	128.68	99.69
C_H	2.2	515.00	200	103.00	0.05	246.0	9.26	2.277	100.72	97.79
C_{Na}	2.2	515.00	200	103.00	0.05	250.0	21.74	5.434	97.57	94.72

当交换流出液中锂离子浓度接近料液中锂离子浓度时，则树脂对锂的交换吸附可视为近似饱和。此时，两种树脂对锂离子的饱和交换容量为：

D_{Na} 型　　0.93mmol/ml 树脂（湿）

C_{Na} 型　　1.31mmol/ml 树脂（湿）

两种 Na 型树脂的洗脱曲线如图 11-7 所示。

结果表明，两种树脂都有较好的洗脱效果。

D_{Na} 型树脂在前 160ml 洗脱液内锂洗脱率达 99.90%。除去前 30ml 流出液（树脂间隙水），锂离子平均浓度为 3.96g/L。C_{Na} 型树脂的洗脱曲线较 D_{Na} 稍后，半宽峰比 D_{Na} 稍宽，其最高浓度比 D_{Na} 大一些。在前 190ml 洗脱液中，锂洗脱率达到 99.92%，除去前 30mL 流出液，锂离子平均浓度为 4.61g/L。两种洗脱液经浓缩 4～5 倍后，氯化锂含量可达 120g/L，用过量的 5% 碳酸钠（以物质的量浓度计）沉淀锂，母液则进行循环。在交换、洗脱和沉淀阶段，锂的回收率为 90%～95%。

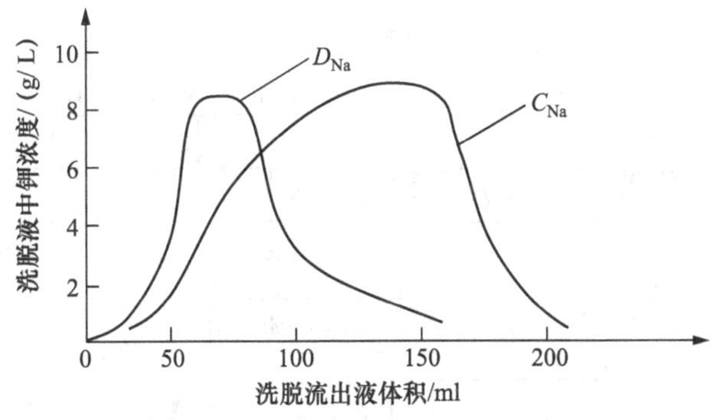

图 11-7　D_{Na} 和 C_{Na} 型树脂的洗脱曲线

由此可见，两种 Na 型树脂都能很好地分离锂和磷酸根。D_{Na} 型树脂交换锂快速，洗脱也快速而集中，但交换容量小一些；C_{Na} 型树脂的交换容量大，但交换和洗脱速度慢一些。

11.2.4　萃取法

以我国大柴旦盐湖卤水为例，说明萃取法在提取锂盐方面的应用。

根据 $MgCl_2$-$LiSO_4$-H_2O 体系 25℃溶解度相图，分离硼酸后的大柴旦盐湖浓缩氯化镁共饱和卤水，在继续日晒蒸发过程中，将结晶析出水氯镁石（$MgCl_2 \cdot 6H_2O$）和泻利盐。当卤水浓缩到水氯镁石、泻利盐与一水硫酸盐同时结晶析出时，卤水中锂的物质的量浓度为 2.80%。

由于在 18～30℃范围内，氯化锂在水氯镁石、泻利盐和一水硫酸盐共饱和溶液中的溶解度不超过 3%，所以大柴旦盐湖水在硫酸镁阶段，卤水即便在芒硝为池板的晒池中进行蒸发浓缩，也不能获得含 LiCl 10% 的氯化镁浓缩卤水。为了避免在蒸发浓缩过程中结晶析出一水硫酸锂，我们将含氯化锂的氯化镁共结卤水在湖区储存过冬，经天然冷冻析出泻利盐后，卤水中硫酸镁物质的量浓度可降低到 0.4%～0.5%。这样，含氯化锂的氯化镁浓缩卤水在继续蒸发析出水氯镁石过程中，浓缩卤水中氯化锂物质的量浓度可达 15%。

根据 0℃ HCl-$MgCl_2$-LiCl-H_2O 体系相图，可以在 0℃条件下将氯化氢引入含 5%～10%（物质的量浓度）氯化锂的氯化镁饱和溶液中，盐析水氯镁石，得到含 10%～20%（物质的量浓度）的 LiCl 和 0.5%（物质的量浓度）的 $MgCl_2$ 的饱和氯化氢的浓盐溶液。加热除去氯化氢并回收返回再利用，这样，就可以分别得到水氯镁石和一水氯化锂。

中国科学院青海盐湖研究所针对大柴旦盐湖氯化锂的氯化镁浓缩卤水，使用 TBP（tributyl phosphate）-$FeCl_3$- 煤油体系萃取氯化锂。TBP 即磷酸三丁酯，其结构式为（C_4H_9O）P=O。图 11-8 为 TBP-$FeCl_3$- 煤油体系从浓缩卤水中萃取锂盐工艺流程。将分离硼酸后的氯化镁浓缩卤水泵送到萃取车间，在萃取槽中使用 TBP-$FeCl_3$- 煤油体系萃取氯化锂。进入有机相中的氯化锂用盐酸（6mol）进行反萃取，反萃液中氯化锂物质的量浓度可达 10% 以上。使用活性炭脱除有机杂质，自然渗析法除去反萃液中大部分残存盐酸后，对溶液中镁和铁等杂质进行净化。如果要生产碳酸锂，加碳酸钠沉淀即可。如何从高浓度氯化镁溶液萃取锂一直是世界各有关国家积极探索的技术难题。美国锂公司根据含氧溶剂对 Li 和 Fe 共萃取的原理，提出了从氧化镁饱和溶液中提取锂的工艺流程，建议采用二异丁酮之类的含氧溶剂作萃取剂。由于二异丁酮国内来源较少而且流程繁杂，因此通过试验筛选出国产的 503 萃取剂来替代二异丁酮。503 是一种取代的酰胺类化合物，名称为 *N*，*N*- 二（1- 甲庚基）乙酰胺。

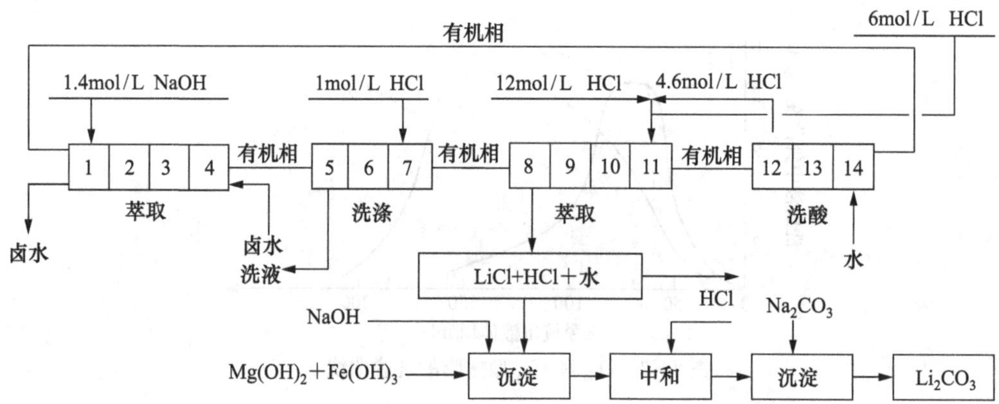

图 11-8 $TBP-FeCl_3$-煤油体系从浓缩卤水中萃取锂盐工艺流程

11.2.5 二氧化锰离子筛法

二氧化锰离子筛法提锂是一种比较新的提锂方法。早在 1966 年，Amphlett 等就发现了 γ-MnO_2 具有离子交换性质，并证明了 MnO（OH）$_2$ 对碱金属离子的亲和性顺序为：

$$Cs^+ > NH_4^+ > K^+ > Na^+ > Li^+$$

其交换容量为 0.73mmol/g，没有提锂价值。1971 年，ДeohmbeBa 等以二氧化锰为基础合成了 ИCM-1 离子筛，并研究了其性能和条件，使二氧化锰离子筛法提锂进入具有实际意义的阶段。1977 年，ВОЛЬХИН 等进一步提高了二氧化锰离子筛的交换容量，使其向工业化方向迈进了一步。

二氧化锰有 γ-MnO_2 和 β-MnO_2 等同素异晶体，其中活性 γ-MnO_2 在表面积和交换容量上都比较好，具有更多的开放结构，对锂的交换容量和选择性均比较高。γ-MnO_2 的结构单位是八面体 MO_6（$M=Mn^{4+}$），在骨架上有带—OH 基的—Mn—OH 结构，成为二氧化锰离子筛的交换吸附中心，它们之间通过顶、棱、面互相连接形成链式或凹凸的结构，这种链式或凹凸的结构能够容纳离子，以供离子间进行交换。供一定种类的交换离子进入的门径（沟渠）截面的大小，就构成了二氧化锰离子筛的选择性（筛效应）。这种门径的形式和大小通过转型、干燥和加热重结晶可以得到改善并获得较为稳定的结构（近似 γ-MnO_2），从而可以提高锂离子的交换容量和对其他碱金属离子的选择性。

二氧化锰的交换洗脱机理是，在二氧化锰离子筛基体结构上有—Mn—OH 基，它是能按酸式解离的—OH 根，是交换吸附锂离子的中心。它的 LiOH 电位滴定曲线（图 11-9）反映

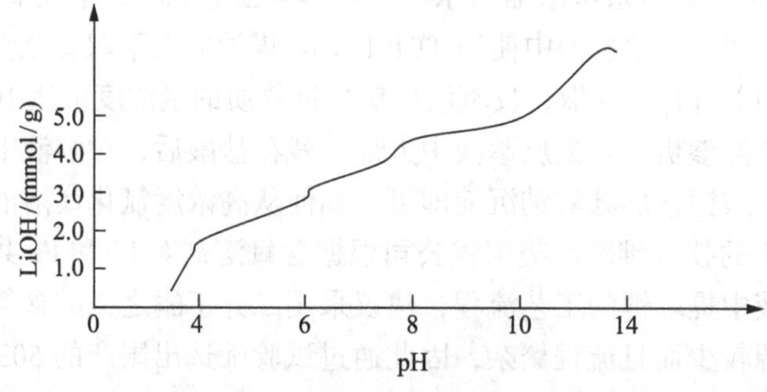

图 11-9 MnO_2（H）用 LiOH 电位滴定曲线

出—OH 官能团不同酸碱度的三个阶跃。

官能团的 pK 可按下式计算：

$$pK=pH+\lg[M^+]+\lg[(1-a)/a]-\lg[\overline{X}]$$

式中：[M^+] ——溶液中的锂离子浓度（mol/L）；

[X] ——官能团的浓度。

当 [M^+] $C/E=\alpha$ 时，得

$$pK'=2.4\pm0.25,\ pK''=4.5\pm0.25,\ pK'''=7.0\pm0.5。$$

式中：[M^+] C——吸附剂上的锂离子物质的量浓度（mmol/g）；

E——吸附剂的容量（mg/g）。

由滴定曲线得出结论：二氧化锰离子筛的交换容量为 6.1mg/g。

锂离子的交换反应为：

$$-Mn-OH+Li^+ \longrightarrow -Mn-OLi+H^+$$

根据实验测定，交换上去的锂离子和置换下来的氢离子的物质的量浓度相等。按照质量作用定律，为使锂离子的交换反应进行得完全，必须加碱中和释放出来的氢离子。因此，在一定范围内，锂离子的交换率随溶液 pH 的升高而增加（图 11-10）。根据 LiOH 电位滴定曲线，提 Li^+合适的 pH 为 7～10。pH 太高时，二氧化锰的溶损增大。

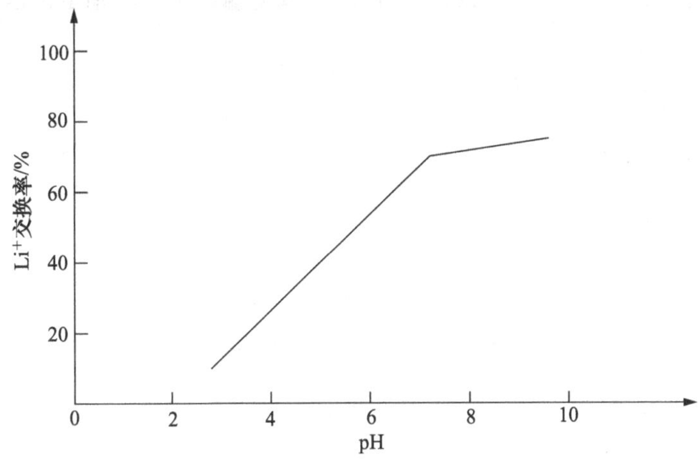

图 11-10　用 MnO_2 提 Li^+终点 pH 和 Li^+交换率的关系

二氧化锰离子筛对碱金属离子的交换顺序是：

$$Li^+>Na^+>K^+>Rb^+>Cs^+$$

随着溶液 pH 的升高，对钠离子的交换增加，即锂、钠分离系数随溶液的 pH 的升高而降低。交换作用主要发生在二氧化锰的表层，因此速度很快。根据实验测定，在投料比 K 为 1.5，交换终点 pH 为 9.5 时，15 分钟交换率可达 94%。继表层交换之后，锂离子继在二氧化锰离子筛表层与—Mn—OH 官能团进行离子交换后，以比较缓慢的速度进入二氧化锰离子筛内部继续与—Mn—OH 官能团交换。经过 0.5h 左右，交换率达到 98%，实现介稳平衡。

图 11-11 则表明，二氧化锰对 Li^+的交换容量越大，则交换率越低。温度对于交换的影响，主要是离子的活度和扩散速度。就粉状二氧化锰而言，料液温度在 11℃以上，投料比为 1.5 时，交换率都能达到 95% 以上。

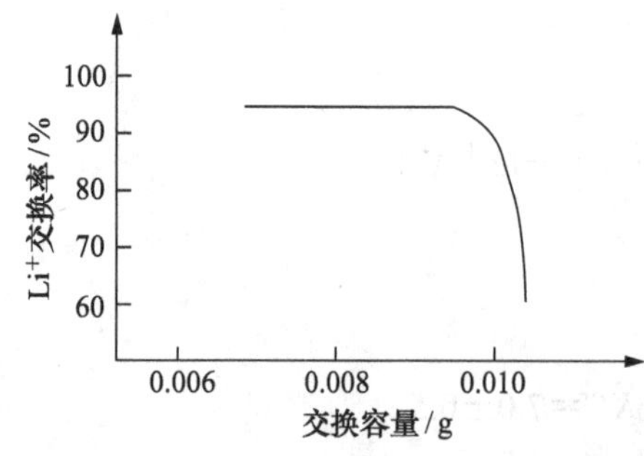

图 11-11 用 MnO_2 提取 Li^+交换率和交换容量的关系

锂离子的洗脱反应为：

$$-Mn-OLi+H_3O^+ \longrightarrow -Mn-OH+Li^+ +H_2O$$

用0.1～0.2mol/L的硝酸洗脱较好，但考虑到成本，亦可采用1mol/L的盐酸洗脱。洗脱过程结束，二氧化锰即由锂型再生为氢型，如此循环使用。

如果将二氧化锰放在75～100g/L的LiOH溶液中，在50～70℃加热5h，此时在LiOH的作用下，二氧化锰结构会发生改变，并形成新的—OH官能团：

$$-Mn-O-Mn-+2LiOH \longrightarrow 2[-Mn-OLi]+H_2O$$

同时形成类似高锰酸锂的结构。这样，二氧化锰对锂离子的交换容量可以从原来的0.04g（Li^+)/g（MnO_2）提高到0.06g（Li^+)/g（MnO_2），而且还提高了对锂离子的选择性，即Na^+从0.13g/g MnO_2降到0.06g/g（MnO_2）。

我国选用聚乙烯醇黏结做成二氧化锰树脂（MR-1和MR-2型），并对四川威远气田水和蓬莱制溴母液做了三级串联交换实验，三级平均总交换率可达95%。

二氧化锰离子筛法提锂具有吸附效率高，钙、镁分离效果好，原材料消耗少，流程短等优点，特别适宜从稀溶液中提锂。当然，在提高二氧化锰离子筛的稳定性以及解决其成型方面，还有许多工作要做。

12 第12章 盐湖稀有元素资源分离提取

12.1 盐湖稀有元素的基本性质

12.1.1 铷

铷在自然界中储量较少且分散，主要以盐的形式存在于矿泉水和光卤石中。在各种井矿盐湖卤水中均含有微量的铷，迄今尚无具有工业开采价值的单独铷矿床。日本海中铷的含量为 0.1～0.2mg/L，北太平洋中铷的含量约为 0.35mg/L。铷在地壳中的含量为 8×10^{-5}。铷有两种同位素：一种是稳定同位素$^{85}_{37}Rb$（含量为 72.15%），另一种为放射性同位素$^{87}_{37}Rb$（含量为 27.85%）。

元素铷是德国化学家本森（R. Bunsen）于 1861 年发现的。

铷位于元素周期表 IA 族，属碱金属元素，原子序数为 37，相对原子质量为 85.4678，化合价为+1。铷是一种银白色蜡状稀有碱金属。熔点很低（38.8℃），沸点却很高（688℃），密度为 1.53g/ml。标准摩尔热容为 31J/（K·mol），摩尔熔化热为 2kJ/mol，摩尔升华热为 87kJ/mol。铷的蒸气在 180℃时是绛红色的，温度高于 250℃时呈橙黄色。铷具有良好的导电性，质软，具有延展性。

表 12-1 为铷的基本理化性质汇总。

表 12-1 铷的基本理化性质

外观与性状	银白色蜡状柔软金属		
熔点 /℃	38.9	相对密度（水=1）	1.53
沸点 /℃	688	饱和蒸气压 /kPa	0.13（297℃）
化学式	Rb	相对分子质量	85.46
主要用途	用于制造光电池、真空管和作催化剂等		

铷的化学性质与钾、铯极为相似，但比它们更活泼一些。铷能够与水发生爆炸性的剧烈反应，生成氢氧化铷并放出氢气：

$$2Rb+2H_2O=2RbOH+H_2\uparrow$$

铷与氧易发生反应，生成氧化物。铷在空气中会很快失去光泽，并燃烧生成过氧化铷：

$$Rb+O_2（过量）=RbO_2$$

铷还能与卤素、硫、磷、氮、氢等非金属元素直接化合，并生成比碱金属以外任何其他金属与之化合要稳定得多的化合物：

$$2Rb+F_2=2RbF$$

$$2Rb+Br_2=2RbBr$$

$$2Rb+Cl_2=2RbCl$$
$$2Rb+I_2=2RbI$$
$$2Rb+S=Rb_2S$$
$$3Rb+P=Rb_3P$$

铷很容易从非氧化性酸中置换出氢气：

$$2Rb+2H^+（非氧化性酸）=2Rb^++H_2\uparrow$$

铷还能够夺取氧化物中的氧或氯化物中的氯，并生成相应的盐。

在有 Fe 或 $FeCl_2$ 等催化剂的存在且加热条件下，铷与氨反应并置换出氢气：

$$2Rb+2NH_3\xrightarrow{Fe或FeCl_2催化}2RbNH_2+H_2\uparrow$$

与同族元素一样，铷的氢氧化物是易溶于水的强碱。

12.1.2 铯

与铷相似，铯在自然界中的分布广而分散，海水、井矿盐湖卤水以及矿泉水中含有少量的铯。北太平洋中铯的含量为 0.002～0.01mg/L，巴西的矿泉水中碳酸铯的含量可达 12.8mg/L。含铯的矿石有铯榴石（$Cs_4Al_4Si_9O_{20}\cdot H_2O$）、绿柱石（$3BeO\cdot Al_2O_3\cdot 6SiO_2$）、光卤石（$KCl\cdot MgCl_2\cdot 6H_2O$）和锂云母［$Li_2(F_2OH)_2Al_2(SiO_3)_3$］等。地壳中铯的含量约为 0.001%。铯的价格与黄金价格相当或更贵。

元素铯是 1860 年德国化学家本森和基尔霍夫（G. R. Kirchhoff）在观察经过化学处理并蒸发、浓缩后的矿泉水母液时发现的。铯是元素周期表 IA 族元素，化合价为＋1。与铷同为碱金属。金属铯为银白色，当含有杂质时略带黄色。具有良好的延展性和导电性。铯很软，可以如蜡一样用刀子任意切割。铯易熔化，其在金属中的熔点（29℃）仅高于汞，沸点高（690℃）。标准摩尔热容为 31J/（K·mol），摩尔熔化热为 2kJ/mol，摩尔升华热为 79kJ/mol。

表 12-2 为铯的基本理化性质汇总。

表 12–2 铯的基本理化性质

外观与性状	银白色柔软金属或银白色液体		
熔点 /℃	28.5	相对密度（水＝1）	1.87
沸点 /℃	679	饱和蒸气压 /kPa	0.13（279℃）
化学式	Cs	相对分子质量	132.91
溶解性	溶于酸、乙醇		
主要用途	用作光电池、电子管的吸气剂、氢化催化剂等		

铯是最活泼的金属元素。在空气中会像黄磷一样发生自燃并放射出玫瑰般的紫光而生成过氧化铯：

$$2Cs+O_2=\!=\!=Cs_2O_2$$

铯遇水发生爆炸性反应，生成氢氧化铯并放出氢气：

$$2Cs+2H_2O=\!=\!=2CsOH+H_2\uparrow$$

为避免烧伤，不能直接用手取用金属铯。由于铯的性质非常活泼，通常将其存放在煤油中使其与水和空气隔绝。

铯可以直接与卤素发生反应生成卤化铯：

$$2Cs + F_2 = 2CsF$$

$$2Cs + Br_2 = 2CsBr$$

$$2Cs + Cl_2 = 2CsCl$$

铯与磷在常温下发生反应：

$$3Cs + P = Cs_3P$$

铯与氢气在加热条件下的反应为：

$$2Cs + H_2 \xlongequal{\Delta} 2CsH$$

铯与硫燃烧生成硫化铯：

$$2Cs + S = Cs_2S$$

铯还能够与氨、乙烯、苯等化合生成相应的物质：

$$2Cs + 2NH_3 \xlongequal{Fe或FeCl_2催化} 2CsNH_2 + H_2\uparrow$$

$$2Cs + C_2H_4 = C_2H_4Cs_2$$

$$2Cs + 2C_6H_6 = 2C_6H_5Cs\downarrow + H_2\uparrow$$

12.1.3 锶

地壳中锶的含量约为0.035%。含锶的矿物主要有天青石（$SrSO_4$）和菱锶矿（$SrCO_3$）。此外，盐湖卤水中含有少量的锶。

锶是周期表ⅡA族元素，属碱土金属元素，相对原子质量为87.62，化合价为+2。1808年，英国的克劳福特和戴维先后在铅矿和锶矿中发现了锶。金属锶为银白色，具有良好的传热性、导电性和延展性，同铯一样，质软似蜡。其密度为2.6g/ml，熔点为770℃，沸点为1380℃，标准摩尔热容为26J/（K·mol），摩尔熔化热为9kJ/mol，摩尔升华热为164kJ/mol。

表12-3为锶的基本理化性质汇总。

表12-3 锶的基本理化性质

外观与性状	银白色至淡黄色软金属		
熔点/℃	769	相对密度（水=1）	2.6
沸点/℃	1384	饱和蒸气压/kPa	1.33（898℃）
化学式	Sr	相对分子质量	87.63
溶解性	溶于液氨、乙醇		
主要用途	用作脱硫剂、脱氧剂、储能材料即各种功能材料等		

锶的化学性质与钙相似，很活泼，能够在加热条件下与氧作用生成氧化锶：

$$2Sr + O_2 = 2SrO$$

在加压情况下，则与氧化合为过氧化物：

$$Sr + O_2 = SrO_2$$

锶易与水和酸作用而放出氢气：

$$Sr + 2H_2O = Sr(OH)_2 + H_2\uparrow$$

$$Sr + H_2SO_4 = SrSO_4 + H_2\uparrow$$

锶还能与硫、氨、碳、氮等反应并生成相应的化合物：

$$Sr+S \xrightleftharpoons{\Delta} SrS$$

$$Sr+6NH_3（液态）=Sr（NH_2）_6+3H_2\uparrow$$

$$Sr+2C \xlongequal{白热} SrC_2$$

$$3Sr+N_2 \xlongequal{} Sr_3N_2$$

在高温下，锶还能够夺取氧化物和氯化物中的氧和氯。

12.1.4 溴

溴是周期表中第ⅦA 主族的卤素之一，相对原子质量为 79.90，主要化合价为－1 和＋5。溴是 1824 年法国人巴拉尔发现的。与其他卤素一样，自然界没有单质状态存在的溴。它的化合物常常与氯的化合物混杂在一起，只是数量少得多，在一些矿泉水、盐湖卤水和海水中含有溴。溴是海水中重要的非金属元素，地球上 99% 的溴元素以 Br^-的形式存在于海水中，所以被称之为“海洋元素”。海藻等水生植物中也有溴的存在，最早发现的溴就是从海藻的浸取液中得到的。

溴单质（Br_2）呈液态，深棕红色，易挥发，具有强刺激性臭味，密度为 3.119g/ml，熔点为－7.2℃，沸点为 58.76℃，熔化热为 5.286kJ/mol，汽化热为 15.438kJ/mol，第一电离能为 12.814eV。

溴蒸气对黏膜有刺激作用，易引起流泪、咳嗽。化学性质与氯相似，但活泼性稍差，仅能和贵金属（惰性金属）之外的金属化合。溴的反应性能较弱，但这并不影响溴对人体的腐蚀能力，皮肤与液溴的接触能引起严重的伤害。另外，溴会腐蚀橡胶制品，因此在进行有关溴的实验时要避免使用胶塞和胶管。

盐湖卤水和海水是提取溴的主要来源。由制盐工业的废盐汁直接电解可得。主要用于制备溴化物、氢溴酸、药物、染料、烟熏剂等。

表 12-4 为溴的理化性质汇总。

表 12-4　溴的理化性质

熔点	7.2℃
沸点	58.8℃
密度	3.119g/ml（25℃）
蒸气密度	1.94g/L
蒸气压	175mmHg（20℃）
闪点	113℃
储存条件	2～8℃
水溶解性	35g/L（20℃）
稳定性	稳定，与还原试剂、碱金属、铜、有机化合物等反应

12.1.5 碘

碘与溴一样，也是周期表中ⅦA 主族的卤素之一，相对原子质量为 126.9，常见化合价有−1、0、+1、+3、+5和+7。碘属非金属，紫黑色晶体，带有金属光泽。其蒸气压较大，易升华，蒸气呈紫色，具有毒性和腐蚀性。熔点为114℃，沸点为183℃。1811年法国人B. Courtois首先发现元素碘。碘以微量广泛分布于大气圈、水圈和岩石圈中，属稀少元素之一，碘形成一系列数量少的渗流矿物（如碘钙石、碘铬钙石、碘银矿等）。在地壳中含量约为4.0×10^{-7}，海洋中碘浓度虽然仅为5.0×10^{-8}，但其总量却达到800亿吨。海水中的存在形式有I_2、I^-和IO_3^-等，海带和海藻中含有丰富的碘，是我国提取碘的主要来源。南美的智利硝石中含有少量的碘，主要以$NaIO_3$的形式存在。碘也存在于某些盐井的卤水中和报废油井的水中。

表12-5为碘的理化性质汇总。

表12–5　碘的理化性质

理化性质	具体描述与数值
性状	带有金属光泽的紫黑色鳞晶或片晶，性脆，易升华，碘蒸气呈紫色，具有特殊刺激臭味
熔点	113.5℃
沸点	184.35℃
相对蒸气密度	4.93（空气=1）
蒸气压	99.97mm Hg（10.4℃）
储存条件	贮存在阴凉、通风、避光处，远离热源和火种，不可与氨、碱类、松节油等接触，以免温度上升或产生爆炸
溶解性	难溶于水和硫酸，易溶于乙醚、乙醇、氯仿和其他有机溶剂，也溶于氢碘酸和碘化钾溶液而呈深褐色
毒性	碘有腐蚀性，室温下保存在黑色瓶中。碘蒸气会刺激眼睛、皮肤和黏膜，摄入碘会引起腹痛、反胃、呕吐和腹泻，摄入致死量为2 g。工作人员应作好全面防护，工作现场应有良好的通风条件，工作场所空气中的碘含量不得超过0.001mg/L

12.2　盐湖稀有元素的用途

12.2.1　铷

由于铷被光照射时很容易激发出电子，因此，将金属铷喷镀在银片上可制成各种光电管。装有铷光电管的天文仪器，能够把星光转变成电流，由电流的大小可测知星球的亮度，并进而推算出星球与地球之间的距离。铷光电管也是自动控制装置中不可缺少的元件，在温度的测定与控制中应用较多。铷光电管还应用于电影、电视业中。另外，光度计、无线电传真以及信号、照明也都用到铷。

由于铷很容易与氧化合生成氧化物，故常用作吸氧剂而置于真空管中。

利用铷对放射性十分敏感的特性，铷放射线分析仪可探测深埋于地下的放射性矿物。

以铷作为感光材料的红外线望远镜，即使在茫茫黑夜，也可对人眼看不见的东西进行观察，因而在国防上有着广泛的用途。

利用铷蒸气吸收光的原理，可以测量磁场强度。

在核能系统中，金属铷可作为热交换介质在金属有机化合物中应用，它还可在抗冻橡胶生产中作为接触剂。

12.2.2 铯

由于铯与铷的性质相近，所以几乎可由铯代替铷来实现许多用途。由于铯有较富集的矿石——铯榴石，且易于提取，所以目前工业上使用铯较使用铷为多。但应当指出，地球上铷的含量较铯为多，在冶炼和提取方法改进后，铷必将得到更广泛的应用。

与铷一样，金属铯也具有光电效应，并且铯的光电效应门限值较大而电子逸出功较小，因此铯是制造光电管的最佳材料，借助于光电管、放大器以及继电器的组合，可以实现一系列自动化过程，它们在光度学、光学测量及无线电器材中起着重要的作用。

铯蒸气与红热的钨网相遇而被电离，离子可被加速到每秒 150km，可使宇宙火箭在消耗很少燃料的情况下具有足够的推力。一个带有离子火箭推进器的宇宙飞船可作一年之内的长久飞行，有利于进行太阳系的研究。

铯在高温电离之后，可垂直地通过强磁场发电，基于这一原理可制作磁流发电机。

借助于热离子原理，可制作热电交换器，使热能转为电能。

在有机合成方面，金属铯用于制备新型抗冻橡胶以及新型金属有机化合物，并且可制备混合接触剂用于醇合成等生产。

在无线电技术方面，金属铯可作为电真空器件中痕量气体的吸收剂，还用于无线电检波器的生产，以加强仪器的检波性能。

金属铯用来制作红外线望远镜，可以在黑暗中对目标物进行观察。其工作原理是，由目标物反射而来的红外线辐射较其周围温度高，进入望远镜后冲击铯的表面而产生电子辐射模拟，电子即冲击荧光屏而形成可见像。

用铯可制作准确度极高的铯原子钟，其误差为 5s/300a。这是因为铯原子的最外层电子绕着原子核旋转一周所需的时间是极其稳定的。因此，人们规定一秒就是铯原子的最外层电子绕原子核旋转 9192631770 周所需的时间。铯原子钟为人们从事更精密的科学研究和生产实践提供了控制手段。

表 12-6 汇总了几种常用铷、铯化合物的用途。

表 12-6 几种铷、铯化合物用途

分类	产品	化学式	用途
铷及其化合物	金属铷	Rb	原子钟
	氯化铷	RbCl	催化剂、化学试剂
	碳酸铷	Rb_2CO_3	催化剂
	氢氧化铷	RbOH	电解质
	铷铯合金	CsRb	空心阴极灯、磁流体发电
铯及其化合物	金属铯	Cs	原子钟、离子推动发动机、热离子发电
	碳酸铯	Cs_2CO_3	催化剂、金属铯原料、光电倍增管、摄像管、磁流体发电
	硝酸铯	$CsNO_3$	催化剂、特种玻璃、啤酒酿造剂
	硫酸铯	Cs_2SO_4	催化剂
	碘化铯	CsI	单晶、高压汞灯、闪烁计数器、荧光体
	铬酸铯	Cs_3CrO_4	光电倍增管、摄像管、催化剂、光学纤维、光学玻璃

续表

分　类	产　品	化 学 式	用　途
铯及其化合物	氯化铯	$CsCl$	催化剂、分析化学、生物工程、医药、电子材料、特种玻璃
	氢氧化铯	$CsOH$	催化剂
	氟化铯	CsF	含氟树脂催化剂、焊接助熔剂
	磷酸铯	Cs_3PO_4	催化剂
	丙酸铯	$Cs(C_3H_5O_4)$	催化剂、光学纤维、光学玻璃、DNA 分离

12.2.3 锶

锶的挥发性盐在无色火焰中呈鲜红色，故常用于分析化学、焰火、合金光电管等，用来制造焰火的挥发性盐有碳酸锶、硫酸锶及氧化锶等。

$^{90}_{38}Sr$是一种放射性同位素，可作 β 线放射源，半衰期为 25 年，在原子电池中有重要用途。

$^{90}_{38}Sr$能被植物吸收，食用这些植物后即进入人体内，之后会像钙一样留存于骨骼中，当达到一定浓度后就会引起白血病等癌症。随着核爆炸次数的增大，$^{90}_{38}Sr$在地球上的含量已逐渐增加，这一点应该引起人们的足够重视。

溴化锶用于医药镇静剂，硫化锶用于发光涂料和脱毛剂。硫酸锶和碳酸锶除了用于焰火外，还有其他用途，前者用于陶瓷、玻璃和造纸，后者用于彩色电视机阴极射线管的生产、制造荧光玻璃和精制蔗糖等。硝酸锶亦有着相似的用途。氯化锶用作电解金属钠的助熔剂。

金属锶及其合金可广泛用于电子、冶金、化工、航空、汽车等工业领域。在冶金业中常作为脱氧剂、脱硫剂、脱磷剂、合金添加剂以及难熔金属、稀土金属的还原剂、变质剂（特别是用于铸造 Al-Si 合金中的变质剂）、孕育剂等。在现代电池工业中，锶是新型的储能材料，也是高温超导金属氧化物的成分之一，是用途广泛的功能材料。锶铝合金具有优良的变质效应，其用量将随着我国汽车、摩托车行业的迅猛发展而显著增长。

随着世界工业的不断发展，锶的使用领域也随之逐步扩大和变化。19 世纪末到 20 世纪初，人们将氢氧化锶用于制糖业，以提纯甜菜糖浆；两次世界大战期间，锶化合物广泛应用于生产烟火及信号弹；20 世纪二三十年代，用碳酸锶作炼钢的脱硫剂，以除去硫、磷等有害杂质；20 世纪 50 年代，在电解锌生产中，用碳酸锶提纯锌，其纯度可达 99.99%；20 世纪 60 年代末，碳酸锶广泛用作磁性材料；钛酸锶用于电子计算机存储器，氯化锶用作火箭燃料；1968 年发现碳酸锶屏蔽 X 射线的功能，并将其应用于彩色电视机荧屏玻璃，现需求量正在大幅度增长；在其他领域中，其应用范围也在不断地扩大。从此，锶碳酸盐和其他锶化合物（锶盐）作为重要的无机盐原料，受到人们普遍的关注与重视。

12.2.4 溴

溴的化合物用途十分广泛。溴化银是一种重要的感光材料，被用于制作胶卷和相纸等。我国近年已制造出了溴钨灯，成为取代碘钨灯的新光源。溴化锂制冷技术则是最近广为使用的一项环保的空调制冷技术，其特点是不会有氟利昂带来的污染，所以很有发展前景。溴在有机合成中也是很有用的一种元素。在制药方面，很多药里面有溴元素。灭火器中也有溴，人们通常看到的诸如“1211 灭火器”，就是化学式中有一个溴原子的多卤代烷烃，不仅能扑灭普通火灾，而且在泡沫灭火器无法发挥作用的时候，例如油火，它也能扑灭火灾。

现在医院里普遍使用的镇静剂，有一类是采用溴的化合物制成的，如溴化钾、溴化钠、溴化铵等，通常用以配成“三溴片”，可治疗神经衰弱和歇斯底里症。人们所熟悉的红药水，也是溴与汞的化合物。此外，青霉素等抗菌素生产也需要溴。溴也是制造农业杀虫剂的原料。溴可以用来制作防爆剂。把溴的一种化合物与铅的一种有机化合物同时掺入汽油中，可以有效地防止发动机爆炸。只是这种含铅汽油燃烧会造成空气污染，目前，在我国许多大城市已不再允许销售、使用掺加这种防爆剂的汽油。

溴的用途很广，但也是剧毒物质，所以要控制使用这些农药和防爆剂。溴代甲烷对大气臭氧层可能有一定的影响。

溴化工产品的用途归纳于表 12-7。

表 12-7　溴化工产品的用途

类　别	主要用途	备　注
溴素	溴化工基础原料：含溴有机化合物制备、有机合成、溴化剂、溴的无机化合物制备 军工及国家战略储备：溴素，精制固、液、气态溴，氢溴酸、溴酸等	占溴化工产品总量 10% 以下
含溴无机化合物	化学工业：无机和有机化工合成、溴化剂、氧化剂、制溴化合物、烷化剂、烯烃聚合催化剂、聚酯纤维触媒、有机纤维泡胀剂、含溴有机化合物制造 科学研究：重要化学试剂、化工工艺试验强氧化剂、催化剂、精细化工中间体 冶金工业：提炼高纯度金属及半导体工业材料、有机硼及高纯硼材料提炼 矿业采选：金、银、铂等贵金属浸滤、钻井液添加剂、矿石浮选 机械工业：工业电镀、机械润滑添加剂、工程复合材料聚合 军工宇航：潜艇、舰船、宇航飞行器温度调控、地下军事建筑空调、阻燃防爆工程材料制造 电力交通：固体电源、等离子导体材料、电动汽车制造 建材工业：阻燃防火建筑材料制造、特种平板玻璃制造 环境保护：生产环境温、湿度调控、大型公用建筑空调、环卫消毒、工业水处理	占溴化工产品总量的 30% 左右，包含金属溴化物、非金属溴化物、溴的含氧酸盐类等产品共 300 余种
含溴有机化合物	化学工业：有机化工合成、溴化剂、催化剂、氧化剂、化工中间体、有机溶剂及低沸点溶剂制造、含溴有机化合物制造 科学研究：化学分析试剂、显色剂、化工催化剂、氧化剂、有机化工中间体 矿业采选：浮选剂、比重剂、油气田水处理剂、钻井液添加剂、贵金属浸滤剂 能源工业：石油产品添加剂、汽油防爆剂、等离子导体制造、固体电源 农业：农用杀虫剂、消毒剂、农产品储存杀虫剂、抗病虫害浸种剂 军事工业：毒气、催泪弹、阻燃剂、油料电器灭火器、工程复合材料、情报用品 制药工业：制药中间体、药品提纯、灭菌剂、寄生虫防治、农药、特效药品 食品工业：原料储存杀虫剂、水处理剂、消毒灭菌剂、防腐剂 日用化工：香料制造中间体、去污染合成剂、化妆品及卫生用品制造 精细化工：离子交换剂、表面活性剂、发泡剂、树脂产品 橡塑工业：溴乙丁类橡胶制品、工程塑料制品阻燃添加剂 环境保护：大型公共建筑及生产环境空调、水处理、环卫消毒、防火阻燃	占溴化工产品总量的 60% 以上，包含饱和烃、不饱和烃、芳香烃、环烃及醇、醛、酯、醚、酸、酮、酚、铵等含溴有机化合物产品共 600 余种

12.2.5 碘

碘在国民经济的相关领域中具有重要应用。碘是合成无机和有机碘化合物的基本原料，碘及碘化合物在现代化工、国防、科技、农业和医药等领域具有广泛的应用。医学界称碘为“智慧元素”，将其应用于碘缺乏病治疗、人体健康和人口素质的提高；农业上，碘是制造农药的原料之一，也是家禽饲料的添加剂；在工业上，用于生成合成染料、烟雾灭火剂、照相激光乳剂和切削油乳剂的抑菌剂等，同时在有机合成反应中，碘是良好的催化剂，也可作为高纯度锆、钛、硅和锗的提炼剂。

12.3　盐湖稀有元素资源的分离提取

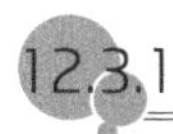

12.3.1　铷、铯的分离提取

由于碱金属，尤其是钾、铷、铯的性质极为相似，因而铷与铯的分离提取是比较困难的。由海水、盐湖卤水及其他水溶液中分离铷和铯的方法如图 1-4 所示。

一、萃取法

在铷和铯的生产中，萃取法是应用比较广泛的一种方法。下面以萃取剂的种类为主线，分别介绍各种不同的萃取方法。

（一）多卤化物

多卤化物是指一种或几种卤素与铷、铯生成的化合物，如 MI_3、MBr_3、$MICl_2$、$MIBr_2$ 等。然后用硝基苯萃取多卤化物，从而达到分离提取铷和铯的目的。

用硝基苯萃取多卤化物，其分配系数取决于卤素离子与卤素分子之比。pH 过大或过小都不利于萃取。

（二）酚类化合物

酚类化合物主要是指酚的衍生物 4- 邻 - 丁基 -2（α - 甲苄基）酚，即 BAMBP，其结构式如图 12-1 所示。其与铯生成的化合物如图 12-2 所示。

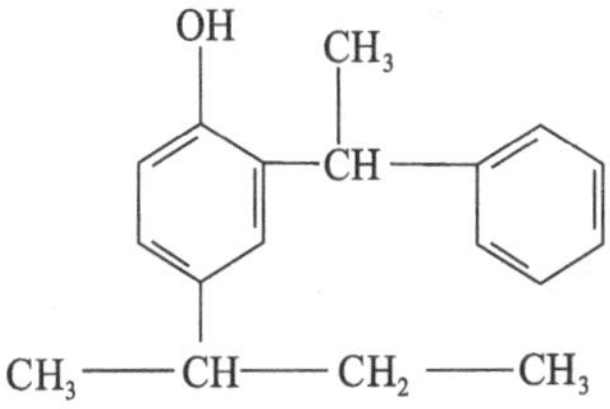

图 12-1　BAMBP 的结构式

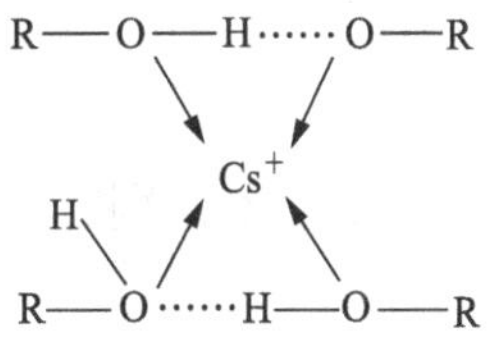

图 12-2　BAMBP 与铯形成化合物的结构

用 BAMBP 萃取铯时，其分配系数与萃取剂的浓度成正比，而与氢离子浓度成反比，故认为铯粒子与酚上的酸性质子发生了交换。BAMBP 对碱金属的萃取顺序是 $Cs^+ > Rb^+ > K^+ > Na^+ > Li^+$。

图 12-3 中上部框中表示有机相，下部框表示水相，数字表示铯的含量。最后氯化铯溶液中含铷 0.095g/L，含钾 0.02g/L，含钠 0.014g/L，含锂 0.005g/L，含铁 0.015g/L，含铝 0.05g/L。

（三）硝基化合物

在一系列硝基化合物中，以二苦胺萃取铯的效果最佳，稀释剂则以硝基苯为最好。萃取机理如图 12-4 所示。

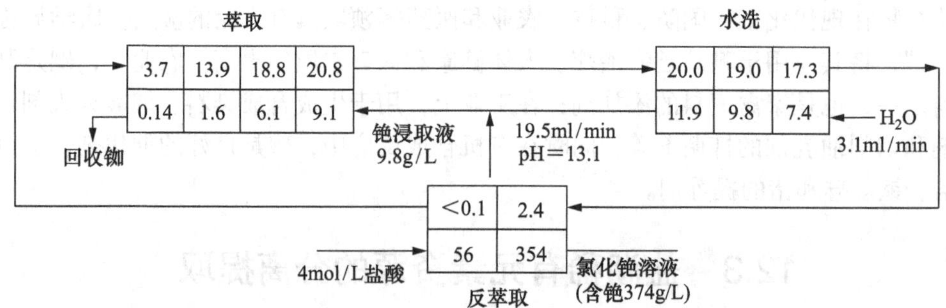

图 12-3　BAMBP 由铯榴石浸取液中萃取铯的工艺流程

注：图中三组框内数据，框上部数据表示有机相，下部表示水相，数据均为铯的含量，萃取和水洗过程中溶液中铯浓度单位均为 g/L。图中 19.5ml/min 是指水洗、反萃后有机相再浸取铯后的溶液流向回收铷过程的速度；3.1ml/min 是指水洗时水的通入速度

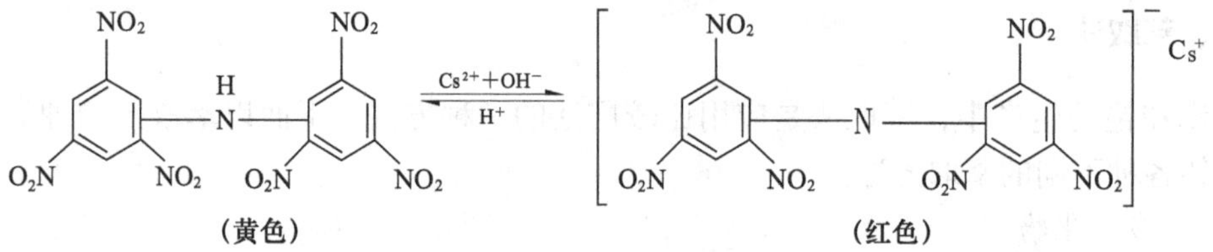

（黄色）　　（红色）

图 12-4　二苦胺萃取铯机理

由上式可以看出，二苦胺属离子型萃取剂。

分配系数 K_d 随二苦胺浓度的增加而增加，随温度的升高而降低，随 pH 的增加有一峰值，随钠离子的增加而直线下降。稀释剂对萃取的影响也比较大。一般来说，稀释剂的介电常数越大，分配系数则越高。

表 12-8 列出了各种萃取剂对钾、铷、铯的分配系数。表 12-9 则表明了各种溶剂对萃取铯的影响。

二、电化学法

（一）电解

在电解槽中，当用汞或镓作阴极时，碱金属可以成为汞齐或镓齐，并由于碱金属的放电电位不同而被分开。

当用惰性电极如 Pt、PbO_2 作阳极时，在无隔膜的情况下，卤素可以氧化为含氧酸，然后利用碱金属含氧酸盐的不同溶解度进行分离。

（二）电泳

电泳分离碱金属通常仅适用于分析、分离微量或示踪量的元素。

逆流电泳具有可处理大量样品、可分离获得很低含量的组分以及可连续操作等特点，因而可用于生产。其原理是，离子的迁移方向与电解液流动的方向相反，当离子迁移速度大于电解液流速时，则阳离子向阴极迁移；速度相同时，离子保持不动；速度小时，则冲向阳极。

图 12-5 为逆流电泳示意图。

（三）电渗析

通常铯在两室电渗析槽内可经电渗析提取，其液膜由 25%～75% 异辛基 - 甲基磷酸、

表 12–8 各种萃取剂对钾、铷、铯的分配系数

萃取剂	溶剂	萃取剂浓度 /（mol/L）	萃取条件	分配系数 K_d			分离因子		
				Cs	Rb	K	α_{Rb}^{Cs}	α_{K}^{Cs}	α_{K}^{Rb}
4- 甲基 -2（α- 甲苯基）酚			pH＝12	0.12	0.003	0.002	15	67	4
			pH＝13	1.24	0.10	0.013	12.4	95	7.7
4- 乙基 -2（α- 甲苯基）酚			pH＝13	1.60	0.12	0.01	13.3	160	12
4- 异丙基 -2（α- 甲苯基）酚			pH＝12	0.19	0.012	0.002	15.8	95	6.0
			pH＝13	1.84	0.12	0.013	15.3	118	9.2
4- 另丁基 -2（α- 甲苯基）酚			pH＝13	1.36	0.11	0.011	12.4	112	10
4- 特丁基 -2（α- 甲苯基）酚			pH＝12	0.20	0.011	0.002	18.2	105	5.5
			pH＝13	2.25	0.13	0.016	17.3	140	8.1
4- 特辛基 -2（α- 甲苯基）酚			pH＝12	0.16	0.012	0.003	13.3	48	4.0
			pH＝13	2.09	0.12	0.017	16.7	123	7.3
4- 氯代 -2（α- 甲苯基）酚			pH＝12	0.52	0.029	0.002	17.9	208	14.5
			pH＝13	4.45	0.21	0.015	21.2	296	14.0
4- 另丁基 -2（α- 甲苯基）酚	Soltyol -170	0.05	pH＝10.3				18	113	6.3
4- 另丁基 -2（α- 甲苯基）酚	煤油		pH＝12.5				20	300	15
苯酚	苯		pH＝0.26 mol/L	0.59	0.12		4.9		
二苦胺	硝基苯	0.01					6	28	4.7
四甲基二苦胺	硝基苯							12	
I_2	硝基苯	0.04	pH＝4 NH_4I＝0.1 mol/L	1.2	0.44		2.7		
	硝基苯	0.15	pH＝4 NH_4I＝0.12 mol/L	14	3.1		≈5		
	硝基苯	0.2		12.3	2.36	0.515	4.7	23.9	5.1
砷酸 - 对苯二酚	硝基苯	0.15～1.5	0.1mol/L HNO_3	280					
四苯硼化纳	硝基苯	0.2	pH＝10.3	538					

表 12–9　各种溶剂对萃取铯的影响

萃取剂	溶剂	浓度 /(mol/L)	萃取条件	K_d^{Ca}
4-叔丁基-2（1-苯基乙基）苯酚	煤油	1	pH＝13.1，Cs^+浓度为 10 g/L，两相比 Q 为 1∶1	23
	精炼煤油	1		24
	高精炼脂肪族石油产品	1		34
	α-异丙基苯	1		8
	三氯乙烯	1		4
I_3^-	硝基苯	0.1	pH＝4，NH_4I 浓度为 0.2 mol/L	144
	硝基甲烷	0.1		31
	环己烷	0.1		0.5
	苯	0.1		0.001
	四氯化碳	0.1		0.001
二苦胺	硝基苯	0.1	NaOH 浓度为 1 mol/L，CsCl 浓度为 0.001 mol/L	24.7
	硝基甲烷	0.1		23.0
	2-硝基丙烷	0.1		7.6
	异己酮	0.1		0.03
四苯硼化钠	硝基苯	0.2	pH＝10.3，Na^+浓度为 9 mol/L，Cs^+浓度为 $4×10^{-4}$ mol/L	538
	乙酸戊酯	0.2		28.83
	异己酮	0.2		0.58

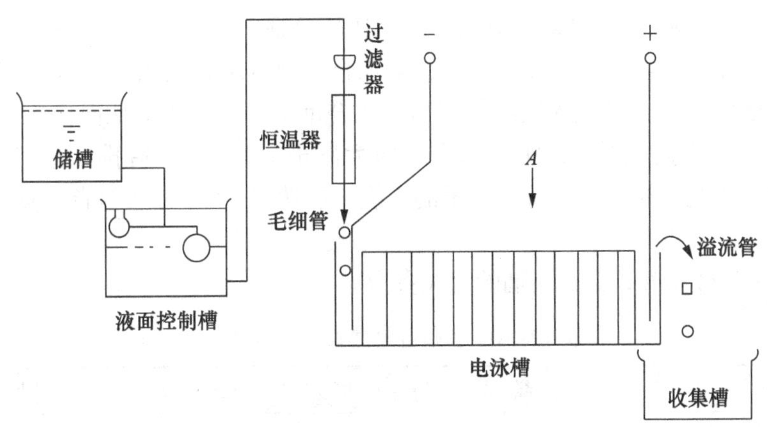

图 12-5 逆流电泳示意图

0.01%～1.5% 的 4，4- 双（四丁基苯 -24- 冠 -8）和基料 PhMe 组成。含铯溶液进入阳极室，矿物酸（盐酸、硫酸或硝酸）进入阴极室。因此，无机膜更适宜于分离碱金属。碱金属 Li^+、Na^+、K^+和 Cs^+在磷酸锆的异相膜上的透过率分别为 35%、45%、64% 和 67%。

三、离子交换法

（一）水合氧化物

分离铷、铯所用的水合氧化物主要有 Fe_2O_3、Al_2O_3、SiO_2、TiO_2、ThO_2、ZrO_2、MnO_2 和 Sb_2O_5 等。研究表明，水合氧化锑是分离铷、铯的一种比较好的交换剂。

由于制备方法不同，可以得到三种不同形态（无定形、玻璃体和结晶体）的水合氧化锑。结晶锑酸对锂、钠、钾、铷、铯的交换容量分别为 1.0、2.8、2.4、1.4 和 1.2mmol/g。

锑的水合氧化物对碱金属的交换势顺序随交换剂的形态以及交换介质的不同而有很大的差异：在酸性介质中，无定形和玻璃体的交换势顺序为 $Cs^+>Rb^+>K^+>Na^+>Li^+$；在硝酸铵中为 $Rb^+=K^+>Cs^+\approx Na^+>Li^+$。然而，结晶锑酸对碱金属的交换势而言，在酸性介质和硝酸铵中分别为 $Na^+>Rb^+>Cs^+>K^+>Li^+$和 $Na^+>Cs^+>Rb^+>K^+>Li^+$。

（二）多价金属酸式盐

由多元酸（磷酸、砷酸、锑酸、钼酸、钨酸、硅酸、钒酸、草酸）与多价金属（锆、钍、钛、铈、钽、锡、铝、铁、铬、铀）的离子所形成的酸式不溶盐，大都具有阳离子交换性质，尤其对碱金属有很好的交换性能。对铷和铯的分离，这类交换剂中以磷酸锆应用较多。

磷酸锆有无定形、半晶形和结晶形三种。无定形磷酸锆易水解、热稳定性差，但有很好的交换顺序，即 $Cs^+>Rb^+>K^+>Na^+>Li^+$。无定形磷酸锆的结构式如图 12-6 所示。

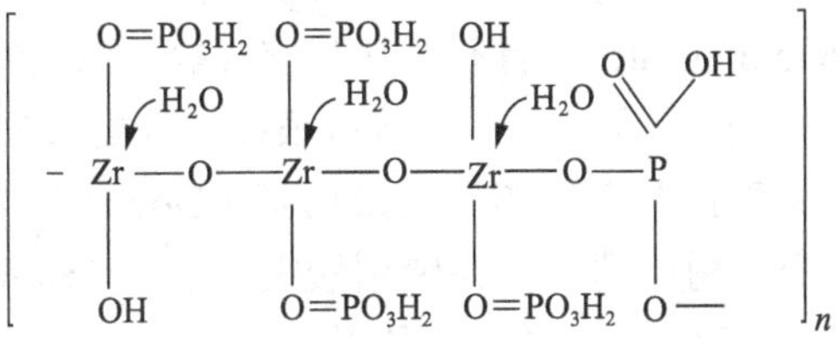

```
 [  O=PO3H2   O=PO3H2   OH        O   OH          ]
 [   |  ↙H2O   |  ↙H2O   |  ↙H2O   \\ /            ]
 [ - Zr — O — Zr — O — Zr — O — P                  ]
 [   |          |         |        |               ]
 [   OH       O=PO3H2   O=PO3H2   O —              ]n
```

图 12-6 无定形磷酸锆的结构式

以层状结构来解释磷酸锆的离子交换机制是比较合适的。一般认为在pH2～4时，仅有一半容量被交换而层间距不变；在高pH时，未水合或部分水合的离子进入层间取代了酸式磷酸盐的质子，随之水分子扩散入层间与阳离子水合增大了层间距，从而使水合的离子进入层间而发生进一步的交换。因此，H^+型α-ZrP对大离子（如Cs^+）有排斥作用，而γ-ZrP由于具有足够大的层间距，故可以进行大离子的交换。虽然H^+型α-ZrP不能交换Cs^+，但Na^+型α-ZrP能使Cs^+进行交换。

表12-10为多价金属酸式盐交换剂的有关参数。

表12–10　多价金属酸式盐交换剂

交换剂	化学式	交换容量/（mmol/g）	交换势顺序
无定形磷酸锆	$Zr_3P_4O_{16}$	0.6～4.56	Cs＞Rb≫K＞Na
α-磷酸锆	$Zr(HPO_4)\cdot H_2O$	6.6	
β-磷酸锆	$Zr(HPO_4)_2$		
γ-磷酸锆	$Zr(HPO_4)_2\cdot 2H_2O$	3.5	
β-磷酸一氢，二（磷酸二氢）锆	$Zr(HPO_4)(H_2PO_4)_2$	13.1	
无定形砷酸锆	As/Zr＝1.53～1.96		Cs＞K＞Na（pH＝2.6） Na＞K＞Cs（pH＝4.65）
无定形锑酸锆	$Zr_3(SbO_4)_4$		Na≥K≥NH_4＞Rb
无定形钼酸锆	Zr/Mo＝0.5～2	2.18～2.34（Cs^+）	
无定形钨酸锆	Zr/W＝1～0.44		Cs＞Rb＞K＞Na＞Li
结晶砷酸钍	$Th(HAsO_4)_2\cdot H_2O$	＜0.1	Li＞Na
无定形磷酸钍	P/Ti≈0.6～2	7.5	Cs＞Rb＞Na
结晶磷酸钛	$Ti(HPO_4)\cdot H_2O$	7.15	
无定形磷酸铈	P/Ce＝1.03～1.95	2.9	Cs＞Rb＞K＞Na＞Li
无定形磷酸锡	P/Sn＝1.25～1.5	1.2～1.44	Cs＞Rb＞K＞Na＞Li
三聚磷酸铬	$Cr_5(P_3O_{10})_3\cdot xH_2O$	2（pH＝0.5） 12（pH＝4.53）	Cs＞Rb＞K＞Na＞H

（三）12-杂多酸盐

12-杂多酸及其盐是两个或两个以上的多元酸所形成的配合物。通过X射线分析，确定了杂多酸及其盐的结构，即其配位中心的配位数是4，且配位中心为12个MO_6（M为Mo、W等）围绕的四面体。

研究较多的是杂多酸盐是磷钼酸铵（ammonium phosphomolybdate trihydrate，AMP）和磷钨酸铵（ammonium phosphotungstate），且有正盐、酸式盐和二氢酸式盐之分。

杂多酸盐的优点是抗辐射、耐高温、对碱金属有很高的分配系数（K_d）和分离因子（α）。曾有人在分离碱金属时对磷钼酸铵与有机离子交换树脂（Dowex50）作了对比实验，发现当分离效果相同时，有机离子交换树脂的柱子比磷钼酸铵柱子高250倍，而且对于前者，多价金属的交换势大于碱金属，对于后者，多价金属则几乎不交换。

表12-11列出了磷钼酸铵与有机离子交换树脂对碱金属分配系数与分离因子的比较。

表 12-11 AMP 及有机离子交换树脂分离碱金属的分配系数与分离因子

交换剂	K_d				α_{Rb}^{Cs}	α_{K}^{Rb}	α_{Na}^{K}
	Na	K	Rb	Cs			
AMP	~0	3.4	230	6000	26	68	
Dowex 50	26	46	52	62	1.2	1.1	1.8
Amberlite IR-120			83~88	100	1.2~1.1		

$$K_d=\frac{M_1/g}{M_2/V_1}=\frac{M_1}{M_2}\cdot V_1/g \qquad \alpha_B^A=\frac{K_d^A}{K_d^B}$$

式中：M_1 指达到交换平衡时树脂上的离子总质量；M_2 指达到交换平衡时溶液中剩余离子的总质量；g 指树脂的重质量；V_1 指溶液的体积。

通常在杂多酸正盐上 Cs 的交换较在酸式盐上交换要容易一些，如在磷钼酸铵上的分配系数（K_d=280）较在酸式磷钼酸铵上的分配系数（K_d=150）要大。铯在磷钼酸铵上的交换容量为 1mmol/g，并生成 $Cs_2NH_4PMo_{12}O_{20}$，但铯在磷钨酸铵上的交换容量仅为 0.66mmol/g。

在磷钼酸铵上富集与分离铷、铯有以下几种方法：

1. 浴式间歇操作

将交换剂加到含铷、铯的溶液中，然后搅拌、沉淀、过滤、洗脱。也可通过调整酸度，在杂多酸盐形成的同时去富集铷、铯。

2. 层法

将交换剂均匀地铺上一层，含铷、铯的溶液流过交换剂层而被富集。

3. 柱上分离

这是实际应用较多的一种方法，也是为解决杂多酸盐透水性差而提出的一种方法。其做法是添加石棉、SiO_2、纤维素一类的惰性材料。显然，该方法较前两种方法的交换容量要小一些。用 12- 磷钼酸结晶与浓硝酸作用而制成的大颗粒磷钼酸铵，能够解决杂多酸盐透水性差的问题，其适用于柱上分离。

杂多酸盐对铷、铯有很大的交换势，但也因此造成对铷、铯，尤其是对铯洗脱回收的困难，甚至用饱和硝酸铵水溶液也难以完全解吸铯。为此，可先以稀碱溶液解吸磷钼酸铵，再以电解、萃取或电渗析来回收铯。也可在稀碱溶液溶解后再通过磷酸锆柱子来回收铯。还可以在稀碱溶解后，用阴离子交换树脂和阳离子交换树脂使铯与阴离子钼酸根、磷酸根分离。

作为淋洗剂，醋酸铵比硝酸铵和氯化铵更为理想。使用硝酸铵，最后处理铵盐时铯的损失很大。使用氯化铵则对磷钼酸铵有较强的腐蚀作用。

（四）亚铁氰化物

亚铁氰化物是亚铁氰配阴离子与一系列金属阳离子形成的不溶性化合物。作为无机离子交换剂，亚铁氰化物同样可抗辐射、耐高温。亚铁氰化物对碱金属的亲合势随原子半径的增大而增加，一价金属的亲和势较多价金属大。绝大多数的亚铁氰化物都只具有阳离子交换作用，仅个别的（如铜）可吸附阴离子。

当用亚铁氰化镍分离碱金属、吸附天然水中的铷、铯或浓缩铯时，发现在 pH0.8~3 与 pH6~10 的范围内，铯的吸附与 pH 无关，而在 pH3~6 范围内，吸附量随 pH 变大而增加，当 pH＞10 时，铯的吸附又急剧下降。

表 12-12 为铷和铯在亚铁氰化钒和亚铁氰化铀上的交换结果。

表 12-12 铷、铯在亚铁氰化钒和亚铁氰化铀上的分配系数（k_d）和分离因子（α_{Rb}^{Cs}）

交换剂	反应	浓度 /（mol/L）	K		α_{Rb}^{Cs}
			Rb	Cs	
钒的第一种交换剂	Me^+/H^+		3.5×10^1	3.2×10^3	93
钒的第一种交换剂	Me^+/NH_4^+	0.121	1.7×10^1	2.0×10^3	100
钒的第二种交换剂	Me^+/H^+		1.7×10^1	5.4×10^3	32
钒的第二种交换剂	Me^+/NH_4^+	0.121	2.7×10^1	3.1×10^3	110
亚铁氯化铀	Me^+/H^+		1.3×10^2	1.7×10^4	13
亚铁氯化铀	Me^+/NH_4^+	0.12	5.3×10^3	9.5×10^3	1800

$$K=\frac{[Me^+]_S\cdot[H^+]_L}{[Me^+]_L\cdot[H^+]_S}，\alpha_{Rb}^{Cs}=\frac{K_{Cs}}{K_{Rb}}$$

注：Me^+代表金属原子，S 代表固相，L 代表液相。

由表 12-12 看出，无论是钒的亚铁氰化物还是铀的亚铁氰化物，它们对铷、铯的分离因子均较杂多酸盐为高。尤其是亚铁氰化铀，当在 0.12mol/L 的硝酸溶液中，硝酸铵浓度为 0.7～1.5mol/L 时，其分离因子值接近 2000。

表 12-13 列出了各种亚铁氰化物对碱金属的交换性能。

（五）沸石

沸石，又称泡沸石，是许多含水的钙、钠以及钡、锶、钾的硅铝酸盐矿物的总称，有天然沸石和人造沸石之分。人造沸石较之天然沸石有纯度高、孔径均匀、耐热性好等特点。

沸石是人们发现最早、合成最早的无机离子交换剂，其结构可分为纤维状、层状和网状三大类。

沸石的交换容量随沸石中 SiO_2 含量的增加而降低，但对铷、铯的选择性却增大。曾用含 SiO_2 很高的沸石分离过 Na^+、K^+、Rb^+中的 Cs^+。AW-500 是一种类似于天然菱沸石的人造沸石，当钠离子浓度为 0.1、0.3、0.5mol/L 时，它对铷的分离因子（α_K^{Rb}）分别为 71.6、29.2 和 12.8。

虽然有许多关于天然沸石和人造沸石分离碱金属的研究，但以探讨交换机理为多，而实际应用很少。

（六）有机阳离子交换树脂

应用于碱金属分离的有机离子交换树脂有单官能团的磺酸型、多官能团的酚磺酸型以及磷酸型等三种类型。

在盐酸、硫酸、硝酸、氢溴酸以及高氯酸等交换介质中，科研人员研究了单官能团的磺酸型树脂上分离碱金属的分配系数。结果显示，在稀酸中交换势随碱金属原子半径的增大而增大，在浓酸中的情况正好相反。单官能团的磺酸型树脂对碱金属的分离效果不及多官能团的酚磺酸型树脂。

由于酚的［—OH］基团能够与铯发生相互作用，因此，在存在酚的情况下，磺酸型树脂的分配系数会降低。而酚磺酸型树脂由于自身存在［—OH］基团，因而大大提高了铯的分配系数。醇的影响十分复杂，但同样有提高铯分配系数的作用。

表 12-13 各种亚铁氰化物对碱金属的交换性能

交换剂	化学式和主要元素比例	对铯的交换容量/(mmol/g)	亲合势顺序	分离因子		备注
				α_{Rb}^{Cs}	α_{K}^{Rb}	
亚铁氰化银	$Ag_4[Fe(CN)_5]$	1.1		≈100		
亚铁氰化铁	$M^{+1}Fe^{+2}[Fe(CN)_6]$	3.6	$Cs^+>Rb^+>NH_4^+\geqslant K^+>Na^+$			*M* 为 Na^+等
亚铁氰化钴	$Co_2^-[Fe(CN)_6]$	4.6	$NH_4^+=K^+>Rb^+>Cs^+>Na^+$			
	$K_2Co_2^-[Fe(CN)_6]$		$Cs^+>Rb^+>K^+$		390	
亚铁氰化镍	$Ni_2^+[Fe(CN)_6]$	5.8	$Cs^+>Rb^+>NH_4^+>K^+>Na^+$			
	$M_4Ni_4^-[Fe(CN)_6]_3$	1～1.2			37	M 为 Rb^+、K^+
	$M_6Ni^-[NiFe(CN)_6]_4$	3～5				M 为 Na^+、K^+、Rb^+、NH_4^+
亚铁氰化铝	$Cu_2[Fe(CN)_6]$	4.5	$Cs^+>Rb^+\geqslant NH_4^+>K^+>Na^+$			
亚铁氰化锌	$Zn_2[Fe(CN)_6]$	6.1	$Cs^+>Rb^+\geqslant NH_4^+>K^+>Na^+$			
亚铁氰化钛	$(TiO)_3OH[HF(CN)_6]_3 \cdot 4H_2O$	2.3	$Cs^+>Rb^+>K^+>NH_4^+>Li^+$			
亚铁氰化钒	V/Fe=3.86:1	2.28		100		
	V/Fe=1:1	2.36		110		
亚铁氰化铀	U:Fe=1.6:1	1.25	$Cs^+>Rb^+, Cs^+>Ce^+>Sr^+$	1800		
亚铁氰化钼	$[MoO_3\cdot(H_2O)_x]_{2.2\sim2.5}I \cdot H_4[Fe(CN)_6]$	3.85	$Cs^+>H^+>Rb^+>K^+>Na^+$			
亚铁氰化钨	W:Fe=1.32:1	1.02	$Cs^+>Rb^+>NH_4^+>Na^+>H^+$			
	W:Fe=2:1～12:1					

对于浓酸或浓盐溶液，碱金属在有机离子交换树脂上分配系数的变化主要与水的活度有关。原因是在浓酸、浓盐溶液中，“自由”的变化很少，使得离子的水合变得不完全，另外，还产生了大量阴离子与树脂中$-SO_3^{2-}$争夺阳离子的现象，阳离子则由原来的水合离子变成了“配合阴离子”。其次是阴离子在浓酸与浓盐溶液中进入了树脂相，从而在树脂中产生了一个同阳离子作用的新的基团。在稀酸溶液中，碱金属阳离子均以水合离子形式存在，这时水合离子半径最小的是铯。随着酸、盐浓度的增加，“自由”水分子减少，从而产生了一个新的有效的离子半径，使得铯的离子半径由最小变为最大，这便产生了交换势顺序发生颠倒的现

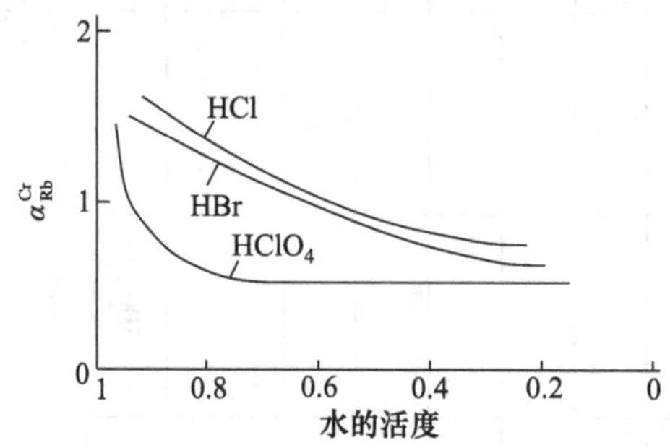

图 12-7　钠与铯在有机离子交换树脂上的分离因素与介质中水活度的关系

象。图 12-7 给出了钠与铯在有机离子交换树脂上的分离因素与介质中水活度的关系。

表 12-14 列出各种有机离子交换树脂分离铷、铯等碱金属的情况。

苏联化学家哥尔什科夫等用 KY-1 和 KY-2 型阳离子交换树脂，通过连续逆流的离子交换法分离铷和铯，所用洗提剂为氯化钙或氯化钡。

图 12-8 是连续逆流离子交换分离铷和铯的示意图。分离结果表明，当用氯化钙作洗提剂时，在 KY-2 上的一次分离系数是 1.04，并可获得很富集的产品。30 天后，分离系数可达到 40。用 KY-1 时，在第一个交换柱中可很快地得到铷的富集产品，其富集系数是 300；在第二个交换柱中则得到含铷小于 0.001% 的铯。曾在 KY-1（H^+型）离子交换剂上，用逆流离子交换法分离铷和铯，发现这种树脂对铯具有高的亲和性。当某混合溶液总浓度为 0.08～0.6mol/L（其

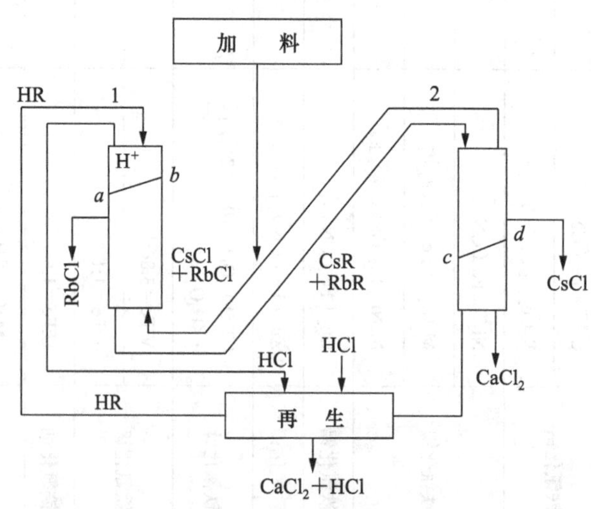

图 12-8　连续逆流离子交换分离铷和铯示意图

1—KY-1；2—KY-2

表 12-14 各种有机离子交换树脂分离铷、铯等碱金属的情况

交换介质	树脂	分离因子		碱金属及铷、铯分离情况
		α_{Rs}^{Cs}	α_{K}^{Rs}	
0.5mol/L HNO_3 · H_2O 0.5 mol/L H_2SO_4 · H_2O	AG50W×8 AG50W×8	1.20 1.19	1.11 1.06	
0.5 mol/L HCl · H_2O	SK 1	1.46		柱上定量分离了 0.1mg 铷与示踪量铯
0.7 mol/L HCl · H_2O 0.5 mol/L HCl · H_2O 0.2 mol/L HCl · H_2O	Dowex–50×8	2.14 1.94 2.61		用 ϕ 0.6cm×25cm 的柱子分离了示踪量至 0.058mm 的铷、铯
1 mol/L HCl · H_2O 1 mol/L HCl · H_2O，80% 甲醇	Duolite C–3	4.2 2.8	1.9 2.2	用截面积为 0.28cm^2 且高度为 4cm 的柱子分离了锂、钠、钾、铷、铯；然后用截面积为 0.28cm^2 且高度为 15cm 的柱子分离了钾、铷
0.8 mol/L HCl · H_2O	KY–1	4.2	1.6	由柱上完全分离了铷、铯
0.25 mol/L HNO_3，8% 丁醇 · H_2O 0.47 mol/L HNO_3 · H_2O	阳 –42	6.3～7.4		由 ϕ 0.75cm×12.5cm 的柱子分离了总量为 2mm 的铷、铯
0.5 mol/L HCl · H_2O	BIO · REX · 40	2.21	1.16	由 ϕ 2.1cm，体积 62ml 的柱子分离了含 1mg 锂、50.3mg 钠、13mg 钾、1.4mg 铷、2mg 铯的混合物
H_2O	四苯硼酸基的聚乙烯树脂	1.24	6	可从其他元素中定量分离出钠、钾、铯

中含氯化铯 70%~90%），以一定的流速通过树脂后，可得到仅含杂质 0.001% 的氯化铯。

虽然有机离子交换树脂存在着耐热性和抗辐射性差以及多价金属交换势大等缺点，但其易于加工成型，透水性好，容易再生，因而有望在分离铷、铯的生产中得到广泛应用。

四、沉淀、结晶法

（一）分步结晶分离法

分步结晶法是从含铷锂云母或铯榴石等矿物中分离提纯铷及其化合物，是最古老的方法之一。

一般采用硫酸持续浸出分解含铷、锂云母或铯榴石等矿物，得到混合硫酸盐溶液；或采用烧结法熔融含铷矿物，随后热水浸出，也能够得到混合硫酸盐溶液。之后，混合硫酸盐溶液则重复采用分步结晶法，进行逐相分离和提纯。经过重结晶可得到纯的铷矾［$Rb_2SO_4 \cdot Al_2(SO_4)_3 \cdot 24H_2O$］，将其进一步处理得到氢氧化铷。另外，也有研究者先用酒石酸分离石灰石烧结法提锂后富含钾、铷、铯等有价值元素的母液（俗名为“混合碱”）中的钾，并除去酒石酸后得到铷、铯的硫酸盐，进而加入硫酸铝，顺次沉淀出铯明矾和铷明矾，最后所得的矾盐经陈化、过滤、重结晶提纯后溶解于 90℃左右的热水中，加入氢氧化钡热溶液碱化，过滤得到氢氧化铯和氢氧化铷产品。

（二）沉淀分离法

沉淀分离铷、铯，是一个较早应用的经典化学分离方法，常用于裂变产物分离。由于其在铷、铯化合物提纯中的广泛应用，至今人们还不断地进行着相关研究和完善。利用沉淀法分离提取铷、铯，主要用于工业生产，尤其适用于从含铷量高的卤水中分离提取铷、铯。铷、铯离子与大体积的阴离子结合才能生成沉淀而被分离，而能够提供大体积阴离子的物质主要有杂多酸、配合酸盐、多卤化物、矾类和某些有机试剂等。研究较多的沉淀剂有硅钼（钨）酸、氯铂酸、四氯化锡、三氯化锑、碘酸钾、氯化碘和硫酸铝等。据以往的研究，沉淀法提取铷铯的优点是回收率高，但受目前沉淀剂价格的上涨，以及某些沉淀物生成过程复杂或稳定性低等因素影响，沉淀分离法直接应用于卤水提铷铯的研究并不多，但仍讲述此方法的定量化学分析原理。

12.3.2 锶的分离提取

锶的生成加工技术研究多集中在锶化合物，尤其是碳酸锶和钛酸锶的加工技术方面，主要解决锶化合物生产中原料消耗、高纯化、精细粉体或造粒技术以及“三废”处理等问题。下面介绍碳酸锶的生产方法。

（一）以天青石为原料

天青石（主要成分为 $SrSO_4$）的主要化工用途是生产碳酸锶。我国从 1972 年开始生产碳酸锶，通常采用碳化法、复分解法和转化法。生产的产品主要有粒状碳酸锶、粉状碳酸锶和高纯碳酸锶等。

1. 碳化法

又称炭还原法，是根据天青石矿石中锶含量和煤中含碳量，采用适当的矿煤配料比例混合配制原料，然后将配料在高温（1100～1200℃）条件下还原焙烧，矿石中的 $SrSO_4$ 被还原为可溶性的 SrS。熟料用水浸取，SrS 溶入水中，经过多次浸取除杂后，滤液再用 CO_2、

Na_2CO_3 或 NH_4HCO_3 将 SrS 沉淀为 $SrCO_3$。反应过程如下：

$$SrSO_4+2C = SrS+2CO_2\uparrow$$

$$2SrS+2H_2O = Sr(HS)_2+Sr(OH)_2$$

$$Sr(HS)_2+Sr(OH)_2+2NH_4HCO_3 = 2SrCO_3+2NH_4HS+2H_2O$$

用 CO_2 碳酸化的方法，生成副产物 H_2S 气体时，会带来严重的环境污染，且产品含硫量相对较高，因而难以提高产品档次。该方法因加入纯碱等化工原料而增加了成本，副产的 Na_2S 因浓度太低而回收困难，使得整体经济效益降低。总之，该方法在生产过程中会产生大量的含硫含锶废水、废气以及废渣，后续处理困难，环境友好性差。但因该方法工艺过程简单、设备要求相对较低、成本低的优点，尽管具有潜在的环境问题，国内大多数厂家仍沿用该方法生产碳酸锶。

2. 复分解法

天青石复分解反应是基于反应物硫酸锶和生成物碳酸锶溶度积差异（碳酸锶的溶度积为 1.1×10^{-10}，硫酸锶溶度积为 3.2×10^{-7}）而实现沉淀反应并达到转化目的。该方法工艺过程为：以天青石与 Na_2CO_3 或（NH_4）$_2CO_3$ 反应生成粗 $SrCO_3$，副产 Na_2SO_4 或（NH_4）$_2SO_4$：粗碳酸锶经盐酸或硝酸酸化处理、除杂，而后与纯碱或碳铵反应生成碳酸锶，最后经过滤、干燥得到碳酸锶成品。主要反应式如下：

$$SrSO_4+Na_2CO_3 = SrCO_3+Na_2SO_4$$

$$SrCO_3+2HCl = SrCl_2+H_2O+CO_2\uparrow$$

$$SrCl_2+Na_2CO_3 = SrCO_3\downarrow+2NaCl$$

以上反应式为传统的纯碱法原理，由于所需原料量大，成本高，现在很少有厂家采用纯碱法。目前，应用较多的是改进的复分解法，即将天青石矿磨细至 75～150μm，然后加入碳酸氢铵和氨水，在反应釜中反应生成粗碳酸锶，经酸溶除杂后与碳酸氢铵反应，最终得到产品碳酸锶。总之，该方法可以利用中、低品位［$SrSO_4$（质量分数）：40%～60%］的天青石，矿石转化率高，“三废”少（环境污染少），产品纯度高，能耗低于炭还原法。但其工艺流程长，消耗大量的盐酸及 Na_2CO_3 或（NH_4）$_2CO_3$ 等化工原料，成本高且可能导致产品质量不稳定，副产的 NaCl 和 NH_4Cl 因浓度低而无法回收，直接排放则导致环境污染问题。

（二）以菱锶矿为原料

菱锶矿主要成分为 $SrCO_3$，由于锶主要以碳酸盐使用，菱锶矿比天青石矿更为重要，但到目前为止，其勘探到的矿床储量小，工业制造仍多用天青石。

1. 酸溶－碱析法

将菱锶矿粉碎至一定粒度，加适量的盐酸或硝酸，轻轻搅动进行酸解反应，反应停止后分离残渣。因矿石中含有一定量的钡、钙、铁等杂质，因此将滤液稀释至一定体积后使用除钡剂除钡，后将滤液用 10% 的 NaOH 溶液调 pH 至 12，加热至 90℃，经 pH 校正后趁热过滤，以此除去钙和铁，滤液经冷却后析出氢氧化锶结晶，结晶收集后用水打浆，用纯碱、碳酸氢铵或 CO_2 碳酸化，分离沉淀，最后经洗涤、干燥得到成品碳酸锶。工艺涉及的反应式如下所述：

$$SrCO_3+2H^+ = Sr^{2+}+H_2O+CO_2\uparrow$$

$$Sr^{2+}+2NaOH = Sr(OH)_2+2Na^+$$

$$Sr(OH)_2+CO_3^{2-} = SrCO_3\downarrow+2OH^-$$

这种工艺适合于以低钡菱锶矿为原料生产粗碳酸锶，工艺相对比较简单。整个生产过程除了排放少量含硅渣料外，基本无大的环境污染。但是该工艺采用强酸、强碱进行反应和除杂，势必对反应设备造成严重的腐蚀，进而增加设备维护等费用。

2. 焙烧法

也称为高温热分解法，将菱锶矿矿石在高温下（约1400℃）焙烧，得到含氧化锶的熟料，将熟料在热水中浸取，得到含 Sr^{2+} 的浸取液，对浸取液进行除杂处理，精制后的料液进行碳酸化，生成碳酸锶沉淀，过滤分离、干燥得到纯度较高的碳酸锶。工艺涉及的主要反应式为：

$$SrCO_3 \xrightarrow{1150℃} SrO+CO_2$$

$$SrO+H_2O \longrightarrow Sr(OH)_2$$

$$Sr(OH)_2+CO_2 \longrightarrow SrCO_3\downarrow+H_2O$$

焙烧法具有操作简单、易控制、不引入其他化工原料、成本低等特点。整个过程无废水、废气排放，但对矿石的品位要求高（如规定原料中硅酸盐小于1%）。实际上，受限于矿石品位，可用于焙烧法的菱锶矿矿石很少，这种方法受原料的限制，推广难度大。

（三）液相体系中分离提取锶

锶的分离提取方法主要有液膜法、色谱法、萃取法和吸附法等。由于常见含锶液相体系中的锶含量较低，吸附法因其操作简单、成本低、分离选择性高、效果好等特点而在溶液提锶方面具有很大的优势。

可用作吸附锶的吸附剂有无机离子交换剂，如天然或合成沸石、海泡石、花岗岩、凹凸棒、聚合锑酸、具焦磷酸盐骨架的离子筛、二氧化钛微球、多价（过渡）金属的水合氧化物和氢氧化物等；有机离子交换树脂，如由苯乙烯和二乙烯苯交联共聚的典型离子交换树脂；近年来，活性炭、碳纳米管等也开始用于吸附锶，另外多聚糖衍生物的凝胶体也用于此方面研究。

锶吸附剂吸附锶的机制主要有静电作用、配合作用、筛分效应等。当吸附机制以静电作用为主时，吸附选择性较差，离子强度和溶液酸碱度对吸附效果的影响很大；当配合作用为主要吸附机制时，溶液酸碱度对于吸附效果的影响大于离子强度的影响；筛分效应是在以静电作用或配合作用吸附锶时，根据水合离子大小而附加进行的尺寸选择。吸附法分离提取锶的核心是如何制备高选择性、吸附容量高的吸附剂。

12.3.3 溴的分离提取

从卤水中提溴的工艺主要有水蒸气蒸馏法、空气吹出法、离子交换树脂法和溶剂萃取法四种。水蒸气蒸馏法是最早应用于工业的提溴技术，仅适用于含溴量较高的卤水提溴。空气吹出法是现在最成熟的普遍采用的提溴工艺，可用于从低浓度含溴溶液（如海水）中生产溴，其产量占总溴产量的85%以上，但需要庞大的设备，投资大，能耗高，需要集中建厂，对于较为分散的卤水资源是不利的。溶剂萃取法具有设备小、投资少、操作简单灵活等特点，因而一直受到人们的青睐，各国制溴工作者已对其进行长期的研究，目前其技术是成熟的，但至今未能在工业生产中获得广泛应用。其原因有二：一是难以找到一种性能优良、价格便宜、来源广泛且毒性小的萃取剂；二是对低浓度卤水萃取率低，且萃取剂随卤水的带失率较大，且高浓度卤水溶液中其他盐类的干扰大。离子交换树脂法是20世纪60年代离子交换树脂提碘工业化后提出的方法。它克服了空气吹出法的不足，同时又具有溶剂萃取法提溴的优点，适用于含溴量较低的原料液，是一项前景广阔的提溴技术，尤其是离子交换法直接生成溴化物产品，具有投资少、易操作、流程短的特点。

一、水蒸气蒸馏法

水蒸气蒸馏法是20世纪五六十年代以海盐生产的苦卤为原料的制溴方法。其原理为：用Cl_2作氧化剂将卤水中的Br^-氧化为Br_2后，再利用Br_2与水的挥发性不同将Br_2蒸出。蒸出的液体分层，上层为含少量溴的水层，下层为含少量水和氯的粗溴层。粗溴经精制后得到精溴。该方法工艺流程见图12-9。水蒸气蒸馏法的特点是工艺成熟、过程简单、效率高、成本低。通过对水蒸气蒸馏法工艺和设备的不断改进，使得精溴的纯度达到99.5%，溴的回收率上升到95%以上。该方法适合于含溴量在3g/L以上卤水中提溴。因制溴过程中需要消耗大量水蒸气，这限制了它的使用范围。

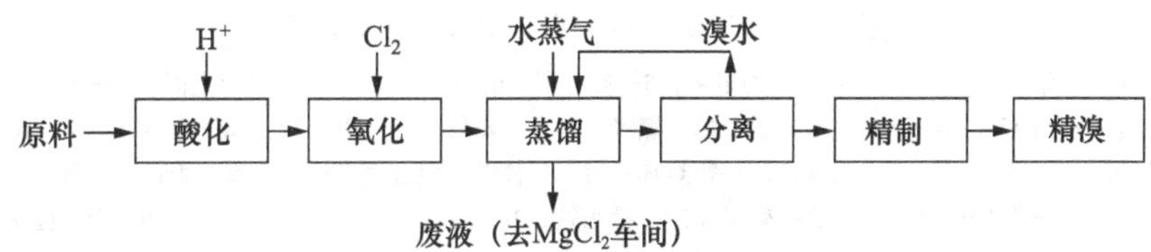

图12-9　水蒸气蒸馏法提溴工艺流程

二、空气吹出法

空气吹出法最早用于地下卤水生产溴，于20世纪70年代初获得成功。其原理为：向预先酸化的原料中通入Cl_2，将其中的Br^-氧化为Br_2，然后料液从塔顶淋下送入吹出塔，塔底通入压缩空气将料液中的Br_2吹出，吹出的溴被导入吸收塔后用吸收剂吸收，之后用酸分解含溴化合物，使溴游离出来，再把游离溴的料液进行水蒸气蒸馏，塔顶产物经冷凝、分离得到精溴。其工艺流程见图12-10。

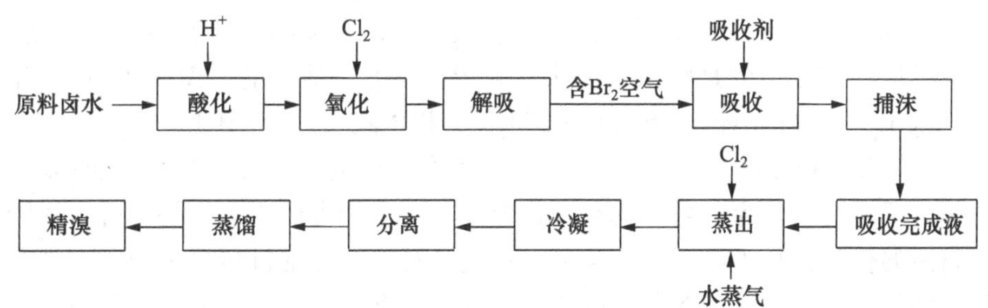

图12-10　空气吹出法提溴工艺流程

三、连续双过程真空提溴法

欧洲专利EP0300085报道了在负压或真空条件下连续进行氯气氧化和蒸汽蒸馏提溴的先进技术。该方法工艺流程如图12-11所示。

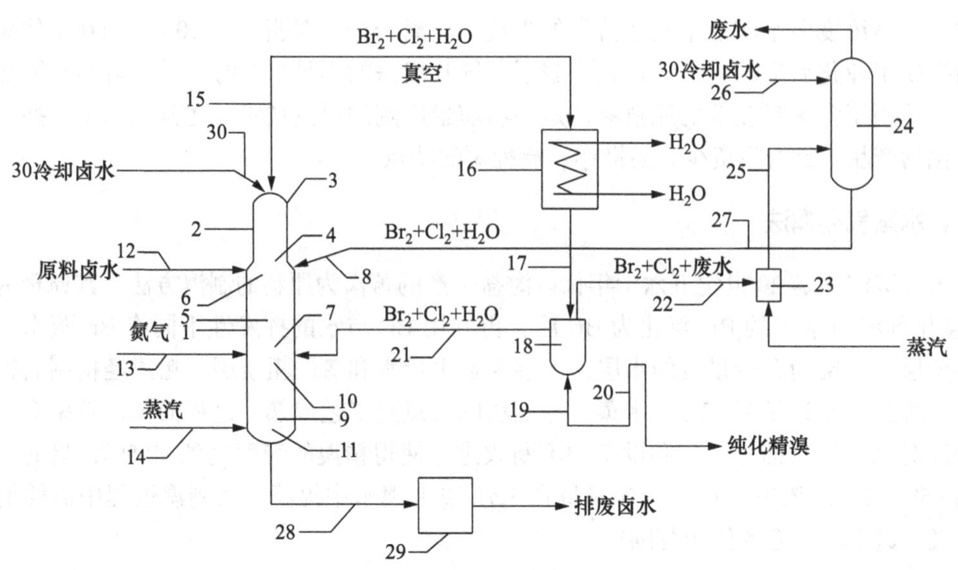

图 12-11　连续双过程真空提溴法工艺流程

1—主反应塔；2—精馏层；3，4—固定板；5—反应层；6，7—固定板；8—锥形空间；9—吹出层；10，11—固定板；12—原料卤水管道；13—氯气；14—水蒸气；15—吸液管；16—冷凝器；17—冷凝液导管；18—分离器；19—粗溴；20—密封环；21—气体循环混合蒸汽；22—真空管；23—蒸汽喷射泵；24—气体吸收器；25，26—管道；27—排水管；28—废卤水管；29—储存罐；30—冷却卤水

该技术的先进性主要在于通过真空工艺系统，使主反应塔压力维持在 41000～83000Pa，最好是 48000～55000Pa。当温度为 66～99℃的卤水进入此塔时，无须加压就可达到该压力下溴的沸点，因此可大量减少蒸汽用量。水蒸汽仅用于从卤水中带出溴蒸气，此时的塔内温度 82～99℃，尽管氯气氧化反应可在低温下进行，但一般的水蒸气蒸馏法实际上必须将卤水加热到 110℃以上以便将溴吹出。在此高温状态下，其副反应会消耗部分氯气，实际消耗是理论量的 1.4 倍，而该专利塔中的反应是在负压和较低温度下进行，副反应的减少可节省 12% 的氯气用量。主反应塔顶部的出口温度受冷却卤水控制，混合气体中水蒸气含量降至最少，可减少流程中的循环量。塔内呈负压状态，有利于提高氯气、溴及水蒸气的回收率。

该工艺的连续流程如下所述：原料卤水通入主反应塔上部；氯气和水蒸气分别进入主反应塔中部和下部，以逆流方式先氯化，后经蒸汽吹出；塔顶部馏出物为含溴、氯和水蒸气的混合气体；塔底部排出的是废卤水。该专利指出本方法适用的含溴卤水组成范围为：溴 3000～5000mg/L（以 NaBr 计）、氯 200～250g/L（以 NaCl 计）、氨 150～200mg/L、硫化氢 100～300mg/L、碘 10～20mg/L（以 NaI 计）以及溶解有机物如天然气、石油等。该工艺的关键设备是主反应塔，其为密封的真空圆柱形结构，功能类似于蒸馏塔，可由耐压、抗氯、溴、卤水腐蚀的任何材料（如金属、合金、碳化铁及玻璃纤维材料等）制成，具有造价低、坚实、防渗漏等优点。主反应塔内包括位于上部的精馏层 2、中部的反应层 5 和下部的吹出层 9，在多孔固定板 3、4 之间、6、7 之间和 10、11 之间都充填了如陶瓷、塑料等材料。在预先除去天然气、石油、硫化氢等杂质基础上原料卤水经管道 12 进入精馏层 2 和反应层 5 之间（主要分布在反应层 5 的截面上），氯气经管道 13 进入并均匀分布在吹出层 9 和反应层 5 之间，与由反应层滴落下来的原料卤水逆流反应，从而将卤水中的溴离子氧化为溴素。含溴素的卤水通过填料层滴落在吹出层，由管道 14 进入吹出层的水蒸气将其吹出，被吹出的溴、氯和水蒸气的混合气体经冷凝、分离、纯化后制得精溴。与常见的水蒸气蒸馏法相比，该专利所述方法具有节省大量蒸汽和氯气、回收率高、循环量少、连续高效能等优点。

关键设备是主反应塔，该塔为密封的真空圆柱形结构，其功能类似于蒸馏塔。塔内包括位于上部的精馏层2、中部的反应层5和下部的吹出层9。在多孔固定板3、4之间，6、7之间和10、11之间都充填了如陶瓷、塑料等填充材料。

预先除去其中的天然气、石油、硫化氢等杂质的原料卤水12经管道进入精馏层2和反应层5之间，分布在反应层5的截面上。氯气13经管道进入均匀分布在吹出层9和反应层5之间，与经反应层滴落的原料卤水逆流反应，将卤水中的溴离子氧化为溴素。含溴素的卤水通过填料层滴落在吹出层，由进入吹出层的水蒸气14吹出，含有溴、氯和水蒸气的混合气体经冷凝、分离、纯化后制得精溴。

主反应塔可由耐压、抗氯、溴、卤水腐蚀的任何材料，如金属、合金、碳化铁及玻璃纤维材料等制成，具有造价低、坚实、防渗漏等优点。

与常见的水蒸气蒸馏法相比，该专利的主要优点是：节省大量蒸汽和氯气；回收率高；循环量少；具有连续高效能的工艺过程；塔造价低、坚实、抗腐蚀、防渗漏等；减少了气体排放。

四、离子交换树脂法

离子交换树脂法提溴是以离子交换树脂为载体，从含溴较低的原料液中富集溴的技术，主要包括原料液的酸化、氧化、树脂吸附、淋洗再生及水蒸气蒸馏等。其工艺原理是：

酸化的目的是抑制已被氧化为溴分子的溴发生水解，提高一次性溴的提取率，减少氧化剂的用量，其反应如下所述：

$$HBr \longleftrightarrow H^{+} + Br^{-}$$

氧化的目的是使离子型溴氧化为分子型溴，便于树脂吸附。工业上一般采用电负性大的氯取代溴离子，氧化剂为氯气。

$$Cl_2 + 2Br^{-} \longrightarrow 2Cl^{-} + Br_2$$

树脂吸附法主要是利用强碱性季铵型阴离子交换树脂的交换官能团，以多卤化合物阴离子形式吸附游离卤族元素的特性，先将卤水酸化、氧化游离出来的溴分子吸附，过量的氯也会同时被吸附，过程可用下式表示：

$$R{\equiv}N^{+}X^{-} + KY_2 \longleftrightarrow R{\equiv}N^{+}[XY_{2K}]^{-}$$

式中：X、Y——表示卤族元素，且 $X=Y$ 或 $X \neq Y$；

K——表示分子数，$K=1$、2、3。

吸附溴后的载溴树脂，先用还原剂还原成溴离子，然后用盐酸淋洗，使树脂再生。主要反应如下所述：

吸附：$R{\equiv}N^{+}Cl^{-} + Br_2 \longrightarrow R{\equiv}N^{+}[ClBr_2]^{-}$

还原：$R{\equiv}N^{+}[ClBr_2]^{-} + H_2SO_3 + H_2O \longrightarrow R{\equiv}N^{+}Cl^{-} + 2HBr + H_2SO_4$

再生：$(R{\equiv}N^{+})_2SO_4^{2-} + 2Cl^{-} \longrightarrow 2R{\equiv}N^{+}Cl^{-} + SO_4^{2-}$

用树脂吸附法从卤水中提溴，工艺参数稳定，数据重现性好，该方法溴的吸附率、洗脱率以及溴液产率均较高，溴的总回收率可高达80%。对含溴高的卤水，树脂吸附法是合理、有效、经济的提溴方法。

五、溶剂萃取法

溶剂萃取法与树脂交换法出现时间相近，适用于从海水及类似海水的低溴含量原料中提溴。一般来说，该方法适于制取溴系列有机衍生物的有机化工产业联产之用，如以色列的死海过程公司即采用过该方法。该方法的原理是：根据溴在有机溶剂中的溶解度大于其在水中的溶解度，将氧化后的卤水与有机溶剂混合，溴分子进入有机溶剂，从而与水分离而实现富集。这种方法具有设备小、投资少、操作简单灵活的特点。但至今尚未见到实现工业化的报道，原因可能是高选择性、低毒、价廉且来源广泛的萃取剂不易获得，该方法对低浓度卤水萃取率低，萃取剂耗损大，高浓度盐卤中其他组分干扰严重等。

12.3.4 碘的分离提取

根据含碘原料的不同，提碘方法有所不同。以海藻为原料提取碘，有灰化法、干馏法、发酵法（即浸出吸附法）等；以卤水为原料提碘，则主要有空气吹出法、离子交换法、活性炭吸附法等；回收湿法磷酸中的碘采用浮选法。另外，还有一些提碘新技术不断发展。

一、空气吹出法

1932 年，美国首先采用该方法：用氧化剂氧化含碘卤水使碘游离并与空气接触，用空气将碘吹出，含碘空气经过吸收、结晶、精制得到最终产品碘。其主要工艺流程如图 12-12 所示。

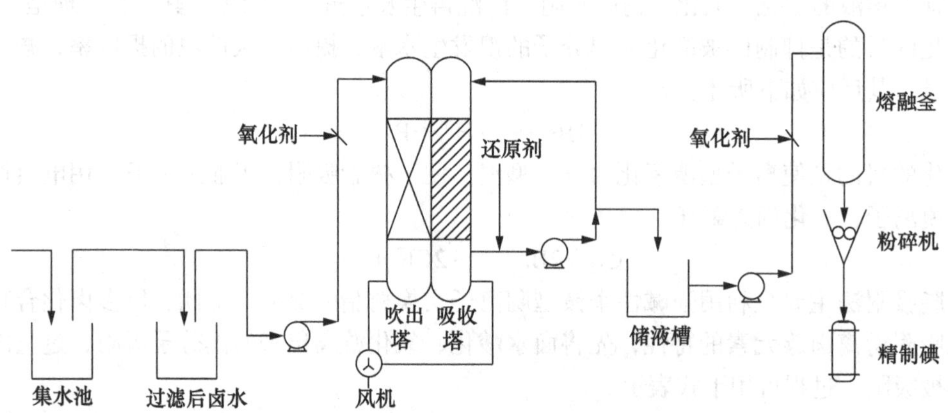

图 12-12　空气吹出法提碘工艺流程

主要工艺步骤为：

（1）在卤水中加入氧化剂使碘游离；

（2）将含游离碘的卤水从解吸塔顶部喷下，从塔的底部吹入空气，使之与卤水逆流接触，将碘吹出；

（3）含碘空气经吸收塔吸收、浓缩；

（4）吸收液中通入氯气，沉淀析出结晶；

（5）结晶用精制釜加热熔融，分离杂质，冷却固化得到碘产品。

该方法收率较高，操作简单，但对碘的含量要求较严格，而且设备费用高，能源动力消耗大，因而只适用于大规模生产。

二、离子交换法

离子交换法提碘工艺成熟，利用海藻制碘一般采用此法。其中以离子交换树脂为吸附剂的离子交换树脂法具有投资小、操作简单、适用性广等特点，因此，离子交换树脂法从卤水中提碘在国内外得到广泛应用。早在 1972 年，Hatazaki 应用强碱性阴离子树脂吸附分子碘和碘离子，该方法可用于从天然气卤水、油田卤水和海水中提碘。

该方法是采用氧化剂氧化含碘卤水，使碘游离，再用离子交换树脂吸附游离碘，而后经洗脱、结晶、精制得到碘。某气田水原料卤水中碘品位为 20mg/L，经过制盐浓缩后富集到约 300mg/L，其工艺流程如图 12-13 所示。

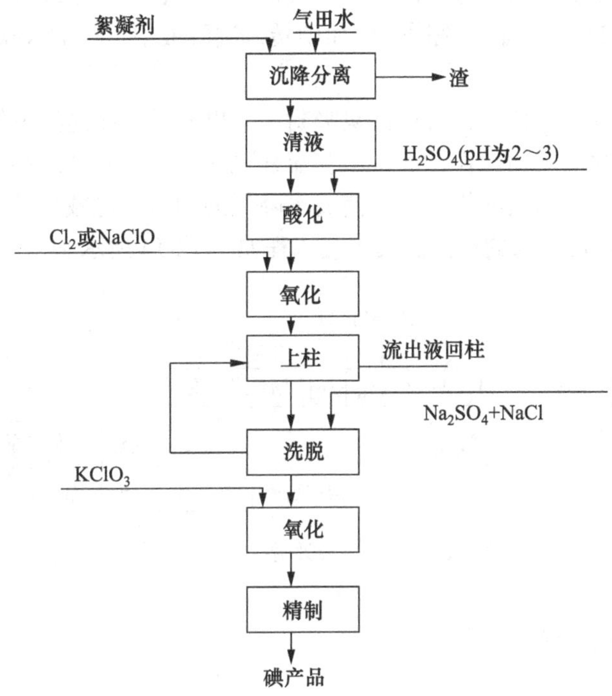

图 12-13　离子交换法从某气田水中提碘工艺流程

气田水盐后母液中碘的主要存在形式为 I^-，当 pH 为 2～3 时，通入氯气将其氧化为游离碘，即碘分子。

$$2I^- + Cl_2 = I_2 + 2Cl^-$$

游离碘又被部分离子化并形成较稳定的聚碘阴离子 $[I\text{-}(I_2)_n]$，该配阴离子可被树脂交换，从而达到分离目的。

$$R\text{-}N(CH_3)_3^+ \cdot Cl + I\text{-}(I_2)_n \longrightarrow R\text{-}N(CH_3)_3^+ \cdot I\text{-}(I_2)_n + Cl^-$$

经交换达到饱和的树脂柱用 Na_2SO_3 溶液还原时，碘配阴离子中的游离碘被还原，脱离树脂得到碘富集液。

$$nNa_2SO_3 + R\text{-}N(CH_3)_3^+ \cdot I\text{-}(I_2)_n + nH_2O \longrightarrow R\text{-}N(CH_3)_3^+ \cdot I^- + nH_2SO_4 + 2nNaI$$

用 NaCl 和 HCl 混合液再生树脂柱，可使其再生为 Cl^- 型而能够重复使用。

$$R\text{-}N(CH_3)_3^+ \cdot I^- + Cl^- \longrightarrow R\text{-}N(CH_3)_3^+ \cdot Cl + I^-$$

解脱液经碘析获得碘产品。

$NaI + KClO_3 + H_2SO_4 \longrightarrow I_2 + H_2O + Na_2SO_4$

离子交换法的优点是适于从低浓度原料卤水中提取碘，且离子交换树脂具有较强的选择吸附性，易于提高碘的纯度。缺点是：通常离子交换树脂易受到原料液中其他共存组分的严重干扰，会导致树脂中毒，因而重复使用效果会逐渐降低，且碘吸附后还需要进行解吸、酸化等步骤，操作比较烦琐，成本较高。

三、活性炭吸附法

活性炭吸附法提碘时，首先向卤水中加入无机酸调整溶液的 pH 为 2.0～4.0，再加入氧化剂使碘氧化，之后将含单质碘分子的溶液通过活性炭层，碘分子即被活性炭吸附。吸碘后的活性炭用 NaOH 或 Na_2CO_3 溶液洗脱，继而碘转入洗脱液中，再加入盐酸酸化，析出粗碘，后经精制得到成品碘。

另外，利用碘易升华的特性，对活性炭吸附法加以改进，在高温下使碘升华，取代了传统的洗脱、酸化、氧化等烦琐操作，使得工艺流程更简单。碘升华结晶后，活性炭可循环再利用，同时也减少了化学药品的投入量，使成本降低的同时，也减少了提碘体系受外来物质的污染，有利于制得纯度更高的产品。其工艺流程如图 12-14 所示。

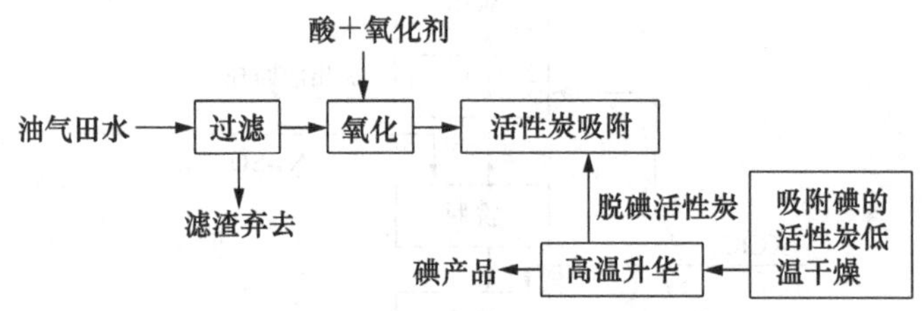

图 12-14　活性炭吸附提碘工艺流程

四、提碘的其他新技术

（一）电解法

该法主要是利用电位突变来控制碘的氧化程度。可以采用甘汞电极为参照比较的电极，铂电极为指示电极，通过电位突变中点找出反应终点的方法，从而避免碘的过度氧化现象。还可以利用电极反应，将碘离子氧化为单质碘，富集于电极表面，进而进行回收。

（二）液膜法

液膜技术是一种新型的具有高选择性的技术，适用于从卤化物离子中提取碘。其原理是：首先将水溶液中的碘离子转化为碘分子，并与乳状液膜混合，使碘从低浓度的水溶液中逐渐迁移渗透到高浓度的乳状液膜内相，之后碘分子立即与内相中的 Na_2SO_3 溶液发生不可逆反应，生成不溶于有机相的、难以逆向扩散的产物 NaI，从而使碘富集并与可能的干扰物分离。富集后的 NaI 水溶液将碘氧化为单质碘，这样可获得粗碘，也可再精制。该方法分离富集碘的效率可达到 99.6% 以上。

参考文献

[1] 曹文虎，吴蝉，李海民，等. 卤水资源及其综合利用技术［M］. 北京：地质出版社，2004.

[2] 程芳琴，程文婷，成怀刚. 盐湖化工基础及应用［M］. 北京：科学出版社，2012.

[3] 毛源辉. 盐业化学工程（上、下册）［M］. 天津：天津社会科学院出版社，1994.

[4] 李建国. 卤水蒸发过程中的四元水盐体系相图分析及计算［J］. 中国井矿盐，2002，33（5）：12-15.

[5] 苏裕光，吕秉玲，王向荣. 无机化工生产相图分析（一）［M］. 北京：化学工业出版社，1985.

[6] 苏裕光，王向荣. 无机化工生产相图分析（二）［M］. 北京：化学工业出版社，1992.

[7] M E 波任. 无机盐工艺学（上、下册）［M］. 天津化工研究院，译. 北京：化学工业出版社，1982.

[8] 梁保民. 水盐体系相图原理及运用［M］. 北京：化学工业出版社，1986.

[9] 李建国，王成玲. 盐田兑卤法提高光卤石矿质量的方法探讨［J］. 盐湖研究，2007，15（3）：33-36.

[10] 李建国. 由含钠光卤石生产氯化钾的相图分析［J］. 海盐湖与化工，2002，31（3）：14-17.

[11] 李建国，黄姗姗，杨明山. “冷分解—正浮选—洗涤法”生产氯化钾物料衡算［J］. 盐业与化工，2011，40（6）：35-37.

[12] 张晓飞. 介绍一种新的氯化钾生产工艺——反浮选冷结晶工艺［J］. 海盐湖与化工，1997，28（5）：36-37.

[13] 李建国，戴杰. 反浮选法制取低钠光卤石的相图分析［J］. 盐业与化工，2006，35（3）：28-30.

[14] 李建国. 低钠光卤石冷结晶法制取氯化钾的相图分析［J］. 盐业与化工，2006，35（4）：17-20.

[15] 李建国. 兑卤法制取低钠光卤石的相图分析及计算［J］. 海盐湖与化工，2002，31（4）：15-17.

[16] 李建国，李长顺. 兑卤比对兑卤过程相关生产指标影响的相图分析及计算［J］. 盐业与化工，2007，36（3）：17-20.

[17] 李建国. 老卤组成对兑卤过程相关生产指标影响的相图分析及计算［J］. 盐业与化工，2007，36（4）：10-12.

[18] 李建国. 温度对兑卤过程相关生产指标影响的相图分析及计算［J］. 盐业与化工，2007，36（5）：5-8.

[19] 李建国，戴杰，余明祥. “兑卤”法生产氯化钾物料衡算［J］. 盐业与化工，2012，41（1）：41-43.

[20] 大皮子窝化工厂，辽宁师范学院化工系. 海盐化工生产基本知识［M］. 北京：轻工业出版社，1979.

[21] 陈五平. 无机化工工艺学（中册）［M］. 北京：化学工业出版社，2001.

[22] 杨重愚. 轻金属冶金学［M］. 北京：冶金工业出版社，1991.

[23] 苏家庆，余南震，范天与，等，真空制盐［M］. 北京：轻工业出版社，1983.

[24] 马欣华，孙世庆，石奇. 卤水化工［M］. 北京：化学工业出版社，1995.

[25] 天津化工研究院. 无机盐工业手册（下册）［M］. 北京：化学工业出版社，1996.

[26] 郑绵平，张震，侯献华，等. 中国钾资源远景与矿业发展战略［J］. 国土资源情报，2015（10）：3-9.

[27] 李武，董亚萍，宋彭生，等. 盐湖卤水资源开发利用［M］. 北京：化学工业出版社，2012.

[28] 唐明林，邓天龙，廖明霞. 沉淀法从盐后母液中提取硼酸的研究［J］. 海湖盐与化工，1993，23（5）：17-19.

[29] 唐中杰，钟辉. 萃取法在盐湖卤水提硼中的应用进展［J］. 中国陶瓷，2009，45（10）：7-9.

[30] 何天明. 盐湖卤水吸附法提硼工艺研究［D］. 长沙：中南大学，2010.

[31] 张生宝，姜维帮，李顺营. 盐湖卤水提硼技术［J］. 河南化工，2010，27（10）：20-21.

[32] 张金才，王敏．盐湖卤水提硼方法的研究概述 [J]．化工矿物与加工，2005 (5)：5-7.

[33] 李冰心．2013 年全球锂资源开发现状 [J]．新材料产业，2013 (5)：32-35.

[34] 王学评，柴新夏，崔文娟．全球锂资源开发利用的现状与思考 [J]．中国矿业，2014，23 (6)：10-13.

[35] 商朋强，熊先孝，李博昀．中国钾盐矿主要矿集区及其资源潜力探讨 [J]．化工矿产地质，2011，33 (1)：1-8.

[36] 唐尧．世界锂生产消费格局及资源安全保障分析 [J]．世界有色金属，2015，8：21-25.

[37] 唐尧．硼资源开发利用现状及前景分析 [J]．国土资源情报，2014，8：14-17.

[38] 陈婷，康自华．我国锂资源及其开发技术进展 [J]．广东微量元素科学，2007，14 (3)：6-9.

[39] 雪晶，胡山鹰．我国锂工业现状及前景分析 [J]．化工进展，2011，30 (4)：782-801.

[40] 郑春辉，董殿权，刘亦凡．卤水锂资源及其开发进展 [J]．盐业与化工，2006，35 (6)：38-42.

[41] 刘元会，邓天龙．锂提取方法的研究进展 [J]．世界科技研究与发展，2006，28 (5)：69-75.

[42] 王宝才．我国卤水锂资源及开发技术进展 [J]．化工矿物与加工，2000，10：4-6.

[43] 赵武壮．2007 年有色金属工业运行情况及产业未来发展趋势 [J]．世界有色金属，2008，4：38-40.

[44] 贾旭宏，李丽娟，曾忠明．盐湖锂资源分离提取方法研究进展 [J]．广州化工，2010，38 (10)：10-14.

[45] 李承元，李勤，朱景和．世界锂资源的开发应用现状及展望 [J]．国外金属矿选矿，2001，8：22-26.

[46] 中国科学院盐湖研究所，上海化工研究院．钾肥工业 [M]．北京：化学工业出版社，1979.

[47] 林耀庭．我国卤水溴资源及其开发前景展望 [J]．盐湖研究，2000，8 (2)：59-67.

[48] A Bouzidia, F Souahib, S Haninic. Sorption behavior of cesium on Ain Oussera soil under different physicochemical conditions [J]. Journal of Hazardous Materials，2010 (184): 640-646.

[49] Xiushen Ye, ZhijianWu, Wu Li. Rubidium and cesium ion adsorption by an ammonium molybdophosphate–calcium alginate composite adsorbent [J]. Colloids and Surfaces A: Physicochem Eng Aspects ，2009 (342): 76-83.

[50] Tan Guo, Yaoqiang Hu, Xiaolei Gao, et al. Competitive adsorption of Li, Na, K, Rb and Cs ions onto calcium alginate–potassium tetraphenylborate composite adsorbent [J]. RSC Adv, 2014 (4): 24067-24072.

[51] 曹冬梅，张雨山，高春娟，等．提铷技术研究进展 [J]．盐业与化工，2011，40 (1)：44-47.

[52] Shi-ming Liu, He-hui Liu, Yun-jing Huang，et al.Solvent extraction of rubidium and cesium from salt lake brine with t-BAMBP -kerosene solution [J]. Trans Nonferrous Met Soc China，2015 (25): 329-334.

[53] 蒋育澄，岳涛，高世扬，等．重稀金属铷和铯的分离分析方法进展 [J]．稀有金属，2002，26 (4)：299-303.

[54] A E Ofomaja , A Pholosi, E B Naidoo. Application of raw and modified pine biomass material for cesium removal from aqueous solution [J]. Ecological Engineering ，2015 (82): 258-266.

[55] 刘牡丹，李光辉，董海刚，等．中国碳酸锶工业生产现状及进展 [J]．无机盐工业，2006，38 (1)：91-12.

[56] Senliang Liao , Chunfeng Xue , Yonghong Wang, et al.Simultaneous separation of iodide and cesium ions from dilute wastewater based on PPy/PTCF and NiHCF/PTCF electrodes using electrochemically switched ion exchange method [J]．Separation and Purification Technology，2015，1 (39)：63-69.

[57] 刘祥丽，陈学玺．碳酸锶生产方法及前景 [J]．化工矿物与加工，2002，5 (6)：25-28.

[58] Caroline Michel, Yves Barré , Caroline de Dieuleveult, et al.Cs ion exchange by a potassium nickel hexacyanoferrate loaded on a granular support [J]．Chemical Engineering Science，2015 (137): 904-913.

[59] 张进，唐英，廖嘉陵．菱锶矿加工碳酸锶焙烧过程研究 [J]．无机盐工业，1992 (5)：26-28.

[60] Jiawei Wang, Dehua Che, Wei Qin. Extraction of rubidium by t-BAMBP in cyclohexane [J]. Chinese Journal of Chemical Engineering，2015 (23): 1110-1113.

[61] 高晓雷，郭探，张慧芳，等. 吸附法分离提取铷的研究进展 [J]. 中国矿业，2011，20（12）：103-107.

[62] 闫树旺，安莲英，唐明林，等. 离子交换法从卤水富集溴的技术进展综述 [J]. 盐业与化工，2009，23（6）：14-17.

[63] Jae Owan Lee，Won Jin Cho，Heuijoo Choi. Sorption of cesium and iodide ions onto KENTEX-bentonite [J]. Environ Earth Sci，2013 (70): 2387-2395.

[64] 王景刚，冯丽娟，相湛昌，等. 碘提取方法的研究进展 [J]. 无机盐工业，2008，40（11）：11-14.

[65] Haifeng Wu, Junhong Qiu.Adsorption performance for bromine ion using bromide ion–lanthanum nitrate modified chitosan imprinted polymer [J]. Anal Methods, 2014 (6): 1890-1896.

[66] 王森. 新活性炭法从低含碘油田水中回收碘 [J]. 精细石油化工，2003（5）：30-31.

[67] En Safi A A, E Skandari H. Efficient and selective extraction of iodine through a liquid membrane [J]. Microchemical Journal, 2001, 69 (1): 45-50.

[68] 中国石油化工集团上海工程有限公司. 化工工艺设计手册 [M]. 北京：化学工业出版社，2003.